21世纪高等教育规划教材

新编工程力学教程

主　编　袁向丽　刘文秀　李云涛
副主编　曹玉芬　吴国强　郑晓刚
参　编　张　俊　张东阳　蔡路政
主　审　孟庆东

机 械 工 业 出 版 社

本书主要适用于普通高等工科院校 60～90 课内学时的“工程力学”课程。

全书涵盖了理论力学和材料力学的基础知识。在内容顺序安排上有一定特色：运动学→动力学→材料力学，以期达到节省学时、提高教学效率的目的。

书中结合理论分析和例题，列有一定数量的思考题，以启发读者深入思考，其中包括初学者易误会之处以及需要灵活掌握的方法。编者在选择这些问题时力戒呆板，以防学生死记硬背。在教学中，这些思考题也可供课堂讨论使用。

编者还设计制作了电子课件，内容图文并茂并配有精美的动画，同时附上各章的习题和自我测试题（备考试题）参考答案，教师可在机工教育服务网（www. cmpedu. com）免费注册下载。

本书具有较大的专业覆盖面，可以满足不同专业、不同学时课程的需要，可作为高等院校机械类、近机械类和工程类专业开设“工程力学”课程的教材。同时本书具有阐述简洁明了、通俗易懂的特点，因而也适合作为上述同类专业的职工大学、函授大学、远程教育等院校的教材，还可供其他有关专业的师生和工程技术人员、管理人员参考。

图书在版编目（CIP）数据

新编工程力学教程/袁向丽，刘文秀，李云涛主编. —北京：机械工业出版社，2018. 12

21 世纪高等教育规划教材

ISBN 978-7-111-61208-7

Ⅰ. ①新… Ⅱ. ①袁…②刘…③李… Ⅲ. ①工程力学－高等学校－教材 Ⅳ. ①TB12

中国版本图书馆 CIP 数据核字（2018）第 244470 号

机械工业出版社（北京市百万庄大街 22 号 邮政编码 100037）
策划编辑：张金奎 责任编辑：张金奎 陈崇昱
责任校对：张晓蓉 封面设计：张 静
责任印制：孙 炜
天津嘉恒印务有限公司印刷
2019 年 1 月第 1 版第 1 次印刷
184mm×260mm · 23. 25 印张 · 599 千字
标准书号：ISBN 978-7-111-61208-7
定价：49. 80 元

凡购本书，如有缺页、倒页、脱页，由本社发行部调换

电话服务
服务咨询热线：010－88379833
读者购书热线：010－88379649

网络服务
机 工 官 网：www. cmpbook. com
机 工 官 博：weibo. com/cmp1952
教育服务网：www. cmpedu. com
金 书 网：www. golden－book. com

前　言

为适应21世纪科学技术的发展和教学改革的需要，编者参照教育部颁布的《工程力学课程教学基本要求》编写了这本教材，本书主要适用于普通高等工科院校机械、机电、工程等专业的“工程力学”课程，全书按60～90课内学时编写（一般带*号或**号的为选讲内容）。

在编写过程中，一方面考虑到学生的入学水平逐年提高，并通过前期基础课程（如高等数学、物理学等）的学习已具备了一定的理论基础知识；另一方面兼顾在我国高等教育的发展与改革中，学校的数量与类型增多，对课程提出了不同层次的要求。结合工程力学课程的学时不断压缩的实际情况，本着“提高起点，降低重心”的原则，编者对原有内容进行了改革，在课程内容的取舍和编排方式上，更具有针对性、应用性和综合性。同时，编者积极引入面向21世纪的新内容，并在一定程度上消除了大学物理中力学部分与工程力学之间的重叠内容。在不降低教学基本要求的前提下，对课程体系进行了较大幅度的改革与创新，把教材由传统的四篇（静力学、运动学、动力学和材料力学）改为三篇（运动学、动力学和材料力学），把静力学的内容放在动力学相应的章节中讲授。编者认为，静力学问题原本就是动力学问题的一个特例，它的分析方法（如力的投影、合成、分解及平衡）也是动力学分析的基础，将原静力学问题回归到动力学中，并作为其基础叙述，使此部分知识更容易融会贯通、易讲易学。此前，按这种体系改革的教材（试用讲义）编者已使用多届，取得了较好的教学效果，较明显地节省了学时，提高了教学效率。

本书在有关理论力学的内容中，以矢量数学作为工具，使理论力学基本概念的数学描述更为简洁。在顺序安排上具有如下的特点：运动学→动力学→材料力学。

第1篇为运动学部分。分为3章，其主要内容为：运动学基础、点的合成运动及刚体的平面运动。

第2篇为动力学部分。分为6章，其主要内容为：刚体动力学的基本概念、力系的简化与平衡、质点运动微分方程、动能定理、达朗贝尔原理（动静法）、动量定理和动量矩定理。

第3篇为材料力学部分。分为11章，涵盖了材料力学的主要内容，包括：材料力学基础、拉伸与压缩、剪切与挤压、扭转、弯曲内力和弯曲强度、弯曲变形及梁的刚度计算、应力状态理论和强度理论、组合变形、压杆稳定、交变应力及其疲劳破坏、能量法基础。

本书具有较大的专业覆盖面，可以满足不同专业、不同学时课程的需要。

本书可作为普通高等工科院校机械、机电、工程等专业学习“工程力学”课程的教材，亦可供上述同类专业的高职院校和成人教育（如夜大、函大等）及网络教育使用。

参与本书编写的人员有：青岛科技大学的袁向丽、刘文秀、张东阳、蔡路政，天津海运职业学院的吴国强，水利部产品质量标准研究所的曹玉芬、郑晓刚、张俊，山东旭辉银盛泰集团的李云涛。编写人员（以姓氏笔画排序）分工如下：

刘文秀（第11、14、15章）

李云涛（第13、19、20章）

吴国强（第5章及全部附录）

张俊（第7章）

张东阳（校核第3篇，并对习题做出参考解答；设计制作第3篇的电子课件）

郑晓刚（第8～10章、第12章）

袁向丽（前言、绪论、第1～4章、第6章）

曹玉芬（第16～18章）

蔡路政（校核第1、2篇，并对习题做出参考解答；设计制作第1、2篇的电子课件）

本书由袁向丽、刘文秀、李云涛任主编；曹玉芬、吴国强、郑晓刚任副主编。由袁向丽负责统稿。

本书承蒙青岛科技大学孟庆东教授精心审阅，并提出了许多宝贵意见。

本书在编写过程中参考了多本同类教材和习题集以及其中的部分素材和插图，并得到了有关院校教学主管部门的协助和支持。在编写出版过程中得到了机械工业出版社的大力支持与帮助。在此向上述人员和单位一并致以深深的谢意。

因编者水平所限，书中难免有错误与疏漏之处，望各位读者不吝赐教。

编者

2018年8月

目录

绪　论

0.1　力学和工程力学的概念

1. 力学的概念

力学是研究物质机械运动规律的科学。世界充满着物质，有形的固体和无形的空气都是力学的研究对象。力学所阐述的物质机械运动的规律，与数学、物理等学科一样，也是自然科学中的普遍规律。因此，力学是基础科学。同时，力学研究所揭示出的物质机械运动的规律，在许多工程技术领域中可以直接得到应用，实际面向工程，服务于工程。所以，力学又是技术科学。力学是工程技术学科的重要理论基础之一。工程技术的发展过程中不断提出新的力学问题，力学的发展又不断应用于工程实际并推动其进步，二者有着十分密切的联系。从这个意义上说，力学是沟通自然科学基础理论与工程技术实践的桥梁。

力学是最古老的物理科学之一，其历史可以追溯到阿基米德时代。力学探讨的问题十分广泛，研究的内容和应用的范围不断扩展，引起了几乎所有伟大科学家的兴趣。如伽利略、牛顿、达朗贝尔、拉格朗日、拉普拉斯、欧拉、爱因斯坦、钱学森等。

2. 工程力学的概念

工程力学是一门包含广泛内容的学科，它有众多分支，如理论力学、材料力学、结构力学、弹性力学、塑性力学、断裂力学等。本书所研究的工程力学仅为理论力学和材料力学两部分。然而这两部分却是研究其他力学的基础，故也称为工程力学基础。

0.2　工程力学基础所研究的两部分内容

1. 理论力学内容简介

理论力学是研究物体机械运动一般规律的科学。运动是物质的固有属性，大至宇宙，小至基本粒子，无不处在不断的运动变化之中，没有不运动的物质，也不能离开物质谈运动。物质的运动有多种形式，从简单的位置变动到复杂的思维活动，呈现出多种多样的运动形态，如天体的运动，车辆、飞机、机器等的运动，发热、发光等物理现象，化合与分解等化学变化，生命的生长过程以及社会现象等，这一切都是物质运动的不同表现。人们在对各种物质和各种运动形式以及它们之间的相互转化规律的研究过程中，形成了许多科学的分支。机械运动是指物体在空间的位置随时间的变化过程。机器上工件的旋转移动，飞机、舰艇和车辆的运动，地球围绕太阳的公转和本身的自转，地震时地壳的振动，空气相对飞机等的运动，地层中石油的流动等都是机械运动的现象。对各种不同形态的机械运动的研究产生了不同的力学分支。理论力学是研究机械运动的最普遍和最基本规律的学科。因此，理论力学既是各门力学学科的基础，又是各门力学学科与机械运动密切联系的工程技术学科的基础。

理论力学原是物理学的一个独立的分支，但它的内容远远超过了物理学中力学的内容。理论力学不仅要建立与力学有关的各种基本概念与理论，而且还要求能运用理论知识去解决某些工程实际问题。理论力学所研究的力学规律仅限于经典力学范畴，一般认为，经典力学是以牛顿定律为基础建立起来的力学理论。它仅适用于运动速度远小于光速的宏观物体的运动。绝大多数工程实际问题都属于这个范围。至于速度接近于光速的宏观物体和微观粒子的运动，则是相对论和量子力学研究的范畴。

2. 材料力学内容简介

材料力学是研究组成机器、设备或结构的零件（在工程中称为构件）在外力作用下发生变形和破坏的规律，利用对这些规律性的认识，去解决怎样保证构件在外力作用下不致发生破坏或产生过大的变形及保证其稳定性诸问题。

经验和实验表明，任何机器或设备在工作时，都要受到各种各样的外力作用，而组成机器、设备或结构的构件在外力作用下都要产生一定程度的变形。如果构件的材料选择不当或尺寸设计不合理，则在外力作用下是不安全的：构件可能发生破坏，从而使设备毁坏；构件也可能产生过大的变形，而使设备不能正常工作；当外力达到某一定值时，还有的构件可能会突然失去原有的平衡形状，而使设备毁坏。因此，为了使机器或设备能安全而正常地工作，必须使构件具有足够的强度、刚度和稳定性。所谓强度是指构件抵抗破坏的能力；所谓刚度是指构件抵抗变形的能力；所谓稳定性是指构件保持其原有平衡形态的能力。构件的强度、刚度和稳定性统称为构件的承载能力。

在材料力学研究问题的过程中，实验研究和理论分析具有同等重要的地位。通过实验，可了解材料的基本力学性能，还可以观察构件的变形现象，从而确定构件内部力的分布特点。同时，由理论分析得出的结论，必须通过实验来验证其正确性。

0.3 工程力学基础的任务

由上述工程力学基础的研究内容可见，工程力学基础就是在对机器、设备或结构的构件进行受力分析研究的基础上，研究构件在外力作用下变形和破坏的规律。为所设计的构件选择适当的材料、合理的截面形状和尺寸，以保证达到强度、刚度和稳定性的要求。为使设备能够满足适用、安全和经济的要求，提供基础理论知识。

工程力学侧重于实际中的应用，是工科院校诸多专业学生必修的课程，它既是一系列后续课程的基础，又和工程实际问题联系紧密，可以单独或和其他知识一道解决工程实际问题。因此，工程力学是研究范围极其广泛的技术基础课程。

0.4 工程力学的学习方法

1. 联系实际

工程力学来源于人类长期的生活实践、生产实践与科学实验，并且广泛应用于各类工程实践中。因此，在实践中学习工程力学是一个重要的学习方法。

广泛联系与分析生活及生产中的各种力学现象，是培养未来的工程技术人员对工程力学产生兴趣的一条重要途径。而对工程力学的兴趣则是身心投入的一个重要起点。联系实际也是从获得理论知识到养成分析与解决问题能力之间的一座桥梁。初学工程力学者的通病就是感到“理论好懂，习题难解”，这就是缺少各种实践的过程（包括大量的课内外练习），没有完成理论到能力之间转化的一种反映。

2. 善于总结

将书读薄是做学问的一种基本方法。读一本书后要将其总结成几页材料，惟其如此，才能抓住一个章节、一本书乃至一门学科的精髓，才能融会贯通，才能使其真正成为自己的知识。

理论需要总结，解题的方法与技巧也需要总结。本书例题中常有一题多解和多题一解的现象，其目的就是在于传授方法，培养举一反三的能力。

3. 勤于交流

相互交流是获取知识的一种重要手段，课堂教学、习题讨论、课件利用，以及网上交流都是交流的方式，只有经常表述自己的观点，不断纠正自己的错误理念，才能使自己的综合素质得到提高。

第1篇　运　动　学

运动学属于理论力学研究的范畴，是理论力学的基础部分。

运动学是从几何方面来研究物体的机械运动，即研究物体的位置随时间的变化，而不考虑物体运动变化的物理原因（即不计物体所受的力和物体的质量）。运动学的任务是建立物体的运动规律，确定物体运动的有关特征，包括点的轨迹、速度、加速度，刚体的角速度和角加速度，以及它们之间的相互关系等。

运动学首先遇到的问题是如何确定物体在空间的位置，物体的位置只能相对地描述，即只能确定一物体相对于另一物体的位置，这后一物体称为参考体，将坐标系固连在参考体上，则此坐标系称为参考坐标系或参考系。如果物体在所选的参考系中的位置不发生变化，则称该物体处于静止状态，如果物体在所选参考系中的位置随时间而变化，则称该物体处于运动状态。选用不同的参考系，可以得到不同的结果。

运动学的知识在工程实际中应用十分广泛，例如，对各种机器设备中的传动机械进行设计时，需进行运动分析，同时运动学也是动力学的基础。

在量度时间时，要注意区别瞬时和时间间隔这两个概念。瞬时是指某一时刻，而时间间隔则是指两个不同瞬时之间的一段时间。

在运动学中要研究点的运动、刚体的基本运动、点的合成运动以及刚体的平面运动。

第1章　运动学基础

由于计算机的发展和普及，运动学分析法在工程计算中的地位不断提高，特别是在工程实际中常常注重对运动全过程的分析，而不仅仅限于分析特定瞬时的运动，这一要求完全可以由分析法的数值计算来满足。本章主要研究点的运动和刚体的简单运动的分析法，它是研究物体复杂运动的基础。另外，简要介绍一些平面机构运动的分析法。

1.1　点的运动学

点的运动学是研究一般物体运动的基础，又具有独立的应用意义。本节将研究点的简单运动，研究点相对某一个参考系的几何位置随时间变动的规律。所研究的点既包括由物体抽象得来的点，也包括物体上的某一具体的点。

用分析法研究动点在空间的运动，首先要选择一个合适的参考系。然后用该参考系的坐标描述动点在任意瞬时的空间位置，即建立动点的运动方程。最后，用求导数的方法计算动点的速度和加速度。本节在已有的高等数学和大学物理知识的基础上，分别介绍描述点的运动的三种方法：矢径法、直角坐标法和自然法。利用这三种方法建立点的运动方程（用以描述点在空间的位置随时间变化的规律）及求点的速度和加速度。

1.1.1　用矢量法表示点的位置、速度和加速度

1. 点的运动方程

为了确定点 M 在任一瞬时的空间位置，可在参考系上选取某固定点 O 为坐标原点，自点 O 向点 M 作矢量 $\boldsymbol{r}$，称 $\boldsymbol{r}$ 为点 M 相对于原点 O 的矢径，如图1-1所示。在点 M 的运动过程中，矢径 $\boldsymbol{r}$ 的大小和方向随时间连续变化，故矢径 $\boldsymbol{r}$ 是时间 t 的单值连续函数，表示为

$$\boldsymbol{r}=\boldsymbol{r}(t) \tag{1-1}$$

式（1-1）称为矢量形式的点 M 的运动方程。随着时间的变化，矢径 $\boldsymbol{r}$ 的末端描绘出一条连续曲线，称为矢端曲线，也就是点 M 的运动轨迹。

2. 点的速度

点运动的快慢和方向用速度表示。如图1-2所示，设由瞬时 t 到瞬时 $t'=t+\Delta t$，点由 M 运动到 M'，相应的矢径由 $\boldsymbol{r}$ 变化到 $\boldsymbol{r}'$。点在 Δt 时间间隔内的位移为

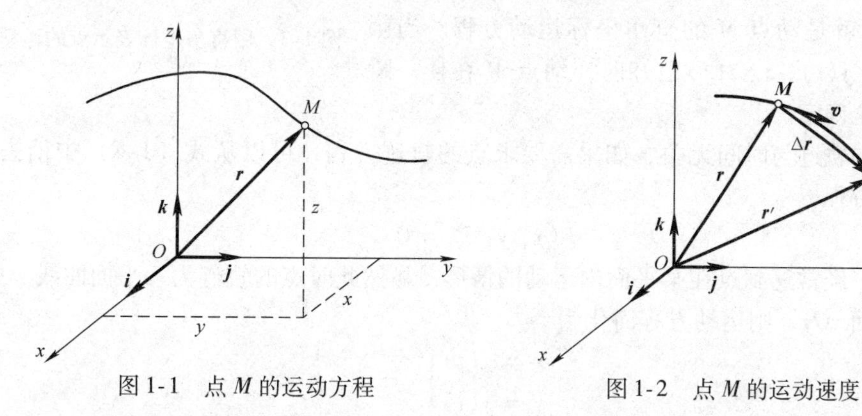

图1-1　点 M 的运动方程　　图1-2　点 M 的运动速度

$$\Delta \boldsymbol{r} = \overrightarrow{MM'} = \boldsymbol{r}' - \boldsymbol{r}$$

点在 Δt 时间间隔内的平均速度为

$$\boldsymbol{v}^* = \frac{\Delta \boldsymbol{r}}{\Delta t} = \frac{\overrightarrow{MM'}}{\Delta t}$$

当 Δt 趋近于零时，平均速度$\boldsymbol{v}$的极限称为点在瞬时 t 的速度，表示为

$$\boldsymbol{v} = \lim_{\Delta t \to 0} \frac{\Delta \boldsymbol{r}}{\Delta t} = \frac{\mathrm{d}\boldsymbol{r}}{\mathrm{d}t} = \dot{\boldsymbol{r}} \tag{1-2}$$

即点的速度等于点的矢径 $\boldsymbol{r}$ 对时间的一阶导数。

点的速度$\boldsymbol{v}$是矢量，其大小表明点在瞬时 t 运动的快慢，其方向沿轨迹在 M 点处的切线并指向点前进的一方，如图 1-2 所示。在国际单位制中，速度的单位为 m/s。

3. 点的加速度

点运动速度的变化可用加速度表示。如图 1-2 所示，设由瞬时 t 到瞬时 $t' = t + \Delta t$，点由 M 运动到 M'，相应的速度由$\boldsymbol{v}$变化到$\boldsymbol{v}'$。在 Δt 时间间隔内，点的速度的改变量为

$$\Delta \boldsymbol{v} = \boldsymbol{v}' - \boldsymbol{v}$$

所以点在 Δt 时间间隔内的平均加速度为

$$\boldsymbol{a}^* = \frac{\Delta \boldsymbol{v}}{\Delta t}$$

当 Δt 趋近于零时，平均加速度的极限称为点在瞬时 t 的加速度，表示为

$$\boldsymbol{a} = \lim_{\Delta t \to 0} \boldsymbol{a}^* = \lim_{\Delta t \to 0} \frac{\Delta \boldsymbol{v}}{\Delta t} = \frac{\mathrm{d}\boldsymbol{v}}{\mathrm{d}t} = \dot{\boldsymbol{v}} = \ddot{\boldsymbol{r}} \tag{1-3}$$

即点的加速度等于它的速度$\boldsymbol{v}$对时间的一阶导数，或等于矢径 $\boldsymbol{r}$ 对时间的二阶导数。在国际单位制中，加速度的单位为 m/s^2。

1.1.2 用直角坐标法确定点的位置、速度和加速度

1. 用直角坐标表示点的运动方程

如图 1-3 所示，当动点 M 在空间运动时，它在某瞬时的位置也可以用空间直角坐标系的坐标（x, y, z）来表示，位置坐标 x、y、z 都是时间 t 的单值连续函数，即

$$\left.\begin{aligned} x &= x(t) \\ y &= y(t) \\ z &= z(t) \end{aligned}\right\} \tag{1-4}$$

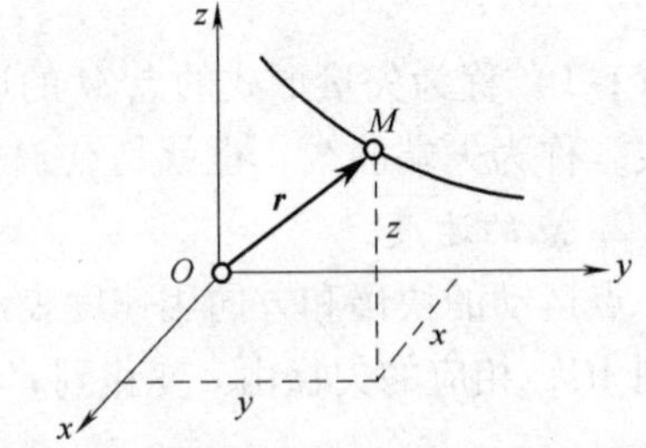

图 1-3 用直角坐标表示点的运动方程

式（1-4）就是动点 M 的直角坐标运动方程。当函数 $x = x(t)$, $y = y(t)$, $z = z(t)$ 已知时，动点 M 在任一瞬时的位置就完全确定。

因为动点的轨迹与时间无关，如果需要求点的轨迹方程，可以从式（1-4）中消去 t，即得动点的轨迹方程

$$F(x, y, z) = 0 \tag{1-5}$$

在工程中，经常遇到点在某平面内运动的情形，显然此时点的轨迹为一平面曲线。如取该平面为坐标平面 xOy，则运动方程简化为

$$\left.\begin{aligned} x &= x(t) \\ y &= y(t) \end{aligned}\right\} \tag{1-6}$$

当动点始终沿一直线运动时，如取该直线为坐标轴 Ox，则运动方程为

$$x = x(t) \tag{1-7}$$

2. 用直角坐标表示点的速度

点的速度是描述点运动快慢和方向的物理量。如图1-4所示，若以 O 点为坐标原点，建立 $Oxyz$ 直角坐标系，则动点 M 的矢径可表示为

$$\boldsymbol{r} = x\boldsymbol{i} + y\boldsymbol{j} + z\boldsymbol{k} \tag{1-8}$$

式中，$\boldsymbol{i}$、$\boldsymbol{j}$、$\boldsymbol{k}$ 分别为沿直角坐标轴正向的单位矢量。

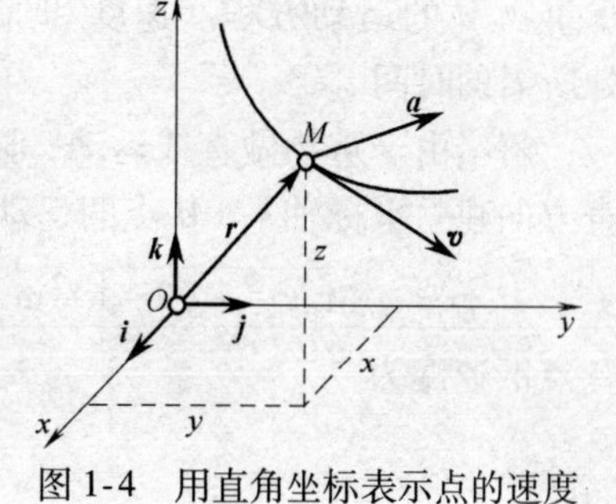

图1-4　用直角坐标表示点的速度

由于动点的速度等于矢径对时间的一阶导数，故动点的速度可表示为

$$\boldsymbol{v} = \frac{\mathrm{d}\boldsymbol{r}}{\mathrm{d}t} = \frac{\mathrm{d}x}{\mathrm{d}t}\boldsymbol{i} + \frac{\mathrm{d}y}{\mathrm{d}t}\boldsymbol{j} + \frac{\mathrm{d}z}{\mathrm{d}t}\boldsymbol{k} \tag{1-9}$$

设动点 M 的速度矢量 $\boldsymbol{v}$ 在直角坐标轴上的投影为 v_x、v_y 和 v_z，即

$$\boldsymbol{v} = v_x\boldsymbol{i} + v_y\boldsymbol{j} + v_z\boldsymbol{k} \tag{1-10}$$

比较式（1-9）和式（1-10），得到

$$v_x = \frac{\mathrm{d}x}{\mathrm{d}t},\ v_y = \frac{\mathrm{d}y}{\mathrm{d}t},\ v_z = \frac{\mathrm{d}z}{\mathrm{d}t} \tag{1-11}$$

因此，动点的速度在各直角坐标轴上的投影分别等于动点的相应位置坐标对时间的一阶导数。

由式（1-11）求得 v_x、v_y 和 v_z 后，速度 $\boldsymbol{v}$ 的大小和方向就可由它的这三个投影完全确定。速度的大小及方向余弦为

$$\left.\begin{aligned} v &= \sqrt{v_x^2 + v_y^2 + v_z^2} = \sqrt{\left(\frac{\mathrm{d}x}{\mathrm{d}t}\right)^2 + \left(\frac{\mathrm{d}y}{\mathrm{d}t}\right)^2 + \left(\frac{\mathrm{d}z}{\mathrm{d}t}\right)^2} \\ \cos(\boldsymbol{v}, \boldsymbol{i}) &= \frac{v_x}{v},\ \cos(\boldsymbol{v}, \boldsymbol{j}) = \frac{v_y}{v},\ \cos(\boldsymbol{v}, \boldsymbol{k}) = \frac{v_z}{v}, \end{aligned}\right\} \tag{1-12}$$

3. 用直角坐标表示点的加速度

与前述点的速度和点的位置的关系类似，由于动点的加速度等于速度对时间的一阶导数，所以动点的加速度 $\boldsymbol{a}$ 在直角坐标轴上的投影 a_x、a_y、a_z 分别等于动点的速度 $\boldsymbol{v}$ 在直角坐标轴上的投影 v_x、v_y、v_z 对时间 t 的一阶导数，即

$$\left.\begin{aligned} a_x &= \frac{\mathrm{d}v_x}{\mathrm{d}t} = \frac{\mathrm{d}^2x}{\mathrm{d}t^2} \\ a_y &= \frac{\mathrm{d}v_y}{\mathrm{d}t} = \frac{\mathrm{d}^2y}{\mathrm{d}t^2} \\ a_z &= \frac{\mathrm{d}v_z}{\mathrm{d}t} = \frac{\mathrm{d}^2z}{\mathrm{d}t^2} \end{aligned}\right\} \tag{1-13}$$

上式表明，动点的加速度在各直角坐标轴上的投影分别等于动点的相应位置坐标对时间的二阶导数。加速度的大小及方向余弦为

$$\left.\begin{aligned} a &= \sqrt{a_x^2 + a_y^2 + a_z^2} = \sqrt{\left(\frac{\mathrm{d}^2x}{\mathrm{d}t^2}\right)^2 + \left(\frac{\mathrm{d}^2y}{\mathrm{d}t^2}\right)^2 + \left(\frac{\mathrm{d}^2z}{\mathrm{d}t^2}\right)^2} \\ \cos(\boldsymbol{a}, \boldsymbol{i}) &= \frac{a_x}{a},\ \cos(\boldsymbol{a}, \boldsymbol{j}) = \frac{a_y}{a},\ \cos(\boldsymbol{a}, \boldsymbol{k}) = \frac{a_z}{a} \end{aligned}\right\} \tag{1-14}$$

例 1-1 牵引车自 B 点沿水平面匀速开出，速度为 $v_0=1\text{m/s}$，通过绕过 A 的定滑轮将重物 M 自地面提起，如图 1-5 所示。若滑轮 A 距地面高为 9m，车上的牵引钩 D 距地面高为 1m，求重物 M 的运动方程、速度和加速度，以及重物由地面升到 A 处所需的时间。

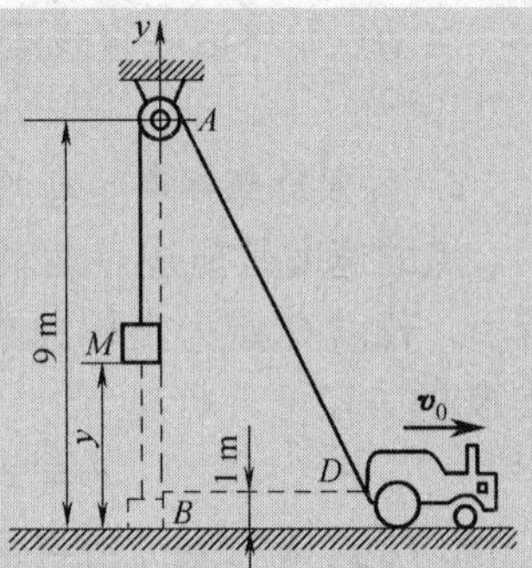

图 1-5 例 1-1 图

解 由于重物做直线运动，以地面上的 B 点为坐标原点沿竖直方向建立坐标轴 y。M 点的运动方程为

$$y=\sqrt{(v_0t)^2+(9-1)^2}\text{m}-8\text{m}=(\sqrt{t^2+8^2}-8)\text{m}$$

M 点的速度为

$$v=\frac{\mathrm{d}y}{\mathrm{d}t}=\frac{t}{\sqrt{t^2+64}}\text{m/s}$$

M 点的加速度为

$$a=\frac{\mathrm{d}v}{\mathrm{d}t}=\frac{64}{\sqrt{(t^2+64)^3}}\text{m/s}$$

当 M 点升到 A 处时，$y=9\text{m}$，代入运动方程，得

$$9=\sqrt{t^2+64}-8$$

故

$$t=15\text{s}$$

1.1.3 描述点运动的自然法

在点的运动轨迹上建立弧坐标及自然轴系，并用它们来描述和分析点的运动的方法，称为自然法。

当点的轨迹为已知的曲线时，用自然法描述点的运动，更能反映点沿轨迹运动的实际情况，各个运动量的物理意义也更明确。

1. 用弧坐标表示点的运动方程

点在运动过程中所经过的路线称为点的运动轨迹。按照轨迹形状的不同，点的运动可分为直线运动和曲线运动。如图 1-6 所示，设点 M 沿已知轨迹 AB 运动，选此轨迹为自然坐标轴，在轨迹上任取一点 O 作为坐标原点，并规定 O 点的一侧为正方向，另一侧为负方向。这样，点 M 在轨迹上的位置可用它到 O 点的弧长 s 来表示，弧长 s 称为点 M 在自然坐标轴上的弧坐标。弧坐标 s 是代数量，如果点 M 在轨迹的正方向上，则弧坐标为正值，反之为负值。当点 M 沿轨迹运动时，弧坐标 s 随时间 t 而变化，即弧坐标是时间的函数，用数学表达式表示为

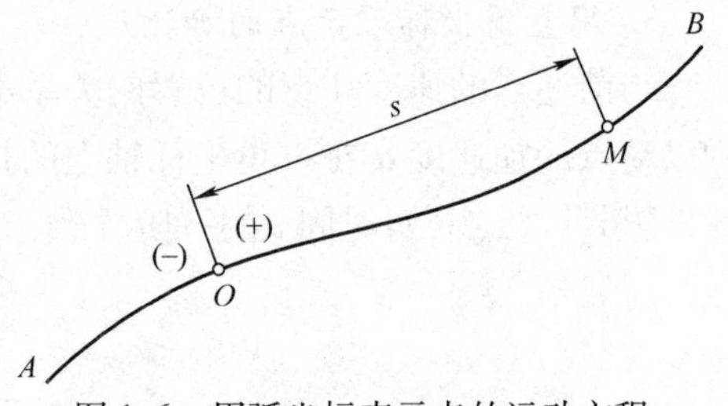

图 1-6 用弧坐标表示点的运动方程

$$s=f(t) \tag{1-15}$$

式（1-15）称为用自然法表示的点沿已知轨迹的运动方程，又称为弧坐标运动方程（arc coordinate motion equation）。如果已知点的运动方程式（1-15），可以确定任一瞬时点的弧坐标 s 的值，也就确定了该瞬时动点在轨迹上的位置。

2. 用自然法求点的速度和加速度

自然法是以点的运动轨迹作为自然坐标轴来确定点的位置的方法。因此，用自然法来描述

点的运动规律必须已知点的运动轨迹。

（1）点的速度。速度是矢量，用符号$\boldsymbol{v}$表示，其单位为 m/s。

在中学物理中知道，速度等于位移除以时间，那里的速度指的是对应于一段时间间隔的平均速度，而这里所讲的速度则是对应于某一时刻的瞬时速度。

由理论推导可得，当点沿已知轨迹运动时，其瞬时速度的大小等于点的弧坐标对时间的一阶导数，方向沿轨迹的切线方向，如图 1-7 所示，即

$$\boldsymbol{v}=\frac{\mathrm{d}s}{\mathrm{d}t} \tag{1-16}$$

如果$\boldsymbol{v}$大于零，则瞬时速度指向轨迹的正方向，表明在该瞬时点沿轨迹的正方向运动；反之，则指向轨迹的负方向，表明在该瞬时点沿轨迹的负方向运动。

（2）点的加速度。点做平面曲线变速运动时，其速度的大小和方向都随时间而变化，加速度是表示速度的大小和方向变化快慢的物理量。加速度也是矢量，用符号 $\boldsymbol{a}$ 表示，其单位为 $\mathrm{m/s^2}$。同样，这里所讲的加速度也是对应于某一时刻的瞬时加速度。

为了便于研究速度矢量的改变，在过轨迹曲线和动点重合的点上建立一坐标系。以过该点的切线为坐标轴 τ，其正向指向轨迹正向；以过该点的与轴 τ 正交的法线为坐标轴 n，其正向指向轨迹曲线的曲率中心。这一在轨迹曲线上建立的平面坐标，称为自然坐标系，这两个坐标轴称为自然轴。

设一动点沿已知的轨迹做平面曲线运动，在经时间间隔 Δt 后，动点的位置由 M 处运动到 M' 处，其速度由$\boldsymbol{v}$变成了$\boldsymbol{v}'$，如图 1-8 所示。此时动点速度矢量的改变量为 $\Delta\boldsymbol{v}$，在时间间隔 Δt 内的平均加速度 $\boldsymbol{a}^*$ 即为

$$\boldsymbol{a}^*=\frac{\Delta\boldsymbol{v}}{\Delta t}$$

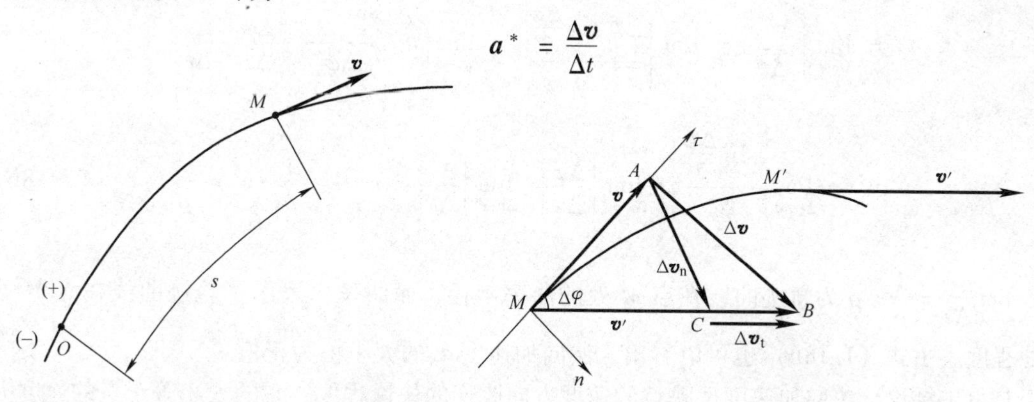

图 1-7　用自然法表示点的速度　　　图 1-8　用自然法表示点的加速度

当时间间隔 $\Delta t\to 0$ 时，平均加速度 $\boldsymbol{a}^*$ 的极限矢量就是动点在瞬时 t 的加速度 $\boldsymbol{a}$，亦即为

$$\boldsymbol{a}=\lim_{\Delta t\to 0}\boldsymbol{a}^*=\lim_{\Delta t\to 0}\frac{\Delta\boldsymbol{v}}{\Delta t}$$

速度矢量的改变，包含速度大小和方向两方面的变化。为了清楚地看出这两方面的变化，可将速度矢量的改变量 $\Delta\boldsymbol{v}$分解为两个分量 $\Delta\boldsymbol{v}_{\mathrm{t}}$ 和 $\Delta\boldsymbol{v}_{\mathrm{n}}$，它们分别表示速度大小和方向的改变量，也就是

$$\Delta\boldsymbol{v}=\Delta\boldsymbol{v}_{\mathrm{t}}+\Delta\boldsymbol{v}_{\mathrm{n}}$$

这样，动点的加速度 $\boldsymbol{a}$ 即可表示为

$$\boldsymbol{a}=\lim_{\Delta t\to 0}\frac{\Delta\boldsymbol{v}}{\Delta t}=\lim_{\Delta t\to 0}\frac{\Delta\boldsymbol{v}_{\mathrm{t}}}{\Delta t}+\lim_{\Delta t\to 0}\frac{\Delta\boldsymbol{v}_{\mathrm{n}}}{\Delta t}=\boldsymbol{a}_{\mathrm{t}}+\boldsymbol{a}_{\mathrm{n}} \tag{1-17}$$

上式表明，加速度 $\boldsymbol{a}$ 可分解为切向加速度（tangential acceleration）$\boldsymbol{a}_t$和法向加速度（normal acceleration）$\boldsymbol{a}_n$。前者反映速度大小的变化，后者反映速度方向的变化，现分别讨论这两个加速度的大小和方向。

（1）切向加速度 $\boldsymbol{a}_t$。切向加速度分量 $\boldsymbol{a}_t = \lim|\Delta\boldsymbol{v}_t/\Delta t|$，由图 1-8 可以看出，当 $\Delta t\to0$ 时，$\Delta\boldsymbol{v}_t\to0$，所以 $\Delta\boldsymbol{v}_t$的极限方向与动点轨迹曲线在 M 点的切线重合，这一切向加速度 $\boldsymbol{a}_t$显示了速度大小的改变，它的方向沿轨迹曲线的切线方向，它的大小为

$$\boldsymbol{a}_t = \lim_{\Delta t\to0}\left|\frac{\Delta\boldsymbol{v}_t}{\Delta t}\right| = \frac{dv}{dt} = \frac{d^2s}{dt^2} \tag{1-18a}$$

当 $dv/dt>0$ 时，切向加速度 $\boldsymbol{a}_t$指向自然轴 $\boldsymbol{\tau}$ 的正向；反之，指向自然轴 $\boldsymbol{\tau}$ 的负向。必须指出，切向加速度的正负号只说明了切向加速度矢量的方向，并不能说明动点是做加速运动还是做减速运动。当 dv/dt 的正负与速度$\boldsymbol{v}$的正负一致时，动点才是做加速运动；反之，动点做减速运动。

可见，切向加速度反映的是动点速度值对时间的变化率，它的代数值等于速度代数值对时间的一阶导数，或弧坐标对时间的二阶导数，方向沿轨迹切线方向。

（2）法向加速度 a_n。法向加速度分量 $\boldsymbol{a}_n = \lim|\Delta\boldsymbol{v}_n/\Delta t|$，由图 1-8 可以看出，在$\triangle MAC$（等腰三角形）中，$\angle MAC=\frac{1}{2}(\pi-\Delta\varphi)$，当 $\Delta t\to0$ 时，$\Delta\varphi\to0$，$\angle MAC=\frac{\pi}{2}$，所以 $\Delta\boldsymbol{v}_n$的极限方向与速度矢量 $\Delta\boldsymbol{v}_t$垂直，这一法向加速度 $\boldsymbol{a}_n$显示了速度方向的改变，它的方向沿动点轨迹曲线在点 M 处的法线，并指向曲线内凹一侧的曲率中心，它的大小为

$$a_n = \lim_{\Delta t\to0}\left|\frac{\Delta\boldsymbol{v}_n}{\Delta t}\right| = \lim_{\Delta t\to0}\left|\frac{2\boldsymbol{v}\sin\frac{\Delta\varphi}{2}}{\Delta t}\right| = \lim_{\Delta t\to0}\left|\boldsymbol{v}\cdot\frac{\sin\frac{\Delta\varphi}{2}}{\frac{\Delta\varphi}{2}}\cdot\frac{\Delta\varphi}{\Delta s}\cdot\frac{\Delta s}{\Delta t}\right|$$

$$= v\cdot\lim_{\Delta t\to0}\left|\frac{\sin\frac{\Delta\varphi}{2}}{\frac{\Delta\varphi}{2}}\right|\cdot\lim_{\Delta t\to0}\left|\frac{\Delta\varphi}{\Delta s}\right|\cdot\lim_{\Delta t\to0}\left|\frac{\Delta s}{\Delta t}\right| = v\cdot1\cdot\frac{1}{\rho}\cdot v = \frac{v^2}{\rho} \tag{1-18b}$$

式中，$\lim\limits_{\Delta t\to0}\frac{\Delta\varphi}{\Delta s}=\frac{1}{\rho}$，$\rho$ 为轨迹曲线在点 M 处的曲率半径，而曲率$\frac{1}{\rho}$表示了轨迹曲线在点 M 处的弯曲程度。由式（1-18b）也可以看出，法向加速度 $\boldsymbol{a}_n$的大小恒为正值。

于是得出结论，法向加速度反映点的速度方向改变的快慢程度，它的大小等于点的速度大小的二次方除以曲率半径，方向沿着法线指向曲率中心。

综上所述，动点做平面曲线运动时，加速度 $\boldsymbol{a}$ 由切向加速度 $\boldsymbol{a}_t$和法向加速度 $\boldsymbol{a}_n$这两个分量组成。由于加速度（或称全加速度）$\boldsymbol{a}$ 的这两个分量在每一瞬时总相互垂直，所以动点的全加速度的大小和方向为

$$a = \sqrt{a_t^2+a_n^2} = \sqrt{\left(\frac{dv}{dt}\right)^2+\left(\frac{v^2}{\rho}\right)^2} \tag{1-19}$$

$$\tan\alpha = \left|\frac{a_t}{a_n}\right| \tag{1-20}$$

式（1-20）中的 $\boldsymbol{\alpha}$ 是全加速度 $\boldsymbol{a}$ 与自然轴所在的方向 $\boldsymbol{n}$ 的夹角（见图 1-9）。

当点的轨迹为已知的曲线时，用自然法来描述点的运动更能反映点沿轨迹运动的实际情况，各个运动量的物理意义也更明确。

1.1.4 点运动的几种特殊情况

1. 匀速直线运动

当点做匀速直线运动时，由于 v 的大小为常量，$\rho\to\infty$，故 $\boldsymbol{a}_t=\boldsymbol{0}$，$\boldsymbol{a}_n=\boldsymbol{0}$。此时，$\boldsymbol{a}=\boldsymbol{0}$。

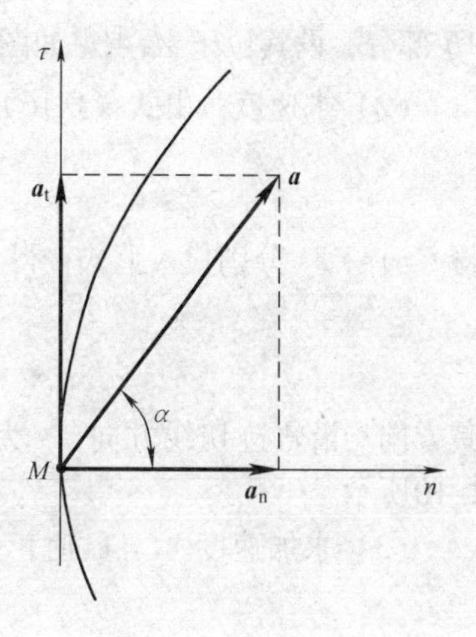

图1-9 $\boldsymbol{a}$ 的这两个分量

2. 匀速曲线运动

当点做匀速曲线运动时，由于 v 为常量，故 $\boldsymbol{a}_t=\boldsymbol{0}$，$\boldsymbol{a}_n\neq\boldsymbol{0}$。此时，$\boldsymbol{a}=\boldsymbol{a}_n$。

3. 匀变速直线运动

$$v=v_0+at \tag{1-21a}$$

$$s=s_0+v_0t+\frac{at^2}{2} \tag{1-21b}$$

由式（1-21a）和式（1-21b）消去 t，得

$$v^2=v_0^2+2a(s-s_0) \tag{1-21c}$$

4. 匀变速曲线运动

当点做匀变速曲线运动时，$\boldsymbol{a}_t$的大小为常量，$a_n=v^2/\rho$。若已知运动的初始条件，即当$t=0$ 时，$v=v_0$，$s=s_0$，由 $\mathrm{d}v=a_t\mathrm{d}t$，$\mathrm{d}s=v\mathrm{d}t$，积分可得其速度与运动方程为

$$v=v_0+a_tt \tag{1-22}$$

$$s=s_0+v_0t+\frac{1}{2}a_tt^2 \tag{1-23}$$

由式（1-22）和式（1-23）消去 t，得

$$v^2=v_0^2+2a_t(s-s_0) \tag{1-24}$$

实际上式（1-19）~式（1-24）早已为读者所熟悉，引入它们的目的是想说明，在研究点的运动时，已知运动方程，可应用求导的方法求点的速度和加速度；反之，已知点的速度和加速度运动的初始条件应用积分方法也可得到点的运动方程。

例1-2 如图1-10所示，点 M 沿轨迹 OB 运动，其中 OA 为一条直线，AB 为四分之一圆弧。在已知轨迹上建立自然坐标轴，设点 M 的运动方程为 $s=t^3-2.5t^2+t+10$（s 的单位为m，t 的单位为s），求 $t=1$s、3s 时，点的速度和加速度的大小，并图示其方向。

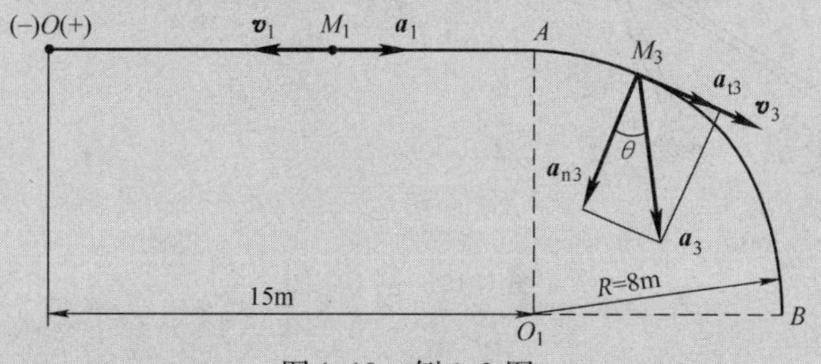

图1-10 例1-2图

解 （1）求点 M 的位置。由点 M 的运动方程可知，当 $t=1$s、3s 时点 M 的弧坐标分别为

$$s_1=(1^3-2.5\times1^2+1+10)\mathrm{m}=9.5\mathrm{m}$$

$$s_3=(3^3-2.5\times3^2+3+10)\mathrm{m}=17.5\mathrm{m}$$

由图1-10 中尺寸可知，$t=1$s 时，点 M 在直线部分，设其位于 M_1点；$t=3$s 时点 M 在曲线

AB 部分，设其位于 M_3 点，如图 1-10 所示。

（2）求速度。由式（1-16），得

$$v=\frac{\mathrm{d}s}{\mathrm{d}t}=3t^2-5t+1$$

将 $t=1\mathrm{s}$、$3\mathrm{s}$ 分别代入上式，得

$$v_1=-1\mathrm{m/s}$$

$$v_3=13\mathrm{m/s}$$

其方向均沿轨迹切线方向，v 为负值时指向轨迹负方向，v 为正值时指向轨迹正方向，如图1-10所示。

（3）求加速度。$t=1\mathrm{s}$ 时，点 M 在直线部分，其法向加速度为零，故

$$a_1=a_{\mathrm{t}1}=\frac{\mathrm{d}v}{\mathrm{d}t}=6t-5$$

即 $t=1\mathrm{s}$ 时，$a_1=1\mathrm{m/s^2}$，其方向沿轨迹切线方向，指向轨迹正方向，如图 1-10 所示。

$$a_3=\sqrt{a_{\mathrm{t}}^2+a_{\mathrm{n}}^2}=\sqrt{13^2+21^2}\mathrm{m/s^2}=24.7\mathrm{m/s^2}$$

$$\tan\theta=\left|\frac{a_{\mathrm{t}}}{a_{\mathrm{n}}}\right|=\frac{13}{21}=0.62,\ \theta=31.80°$$

速度及加速度的方向如图 1-10 所示。

例 1-3 在图 1-11a 所示平面机构中，直杆 OA 以匀角速度 ω 绕过点 O 的固定轴逆时针转动，杆 O_1M 长为 r，绕过点 O_1 的固定轴转动，两杆的运动通过套在杆 OA 上的套筒 M 而联系起来，$OO_1=r$，初始时杆 O_1M 与 OO_1 在同一直线上，试用自然法与直角坐标法求套筒 M 的运动方程以及它的速度和加速度。

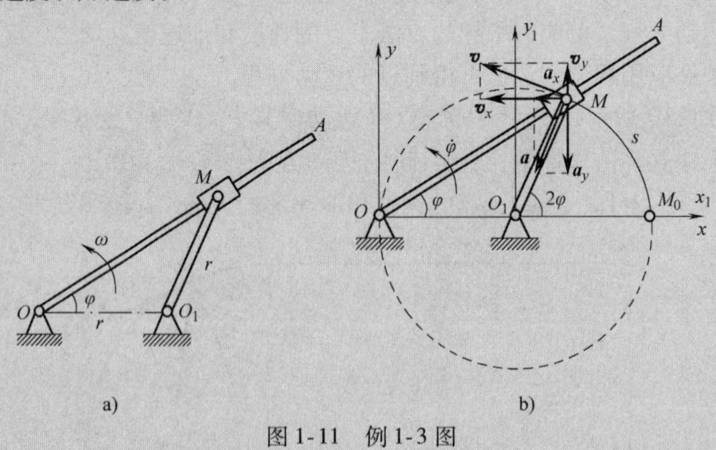

图 1-11 例 1-3 图

解一 自然法

因为已知动点 M 的轨迹是以 O_1 为圆心、r 为半径的圆，故首先宜采用自然法求解。取套筒初始位置 M_0 为弧坐标 s 的原点，以套筒的运动方向为弧坐标 s 的正向（见图 1-11b），于是

$$s=\overparen{M_0M}=2r\varphi$$

将 $\varphi=\omega t$ 代入上式，得套筒 M 沿其轨迹的运动方程

$$s=2r\omega t \tag{1}$$

套筒 M 的速度大小为

$$v = \mathrm{d}s/\mathrm{d}t = 2r\omega \tag{2}$$

其方向如图1-11b所示。由此可知套筒做匀速圆周运动。

套筒 M 的切向和法向加速度分别为

$$a_\mathrm{t} = \frac{\mathrm{d}v}{\mathrm{d}t} = 0,\ a_\mathrm{n} = \frac{v^2}{r} = 4r\omega^2$$

故套筒 M 的加速度大小为

$$a = \sqrt{a_\mathrm{t}^2 + a_\mathrm{n}^2} = a_\mathrm{n} = 4r\omega^2 \tag{3}$$

其方向指向圆心 O_1。

解二　直角坐标法

选取固定直角坐标系 Oxy 如图1-11b所示，则

$$x = OM \cdot \cos\varphi = 2r\cos^2\varphi = r + r\cos2\varphi$$

$$y = OM \cdot \sin\varphi = 2r\cos\varphi\sin\varphi = r\sin2\varphi$$

将 $\varphi = \omega t$ 代入上式，即得套筒 M 在直角坐标系中的运动方程

$$x = r(1 + \cos2\omega t),\ y = r\sin2\omega t \tag{4}$$

将式（4）对时间 t 求导数，得

$$v_x = \frac{\mathrm{d}x}{\mathrm{d}t} = -2r\omega\sin2\omega t,\ v_y = \frac{\mathrm{d}y}{\mathrm{d}t} = 2r\omega\cos2\omega t \tag{5}$$

故套筒 M 的速度大小和方向分别为

$$v = \sqrt{v_x^2 + v_y^2} = 2r\omega$$

$$\cos(\boldsymbol{v}, \boldsymbol{i}) = v_x/v = -\sin2\omega t,\ \cos(\boldsymbol{v}, \boldsymbol{j}) = v_y/v = \cos2\omega t$$

再将式（5）对时间 t 求导数，得

$$a_x = \frac{\mathrm{d}v_x}{\mathrm{d}t} = -4r\omega^2\cos2\omega t,\ a_y = \frac{\mathrm{d}v_y}{\mathrm{d}t} = -4r\omega^2\sin2\omega t \tag{6}$$

故套筒 M 的加速度大小和方向分别为

$$a = \sqrt{a_x^2 + a_y^2} = 4r\omega^2$$

$$\cos(\boldsymbol{a}, \boldsymbol{i}) = \frac{a_x}{a} = -\cos2\omega t,\ \cos(\boldsymbol{a}, \boldsymbol{j}) = \frac{a_y}{a} = -\sin2\omega t$$

显然，采用直角坐标法所得的结果与自然法的结果完全一致，但是本题采用自然法较简便，且物理概念清晰。

通过以上分析可知，分析点的运动学问题应注意以下问题：

（1）求解点的运动学问题时，应恰当选取坐标系，并且应把动点置于运动的一般位置即任一瞬时的位置来分析，而不能是特定的瞬时位置。要有效地保证运动方程能完整地描述点的运动的整个过程。

（2）若运动轨迹已知时，可选用自然法；否则，一般选用直角坐标法。

（3）求速度或加速度时，应在所选的坐标系上根据题设条件和几何关系写出点的运动方程，即写出坐标与时间的函数关系，然后按相关公式进行求导即可。

（4）若已知速度或加速度，应根据前述公式写出有关的微分关系式，由题设初始条件，通过适当的积分来进行计算。

1.2　刚体的基本运动

前一节中介绍了点的运动，但在工程实际中常见的往往是刚体的运动。如机床工作台的升

降，机器中轴和齿轮的旋转，火车车轮的滚动等。刚体的运动形式多种多样，图1-12举出了做这些运动的刚体的例子。

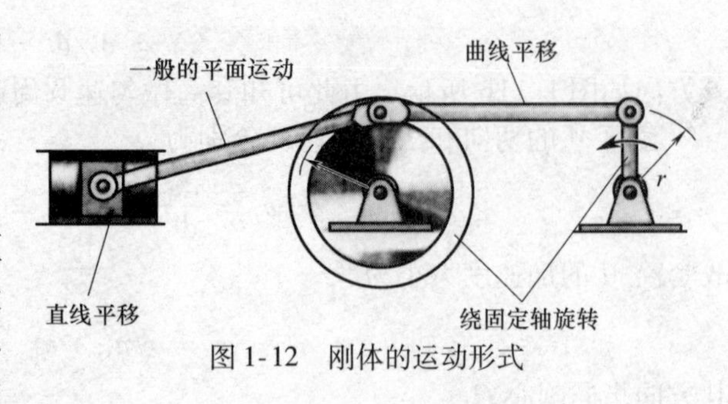

图1-12　刚体的运动形式

1.2.1　刚体的平行移动

刚体在运动过程中，其上任意一条直线总是与它的初始位置保持平行，这种运动称为刚体的平行移动（parallel translation），简称平动（translation）。例如，如图1-13a所示，在平直公路上行驶的汽车车厢的运动是直线运动；图1-13b所示娱乐车本身沿圆形路径运动，但在运动过程中车身始终保持与地面平行，娱乐车是做曲线平移运动，这样才能使位于车内的乘客总保持向上的位置状态。

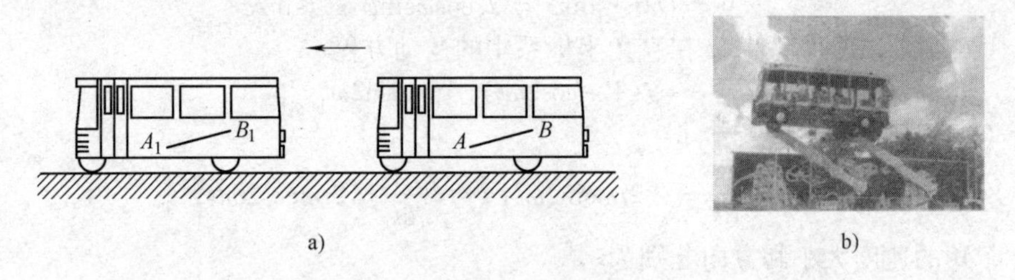

图1-13　刚体的平行移动

上面两个例子说明，刚体的平行移动分为直线平移和曲线平移两种情况。

分析图1-14可以发现，无论刚体是做直线平移，还是做曲线平移，刚体上任意两点（如A、B）的运动轨迹完全相同。

在研究平动刚体的运动学问题时，为了简明起见，我们对常见的平行四边形机构中做平动的刚体（连杆AB）的运动进行分析（见图1-14a）。A、B两点的运动轨迹分别是以O_1、O_2为圆心，O_1A、O_2B为半径的圆周。在连杆AB上任取一点M（见图1-14b），分析可知，M点的运动轨迹是以O'为圆心，以$O'M$为半径的圆周，此轨迹与A点和B点的运动轨迹完全相同。因此，刚体平动时，其上各点具有相同的运动轨迹、相同的运动方程，在同一瞬时，刚体上各点具有相同的速度、相同的加速度。

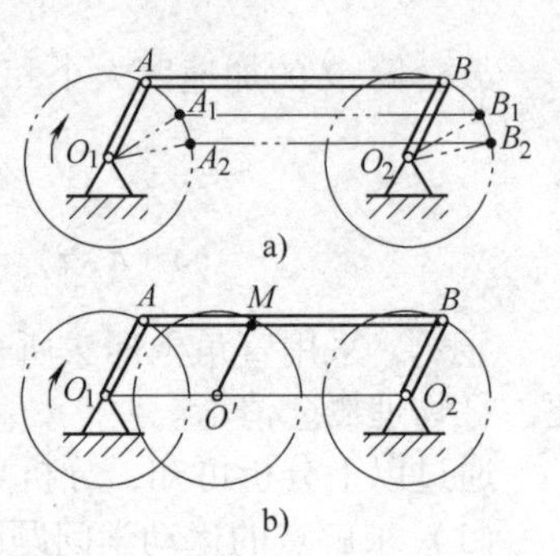

图1-14　刚体AB做曲线平移

上述结论表明，刚体的平动可以用其上任一点的运动来代替，即刚体平动的运动学问题可以归结为点的运动学问题来研究。平动刚体上的所有点以同样的速度和加速度运动。因此可以用前面讨论过的点的运动学来求出做平移运动刚体的运动。

1.2.2　刚体绕定轴转动

刚体运动时，其上或其延伸部分有一条直线始终固定不动，而这条直线外的各点都绕该直线上的点做圆周运动，刚体的这种运动称为刚体绕定轴转动（fixed - axis rotation），简称转动（rotation）。位置保持不变的那条直线称为转动轴（rotation axis），简称轴（axis）。刚体的定轴转动在工程实际中随处可见，例如电动机转子的转动，胶带轮、机床主轴、传动轴的转动等。

1. 刚体的定轴转动方程

为确定转动刚体在空间的位置，如图1-15所示，过转轴 z 作一固定平面Ⅰ为参考面，半平面Ⅱ过转轴 z 且固连在刚体上，初始时半平面Ⅰ、Ⅱ共面。当刚体绕轴 z 转动的任一瞬时，刚体在空间的位置都可以用固定的静平面Ⅰ与动平面Ⅱ之间的夹角 φ 来表示，φ 称为刚体的转角（rotation angular）。刚体转动时，转角 φ 随时间 t 变化，它是时间 t 的单值连续函数，即

$$\varphi=\varphi(t) \tag{1-25}$$

式（1-25）为刚体的转动方程（rigid rotation equation），它反映了转动刚体任一瞬时在空间的位置，即刚体转动的规律。转角 φ 是代数量，规定从转轴 z 的正向看去，逆时针转向的转角为正，反之为负。转角 φ 的单位是弧度（以rad表示）。

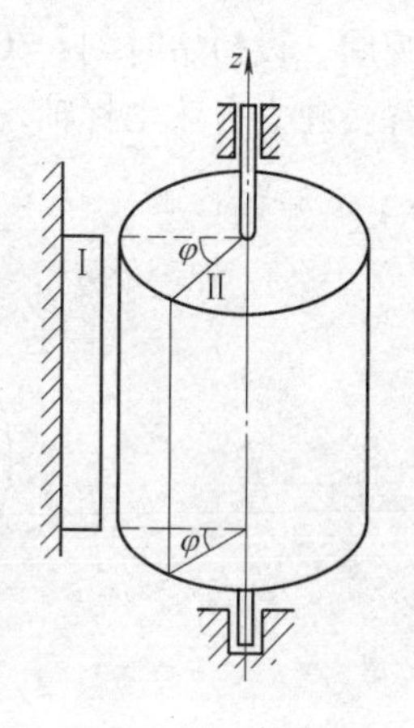

图1-15　刚体的定轴转动

2. 刚体定轴转动的角速度（angular velocity）

角速度是反映刚体转动快慢的物理量，设刚体在瞬时 t 的转角为 φ，经时间间隔 Δt，转角变为 $\varphi+\Delta\varphi$，$\Delta\varphi$ 为刚体在时间间隔 Δt 内的角位移。$\Delta\varphi/\Delta t$ 称为刚体在时间间隔 Δt 内的平均角速度 ω^*，当 Δt 趋于零时，即得刚体在 t 瞬时的角速度为

$$\omega=\lim_{\Delta t\to 0}\omega^*=\lim_{\Delta t\to 0}\frac{\Delta\varphi}{\Delta t}=\frac{\mathrm{d}\varphi}{\mathrm{d}t} \tag{1-26}$$

式中，角速度可用代数量来表示，其正负表示刚体的转动方向。当 $\omega>0$ 时，从转轴 z 的正向看去，刚体逆时针转动；反之则顺时针转动。角速度的单位是rad/s。

工程上常用每分钟转过的圈数表示刚体转动的快慢，称为转速，用符号 n 表示，单位是r/min（转/分）。转速 n 与角速度 ω 的关系为

$$\omega=\frac{2\pi n}{60}=\frac{\pi n}{30} \tag{1-27}$$

3. 刚体定轴转动的角加速度（angular acceleration）

角加速度是反映刚体转动时角速度变化快慢的物理量。设在瞬时 t 刚体的角速度为 ω，经时间间隔 Δt，角速度改变了 $\Delta\omega$，$\Delta\omega/\Delta t$ 称为刚体在时间间隔 Δt 内的平均角加速度 ε^*，当 Δt 趋于零时，即得刚体在 t 瞬时的角加速度为

$$\varepsilon=\lim_{\Delta t\to 0}\varepsilon^*=\lim_{\Delta t\to 0}\frac{\Delta\omega}{\Delta t}=\frac{\mathrm{d}\omega}{\mathrm{d}t}=\frac{\mathrm{d}^2\varphi}{\mathrm{d}t^2} \tag{1-28}$$

上式表明，刚体转动的角加速度等于角速度对时间的一阶导数，或等于转角对时间的二阶导数。角加速度的单位为rad/s^2。

ω 与 ε 符号可能相同，也可能相反，ω 与 ε 同号表示刚体加速转动，ω 与 ε 异号表示刚体减速转动。

1.3　定轴转动刚体上点的速度和加速度

在工程实际中，不仅要知道刚体转动的角速度和角加速度，还要知道刚体转动时其上某点的速度和加速度。例如设计带轮时，要知道带轮转动时其边缘上点的速度；在车削工件时，要知道工件边缘上点的速度等。

1.3.1　定轴转动刚体上点的速度

如图1-16a所示，一刚体绕轴 O 做定轴转动，在刚体上任取一点 M，在通过 M 点且垂直

于转轴的平面内，M 点到转轴的距离为 R，则点 M 的运动轨迹是以 O 为圆心，以 R 为半径的圆周。设初始时刻 $t=0$ 时，点 M 的位置为 M_0，在 t 瞬时，刚体的转角为 φ，点 M 到达图示位置。建立自然坐标轴，则点 M 的弧坐标 s 与转角 φ 之间的关系为

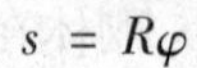

$$s = R\varphi$$

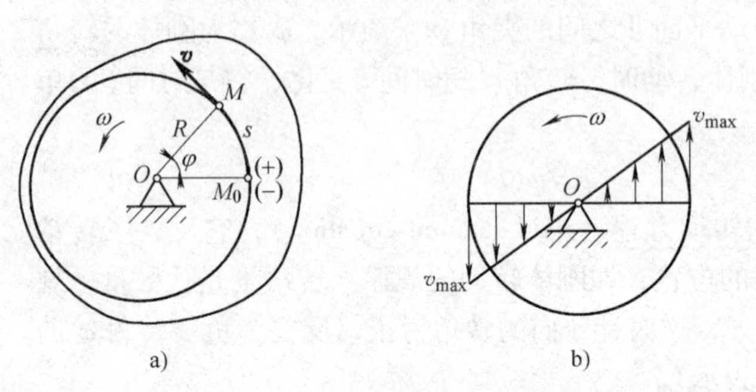

图 1-16 定轴转动刚体上点的速度

用自然法求得点 M 的速度为

$$v = \frac{\mathrm{d}s}{\mathrm{d}t} = R\frac{\mathrm{d}\varphi}{\mathrm{d}t} = R\omega \tag{1-29}$$

即刚体做定轴转动时，其上任意一点速度的大小等于该点到转轴的距离与刚体角速度的乘积，方向沿轨迹的切线方向（垂直于转动半径），指向与角速度 ω 的转向一致。

由式（1-29）可知，刚体做定轴转动时，其上各点的速度与其到转轴的距离成正比，同一瞬时，刚体上各点的速度分布规律如图 1-16b 所示，从图中可以看出，点到转轴的距离越远，速度越大；点到转轴的距离越近，速度越小；转轴上各点的速度为零；所有到转轴距离相等的点，其速度大小相等。

工程中，有很多做定轴转动的物体，如传动中的齿轮和带轮、车削加工时回转的工件等，其圆周上点的速度称为圆周速度。若已知转速 n 和直径 D，则圆周速度的计算公式为

$$v = R\omega = \frac{D}{2}\frac{\pi n}{30} = \frac{\pi Dn}{60} \tag{1-30}$$

式中，直径 D 的单位是 m（米）；转速 n 的单位是 r/min（转/分钟）；速度 v 的单位为 m/s（米/秒）。

1.3.2 定轴转动刚体上点的加速度

刚体做定轴转动时，其上任意一点 M 的运动轨迹为圆周，所以其加速度分为切向加速度和法向加速度两个分量。其中切向加速度的大小为

$$a_{\mathrm{t}} = \frac{\mathrm{d}v}{\mathrm{d}t} = R\frac{\mathrm{d}\omega}{\mathrm{d}t} = R\varepsilon \tag{1-31}$$

法向加速度的大小为

$$a_{\mathrm{n}} = \frac{v^2}{R} = \frac{(R\omega)^2}{R} = R\omega^2 \tag{1-32}$$

即刚体做定轴转动时，其上任意一点切向加速度的大小等于该点到转轴的距离与刚体角加速度的乘积，方向沿轨迹的切线方向（垂直于转动半径），指向与角加速度 ε 的转向一致；法向加速度的大小等于该点到转轴的距离与刚体角速度二次方的乘积，方向沿轨迹的法线方向，指向转动中心，如图 1-17 所示。点 M 的全加速度的大小和方向为

$$\left.\begin{aligned} a &= \sqrt{a_t^2 + a_n^2} = R\sqrt{\varepsilon^2 + \omega^4} \\ \tan\theta &= \left|\frac{a_t}{a_n}\right| = \left|\frac{\varepsilon}{\omega^2}\right| \end{aligned}\right\} \tag{1-33}$$

式中，θ 为 $\boldsymbol{a}$ 与 $\boldsymbol{a}_n$ 之间所夹的锐角。

由式（1-33）可知，刚体做定轴转动时，其上各点的加速度也与其到转轴的距离成正比。同一瞬时，刚体上各点的加速度分布规律如图1-18所示，从图中可以看出，点到转轴的距离越远，加速度越大；点到转轴的距离越近，加速度越小；点在转轴上时，加速度为零。

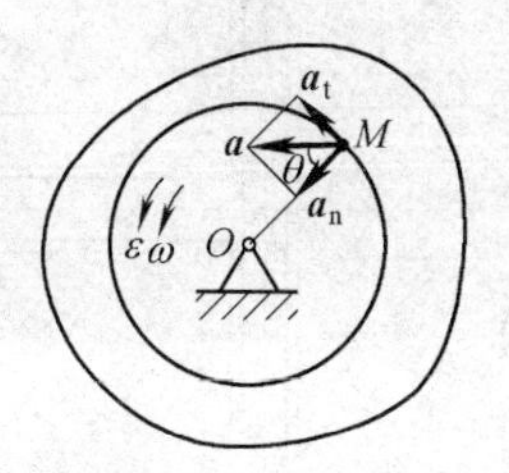

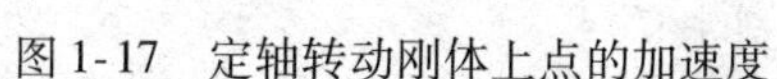
图1-17　定轴转动刚体上点的加速度

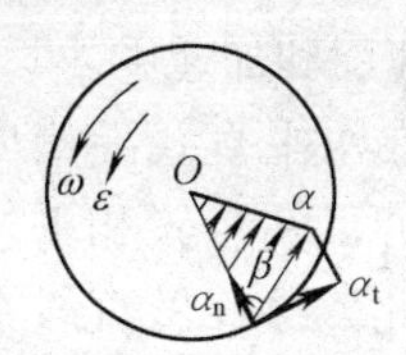

图1-18　加速度分布规律

通过以上内容的介绍可以知道，刚体做定轴转动时，其上各点（转轴除外）具有相同的转动方程，在同一瞬时具有相同的角速度、相同的角加速度；但各点的速度不同、加速度也不同，其值随点到转轴距离的变化而变化。

刚体做定轴转动的基本公式与点做直线运动的基本公式在形式上非常相似，其对应关系见表1-1。

表1-1　刚体做定轴转动与点做直线运动的基本公式的对应关系

点的直线运动		刚体的定轴转动	
运动方程	$s=f(t)$	转动方程	$\varphi=f(t)$
速度	$v=\dfrac{ds}{dt}$	角速度	$\omega=\dfrac{d\varphi}{dt}$
加速度	$a=\dfrac{dv}{dt}$	角加速度	$\varepsilon=\dfrac{d\omega}{dt}$
匀速直线运动	$s=s_0+vt$	匀速转动	$\varphi=\varphi_0+\omega t$
匀变速直线运动	$(s_0=0)$ $v=v_0+at$ $s=v_0t+\dfrac{1}{2}at^2$ $v^2-v_0^2=2as$	匀变速转动	$(\varphi_0=0)$ $\omega=\omega_0+\varepsilon t$ $\varphi=\varphi_0+\omega_0t+\dfrac{1}{2}\varepsilon t^2$ $\omega^2-\omega_0^2=2\varepsilon\varphi$

例1-4　发动机正常工作时其转子做匀速转动，已知转子的转速 $n_0=1200\text{r/min}$，在制动后做匀减速转动，从开始制动到停止转动转子共转过80圈。求发动机制动过程所需要的时间。

解　制动开始时，转子的角速度为

$$\omega_0 = \frac{\pi n_0}{30} = \frac{\pi\times1200}{30}\text{rad/s} = 40\pi\ \text{rad/s}$$

制动结束时，转动的角速度 $\omega=0$，在制动过程中，转子转过的转角为

$$\varphi = 2\pi n = 2\pi\times80\ \text{rad} = 160\pi\ \text{rad}$$

由表1-1得匀减速转动时角加速度为

$$\varepsilon=\frac{\omega^2-\omega_0^2}{2\varphi}=\frac{-(40\pi)^2}{2\times160\pi}\text{rad/s}^2=-5\pi\ \text{rad/s}^2$$

制动时间为

$$t=\frac{\omega-\omega_0}{\varepsilon}=\frac{-40\pi}{-5\pi}\text{s}=8\text{s}$$

例1-5 曲柄导杆机构如图1-19所示，曲柄OA绕固定轴O转动，通过滑块A带动导杆BC在水平槽内做直线往复运动。已知$OA=r$，$\varphi=\omega t$（ω为常量），求导杆在任一瞬时的速度和加速度。

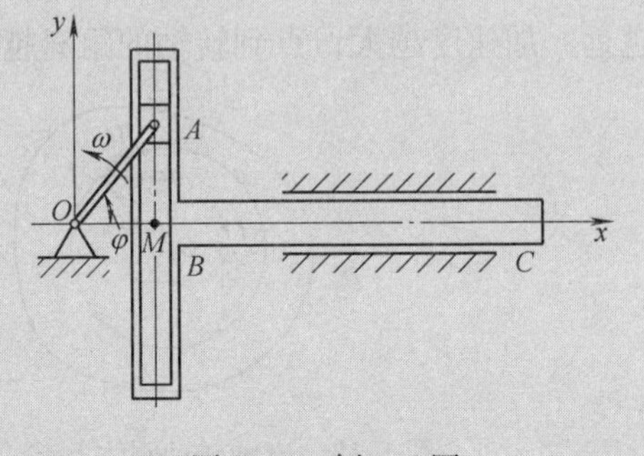

图1-19 例1-5图

解 由于导杆在水平直线导槽内运动，所以其上任一直线始终与它的最初位置相平行，且其上各点的轨迹均为直线。因此，导杆做直线平动。导杆的运动可以用其上的任一点的运动来表示。选取导杆上的M点进行研究，M点沿x轴做直线运动，其运动方程为

$$x_M=OA\cos\varphi=r\cos\omega t$$

则M点的速度和加速度分别为

$$v_M=\frac{\mathrm{d}x_M}{\mathrm{d}t}=-r\omega\sin\omega t$$

$$a_M=\frac{\mathrm{d}v_M}{\mathrm{d}t}=-r\omega^2\cos\omega t$$

例1-6 图1-20所示平行四边形机构，O_1A和O_2B杆均可做360°旋转。已知曲柄O_1A的转动方程为$\varphi=10\pi t$（rad），且$O_1A=R=0.2\text{m}$。求$t=0.5\text{s}$时，连杆AB的中点M的速度和加速度。

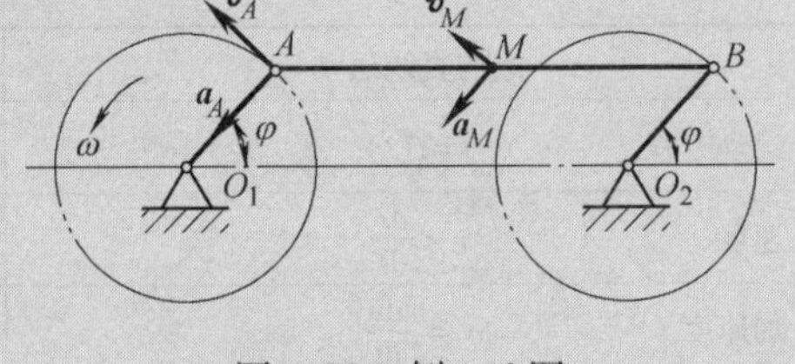

图1-20 例1-6图

解 由题意分析可知，曲柄O_1A和O_2B做定轴转动，连杆AB做平动，故点M的速度、加速度即为点A的速度、加速度。

（1）求曲柄O_1A的角速度、角加速度

$$\omega=\frac{\mathrm{d}\varphi}{\mathrm{d}t}=10\pi\ \text{rad/s}$$

$$\varepsilon=\frac{\mathrm{d}\omega}{\mathrm{d}t}=0$$

即曲柄O_1A做匀速转动。

（2）求点M的速度和加速度。由式（1-29）得点A的速度

$$v_A=R\omega=0.2\times10\pi\ \text{m/s}=6.28\text{m/s}$$

由式（1-32）得点A的加速度

$$a_{An}=R\omega^2=0.2\times(10\pi)^2\ \text{m/s}^2=197.39\text{m/s}^2$$

故

$$a_A=a_{An}=197.39\text{m/s}^2$$

所以点M的速度和加速度分别为

$$v_M = v_A = 6.28\text{m/s}$$

$$a_M = a_A = 197.39\text{m/s}^2$$

点 M 的速度和加速度的方向如图1-20所示。

*例1-7　图1-21a所示半径为 R 的半圆盘在 A、B 处与曲柄 O_1A 和 O_2B 铰接。已知 $O_1A = O_2B = l = 4\text{cm}$，$O_1O_2 = AB$，曲柄 O_1A 的转动规律 $\varphi = 4\sin(\pi t/4)$，其中 φ 以 rad 计，t 以 s 计。求当 $t=0$ 和 $t=2\text{s}$ 时，半圆盘上 M 点的速度和加速度，以及半圆盘的角速度 ω_{AB}。

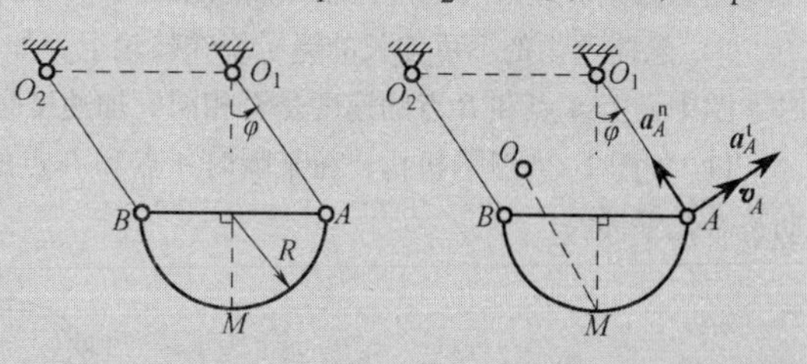

图1-21　例1-7图

解　半圆盘做曲线平移，所以其上各点的运动轨迹相同，且速度、加速度相等。故 M 点在任一瞬时的速度 V_M、加速度 a_M 分别为（见图1-21b）

$$v_M = v_A = l\dot{\varphi} = 4\pi\cos\frac{\pi}{4}t\ \text{cm/s} \tag{1}$$

$$a_{Mn} = a_{An} = l\dot{\varphi}^2 = 4\pi^2\cos^2\frac{\pi}{4}t\ \text{cm/s}^2 \tag{2}$$

$$a_{Mt} = a_{At} = l\ddot{\varphi} = -\pi^2\sin^2\frac{\pi}{4}t\ \text{cm/s}^2 \tag{3}$$

将 $t=0$ 代入以上三式，得此瞬时

$$v_M = 4\pi\ \text{cm/s}^2\text{（方向水平向右）}$$

$$a_{Mt} = 0,\ a_M = a_{Mn} = 4\pi^2\ \text{cm/s}^2\text{（方向铅直向上）}$$

将 $t=2\text{s}$ 代入式(1)～式(3)，得此瞬时

$$v_M = 0,\ a_{Mn} = 0,\ a_M = a_{Mt} = -\pi^2\text{（方向垂直于 }AO_1\text{ 向下）}$$

因为半圆盘做平移，所以其角速度 $\omega_{AB}=0$。

讨论：①求解此类问题，正确判断做平移的刚体很重要。②因为半圆盘做平动，所以盘上各点的运动应与 A 点相同，它们均做半径为 $l=4\text{cm}$ 的变速圆周运动。在同一瞬时，各点的曲率半径相互平行，各点有各自的曲率中心。例如，任一瞬时半圆盘上 M 点做匀变速圆周运动的曲率中心就在图1-21b的 O 点，且 $OM \mathrel{\underline{\underline{/\!/}}} AO_1$。

思　考　题

1. 点的运动方程与轨迹方程有什么区别？

2. 点做匀速运动时和点的速度为零时，其加速度是否必为零？试举例说明。

3. 点在运动时，若某瞬时 $a>0$，那么点是否一定在做加速运动？

4. 点的切向加速度与法向加速度的物理意义是什么？指出当（1）$a_t=0$，$a_n=0$；（2）$a_t=0$，$a_n=$常数；（3）$a_t=$常数，$a_n=0$ 时点各做什么运动？

5. 加速度 $\boldsymbol{a}$ 的方向是否表示点的运动方向？加速度的大小是否表示点的运动快慢程度？

6. 什么是切向加速度和法向加速度？它们的意义是什么？怎样的运动既无切向加速度又无法向加速度？怎样的运动只有切向而无法向加速度？怎样的运动只有法向而无切向加速度？怎样的运动既有切向加速度又有法向加速度？

7. 刚体平动时是否可以用点的运动轨迹、速度和加速度来描述？为什么？试举出生活、生产中刚体平动、定轴转动的例子。

8. 刚体做定轴转动时，角速度为负，是否一定做减速转动？

9. 在图1-22中给出了动点沿曲线轨迹运动到A、B、C、D、E各点时速度和加速度的方向，试判断动点在哪些点处做加速运动？哪些点处做减速运动？哪些点处是不可能出现的运动？

10. 悬挂重物的不可伸长的绳子绕在鼓轮上，如图1-23所示。试问当鼓轮以角速度ω、角加速度ε转动时，图中绳上A点和B点的速度是否相同？加速度是否相同？

11. 如图1-24所示机构，在某瞬时A点和B点的速度完全相同（大小相等、方向相同），试问AB板的运动是否是平动？

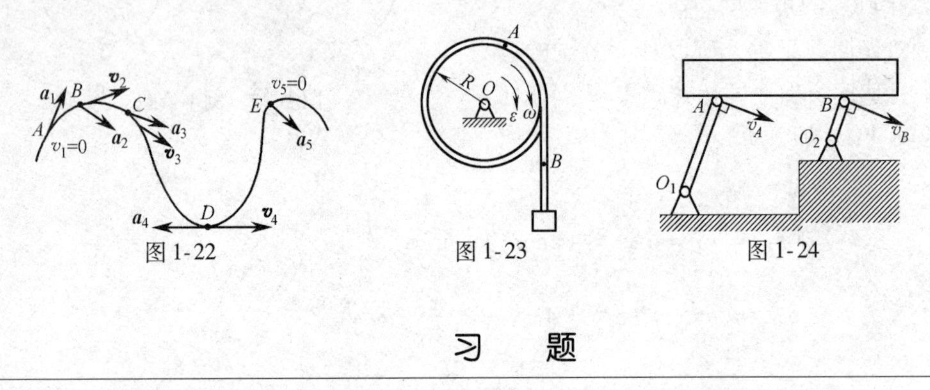

图1-22　　图1-23　　图1-24

习　题

1-1　已知动点M的运动方程$x = a\cos^2 kt$，$y = a\sin^2 kt$。试求：（1）动点M的轨迹；（2）此点沿轨迹的运动方程。

1-2　花园中水管的喷嘴以15m/s的速度喷水，若喷嘴被固定在地面，倾角为30°，求水柱达到的最大高度以及水柱所能达到的最远水平距离。

1-3　如题1-3图所示，一动点沿曲线由A运动到B共用了2s，又用了4s由B运动到C，再用了3s由C运动到D。求质点从A运动到D的平均速率。

1-4　如题1-4图所示，求消防队员使喷射的水能达到的最大高度，假设水喷出的速度为$v_C = 16\text{m/s}$。

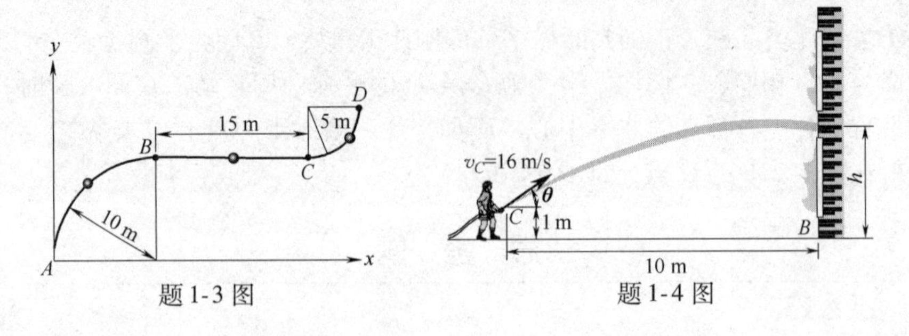

题1-3图　　题1-4图

1-5　如题1-5图所示，通过观看篮球比赛录像来分析投篮情况。球将要投进篮筐中时，球员B试图拦截篮球。忽略球的大小，求球的初始速度$\boldsymbol{v}_A$的大小及队员B需要跳起的高度h。

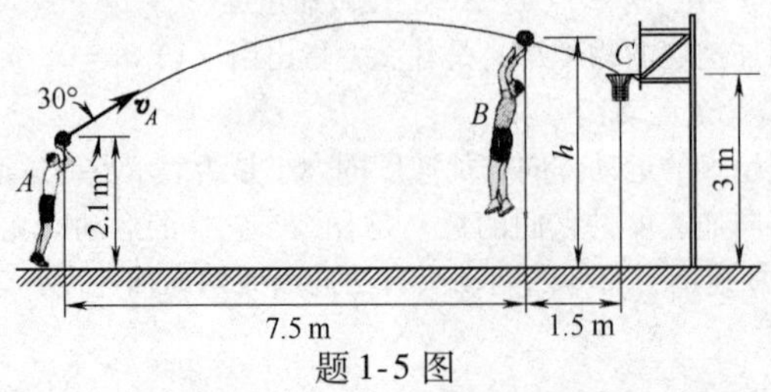

题1-5图

1-6 如题1-6图所示，在泥地摩托车比赛中，观察到车手从障碍处跃起，与水平线的夹角为60°，若落地时水平距离为6m，求摩托车离开地面时的瞬时速度。忽略摩托车的大小。

1-7 如题1-7图所示，一卡车沿半径为50m的环形路径行驶，速率为4m/s，在距 $s=0$ 很短的距离内，速率增加率为 $\mathrm{d}v/\mathrm{d}t=(0.05s)\mathrm{m/s^2}$，$s$ 的单位是m。求当 $s=10\mathrm{m}$ 时，卡车的速度和加速度的大小。

1-8 高尔夫球被击起，速度为24m/s，如题1-8图所示，求它落地时所走的距离 d。

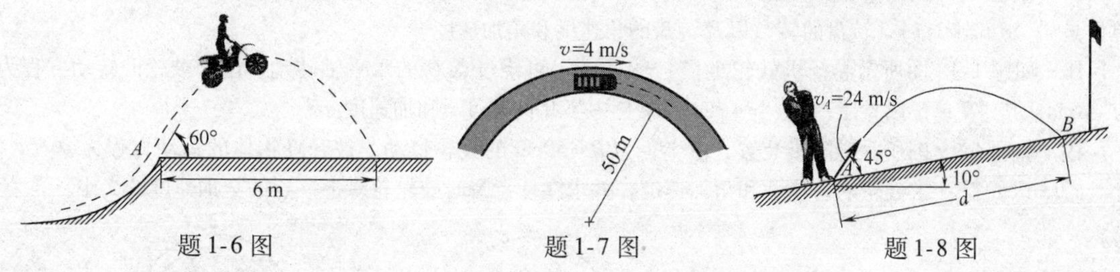

题1-6图　　题1-7图　　题1-8图

*1-9 如题1-9图所示，网球跳过 B 点落在 C 点，求网球的初始水平速度，同时求出 B、C 两点间的距离 s。

1-10 如题1-10图所示，一列火车以14m/s的恒定速率沿曲线行驶，如题1-10图所示。求火车头 B 在到达 A 点（$y=0$）时刻的加速度的大小。

*1-11 已知火箭在 B 点处铅直发射，$\theta=kt$，如题1-11图所示。求火箭的运动方程，以及在 $\theta=\pi/6$ 和 $\pi/3$ 时，火箭的速度和加速度。

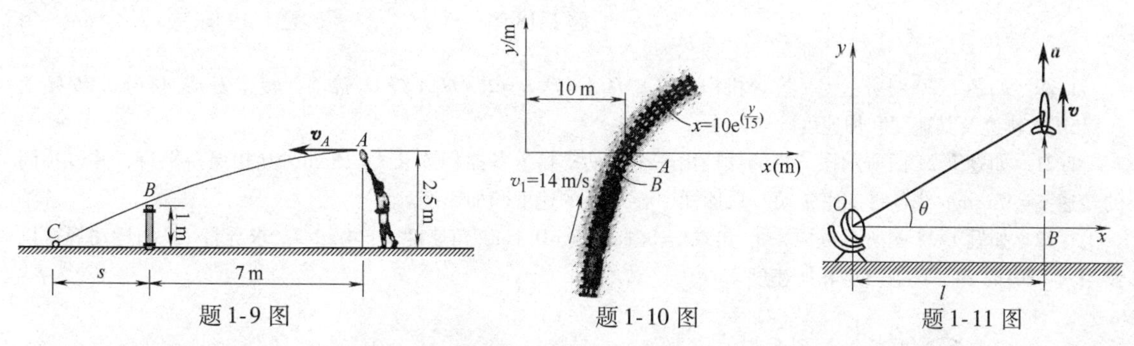

题1-9图　　题1-10图　　题1-11图

*1-12 如题1-12图所示，当火箭到达40m高度后开始沿抛物线轨迹 $(y-40)^2=160x$ 运行，坐标系的单位为m。若速度的垂直分量是常值 $v_y=180\mathrm{m/s}$，求火箭达到80m高度时的速度大小和加速度大小。

*1-13 如题1-13图所示，已知飞机沿半径为 R 的圆弧以匀速 v_0 飞行；点 M 在 A 处与飞机分离，g 为重力加速度，若原点与飞机铰接的坐标系 Oxy 与固定坐标系 $O_1x_1y_1$ 平行。求在坐标系 Oxy 中，点 M 的加速度 $\boldsymbol{a}$ 与角 φ 的关系。

1-14 如题1-14图所示，曲柄连杆机构，曲柄长 $OA=r$，以匀速度 ω 绕 O 轴转动，$\varphi=\omega t$。曲柄的一端 A 用销子与长为 l 的连杆 AB 连接，连杆另一端用销子与滑块 B 相连。由于连杆的带动，滑块 B 沿水平直线导槽做往复直线运动。求滑块 B 的运动方程、速度和加速度。

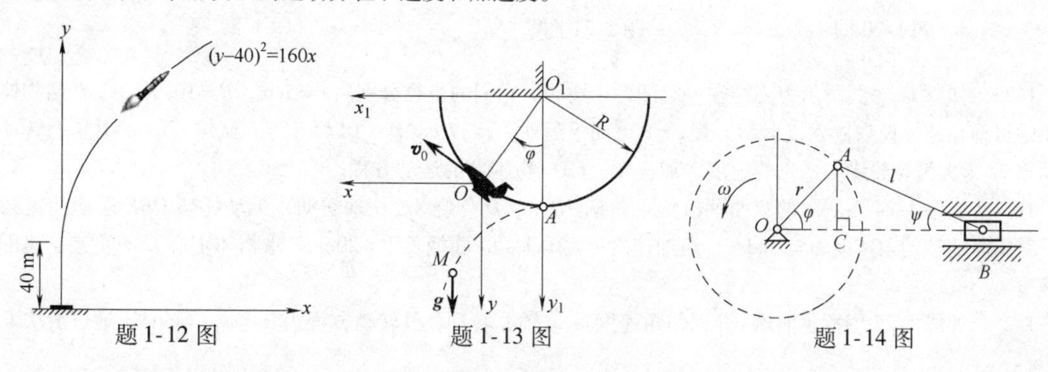

题1-12图　　题1-13图　　题1-14图

1-15　刚体做定轴转动，其转动方程为 $\varphi = t^3$（φ 的单位为 rad，t 的单位为 s）。试求 $t = 2\text{s}$ 时刚体转过的圈数、角速度和角加速度。

1-16　飞轮以 $n = 240\text{r/min}$ 的转速转动，截断电流后，飞轮做匀减速转动，经 4min 10s 停止。试求飞轮的角加速度和停止之前所转过的转角。

1-17　如题 1-17 图所示，半径为 $r = 0.5\text{m}$ 的平转盘由电动机驱动，转盘的角坐标为 $\theta = (20t + 4t^2)\,\text{rad}$，$t$ 的单位是 s。求 $t = 90\text{s}$ 时，转盘的转数以及转盘的角速度和角加速度。

1-18　如题 1-18 图所示卷扬机鼓轮半径 $r = 0.16\text{m}$，可绕过点 O 的水平轴转动。已知鼓轮的转动方程为 $\varphi = t^3/8\text{rad}$，其中 t 单位以 s 计，求 $t = 4\text{s}$ 时轮缘上一点 M 的速度 v 和加速度 a。

1-19　如题 1-19 图所示升降机装置，由半径为 $R = 50\text{cm}$ 的鼓轮带动。被升降物体的运动方程为 $x = 5t^2$，t 以 s 计，x 以 m 计。求鼓轮的角速度和角加速度，并求在任意瞬时鼓轮轮缘上一点的全加速度的大小。

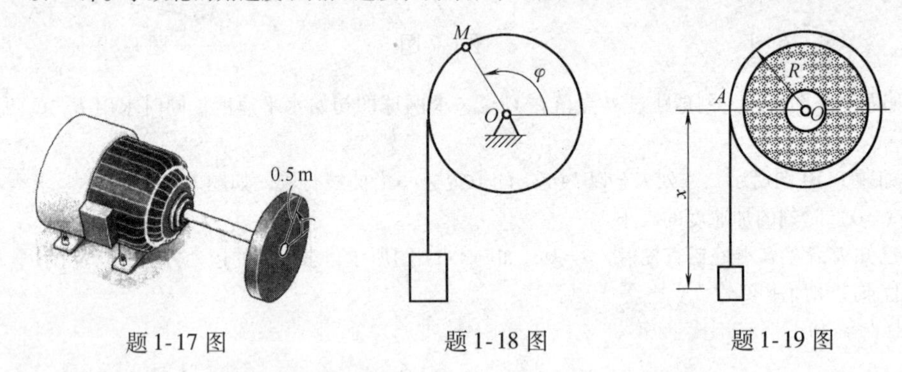

题 1-17 图　　题 1-18 图　　题 1-19 图

1-20　如题 1-20 图所示为一搅拌机构，已知 $O_1A = O_2B = R$，O_1A 绕 O_1 转动，转速为 n。试分析 BAM 上一点 M 的轨迹及其速度和加速度。

1-21　如题 1-21 图所示揉茶机的揉桶由三个曲柄支持。各曲柄均长 $l = 15\text{cm}$，互相保持平行，并以相同的转速 $n = 45\text{r/min}$ 绕各自支座转动。求揉桶中心 O 点的速度和加速度。

1-22　如题 1-22 图所示机构，已知 $OA = 0.1\text{m}$，$R = 0.1\text{m}$，角速度 $\omega = 4\text{rad/s}$。求导杆 BC 的运动规律以及当 $\varphi = 30°$ 时 BC 杆的速度 $\boldsymbol{v}$ 和加速度 $\boldsymbol{a}$。

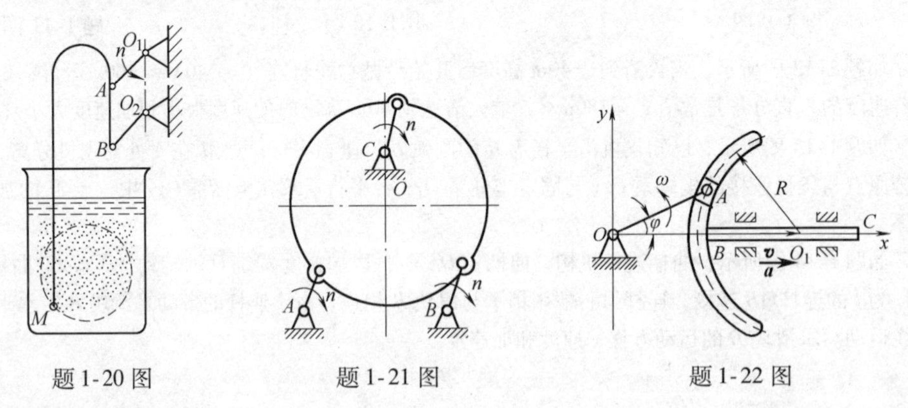

题 1-20 图　　题 1-21 图　　题 1-22 图

1-23　如题 1-23 图所示为固结在一起的两个滑轮，它们的半径分别为 $r = 5\text{cm}$，$R = 10\text{cm}$，A、B 两物体与滑轮通过绳相连，设物体 A 以运动方程 $s = 80t^2$ 向下运动，（s 以 cm 计，t 以 s 计）。试求：（1）滑轮的转动方程及第 2s 末大滑轮轮缘上一点的速度、加速度。（2）物体 B 的运动方程。

1-24　如题 1-24 图所示的双曲柄机构，曲柄 AB 和 CD 分绕 A、C 轴摆动，带动托架 DBE 运动使重物上升。某瞬时曲柄的角速度 $\omega = 4\text{rad/s}$，角加速度 $\varepsilon = 2\text{rad/s}^2$，曲柄长 $R = 20\text{cm}$。求物体重心 G 的轨迹、速度和加速度。

1-25　如题 1-25 图所示曲柄 CB 以匀角速度 ω_0 绕轴 C 转动，其转动方程为 $\varphi = \omega_0 t$（rad），通过滑块 B 带

动摇杆 OA 绕轴 O 转动。设 $OC=h$，$CB=r$，求摇杆的转动方程。

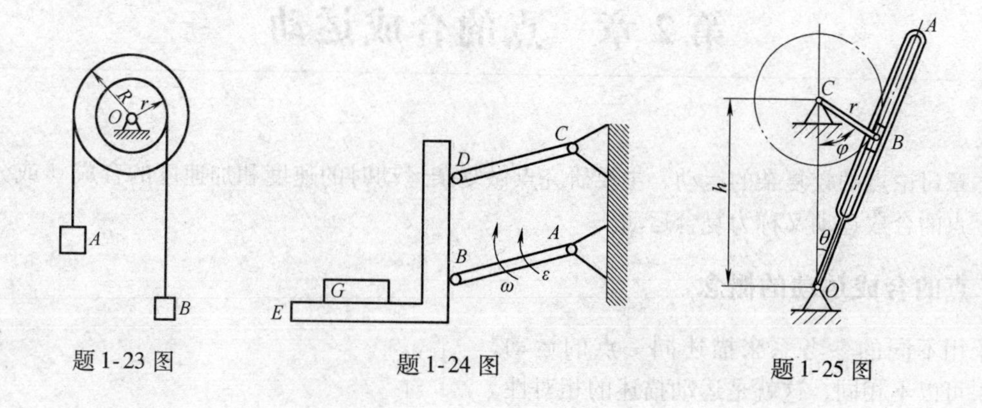

题 1-23 图　　题 1-24 图　　题 1-25 图

第 2 章　点的合成运动

本章讨论点的较复杂的运动，主要研究点做复杂运动时的速度和加速度的合成（或分解）内容。点的合成运动又称为复合运动。

2.1　点的合成运动的概念

采用不同的参考系来描述同一点的运动，其结果可以不相同，这就是运动描述的相对性。例如无风时，站在地面上的人，看到雨滴 M 是铅垂下落的，坐在行驶车厢里的人（见图2-1），看到雨滴 M 却是向车后偏斜下落的（图中用虚线表示的方向）。产生不同结论的原因是：前者以静止的地面为参考系，而后者则是以向前行驶的车厢为参考系。

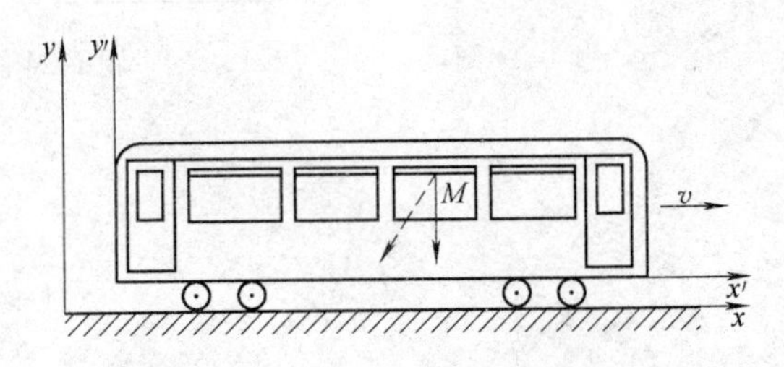

图 2-1　行驶车厢里的人观察雨滴

分析如图 2-2 所示桥式起重机起吊重物 M 的运动，重物相对于小车铅垂上升，小车相对于桥架沿水平直线平动，而重物相对于桥架的运动则是比较复杂的运动。但是，重物相对于小车的运动和小车相对于桥架的运动都是简单的直线运动。再如图 2-3 所示，直管 OA 绕固定于机座的 O 轴转动，管内有一小球 M 沿直管向外运动，小球相对于直管做直线运动，直管相对于地面定轴转动，而小球相对于地面的运动是复杂的曲线运动。由此我们想到，一些复杂的运动，如能适当选取不同的坐标系，可以看成是两个较为简单运动的合成，或者说把比较复杂的运动（亦称复合运动）分解成两个比较简单的运动。这种研究方法在工程实践和理论上都具有重要意义。

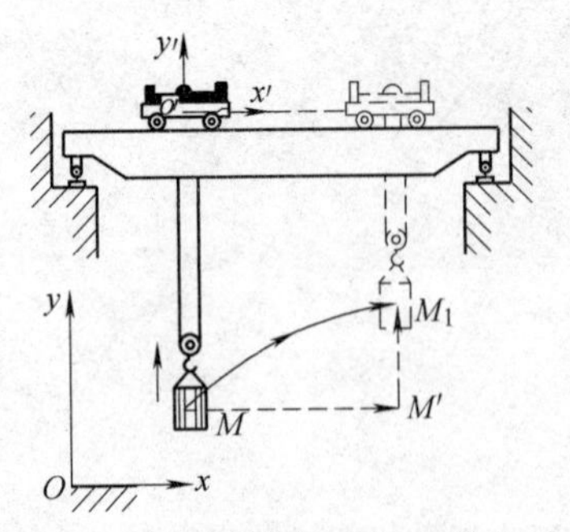

图 2-2　起重行车起重物 M 的运动

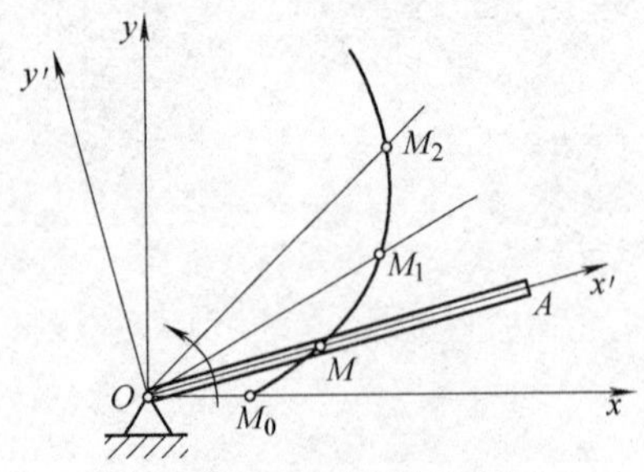

图 2-3　小球 M 的运动

为了便于分析，我们把研究的点称为动点，习惯上把与地面或机架固结的参考系称为定坐标系（简称定系），以 Oxy 表示；把固连于运动物体（如行车梁、直管）上的坐标系称为动坐标系（dynamic coordinate system），简称动系，以 $Ox'y'$表示。

由于选取了一个动点和两个参考系，因此存在三种运动：

（1）绝对运动。动点相对定系的运动。动点在绝对运动中的轨迹、速度和加速度，分别称为动点的绝对轨迹、绝对速度$\boldsymbol{v}_{\mathrm{a}}$和绝对加速度 $\boldsymbol{a}_{\mathrm{a}}$。

（2）相对运动。动点相对动系的运动。动点在相对运动中的轨迹、速度和加速度，分别称为动点的相对轨迹、相对速度$\boldsymbol{v}_{\mathrm{r}}$和相对加速度 $\boldsymbol{a}_{\mathrm{r}}$。

（3）牵连运动。动系相对定系的运动。

由上述三种运动的定义可知，点的绝对运动、相对运动的主体是动点本身，其运动可能是直线运动或曲线运动；而牵连运动的主体却是动系所固连的刚体，其运动可能是平移、转动或其他较复杂的运动。

在任意瞬时，动系上与动点重合的那一点（牵连点）的速度和加速度，分别称为动点的牵连速度$\boldsymbol{v}_{\mathrm{e}}$和牵连加速度 $\boldsymbol{a}_{\mathrm{e}}$。动系通常固连在某一刚体上，其运动形式与刚体的运动形式相同，而动点的牵连速度和牵连加速度必须根据某瞬时动系上与动点重合点的确切位置来确定。

如图 2-2 所示的桥式起重机起吊重物，在研究重物的运动时，以重物为动点，固连于地面的坐标系 Oxy 为定系，固连于小车的坐标系 $Ox'y'$为动系。这时重物相对于小车的铅垂向上运动就是动点的相对运动；小车相对于桥架的水平向右平移就是牵连运动；重物相对于地面的曲线运动就是动点的绝对运动。要想知道某一瞬时重物的绝对运动速度和加速度，必须研究动点在不同坐标系中各运动量之间的关系。

研究点的合成运动时，如何选择动点、动系是解决问题的关键。一般来讲，由于合成运动求解方法上的要求，动点相对于动坐标系应有相对运动，因而动点与动坐标系不能选在同一刚体上，同时应使动点相对于动坐标系的相对运动轨迹为已知。

2.2　点的速度合成定理

本节讨论动点的相对速度、牵连速度与绝对速度三者之间的关系。由于点的速度是根据位移的概念导出的，因此首先分析动点的位移。

设动点在任意刚体 K 上运动，弧$\widehat{AB}$是动点在刚体 K 上的相对运动轨迹，如图 2-4 所示；刚体 K 又可以任意运动。把动坐标系固结在刚体 K 上，静坐标系固结在地面上。

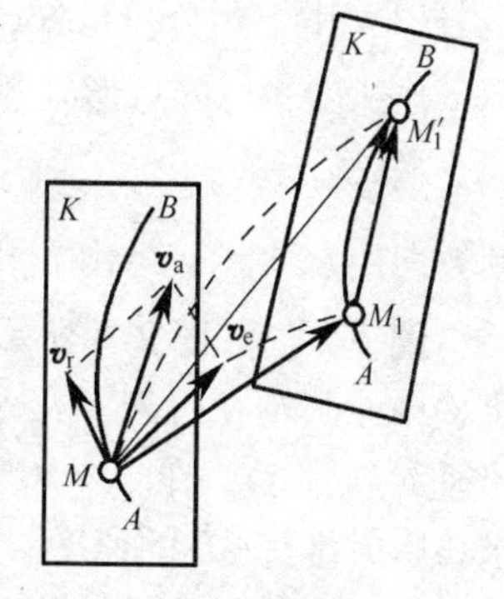

图 2-4　点在刚体 K 上运动

设在某瞬时 t，刚体 K 在图左边的位置，动点位于 M 处；经过时间间隔 Δt 后，刚体 K 运动到右边的位置，动点运动到 M'_1 处，$\widehat{MM'_1}$是它的绝对轨迹；M_1 是瞬时 t 的牵连点，$\widehat{MM_1}$是此牵连点的轨迹。连接矢量$\overrightarrow{MM'_1}$、$\overrightarrow{MM_1}$、$\overrightarrow{M_1M'_1}$。在时间间隔 Δt 中，$\overrightarrow{MM'_1}$是动点绝对运动的位移；$\overrightarrow{M_1M'_1}$是动点相对于刚体 K 的相对位移；$\overrightarrow{MM_1}$是瞬时 t 的牵连点的位移。在矢量三角形 $MM_1M'_1$中，动点的绝对位移是牵连位移和相对位移的矢量和，即

$$\overrightarrow{MM'_1}=\overrightarrow{MM_1}+\overrightarrow{M_1M'_1}$$

此矢量式除以 Δt，并取 Δt 趋近于零的极限，即

$$\lim_{\Delta t\to 0}\frac{\overrightarrow{MM'_1}}{\Delta t}=\lim_{\Delta t\to 0}\frac{\overrightarrow{MM_1}}{\Delta t}+\lim_{\Delta t\to 0}\frac{\overrightarrow{M_1M'_1}}{\Delta t}$$

按照速度的基本概念，矢量$\dfrac{\overrightarrow{MM'_1}}{\Delta t}$是在时间间隔 Δt 内，动点 M 在绝对运动中的平均速度$\boldsymbol{v}_{\mathrm{a}}^{*}$；矢量$\lim\limits_{\Delta t\to 0}\dfrac{\overrightarrow{MM'_1}}{\Delta t}$是动点在瞬时 t 的绝对速度$\boldsymbol{v}_{\mathrm{a}}$，其方向沿曲线$\widehat{MM'_1}$上 M 点的切线方向。同理，矢

量$\lim\limits_{\Delta t \to 0}\dfrac{\overrightarrow{MM_1}}{\Delta t}$是动点在瞬时 t 的牵连点速度，即动点的牵连速度$\boldsymbol{v}_e$，其方向沿曲线$\overset{\frown}{MM_1}$上 M 点的切线方向；矢量$\lim\limits_{\Delta t \to 0}\dfrac{\overrightarrow{M_1M_1'}}{\Delta t}$是动点在瞬时 t 沿曲线 AB 运动的速度，即动点的相对速度$\boldsymbol{v}_r$，其方向沿曲线 AB 上 M 点的切线方向，于是

$$\boldsymbol{v}_a = \boldsymbol{v}_e + \boldsymbol{v}_r \tag{2-1}$$

此式表明：动点在任一瞬时的绝对速度等于它的牵连速度与相对速度的矢量和。这就是点的速度合成定理，也称为速度平行四边形定理。这是个矢量方程，共包含绝对速度、牵连速度和相对速度的大小及方向六个量，已知其中任意四个量可求出其余的两个未知量。

点的速度合成定理对于任何形式的牵连运动（平动或转动）都是成立的。

例 2-1 如图 2-5 所示，汽车以速度$\boldsymbol{v}_1$沿水平直线行驶，雨点 M 以速度$\boldsymbol{v}_2$铅垂下落，求雨点相对于汽车的速度。

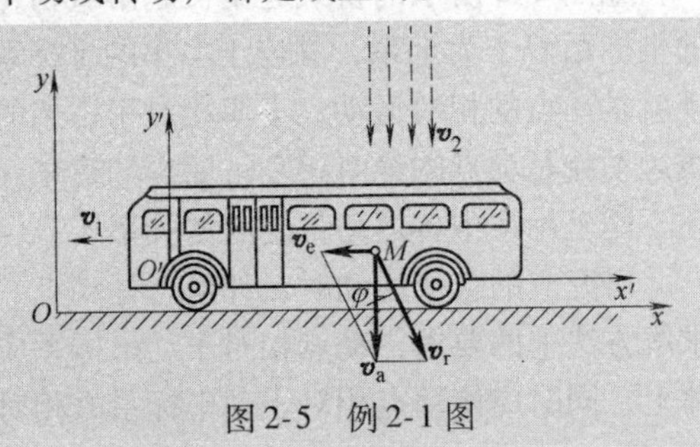

图 2-5 例 2-1 图

解 （1）动点和参考系的选取：取雨点为动点，静系 Oxy 固连于地面上，动系 $x'O'y'$固连于汽车上。

（2）三种运动分析：

绝对运动——雨点对地面的铅垂向下直线运动。绝对速度$\boldsymbol{v}_a = \boldsymbol{v}_2$。

相对运动——雨点对汽车的运动。相对速度$\boldsymbol{v}_r$的大小、方向未知。

牵连运动——汽车的水平直线平动。由于牵连运动为直线平动，故牵连点的速度（牵连速度）$\boldsymbol{v}_e = \boldsymbol{v}_1$。

（3）由上述分析可知，共有相对速度$\boldsymbol{v}_r$的大小、方向两个未知量，可以应用速度合成定理，作速度平行四边形（见图 2-5）。由图可得相对速度的大小为

$$v_r = \sqrt{v_e^2 + v_a^2} = \sqrt{v_1^2 + v_2^2}$$

其方向用 φ 表示，可由 v_a、v_r、v_e的直角三角形关系算出。

例 2-2 如图 2-6 所示，半径为 R 的半圆柱形凸轮顶杆机构中，凸轮在机架上沿水平方向向右运动，使推杆 AB 沿铅垂导轨滑动，在 $\varphi = 60°$的图示位置时，凸轮的速度为$\boldsymbol{v}$，求该瞬时推杆 AB 的速度。

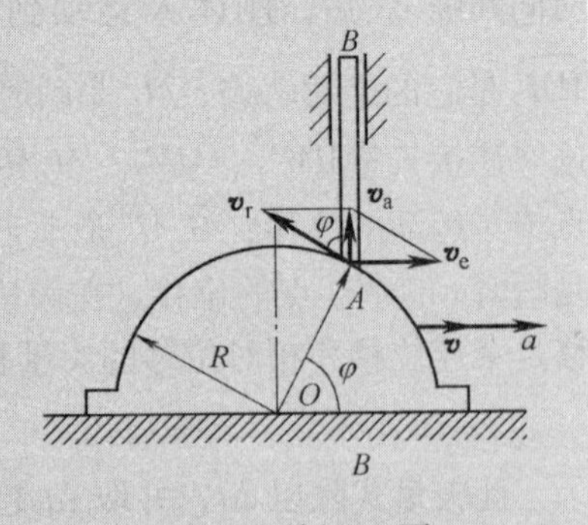

图 2-6 例 2-2 图

解 凸轮与推杆都做直线平动，且二者之间有相对运动。取推杆上与凸轮接触的 A 点为动点，动系与凸轮固连，定系与机架固连。相对运动为动点 A 相对凸轮轮廓的圆弧运动，牵连运动是凸轮相对于机架的水平直线平动，绝对运动为 A 点的铅垂往复直线运动。

速度分析如下：

	$\boldsymbol{v}_a$	$\boldsymbol{v}_e$	$\boldsymbol{v}_r$
大小	未知	v	未知
方向	铅垂方向	水平向右	沿轮廓切线

根据速度合成定理，画出速度平行四边形，如图2-6所示，由三角关系可知

$$v_a = v_e \cot\varphi = v\cot60° = \frac{\sqrt{3}}{3}v$$

所以，推杆AB的速度为$0.577v$，还可求得相对速度，即

$$v_r = \frac{v_e}{\sin\varphi} = \frac{v}{\sin60°} = \frac{2}{\sqrt{3}}v$$

例2-3　图2-7中，偏心圆凸轮的偏心距$OC=e$，半径$r=\sqrt{3}e$，设凸轮以匀角速度ω_O绕轴O转动，试求OC和CA垂直的瞬时，杆AB的速度。

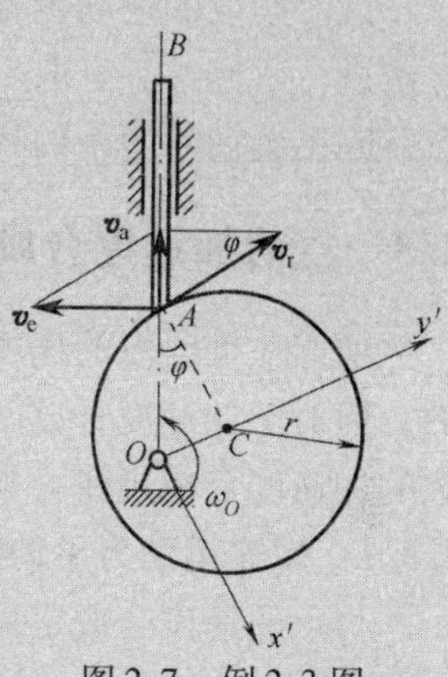

图2-7　例2-3图

解　凸轮为定轴转动，AB杆为直线平移，只要求出AB杆上任一点的速度就可以知道AB杆的速度。由于A点始终与凸轮接触，因此，它相对于凸轮的相对运动轨迹为已知圆。选AB杆上的A点为动点，动坐标系$Ox'y'$固结在凸轮上，静坐标系固结于地面上。这样，A点的绝对运动是直线运动，动点的绝对速度$\boldsymbol{v}_a$沿AB方向；相对运动是以点C为圆心、r为半径的圆周运动，动点的相对速度$\boldsymbol{v}_r$为该圆在A点的切线方向；牵连运动是动坐标系（凸轮）绕O轴的定轴转动，动点的牵连速度$\boldsymbol{v}_e$就是凸轮上与杆AB的A点相接触的点的速度，其与OA垂直，指向沿ω_O的转动方向，如图2-7所示。

由已知条件，$v_e = OA \cdot \omega_O = 2e\omega_O$，再根据$\boldsymbol{v}_a$、$\boldsymbol{v}_r$的方向，画出速度平行四边形，因而可求出$v_a$的大小：

$$\tan\varphi = \frac{OC}{AC} = \frac{v_a}{v_e}$$

$$v_a = \frac{2}{\sqrt{3}}e\omega_O$$

其中，$OC=e$，$AC=r=\sqrt{3}e$，这就是AB杆在此瞬时的速度，方向向上。

由上述分析可以看到，在本例中应用点的合成运动的方法可以简捷、清楚地求得结果。尤其是在实际问题中，经常只需要就几个特殊位置进行计算，应用这种方法更为方便。然而，为了进行运动分析，就必须恰当地选好动点和动坐标系。在本题中，AB杆的A点为动点，动坐标系与凸轮固结。因此，三种运动，特别是相对运动轨迹十分明显、简单且为已知圆，使问题得以顺利解决。反之，若选凸轮上的点（例如与A重合的点）为动点，而动坐标系与AB杆固结，这样，相对运动轨迹不仅难以确定，而且其曲率半径未知。因而相对运动轨迹变得十分复杂，这将导致求解（特别是求加速度）困难。

***例2-4**　设有汽车A以速度$v_A=40\text{km/h}$由南向北行驶，另一汽车B以速度$v_B=30\text{km/h}$由西向东行驶，如图2-8所示。试求图示瞬时，汽车B相对于汽车A的速度v_{BA}。

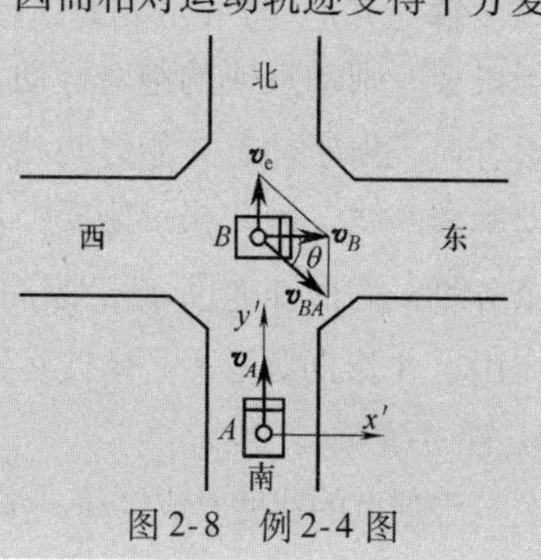

图2-8　例2-4图

解　将汽车B视为动点，动参考系固结在汽车A上，地面作为定参考系。

汽车B由西向东的直线运动是绝对运动。汽车A相对于地面由南向北的直线平动是牵连运动。汽车B相对于汽车A的运

动是相对运动。所以，绝对速度 v_a = 30km/h，牵连速度 v_e =40km/h。相对速度$\boldsymbol{v}_r$的大小和方向是待求未知量。

根据速度合成定理，在动点 B 上画出速度平行四边形，如图2-8 所示。利用几何关系，可得相对速度大小为

$$v_r = v_{BA} = \sqrt{30^2 + 40^2}\text{km/h} = 50\text{km/h}$$

这个题设的运动也是生产实践中常需要分析的一类运动形式，对此类问题应用合成运动的方法进行研究时，宜取一个物体为动点，另一个物体为动参考系，并且取作动点的物体应视为点，固结着动参考系的物体应视为刚体。

2.3 点的加速度合成定理

前面在推证点的速度合成定理时曾经指出，所得结论对于任何形式的牵连运动都是成立的，但对于加速度合成问题则不然，不同形式的牵连运动——平动还是转动，可以得到不同形式的加速度合成规律。本节主要讨论牵连运动为平动时的加速度合成定理。

2.3.1 牵连运动为平动时的加速度合成定理

与点的速度合成定理推导类似，可以得如下关系式：

$$\boldsymbol{a}_a = \boldsymbol{a}_e + \boldsymbol{a}_r \tag{2-2}$$

这就是牵连运动为平动时点的加速度合成定理，即当牵连运动为平动时，动点在每一瞬时的绝对加速度 $\boldsymbol{a}_a$ 等于其牵连加速度 $\boldsymbol{a}_e$ 与相对加速度 $\boldsymbol{a}_r$ 的矢量和。

例2-5 凸轮机构如图 2-9a 所示，半径为 R 的半圆形凸轮沿水平方向向右移动，使顶杆 AB 沿铅直导槽上下运动。凸轮中心 O 和点 A 的连线 AO 与水平方向的夹角 φ =60°时，凸轮的速度为$\boldsymbol{v}_0$，加速度为 $\boldsymbol{a}_0$，试求该瞬时点 A 的相对速度和顶杆 AB 的加速度。

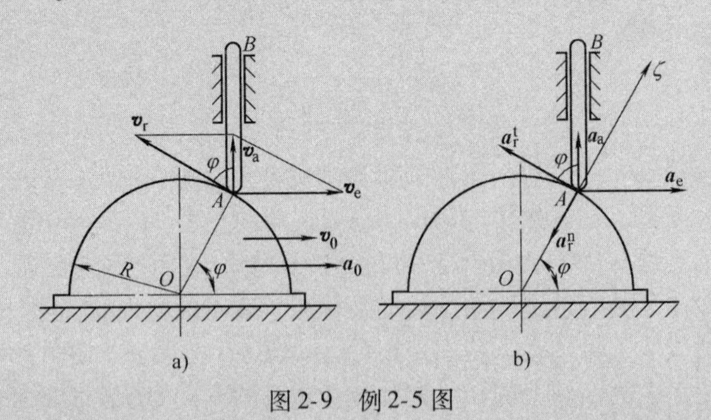

图2-9 例2-5 图

解 (1) 点 A 的相对速度。取顶杆 AB 上的点 A 为动点，将动系固连于凸轮，定系固连于机架。则动点 A 的绝对运动是沿导槽的铅垂直线运动，绝对速度$\boldsymbol{v}_a$ 和绝对加速度 $\boldsymbol{a}_a$ 皆为铅垂方向。由于动点 A 始终与凸轮表面相接触，可以看出动点 A 的相对运动轨迹就是凸轮边缘的圆周曲线，因此相对速度$\boldsymbol{v}_r$ 沿圆周上 A 点的切线方向，而相对加速度 $\boldsymbol{a}_r$ 应有切向和法向两个分量：切向加速度 $\boldsymbol{a}_r^t$ 沿圆周 A 点的切线方向，大小未知；法向加速度大小为 $a_r^n = v_r^2/R$，方向由点 A 指向圆心 O。牵连运动为凸轮的水平直线平动，动点 A 的牵连速度$\boldsymbol{v}_0$ 和牵连加速度 $\boldsymbol{a}_0$ 皆为已知。

根据点的速度合成定理，作速度平行四边形（见图2-9a）。由图中几何关系得点 A 的相对速度

$$v_r = v_e / \sin\varphi = v_0 / \sin 60° = \frac{2\sqrt{3}}{3} v_0$$

（2）顶杆 AB 的加速度。由牵连运动为平动时的加速度合成定理

$$\boldsymbol{a}_a = \boldsymbol{a}_e + \boldsymbol{a}_r^n + \boldsymbol{a}_r^t$$

画出各加速度矢量关系图（见图 2-9b）。上式中只有 $\boldsymbol{a}_a$ 和 $\boldsymbol{a}_r$ 的大小两个未知要素，而题意只要求顶杆 AB 的加速度 $\boldsymbol{a}_a$，因杆 AB 做直线平动，故选坐标 τ、ζ。为计算 $\boldsymbol{a}_n$ 的大小，可将上式投影到 ζ 轴上，得

$$a_a \sin\varphi = a_e \cos\varphi - a_r^n$$

解得

$$a_a = \frac{1}{\sin\varphi}\left(a_0 \cos\varphi - \frac{v_r^2}{R}\right)$$

*2.3.2　牵连运动为转动时的加速度合成定理的简介

牵连运动为转动时，加速度合成定理不再是式（2-2）的形式，应加上一项科里奥利加速度（coriolis acceleration）$\boldsymbol{a}_a$，简称科氏加速度，即

$$\boldsymbol{a}_a = \boldsymbol{a}_e + \boldsymbol{a}_r + \boldsymbol{a}_k \tag{2-3}$$

式（2-3）表明：牵连运动为转动时，动点在每一瞬时的绝对加速度等于牵连加速度、相对加速度与科氏加速度三者的矢量和。这就是牵连运动为转动时的加速度合成定理。

经进一步演算可得计算科氏加速度 $\boldsymbol{a}_k$ 的公式为

$$\boldsymbol{a}_k = 2\boldsymbol{\omega} \times \boldsymbol{v}_r \tag{2-4}$$

式中，$\boldsymbol{\omega}$ 是动参考系转动的角速度矢量。

根据矢积运算规则，科氏加速度 $\boldsymbol{a}_k$ 的大小为

$$a_k = 2\omega v_r \sin\theta \tag{2-5}$$

式中，θ 为 $\boldsymbol{\omega}$ 与 $\boldsymbol{v}_r$ 间的最小夹角。科氏加速度 $\boldsymbol{a}_k$ 的方向垂直于 $\boldsymbol{\omega}$ 与 $\boldsymbol{v}_r$ 所在的平面，指向由右手法则决定。四指旋转方向由 $\boldsymbol{\omega} \to \boldsymbol{v}_r$，则拇指指向就是 $\boldsymbol{a}_k$ 的方向，如图 2-10a 所示。

在研究平面问题时，因 $\boldsymbol{\omega}$ 与 $\boldsymbol{v}_r$ 两矢量互相垂直，故其大小 $a_k = 2\omega v_r$；其方向则可由右手螺旋法则确定（见图 2-10b）。

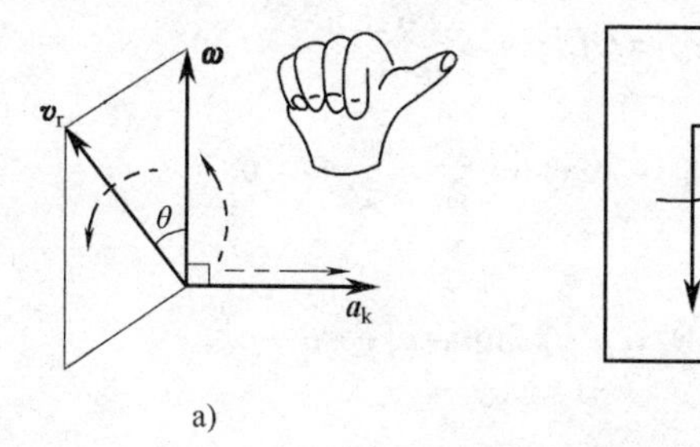

a)　　b)

图 2-10　科氏加速度

只有当牵连运动为平动时，由于 $\omega = 0$，导致科氏加速度的值为零，动点的绝对加速度才等于其牵连加速度与相对加速度的矢量和，即 $\boldsymbol{a}_a = \boldsymbol{a}_e + \boldsymbol{a}_r$。

科氏加速度的产生，是牵连转动和相对运动之间相互影响的结果。当牵连运动为平动时，就不存在这种相互影响，因此不会出现科氏加速度。关于科氏加速度的详细讨论，可参阅有关书籍。

***例 2-6**　如图 2-11a 所示，半径为 R 的半圆凸轮以匀速 $\boldsymbol{v}$ 水平向左平动，推动杆 OA 绕轴 O 转动。当 $\angle AOD = \theta$ 时，试求：（1）杆 OA 的角速度 ω；（2）杆 OA 的角加速度 ε。

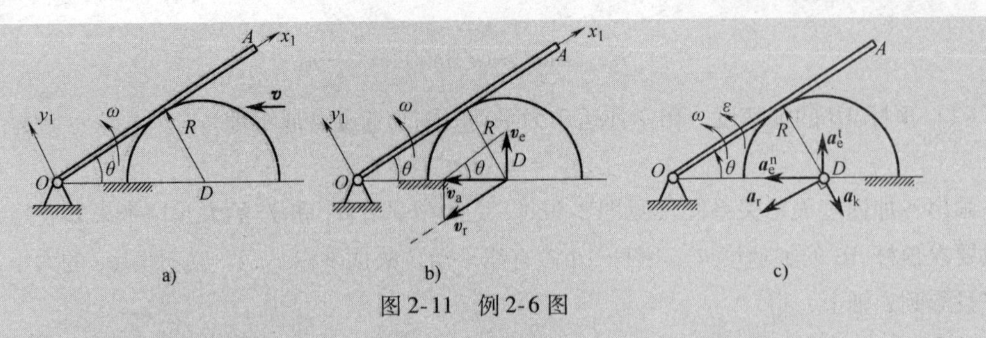

图 2-11 例 2-6 图

解 (1) 求杆 OA 的角速度 ω（见图 2-11b)。选动点与动系：选凸轮圆心 D 为动点；动系固连在 OA 杆上，相对运动的轨迹为一条直线（平行于 AO)。

$\boldsymbol{v}_a$ 的大小和方向均已知；$\boldsymbol{v}_r$ 的大小未知，方向沿直线（相对运动的轨迹）；牵连运动是整个平面随杆 OA 以角速度 ω 绕轴 O 转动，因此牵连速度 $\boldsymbol{v}_e$ 铅垂向上，其大小为

$$v_e = OD \cdot \omega = \frac{R\omega}{\sin\theta}$$

由矢量方程 $\boldsymbol{v}_a = \boldsymbol{v}_e + \boldsymbol{v}_r$ 和速度矢量图投影可得

$$v_a = v = v_r\cos\theta$$

$$v_e = v_r\sin\theta$$

解得

$$\omega = \frac{v}{R}\sin\theta\tan\theta$$

转向如图 2-11a 所示。

(2) 求杆 OA 的角加速度 ε（见图 2-11c)。选凸轮圆心 D 为动点；动系固连在 OA 杆上；因牵连运动为定轴转动，故产生科氏加速度 $\boldsymbol{a}_k$。由牵连运动为转动时的加速度合成定理，有

$$\boldsymbol{a}_a = \boldsymbol{a}_e^n + \boldsymbol{a}_e^t + \boldsymbol{a}_r + \boldsymbol{a}_k$$

其中

$$a_a = 0,\ a_e^n = OD \cdot \omega^2 = \frac{\omega^2 R}{\sin\theta}$$

$$a_e^t = OD \cdot \varepsilon = \frac{\varepsilon R}{\sin\theta}$$

$$a_k = 2\omega v_r \sin\frac{\pi}{2} = \frac{2v^2}{R}\tan^2\theta$$

沿 $\boldsymbol{a}_k$ 方向投影，有

$$0 = -a_e^n\sin\theta - a_e^t\cos\theta + a_k$$

解得

$$\varepsilon = \frac{v^2}{R^2}\tan^3\theta(1 + \cos^2\theta)$$

当然，因为 ω 为变量，此题也可用角速度 $\omega = \frac{v}{R}\sin\theta\tan\theta$ 对时间求导得到角加速度。

思 考 题

1. 相对运动、牵连运动和绝对运动都是指同一个点的运动，因而它们可能是直线运动，也可能是曲线运

动。这种说法是否正确？为什么？

2. 什么是牵连速度、牵连加速度？是否动参考系中任何一点的速度（或加速度）就是牵连速度（或加速度)？

3. 为什么牵连运动为平动时，动参考系某瞬时的速度与加速度就是动点的牵连速度与牵连加速度？

4. 某瞬时动参考系上与动点 M 相重合的点为 M'，试问动点 M 与点 M'在此瞬时的绝对速度是否相等？为什么？动系相对于定系运动的速度称为牵连速度，对吗？为什么？

*5. 科氏加速度是反映了哪两种运动相互影响的结果？为什么当牵连运动为平动时，这种影响就不存在了呢？

习 题

2-1 试在题2-1图所示机构中，选取动点、动系，并指出动点的相对运动及牵连运动。

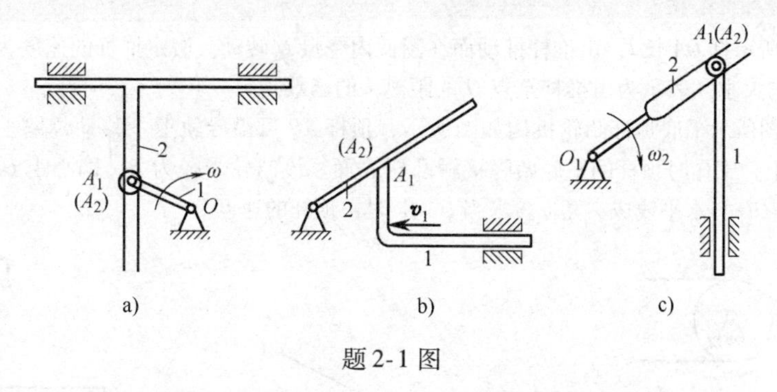

题2-1图

2-2 题2-2图所示车厢以匀速 $v_1=5\text{m/s}$ 水平行驶。途中遇雨，雨滴铅直下落。而在车厢中观察到的雨线却向后，与铅直线成夹角30°。试求雨滴的绝对速度。

2-3 如题2-3图所示细直管长 $OA=l$，以匀角速度 ω 绕固定轴 O 转动。管内有一小球 M 沿管道以速度 $\boldsymbol{v}$向外运动。设在小球离开管道的瞬时，$v=l\omega$。求这时小球 M 的绝对速度。

2-4 如题2-4图所示，车床主轴的转速 $n=30\text{r/min}$，工件直径 $d=4\text{cm}$。如车刀横向走刀速度为 $v=1\text{cm/s}$。求车刀对工件的相对速度。

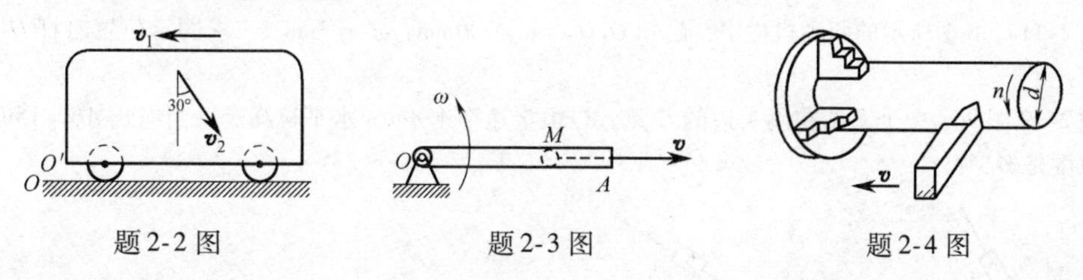

题2-2图　　题2-3图　　题2-4图

2-5 题2-5图所示的瓦特离心调速器以角速度 ω 绕铅直线转动。由于机器负荷的变化，调速器重球以角速度 ω_1 向外张开。如 $\omega=10\text{rad/s}$，$\omega_1=1.2\text{rad/s}$。球柄长 $l=50\text{cm}$。悬挂球柄的支点到铅直轴的距离为 $e=5\text{cm}$，球柄与铅直轴夹角 $\alpha=30°$，求此时重球的绝对速度。

2-6 题2-6图所示L形杆 OAB 以匀角速度 ω 绕轴 O 转动，$OA=l$，OA 与 AB 垂直，通过滑套 C 推动杆 CD 沿铅直导槽运动。在图示位置时，$\angle AOC=\varphi$，试求杆 CD 的速度。

2-7 题2-7图所示的滑杆 AB 以等速 $\boldsymbol{u}$ 向上运动。开始时 $\varphi=0$，求当 $\varphi=\pi/4$ 时摇杆 OC 的角速度和角加速度大小。

2-8 题2-8图所示矿砂从传送带 A 落到另一传送带 B，其绝对速度为 $v_1=4\text{m/s}$。方向与铅直线成30°角。设传送带 B 与水平面成15°角，其速度 $v_2=2\text{m/s}$。求此时矿砂对于传送带 B 的相对速度。并问当传送带 B 的速度为多大时，矿砂的相对速度才能与它垂直？

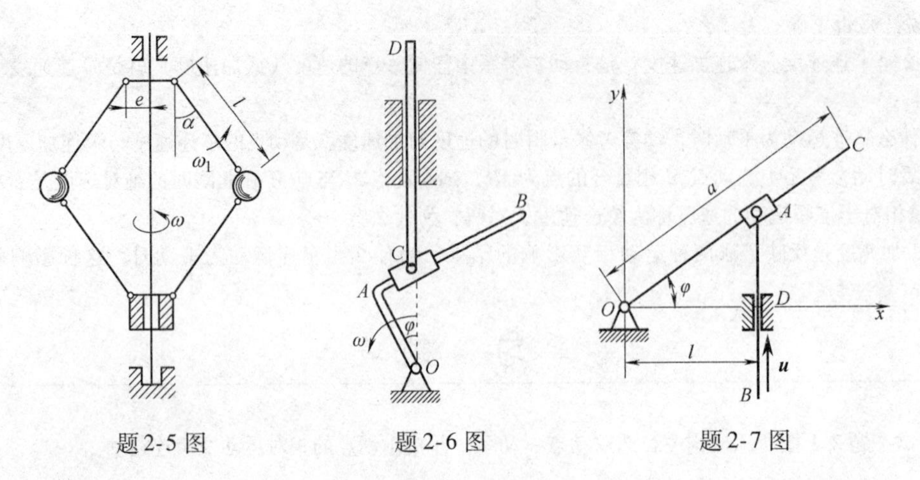

题 2-5 图　　题 2-6 图　　题 2-7 图

2-9　题 2-9 图所示杆 OA 长 l，由推杆推动而在图面内绕点 O 转动。假定推杆的速度为$\boldsymbol{v}$，其弯头高为 a。试求杆端 A 的速度的大小（表示为由推杆至点 O 的距离 x 的函数）。

2-10　题 2-10 图所示平底顶杆凸轮机构如图所示，顶杆 AB 可沿导轨上下移动，偏心圆盘绕轴 O 转动，轴 O 位于顶杆轴线上，工作时顶杆的平底始终接触凸轮表面。该凸轮半径为 R，偏心距 $OC=e$，凸轮绕轴 O 转动的角速度为 ω，OC 与水平线成夹角 φ。求当 $\varphi=0°$时，顶杆的速度。

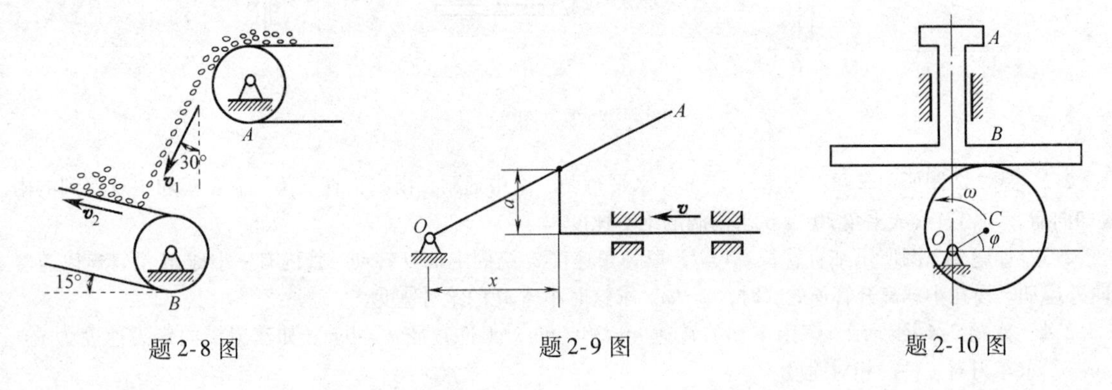

题 2-8 图　　题 2-9 图　　题 2-10 图

2-11　题 2-11a、b 图所示的两种机构中，已知 $O_1O_2=a=200\text{mm}$，$\omega_1=3\text{rad/s}$。求图示位置时杆 O_2A 的角速度。

2-12　题 2-12 图所示一个人站在码头边的 C 点，以恒定速率 1.8m/s 水平拉绳子，当绳长 $AB=15\text{m}$ 时，求此时船的速度是多少？

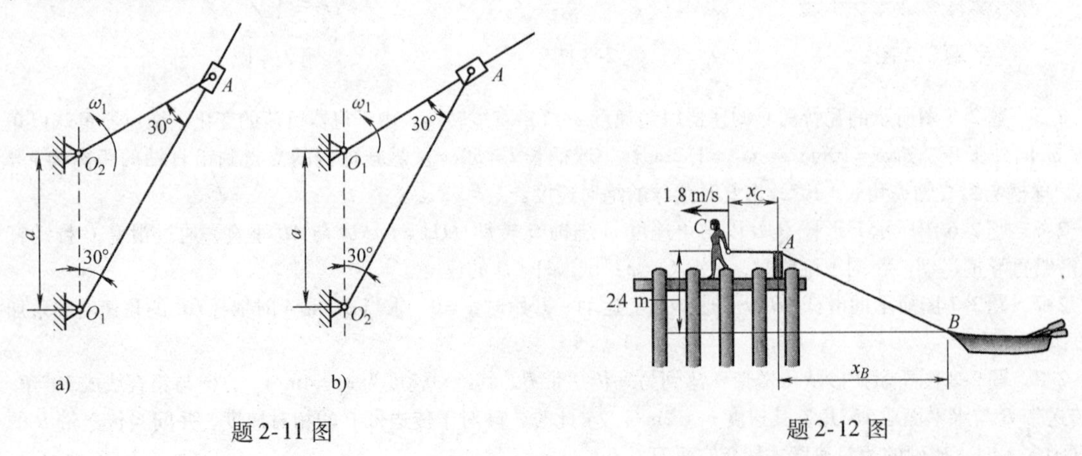

题 2-11 图　　题 2-12 图

*2-13　如题 2-13 图所示，两条船同时离开河岸，向不同的方向行驶。若 $v_A=6\mathrm{m/s}$，$v_B=4.5\mathrm{m/s}$。求 A 船相对于 B 船的速率是多少？行驶多长时间后两船相距 240m？

*2-14　如题 2-14 图所示的时刻，自行车手 A 的速率为 7m/s，并沿曲线赛道以 $0.5\mathrm{m/s^2}$ 的加速度加速行驶。在直道上的自行车手 B 的速率为 8.5m/s，加速度为 $0.7\mathrm{m/s^2}$。求在这一瞬间 A 相对于 B 的速度和加速度各是多少？

*2-15　如题 2-15 图所示的瞬间，汽车 A 和汽车 B 的速率分别为 88km/h 和 64km/h，若汽车 B 的加速度为 $1920\mathrm{km/h^2}$，而汽车 A 保持恒定的速率沿直线向左行驶，汽车 B 沿曲率半径为 0.8km 的曲线行驶。求汽车 B 相对于汽车 A 的速度和加速度各是多少？

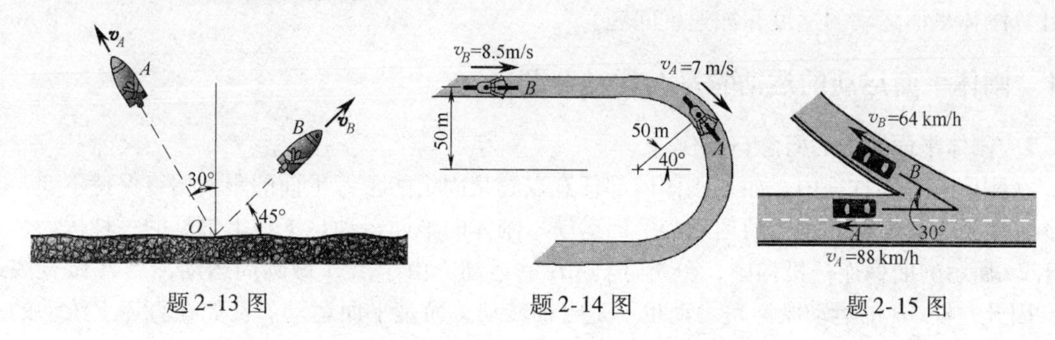

题 2-13 图　　题 2-14 图　　题 2-15 图

第 3 章　刚体的平面运动

第 1 章讨论的刚体平动与定轴转动是最常见、最简单的刚体运动形式。在工程实践中还经常遇到刚体的另一种较为复杂的运动形式——刚体的平面运动。本章运用合成运动的方法，分析计算刚体平面运动的速度和加速度问题。

3.1　刚体平面运动的运动特征与运动分解

3.1.1　刚体平面运动的概念与实例

在刚体的运动过程中，如果刚体内部任意点到某固定的参考平面的距离始终保持不变，如图 3-1 所示，那么称此刚体的运动为平面运动。刚体的平面运动是工程上常见的一种运动，如图 3-2a 所示的曲柄连杆机构中，分析连杆 AB 的运动。由于点 A 做圆周运动，点 B 做直线运动，因此，杆 AB 的运动既不是平动也不是定轴转动，而是平面运动。又如在直道上滚动的汽车轮子的运动，如图 3-2b 所示，也是平面运动。

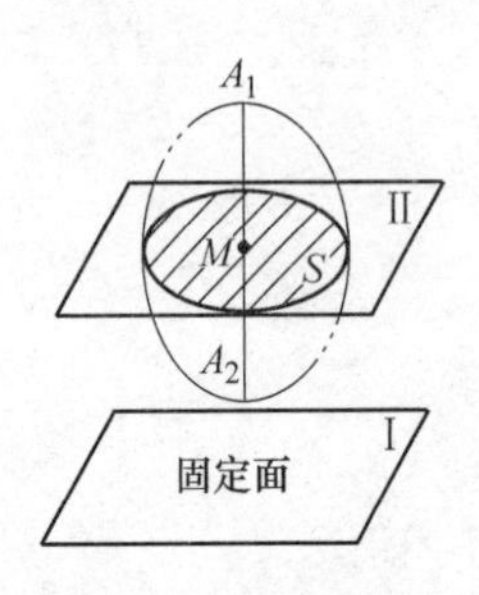

图 3-1　刚体平面运动

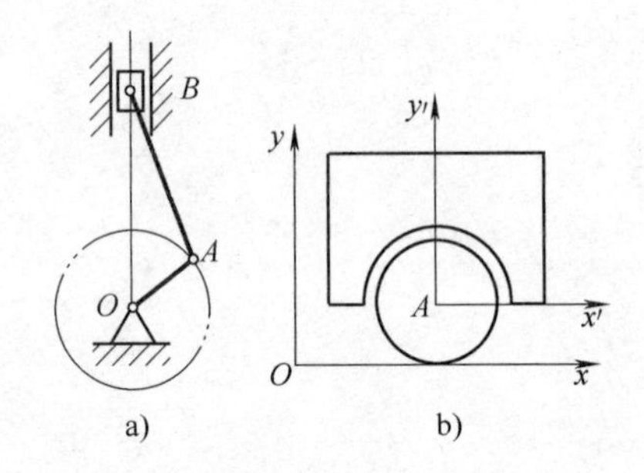

图 3-2　曲柄连杆机构和汽车轮子的运动

3.1.2　刚体平面运动的简化

根据刚体平面运动的特点，可以将刚体平面运动进行简化。在图 3-3 中，刚体做平面运动，取刚体内的任一点 M，该点至某一固定平面Ⅰ的距离始终保持不变。过点 M 作平面Ⅱ与平面Ⅰ平行，平面Ⅱ与此刚体相交截出一个平面图形 S。过点 M 再作垂直于平面Ⅱ的直线 A_1MA_2，那么，刚体运动时，平面图形 S 始终保持在平面Ⅱ内运动，而直线 A_1MA_2 则做平行移动。根据刚体平动的特征，在同一瞬时，直线 A_1MA_2 上各点具有相同的速度和加速度。因此，可用平面图形上点 M 的运动来表示直线 A_1MA_2 上各点的运动。同理，可以用平面图形 S 上的其他点的运动来表示刚体内对应点的运动。于是，可以将刚体的平面运动简化为平面图形在其自身平面内的运动。因此，在研究平面运动刚体上各点的运动时，只需研究平面图形上各点的运动就可以了。

3.1.3　刚体的平面运动方程

当平面图形 S 运动时（见图 3-4），任选其上一已知运动情况的点 A，称为基点。A 点的坐标 x_A、y_A 和角坐标 φ 都是时间 t 的单值连续函数，即

$$\left.\begin{aligned} x_A &= f_1(t) \\ y_A &= f_2(t) \\ \varphi &= f_3(t) \end{aligned}\right\} \tag{3-1}$$

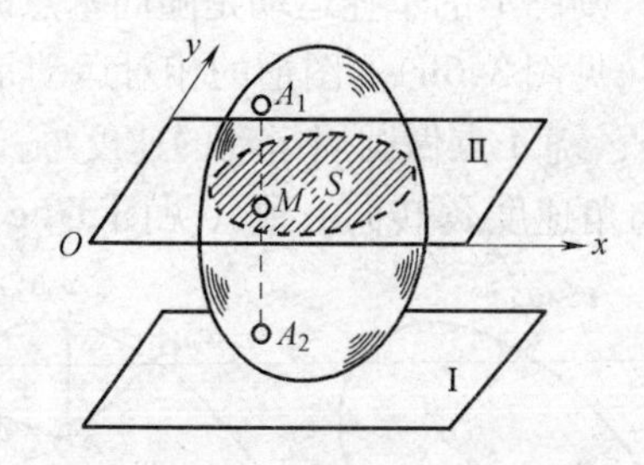

图3-3　对刚体平面运动进行简化

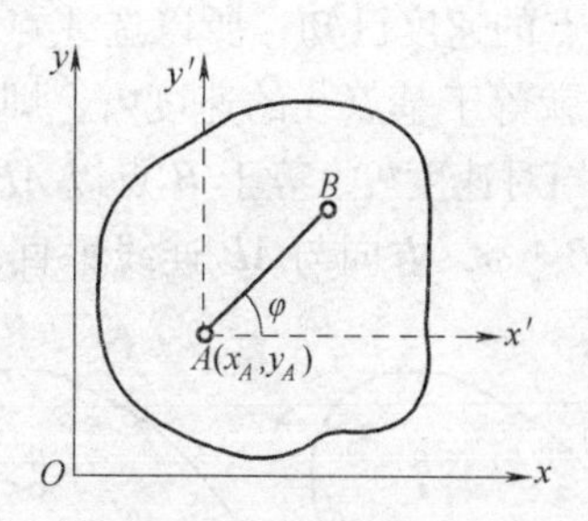

图3-4　刚体的平面运动方程

此即是平面图形 S 的运动方程，称为刚体的平面运动方程。它描述了平面运动刚体的运动。可以看出，如果 A 点在平面图形 S 上固定不动，则刚体做定轴转动。如果平面图形的 φ 角保持不变，则刚体做平动。故刚体的平面运动可以看成是平动和转动的合成运动。在图3-5中，设瞬时 t 线段 AB 在位置Ⅰ，经过时间间隔 Δt 后的瞬时 $(t+\Delta t)$，线段 AB 从位置Ⅰ到位置Ⅱ。整个运动过程，可按以下两种情况讨论。

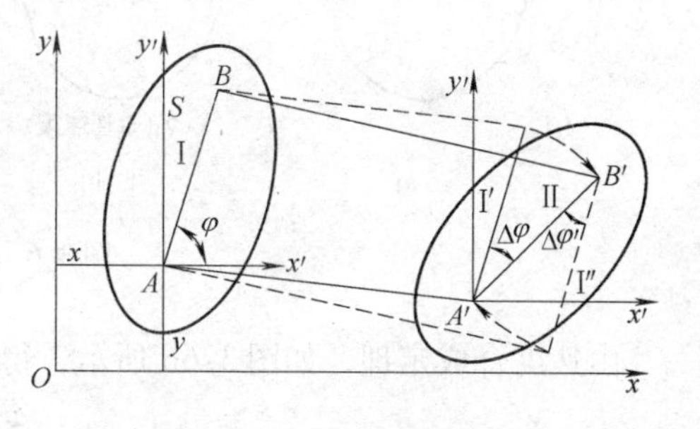

图3-5　刚体平面运动的分解

1）若以 A 为基点，线段 AB 先随固连于基点 A 的动系 $Ax'y'$ 平动至位置Ⅰ′，然后再绕 A' 点转过角度 $\Delta\varphi$ 而到达位置Ⅱ。

2）若以 B 为基点，线段 AB 先随固连于 B 点的动系 $Bx'y'$（图中未画出）平动至位置Ⅰ″，然后再绕 B' 点转过角度 $\Delta\varphi'$ 而到达最后位置Ⅱ。

3.1.4　刚体的平面运动

由上面的介绍可见，平面图形的运动（即刚体的平面运动）可以分解为随同基点图形的平动（牵连运动）和绕基点的转动（相对运动）。

这里应该特别指出，平面图形的基点选取是任意的。从图3-5中可知，选取不同的基点 A 和 B，平动的位移是不相同的，即 $AA' \neq BB'$，显然 $\boldsymbol{v}_A \neq \boldsymbol{v}_B$，同理，$\boldsymbol{a}_A \neq \boldsymbol{a}_B$。所以，平动的速度和加速度与基点位置的选取有关。

选取不同的基点 A 和 B，转动的角位移是相同的，即 $\Delta\varphi = \Delta\varphi'$，显然，$\omega = \omega'$，同理 $\varepsilon = \varepsilon'$。即在同一瞬间，图形绕其平面内任选的基点转动的角速度相同，角加速度相同。平面图形绕基点转动的角速度、角加速度分别称为**平面角速度、平面角加速度**。所以，平面图形的角速度、角加速度与基点的选取无关。

3.2　平面图形上点的速度分析

3.2.1　速度合成的基点法

从前节知道，刚体的平面运动可分解为随同基点的平动和绕基点的转动。随同基点的平动是牵连运动，绕基点的转动是相对运动。因而平面运动刚体上任一点的速度，可用速度合成定理来分析。

设一平面运动的图形如图 3-6a 所示，已知 A 点速度为$\boldsymbol{v}_A$。瞬时平面角速度为 ω，求图形上任一点 B 的速度。

图形上 A 点的速度已知，所以选 A 点为基点，则图形的牵连运动是随同基点的平动，B 点的牵连速度$\boldsymbol{v}_e$ 就等于基点 A 的速度$\boldsymbol{v}_A$，即$\boldsymbol{v}_e=\boldsymbol{v}_A$（见图 3-6b）。图形的相对运动是绕基点 A 的转动，B 点的相对速度$\boldsymbol{v}_r$，等于 B 点以 AB 为半径、绕 A 点做圆周运动的速度$\boldsymbol{v}_{BA}$，即$\boldsymbol{v}_r=\boldsymbol{v}_{BA}$，其大小$v_{BA}=AB\cdot\omega$，方向与 AB 连线垂直，指向与角速度 ω 转向一致（见图 3-6c）。

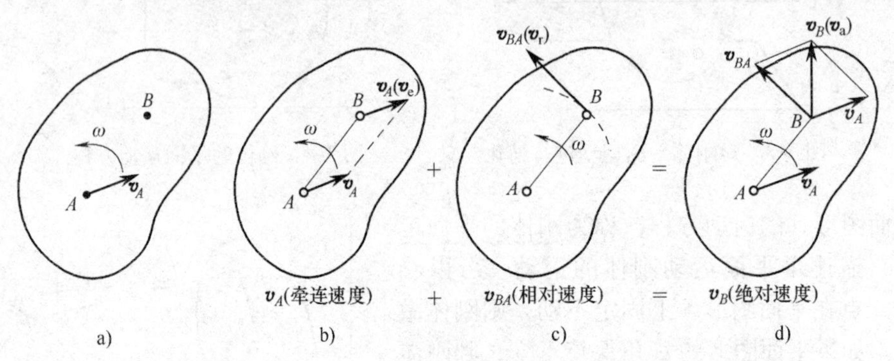

图 3-6 速度合成的基点法

由速度合成定理，如图 3-6d 所示，得

$$\boldsymbol{v}_B=\boldsymbol{v}_A+\boldsymbol{v}_{BA} \tag{3-2}$$

由此得出结论：在任一瞬时，平面图形上任一点的速度，等于基点的速度与该点相对于基点转动速度的矢量和。用速度合成定理求解平面图形上任一点速度的方法，称为速度合成的基点法。

例 3-1 在图 3-7 所示四杆机构中，已知曲柄 $AB=20\text{cm}$，转速 $n=50\text{r/min}$，连杆 $BC=45.4\text{cm}$，摇杆 $CD=40\text{cm}$。求图示位置连杆 BC 和摇杆 CD 的角速度。

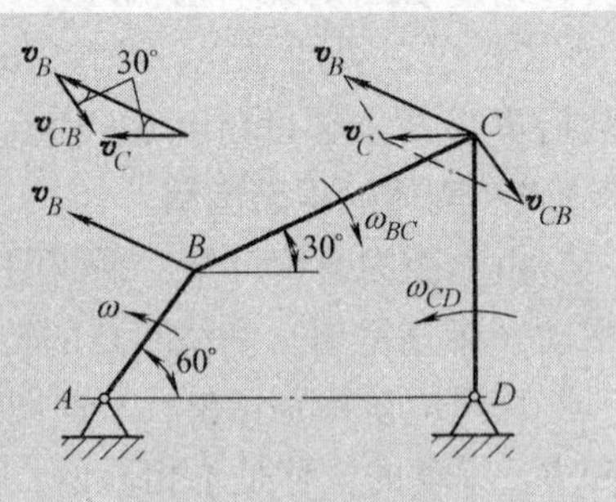

图 3-7 例 3-1 图

解 在图示机构中，曲柄 AB 和摇杆 CD 做定轴转动，连杆 BC 做平面运动。取连杆 BC 为研究对象，B 点为基点，则$\boldsymbol{v}_C=\boldsymbol{v}_B+\boldsymbol{v}_{CB}$，其中，$\boldsymbol{v}_B$ 大小为 $AB\cdot\omega$，方向垂直于 AB。在 C 点作速度合成图，由图中几何关系知

$$v_C=v_{CB}=\frac{v_B}{2\cos 30^\circ}=\frac{AB\cdot\omega}{2\cos 30^\circ}=60.4\text{cm/s}$$

连杆 BC 的角速度为

$$\omega_{BC}=\frac{v_{CB}}{BC}=\frac{60.4}{45.4}\text{rad/s}=1.33\text{rad/s}$$

根据$\boldsymbol{v}_{CB}$的指向确定 ω_{BC}为顺时针转向。摇杆 CD 的角速度为

$$\omega_{CD}=v_C/CD=(60.4/40)\text{rad/s}=1.51\text{rad/s}$$

根据$\boldsymbol{v}_C$ 的指向确定 ω_{CD}为逆时针转向。

3.2.2 速度投影法

如果把式（3-2）中所表示的各个矢量投影到 AB 向上（见图 3-8），由于$\boldsymbol{v}_{BA}$垂直于$\overrightarrow{AB}$，

投影为零，因此得到

$$[\boldsymbol{v}_B]_{AB}=[\boldsymbol{v}_A]_{AB} \tag{3-3a}$$

或

$$v_A\cos\alpha=v_B\cos\beta \tag{3-3b}$$

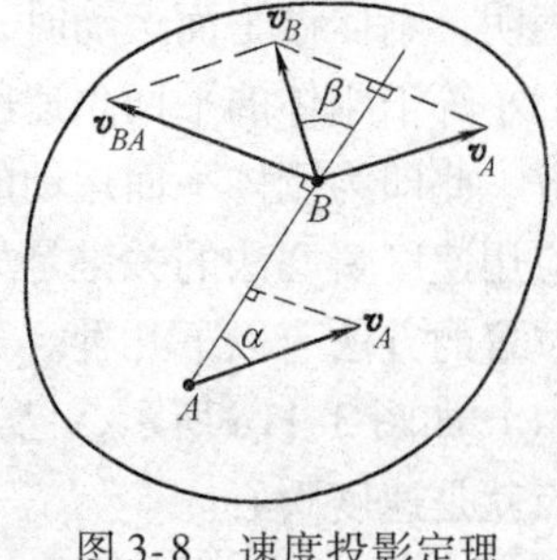

图3-8　速度投影定理

式中，α、β分别表示$\boldsymbol{v}_A$和$\boldsymbol{v}_B$与AB的夹角。上式表明，平面图形上任意两点的速度在这两点的连线上的投影相等，这就是速度投影定理。利用速度投影定理求平面图形上某点速度的方法称为速度投影法。用速度投影定理求解点的速度极其简单。但是，仅用速度投影定理是不能求出AB杆的转动角速度ω_{AB}的。

例3-2　在图3-9中的AB杆，A端沿墙面下滑，B端沿地面向右运动。在图示位置，杆与地面的夹角为30°，这时B点的速度$v_B=10\text{cm/s}$，试求该瞬时端点A的速度。

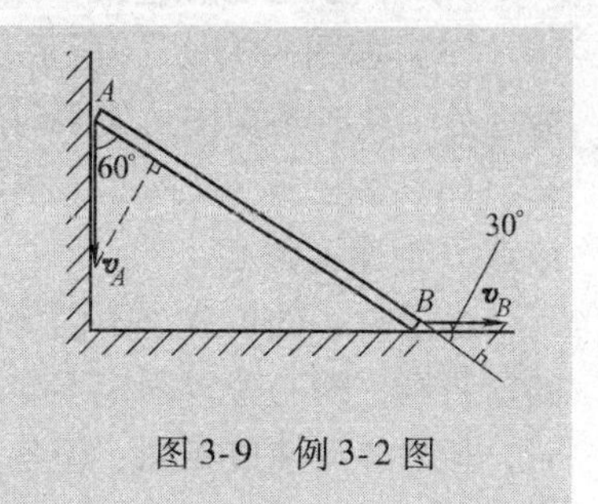

图3-9　例3-2图

解　AB杆在做平面运动。根据速度投影定理有

$$v_A\cos60°=v_B\cos30°$$

$$v_A=\frac{\cos30°}{\cos60°}v_B=(\sqrt{3}\times10)\text{cm/s}=17.3\text{cm/s}$$

3.2.3　速度瞬心法

下面重点介绍求解平面图形上点的速度和转动角速度都很方便的“速度瞬心法”（velocity instantaneous center method）。

在平面图形s（见图3-10）上某瞬时若存在速度为零的点，并以此点为基点，则所研究点的速度就等于研究点相对于该基点转动的速度。

平面图形有没有速度为零的点存在？能不能很方便地找到这个点，我们从式（3-2）出发来找寻平面图形上速度为零的点。

*下面证明一般情形下，刚体做平面运动时，速度为零的点是确实存在的。

如图3-10所示，设在某一瞬时，已知平面图形内O点的速度为$\boldsymbol{v}_O$，平面角速度为ω_O，过O点作速度$\boldsymbol{v}_O$的垂线，则垂线上必有一点P的速度$\boldsymbol{v}_P$，按基点法可得$\boldsymbol{v}_P=\boldsymbol{v}_O+\boldsymbol{v}_{PO}$。其中，$v_{PO}=OP\cdot\omega$，方向与$OP$垂直。若$P$点的相对速度$\boldsymbol{v}_{PO}$与$\boldsymbol{v}_O$正好等值、共线、反向，亦即$\boldsymbol{v}_{PO}=-\boldsymbol{v}_O$，则$P$点的绝对速度$\boldsymbol{v}_P$为零，故$P$点即为平面运动在该瞬时的速度瞬心。显然，瞬心$P$可能在平面图形内，也可能在平面图形的延伸部分。

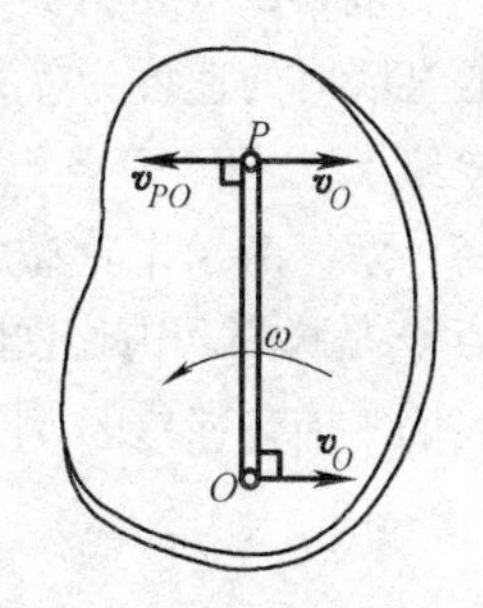

图3-10　速度瞬心法

由此可见，一般情况下，在平面图形或其延拓部分中，每一瞬时都存在着速度等于零的点。我们称该点为平面图形在此瞬时的瞬时速度中心，简称速度瞬心。

根据以上证明可知，不但速度瞬心是存在的，而且平面图形在任一瞬时对应只存在一个位置不同的速度瞬心。刚体的平面运动可看成是其平面图形连续绕着不同的速度瞬心的转动。若以速度瞬心P为基点，则平面图形上任一点B的速度就可表示为

$$v_B=PB\cdot\omega \tag{3-4}$$

上式表明，刚体做平面运动时，其平面图形内任一点的速度等于该点绕瞬心转动的速度。其速度的大小等于刚体的平面角速度与该点到瞬心距离的乘积，方向与转动半径垂直，并指向转动的一方。此即为刚体平面运动的速度瞬心法。

应用速度瞬心法的关键是如何快速确定速度瞬心的位置。按不同的已知运动条件确定速度瞬心位置的方法有以下几种。

（1）如图3-11a所示，已知 A、B 两点的速度方向，过两点分别作速度的垂线，此两垂线的交点就是速度瞬心。

（2）如图3-11b、c所示，若 A、B 两点速度相互平行，并且速度方向垂直于两点的连线 AB，则速度瞬心必在连线 AB 与速度矢量 $\boldsymbol{v}_A$ 和 $\boldsymbol{v}_B$ 端点连线的交点 P 上。

（3）如图3-11d、e所示，若任意两点 A、B 的速度 $\boldsymbol{v}_A \parallel \boldsymbol{v}_B$，且 $\boldsymbol{v}_A = \boldsymbol{v}_B$，则速度瞬心在无穷远处，此时平面图形做瞬时平动。该瞬时运动平面上各点的速度相同。

（4）如图3-11f所示，当刚体做无滑动的纯滚动时，刚体上只有接触点 P 的速度为零，故该点 P 为速度瞬心。

由于瞬心的位置是不固定的，它的位置随时间变化而不断改变，可见速度瞬心是有加速度的。否则，瞬心位置固定不变，那么纯滚动就与定轴转动毫无区别了。同样，刚体做瞬时平动时，虽然各点速度相同，但各点的加速度是不同的。否则，刚体就是做平动了。

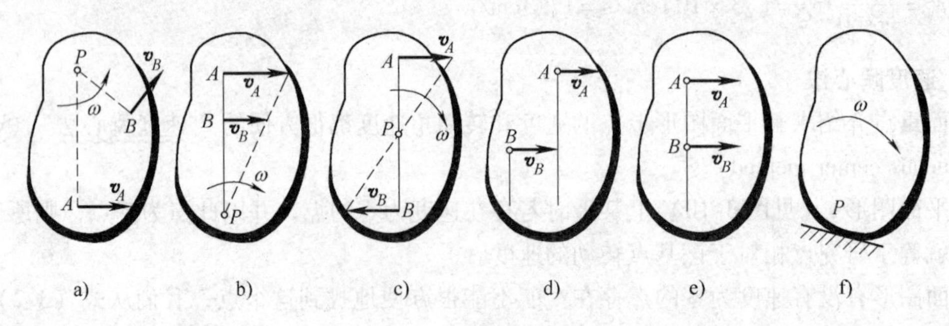

图3-11　速度瞬心的确定

例3-3　如图3-12所示，车轮沿直线纯滚动而无滑动，轮心某瞬时的速度为 $\boldsymbol{v}_C$，水平向右，车轮的半径为 R。试求该瞬时轮缘上 A、B、D 各点的速度。

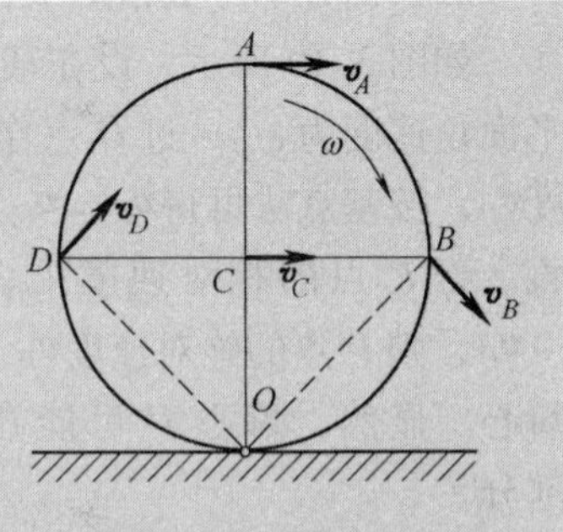

图3-12　例3-3图

解　由于车轮做无滑动的纯滚动，轮缘与地面的瞬时接触点 O 是瞬心。由速度瞬心法知，轮心速度 $v_C = R\omega$，故车轮该瞬时的平面角速度 ω 为

$$\omega = \frac{v_C}{R}$$

轮缘上 A、B、D 点的速度分别为

$$v_A = OA \cdot \omega = 2R\frac{v_C}{R} = 2v_C$$

$$v_B = OB \cdot \omega = \sqrt{2}R\frac{v_C}{R} = \sqrt{2}v_C$$

$$v_D = OD \cdot \omega = \sqrt{2}R\frac{v_C}{R} = \sqrt{2}v_C$$

3.3　用基点法求平面图形内各点的加速度

现在讨论平面图形内各点的加速度。

根据前述，如图3-13所示平面图形S的运动可分解为两部分：①随同基点A的平动（牵连运动）；②绕基点A的转动（相对运动）。于是，平面图形内任一点B的运动也由两个运动合成，它的加速度可以用加速度合成定理求出。

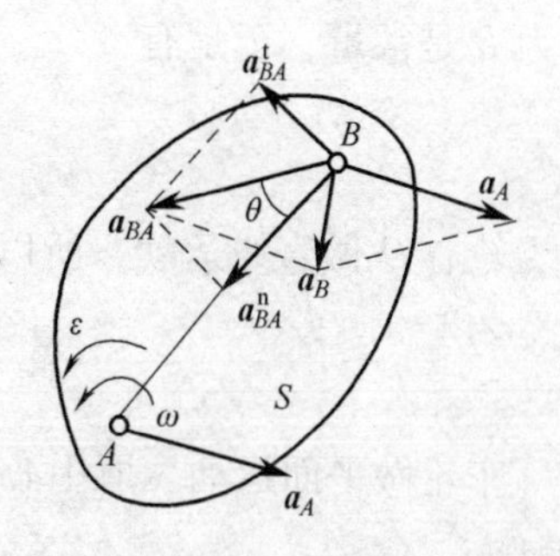

图3-13　平面图形内各点的加速度

因为牵连运动为平动，点B的绝对加速度等于牵连加速度与相对加速度的矢量和。

由于牵连运动为平动，点B的牵连加速度等于基点A的加速度$\boldsymbol{a}_A$；点B的相对加速度$\boldsymbol{a}_{BA}$是该点随图形绕基点A转动的加速度，可分为切向加速度与法向加速度两部分。于是用基点法求点的加速度合成公式为

$$\boldsymbol{a}_B=\boldsymbol{a}_A+\boldsymbol{a}_{BA}^{t}+\boldsymbol{a}_{BA}^{n} \tag{3-5}$$

即：平面图形内任一点的加速度等于基点的加速度与该点随图形绕基点转动的切向加速度和法向加速度的矢量和。

式（3-5）中，$\boldsymbol{a}_{BA}^{t}$为点B绕基点A转动的切向加速度，方向与AB垂直，大小为

$$a_{BA}^{t}=AB\cdot\varepsilon$$

其中，ε为平面图形的角加速度。$\boldsymbol{a}_{BA}^{n}$为点B绕基点A转动的法向加速度，指向基点A，大小为

$$a_{BA}^{n}=AB\cdot\omega^2$$

其中，ω为平面图形的角速度。

式（3-5）为平面内的矢量等式，通常可向两个相交的坐标轴投影，得到两个代数方程，用以求解两个未知量。

例3-4　图3-14a所示半径为R的车轮沿直线轨道做纯滚动。已知轮心O的速度为$\boldsymbol{v}_O$、加速度为$\boldsymbol{a}_O$。求车轮与轨道接触点P的加速度。

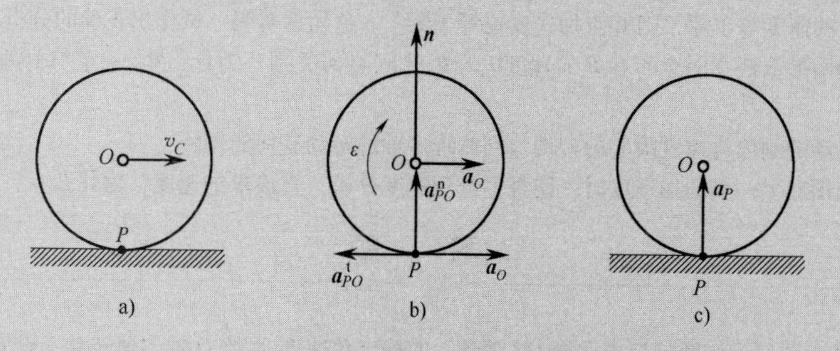

图3-14　例3-4图

解　纯滚动时，车轮与轨道接触点P为车轮的速度瞬心。车轮的角速度可按下式计算：

$$\omega=\frac{v_O}{R}$$

车轮的角加速度 ε 等于角速度对时间的一阶导数。上式对任何瞬时均成立，故得

$$\varepsilon = \frac{\mathrm{d}\omega}{\mathrm{d}t} = \frac{\mathrm{d}}{\mathrm{d}t}\left(\frac{v_O}{R}\right)$$

因为 R 是常量，于是有

$$\varepsilon = \frac{1}{R}\frac{\mathrm{d}v_O}{\mathrm{d}t}$$

因为轮心 O 做直线运动，所以它的速度 v_O 对时间的一阶导数等于这一点的加速度 a_O。于是

$$\varepsilon = \frac{a_O}{R}$$

车轮做平面运动。取中心 O 为基点，按照式（3-5）求点 P 的加速度

$$\boldsymbol{a}_P = \boldsymbol{a}_O + \boldsymbol{a}_{PO}^{\mathrm{t}} + \boldsymbol{a}_{PO}^{\mathrm{n}}$$

其中

$$a_{PO}^{\mathrm{t}} = \varepsilon R = a_O$$

$$a_{PO}^{\mathrm{n}} = \frac{v_O^2}{R}$$

它们的方向如图 3-14b 所示。

由于 $\boldsymbol{a}_O$ 与 $\boldsymbol{a}_{PO}^{\mathrm{t}}$的大小相等、方向相反，于是有

$$a_P = a_{PO}^{\mathrm{n}}$$

由此可知，速度瞬心 P 的加速度不等于零。当车轮在地面上只滚不滑时，速度瞬心 P 的加速度指向轮心 O，如图 3-14c 所示。

思 考 题

1. 刚体的平面运动是怎样分解为平动与转动的？平动和转动与基点的选择是否有关？
2. 何谓平面图形的瞬时速度中心？为什么要强调“瞬时”二字？
3. “瞬心不在平面运动刚体上，则该刚体无瞬心”。这句话对吗？试作出正确的分析。
4. “瞬心 C 的速度等于零，则 C 点加速度也等于零”。这句话对吗？试作出正确的分析。
5. 平面运动图形上任意两点 A 和 B 的速度$\boldsymbol{v}_A$与$\boldsymbol{v}_B$之间有何关系？为什么$\boldsymbol{v}_{BA}$一定与$\overrightarrow{AB}$垂直？$\boldsymbol{v}_{BA}$与$\boldsymbol{v}_{AB}$有何不同？
6. 做平面运动的刚体绕速度瞬心的转动与刚体绕定轴的转动有何异同？
7. 在求平面图形上一点的加速度时，能否不进行速度分析，直接求加速度？为什么？

习 题

3-1 如题 3-1 图所示椭圆规尺由曲柄 OC 带动，曲柄以角速度 ω_0绕 O 轴匀速转动。设 $OC = BC = AC = r$，若取 C 为基点。求椭圆规尺 AB 的平面运动方程。

3-2 题 3-2 图所示若滑块在 C 点以 4m/s 的速度沿着沟槽向下运动，求图示的瞬间连杆 BC 的角速度。

3-3 题 3-3 图曲柄连杆机构，曲柄 $OA = 40\mathrm{mm}$，连杆 $AB = 1\mathrm{m}$。曲柄 OA 绕轴 O 做匀速转动，其转速 $n = 80\mathrm{r/min}$。求当曲柄与水平线成 45°角时，连杆的角速度和其中点 M 的速度。

3-4 题 3-4 图所示四连杆机构 $OABO_1$ 中 $OA = O_1B = AB/2$，曲柄 OA 以角速度 $\omega = 3\mathrm{rad/s}$ 转动。在图示位置 $\varphi = 90°$，而 O_1B 正好与 OO_1 的延长线重合。求杆 AB 和杆 O_1B 在此瞬时的角速度。

3-5　题3-5图所示四连杆机构中，连杆 AB 上固连一块三角板 ABD，机构由曲柄 O_1A 带动。已知曲柄的角速度 $\omega_1=2\mathrm{rad/s}$，曲柄 $O_1A=10\mathrm{cm}$，水平距 $O_1O_2=5\mathrm{cm}$，$AD=5\mathrm{cm}$；当 O_1A 铅直时，AB 平行于 O_1O_2，且 AD 与 O_1A 在同一直线上；角 $\phi=30°$。求三角板 ABD 的角速度和 D 点的速度。

3-6　如题3-6图所示滚压机构的滚子沿水平面滚动而不滑动。已知曲柄 OA 长 $r=10\mathrm{cm}$，以匀转速 $n=30\mathrm{r/min}$ 转动。连杆 AB 长 $l=17.3\mathrm{cm}$，滚子半径 $R=10\mathrm{cm}$，求在图示位置时滚子的角速度及角加速度。

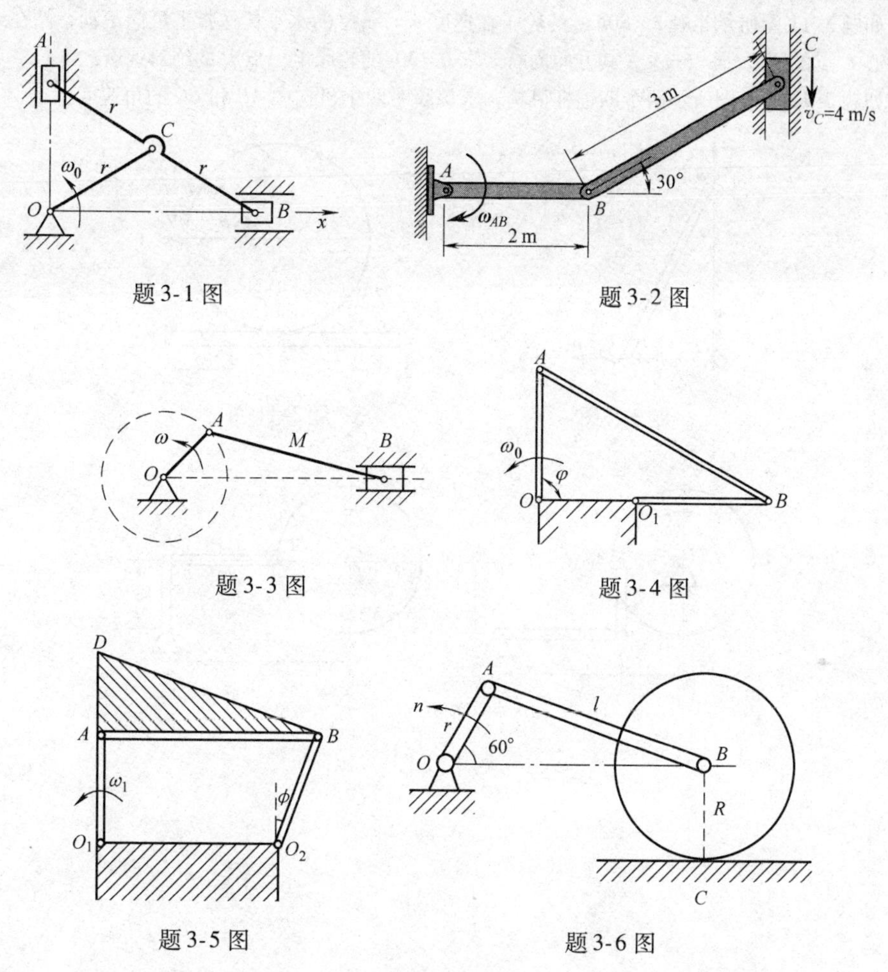

题3-1图　题3-2图

题3-3图　题3-4图

题3-5图　题3-6图

3-7　平面四连杆机构 $ABCD$ 的尺寸和位置如题3-7图所示。如杆 AB 以等角速度 $\omega=1\mathrm{rad/s}$ 绕 A 轴动，求杆 CD 的角速度。

3-8　在题3-8图所示位置的曲柄滑块机构中，曲柄 OA 以匀角速度 $\omega=1.5\mathrm{rad/s}$ 绕 O 轴转动，如 $OA=0.4\mathrm{m}$，$AB=2\mathrm{m}$，$OC=0.2\mathrm{m}$，试分别求当曲柄在水平和铅直两位置时滑块 B 的速度。

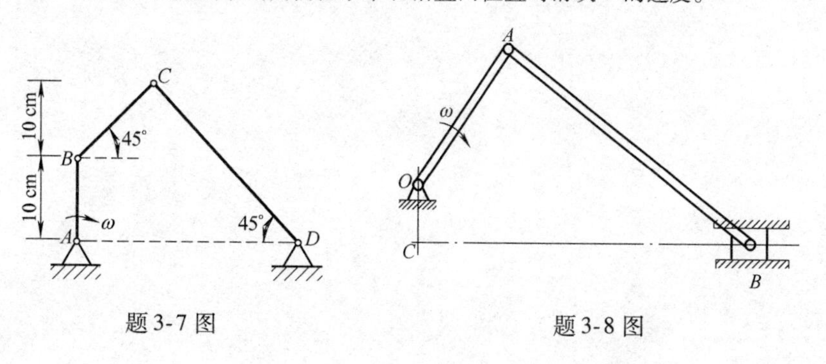

题3-7图　题3-8图

3-9　题3-9图所示杆 AB 长 l，其 A 端沿水平轨道运动，B 端沿铅直轨道运动。在图示瞬时，杆 AB 与铅直线成夹角 φ，A 端具有向右的速度 $\boldsymbol{v}_A$ 和加速度 $\boldsymbol{a}_A$。(1) 试用基点法和速度瞬心法求此瞬时 B 端的速度以及 AB 的角速度；(2) 用基点法求 B 端的加速度；(3) 用基点法求杆 AB 的角加速度。

3-10　本题已知条件与题3-9图相同。(1) 试用速度投影定理求此瞬时 B 端的速度和加速度；(2) 问能否用速度投影定理求杆 AB 的角速度和角加速度？

3-11　如题3-11图所示半径 $r=80\text{mm}$ 的轮子在速度 $v=2\text{m/s}$ 的水平传送带上反向滚动，站在地面上的人测得轮子中心 C 点的速度 $v_C=6\text{m/s}$，其方向向右。求 $\theta=30°$ 的轮缘上一点 P 的绝对速度。

3-12　如题3-12a、b图所示两个四连杆机构，求该瞬时两个机构中 AB 和 BC 的角速度。

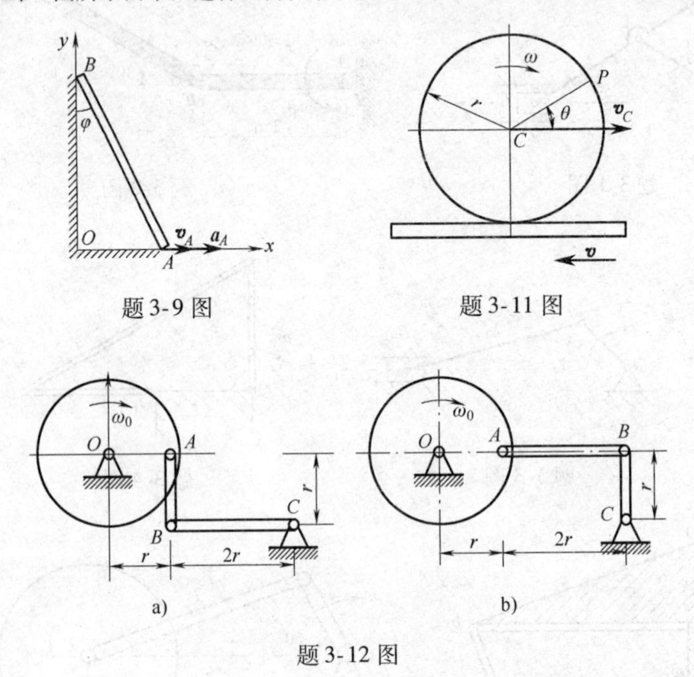

题3-9图　　题3-11图

题3-12图

第2篇　动　力　学

动力学研究物体的机械运动与作用力之间的关系。

在运动学中，我们仅从几何方面分析了物体的运动，而不涉及力的作用。动力学则对物体的机械运动进行全面的分析，研究作用于物体上的力与其运动之间的关系，并建立物体机械运动的普遍规律。当物体相对于地面静止或做匀速直线运动，即物体上每一点的加速度同时为零时，物体的这种运动状态称为平衡。平衡是物体运动的一种特殊形式。

动力学的形成和发展与生产的发展有着密切联系。特别是在现代工业和科学技术迅速发展的今天，对动力学提出了更复杂的课题，例如复杂的空间机械和机器人、高速车辆、运动生物力学，特别是航天科技的迅猛发展，都需要应用动力学的理论。

工程实际中动力学问题很多，例如：机械设计中的均衡问题、振动问题、动反力问题以及结构物的振动问题等。动力学知识是研究较复杂动力学问题的基础。

动力学研究的物体可抽象为质点（particle）和质点系（system of particles）两个力学模型。质点是具有一定的质量，而几何形状和尺寸大小可以忽略不计的物体。若干个或无限多个相互联系的质点所组成的系统称为质点系。任意两点之间的距离保持不变的质点系，称为刚体（rigid body）。而刚体是本书的主要研究对象。

根据由实际工程中简化抽象出的物理模型建立动力学方程及其他有关方程的过程称为建立数学模型，简称建模。动力学方程指物体运动与其受力之间的数学关系，又称运动微分方程（differential equation of motion）。求解这些微分运动方程涉及动力学的两类基本问题：

（1）已知物体的运动规律，求作用于此物体上的力。

（2）已知作用于物体上的力，求此物体的运动规律。

第4章　刚体动力学的基本概念

本章首先阐述作为力学理论基础的几个基本概念和公理，然后介绍工程中常见的约束和约束力的分析及物体的受力图。本章是工程力学，乃至一切固体力学、工程设计计算的基础，是本课程中最重要的章节之一。

4.1　力与力的投影

4.1.1　力的概念与力的分类

1. 力的概念

力是物体间的相互机械作用，其效应使物体的运动状态发生改变或使物体产生变形。前者称为力的外效应（the effect of outside）或运动效应，后者称为力的内效应（the effect of inside）或变形效应。一般来讲，两种效应是同时存在的。动力学的研究对象是刚体，所以，不考虑力的内效应，只研究力的外效应，以及由此引出的力作用于刚体时的一些特殊性质。至于力的内效应，将在第三篇材料力学以及后续力学课程（如结构力学、弹性力学等）中论述。

力对物体的作用效果与三个因素有关：力的大小、方向和作用点。这三个因素称为力的三要素。因此，力应以矢量表示，可以用一个定位的有向线段来表示力，如图4-1所示。线段的长度代表力的大小（一般地定性表示即可），线段的方位和指向代表力的方向，线段的起点（或终点）表示力的作用点，线段所在的直线称为力的作用线。

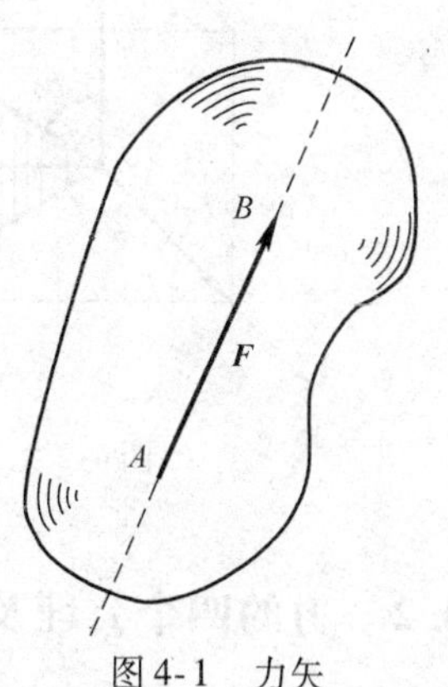

图4-1　力矢

2. 力的分类

作用于物体上的多个力称为力系。按照力在空间位置的分布情况，力系可分为两类：

各力作用线在同一平面内的力系称为平面力系；各力作用线在空间分布的力系称为空间力系。按照各力作用线是否具有特殊关系，力

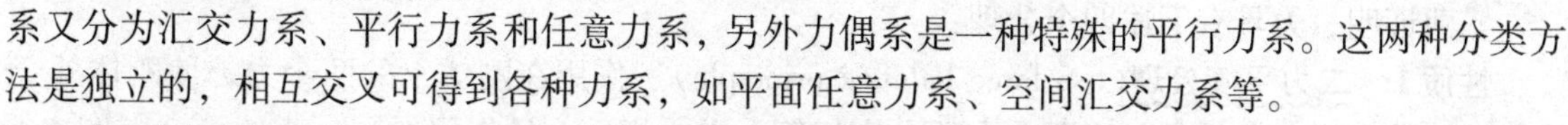
系又分为汇交力系、平行力系和任意力系，另外力偶系是一种特殊的平行力系。这两种分类方法是独立的，相互交叉可得到各种力系，如平面任意力系、空间汇交力系等。

在国际单位制（SI）中，力的单位为牛（N）或千牛（kN）。

4.1.2　力的投影

若已知力 $\boldsymbol{F}$ 与正交坐标系 $Oxyz$ 三轴间的夹角分别为 θ、β、γ，如图4-2所示，则力在三个轴上的投影等于力 $\boldsymbol{F}$ 的大小乘以与各轴夹角的余弦，此过程称为直接投影法，即

$$\left.\begin{aligned} F_x &= F\cos\theta \\ F_y &= F\cos\beta \\ F_z &= F\cos\gamma \end{aligned}\right\} \tag{4-1}$$

当力与坐标轴 Ox、Oy 间的夹角不易确定时，可把力 $\boldsymbol{F}$ 先投影到坐标平面 xOy 上，得到力 $\boldsymbol{F}_{xy}$，然后再把这个力投影到 x、y 轴上，此过程称为二次投影法。如图4-3所示，已知角 γ、

φ，则力 $\boldsymbol{F}$ 在三个坐标轴上的投影分别为

$$\left.\begin{aligned} F_x &= F\sin\gamma\cos\varphi \\ F_y &= F\sin\gamma\sin\varphi \\ F_z &= F\cos\gamma \end{aligned}\right\} \tag{4-2}$$

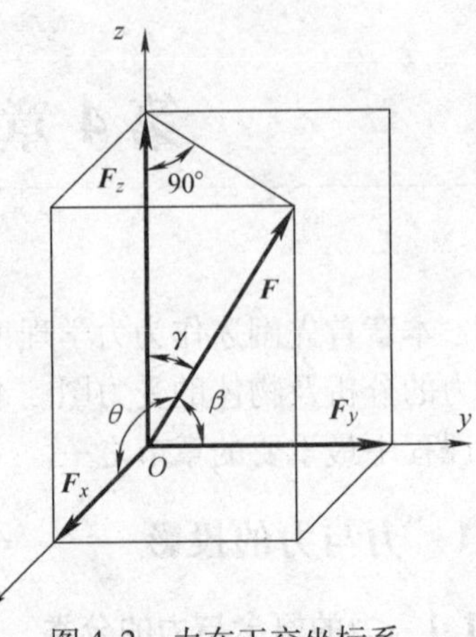

图 4-2　力在正交坐标系

以 $\boldsymbol{i}$、$\boldsymbol{j}$、$\boldsymbol{k}$ 分别表示沿 x、y、z 坐标轴方向的单位矢量，如图 4-4 所示，则力 $\boldsymbol{F}$ 的解析表达式为

$$\boldsymbol{F} = F_x\boldsymbol{i} + F_y\boldsymbol{j} + F_z\boldsymbol{k} \tag{4-3}$$

若已知力 $\boldsymbol{F}$ 在正交坐标系 $Oxyz$ 的三个坐标轴上的投影，则力 $\boldsymbol{F}$ 的大小和方向余弦为

$$\left.\begin{aligned} &F = \sqrt{F_x^2 + F_y^2 + F_z^2} \\ &\cos(\boldsymbol{F},\boldsymbol{i}) = \frac{F_x}{F},\cos(\boldsymbol{F},\boldsymbol{j}) = \frac{F_y}{F},\cos(\boldsymbol{F},\boldsymbol{k}) = \frac{F_z}{F} \end{aligned}\right\} \tag{4-4}$$

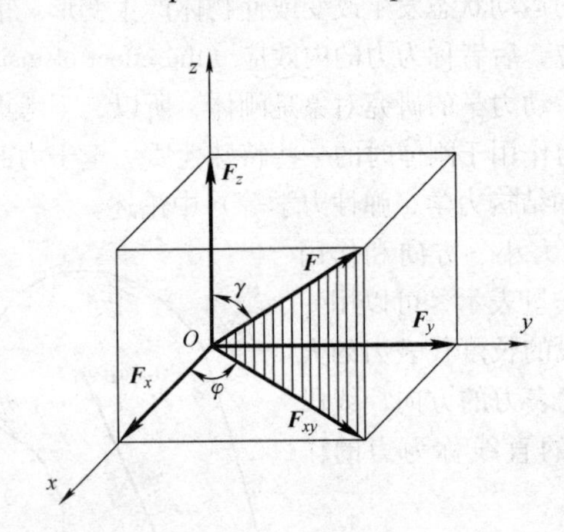

图 4-3　二次投影法

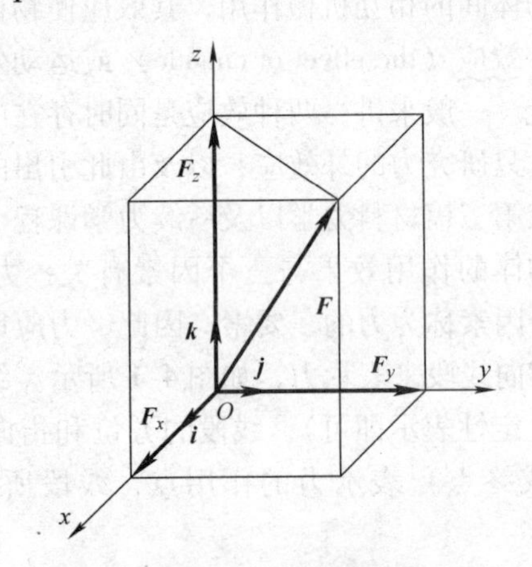

图 4-4　单位矢量法

4.2　力的四个公理及刚化原理

4.2.1　力的四个公理

实践证明，力具有下述四个公理：

性质 1　二力平衡公理(two force balance principle)。作用在刚体上的两个力，使刚体处于平衡的必要和充分条件是：这两个力的大小相等、方向相反，且作用在同一直线上。如图 4-5 所示，即

$$\boldsymbol{F}_1 = -\boldsymbol{F}_2 \tag{4-5}$$

二力平衡公理总结了作用在刚体上最简单的力系平衡时所必须满足的条件。它对刚体来说既必要又充分；但对非刚体，却是不充分的。如绳索受两个等值、反向的拉力作用可以平衡（见图 4-5a），而受两个等值、反向的压力作用就不平衡（见图 4-5b）。

工程上将只受两个力作用而处于平衡的物体称为二力体（two force body）。二力杆在工程中是很常见的，如图 4-6a 所示结构中的 BC 杆，不计其自重时，就可视为二力杆（二力构件）或链杆。其受力如图 4-6b 所示。

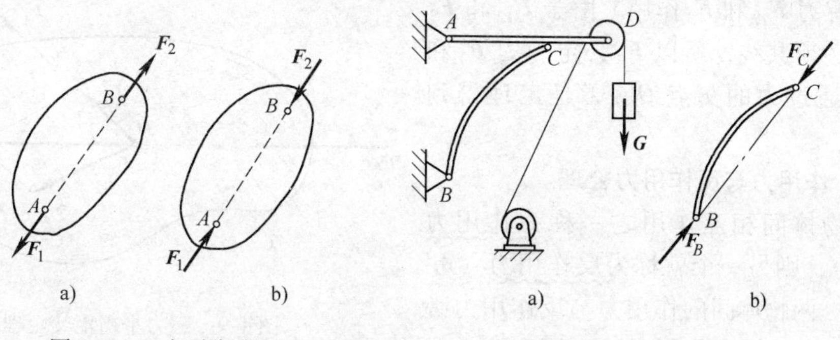

图4-5　二力平衡公理　　图4-6　二力杆

性质2　力的平行四边形公理(parallelogram rule of force)。作用在物体上同一点的两个力 $\boldsymbol{F}_1$ 和 $\boldsymbol{F}_2$ 可以合成为一个合力 $\boldsymbol{F}_R$。合力的作用点也在该点，合力的大小和方向，由以这两个力的力矢为边所构成的平行四边形的对角线矢量 $\boldsymbol{F}_R$ 确定。如图4-7所示，如果将原来的两个力 $\boldsymbol{F}_1$ 和 $\boldsymbol{F}_2$ 称为分力，此法则可简述为合力 $\boldsymbol{F}_R$ 等于两分力的矢量和，即

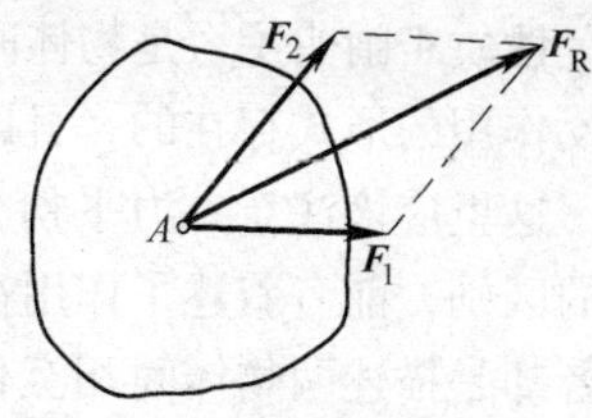

图4-7　力的平行四边形公理

$$\boldsymbol{F}_R = \boldsymbol{F}_1 + \boldsymbol{F}_2 \tag{4-6}$$

这个公理总结了最简单的力系的简化规律，它是其他复杂力系简化的基础。

性质3　加、减平衡力系公理(principle of add or reduce equilibrium force system)。

在已知力系上加上或减去任意的平衡力系，并不改变原力系对刚体的作用。

这个性质的正确性也是很明显的，因为平衡力系对于刚体的平衡或运动状态并没有影响。这个性质是力系简化的理论根据之一。

根据性质3可以导出如下两个推论：

推论1：力在刚体上的可传性(transmissibility of force acting on rigid body)。

作用在刚体上的某点的力，可以沿其作用线移到刚体内任意一点，而不改变该力对刚体的作用。该性质称为力在刚体上的可传性。

我们有这样的体会：在水平道路上用水平力 $\boldsymbol{F}$ 作用于 A 点推车或用 $\boldsymbol{F}$ 力作用于 B 点拉车（见图4-8）可以产生同样的效果。

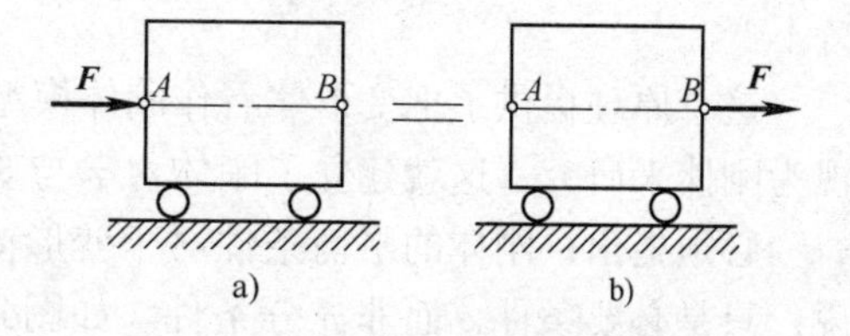

图4-8　力在刚体上的可传性

由此可见，对刚体来说，力的作用点已不是决定力的作用效果的要素，它可用力的作用线所代替，即力的三要素是：力的大小、方向和作用线。作用于刚体上的力可以沿其作用线移动，这种矢量称为滑移矢量（slip vector）。

必须注意，加、减平衡力系原理和力的可传性只适用于刚体，不适用于变形体。

推论2：三力平衡汇交定理（three equilibrium theorem）。

作用于刚体上三个相互平衡的力，若其中两个力的作用线汇交于一点，则此三力必在同一平面内，且第三个力的作用线通过汇交点。

证明　如图4-9所示，在刚体的 A、B、C 三点上，作用三个相互平衡的力 $\boldsymbol{F}_1$、$\boldsymbol{F}_2$、$\boldsymbol{F}_3$。根据力的可传性，将力 $\boldsymbol{F}_1$ 和 $\boldsymbol{F}_2$ 移到汇交点 O，然后根据力的平行四边形规则，得合力 $\boldsymbol{F}_{12}$。

现刚体上只有力 $\boldsymbol{F}_{12}$ 和 $\boldsymbol{F}_3$ 作用。由于 $\boldsymbol{F}_{12}$ 和 $\boldsymbol{F}_3$ 两个力平衡必须共线，所以 $\boldsymbol{F}_3$ 必定与力 $\boldsymbol{F}_1$ 和 $\boldsymbol{F}_2$ 共面，且通过力的交点 O。于是定理得到证明。

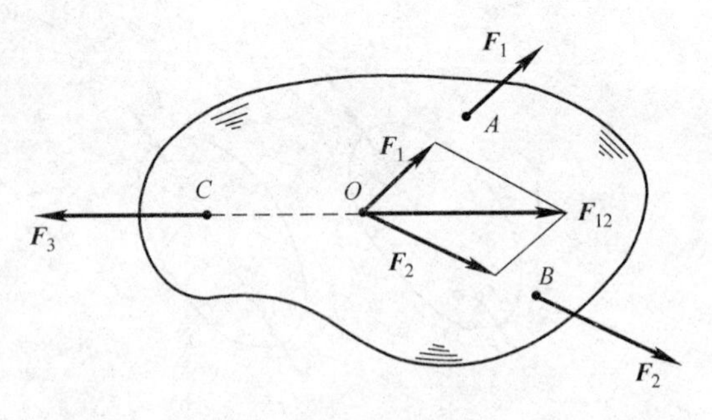

图 4-9　三力平衡汇交定理

性质 4　作用力与反作用力公理。

若将两物体间相互作用之一称为作用力（action force），则另一个就称为反作用力（reaction force）。两物体间的作用力与反作用力必定等值、反向、共线，分别同时作用于两个相互作用的物体上。

性质 4 阐明了力是物体间的相互作用，其中作用与反作用的称呼是相对的，力总是以作用与反作用的形式存在的，且以作用与反作用的方式进行传递。

这里应该注意二力平衡公理和作用力与反作用力公理之间的区别，前者叙述了作用在同一物体上两个力的平衡条件，后者却是描述两物体间相互作用的关系。读者试分析图 4-10 所示各力之间是什么关系。

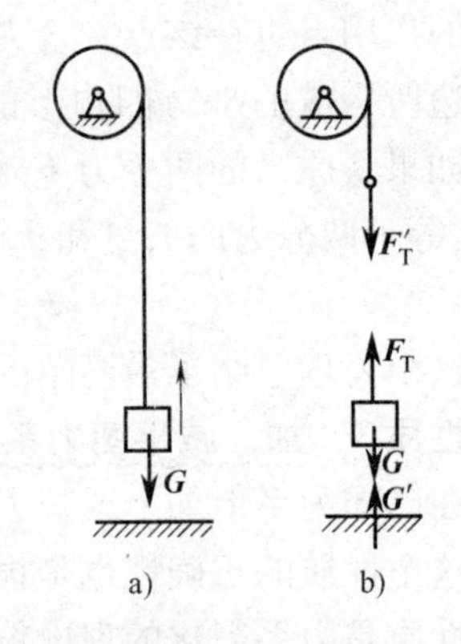

图 4-10　作用力与反作用力公理

有时我们考察的对象是一群物体的组合称为物体系统（简称物系），物系外的物体与物系间的作用力称为系统外力，而物系内部物体间的相互作用力称为系统内力。系统内力总是成对出现且呈等值、反向、共线的特点，所以就物系而言，系统内力的合力总是为零。因此，系统内力不会改变物系的运动状态。但内力与外力的划分又与所取物系的范围有关，随着所取对象范围的不同，内力与外力是可以互相转化的。

4.2.2　刚化原理

当变形体在已知力系作用下处于平衡时，如将此变形体变为刚体（刚化），则平衡状态保持不变。

这个原理提供了把变形体看作刚体模型的条件。处于平衡状态的变形体，我们总可以把它视为刚体来研究，这就建立了刚体力学与变形体力学之间的联系。

必须指出，刚体的平衡条件对于变形体来说，只是必要条件，而非充分条件。如图4-11所示，绳索在等值、反向、共线的两个拉力作用下处于平衡，如果将绳索刚化成刚体，其平衡状态保持不变。若绳索在两个等值、反向、共线的压力作用下并不能平衡，这时绳索就不能被刚化为刚体。而刚体在上述两种力系的作用下都是平衡的。

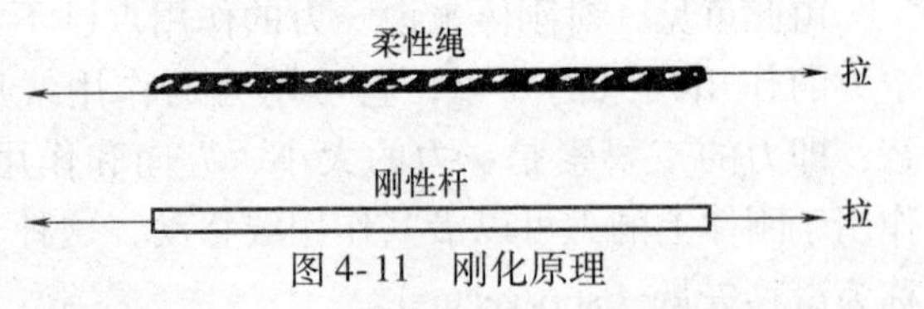

图 4-11　刚化原理

由此可见，对于变形体的平衡来说，除了要满足刚体静力学的平衡条件外，还应该满足与变形体的物理性质有关的某些附加条件。

静力学的全部理论都可以由上述公理推证而得到，如前述的推论 1 和推论 2。

4.3　力矩与力偶

工程实际中，存在大量绕固定点或固定轴转动的问题。如汽车变速机构的操纵杆，可绕球形铰链转动；用扳手拧螺栓，螺栓可绕螺栓中心线转动等。当力作用在这些物体上时，物体可产生绕某点或某轴的转动效应。为了度量力对物体的转动效应，人们在实践中建立了力对点之矩、力对轴之矩的概念。力对点之矩、力对轴之矩统称为力矩。

4.3.1　力对轴之矩

如图4-12所示，力 $\boldsymbol{F}$ 作用在刚体的 A 点上，z 轴与力 F 既不平行也不垂直。现在考察刚体在力 $\boldsymbol{F}$ 的作用下绕 z 轴的转动效应。将力 $\boldsymbol{F}$ 在 z 轴上投影和 xOy 平面上投影，得到力 $\boldsymbol{F}$ 的两个正交分力 $\boldsymbol{F}_z$ 和 $\boldsymbol{F}_{xy}$，显然，$\boldsymbol{F}_z$ 不能使刚体绕 z 轴转动，转动效应只与 $\boldsymbol{F}_z$ 和其作用线至 z 轴的距离有关。从而可用二者的乘积来度量这个转动效应。于是，可以给出力对轴之矩（moment of force to axis）的定义：力对轴之矩等于力在垂直于该轴的平面上的投影与此投影至该轴距离的乘积，它的正负号则由右手螺旋法则来确定，从 z 轴正向看，逆时针方向转动为正，顺时针方向转动为负。由图4-12a可知，力 $\boldsymbol{F}$ 对 z 轴之矩可由 $\triangle Oab$ 面积的两倍表示．即

$$m_z(\boldsymbol{F}) = \pm \boldsymbol{F}_{xy}h = \pm 2\triangle Oab \tag{4-7}$$

由此可知，当力与轴平行（$\boldsymbol{F}_{xy}=\boldsymbol{O}$）或相交（$h=O$）时，亦即力与轴共面时，力对轴之矩等于零。

在国际单位制（SI）中，力对轴之矩的单位为牛·米（N·m）或千牛·米（kN·m）。

4.3.2　力对点之矩

如图4-12b所示，力 $\boldsymbol{F}$ 作用在刚体的 A 点上，自空间任一点 O 向 A 点作一矢径，用 $\boldsymbol{r}$ 表示，O 点称为矩心（centroid），力 $\boldsymbol{F}$ 对 O 点之矩定义为矢径 $\boldsymbol{r}$ 与力 $\boldsymbol{F}$ 的矢积，记为 $\boldsymbol{M}_O(\boldsymbol{F})$，即

$$\boldsymbol{M}_O(\boldsymbol{F}) = \boldsymbol{r}\times\boldsymbol{F} \tag{4-8a}$$

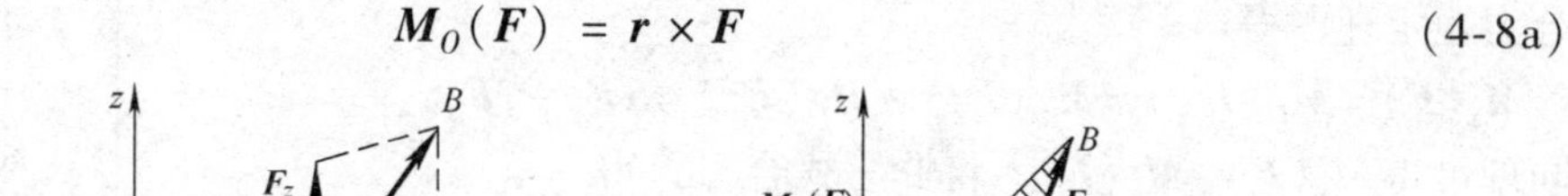

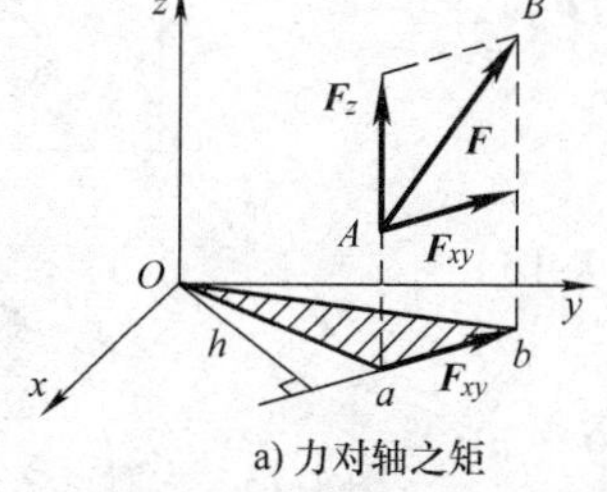

a) 力对轴之矩　　b) 力对点之矩

图4-12　力矩

力对点之矩是矢量，且是定位矢量。其大小为

$$|\boldsymbol{M}_O(\boldsymbol{F})| = |\boldsymbol{r}\times\boldsymbol{F}| = Fh = 2\triangle OAB \tag{4-8b}$$

式中，h 为 O 至力 $\boldsymbol{F}$ 的垂直距离，称为力臂。力对点之矩的方向用右手螺旋法则确定，即，$\boldsymbol{r}\times\boldsymbol{F}$ 的方向为此矢量的方向。

当力的作用线通过矩心时，力对该点之矩为零。

力对点之矩的单位为牛·米（N·m）或千牛·米（kN·m）。

在直角坐标系 $Oxyz$ 中，力的作用点 $A(x, y, z)$ 的矢径为 $\boldsymbol{r}=x\boldsymbol{i}+y\boldsymbol{j}+z\boldsymbol{k}$，力为 $\boldsymbol{F}=F_x\boldsymbol{i}+F_y\boldsymbol{j}+F_z\boldsymbol{k}$。由式（4-8b）可得力对点之矩的解析表达式为

$$\boldsymbol{M}_O(\boldsymbol{F}) = \boldsymbol{r}\times\boldsymbol{F} = \begin{vmatrix} \boldsymbol{i} & \boldsymbol{j} & \boldsymbol{k} \\ x & y & z \\ F_x & F_y & F_z \end{vmatrix} \tag{4-8c}$$

它的展开式为

$$M_O(F) = (yF_z - zF_y)i + (zF_x - xF_z)j + (xF_y - yF_x)k \tag{4-9}$$

式中，单位矢量 i、j、k 前面的系数分别为力对点之矩矢量在三个坐标轴上的投影。

若力 F 作用在 xOy 平面内，即 $F_z \equiv O$，$z \equiv 0$。力 F 对此平面内任一点 O 之矩，实际上是此力对通过 O 点且垂直于 xOy 平面的 z 轴之矩

$$M_O(F) = r \times F = (xF_y - yF_x)k$$

此时，力 F 对 O 点之矩总是沿着 z 轴方向，可用代数量来表示，即

$$M_O(F) = M_z(F) = \pm Fh = \pm 2\triangle OAB \tag{4-10}$$

4.3.3 合力矩定理

力 F_1 和 F_2 作用于刚体上的 A 点，其合力为 F_R，即

$$F_R = F_1 + F_2$$

自矩心 O 作 A 点的矢径 r，r 与上式的两端作矢积，即

$$M_O(F_R) = M_O(F_1) + M_O(F_2) \tag{4-11}$$

由此可以推得，若作用于同一点的 n 个力 $F_1, F_2, \cdots, F_n$ 之合力为 F_R，则有

$$M_O(F_R) = M_O(F_1) + M_O(F_2) + \cdots + M_O(F_n) = \sum M_O(F) \tag{4-12}$$

上式表明，合力对一点之矩等于各分力对同一点之矩的矢量和。这就是合力矩定理（theorem on moment of resultant force）。

4.3.4 力对点之矩与力对过该点的轴之矩的关系

如图4-13所示，设力在三个坐标轴上的分力分别为 F_x、F_y、F_z，力的作用点的坐标为（x, y, z），根据合力矩定理，得

$$M_z(F) = M_O(F_{xy}) = M_O(F_x) + M_O(F_y) = xF_y - yF_x$$

同理可得 $M_x(F)$、$M_y(F)$，将此三式合写，得

$$\left.\begin{aligned} M_x(F) &= yF_z - zF_y \\ M_y(F) &= zF_x - xF_z \\ M_z(F) &= xF_y - yF_x \end{aligned}\right\} \tag{4-13}$$

此即计算力对轴之矩的解析表达式。比较式（4-9）可知，力对点之矩在过该点任意轴上的投影等于力对该轴之矩。

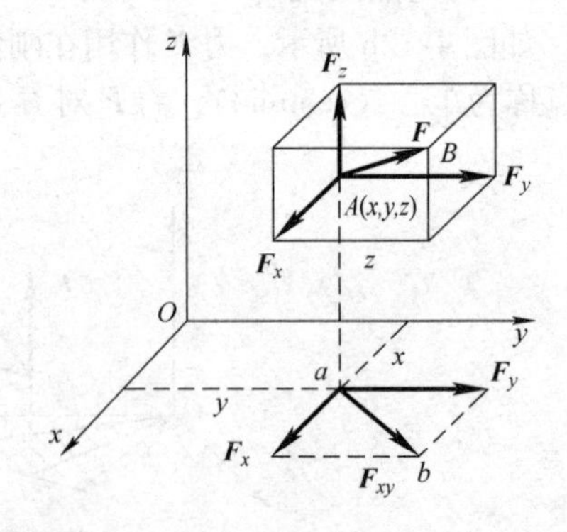

图4-13 力对点之矩与力对过该点的轴之矩的关系

4.3.5 力偶

大小相等、方向相反、作用线平行，但不重合的两个力称为力偶（couple of forces）。例如，汽车驾驶员转动方向盘（见图4-14a），再如电动机转子所受的电磁力的作用（见图4-14b）等。力 F 和 F' 组成一个力偶，记为（F, F'），这里 $F = -F'$。此二力作用线所决定的平面称为力偶的作用面，两作用线的垂直距离 d 称为力偶臂（arm of couple）。

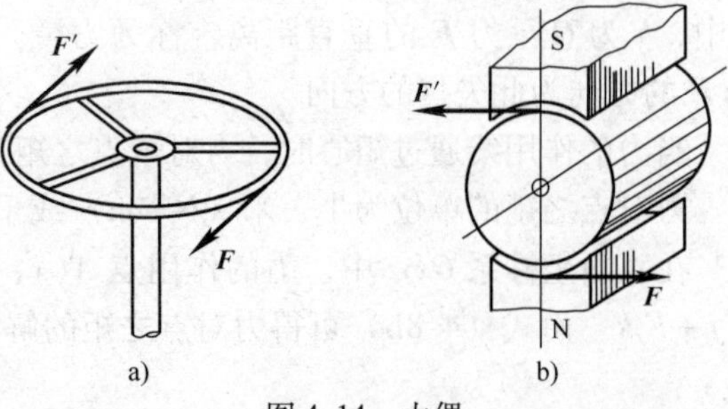

图4-14 力偶

力偶是一种特殊的力系。虽然力偶中每个力具有一般力的性质，但是作为整体考虑时，则

表现出与单个力不同的特殊性质。由于力偶中的两个力等值、反向、平行，但不共线，它们不是一对平衡力，也无合力。所以，力偶本身既不平衡，又不能与一个力等效。力偶是另一种最简单的力系，与力一样，力偶是一种基本力学量。力偶对刚体的作用，只有转动效应，而没有平移效应。

设 $\boldsymbol{r}_{BA}$ 表示图4-15中自点 B 到点 A 的矢径，矢量

$$\boldsymbol{M}=\boldsymbol{r}_{BA}\times\boldsymbol{F} \tag{4-14}$$

称为力偶（$\boldsymbol{F}$，$\boldsymbol{F}'$）的力偶矩矢量，简称为力偶矩矢（moment vector of couple），记为 $\boldsymbol{M}$。下面考察力偶矩矢的力学特征。

图4-15中，在空间任取一点 O，并向 A、B 两点作矢 $\boldsymbol{r}_A$、$\boldsymbol{r}_B$，显见，$\boldsymbol{r}_{AB}=\boldsymbol{r}_A-\boldsymbol{r}_B$。力偶对 O 点之矩为

$$\boldsymbol{M}_O(\boldsymbol{F},\boldsymbol{F}')=\boldsymbol{M}_O(\boldsymbol{F})+\boldsymbol{M}_O(\boldsymbol{F}')=\boldsymbol{r}_A\times\boldsymbol{F}+\boldsymbol{r}_B\times\boldsymbol{F}'=(\boldsymbol{r}_A-\boldsymbol{r}_B)\times\boldsymbol{F}=\boldsymbol{r}_{BA}\times\boldsymbol{F}$$

故

$$\boldsymbol{M}_O(\boldsymbol{F},\boldsymbol{F}')=\boldsymbol{M}$$

分析这一结果：①力偶矩矢量 $\boldsymbol{M}$ 与矩心的选择无关，因而是一个自由矢量；②力偶矩矢的大小 $M=r_{BA}F\sin\varphi=Fd$，单位也是牛·米（N·m）或千牛·米（kN·m），方向为力偶作用面的法线方向，由右手螺旋法则确定。因此，决定力偶矩的三要素为：力偶矩的大小、力偶作用面的方位及力偶的转向；③因为力偶矩矢是自由矢量，在保持这一矢量的大小和方向不变的条件下，可以在空间任意移动而不改变力偶对刚体的作用效果，称为力偶的等效性。力偶的等效性还可以更具体地表达如下：在保持力偶矩矢不变的条件下，力偶可以在其作用面内任意移动或转动，或同时改变力偶中力与力偶臂的大小，或将力偶作用面平行移动，都不影响力偶对刚体的作用效果。由于力偶矩矢的等效性，常将一个具体的力偶（$\boldsymbol{F}$，$\boldsymbol{F}'$）用其力偶矩矢 $\boldsymbol{M}$ 表示。

与力对点之矩相同，力偶矩在平面问题中视为代数量，记为 M，则

$$M=\pm F\mathrm{d} \tag{4-15}$$

式中，正号和负号分别由力偶的转向为逆时针或顺时针决定。根据力偶的等效性，平面力偶也常以其力偶矩 M 直接表示，并且在称呼上不加区分。平面力偶画法如图4-16所示。

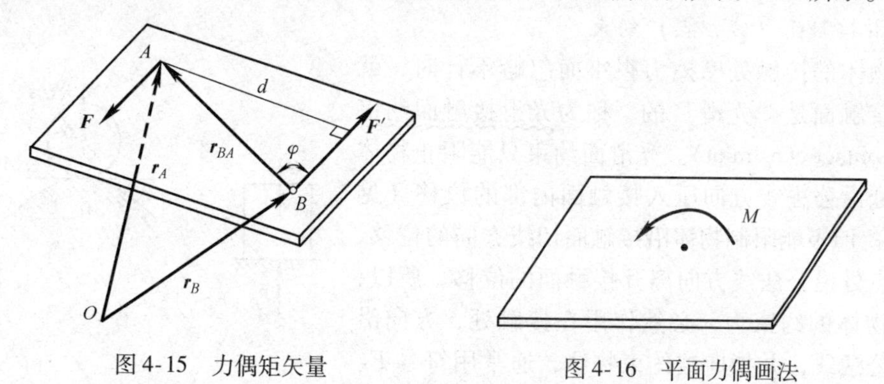

图4-15　力偶矩矢量　　图4-16　平面力偶画法

4.4　约束和约束力

在分析物体的受力情况时，将力分为主动力和约束力。

工程上把能使物体产生某种形式的运动或运动趋势的力称为主动力（active force）（又称为载荷）。主动力通常是已知的，常见的主动力有重力、磁场力、流体压力、弹簧的弹力和某

些作用于物体上的已知力。

物体在主动力的作用下，其运动大多要受到某些限制。对物体运动起限制作用的其他物体，称为约束物，简称为约束（constraint）。被限制的物体称为被约束物。如吊式电灯被电线限制使电灯不能掉下来，电线就是约束（物），电灯是被约束物。约束作用于被约束物的力称为约束力（constraint force）。如电线作用于吊式电灯的力即为约束力。显然，约束力是由于有了主动力的作用才引起的，所以约束力是被动力。约束（物）是通过约束力来实现限制被约束物的运动的，所以约束力的方向总是与约束物所能阻止的运动方向相反。至于约束力的大小，则需要通过以后几章研究的平衡条件求出。

4.4.1　常见的约束形式和确定约束力的分析

1. 柔性约束

由绳索、链条或传动带等柔性物体构成的约束称为柔性约束（flexible constraint）。由于柔性物体本身只能受拉，不能受压，因此，柔性约束对物体的约束力，必沿着柔性物体的轴线方向作用于连接点处，并背离被约束物体。这类约束通常用 $\boldsymbol{F}_{\mathrm{T}}$表示。如图 4-17a 所示的用绳子悬吊一重物 $\boldsymbol{G}$，绳子对重物 $\boldsymbol{G}$ 的约束力为 $\boldsymbol{F}'_{\mathrm{T}}$。图 4-17b 所示的传动带对带轮的约束力为 $\boldsymbol{F}_{\mathrm{T1}}$（$\boldsymbol{F}'_{\mathrm{T1}}$）和 $\boldsymbol{F}_{\mathrm{T2}}$（$\boldsymbol{F}'_{\mathrm{T2}}$）。

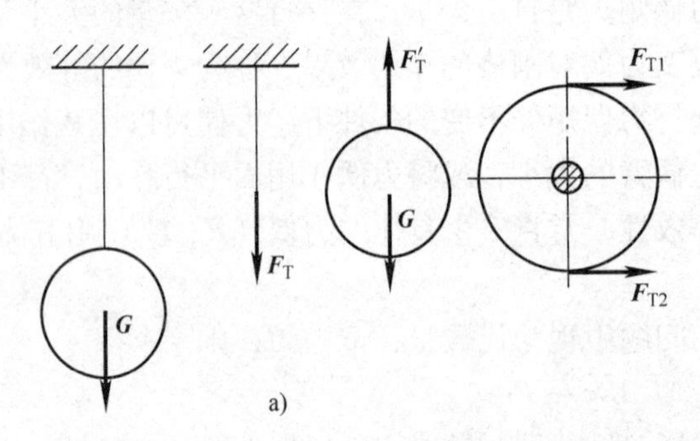

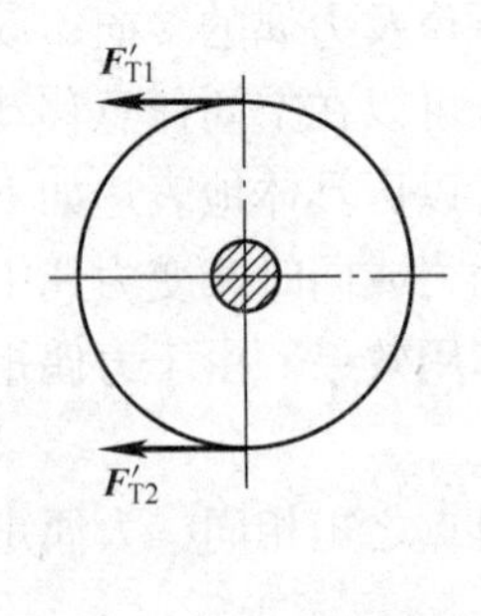

图 4-17　柔性约束

2. 光滑接触面（线、点）约束

当两物体的接触处摩擦力很小而忽略不计时，就可以认为接触面是“光滑”的。称为光滑接触面约束（smoothy contact constraint）。光滑面约束只能阻止物体在接触点处沿公法线方向压入接触面内部的位移（见图 4-18a），但不能限制物体沿接触面切线方向的位移，或在接触点处沿公法线方向离开接触面的位移。所以，光滑面对物体的约束力，必然作用在接触处，方向沿接触面的公法线，并指向被约束物体，通常用符号 $\boldsymbol{F}_{\mathrm{N}}$表示。

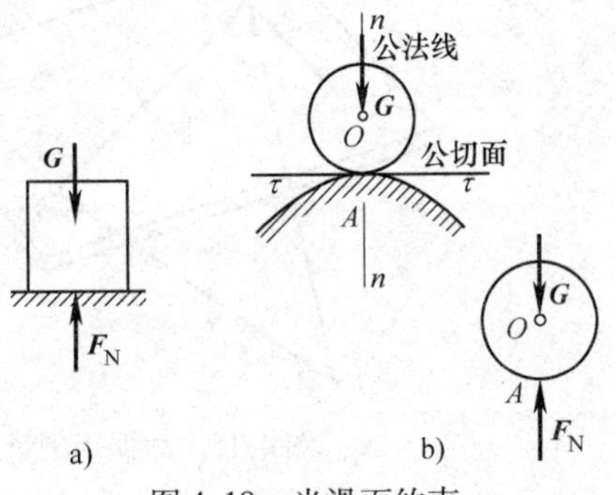

图 4-18　光滑面约束

如果两物体在一个点或沿一条线相接触，且摩擦力可以略去不计，则称为光滑接触点或光滑接触线约束。例如，图 4-19b 所示为一圆球（或圆柱）O 放置在光滑圆球（或圆柱）A 上，则 A 对 O 就构成约束。它们的约束力 $\boldsymbol{F}_{\mathrm{N}}$作用在接触点（或接触线），$\boldsymbol{F}_{\mathrm{N}}$应沿接触点（或接触线）的公法线，并指向受力物体。

3. 圆柱销铰链约束

将两零件 A、B 的端部钻孔用圆柱形销钉 C 把它们连接起来，如图4-19a 所示。如果销钉和圆孔是光滑的，且销钉与圆孔之间有微小的间隙，那么销钉只限制两零件的相对移动，而不限制两零件的相对转动，如图4-19b 所示。具有这种特点的约束称为铰链（hinge）。

销钉与零件 A、B 相接触，实际上是两个光滑内孔与圆柱面相接触。按照光滑面约束的约束力特点，以零件 A 为例，销钉给 A 的约束力 $\boldsymbol{F}_R$应沿销钉与圆孔的接触点 K 的公法线，即沿孔的半径指向零件 A（见图4-19b）。但因接触点 K 一般不能预先确定，故约束力的指向也无法预先确定。在受力分析中常用通过孔中心的两个正交分力 $\boldsymbol{F}_x$、$\boldsymbol{F}_y$来表示，如图4-19c 所示。同理，若分析零件 B，也可得到同样的结果，只不过与上述力的方向相反。读者可自行验证。

图4-19d 所示为其简化图。

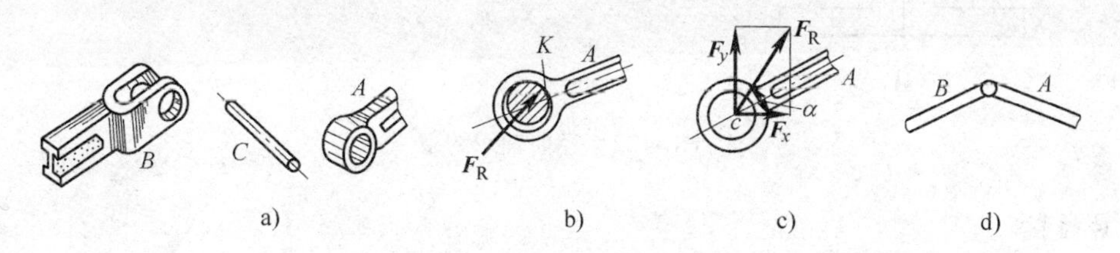

图4-19　圆柱销铰链约束

4. 圆柱销铰链支座约束

将构件连接在机器底座上的装置称为支座（support）。用圆柱销钉将构件与底座连接起来，构成圆柱销铰链支座约束。如图4-20a 所示的钢桥架 A、B 端用铰链支座支承。根据铰链支座与支承面的连接方式不同，分成固定铰链支座和活动铰链支座。

（1）固定铰链支座。如图4-20a 所示钢桥架 A 端的铰链支座为固定铰链支座（fixed hinge support）。其结构如图4-20b 所示。它可用地脚螺栓将底座与固定支承面连接起来，如图4-20c 所示。其约束力与铰链约束力有相同的特征，所以也可用两个通过铰心的正交分力 $\boldsymbol{F}_x$、$\boldsymbol{F}_y$来表示。固定铰链支座的简图如图4-20d 所示。

（2）活动铰链支座。如果在支座和支承面之间有辊轴，就成为活动铰链支座（moved hinge support），又称辊轴支座（roller support）。如图4-20a 所示钢桥架的 B 端支座即是。其结构如图4-21a 所示，简图如图4-21b 所示。这种支座的约束力 $\boldsymbol{F}_R$垂直于支承面，指向待定。

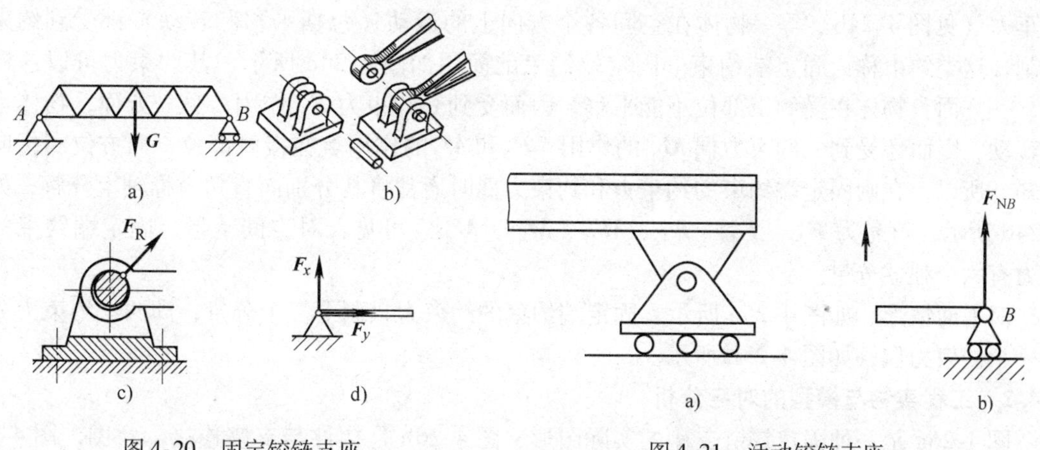

图4-20　固定铰链支座

图4-21　活动铰链支座

5. 径向轴承（向心轴承）

轴承约束是工程中常用的支撑形式，图 4-22a 即为径向轴承约束（bearing constrain）的示意图。轴可以在孔内任意转动，也可以沿孔的中心线移动；但是，轴承阻碍着轴沿孔径向向外的位移。忽略摩擦力，当轴和轴承在某点 A 光滑接触时，轴承对轴的约束力 $\boldsymbol{F}_A$ 作用在接触点 A 上，且沿公法线指向轴心。由于接触点 A 不能预先确定，故用通过轴心的两个正交分力 $\boldsymbol{F}_x$、$\boldsymbol{F}_y$ 来表示，如图 4-22b、c 所示。

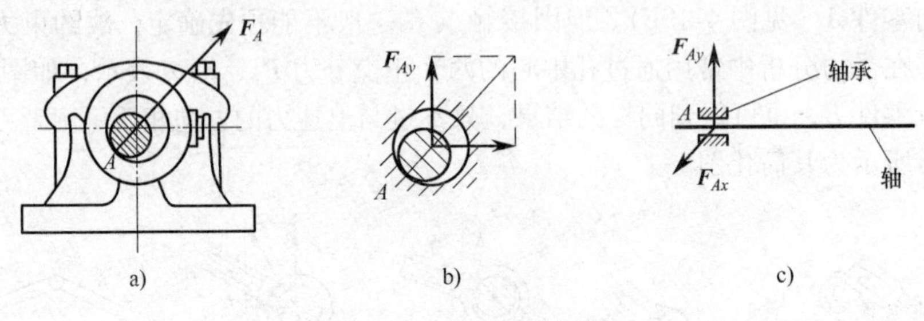

图 4-22　径向轴承约束

6. 球铰链

在研究空间力系时还会经常用到一种空间球铰链约束，简称球铰（spherical hinge）。它由球和球壳构成，被连接的两个物体可以绕球心做相对转动，但不能相对移动，如图 4-23 所示。若其中一个物体与地面或机架固定则称为球铰支座（ball bearing hinge），如汽车的操纵杆和收音机的拉杆天线就采用球铰支座。球和球壳间的作用力分布在部分球面上，略去摩擦，这些分布力均通过球心而形成一空间汇交力系，可合成为一集中力，其大小和方向取决于受约束物体上作用的主动力和其他约束情况，该约束力可用沿坐标轴的 3 个分量 $\boldsymbol{F}_x$、$\boldsymbol{F}_y$ 和 $\boldsymbol{F}_z$ 表示。

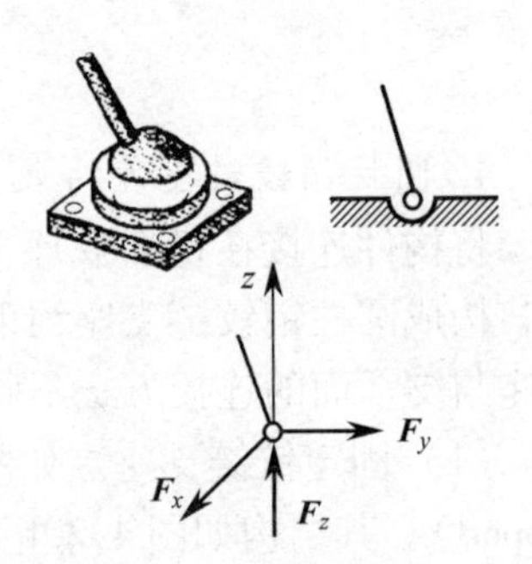

图 4-23　球铰链约束

7. 固定端约束

上面介绍的几种常见约束，均限制物体沿部分方向的运动，有时构件会受到完全固结的作用。如深埋在地里的电线杆（见图 4-24a），紧固在刀架上的车刀（见图 4-24b）等。物体在空间各个方向上的运动（包括平移和转动）都受到约束的限制，这类约束称为固定端约束。固定端约束的简图如图 4-24c 所示，其约束力可以这样理解，一方面，物体在受约束部位不能平移，因而受到一约束力 $\boldsymbol{F}_A$ 作用；另一方面，物体也不能转动，因而还受到一约束力偶 $\boldsymbol{M}_A$ 的作用。$\boldsymbol{F}_A$ 和 $\boldsymbol{M}_A$ 的作用点在接触部位，而方位和指向均未知。所以，在画固定端约束的约束力和约束力偶时通常将其分别向直角坐标轴上分解，如图 4-24d 所示，符号为 $\boldsymbol{F}_{Ax}$、$\boldsymbol{F}_{Ay}$、$\boldsymbol{F}_{Az}$、$\boldsymbol{M}_{Ax}$、$\boldsymbol{M}_{Ay}$、$\boldsymbol{M}_{Az}$。可见，对空间情形，固定端约束的约束力有六个独立分量。

对平面情形，如图 4-25a 所示，固定端约束的约束力只剩下三个分量，即两个约束力分量和一个约束力偶，如图 4-25b 所示。

4.4.2　工程实物与模型的对应分析

图 4-26a 是一种固定铰链支座的实际图形，图 4-26b 是构件与支座连接示意图，图 4-26c 是简化模型。

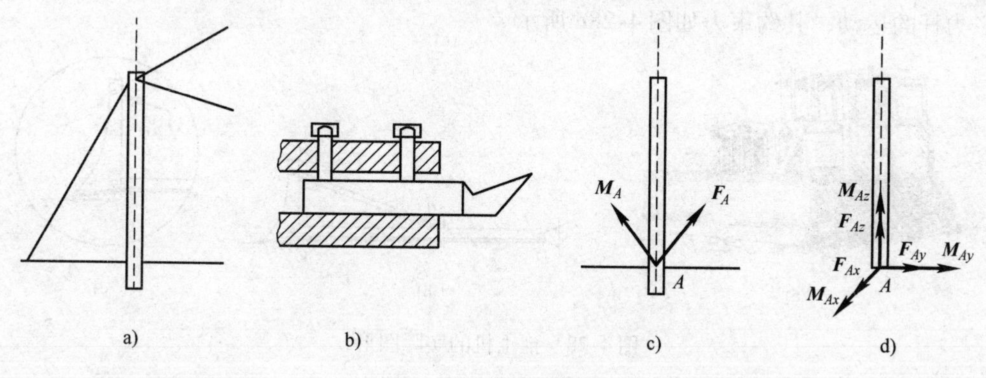

图 4-24　固定端约束

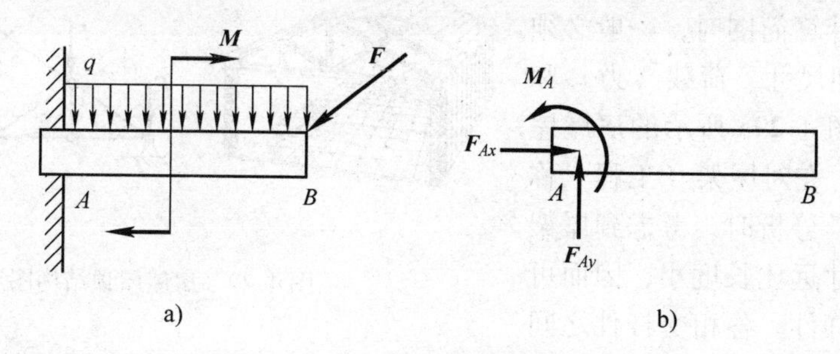

图 4-25　平面固定端约束

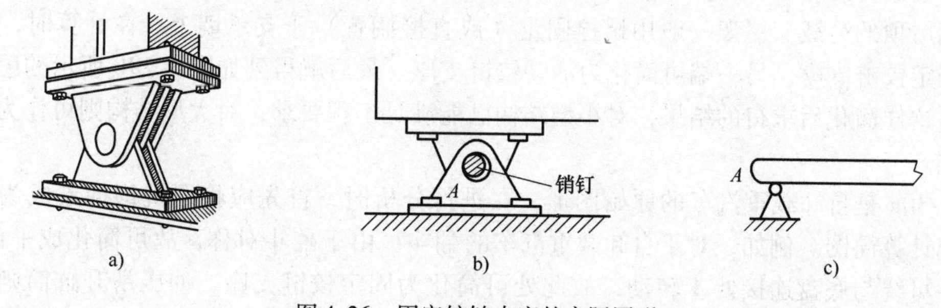

图 4-26　固定铰链支座的实际图形

图 4-27a 是一种活动铰链支座的实际图形，图 4-27b 是活动铰链支座的示意图，图 4-25c 是简化模型。

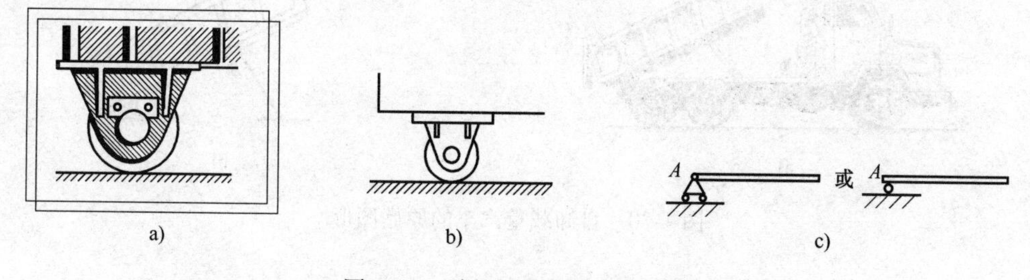

图 4-27　动铰链支座的实际图形

图 4-28a 是推土机的实际图形。推土机刀架的 *AB* 杆可简化为二力杆。图 4-28b 是刀架的简化模型图。二力杆只能阻止物体上与之连接的一点（*A* 点）沿二力杆中心线、指向（或背

离）二力杆的运动，其约束力如图 4-28c 所示。

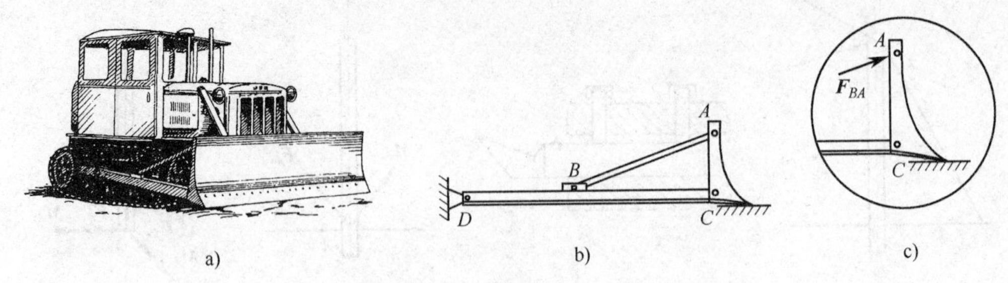

图 4-28　推土机的实际图形

对于任何一个实际问题，在抽象为力学模型和作成计算简图时，一般必须从三方面简化，即尺寸、荷载（力）和约束。例如，在图 4-29a 所示的房屋屋顶结构的草图中，在对屋架（工程上称为桁架）进行力学分析时，考虑到屋架各杆件断面的尺寸远比长度小，因而可用杆件中线代表杆件。各相交杆件之间可能用榫接、铆接或其他形式连接，但在分析时，可近似地将杆件之间的连接看作铰接。屋顶的荷载由桁条传至檩子，再由檩子传至屋架，非常接近于集中力，其大小等于两桁架之间和两檩子之间屋顶的荷载。屋架一般用螺栓固定（或直接搁置）于支承墙上。在计算时，一端可简化为固定铰链支座，另一端可简化为活动铰链支座。最后就得到如图 4-29b 所示的屋架的计算简图。这样简化后求得的结果，对小型结构已能满足工程要求，对大型结构则可作为初步设计的依据。

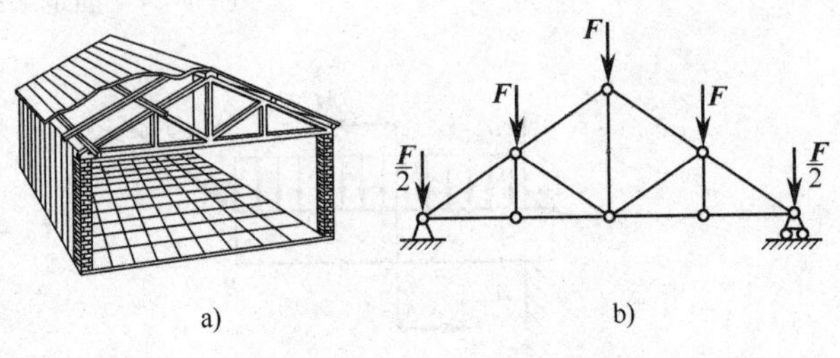

图 4-29　房屋屋顶结构图形

图 4-30a 是自卸载重汽车的原始图形。在进行分析时，首先应将原机构抽象成为力学模型，画出计算简图。例如，对于自卸载重汽车的翻斗，由于翻斗对称，故可简化成平面图形。再由翻斗可绕与底盘连接处 A 转动，故此处可简化为固定铰链支座。油压举升缸筒则可简化为二力杆。于是得到翻斗的计算简图如图 4-30b 所示。

图 4-30　自卸载重汽车的原始图形

4.5　物体的受力分析与受力图

受力分析就是研究某个指定物体所受到的力（包括主动力和约束力），并分析这些力的三要素；将这些力全部画在图上。该物体称为研究对象，所画出的这些力的图形称为受力图

(free-body diagram)。所以，受力分析的结果体现在受力图上。画受力图的一般步骤如下：

(1) 单独画研究对象轮廓。根据所研究的问题首先要确定何者为研究对象。研究对象是受力物，周围的其他物体则是施力物。受力图上画的力来自施力物。为清楚起见，一般需要将研究对象的轮廓单独画出，并在该图上画出它受到的全部外力。

(2) 画给定力。常为已知或可测定的，按已知条件画在研究对象上即可。

(3) 画约束力。是受力分析的主要内容。研究对象往往同时受到多个约束。为了不漏画约束力，应先判明存在几处约束；为了不画错约束力，应按各约束的特性确定约束力的方向，不要主观臆测。

对物体进行受力分析，即恰当地选取分离体并正确地画出受力图，是解决力学问题的基础，它不仅在本课程的学习中，而且在工程实际中都极为重要。受力分析错误，据此所做的进一步计算也必将出现错误的结果。因此，必须准确、熟练地画出受力图来。在画受力图时还必须注意以下几点：

(1) 物体系统中若有二力构件，分析物体系统受力时，应先找出二力构件，然后依次画出与二力构件相连构件的受力图，这样画出的受力图可得到简化。

(2) 当分析两物体间的相互作用力时，应遵循作用力与反作用力定律。若作用力的方向一旦假定，则反作用力的方向应与之相反。

(3) 研究由多个物体组成的物体系统（简称物系）时，应区分系统外力与内力。物系以外的物体对物系的作用称为系统外力，物系内各部分之间的相互作用力称为系统内力。同一个力可能由内力转化为外力（或相反）。例如，将汽车与拖车这个物系作为研究对象时，汽车与拖车之间的一对拉力是内力，受力图上不必画出；若以拖车这个物系为研究对象，则汽车对它的拉力是系统外力，应当画在拖车的受力图上。

下面举例说明物体受力分析和画受力图的方法。

例4-1 简支梁 AB 如图4-31a 所示。A 端为固定铰链支座，B 端为活动铰链支座，并放在倾角为 α 的支承斜面上，在 AC 段受到垂直于梁的均布载荷 q 的作用，梁在 D 点又受到与梁成倾角 β 的载荷 $\boldsymbol{F}$ 的作用，梁的自重不计。试画出梁 AB 的受力图。

解 画出梁 AC 的轮廓。

画主动力，均布载荷 q 和集中载荷 $\boldsymbol{F}$。

画约束力，梁在 A 端为固定铰链支座，约束力可以用 $\boldsymbol{F}_{Ax}$、$\boldsymbol{F}_{Ay}$ 两个分力来表示；B 端为活动铰链支座，其约束力 $\boldsymbol{F}_{\mathrm{N}}$ 通过铰心而垂直于斜支承面。梁的受力图如图4-31b 所示。

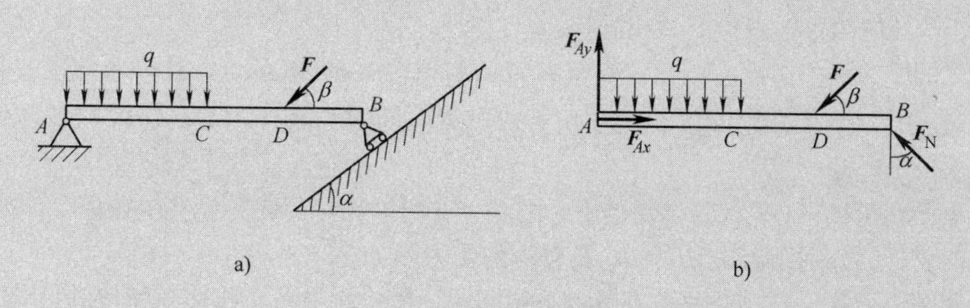

图4-31 例4-1图

例4-2 如图4-32a 所示，刚架作用有集中力 $\boldsymbol{F}$、分布载荷 q、集中力偶 M，试作刚架的受力图。

解　(1) 取刚架为研究对象。

(2) 受力分析，画受力图。

作用于刚架的主动力有集中力 $\boldsymbol{F}$、分布载荷 q、集中力偶 M。A 处为固定端约束，其约束力有一对正交分解的力 $\boldsymbol{F}_{Ax}$、$\boldsymbol{F}_{Ay}$和约束力偶 M_A，刚架的受力图如图4-32b所示。

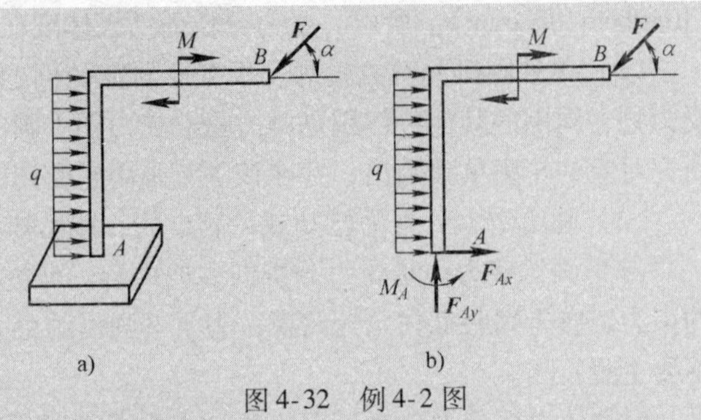

图4-32　例4-2图

例4-3　如图4-33a所示，水平梁 AB 用斜杆 CD 支承，A、C、D 三处均用光滑铰链连接。均质梁 AB 重为 $\boldsymbol{G}_1$，其上放置一重为 $\boldsymbol{G}_2$的电动机。不计 CD 杆的自重。试分别画出横梁 AB（包括电动机）、斜杆 CD 及整体的受力图。

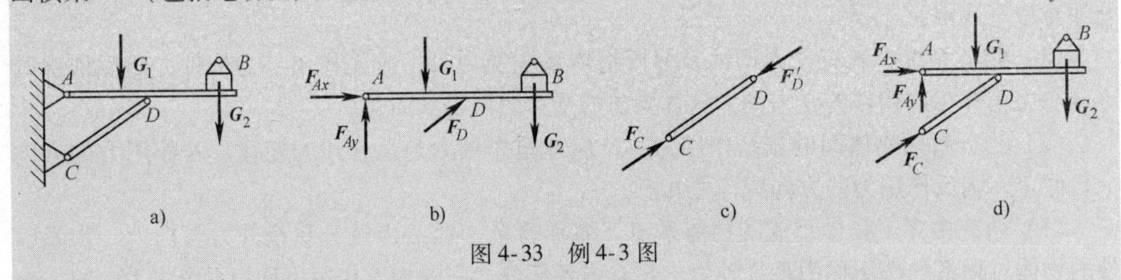

图4-33　例4-3图

解　(1) 确定研究对象。

分别以水平梁 AB、斜杆 CD 为研究对象，并画出受力图。

水平梁 AB 受的主动力为 $\boldsymbol{G}_1$、$\boldsymbol{G}_2$；A 处为固定铰支座，约束力过铰链 A 的中心，方向未知，可用两个正交分力 $\boldsymbol{F}_{Ax}$和 $\boldsymbol{F}_{Ay}$表示。D 处为圆柱铰链，CD 杆为二力杆（设为受压的二力杆），给梁 AB 在 D 点一个斜支反力 $\boldsymbol{F}_D$，如图4-33b所示。斜杆 CD 是二力杆，作用于点 C、D 的两个力 $\boldsymbol{F}_C$和 $\boldsymbol{F}'_D$大小等值、方向相反，作用线在一条直线上。CD 杆受力如图4-33c所示。

(2) 取整体为研究对象，并画其受力图。

如图4-33d所示，先画出主动力 $\boldsymbol{G}_1$、$\boldsymbol{G}_2$，再画出 A 处固定铰链支座的约束力 $\boldsymbol{F}_{Ax}$和 $\boldsymbol{F}_{Ay}$，以及 C 处的固定铰支座的约束力 $\boldsymbol{F}_C$。

需要注意的是，整体受力图中某约束力的指向，应与局部受力图中（单件）同一约束力的指向相同。例如，画 CD 杆的受力图时，已假定固定铰支座 C 的约束力为压力，在画整体的受力图时，C 处的约束力也应与之相同。

在整体的受力图中，没有画出铰支座 D 处的约束力（$\boldsymbol{F}_D$和 $\boldsymbol{F}'_D$），这一对约束力是整体的两部分（梁 AB、杆 CD）之间的相互作用力，对整体而言，属于内力。因此在整体的受力图上不应画出。

例4-4　如图4-34a所示的三铰拱桥，由左、右两拱铰接而成。设各拱自重不计，在拱 AC 上作用载荷 $\boldsymbol{F}$。试分别画出拱 AC、BC 及整体的受力图。

解　此题与上题一样，是物体系统的平衡问题，需分别对各个物体及整体进行受力分析。

(1) 分析拱 BC 的受力。

拱 BC 受铰链 C 和固定铰链支座 B 的约束，其约束力在 C、B 处各有 x 和 y 方向的约束力。但由于拱 BC 自重不计，也无其他主动力作用，所以在 C 和 B 处各只有一个约束力 $\boldsymbol{F}_C$和 $\boldsymbol{F}_B$，

故拱 BC 为二力构件。根据二力平衡原理，拱 BC 在两力 $\boldsymbol{F}_C$ 和 $\boldsymbol{F}_B$ 作用下处于平衡，且 $\boldsymbol{F}_C$ 和 $\boldsymbol{F}_B$ 二力的作用线应沿 C、B 两铰心的连线。至于力的指向，一般由平衡条件来确定。此处若假设拱 BC 受压力，则画出 BC 杆的受力如图4-34b所示。

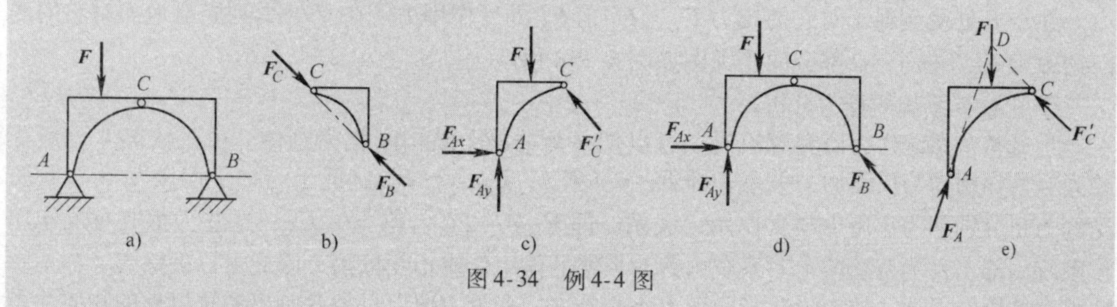

图4-34 例4-4图

（2）取拱 AC 为研究对象。

由于自重不计，因此主动力只有载荷 $\boldsymbol{F}$。铰链 C 处给拱 AC 的约束力为 $\boldsymbol{F}'_C$，根据作用和反作用定律，$\boldsymbol{F}_C$ 与 $\boldsymbol{F}'_C$ 等值、反向、共线，可表示为 $\boldsymbol{F}_C=\boldsymbol{F}'_C$。拱 AC 在 A 处受有固定铰链支座给它的约束力，由于方向未定，可用两个大小未知的正交分力 $\boldsymbol{F}_{Ax}$ 和 $\boldsymbol{F}_{Ay}$ 来表示。此时拱 AC 的受力图如图4-34c所示。

（3）取整体为研究对象。

先画出主动力，只有载荷 $\boldsymbol{F}$，再画出 A 处的约束力 $\boldsymbol{F}_{Ax}$ 和 $\boldsymbol{F}_{Ay}$，B 处的约束力 $\boldsymbol{F}_B$，画出整体受力图如图4-34d所示。

（4）讨论。

再进一步分析可知，由于拱 AC 在 $\boldsymbol{F}$、$\boldsymbol{F}_A$ 及 $\boldsymbol{F}_B$ 三个力作用下平衡，故也可以根据三力平衡汇交定理，确定铰链 A 处约束力 $\boldsymbol{F}_A$ 的方向。点 D 为力 $\boldsymbol{F}$ 和 $\boldsymbol{F}'_C$ 作用线的交点，当拱 AC 平衡时，约束力 $\boldsymbol{F}_A$ 的作用线必然通过点 D（见图4-34e）；至于 $\boldsymbol{F}_A$ 的指向，暂且假定如图4-34e所示，以后由平衡条件确定。

例4-5 如图4-35a所示，梯子的两个部分 AB 和 AC 在点 A 处铰接，又在 D、E 两点处用水平绳连接。梯子放在光滑水平面上，若其自重不计，但在 AB 的中点 H 处作用一铅直载荷 $\boldsymbol{F}$。试分别画出绳子 DE 和梯子的 AB、AC 部分以及整个系统的受力图。

解 （1）绳子 DE 的受力分析。

绳子两端 D、E 分别受到梯子对它的拉力 $\boldsymbol{F}_D$、$\boldsymbol{F}_E$ 的作用（见图4-35b）。

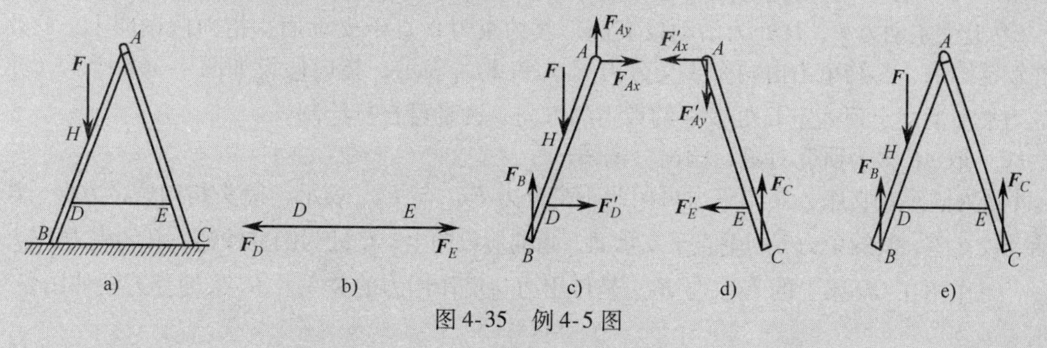

图4-35 例4-5图

（2）梯子 AB 部分的受力分析。

它在 H 处受载荷 $\boldsymbol{F}$ 的作用，在铰链 A 处受到 AC 部分给它的约束力 $\boldsymbol{F}_{Ax}$ 和 $\boldsymbol{F}_{Ay}$。在点 D 处受绳子对它的拉力 $\boldsymbol{F}'_D$，其中 $\boldsymbol{F}'_D$ 是 $\boldsymbol{F}_D$ 的反作用力。在点 B 处受光滑地面对它的法向约束力

$\boldsymbol{F}_B$。梯子 AB 部分的受力图如图 4-35c 所示。

（3）梯子 AC 部分的受力分析。

在铰链 A 处受到 AB 部分对它的约束力 $\boldsymbol{F}'_{Ax}$ 和 $\boldsymbol{F}'_{Ay}$，$\boldsymbol{F}'_{Ax}$ 和 $\boldsymbol{F}'_{Ay}$ 分别是 $\boldsymbol{F}_{Ax}$ 和 $\boldsymbol{F}_{Ay}$ 的反作用力。在点 E 处受到绳子对它的拉力 $\boldsymbol{F}'_E$，$\boldsymbol{F}'_E$ 是 $\boldsymbol{F}_E$ 的反作用力。在 C 处受到光滑地面对它的法向约束力 $\boldsymbol{F}_C$。梯子 AC 部分的受力图如图 4-35d 所示。

（4）整个系统的受力分析。

当选整个系统作为研究对象时，可以把平衡的整个结构刚化为刚体。由于铰链 A 处所受的力互为作用力与反作用力关系，即 $\boldsymbol{F}_{Ax} = -\boldsymbol{F}'_{Ax}$，$\boldsymbol{F}_{Ay} = -\boldsymbol{F}'_{Ay}$；绳子与梯子连接点 D 和 E 所受的力也分别互为作用力与反作用力关系，即 $\boldsymbol{F}_D = -\boldsymbol{F}'_D$，$\boldsymbol{F}_E = -\boldsymbol{F}'_E$；这些力都成对地作用在系统内部，称为系统内力。系统内力对系统的作用效应相互抵消，因此可以被除去，并不影响整个系统的平衡，故内力在受力图上不必画出。在受力图上只需要画出系统以外的物体给系统的作用力，这种力称为系统外力。这里，载荷 $\boldsymbol{F}$ 和约束力 $\boldsymbol{F}_B$、$\boldsymbol{F}_C$ 都是作用于整个系统的外力。整个系统的受力图如图 4-35e 所示。

应该指出，内力与外力的区分不是绝对的。例如，当我们把梯子的 AB 部分作为研究对象时，$\boldsymbol{F}_B$、$\boldsymbol{F}_{Ax}$、$\boldsymbol{F}_{Ay}$、$\boldsymbol{F}'_D$ 和 $\boldsymbol{F}$ 均属于外力，但取整体为研究对象时，$\boldsymbol{F}_{Ax}$、$\boldsymbol{F}_{Ay}$、$\boldsymbol{F}'_D$ 又成为内力。可见，内力与外力的区分，只有相对于某一确定的研究对象才有意义。

***例 4-6** 如图 4-36a 所示，梁 AC 和 CD 用铰链 C 连接，并支承在三个支座上，A 处为固定铰链支座，B、D 处为活动铰支座，梁所受外力为 $\boldsymbol{F}$，试画出梁 AC、CD 及整梁 AD 的受力图。

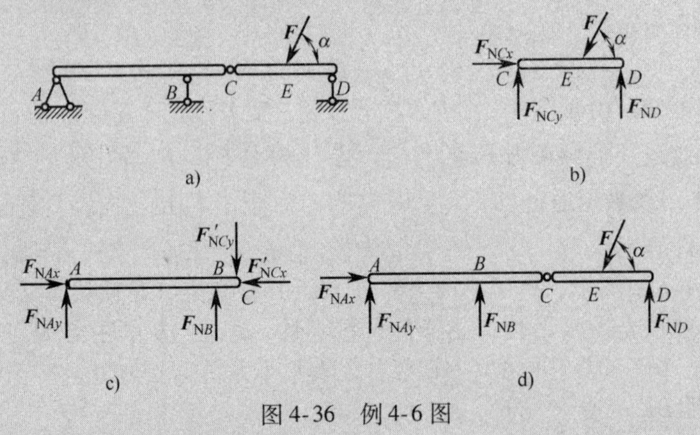

图 4-36 例 4-6 图

解 （1）取 CD 为研究对象，画出分离体。

CD 上受主动力 $\boldsymbol{F}$，D 处为活动铰支座，其约束力垂直于支承面，指向假设向上；C 处为圆柱铰链约束，其约束力由两个正交分力 $\boldsymbol{F}_{NCx}$ 和 $\boldsymbol{F}_{NCy}$ 表示，指向假设如图 4-36b 所示（亦可用三力平衡汇交定理确定 C 处铰链约束力的方向，读者可自行绘制）。

（2）取 AC 梁为研究对象，画出分离体。

A 处为固定铰支座，其约束力可用两正交分力 $\boldsymbol{F}_{NAx}$ 与 $\boldsymbol{F}_{NAy}$ 表示，箭头指向假设方向；B 处为活动铰支座，其约束力 $\boldsymbol{F}_{NB}$ 垂直于支承面，指向假设向上；C 处为圆柱铰链，其约束力 $\boldsymbol{F}'_{NCx}$ 和 $\boldsymbol{F}'_{NCy}$，与作用在 CD 梁上的 $\boldsymbol{F}_{NAx}$ 与 $\boldsymbol{F}_{NAy}$ 是作用力与反作用力的关系。AC 梁的受力图如图4-36c 所示。

（3）取 AD 整梁为研究对象，画出分离体。

其受力图如图 4-36d 所示，此时不必将 C 处的约束力画上，因为它属内力。A、B、D 三处的约束力同前。

思考题

1. 说明下列式子的意义和区别：

（1）$\boldsymbol{F}_1 = \boldsymbol{F}_2$；（2）$F_1 = F_2$；（3）力 $\boldsymbol{F}_1$ 等效于力 $\boldsymbol{F}_2$。

2. 何谓约束？何谓约束力？已介绍过常见的约束有哪些？

3. 为什么说二力平衡条件、加减平衡力系原理和力的可传性等都只能适用于刚体？

4. 回答下列问题：

（1）二力平衡条件和作用力与反作用力公理都提到二力等值、反向、共线，二者有什么区别？

（2）只受两个力作用的构件称为二力构件，这种说法对吗？

（3）确定约束力方向的基本原则是什么？

（4）对于图 4-37 中所示三铰拱架上的作用力 $\boldsymbol{F}$，可否依据力的可传性原理把它移到 D 点？为什么？

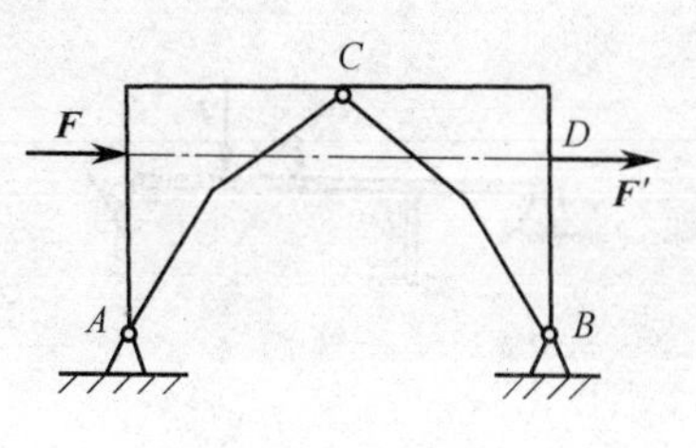

图 4-37

习　题

4-1　根据题 4-1 图所示各物体单件所受约束的特点，分析约束并画出它们的受力图。设各接触面均为光滑面，未画重力的物体表示重力不计。

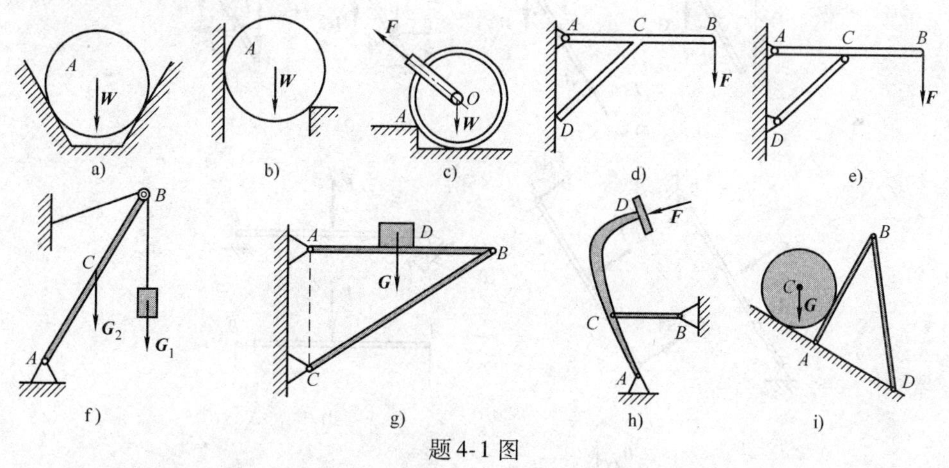

题 4-1 图

4-2　画出题 4-2 图所示各物体系统的单件及整体受力图。设各接触面均为光滑面，未画重力的物体表示重量不计。

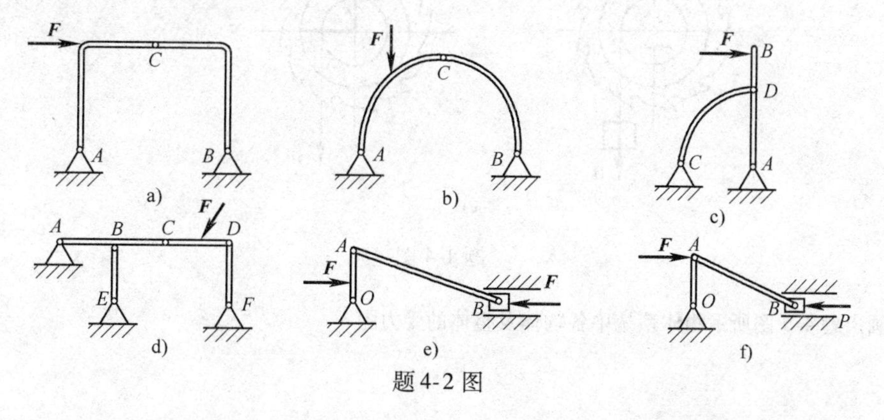

题 4-2 图

4-3 画出题4-3图所示各物体系统的单件及整体受力图。设各接触面均为光滑面，各物体重量不计。

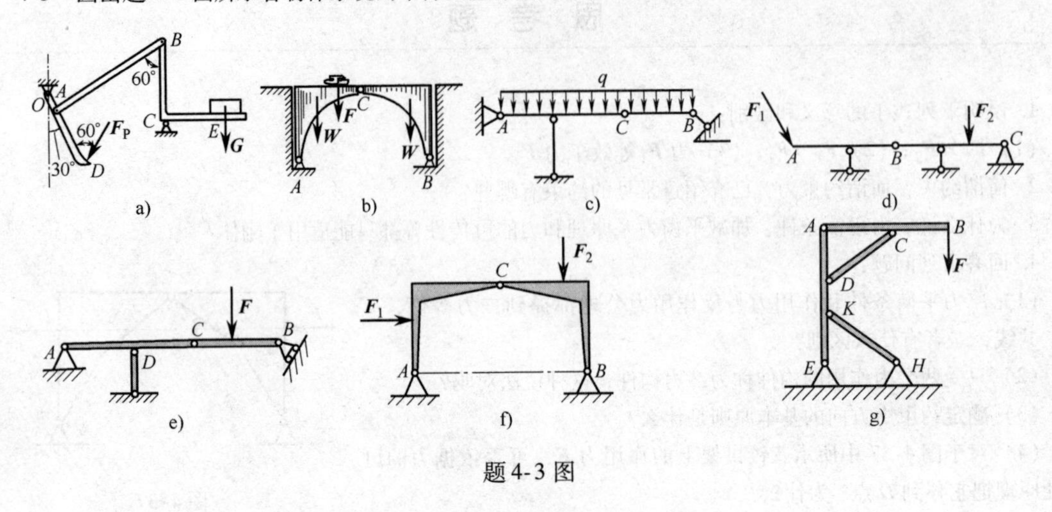

题4-3图

4-4 题4-4图中各物体的受力图是否有错误？如有错误，请改正。

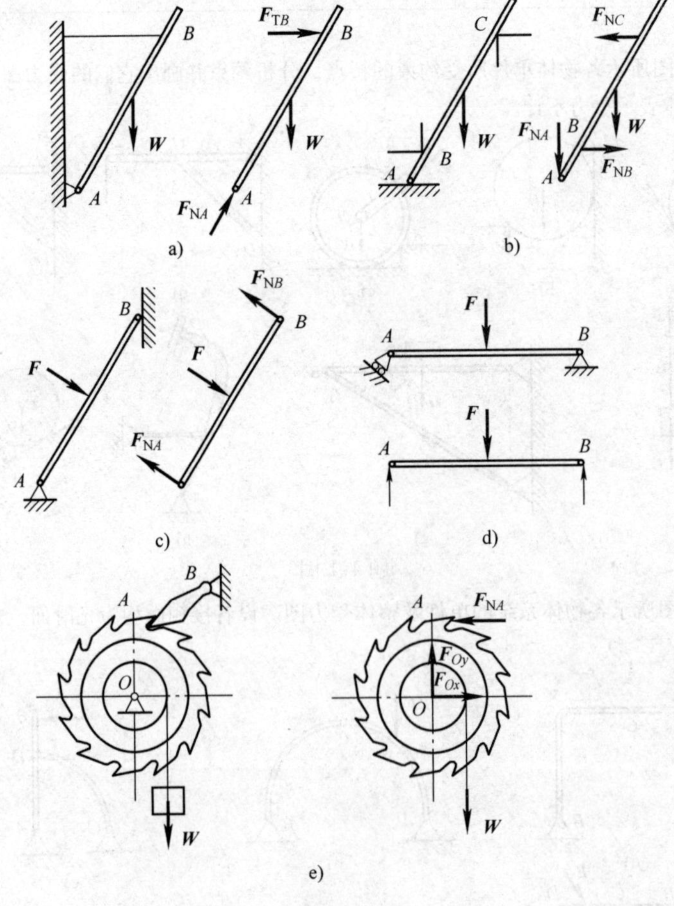

题4-4图

4-5 画出题4-5图所示物体系统中各物体及整体的受力图。

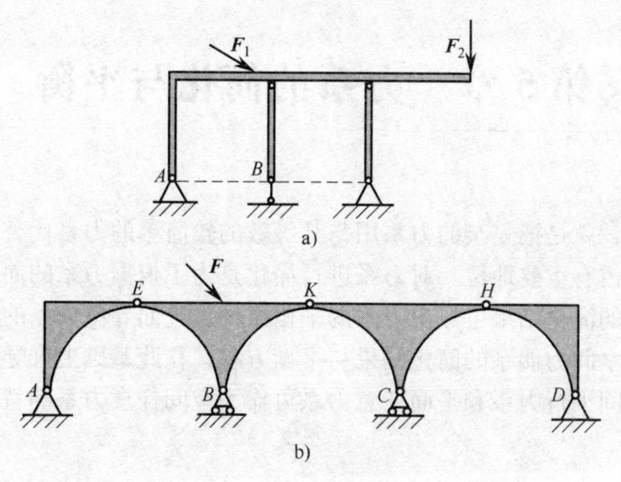

题 4-5 图

*4-6　简易起重机如题 4-6 图所示，梁 ABC 一端 A 用铰链固定在墙上，另一端装有滑轮并用杆 CE 支撑，梁上 B 处固定一卷扬机 D，钢索经定滑轮 C 起吊重物 H。不计梁、杆、滑轮的自重，设各接触面均为光滑面。试画出重物 H、杆 CE、滑轮、销钉 C、横梁 ABC 及整体系统的受力图。

*4-7　如题 4-7 图所示结构，不计各构件自重，设各接触面均为光滑面。要求画出各构件受力图、整体受力图及 ACO 与 CED 为一体的受力图。

*4-8　如题 4-8 图所示油压夹紧装置，设各接触面均为光滑面。试分别画出活塞 A（和活塞杆 AB 一起）、滚子 B、压板 COD 和整个夹紧装置（不含活塞缸体）的受力图。

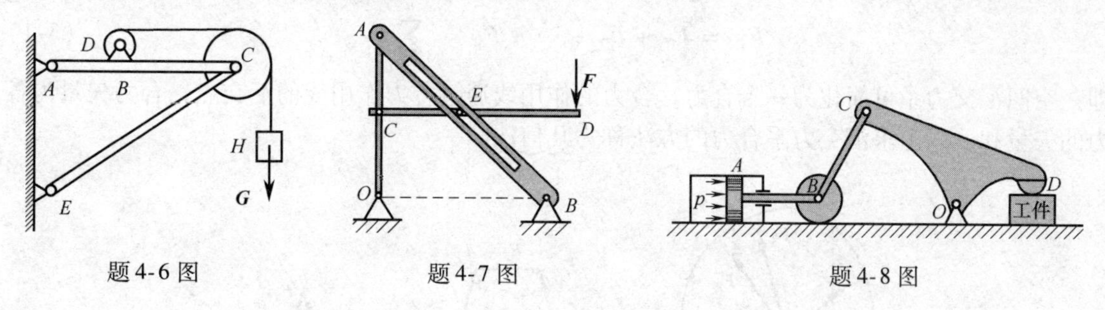

题 4-6 图　　题 4-7 图　　题 4-8 图

第5章　力系的简化与平衡

所谓力系的简化，就是把复杂的力系用与其等效的较简单的力系代替，是力系合成的重要方法，在力系研究中占有重要地位。对力系进行简化是为了根据力系的简化结果考察原力系的作用效果，并由力系的简化结果可导出力系的平衡条件，进而导出力系的平衡方程。本章首先研究空间汇交力系与空间力偶系的简化结果与平衡方程，在此基础上推导空间任意力系的简化结果与平衡方程。空间平行力系和平面任意力系可作为空间任意力系的特例导出其相应的平衡方程。

5.1　汇交力系的简化与平衡

5.1.1　空间汇交力系的简化

力系中各力的作用线汇交于一点时，称为空间汇交力系（spatial concurrent force system）。根据刚体上力的可传性原理，可将各力的作用点移至作用线的汇交点而成为共点力系，如图5-1a所示。为合成此力系，可依次使用平行四边形法则求矢量；也可依次使用力的三角形法则求和，这时力系中各力的矢量首尾相连，构成开口的力多边形，合力矢量就是这个力多边形的封闭边，如图5-1b、c所示。用矢量方法表示为

$$\boldsymbol{F}_{\mathrm{R}} = \boldsymbol{F}_1 + \boldsymbol{F}_2 + \cdots + \boldsymbol{F}_n = \sum_{i=1}^{n} \boldsymbol{F}_i \tag{5-1}$$

即：空间汇交力系可简化为一个合力，合力的作用线通过各力作用线的汇交点，合力矢量为各力的矢量和。以上求汇交力系合力的方法称为几何法。

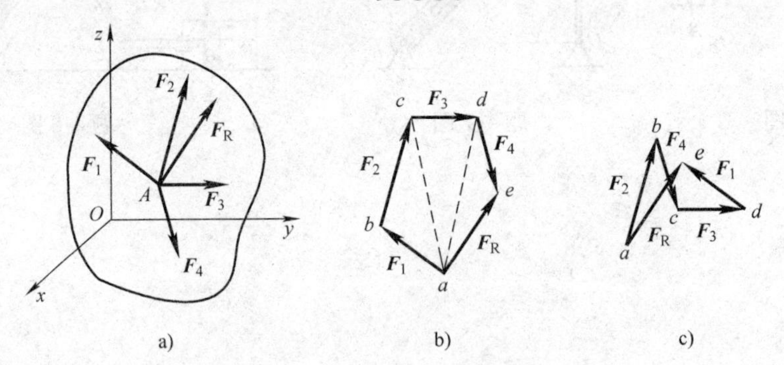

图5-1　求汇交力系合力的方法

汇交力系各力 $\boldsymbol{F}_i$ 和合力 $\boldsymbol{F}_{\mathrm{R}}$ 在直角坐标系中的解析表达式分别为

$$\boldsymbol{F}_i = F_x\boldsymbol{i} + F_y\boldsymbol{j} + F_z\boldsymbol{k}$$

$$\boldsymbol{F}_{\mathrm{R}} = F_{\mathrm{R}x}\boldsymbol{i} + F_{\mathrm{R}y}\boldsymbol{j} + F_{\mathrm{R}z}\boldsymbol{k}$$

利用合矢量的投影定理：合矢量在轴上的投影等于分矢量在同一轴上投影的代数和，式(5-1)可写为

$$F_{Rx} = \sum_{i=1}^{n} F_{xi},\ F_{Ry} = \sum_{i=1}^{n} F_{yi},\ F_{Rz} = \sum_{i=1}^{n} F_{zi} \tag{5-2}$$

空间汇交力系合力的大小和方向余弦分别为

$$\left.\begin{aligned} &F_R = \sqrt{F_{Rx}^2 + F_{Ry}^2 + F_{Rz}^2} \\ &\cos(\boldsymbol{F}_R, \boldsymbol{i}) = \frac{F_{Rx}}{F_R},\ \cos(\boldsymbol{F}_R, \boldsymbol{j}) = \frac{F_{Ry}}{F_R},\ \cos(\boldsymbol{F}_R, \boldsymbol{k}) = \frac{F_{Rz}}{F_R} \end{aligned}\right\} \tag{5-3}$$

合力作用线过汇交点。上述求解空间汇交力系合力的方法称为解析法。

5.1.2　汇交力系的平衡条件和平衡方程

由于汇交力系对物体的作用可用其合力等效替代，故得结论：汇交力系平衡的充分必要条件是：该力系的合力为零。即

$$\boldsymbol{F}_R = \sum_{i=1}^{n} \boldsymbol{F}_i = \boldsymbol{0} \tag{5-4}$$

或

$$\sum F_x = 0,\ \sum F_y = 0,\ \sum F_z = 0 \tag{5-5}$$

也就是说，空间汇交力系平衡的充分必要条件是：各力在三个坐标轴上的投影代数和分别等于零。式（5-5）称为空间汇交力系的平衡方程，这是三个独立的方程，可以求解三个未知数。

对于工程中常见的平面汇交力系，其相应的平衡方程为（设力系作用平面平行于 xOy 平面）

$$\sum F_x = 0,\ \sum F_y = 0 \tag{5-6}$$

平面汇交力系有两个独立的方程，则可解两个未知量。

例 5-1　如图 5-2a 所示，物体重 $W=20$kN，用绳子挂在支架的滑轮 B 上，绳子的另一端接在绞车 D 上。转动绞车，物体便能升起。设滑轮的大小、BA 与 BC 杆的自重及摩擦略去不计，A、B 与 C 三处均为铰链连接。当物体处于平衡状态时，试求拉杆 BA 和支杆 BC 所受的力。

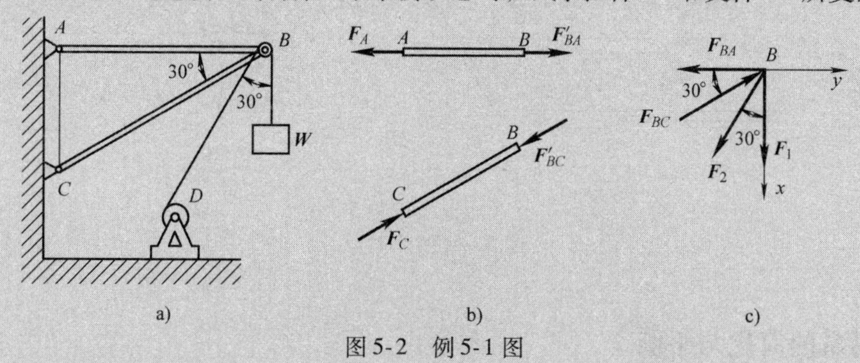

图 5-2　例 5-1 图

解　（1）选取研究对象。

由于 BA 与 BC 两杆都是二力杆，假设 BA 杆受拉力、BC 杆受压力，如图 5-2b 所示。为求出这两个未知力，可通过求两杆对滑轮的约束力来解决。因此，选取滑轮 B 为研究对象。

（2）画受力图。

滑轮受到钢丝绳的拉力 $\boldsymbol{F}_1$ 和 $\boldsymbol{F}_2$（已知：$\boldsymbol{F}_1 = \boldsymbol{F}_2 = \boldsymbol{W}$）。此外，杆 BA 和 BC 对滑轮的约束力为 $\boldsymbol{F}_{BA}$ 和 $\boldsymbol{F}_{BC}$。由于滑轮的大小可忽略不计，且上述力都位于同一平面内，故这些力可看作是平面汇交力系，如图 5-2c 所示。

（3）列平衡方程

$$\sum F_x = 0,\ F_1 + F_2\cos30° - F_{BC}\sin30° = 0$$

$$\sum F_y = 0,\ F_{BC}\cos30° - F_{BA} - F_2\sin30° = 0$$

解得 $F_{BA}=54.64\text{kN}$，$F_{BC}=74.67\text{kN}$。

*例 5-2 如图 5-3a 所示，用三脚架 $ABCD$、绞车 E 和滑轮 D 从矿井中吊起重量为 30kN 的重物 W。如果 $\triangle ABC$ 为等边三角形，各杆和绳索 DE 与水平面都成 60°角，试求当重物被匀速吊起时各杆的力。

解 取滑轮 D 为研究对象。其上作用主动力 $\boldsymbol{W}$，绳索拉力 $\boldsymbol{F}'_T$，三根杆的支撑力 $\boldsymbol{F}'_1$、$\boldsymbol{F}'_2$ 和 $\boldsymbol{F}'_3$，若不考虑滑轮的几何尺寸，则五个力组成空间汇交力系，图 5-3b 表示该力系在 xOy 平面内的投影，其平衡方程为

$$\sum F_z = 0,\quad F_1\sin 60° + F_2\sin 60° + F_3\sin 60° - W - F_T\sin 60° = 0$$

$$\sum F_y = 0,\quad F_1\cos 60°\cos 60° - F_2\cos 60° + F_3\cos 60°\cos 60° - F_T\cos 60° = 0$$

$$\sum F_x = 0,\quad -F_1\cos60°\sin60° + F_3\cos60°\sin60° = 0$$

求解上面三个平衡方程，得

$$F_1 = F_3 = \frac{2(1+\sqrt{3})}{3\sqrt{3}}W = 31.55\text{kN}$$

$$F_2 = \frac{2-\sqrt{3}}{3\sqrt{3}}W = 1.55\text{kN}$$

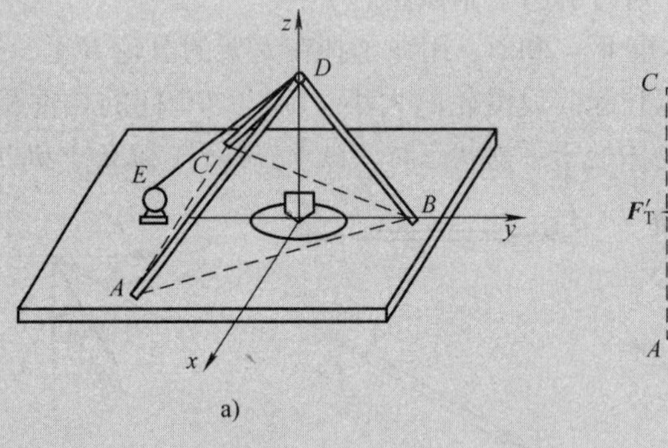

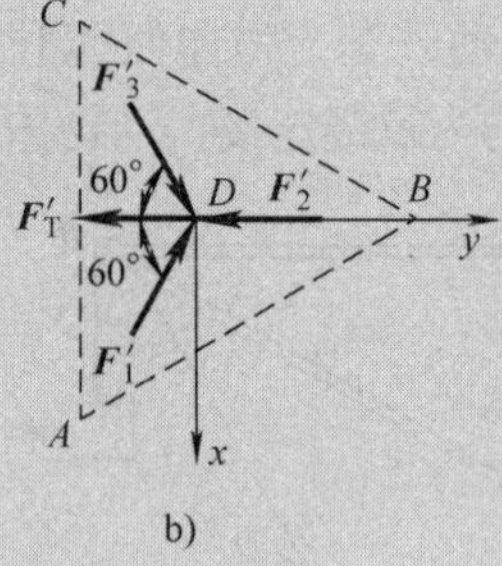

图 5-3 例 5-2 图

5.2 力偶系的简化与平衡

5.2.1 力偶系的简化

由若干个力偶组成的力系，称为力偶系（system of couples），如图 5-4a 所示。根据力偶的等效性，保持每个力偶矩大小、方向不变，将各力偶矩矢平移至图 5-4b 中的任一点 A，则刚体所受的力偶系与上面介绍的汇交力系同属汇交矢量系，其合成与合成效果在数学上是等价的。由此可知，力偶系合成结果为一个合力偶，其力偶矩矢 $\boldsymbol{M}$ 等于各力偶矩矢的矢量和。

$$\boldsymbol{M} = \boldsymbol{M}_1 + \boldsymbol{M}_2 + \cdots + \boldsymbol{M}_n = \sum_{i=1}^{n}\boldsymbol{M}_i \tag{5-7}$$

合力偶矩矢在各坐标轴上的投影为

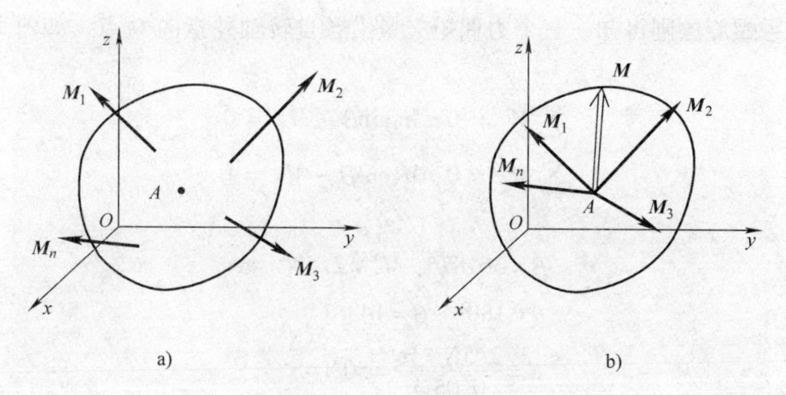

图5-4　力偶系的简化

$$M_x = \sum_{i=1}^{n} M_{xi},\ M_y = \sum_{i=1}^{n} M_{yi},\ M_z = \sum_{i=1}^{n} M_{zi} \tag{5-8}$$

合力偶矩的大小和方向余弦分别为

$$\left.\begin{aligned} M &= \sqrt{M_x^2 + M_y^2 + M_z^2} \\ \cos(\boldsymbol{M},\boldsymbol{i}) &= \frac{M_x}{M},\ \cos(\boldsymbol{M},\boldsymbol{j}) = \frac{M_y}{M},\ \cos(\boldsymbol{M},\boldsymbol{k}) = \frac{M_z}{M} \end{aligned}\right\} \tag{5-9}$$

对于平面力偶系，合成结果为该力偶系所在平面内的一个力偶，合力偶矩为各力偶矩的代数和

$$M = \sum_{i=1}^{n} M_i \tag{5-10}$$

5.2.2　力偶系的平衡条件和平衡方程

由于力偶系可以用一个合力偶来代替，因此，力偶系平衡的充分必要条件是：该力偶系的合力偶矩等于零，即

$$\sum_{i=1}^{n} \boldsymbol{M}_i = \boldsymbol{0} \tag{5-11}$$

或
$$\sum M_x = 0,\ \sum M_y = 0,\ \sum M_z = 0 \tag{5-12}$$

上式称为力偶系的平衡方程。

对于平面力偶系，取力偶所在平面为 xOy 平面，则方程 $\sum M_x = 0$ 和 $\sum M_y = 0$ 已失去求解价值，有

$$\sum M_z = \sum M_i = 0 \tag{5-13}$$

式（5-13）称为平面力偶系的平衡方程，即平面力偶系中所有各分力偶矩的代数和等于零。

****例 5-3**　如图5-5a所示，圆盘 A、B 和 C 的半径分别为150mm、100mm和50mm。轴 OA、OB 和 OC 在同一平面内，$OB \perp OA$。在这三个圆盘上分别作用力偶，组成各力偶的力作用在轮缘上，它们的大小分别等于10N、20N和 F。如果这三个圆盘所构成的物系是自由的，不计物系质量，求能使此物系平衡的力的大小和角 θ。

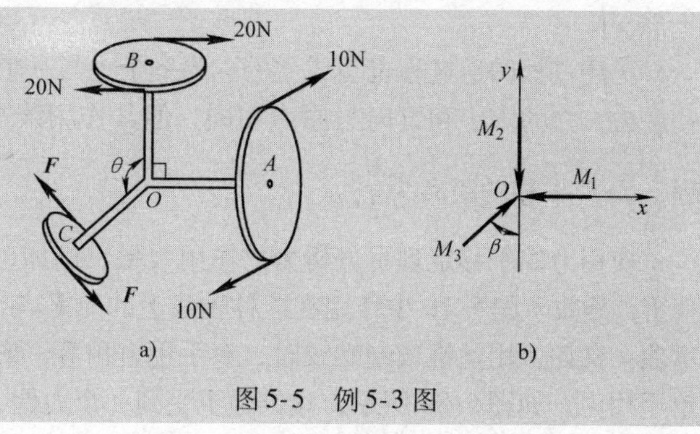

图5-5　例5-3图

解　由右手螺旋法则可知，三个力偶矩矢量沿各自转轴并指向 O 点，如图 5-5b 所示。由平衡方程，得

$$\sum M_x = 0,\ M_3\sin\beta - M_1 = 0$$

$$\sum M_y = 0,\ M_3\cos\beta - M_2 = 0$$

解得

$$\beta = 36.87°,\ M_3 = 2.5\mathrm{N\cdot m}$$

$$\theta = 180° - \beta = 143.1°$$

$$F = \frac{2.5\mathrm{N\cdot m}}{0.05\mathrm{m}} = 50\mathrm{N}$$

5.3　空间任意力系的简化

5.3.1　力的平移定理

由力的可传性原理知，作用于刚体上的力，其作用点可以沿作用线移动而不改变它对刚体的作用效应。那么，将力平行于其作用线移动会怎么样呢？下面就来讨论这一问题。

设力 $\boldsymbol{F}$ 作用于刚体上的点 A，如图 5-6a 所示，该力的作用线与刚体上的任一点 B 所决定的平面为 S。今在点 B 上施加两个等值反向的力 $\boldsymbol{F}'$ 和 $\boldsymbol{F}''$，使它们与力 $\boldsymbol{F}$ 平行，且 $\boldsymbol{F}' = -\boldsymbol{F}'' = \boldsymbol{F}$，如图 5-6b 所示。由加减平衡力系公理知，$\boldsymbol{F}$、$\boldsymbol{F}'$ 和 $\boldsymbol{F}''$ 三力对刚体的作用与原力 $\boldsymbol{F}$ 对刚体的作用是等效的。因为 $\boldsymbol{F}' = \boldsymbol{F}$，$\boldsymbol{F}$ 和 $\boldsymbol{F}''$ 则组成力偶，这样一来，就把作用于点 A 的力 $\boldsymbol{F}$ 平行地移到了点 B，同时又附加了一个作用在平面 S 内的力偶（$\boldsymbol{F}$，$\boldsymbol{F}'$），这个力偶称为附加力偶（additional couple），如图 5-6c 所示，其力偶矩为

$$\boldsymbol{M}_B = \boldsymbol{M}_B(\boldsymbol{F}) = \boldsymbol{r} \times \boldsymbol{F}$$

将力 $\boldsymbol{F}$ 向点 B 平移的最后结果如图 5-6d 所示。由此可得如下结论：作用于刚体上的力向刚体内任一点平移时，必须增加一个附加力偶。附加力偶的力偶矩等于原力对平移点之矩。

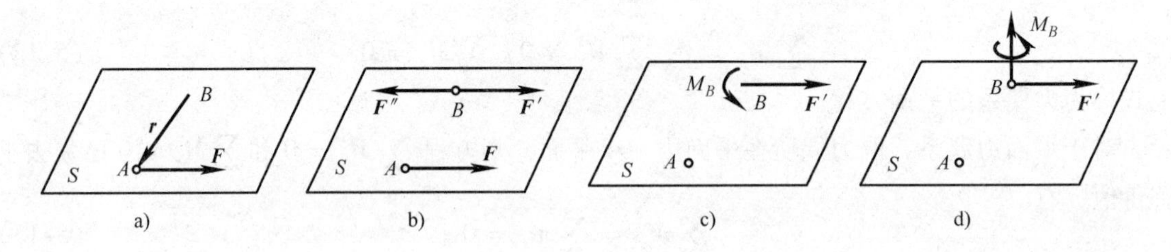

图 5-6　力的平移定理

上述过程的逆过程也是成立的。当一个力与一个力偶矩矢量垂直时，该力与力偶可合成为一个力，力的大小和方向与原力相同，但其作用线平移，如图 5-6 中从图 d 到图 a 的变化过程，力 $\boldsymbol{F}'$ 平移的距离为 $\dfrac{M_B}{F'}$。

应用力的平移定理可分析力的作用效果。例如，图 5-7a 中，作用于厂房立柱上的偏心载荷 $\boldsymbol{F}$，等效于图 5-7b 中作用在立柱轴线上的力 $\boldsymbol{F}'$ 与力偶 $\boldsymbol{M}$，$\boldsymbol{F}'$ 使立柱受压，而 $\boldsymbol{M}$ 使立柱产生弯曲。又如，用丝锥攻制螺纹时，双手用力相等，形成一个力偶，使丝锥只有转动效应。如果单手用力，如图 5-8a 所示，丝锥除了受到一个力偶 $\boldsymbol{M}$ 的作用外，还要受到一个横向力 $\boldsymbol{F}'$ 的作

用，如图5-8b所示，这容易导致攻丝不正，甚至会使丝锥折断。因此，在操作规程中，不允许用单手扳动丝锥的扳手。

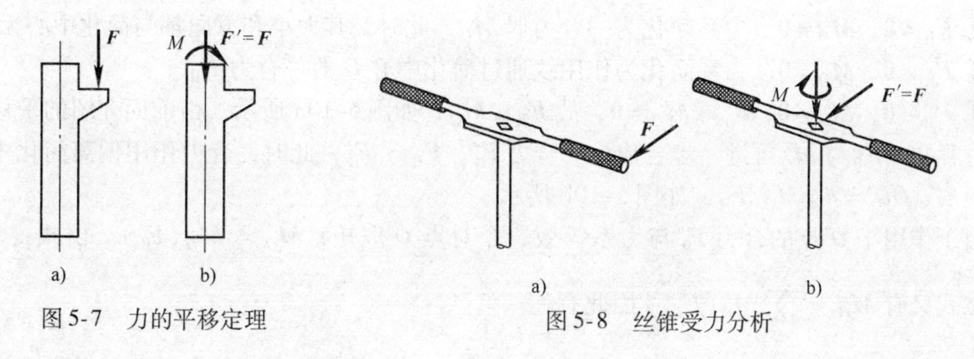

图5-7 力的平移定理　　图5-8 丝锥受力分析

5.3.2 空间任意力系向一点的简化

下面根据力的平移定理，将一任意的空间力系简化为与其等效的空间汇交力系和空间力偶系。

设空间力系 $\boldsymbol{F}_1$，$\boldsymbol{F}_2$，…，$\boldsymbol{F}_n$ 作用于一刚体上，如图5-9a所示。将力系中的各力分别向刚体上任选的点 O 平移，可得作用于点 O 的一个空间汇交力系 $\boldsymbol{F}'_1$，$\boldsymbol{F}'_2$，…，$\boldsymbol{F}'_n$ 和一个空间力偶系 $\boldsymbol{M}_1$，$\boldsymbol{M}_2$，…，$\boldsymbol{M}_n$，如图5-9b所示，点 O 称为简化中心。这里

$$\boldsymbol{F}_i = \boldsymbol{F}'_i,\ \boldsymbol{M}_i = \boldsymbol{M}_O(\boldsymbol{F}_i)\quad (i = 1, 2, \cdots, n)$$

将此空间汇交力系合成一个力，作用线通过简化中心 O，大小与方向用矢量 $\boldsymbol{F}_{\mathrm{R}}$ 表示；将此空间力偶系合成一个力偶，其力偶矩用矢量 $\boldsymbol{M}_O$ 表示，如图5-9c所示，则有

$$\boldsymbol{F}_{\mathrm{R}} = \sum_{i=1}^{n} \boldsymbol{F}_i,\ \boldsymbol{M}_O = \sum_{i=1}^{n} \boldsymbol{M}_O(\boldsymbol{F}_i) \tag{5-14}$$

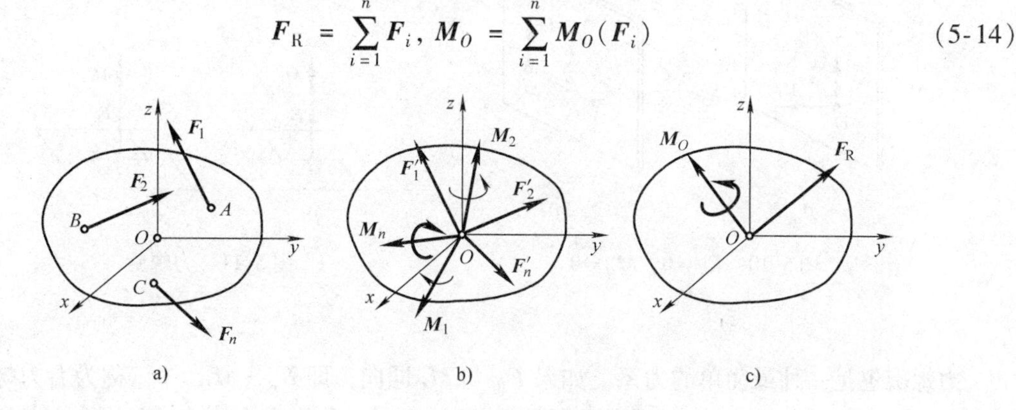

图5-9 空间任意力系向一点的简化

上述空间力系各力的矢量和 $\boldsymbol{F}_{\mathrm{R}}$ 称为该空间力系的主矢，它与简化中心的位置无关；空间力系中各力对简化中心之矩的矢量和 $\boldsymbol{M}_O$ 称为该空间力系对简化中心的主矩，它的大小和方向一般随简化中心的位置不同而不同。主矢和主矩在直角坐标系中三个坐标轴上的投影由式（5-2）和式（5-8）所示；主矢和主矩的大小和方向余弦由式（5-3）和式（5-9）所示。

5.3.3 力系的简化结果分析

空间任意力系向一点简化后，得到主矢 $\boldsymbol{F}_{\mathrm{R}}$ 和主矩 $\boldsymbol{M}_O$，这还不是力系的最简单结果，进一步分析如下。

1. $\boldsymbol{F}_{\mathrm{R}} \cdot \boldsymbol{M}_O = \boldsymbol{0}$，分四种情形讨论。

① $\boldsymbol{F}_{\mathrm{R}} = \boldsymbol{0}$，$\boldsymbol{M}_O = \boldsymbol{0}$，力系平衡，这种情况将在下一节详细讨论。

② $\boldsymbol{F}_{\mathrm{R}} = \boldsymbol{0}$，$\boldsymbol{M}_O \neq \boldsymbol{0}$。力系简化为一合力偶$\boldsymbol{M}_O$，此时，其大小和方向都与简化中心无关。

③ $\boldsymbol{F}_{\mathrm{R}} \neq \boldsymbol{0}$，$\boldsymbol{M}_O = \boldsymbol{0}$。力系简化为作用线通过简化中心 O 的一合力 $\boldsymbol{F}_{\mathrm{R}}$。

④ $\boldsymbol{F}_{\mathrm{R}} \neq \boldsymbol{0}$，$\boldsymbol{M}_O \neq \boldsymbol{0}$，$\boldsymbol{F}_{\mathrm{R}} \cdot \boldsymbol{M}_O = \boldsymbol{0}$，故 $\boldsymbol{F}_{\mathrm{R}} \perp \boldsymbol{M}_O$，如图 5-10a 所示。由前面介绍的平移定理的逆过程知，$\boldsymbol{F}_{\mathrm{R}}$与$\boldsymbol{M}_O$可进一步合成为一合力$\boldsymbol{F}'_{\mathrm{R}}$，$\boldsymbol{F}_{\mathrm{R}} = \boldsymbol{F}'_{\mathrm{R}}$，此时，合力作用偏离简化中心 O 一段距离。$OO' = d = M_O / F_{\mathrm{R}}$，如图 5-10b 所示。

由于作用于 O'点的合力 $\boldsymbol{F}'_{\mathrm{R}}$与力系等效，今对点 O 取矩，$\boldsymbol{M}_O = \boldsymbol{M}_O(\boldsymbol{F}'_{\mathrm{R}})$。由式（5-14）的第二式又有 $\boldsymbol{M}_O = \sum_{i=1}^{n} \boldsymbol{M}_O(\boldsymbol{F}_i)$，因此有

$$\boldsymbol{M}_O(\boldsymbol{F}'_{\mathrm{R}}) = \sum_{i=1}^{n} \boldsymbol{M}_O(\boldsymbol{F}_i) \tag{5-15}$$

这便是任意力系的合力矩定理：当力系有合力时，合力对任意点之矩等于各分力对同一点之矩的矢量和。

2. $\boldsymbol{F}_{\mathrm{R}} \cdot \boldsymbol{M}_O \neq 0$，分两种情形讨论。

① $\boldsymbol{F}_{\mathrm{R}} /\!/ \boldsymbol{M}_O$，此时力系不能进一步简化，$\boldsymbol{F}_{\mathrm{R}}$ 与 $\boldsymbol{M}_O$ 组成一个力螺旋，如图 5-11 所示，所谓力螺旋就是由一力和一力偶组成的力系，其中力垂直于力偶的作用面。例如，钻孔时的钻头和攻螺丝时的丝锥对工件的作用就是力螺旋。

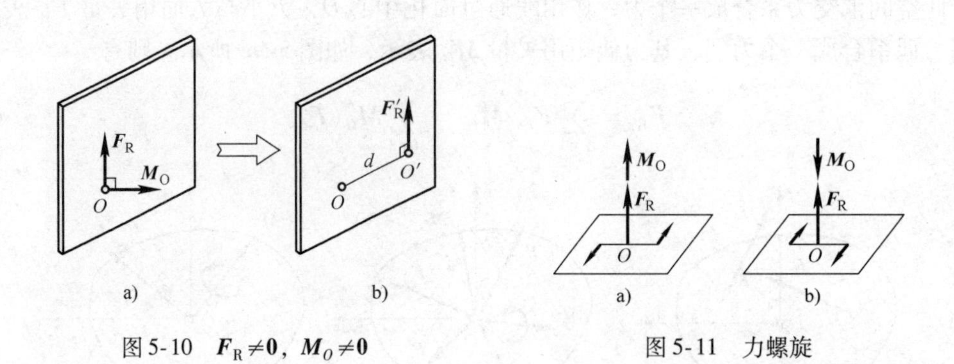

图 5-10 $\boldsymbol{F}_{\mathrm{R}} \neq \boldsymbol{0}$，$\boldsymbol{M}_O \neq \boldsymbol{0}$　　　图 5-11 力螺旋

力螺旋也是一种最简单的力系。如果 $\boldsymbol{F}_{\mathrm{R}}$ 与 $\boldsymbol{M}_O$同向，即 $\boldsymbol{F}_{\mathrm{R}} \cdot \boldsymbol{M}_O > 0$，称为右力螺旋，如图 5-11a 所示；反之$\boldsymbol{F}_{\mathrm{R}}$ 与 $\boldsymbol{M}_O$ 反向，即 $\boldsymbol{F}_{\mathrm{R}} \cdot \boldsymbol{M}_O < 0$ 时，称为左力螺旋，如图 5-11b 所示。力 $\boldsymbol{F}_{\mathrm{R}}$ 的作用线称为力螺旋的中心轴。

② $\boldsymbol{F}_{\mathrm{R}}$ 与 $\boldsymbol{M}_O$成任意角 φ，如图 5-12a 所示。那么可将 $\boldsymbol{M}_O$分解为两个力偶 $\boldsymbol{M}'_O$ 和 $\boldsymbol{M}''_O$，它们分别平行于 $\boldsymbol{F}_{\mathrm{R}}$ 和垂直于 $\boldsymbol{F}_{\mathrm{R}}$，如图 5-12b 所示。$\boldsymbol{M}''_O$ 和 $\boldsymbol{F}_{\mathrm{R}}$ 可进一步合成为 $\boldsymbol{F}'_{\mathrm{R}}$，$\boldsymbol{F}_{\mathrm{R}} = \boldsymbol{F}'_{\mathrm{R}}$，作用线偏移距离为

$$d = \frac{|\boldsymbol{M}''_O|}{F_{\mathrm{R}}} = \frac{M_O \sin\varphi}{F_{\mathrm{R}}}$$

将 $\boldsymbol{M}'_O$ 平移至 $\boldsymbol{F}'_{\mathrm{R}}$ 的作用线上，得到 $\boldsymbol{F}'_{\mathrm{R}}$ 与 $\boldsymbol{M}'_O$ 组成的力螺旋，其中心轴不在简化中心 O，而是通过另一点 O'，如图 5-12c 所示。可见，一般情形下，空间任意力系可合成为力螺旋。

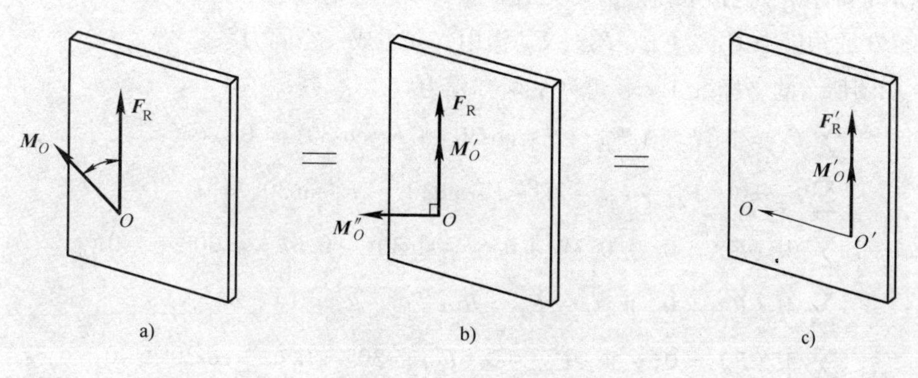

图5-12　$\boldsymbol{F}_R$ 与 $\boldsymbol{M}_O$ 成任意角 φ

5.4　空间力系的平衡条件和平衡方程

空间任意力系平衡的必要与充分条件是：该力系的主矢和力系对于任一点的主矩都等于零，即

$$\boldsymbol{F}'_R = \boldsymbol{0}, \ \boldsymbol{M}_O = \boldsymbol{0} \tag{5-16}$$

将上式在直角坐标系中投影，可以得到空间任意力系平衡的解析条件是：力系中各力在空间直角坐标系 $Oxyz$ 的各坐标轴上的投影的代数和分别等于零；各力对各坐标轴的矩的代数和分别等于零。亦即

$$\left.\begin{aligned} \sum F_x &= 0 \\ \sum F_y &= 0 \\ \sum F_z &= 0 \\ \sum M_x(\boldsymbol{F}) &= 0 \\ \sum M_y(\boldsymbol{F}) &= 0 \\ \sum M_z(\boldsymbol{F}) &= 0 \end{aligned}\right\} \tag{5-17}$$

式（5-17）称为空间任意力系的平衡方程，前三个方程式称为投影方程式，后三个方程式称为力矩方程式（moment equation）。

空间汇交力系与空间力偶系都是空间任意力系的特殊情况，它们的平衡方程式（5-5）、式（5-12）均可由平衡方程式（5-17）得出，这时独立的平衡方程是三个。如果是空间平行力系，建立直角坐标系 $Oxyz$ 且使 z 轴与各力平行，则由式（5-17）得三个独立的平衡方程为

$$\sum F_z = 0, \quad \sum M_x(\boldsymbol{F}) = 0, \quad \sum M_y(\boldsymbol{F}) = 0 \tag{5-18}$$

由上式可推知，空间汇交力系的平衡方程式为：各力在三个坐标轴上投影的代数和都等于零；空间平行力系的平衡方程为：各力在与其作用线平行的坐标轴上投影的代数和以及各力对另外二轴之矩的代数和都等于零。

例5-4　如图5-13所示，重为 W 的重物由电动机通过链条带动卷筒被匀速提升。链条与水平轴成30°角。已知 $r = 0.1\text{m}$，$R = 0.2\text{m}$，$W = 10\text{kN}$，链条主动边的张力 $\boldsymbol{F}_{T1}$ 的大小为从动边张力 $\boldsymbol{F}_{T2}$ 的大小的2倍，即 $F_{T1} = 2F_{T2}$。试求轴承 A、B 的约束力及链条的张力。

解 取转轴 AB（包括重物）为研究对象。转轴 AB 受重物重力 $\boldsymbol{W}$、链条拉力 $\boldsymbol{F}_{T1}$ 和 $\boldsymbol{F}_{T2}$ 以及轴承 A、B 的约束力 $\boldsymbol{F}_{Ax}$、$\boldsymbol{F}_{Az}$、$\boldsymbol{F}_{Bx}$、$\boldsymbol{F}_{Bz}$ 作用，并组成一空间力系。

建立如图所示的坐标系 $Axyz$，可列平衡方程为

$$\sum F_x = 0,\ F_{Ax} + F_{Bx} + F_{T1}\cos30° + F_{T2}\cos30° = 0$$

$$\sum F_z = 0,\ F_{Az} + F_{Bz} - W + F_{T1}\sin30° - F_{T2}\sin30° = 0$$

$$\sum M_x(\boldsymbol{F}) = 0,\ -0.3W + 0.6F_{T1}\sin30° - 0.6F_{T2}\sin30° + 1.0F_{Bz} = 0$$

$$\sum M_y(\boldsymbol{F}) = 0,\ W \cdot r - F_{T1} \cdot R + F_{T2} \cdot R = 0$$

$$\sum M_z(\boldsymbol{F}) = 0,\ -1.0F_{Bx} - 0.6F_{T1}\cos30° - 0.6F_{T2}\cos30° = 0$$

另有 $F_{T1} = 2F_{T2}$

解上述六个方程可得

$F_{T1} = 10\text{kN},\ F_{T2} = 5\text{kN},\ F_{Ax} = -5.2\text{kN}$

$F_{Az} = 6\text{kN},\ F_{Bx} = -7.79\text{kN},\ F_{Bz} = 1.5\text{kN}$

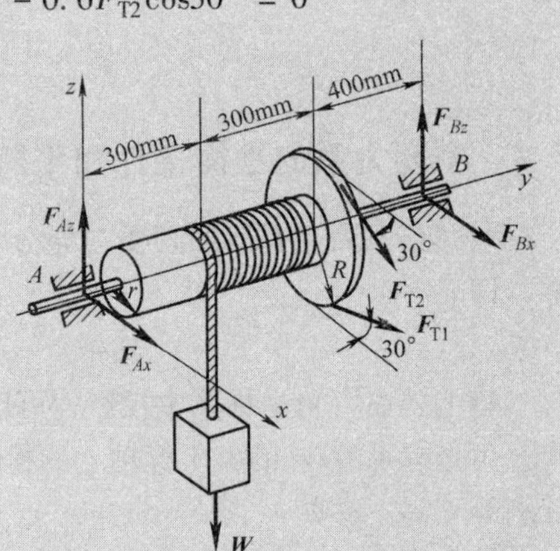

图 5-13 例 5-4 图

上面介绍的空间任意力系是最一般的力系。当力系的组成及力系中各力的分布满足某些条件时，可得到各种相应的特殊力系及平衡方程；详见本书附录 A，其相关问题将在下面的内容中做详细介绍。

例 5-5 如图 5-14a 所示，已知：均质水平矩形隔板重 $F_W = 800\text{kN}$，$AB = CD = 1.5\text{m}$，$AD = BC = 0.6\text{m}$，$DK = 0.75\text{m}$，$AH = BE = 0.25\text{m}$。E 和 H 为折叠铰，D 和 K 为球铰。求：铰 E、H 和 D 的约束力。

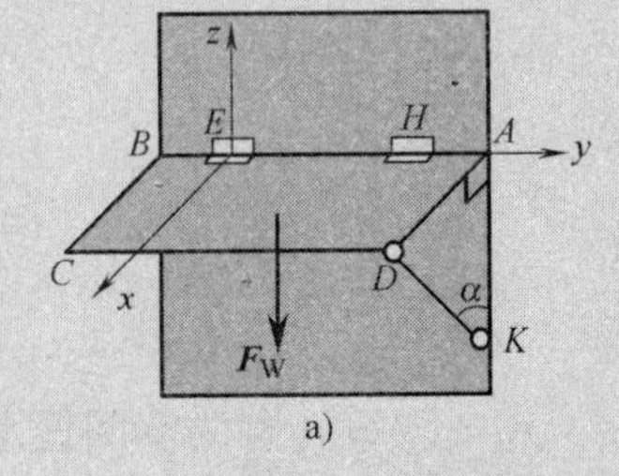

a)

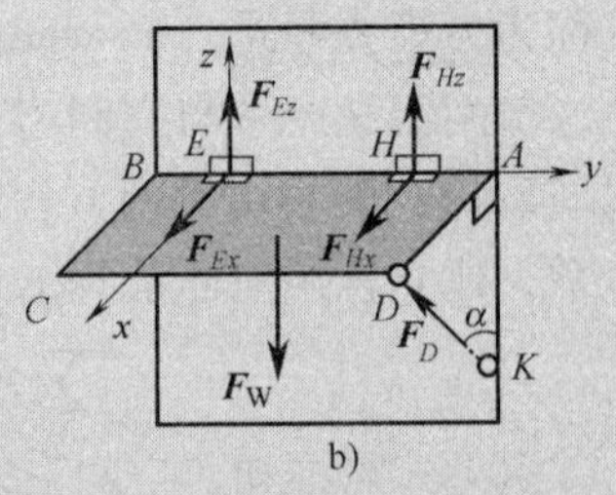

b)

图 5-14 例 5-5 图

解 取隔板为研究对象，受力图如图 5-14b 所示，由空间任意力系的平衡方程有

$$\sum F_x = 0,\ F_{Ex} + F_{Hx} + F_D\sin\alpha = 0$$

$$\sum F_z = 0,\ F_{Ez} + F_{Hz} + F_D\cos\alpha - F_W = 0$$

$$\sum M_x(\boldsymbol{F}) = 0,\ F_{Hz} \cdot EH + F_D\cos\alpha \cdot AE - F_W \cdot \frac{EH}{2} = 0$$

$$\sum M_y(\boldsymbol{F}) = 0,\ F_W \cdot \frac{AD}{2} - F_D\cos\alpha \cdot AD = 0$$

$$\sum M_z(\boldsymbol{F}) = 0,\ -F_{Hx} \cdot EH - F_D\sin\alpha \cdot AE = 0$$

其中，$\sin\alpha = AD/DK$，$\cos\alpha = AK/DK$，计算出 $\sin\alpha$ 和 $\cos\alpha$，代入以上各式中，整理得

$F_D = 666.67\text{kN},\ F_{Ex} = 133.33\text{kN},\ F_{Ez} = 500\text{kN}$

$F_{Hx} = -666.67\text{kN},\ F_{Hz} = -100\text{kN}$

例 5-6 某轴结构如图 5-15a 所示，轴上装有半径分别为 r_1、r_2 的两个齿轮 C 和 D，两端为轴承约束。齿轮 C 上受径向力 F_{Cr}、圆周力 F_{Ct}；齿轮 D 上受径向力 F_{Dr}、圆周力 F_{Dt}，设各轴段长度均已知。试写出空间力系的平衡方程组。

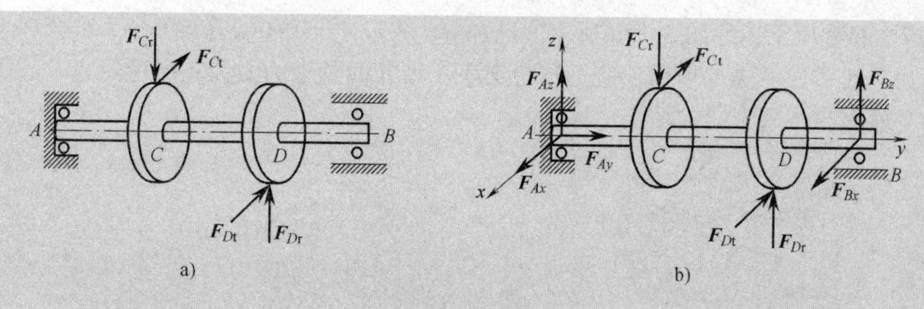

图5-15　例5-6图

解　根据已知条件，画出受力图如图5-15b所示。A端为推力轴承，有x、y、z三个方向的约束，设约束力分别为$\boldsymbol{F}_{Ax}$、$\boldsymbol{F}_{Ay}$、$\boldsymbol{F}_{Az}$。而B端为径向轴承，有x、z两个方向的约束，设约束力分别为$\boldsymbol{F}_{Bx}$、$\boldsymbol{F}_{Bz}$。

为避免在列平衡方程时发生遗漏或错误，可如下表所示，逐一列出各力在坐标轴上的投影及其对轴之矩：

	F_{Ax}	F_{Ay}	F_{Az}	F_{Bx}	F_{Bz}	F_{Ct}	F_{Cr}	F_{Dt}	F_{Dr}
F_x	F_{Ax}	0	0	F_{Bx}	0	$-F_{Ct}$	0	$-F_{Dt}$	0
F_y	0	F_{Ay}	0	0	0	0	0	0	0
F_z	0	0	F_{Az}	0	F_{Bz}	0	$-F_{Cr}$	0	F_{Dr}
$M_x(\boldsymbol{F})$	0	0	0	0	$F_{Bz}\cdot AB$	0	$-F_{Cr}\cdot AC$	0	$F_{Dr}\cdot AD$
$M_y(\boldsymbol{F})$	0	0	0	0	0	$-F_{Ct}\cdot r_1$	0	$F_{Dt}\cdot r_2$	0
$M_z(\boldsymbol{F})$	0	0	0	$-F_{Bx}\cdot AB$	0	$F_{Ct}\cdot AC$	0	$F_{Dt}\cdot AD$	0

由表中各行可以列出平衡方程

$$\sum F_x = F_{Ax} + F_{Bx} - F_{Ct} - F_{Dt} = 0 \tag{1}$$

$$\sum F_y = F_{Ay} = 0 \tag{2}$$

$$\sum F_z = F_{Az} + F_{Bz} - F_{Cr} + F_{Dr} = 0 \tag{3}$$

$$\sum M_x(\boldsymbol{F}) = F_{Bz}\cdot AB - F_{Cr}\cdot AC + F_{Dr}\cdot AD = 0 \tag{4}$$

$$\sum M_y(\boldsymbol{F}) = -F_{Ct}\cdot r_1 + F_{Dt}\cdot r_2 = 0 \tag{5}$$

$$\sum M_z(\boldsymbol{F}) = -F_{Bx}\cdot AB + F_{Ct}\cdot AC + F_{Dt}\cdot AD = 0 \tag{6}$$

利用上述六个方程，除可求五个约束力外，还可确定平衡时轴所传递的载荷。

上述求解空间力系平衡问题的方法，称为直接求解法。

5.5　空间平衡力系的平面解法

在机械工程中，常把空间的受力图投影到三个坐标平面上，画出三个视图（主视图、俯视图、侧视图），这样就得到三个平面力系，分别列出它们的平衡方程，同样可以解出所求的未知量。这种将空间平衡问题转化为三个平面平衡问题的讨论方法，就称为空间平衡力系的平面解法。其依据是物体在空间力系作用下处于静止平衡状态，那么该物体所受的空间力系在三个平面上的投影也是静止平衡的。

例 5-7 起重绞车，如图 5-16a 所示。已知 $\alpha=20°$，$r=10\text{cm}$，$R=20\text{cm}$，$G=10\text{kN}$。试用空间平衡力系的平面解法求重物匀速上升时支座 A 和 B 的约束力及齿轮所受的力 $\boldsymbol{F}$（力 $\boldsymbol{F}$ 在垂直于轴的平面内与水平方向的切线成 α 角）。

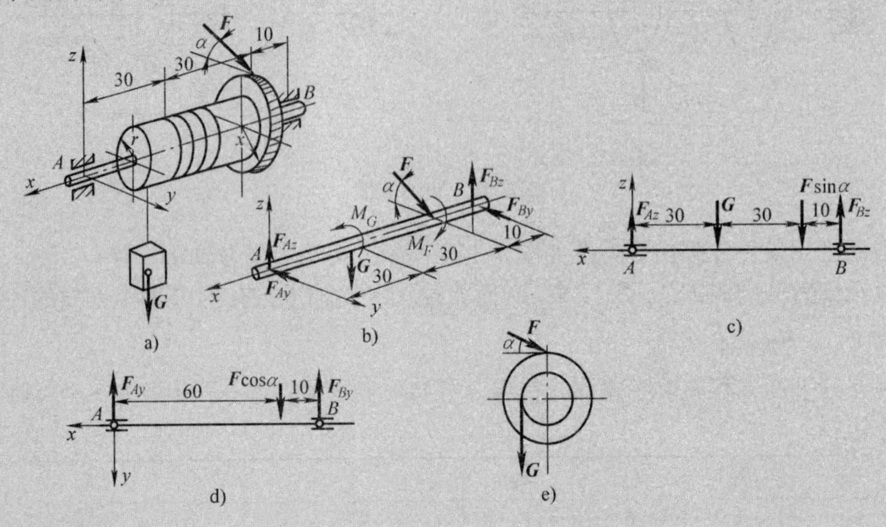

图 5-16 例 5-7 图

解 重物匀速上升，鼓轮（包括轴和齿轮）做匀速转动，即处于平衡状态。取鼓轮为研究对象。将力 $\boldsymbol{G}$ 和 $\boldsymbol{F}$ 平移到轴线上，如图 5-16b 所示。分别作垂直平面、水平平面和侧垂直平面（见图 5-16c、d、e）的受力图，并求轴承约束力和力 $\boldsymbol{F}$ 的大小。

先由图 5-16e 的平衡条件

$$\sum M_A(\boldsymbol{F}) = 0,\ FR\cos\alpha - Gr = 0$$

得

$$F = Gr/(R\cos\alpha) = 5.32\text{kN}$$

由图 5-16c，列出平衡方程并求解

$$\sum M_A(\boldsymbol{F}) = 0,\ 30G + 60F\sin 20° - 70F_{Bz} = 0,\ F_{Bz} = 5.85\text{kN}$$

$$\sum F_z = 0,\ F_{Az} + F_{Bz} - F\sin 20° = 0,\ F_{Az} = 5.97\text{kN}$$

再由图 5-16d，列出平衡方程并求解

$$\sum M_A(\boldsymbol{F}) = 0,\ 60F\cos 20° - 70F_{By} = 0,\ F_{By} = 4.29\text{kN}$$

$$\sum F_y = 0,\ F_{Ay} + F_{By} - F\cos 20° = 0,\ F_{Ay} = 0.71\text{kN}$$

5.6 平面任意力系的平衡

5.6.1 平面任意力系的概念

平面任意力系是指各力的作用线在同一平面内且任意分布的力系。例如图 5-17a 所示的曲柄连杆机构，受有压力 $\boldsymbol{F}_{\text{P}}$、力偶 M 以及约束力 $\boldsymbol{F}_{Ax}$、$\boldsymbol{F}_{Ay}$ 和 $\boldsymbol{F}_{\text{N}}$ 的作用，这些力构成了平面任意力系（planar force system）。又如起重机受力图如图 5-17b 所示，也受到同一平面内任意力系的作用。有些物体所受的力并不在同一平面内，但只要所受的力对称于某一平面，在这种情况下，可以把这些力简化到对称面内，并作为对称面内的平面任意力系来处理。例如图 5-17c 所示，沿直线行驶的汽车，它所受到的重力 $\boldsymbol{W}$、空气阻力 $\boldsymbol{F}$ 和地面对前后轮的约束力的合力

F_{RA}、F_{RB}都可简化到汽车的纵向对称平面内，组成一平面任意力系。由于平面任意力系（又称为平面一般力系）在工程中最为常见，而分析和解决平面任意力系问题的方法又具有普遍性，故在工程计算中占有极重要的地位。

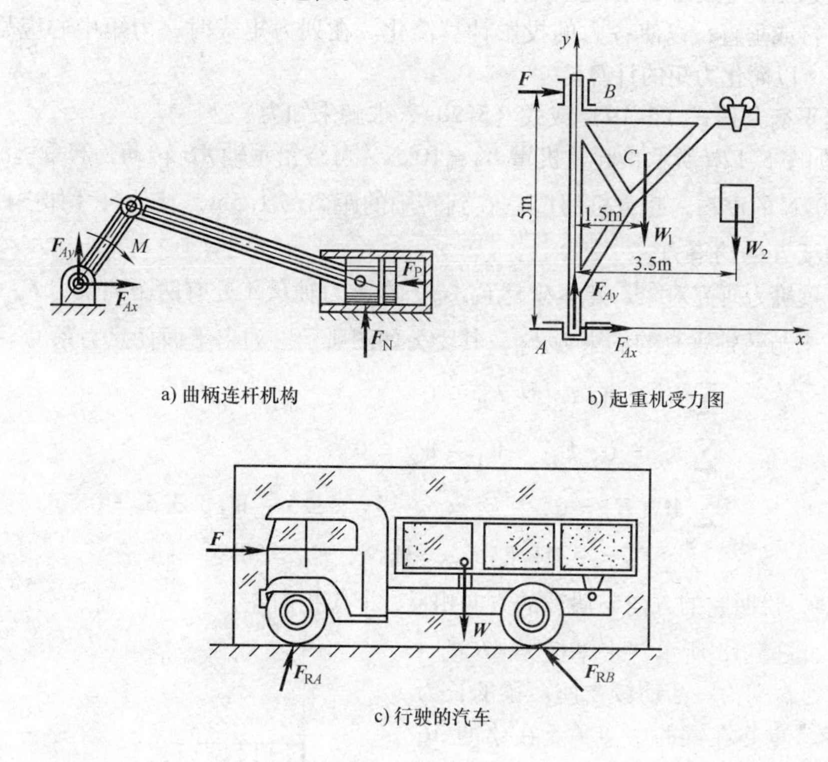

图5-17　平面任意力系的实例

5.6.2　平面任意力系的平衡方程

如图5-17b所示的某起重机受诸力作用而处于平衡状态。取力系所在平面为xOy，因力系的主矢必在力系所在的平面内，其在z轴上的投影恒等于零，而向平面内任一点简化的主矩在x轴和y轴上的投影恒等于零，因此平面任意力系的平衡方程为

$$\sum F_x = 0, \sum F_y = 0, \sum M_O(\boldsymbol{F}) = 0 \tag{5-19}$$

即：（1）所有各力在x轴上的投影的代数和为零；

（2）所有各力在y轴上的投影的代数和为零；

（3）所有各力对于平面内的任一点取矩的代数和等于零。

式（5-19）是平面任意力系平衡方程的基本方程（也叫一矩式）。也可以写成其他的形式，如经常用到的两个力矩方程与一个投影方程的形式，即

$$\sum F_x = 0, \sum M_A(\boldsymbol{F}) = 0, \sum M_B(\boldsymbol{F}) = 0 \tag{5-20}$$

式（5-20）又称二矩式，其中A、B两点的连线不得垂直于Ox轴（或Oy轴）。

以上一矩式、二矩式为两组不同形式的平衡方程，其中每一组都是平面任意力系平衡的必要和充分条件。解题时灵活选用不同形式的平衡方程，有助于简化静力学求解未知量的计算过程。

由式（5-19）或式（5-20）中的平面任意力系的平衡方程，可以解出平面任意力系中的

三个未知量。求解时，一般可按下列步骤进行：

（1）确立研究对象，取分离体，画出受力图。

（2）建立适当的坐标系。在建立坐标系时，应使坐标轴的方位尽量与较多的力（尤其是未知力）成平行或垂直，以使各力的投影计算简化。在列力矩式时，力矩中心应尽量选在未知力的交点上，以简化力矩的计算。

（3）列出平衡方程式（5-19）或式（5-20），求解未知力。

例 5-8 如图 5-17b 所示，起重机重 $W_1=10\text{kN}$，可绕铅垂轴 AB 转动，起重机的挂钩上挂一重为 $W_2=40\text{kN}$ 的重物。起重机的重心 C 到转轴的距离为 1.5m，其他尺寸如图所示。求推力轴承 A 和轴承 B 的约束力。

解 以起重机为研究对象。建立坐标系 Axy。在推力轴承 A 处有两个约束力 $\boldsymbol{F}_{Ax}$ 和 $\boldsymbol{F}_{Ay}$，轴承 B 处只有一个与转轴垂直的约束力 F_B，其受力如图所示。列出平面任意力系的平衡方程为

$$\sum F_x=0,\ F_{Ax}+F_B=0$$

$$\sum F_y=0,\ F_{Ay}-W_1-W_2=0$$

$$\sum M_A(\boldsymbol{F})=0,\ -F_B\times 5-W_1\times 1.5-W_2\times 3.5=0$$

解得

$$F_B=-31\text{kN},\ F_{Ax}=31\text{kN},\ F_{Ay}=50\text{kN}$$

其中 F_B 为负值，说明它的方向与假设的方向相反，即应指向左。

例 5-9 如图 5-18 所示，水平横梁 AB 的 A 端为固定铰链，B 端为一活动铰支座。梁的长为 $4a$，梁重为 W，重心在梁的中点 C。在梁的 AC 段上受均布载荷 q 作用，在梁的 BC 段上受力偶作用，力偶矩 $M=Wa$。试求 A 和 B 处的支反力。

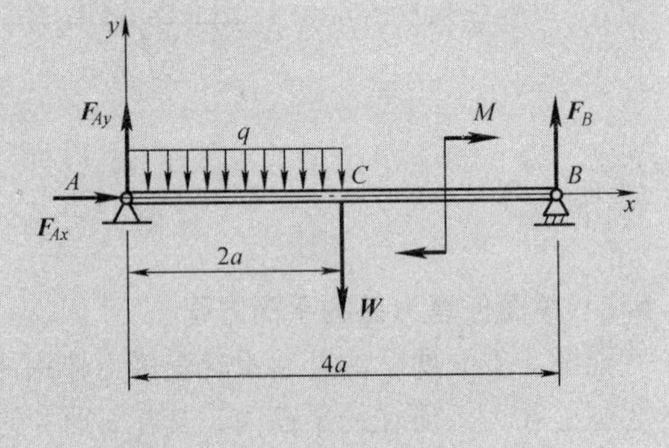

图 5-18 例 5-9 图

解 选梁 AB 为研究对象。它所受到的主动力包括：均布载荷 q、重力 $\boldsymbol{W}$ 和矩为 M 的力偶。它所受到的约束力包括：固定铰链的约束力 $\boldsymbol{F}_{Ax}$ 和 $\boldsymbol{F}_{Ay}$，活动铰支座 B 处的约束力 $\boldsymbol{F}_B$。

取坐标系如图所示，列出平衡方程有

$$\sum M_A(\boldsymbol{F})=0,\ F_B\cdot 4a-M-W\cdot 2a-q\cdot 2a\cdot a=0$$

$$\sum F_x=0,\ F_{Ax}=0$$

$$\sum F_y=0,\ F_{Ay}-q\cdot 2a-W+F_B=0$$

解上述方程，得

$$F_B=\frac{3}{4}W+\frac{1}{2}qa,\ F_{Ax}=0,\ F_{Ay}=\frac{W}{4}+\frac{3}{2}qa$$

从上述例题可见，选取适当的坐标轴和力矩中心，可以减少每个平衡方程中未知量的数目。在平面任意力系情形下，力矩应取在两未知力的交点上，而坐标轴应当与尽可能多的未知力相垂直。

讨论：建议读者用二矩式（5-20）重解此题，并与基本方程式（5-19）加以比较。

5.7 平面平行力系的平衡方程

各力作用线处于同一平面内且相互平行的力系称为平面平行力系（planar parallel force system）。它是平面任意力系的一种特殊情况，其平衡方程可由平面任意力系的平衡方程导出。如图5-19所示，取与 y 轴平行的各力，则平面平行力系中各力在 x 轴上的投影均为零。在式（5-19）中，$\sum F_x = 0$ 就成为恒等式，于是，平行力系只有两个独立的平衡方程，即

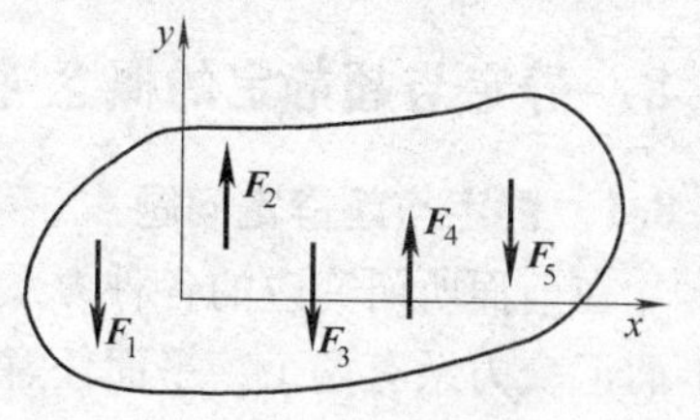

图5-19 平面平行力系

$$\left.\begin{aligned}\sum F_{iy} &= 0\\ \sum M_O(\boldsymbol{F}_i) &= 0\end{aligned}\right\} \tag{5-21}$$

平面平行力系的平衡方程，也可用两个力矩方程的形式表示，即

$$\left.\begin{aligned}\sum M_A(\boldsymbol{F}_i) = 0\\ \sum M_B(\boldsymbol{F}_i) = 0\end{aligned}\right\} \tag{5-22}$$

其中，A、B 两点的连线不得与力系各力作用线平行。由这两个方程可以求解两个未知量。

例5-10 塔式起重机如图5-20a所示。机架自重为 $\boldsymbol{G}$，最大起重载荷为 $\boldsymbol{W}$，平衡锤的重力为 $\boldsymbol{W}_Q$。已知 $\boldsymbol{G}$、$\boldsymbol{W}$、a、b 和 e，要求起重机满载和空载时均不致翻倒，求 $\boldsymbol{W}_Q$ 的范围。

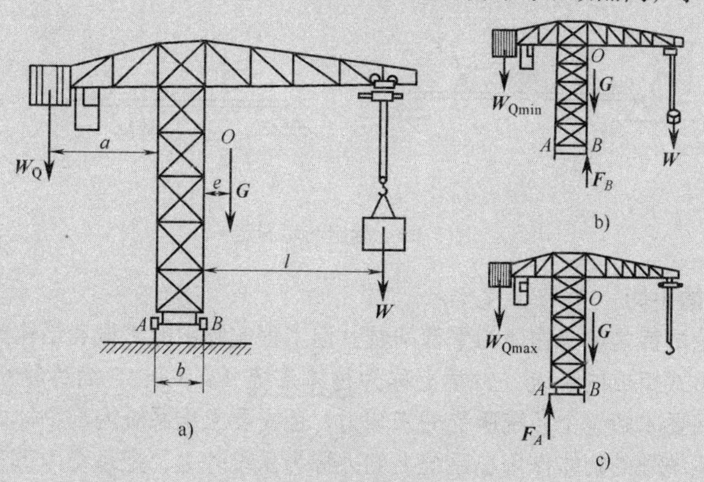

图5-20 例5-10图

解 （1）选起重机为研究对象，受力图如图5-20b、c所示。

（2）列平衡方程求解。当其满载时，W 最大，在临界平衡状态，A 处悬空，即 $F_A = 0$，机架绕 B 点向右翻倒，如图5-20b所示，则

$$\sum M_B(\boldsymbol{F}) = 0, W_{Qmin}(a + b) - Wl - Ge = 0$$

故

$$W_{Qmin} = \frac{Wl + Ge}{a + b}$$

当其空载，即 $W = 0$ 时。在临界平衡状态下，B 处悬空，即 $F_B = 0$，$W_Q = W_{Qmax}$，机架绕 A 点向左翻倒，如图5-20c所示，则

$$\sum M_A(\boldsymbol{F}) = 0 \quad W_{\mathrm{Qmax}} a - G(e+b) = 0$$

故
$$W_{\mathrm{Qmax}} = \frac{G(e+b)}{a}$$

5.8 静定与超静定的概念 物体系统的平衡问题

5.8.1 静定与超静定问题

在前面所研究过的各种力系中，对应每一种力系都有一定数目的独立的平衡方程。例如：平面汇交力系有两个，平面任意力系有三个，平面平行力系有两个。因此，当研究刚体在某种力系作用下处于平衡时，若问题中需求的未知量的数目等于该力系独立平衡方程的数目时，则全部未知量可由静力学平衡方程求得，这类平衡问题称为静定问题（statically determinate problem）。前面所研究的例题都是静定问题，图 5-21a 表示的水平杆 AB 的平衡问题也是静定问题。但如果问题中需求的未知量的数目大于该力系独立平衡方程的数目，只用静力学平衡方程不能求出全部未知量，这类平衡问题称为超静定问题（statically indeterminate problem）。如图 5-21b 所示的杆，在 C 处增加了一个活动铰支座，则未知量数目有四个，而独立的平衡仅有三个，所以它是超静定问题。超静定问题总未知量数与独立的平衡方程总数之差称为超静定次数（statically indeterminate time）。图 5-21b 所示为一次超静定问题。这类问题静力学无法求解，需要借助于研究对象的变形规律来解决，这些将在材料力学中研究。

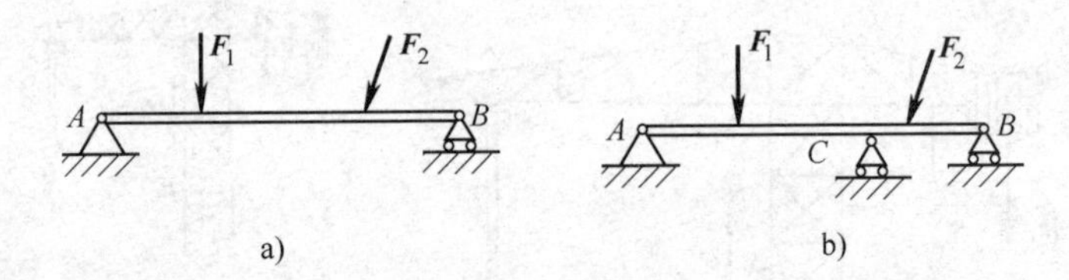

图 5-21　静定与超静定

5.8.2 物体系统的平衡

前面我们讨论的都是单个物体的平衡问题。但工程实际中的机械和结构都是由若干个物体通过适当的约束方式组成的系统，力学上称为物体系统（system），简称物系。研究物体系统的平衡问题，不仅要求解整个系统所受的未知力，还需要求出系统内部物体之间的相互作用的未知力。我们把系统外的物体作用在系统上的力称为系统外力，把系统内部各部分之间的相互作用力称为系统内力。因为系统内部与外部是相对而言的，因此系统的内力和外力也是相对的，要根据所选择的研究对象来决定。

在求解静定的物体系统的平衡问题时，要根据具体问题的已知条件、待求未知量及系统结构的形式来恰当地选取两个（或多个）研究对象。一般情况下，可以先选取整体结构为研究对象；也可以先选取受力情况比较简单的某部分系统或某物体为研究对象，求出该部分或该物体所受到的未知量。然后再选取其他部分或整体结构为研究对象，直至求出所有需要求的未知量。总的原则是：使每一个平衡方程中未知量的数目尽量减少，最好是只含一个未知量，可避免求解联立方程。

例 5-11　图 5-22a 所示的 4 字形构架，它由 AB、CD 和 AC 杆用销钉连接而成，B 端插入地面，在 D 端有一铅垂向下的作用力 $\boldsymbol{F}$。已知 $F=10\mathrm{kN}$，$l=1\mathrm{m}$，若各杆重不计，求地面的约束力、AC 杆所受的力及销钉 E 处相互作用的力。

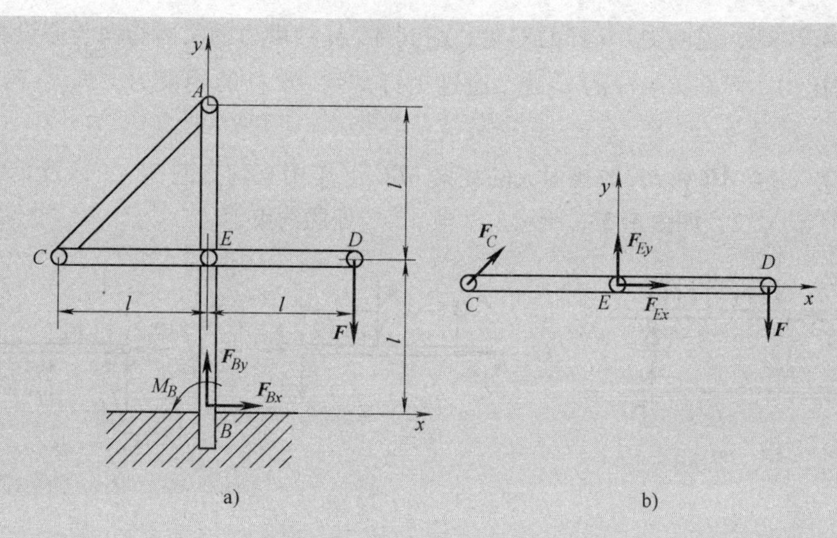

图 5-22　例 5-11 图

解　这是一物体系统的平衡问题。先取整个构架为研究对象，分析并画整体受力图。在 D 端受有一铅垂向下的力 $\boldsymbol{F}$，在固定端 B 处受有约束力 $\boldsymbol{F}_{Bx}$ 及 $\boldsymbol{F}_{By}$ 和一个约束力偶 M_B（画整体受力图时，A、C、E 处为系统内约束力，不必画出）。这样构架在 $\boldsymbol{F}$、$\boldsymbol{F}_{Bx}$、$\boldsymbol{F}_{By}$ 和 M_B 的作用下构成平面任意力系。由于处于平衡状态，故满足平衡方程。

取坐标系 Bxy，如图 5-22a 所示。列平衡方程，有

$$\sum F_x = 0,\ \sum F_{Bx} = 0$$

$$\sum F_y = 0,\ F_{By} - F = 0,\ F_{By} = 10\text{kN}$$

$$\sum M_B(\boldsymbol{F}) = 0,\ M_B - Fl = 0,\ M_B = 10\text{kN}\cdot\text{m}$$

欲求系统的内力，就需要对所求内力的物体解除相互约束，选取恰当的部分作为研究对象，并在解除约束的地方画出所受约束力。这时，在整个系统中未画出的内力，在新的研究对象中就变成了必须画出的外力。本题需要求 AC 杆所受的力及销钉 E 处相互作用的力，于是就在 C、E 处解除了杆件之间的相互约束。显然，可取 CD 杆为研究对象。

在 CD 杆被解除 C、E 处的约束后，分别画出所受的约束力。因为 AC 杆为二力杆，故在 C 处所受的约束力 $\boldsymbol{F}_C$ 的方向是沿 AC 杆轴线并先假设为拉力；因为 E 处是用销钉连接的，故在 E 处所受的约束力方向不能确定，而用两个分力 $\boldsymbol{F}_{Ex}$、$\boldsymbol{F}_{Ey}$ 表示，CD 杆的受力图如图 5-22b 所示。

取坐标系 Exy，列平衡方程，有

$$\sum M_E(\boldsymbol{F}) = 0,\ -F\cdot 1 - F_C\cdot 1\cdot \sin45^\circ = 0$$

$$F_C = -\sqrt{2}F = -14.14\text{kN}$$

$$\sum F_y = 0,\ F_{Ey} - F + F_C\sin45^\circ = 0$$

$$\sum F_x = 0,\ F_{Ex} + F_C\sin45^\circ = 0$$

$$F_{Ex} = -\frac{\sqrt{2}}{2}F_C = -\frac{\sqrt{2}}{2}\times(-14.14)\text{kN} = 10\text{kN}$$

$F_C = -14.14\text{kN}$，说明在 CD 杆的 C 处，受到 AC 杆约束力的实际指向与假设相反，因而 AC 杆受的是压力。而在 CD 杆的 E 处，通过销钉受到 AB 杆的约束力，$\boldsymbol{F}_{Ex}$、$\boldsymbol{F}_{Ey}$ 都与实际一致。

*例 5-12　由梁 AB 和 BC 铰接而成的复梁 ABC 上作用有均布载荷 q，以及集中力 $F=qa$ 和集中力偶 $M=qa^2/2$，如图 5-23a 所示。试求 A、C 处的约束力。

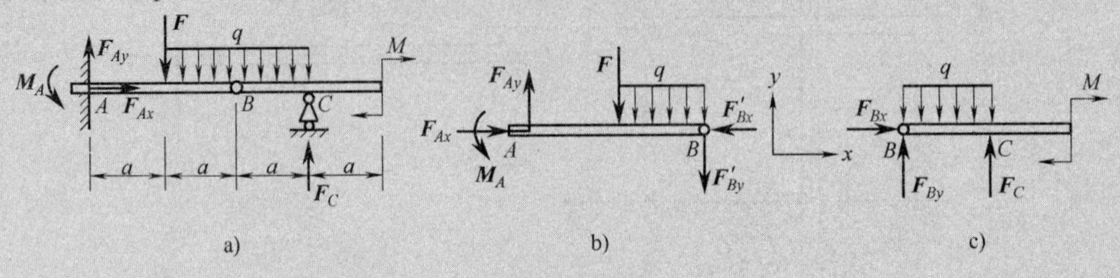

图 5-23　例 5-12 图

解　解除铰链约束后，梁 AB 和 BC 的受力图如图 5-23b、c 所示。先以梁 BC 为研究对象（见图 5-23c），列平衡方程并解出约束力

$$\sum M_B(\boldsymbol{F}) = 0,\ F_C \cdot a - \frac{1}{2}qa^2 - M = 0,\ F_C = qa \tag{1}$$

再以整梁为研究对象（见图 5-23a），列平衡方程并求解

$$\sum F_x = 0,\ F_{Ax} = 0 \tag{2}$$

$$\sum F_y = 0,\ F_{Ay} - F - q \cdot 2a + F_C = 0,\ F_{Ay} = 2qa \tag{3}$$

$$\sum M_A(\boldsymbol{F}) = 0,\ M_A - F \cdot a - q \cdot 2a \cdot 2a + F_C \cdot 3a - M = 0,\ M_A = 2.5qa^2 \tag{4}$$

此结果的正确性可以通过对 AB 梁（见图 5-23b）的平衡方程求解得到校核。

通过以上各例，介绍了简单平衡问题的求解步骤和基本方法，这些步骤和方法同样也是求解较复杂物体系统平衡问题的基础。

*5.9　简单静定平面桁架的内力计算

两端用铰链彼此相连，受力后几何形状不变的杆系结构，称为桁架。桁架中铰链称为节点。例如工程中屋架结构、场馆的网状结构、桥梁以及电视塔架等均可以看成桁架结构。

本节只研究简单静定桁架结构的内力计算问题。

实际的桁架受力较为复杂，为了便于工程计算采用以下假设：

（1）桁架所受力（包括重力、风力等外荷载）均简化在节点上；

（2）桁架中的杆件是直杆，主要承受拉力或压力；

（3）桁架中铰链的摩擦可以忽略，视为光滑铰链。

这样的桁架称为理想桁架。若桁架的杆件位于同一平面内，则称平面桁架。以三角形为基础组成的平面桁架，称平面简单静定桁架。

平面简单静定桁架的内力计算有两种方法：节点法和截面法。

5.9.1　节点法

以每个节点为研究对象，构成平面汇交力系，列两个平衡方程。计算时应从两个杆件连接的节点进行求解，每次只能求解两个未知力，逐一节点求解，直到全部杆件内力求解完毕，此法称节点法。

例5-13　用节点法求平面桁架各杆的内力，受力及几何尺寸如图5-24a所示。

解　（1）求平面桁架的支座约束力，受力如图5-24a所示。列平衡方程，有

$$\sum M_A(\boldsymbol{F})=0,\ 16F_B-4\times10\text{kN}-8\times10\text{kN}-12\times10\text{kN}-16\times10\text{kN}=0$$

$$\sum F_x=0,\ F_{Ax}=0$$

$$\sum F_y=0,\ F_{Ay}+F_B-5\times10\text{kN}=0$$

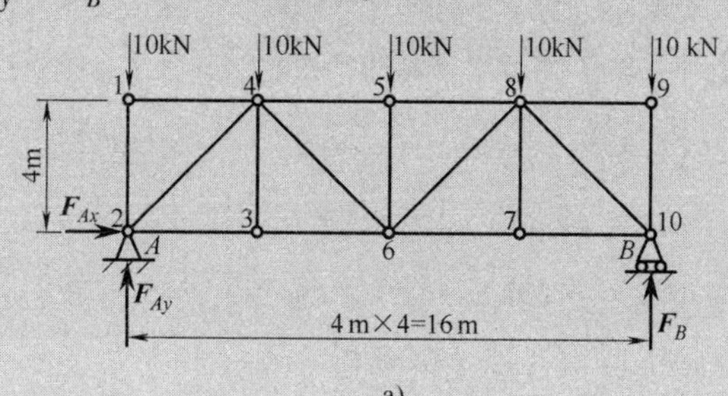

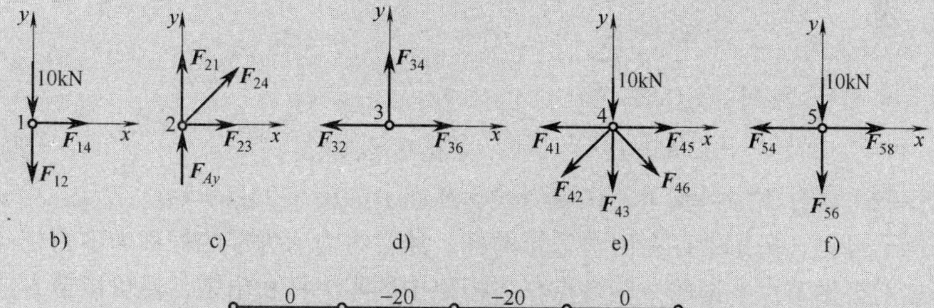

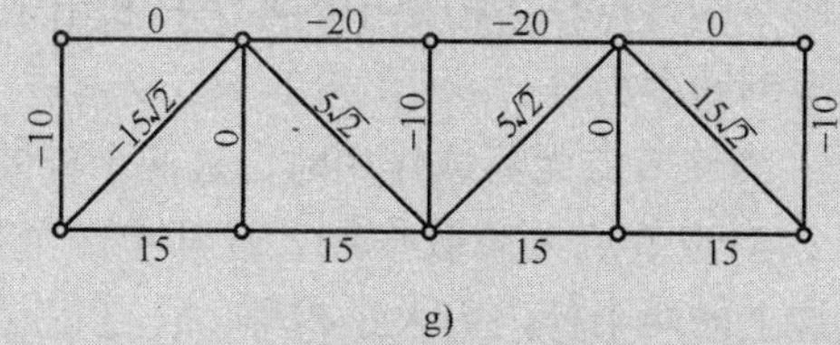

图5-24　例5-13图

解得

$$F_{Ay}=F_B=25\text{kN}$$

（2）求平面桁架各杆的内力，假设各杆的内力为拉力。

① 节点：受力如图5-24b所示，列平衡方程，有

$$\sum F_x=0,\ F_{14}=0$$

$$\sum F_y=0,\ -F_{12}-10=0$$

解得

$$F_{14}=0,\ F_{12}=-10\text{kN}\ （压）$$

② 节点：受力如图5-24c所示，列平衡方程，有

$$\sum F_x=0,\ F_{23}+F_{24}\cos45^\circ=0$$

$$\sum F_y=0,\ F_{12}+F_{24}\sin45^\circ+F_{Ay}=0$$

由于 $F_{21}=F_{12}=-10\text{kN}$，代入上式，得

$$F_{24}=-15\sqrt{2}\text{kN}\ （压），F_{23}=15\text{kN}\ （拉）$$

③ 节点：受力如图5-24d所示，列平衡方程

$$\sum F_x = 0,\ F_{36} - F_{32} = 0$$

$$\sum F_y = 0,\ F_{34} = 0$$

由于 $F_{32} = F_{23} = 15\text{kN}$，代入上式，得

$$F_{32} = 15\text{kN}\ (拉),\ F_{34} = 0$$

④ 节点：受力如图 5-24e 所示，列平衡方程

$$\sum F_x = 0,\ F_{45} + F_{46}\cos45° - F_{41} - F_{42}\cos45° = 0$$

$$\sum F_y = 0,\ -F_{43} - F_{46}\sin45° - F_{42}\sin45° - 10 = 0$$

由于 $F_{41} = F_{14} = 0$，$F_{42} = F_{24} = -15\sqrt{2}\text{kN}$，$F_{43} = F_{34} = 0$，代入上式，得

$$F_{45} = -20\text{kN}\ (拉),\ F_{46} = 5\sqrt{2}\text{kN}\ (拉)$$

⑤ 节点：受力如图 5-24f 所示，列平衡方程，有

$$\sum F_x = 0,\ F_{58} - F_{54} = 0$$

$$\sum F_y = 0,\ -F_{56} - 10 = 0$$

由于 $F_{54} = F_{45} = -20\text{kN}$，代入上式，得

$$F_{58} = -20\text{kN}\ (压),\ F_{56} = -10\text{kN}\ (压)$$

由对称性剩下部分不用再求了，将内力表示在图上如图 5-24g 所示。

由上面例子可见，桁架中存在内力为零的杆，通常将内力为零的杆称为零力杆。如果在进行内力计算之前根据节点平衡的一些特点，将桁架中的零力杆找出来，便可以节省这部分计算工作量。下面给出一些特殊情况判断零力杆：

(1) 一个节点连着两个杆，当该节点无荷载作用时，这两个杆的内力均为零；

(2) 三个杆汇交的节点上，当该节点无荷载作用，且其中两个杆在一条直线上时，则第三个杆的内力为零，在一条直线上的两个杆内力大小相等、符号相同；

(3) 当四个杆汇交的节点上无荷载作用，且其中两个杆在一条直线上时，另外两个杆在另一条直线上，则共线的两杆内力大小相等、符号相同。

5.9.2 截面法

如果只需要求出个别几根杆的内力，则宜采用截面法。一般也先求出支座约束力，然后选择一个截面假想地将要求的杆件截开，使桁架成为两部分，并选其中一部分作为研究对象，所受力一般为平面任意力系，列出相应的平衡方程求解，此法称截面法。关于用截面法求内力的方法还将在材料力学中详细介绍。

因为平面任意力系的平衡方程只有三个，故一次被截断的杆件数不应超过三根。对于某些复杂的桁架，有时需要多次使用截面法或综合应用截面法和节点法才能求解。具体解法见下例。

例 5-14 求如图 5-25a 所示屋顶桁架杆 11 的内力，已知 $F = 10\text{kN}$。

解 (1) 先以整体为研究对象求支座约束力，受力如图 5-25b 所示。按图示坐标列平衡方程，有

$$\sum F_x = 0,\ F_{Ax} = 0 \tag{1}$$

$$\sum M_B(\boldsymbol{F}) = 0,\ 8F + 16F + 20F - 24F_{Ay} = 0 \tag{2}$$

由式 (2) 解得

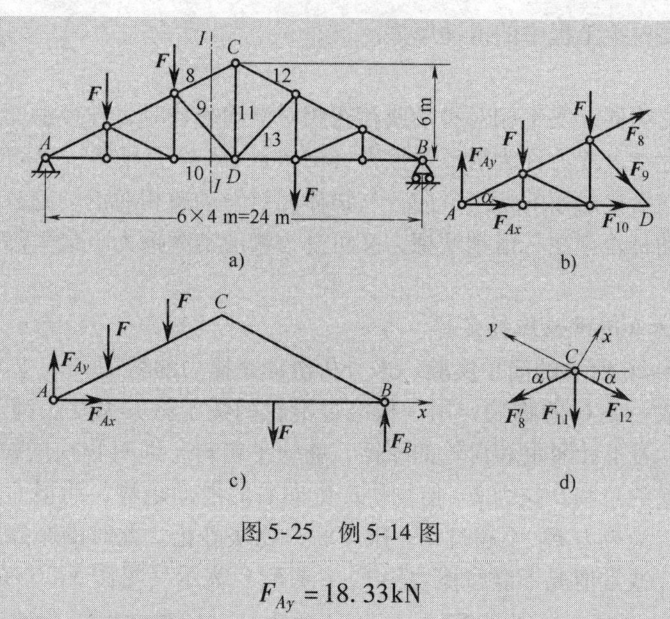

图5-25　例5-14图

$$F_{Ay}=18.33\text{kN}$$

（2）桁架杆11的内力。

用截面$I-I$将8、9、10三杆截断，取桁架左半为研究对象，设三杆均受拉力，受力图如图5-25c所示。列平衡方程，有

$$\sum M_D(\boldsymbol{F})=0,\ -6F_8\cdot\cos\alpha-12F_{Ay}+4F+8F=0$$

得

$$F_8=-18.63\text{kN} \tag{3}$$

（3）再取节点C为研究对象。受力图如图5-25d所示。按图示坐标列平衡方程，有

$$\sum F_x=0\ ,\ -F_8'\cdot\sin2\alpha-F_{11}\cdot\cos\alpha=0 \tag{4}$$

代入$F_8'=F_8=-18.63\text{kN}$，得

$$\begin{aligned}F_{11}&=-F_8\cdot2\sin\alpha\\&=-(-18.63)\times2\times0.4472\text{kN}\\&=16.66\text{kN}\end{aligned}$$

5.10　摩擦

两相接触的物体当有相对运动或相对运动趋势时，两物体间彼此产生了相互阻碍其运动的现象，这种现象称为摩擦（friction）。摩擦是自然界普遍存在的，没有摩擦就没有世界。

在以上各章中研究物体平衡问题时，若物体的接触面较光滑，摩擦对物体的运动状态（如平衡）影响不大时，为简化研究和计算，均略去了物体间的摩擦，把物体的接触面抽象为绝对光滑的。实际上，有时摩擦的存在会对物体的平衡或运动起着决定性的作用。例如，皮带的传动、车辆的开动与制动等都依靠摩擦。在精密测量仪表的运转中，即使摩擦很小，也会对机构的灵敏度和结果的准确性带来影响。机器运转时，由于摩擦引起机件磨损、噪声和能量消耗。所以摩擦具有两重性：有利有弊。有时摩擦不但不能忽略，甚至成了需要考虑的主要问题，因此有必要认识摩擦的基本理论和计算。

根据两相接触物体之间的相对运动（或运动趋势）是滑动还是滚动，而分为滑动摩擦和滚动摩擦，这里主要讨论工程中的滑动摩擦。

5.10.1 滑动摩擦

两个相互接触的物体，发生相对滑动或存在相对滑动趋势时，在接触面处，彼此间就会有阻碍相对滑动的力存在，此力称为滑动摩擦力（friction force）。显然，滑动摩擦力作用在物体的接触面处，其方向沿接触面的切线方向并与物体相对滑动或相对滑动趋势方向相反。按两接触物体间的相对滑动是否存在，滑动摩擦力又可分为静滑动摩擦力、最大静摩擦力和动滑动摩擦力。

1. 静滑动摩擦力和静滑动摩擦定律

下面通过如图 5-26 所示的简单实验，来分析滑动摩擦力的特征。

在水平桌面上放一重 $\boldsymbol{G}$ 的物块，用一根绕过滑轮的绳子将其系住，绳子的另一端挂一砝码盘（见图 5-26）。若不计绳重和滑轮的摩擦，物块平衡时，绳对物块的拉力 $\boldsymbol{F}_T$ 的大小就等于砝码及砝码盘重量的总和。拉力 $\boldsymbol{F}_T$ 使物块产生向右的滑动趋势，而桌面对物块的摩擦力 $\boldsymbol{F}$ 阻碍物块向右滑动。当拉力 $\boldsymbol{F}_T$ 不超过某一限度时，物块静止。此时的摩擦力称为静滑动摩擦力，简称静摩擦力，通常情况下静摩擦力用 $\boldsymbol{F}_f$（或 $\boldsymbol{F}_s$）表示（见图 5-26b）。由于此时物体处于平衡状态，故 $\boldsymbol{F}_f$ 可由平衡条件（$\sum F_x = 0$）确定。可知静摩擦力与拉力大小相等，即 $F_f = F_T$；若拉力 F_T 逐渐增大，物块的滑动趋势随之逐渐增强，静摩擦力 $\boldsymbol{F}_f$ 也相应增大。

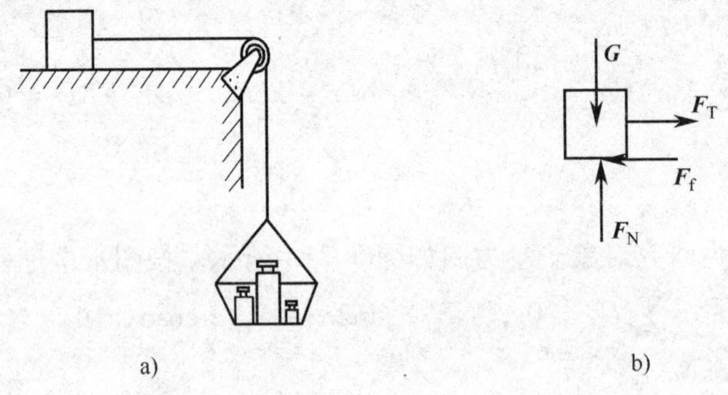

图 5-26 摩擦实验

由此可见，静摩擦力具有约束力的性质，它的方向与物体相对滑动趋势相反，其大小取决于主动力，是一个不固定的值。然而，静摩擦力又与一般的约束力不同，不能随主动力的增大而无限增大，当拉力增大到某一值时，物块处于将要滑动而尚未滑动的状态（称临界平衡状态），静摩擦力也达到了极限值，称之为最大静滑动摩擦力，简称最大静摩擦力，记作 $\boldsymbol{F}_{fmax}$。此时，只要主动力 $\boldsymbol{F}_T$ 再稍微增加，物块即开始滑动。这说明，静摩擦力是一种有限值的约束力，即 $0 \leqslant F_f \leqslant F_{fmax}$。

实验证明，最大静摩擦力 $\boldsymbol{F}_{fmax}$ 的大小与两物体间的正压力（即法向压力）$\boldsymbol{F}_N$ 的大小成正比，即

$$F_{fmax} = f_s F_N \tag{5-23}$$

这就是静滑动摩擦定律（又称最大静摩擦力定律），是工程中常用的近似理论。式中的 f_s（或 f）称为静滑动摩擦因数，简称静摩擦因数（static friction factor）。f_s 是量纲为一的比例常数，其大小主要取决于接触面的材料及表面状况（粗糙度、温度、湿度等）有关，其值可由实验测定，如钢与钢之间的静滑动摩擦因数为 0.10 ~ 0.15。工程中常用材料的摩擦因数可在工程手册中查得。

2. 动滑动摩擦定律

在如图5-26所示的实验中，当 $\boldsymbol{F}_T$ 的值超过 $\boldsymbol{F}_{fmax}$ 时物体就开始滑动了。当两个相互接触的物体发生相对滑动时，接触面间的摩擦力称为动摩擦力（kinetic friction force），用 $\boldsymbol{F}_d$ 表示。显然，动摩擦力的方向与物体相对滑动的方向相反。

对物体的动滑动摩擦力，也已由大量实验证明，动滑动摩擦力的大小也与物体间的正压力 $\boldsymbol{F}_N$ 成正比。即

$$F_d = f_d F_N \tag{5-24}$$

式（5-24）即动滑动摩擦定律（kinetic friction force principle）。式中比例系数 f_d 称为动滑动摩擦因数，简称动摩擦因数（kinetic friction factor）。f_d 也是量纲为一的比例常数，其大小除了与接触面的材料以及表面状况等有关外，还与物体相对滑动速度的大小有关，它随速度的增大而减小。但当速度变化不大时，一般不予考虑速度的影响，将 f_d 视为常数。动摩擦因数 f_d 一般小于静摩擦因数 f_s，但在精度要求不高时，可近似地认为二者相等。即

$$f_d \approx f_s$$

综上所述，滑动摩擦力的计算分三种情况：

1）物体相对静止时（只有相对滑动趋势），根据其具体平衡条件计算；

2）物体处于临界平衡状态时（只有相对滑动趋势），$F_f = F_{fmax} = f_s F_N$；

3）物体有相对滑动时，$F = F_d = f_d F_N$

可见，在求摩擦力时，首先要分清物体处于哪种情况，然后选用相应的方法计算。

在机器中，往往用降低接触表面的粗糙度或加入润滑剂等方法，使动摩擦因数降低，以减小摩擦和磨损。

3. 摩擦角的概念和自锁现象

如图5-27a所示的物体受到向右水平力 $\boldsymbol{F}$ 的作用，当有摩擦时，支承面对物体的约束力包含法向力 $\boldsymbol{F}_N$ 和切向力 $\boldsymbol{F}_f$（即静摩擦力）。其矢量和 $\boldsymbol{F}_{Rf} = \boldsymbol{F}_N + \boldsymbol{F}_f$ 称为支承面的全约束力（constraint），它的作用线与接触面的公法线成一偏角 φ。

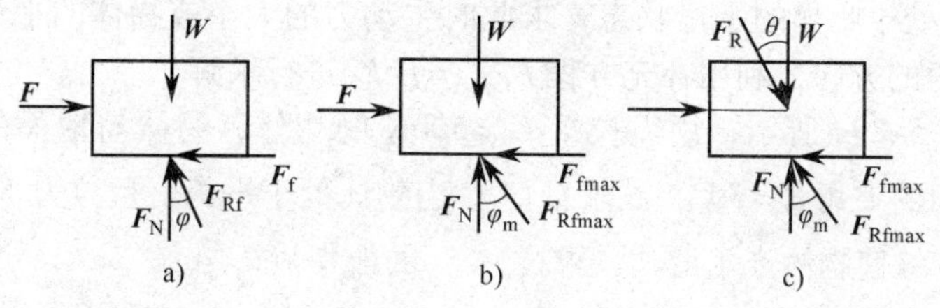

图5-27　摩擦角

当物块处于平衡的临界状态时，静摩擦力达到最大值，偏角 φ 也达到最大值 φ_m，如图5-27b所示。全约束力与法线间的夹角的最大值 φ_m 称为摩擦角（angle of friction）。由图可得

$$\tan\varphi_m = \frac{F_{fmax}}{F_N} = \frac{f_s F_N}{F_N} = f_s \tag{5-25}$$

即摩擦角的正切等于静摩擦因数。可见，摩擦角与摩擦因数一样，都是表示材料的表面性质的量。

摩擦角的概念在工程中具有广泛应用。如果主动力的合力 $\boldsymbol{F}_R$（见图5-27c）的作用线在摩擦角内，则不论 $\boldsymbol{F}_R$ 的数值为多大，物体总处于平衡状态，这种现象在工程上称为“自锁”，即自锁的条件为

$$\theta \leqslant \varphi_m \tag{5-26}$$

式中，θ 为合力 $\boldsymbol{F}_R$ 的作用线与法线之间的夹角。

当 $\theta<\varphi_m$时，物体处于平衡状态，也就是摩擦自锁（self locking by friction）。当 $\theta>\varphi_m$时，物体不平衡，不自锁。工程上经常利用这一原理，设计一些机构和夹具，使它自动卡住；或设计一些机构，保证其不卡住。

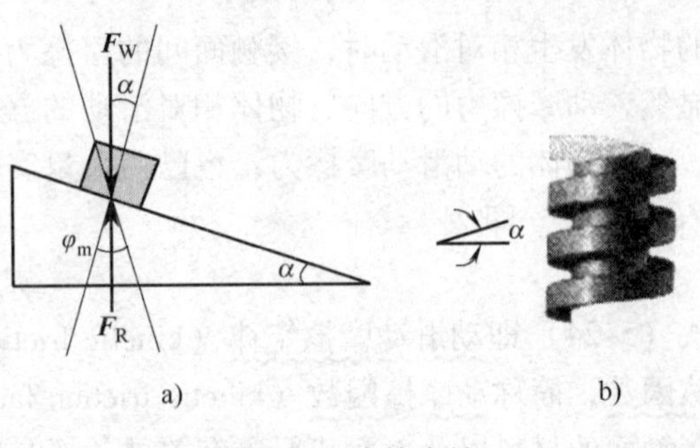

图 5-28 摩擦自锁

一个典型的例子是放在倾角 α 小于摩擦角 φ_m的斜面上的重物（见图 5-28a），不论其重量多大，都能在斜面上保持静止而不下滑。工程中常用的螺旋器械（见图 5-28b）在原理上是与斜面上重物的自锁类似的，为了保证主动力偶撤去后，螺纹不致在轴向力的作用下反转，螺纹的升角 α 必须小于摩擦角 φ_m。

5.11 考虑滑动摩擦的平衡问题

考虑具有摩擦时的物体或物系的平衡问题，在解题步骤上与前面讨论的平衡问题基本相同，也是用平衡方程来解决，只是在受力分析中必须考虑摩擦力的存在。

这里要严格区分物体是处于一般的平衡状态还是临界的平衡状态。在一般平衡状态下，摩擦力 $\boldsymbol{F}_f$由平衡条件确定。大小应满足 $F_f \leqslant F_{fmax}$的条件，方向与相对滑动趋势的方向相反。

临界平衡状态下，摩擦力为最大值 F_{fmax}，应该满足 $F=F_{fmax}$的关系式。

考虑摩擦的平衡问题，一般可分为下述两种类型：

（1）求物体的平衡范围。由于静摩擦力的值 F_f可以随主动力而变化（只要满足 $F_f \leqslant F_{max}$）。因此在考虑摩擦的平衡问题中，物体所受主动力的大小或平衡位置允许在一定范围内变化。这类问题的解答往往是一个范围值，称为平衡范围。

（2）已知物体处于临界的平衡状态，求此时主动力的大小或物体的平衡位置（距离或角度）。应根据摩擦力的方向，利用补充方程 $F_{fmax}=f_s F_N$进行求解。

例 5-15 如图 5-29a 所示，用绳拉重 $G=500$N 的物体，物体与地面的静摩擦因数 $f_s=0.2$，绳与水平面间的夹角 $\alpha=30°$，试求：（1）当物体处于平衡，且拉力 $F_T=100$N 时，摩擦力 $\boldsymbol{F}_f$的大小；（2）欲使物体产生滑动，求拉力 $\boldsymbol{F}_T$的最小值 F_{Tmin}。

解 对物体进行受力分析，它受拉力 $\boldsymbol{F}_T$，重力 $\boldsymbol{G}$，法向约束力 $\boldsymbol{F}_N$和滑动摩擦力 $\boldsymbol{F}_f$作用，由于在主动力作用下，物体相对地面有向右滑动的趋势，所以 $\boldsymbol{F}_f$的方向应向左，受力如图 5-29b所示。

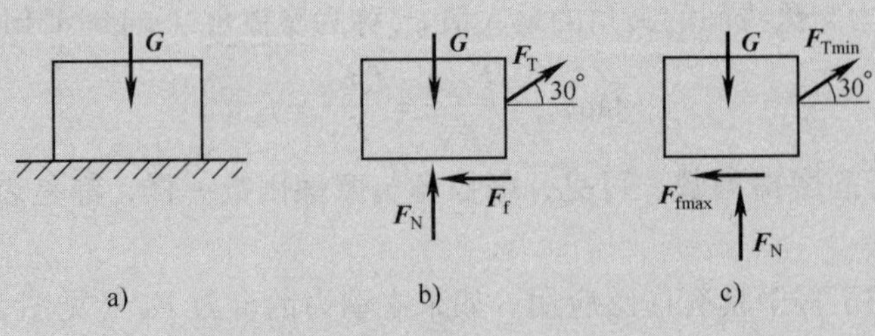

图 5-29 例 5-15 图

以水平方向为 x 轴，铅垂方向为 y 轴，若不考虑物体的尺寸，则组成一个平面汇交力系。列出平衡方程，有

$$\sum F_x = 0,\ F_T\cos\alpha - F_f = 0$$

$$F_f = F_T\cos\alpha = 100\times0.867\text{N} = 86.7\text{N}$$

为求拉动此物体所需的最小拉力 $\boldsymbol{F}_{\text{Tmin}}$，则考虑物体处于将要滑动但未滑动的临界状态，这时的静滑动摩擦力达到最大值。受力分析和前面类似，只需将 $\boldsymbol{F}_f$ 改为 $\boldsymbol{F}_{\text{fmax}}$ 即可。受力图如图5-29c所示。列出平衡方程，有

$$\sum F_x = 0,\ F_{\text{Tmin}}\cos\alpha - F_{\text{fmax}} = 0 \tag{1}$$

$$\sum F_y = 0,\ F_{\text{Tmin}}\sin\alpha - G + F_N = 0 \tag{2}$$

根据静滑动摩擦定律可求出

$$F_{\text{fmax}} = f_s F_N \tag{3}$$

联立求解得

$$F_{\text{Tmin}} = \frac{f_s G}{\cos\alpha + f_s\sin\alpha} = \frac{0.2\times500}{\cos30^\circ + 0.2\sin30^\circ}\text{N} = 103\text{N}$$

例5-16　图5-30a为小型起重机的制动器。已知制动器摩擦块 C 与滑轮表面间的静摩擦因数为 f_s，作用在滑轮上力偶的力偶矩为 M，A 和 O 分别是铰链支座和轴承。滑轮半径为 r，求制动滑轮所需要的最小力 $\boldsymbol{F}_{\min}$。

解　当滑轮刚刚能停止转动时，$\boldsymbol{F}$ 力的值最小，而制动块与滑轮之间的滑动摩擦力将达到最大值。以滑轮为研究对象。受力分析后计有法向约束力 $\boldsymbol{F}_N$、外力偶 M、摩擦力 $\boldsymbol{F}_{\text{fmax}}$ 及轴承 O 处的约束力 $\boldsymbol{F}_{Ox}$、$\boldsymbol{F}_{Oy}$；受力图如图5-30b所示。列出一个力矩平衡方程：

$$\sum M_O(\boldsymbol{F}) = 0,\ M - F_{\text{fmax}}\cdot r = 0 \tag{1}$$

由此解得

$$F_{\text{fmax}} = M/r$$

又因为

$$F_{\text{fmax}} = f_s F_N$$

故

$$F_N = M/(f_s r)$$

再以制动杆 AB 和摩擦块 C 为研究对象，画出受力图（见图5-30c），列力矩平衡方程：

$$\sum M_A(\boldsymbol{F}) = 0,\ F'_N a - F'_{\text{fmax}} e - F_{\min} l = 0 \tag{2}$$

由于

$$F'_{\text{fmax}} = f_s F'_N \quad 和 \quad F_N = F'_N \tag{3}$$

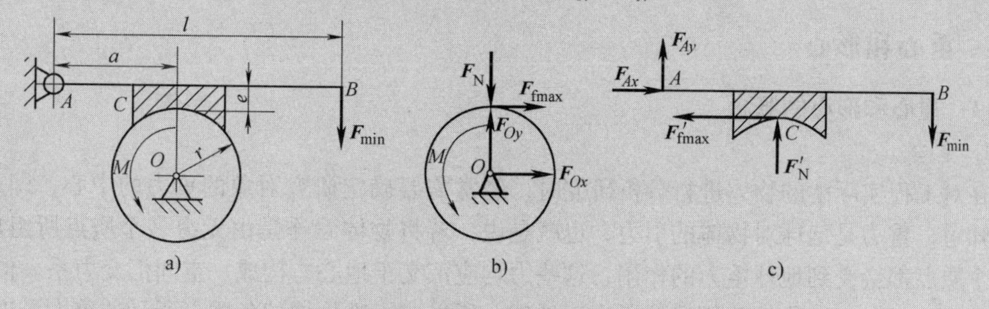

图5-30　例5-16图

联立求解可得

$$F_{\min}=\frac{M(a-f_se)}{f_srl}$$

例 5-17 如图 5-31a 所示为凸轮机构。已知推杆与滑道间的摩擦因数为 f_s，滑道宽度为 b。问 a 为多大，推杆才不致被卡住。设凸轮与推杆接触处的摩擦忽略不计。

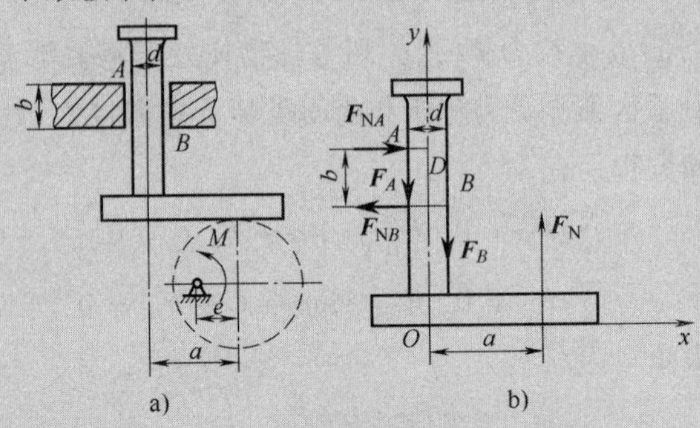

图 5-31 例 5-17 图

解 此题属求平衡位置的问题，即不发生自锁现象。取推杆为研究对象，其受力分析如图 5-31b 所示，推杆除受凸轮推力 $\boldsymbol{F}_N$ 作用外，在 A、B 处还受法向约束力 $\boldsymbol{F}_{NA}$、$\boldsymbol{F}_{NB}$ 作用，由于推杆有向上滑动趋势，所以摩擦力 $\boldsymbol{F}_A$、$\boldsymbol{F}_B$ 的方向向下。

列出平衡方程

$$\sum F_x=0,\ F_{NA}-F_{NB}=0 \tag{1}$$

$$\sum F_y=0,\ -F_A-F_B+F_N=0 \tag{2}$$

$$\sum M_D(\boldsymbol{F})=0,\ F_Na-F_{NB}b-F_B\frac{d}{2}+F_A\frac{d}{2}=0 \tag{3}$$

考虑平衡的临界情况（即推杆将动而尚未动时），摩擦力达到最大值。根据静摩擦定律可写出

$$F_A=f_sF_{NA} \tag{4}$$

$$F_B=f_sF_{NB} \tag{5}$$

联立以上五式可解得

$$a=\frac{b}{2f_s}$$

要保证机构不发生自锁现象（即不被卡住），必须使 $a<b/(2f_s)$，读者自行分析原因。

5.12 重心和形心

5.12.1 重心和形心的概念

1. 重心

在对工程实际中的物体进行分析研究时，经常需要确定研究对象的重力的中心，即重心。我们知道，重力是地球对物体的引力，也就是说，若将物体看作是由无穷多个质点所组成的，则每个质点都会受到地球重力的作用，这些力均应汇交于地心，构成一空间汇交力系。但物体在地面附近时，由于物体几何尺寸远小于地球，所以，组成物体的各质点所受的重力可近似看作是一平行力系。而这一同向的平行力系的中心即为物体的重心（center of gravity），且相对物体而言其重心的位置是固定不变的。

假设如图5-32a所示一刚体是由 n 个质点所组成，C 点为刚体的重心。为研究该刚体的坐标，建立图示与刚体固定的空间直角坐标系 $Oxyz$，刚体内一质点 M_i 为组成刚体的 n 个质点中的任一质点。设刚体和该质点的重力分别为 $\boldsymbol{G}$ 和 $\boldsymbol{G}_i$，且刚体的重心和质点的坐标分别为 $C(x_c, y_c, z_c)$ 和 $M_i(x_i, y_i, z_i)$。

因为刚体的重力 $\boldsymbol{G}$ 等于组成刚体的各个质点的重力 G_i 的合力，即

$$\boldsymbol{G} = \sum \boldsymbol{G}_i$$

应用对 y 轴的合力矩定理，则有

$$Gx_C = G_1x_1 + G_2x_2 + \cdots + G_nx_n = \sum G_ix_i$$

所以

$$x_C = \frac{\sum G_ix_i}{G}$$

同理，若应用对 x 轴的合力矩定理，则有 $Gy_C = \sum G_iy_i$，即

$$y_C = \frac{\sum G_iy_i}{G}$$

因为物体的重心位置与物体如何放置无关，所以可将物体连同坐标系一起绕 x 轴转动90°，如图5-32b所示，再应用合力矩定理对 x 轴取矩，则可得

$$z_C = \frac{\sum G_iz_i}{G}$$

综上所述，可知物体重心坐标计算公式为

$$\left.\begin{aligned} x_C &= \frac{\sum G_ix_i}{G} \\ y_C &= \frac{\sum G_iy_i}{G} \\ z_C &= \frac{\sum G_iz_i}{G} \end{aligned}\right\} \tag{5-27}$$

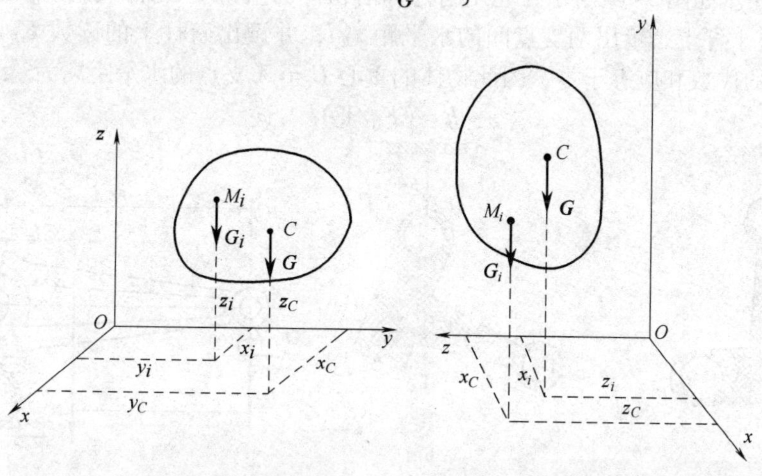

图5-32　刚体的重心

2. 形心

如果物体是均质的，其单位体积的重量为 γ，各微小部分的体积为 ΔV_i，整个物体的体积 $V = \sum \Delta V_i$，则 $\Delta G_i = \gamma \Delta V_i$，$G = \gamma V$，代入式（5-27），得

$$x_C = \frac{\sum \Delta V_i x_i}{V}, y_C = \frac{\sum \Delta V_i y_i}{V}, z_C = \frac{\sum \Delta V_i z_i}{V} \tag{5-28a}$$

由此可见，均质物体的重心位置与物体的重量无关，而只取决于物体的几何形状，这时物体的重心就是物体几何形状的中心——形心（centroid of area）。对于均质、规则的刚体，其重心和形心在同一点上。

对于等厚薄壁物体，如双曲薄壳的屋顶、薄壁容器、飞机机翼等，若以 ΔA 表示微面积，A 表示整个面积，则其形心坐标为

$$x_C = \frac{\sum \Delta A_i x_i}{A}, y_C = \frac{\sum \Delta A_i y_i}{A}, z_C = \frac{\sum \Delta A_i z_i}{A} \tag{5-28b}$$

对于等截面细长杆，若以 Δl_i 表示曲杆的任一微段，以 l 表示曲杆总长度，则其形心坐标为

$$x_C = \frac{\sum \Delta l_i x_i}{l}, y_C = \frac{\sum \Delta l_i y_i}{l}, z_C = \frac{\sum \Delta l_i z_i}{l} \tag{5-28c}$$

5.12.2 重心和形心的确定

重心和形心可以利用相关计算公式（5-27）和式（5-11）确定。但多数情况下可以凭经验判定。如果物体有对称中心、对称轴、对称面时，则该物体的重心和形心一定在对称中心、对称轴、对称面上。如均质球的重心和形心在球心上。一些简单形状的均质物体的重心或形心位置还可通过查阅有关工程手册确定。

1. 实验法

对于形状复杂而不便计算或非均质物体的重心位置，可采用实验方法测定。常用的实验方法有以下两种。

（1）悬挂法。如果需求一薄板的重心，可先将薄板悬挂于任一点 A，如图 5-33a 所示。根据二力平衡原理，重心必在经过悬挂点 A 的铅垂线上，于是可在板上标出此线。然后，再将薄板悬挂于另一点 B，同样画出另一直线，两直线的交点 C 即为此薄板的重心，如图 5-33b 所示。

（2）称重法。如图 5-34 所示，先用磅秤称出物体的重量 W，然后将物体的一端支于固定点 A，另一端支于秤上，量出两支点间的水平距离 l，并读出磅秤上的读数 $\boldsymbol{F}_B$。由于力 $\boldsymbol{W}$ 和 $\boldsymbol{F}_B$ 对 A 点力矩的代数和应等于零，因此物体的重心 C 至 A 支点的水平距离为

$$h = (F_B / W) l \tag{5-29}$$

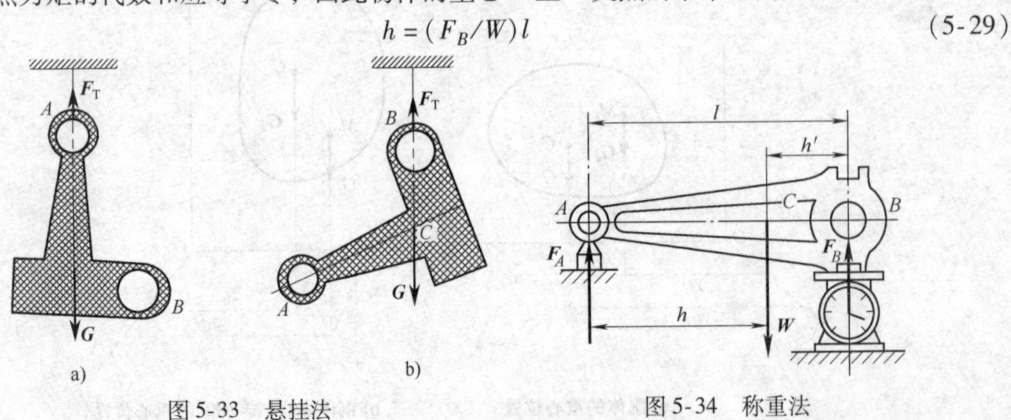

图 5-33 悬挂法

图 5-34 称重法

再如图 5-35a 所示的外形较复杂的小轿车，为确定汽车的重心，先用地磅秤称得小轿车重

量$\boldsymbol{G}$，然后分别按图5-35a、b、c所示，用磅秤称得$\boldsymbol{F}_1$、$\boldsymbol{F}_3$和$\boldsymbol{F}_5$的大小，并量出轴距l_1、轮距l_2及后轮抬高高度h。则汽车重心C距后轮、右轮的距离分别为a、b，高度为c，可由下列的平衡方程求出。

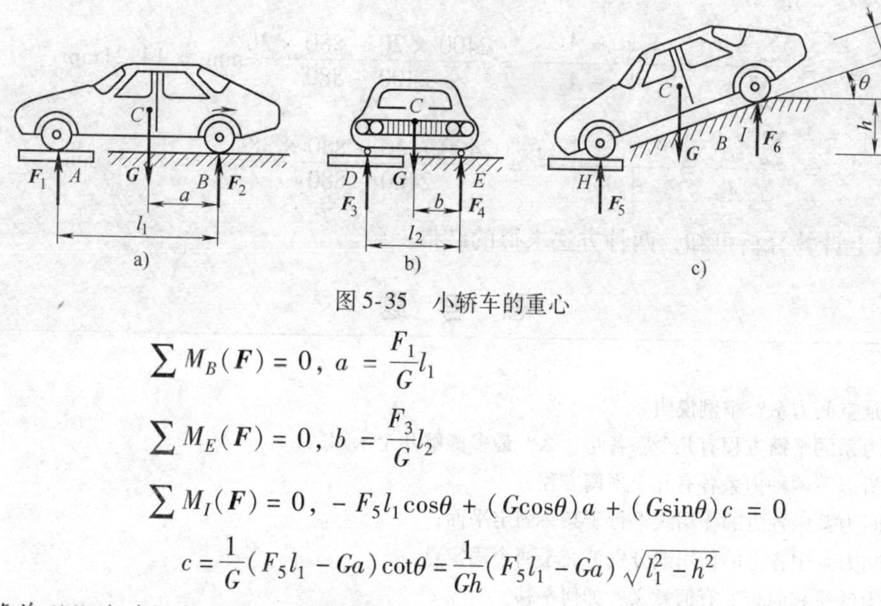

图5-35　小轿车的重心

$$\sum M_B(\boldsymbol{F})=0,\ a=\frac{F_1}{G}l_1$$

$$\sum M_E(\boldsymbol{F})=0,\ b=\frac{F_3}{G}l_2$$

$$\sum M_I(\boldsymbol{F})=0,\ -F_5l_1\cos\theta+(G\cos\theta)a+(G\sin\theta)c=0$$

则有

$$c=\frac{1}{G}(F_5l_1-Ga)\cot\theta=\frac{1}{Gh}(F_5l_1-Ga)\sqrt{l_1^2-h^2}$$

2. 简单形状均质组合体的形心计算

有些均质物体可以看成是由几个简单形状的均质物体组成的组合体，计算时可将组合体分割成几个简单形状的物体，并确定每个简单形状物体的形心（或重心），再应用有关的公式，就可确定整个物体的重心或形心。下面举例说明。

例5-18　试求图5-36a所示平面图形的形心位置（单位：mm）。

解　该题可用两种方法求解

（1）分割法。如图5-36a所示，将该图形分解成两个矩形Ⅰ和Ⅱ，它们的形心位置分别为C_1（x_1，y_1）、C_2（x_2，y_2）。其面积分别为A_1和A_2。根据图形分析可知

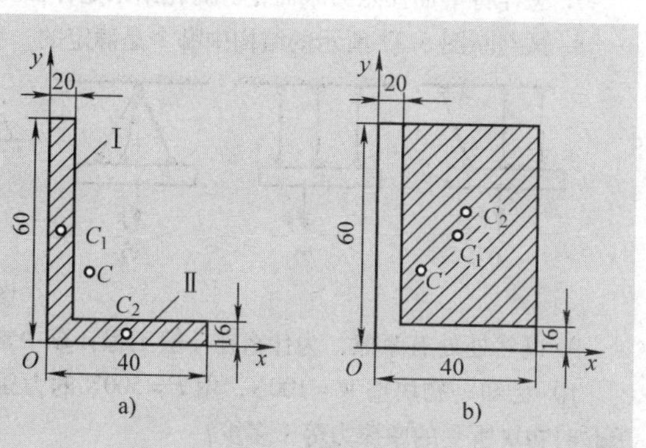

图5-36　例5-18图

$$x_1=10\text{mm},\ y_1=38\text{mm},\ A_1=20\times44\text{mm}^2=880\text{mm}^2$$

$$x_2=20\text{mm},\ y_2=8\text{mm},\ A_2=16\times40\text{mm}^2=640\text{mm}^2$$

根据式（5-28）则有

$$x_C=\frac{\sum A_ix_i}{\sum A_i}=\frac{A_1x_1+A_2x_2}{A_1+A_2}=\frac{880\times10+640\times20}{880+640}\text{mm}=14.21\text{mm}$$

$$y_C=\frac{\sum A_iy_i}{\sum A_i}=\frac{A_1y_1+A_2y_2}{A_1+A_2}=\frac{880\times38+640\times8}{880+640}\text{mm}=25.37\text{mm}$$

（2）负面积法。如图5-36b所示，将该图形看成是一个大矩形Ⅰ切去一个小矩形Ⅱ（图中阴影线部分）。它们的形心位置分别为C_1（x_1，y_1）、C_2（x_2，y_2）。其面积分别为A_1和A_2，只是切去部分的面积A_2应取负值，根据图形分析可知

$$x_1 = 20\text{mm},\ y_1 = 30\text{mm},\ A_1 = 40 \times 60\text{mm}^2 = 2400\text{mm}^2$$

$$x_2 = 30\text{mm},\ y_2 = 38\text{mm},\ A_2 = 20 \times 44\text{mm}^2 = 880\text{mm}^2$$

根据式（5-28），得

$$x_C = \frac{\sum A_i x_i}{\sum A_i} = \frac{A_1 x_1 - A_2 x_2}{A_1 - A_2} = \frac{2400 \times 20 - 880 \times 30}{2400 - 880}\text{mm} = 14.21\text{mm}$$

$$y_C = \frac{\sum A_i y_i}{\sum A_i} = \frac{A_1 y_1 + A_2 y_2}{A_1 - A_2} = \frac{2400 \times 30 + 880 \times 38}{2400 - 880}\text{mm} = 25.37\text{mm}$$

通过以上计算分析可知，两种方法求得的结果一致。

思 考 题

1. 什么是空间力系？举例说明。

2. 空间力系的平衡方程有几个？各是什么？最多能解几个未知数？

3. 试分析以下两种力系各有几个平衡方程：

（1）空间力系中各力的作用线平行于某一固定平面；

（2）空间力系中各力的作用线分别汇交于两个固定点。

4. 何谓力的平移原理？有何意义？如何平移？

5. 空间力系的平衡问题可转化为三个平面任意力系的平衡问题，根据一个平面任意力系的平衡方程可解三个未知数，那么由三个平面任意力系是否可求出九个未知数？

6. 何谓平面任意力系？有何意义？试举例说明。

7. 怎样将平面任意力系简化？简化结果是什么？什么情况下才能平衡？平衡方程式是什么？

8. 试判断图 5-37 所示的结构中哪个是静定的，哪个是超静定的？

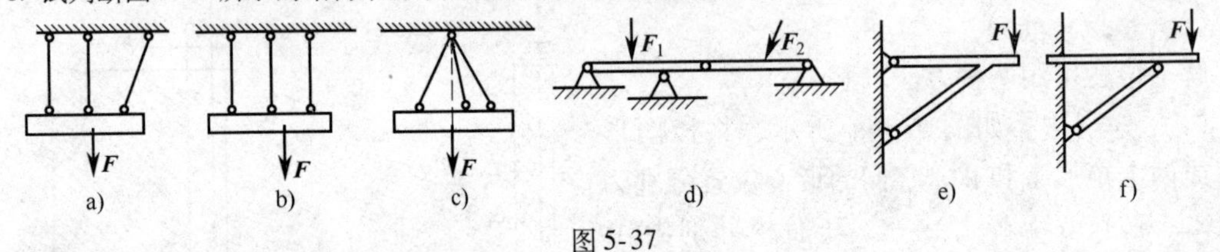

图 5-37

9. 既然处处有摩擦，为什么在一般工程计算中常常不予考虑？摩擦的利弊各举一例。

10. 已知一物块重 $W = 100\text{N}$，用 $F = 500\text{N}$ 的力压在一铅直表面上，如图 5-38 所示。其摩擦因数 $f_s = 0.3$，求此时物块所受的摩擦力等于多少？

11. 物块重 $\boldsymbol{W}$，放置在粗糙的水平面上，接触处的摩擦因数为 f_s。要使物块沿水平面向右滑动，可沿 OA 方向作用拉力 $\boldsymbol{F}_1$（见图 5-39b），也可沿 OB 方向作用推力 $\boldsymbol{F}_2$（见图 5-39a），试问哪一种方法更省力？

12. 重为 $\boldsymbol{W}$ 的物体置于斜面上（见图 5-40），已知物体与斜面间的摩擦因数为 f_s，且 $\tan\alpha < f_s$，问此物体能否下滑？如果增加物体的重量或在物体上另加一重 $\boldsymbol{W}_1$ 的物体，问能否达到下滑的目的？

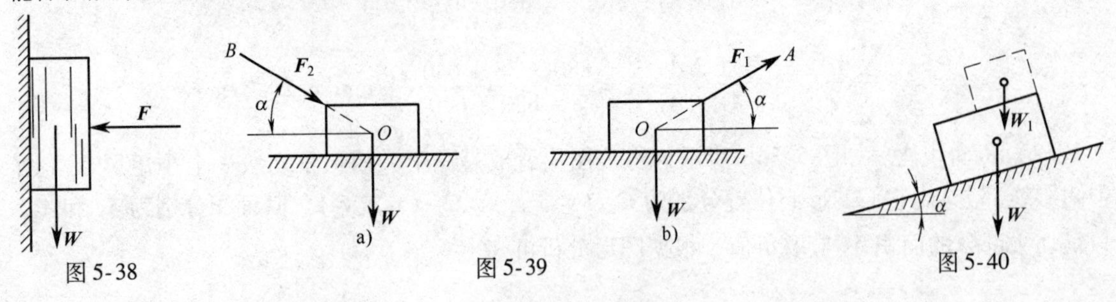

图 5-38　　图 5-39　　图 5-40

13. 物体的重心是否一定在物体上？

14. 当物体质量分布不均匀时，重心和几何中心还重合吗？为什么？

15. 计算同一物体的重心时，如选取坐标系位置不同，则重心坐标是否改变？物体的重心位置是否改变？计算方法不同，则重心位置是否改变？

16. 一容器中盛水部分，水平放置与倾斜放置，其重心位置是否会发生改变？为什么？当容器中盛有固体时，重心位置会发生改变吗？

习　题

5-1　如题5-1图所示，已知 $F_1=3\text{kN}$，$F_2=2\text{kN}$，$F_3=1\text{kN}$。$\boldsymbol{F}_1$ 于轴边长3、4、5的正六面体前棱边，$\boldsymbol{F}_2$ 在此六面体顶面对角上，$\boldsymbol{F}_3$ 则处于正六面体的斜角线上。试计算 $\boldsymbol{F}_1$、$\boldsymbol{F}_2$、$\boldsymbol{F}_3$ 三力在 x、y、z 轴上的投影。

5-2　如题5-2图所示，设在图中水平轮上 A 点作用一力 $\boldsymbol{F}$，其作用线与过 A 点的切线成60°角，且在过 A 点而与 z 轴平行的平面内，而点 A 与圆心 O 的连线与通过 O 点平行于 y 轴的直线成45°角。设 $F=1000\text{N}$，$h=r=1\text{m}$。试求力 $\boldsymbol{F}$ 在三个坐标轴上的投影及其对三个坐标轴的力矩。

5-3　如题5-3图所示，挂物架三杆的重量不计，用铰链连接于 O 点，平面 BOC 是水平的，且 $BO=CO$，角度如图。若在 O 点挂一重物，其重为 $G=1000\text{N}$，求三杆所受的力。

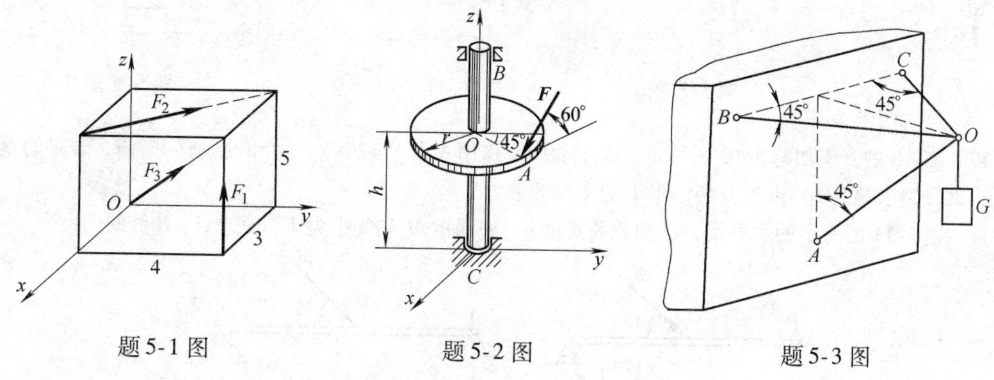

题5-1图　　题5-2图　　题5-3图

5-4　简易起重机如题5-4图所示，已知 $AD=BD=1\text{m}$，$CD=1.5\text{m}$，$CM=1\text{m}$，$ME=4\text{m}$，$MS=0.5\text{m}$，机身的重力 $G_1=100\text{kN}$，起吊重物的重力 $G_2=10\text{kN}$。试求 A、B、C 三轮对地面的压力。

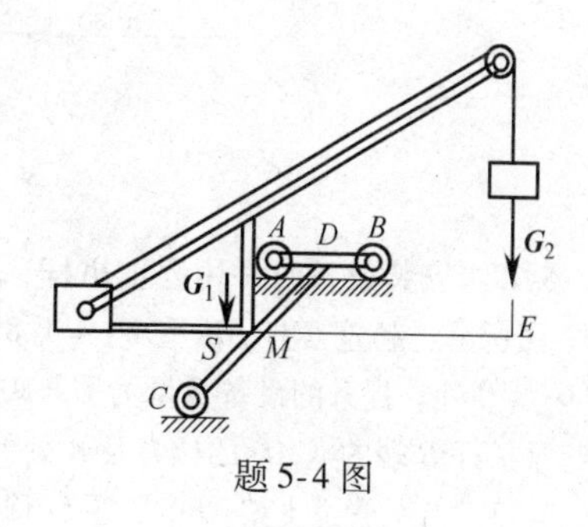

题5-4图

5-5　如题5-5图所示三轮平板车上作用有图示的三个载荷，求三个车轮的法向约束力。

5-6　如题5-6图所示水平轴上装有两个凸轮，凸轮上分别作用有已知力 $F_1=800\text{N}$ 和未知力 F_2，如图所示。如轴平衡，求力 $\boldsymbol{F}_2$ 和轴承约束力。

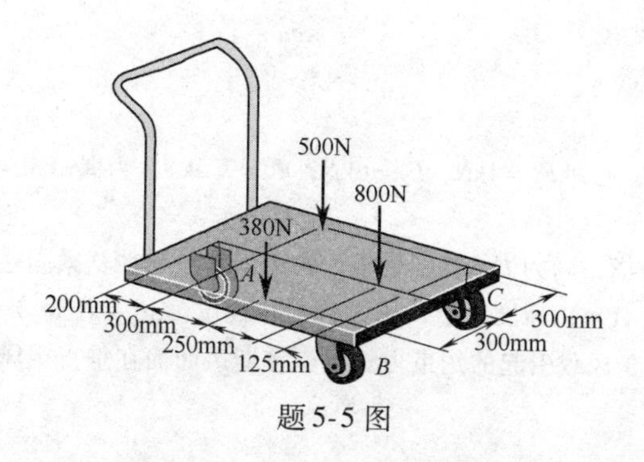

题5-5图

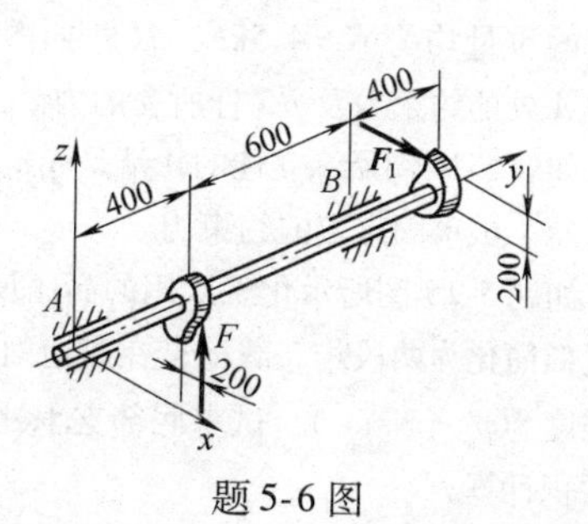

题5-6图

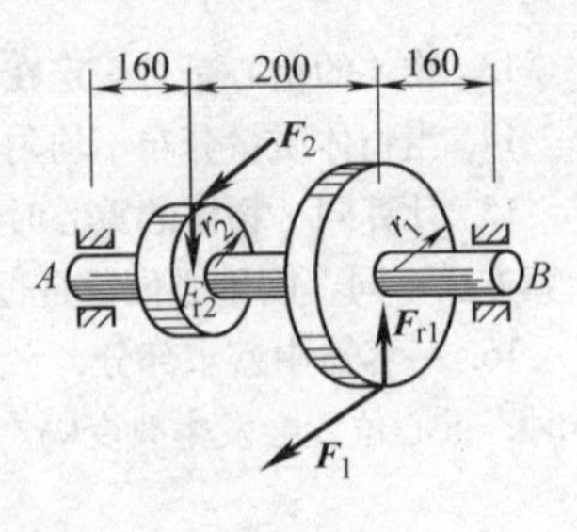

题 5-7 图

5-7　如题 5-7 图所示的 AB 轴上装有两个直齿轮，分度圆半径 $r_1=100\text{mm}$，$r_2=72\text{mm}$，啮合点分别在两齿轮最低与最高位置，如图所示。在齿轮 1 上的径向力 $F_{r1}=0.575\text{kN}$，圆周力 $F_1=1.58\text{kN}$。在齿轮 2 上的径向力 $F_{r2}=0.799\text{kN}$，试求当轴平衡时作用于齿轮 2 上的圆周力 $\boldsymbol{F}_2$ 及两轴承支约束力。

*5-8　如题 5-8 图所示电动机通过链条传动将重物匀速提起，已知 $r=10\text{cm}$，$R=20\text{cm}$，$G=10\text{kN}$，链条与水平线成角 $\alpha=30°$，紧边链条拉力为 F_{T1}，松边链条拉力为 F_{T2}，且 $F_{T1}=2F_{T2}$。求轴承约束力及链条的拉力。

5-9　水平梁的支承和载荷如题 5-9 图所示，已知力偶矩为 M，均布载荷的集度为 q。试求 A 处的约束力。

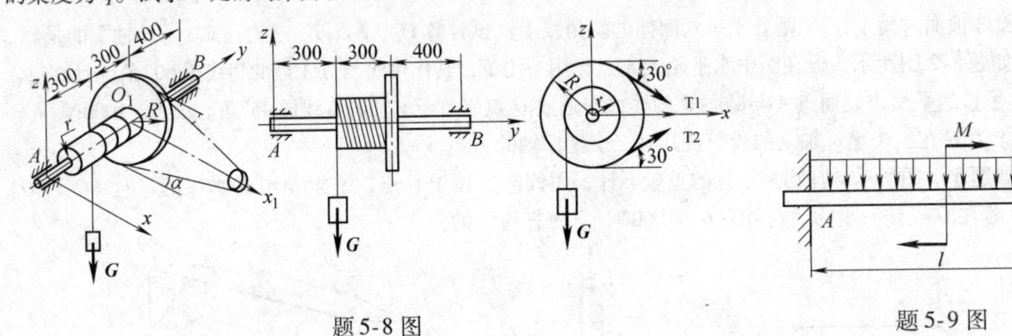

题 5-8 图　　　　题 5-9 图

5-10　梁 AB 的支座如题 5-10 图所示。在梁的中点作用一力 $F=20\text{kN}$，力和轴线成 45°角，若梁的重量略去不计，试分别求题 5-10 图 a、b 两情形下的支座约束力。

5-11　题 5-11 图所示的水平梁，已知载荷集度 q、力偶矩 M 和集中力 $\boldsymbol{F}$。试求 A、B 处的约束力。

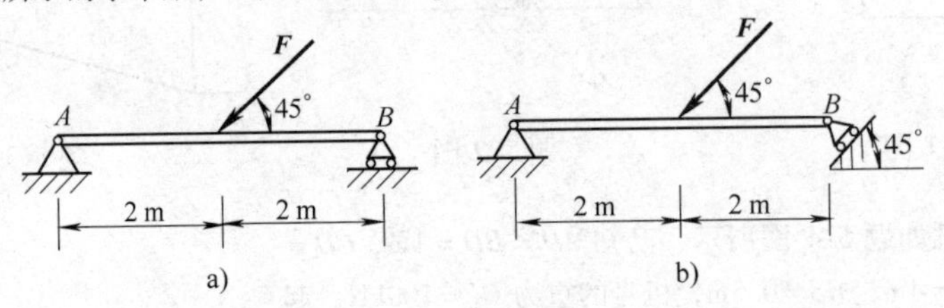

题 5-10 图

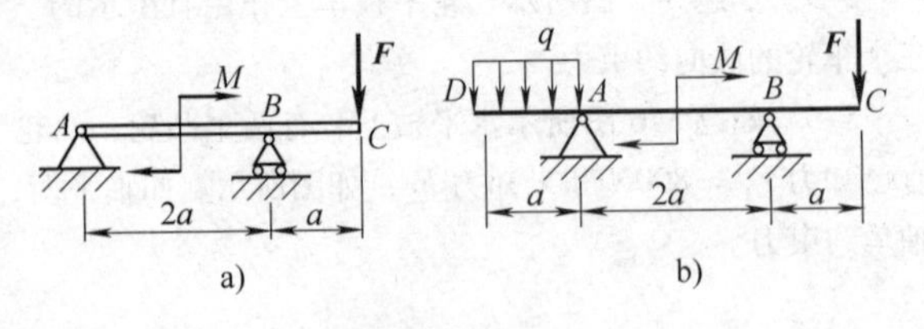

题 5-11 图

5-12　安装设备时常用起重扒杆，其简图如题 5-12 图所示。起重摆杆 AB 重 $W_1=1.8\text{kN}$，作用在 AB 中点 C 处。提升的设备重量为 $G=20\text{kN}$。试求系在起重扒杆 B 端的绳 AD 的拉力及 A 处的约束力。

5-13　有一管道支架 ABC 如题 5-13 图所示，A、B、C 处均为理想的圆柱形铰链约束。已知该支架承受的两管道的重量均为 $G=4.5\text{kN}$，尺寸如图所示。试求管架中 A 处的约束力及 BC 杆所受的力。

5-14　如题 5-14 图所示立柱的 A 端是固定端，已知 $F_1=4\text{kN}$，$F_2=6\text{kN}$，$F_3=2.5\text{kN}$，力偶矩 $M=5\text{kN}\cdot\text{m}$，尺寸如图所示。试求固定端的约束力。

5-15　如题 5-15 图所示化工厂用的高压反应塔，高为 H，外径为 D，底部用螺栓与地基紧固连接。塔所受风力可近似简化为两段均布载荷，在离地面 H_1（m）高度以下，风力的平均强度为 p_1（N/m^2），H_2（m）上的平均强度为 p_2（N/m^2）。试求底部支承处由于风载引起的约束力。风压按迎风曲面在垂直于风向的平面上的投影面积计算。

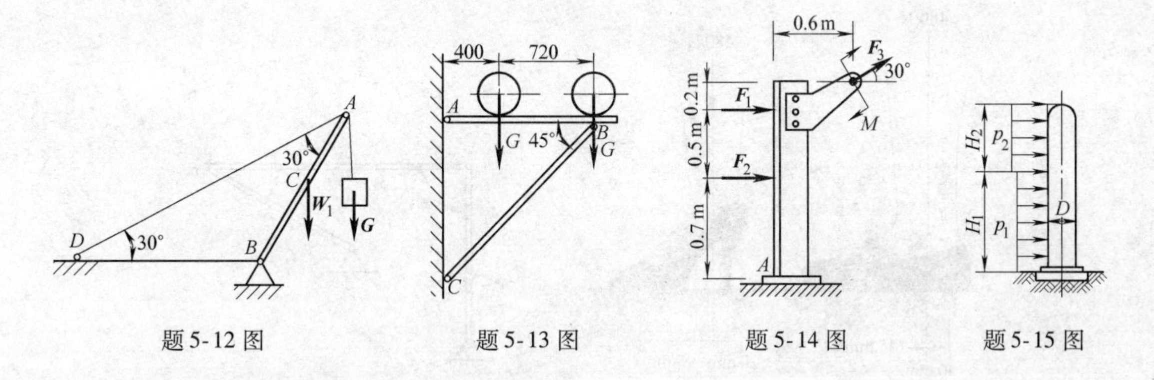

题5-12图　题5-13图　题5-14图　题5-15图

5-16　如题5-16图所示独轮车和它里面重物的重量为 $\boldsymbol{W}$，质心在 G 点。求不使独轮车倾覆的最大角度 θ。

5-17　如题5-17图所示起重机包括三部分，重量分别为 $W_1=14\,000\text{N}$，$W_2=3600\text{N}$，$W_3=6000\text{N}$，重心分别在 G_1、G_2、G_3 点。忽略起重机臂的重量，(a) 如果以恒定的速度提升的重量为3200N，求每个车轮的约束力；(b) 求起重机臂保持在图示的位置而不发生倾覆时可以提升的最大载荷。

5-18　求题5-18图所示的梁合力作用点在梁上相对 A 点的位置。

5-19　求题5-19图所示的梁支座上约束力的水平分力和垂直分力。忽略梁的厚度。

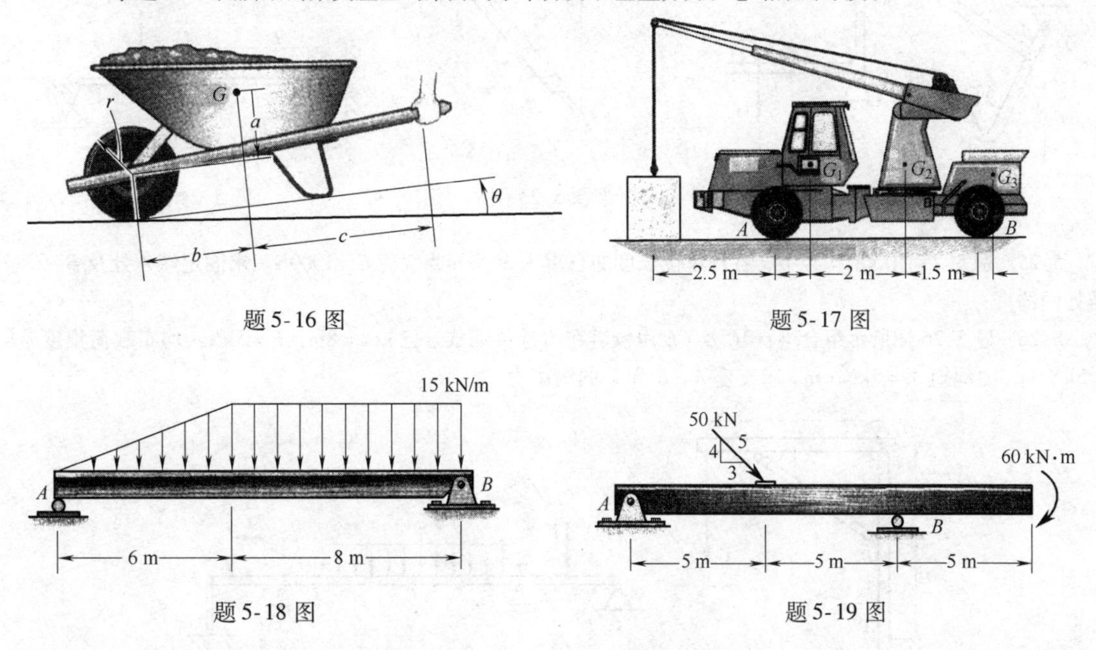

题5-16图　题5-17图

题5-18图　题5-19图

5-20　题求题5-20图所示一女士的重量为480N，假设女士的重量都放在一只脚上，并且约束力产生在图示的 A 和 B 点，当女子穿平底鞋和细跟鞋时，比较施加在脚跟和脚尖的力。

5-21　题5-21图所示四连杆机构 $ABCD$，在图所示位置平衡。已知：$AB=40\text{cm}$，$CD=60\text{cm}$，在 AB 上作用一力偶，其力偶矩大小 $M_1=1\text{N}\cdot\text{m}$。试求力偶矩 M_2 的大小和杆 BC 所受的力。各杆的重量不计。

5-22　题5-22图所示为卧式刮刀离心机的耙料装置。耙齿 D 对物料的作用力是借助于重为 G 的重块产生的。耙齿装于耙杆 OD 上。已测得尺寸：$OA=50\text{mm}$，$O_1D=200\text{mm}$，$AB=300\text{mm}$，$BC=150\text{mm}$，$CE=150\text{mm}$，在图示位置时使作用在耙齿上的力 $F_P=120\text{N}$，问重块重 G 应为若干？

5-23　油压工作台的工作原理如题5-23图所示。当油压筒 AB 伸缩时，可使工作台 DE 绕点 O 转动。如工作台连工件共重 $Q=1.2\text{kN}$，重心在点 C；油压筒可近似地看成均质杆，重 $W=100\text{N}$，在图示位置时工作台 DE 成水平。已知支点 O 和 A 在同一铅直线上，且 $OB=OA=0.6\text{m}$，$OC=0.2\text{m}$。求支座 A 和 C 的约束力。

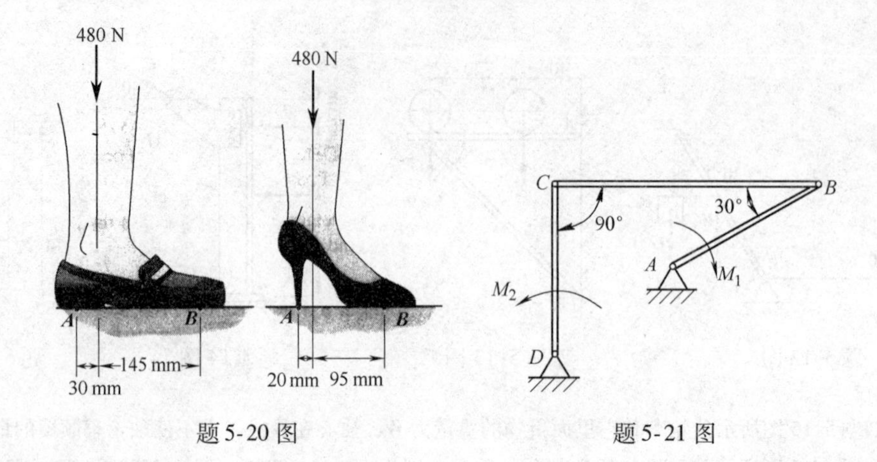

题 5-20 图　　题 5-21 图

5-24　题 5-24 图所示 AB 梁和 BC 梁用中间铰 B 连接，A 端为固定端，C 端为斜面上活动铰链支座。已知 $F=20\text{kN}$，$q=5\text{kN/m}$，$\alpha=45°$，求支座 A 的约束力。

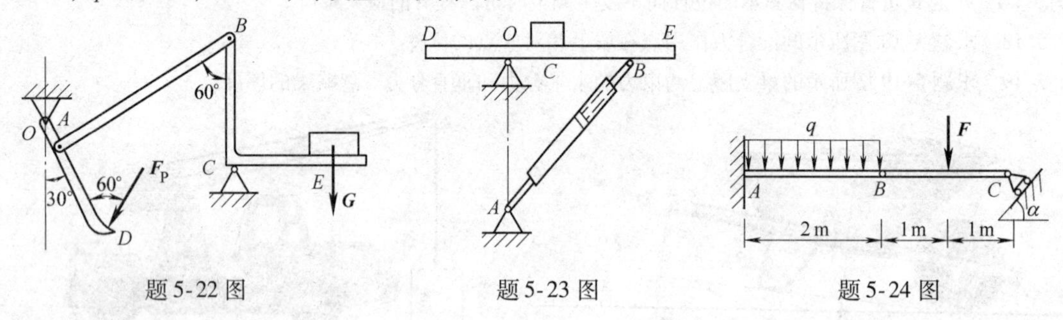

题 5-22 图　　题 5-23 图　　题 5-24 图

5-25　题 5-25 图所示构架中，各杆单位长度的自重为 30N/m，载荷 $G=1000\text{N}$。求固定端 A 处及 B、C 铰链处的约束力。

5-26　题 5-26 图所示组合梁，AC 及 CE 用铰链在 C 连接而成。已知 $l=8\text{m}$，$F=5\text{kN}$，均布载荷集度 $q=2.5\text{kN/m}$，力偶矩 $M=5\text{kN}\cdot\text{m}$。求支座 A、B 和 E 的约束力。

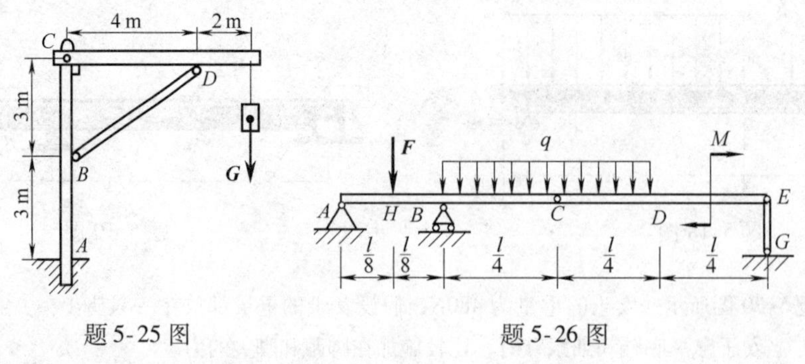

题 5-25 图　　题 5-26 图

*5-27　如题 5-27 图所示平面桁架，已知尺寸 d 和荷载 $F_A=10\text{kN}$，$F_E=20\text{kN}$，试求每个杆件所受的内力。

5-28　如题 5-28 图所示，在闸块制动器的两个杠杆上分别作用大小相等的力 $\boldsymbol{F}_1$、$\boldsymbol{F}_2$，设力偶矩 $M=160\text{N}\cdot\text{m}$，闸块与轮间的静摩擦因数 $f_s=0.2$，尺寸如图。试问 $\boldsymbol{F}_1$ 和 $\boldsymbol{F}_2$ 应分别为多大，方能使受到力偶作用的轴处于平衡状态。

5-29　题 5-29 图所示一铰车，其鼓轮半径 $r=15\text{cm}$，制动轮半径 $R=25\text{cm}$，$a=100\text{cm}$，$b=50\text{cm}$，$c=50\text{cm}$，重物重 $G=1\text{kN}$，制动轮与制动块间摩擦因数 $f_s=0.5$。试求当铰车吊起重物时，为使重物不致下落，加在杆上的力 $\boldsymbol{F}$ 至少应为多大？

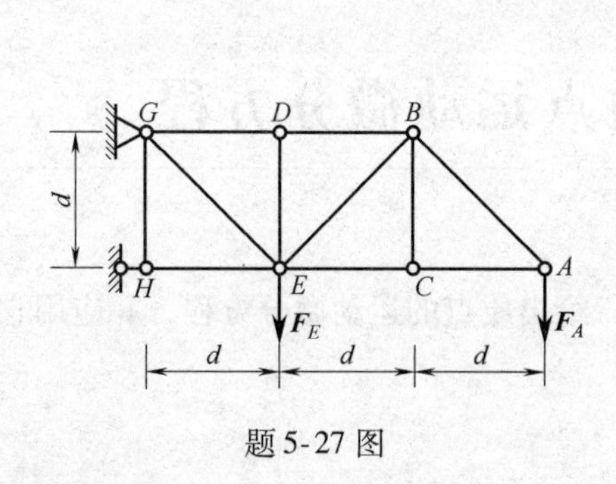

题5-27图

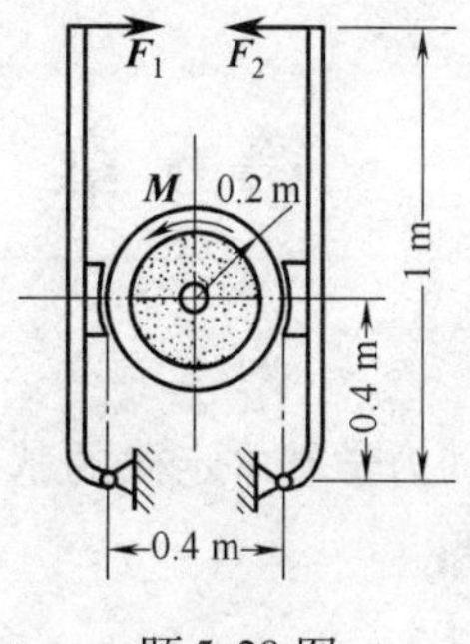

题5-28图

5-30　修理电线工人重为 $\boldsymbol{G}$，攀登电线杆时所用脚上套钩如题5-30图所示，已知电线杆的直径 $d=30\text{cm}$，套钩的尺寸 $b=10\text{cm}$，套钩与电线杆之间的摩擦因数 $f_s=0.3$，套钩的重量略去不计，试求踏脚处到电线杆轴线间的距离 a 为多大时方能保证工人安全操作。

5-31　题5-31图所示一重500N的圆桶静止于地板上，桶与地板间的静摩擦因数 $f_s=0.5$。如果 $a=0.9\text{m}$，$b=1.2\text{m}$，试求使桶即将运动的最小力 $\boldsymbol{F}$。

5-32　如题5-32图所示的手动钢筋剪床，用来剪断直径为 d 的钢筋，设钢筋与剪刀之间的静摩擦因数为 f_s。试求剪断钢筋时使之不打滑的最小尺寸 l。

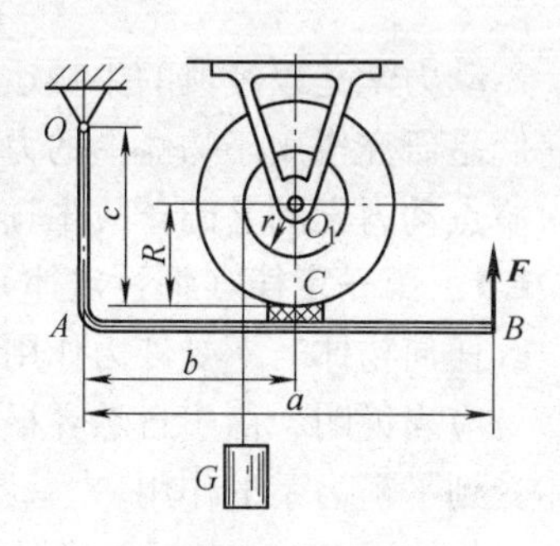

题5-29图

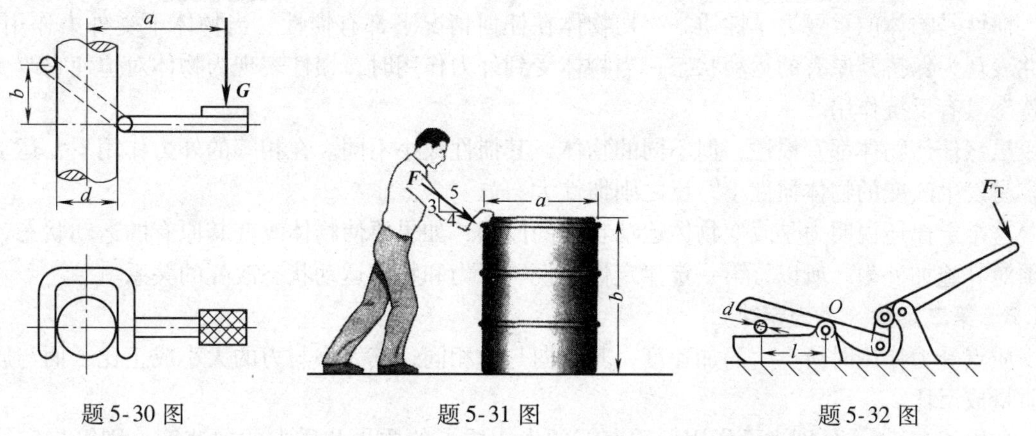

题5-30图　　题5-31图　　题5-32图

5-33　如题5-33图所示的截面图形。试求该图形的形心位置（图中单位为mm）。

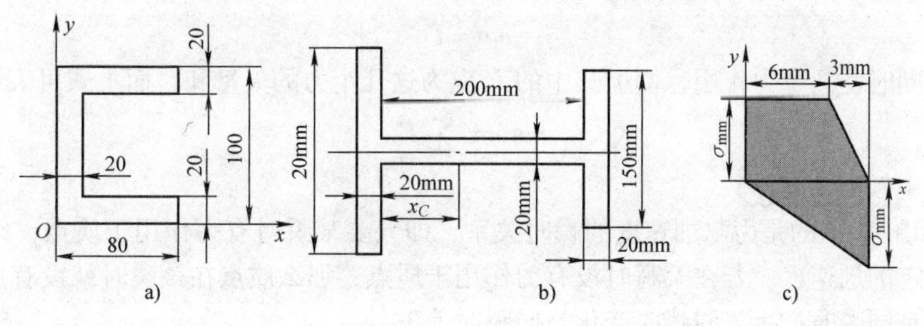

题5-33图

第6章 质点运动微分方程

本章在介绍动力学基本定律的基础上，给出质点的运动微分方程，并应用它求解质点动力学的两类基本问题。

6.1 动力学基本定律

动力学是以经典的牛顿运动定律为理论基础建立起来的，所以通常称为牛顿运动三定律。它们是研究作用于物体上的力与物体运动之间的关系的基础，已被公认为宏观自然规律，并成为质点动力学的基础，故牛顿运动定律被称为动力学基本定律（fundamental laws of dynamics）。

6.1.1 第一定律（惯性定律）

任何物体若不受外力作用，都将保持静止或匀速直线运动的状态。

应当说明，由于自然界根本不存在不受力的物体，所以此处所说的不受力的作用，是指物体受到平衡力系的作用。

物体试图保持其运动状态（即速度的大小和方向）不变的性质称为惯性（inertia）。物体的匀速直线运动又称为惯性运动（inertial motion），所以这一定律又称为惯性定律（law of inertia）。

惯性是物体的重要力学性质，一切物体在任何情况下都有惯性。当物体不受外力作用时，惯性表现为保持其原有的运动状态；当物体受到外力作用时，惯性表现为物体对迫使它改变运动状态具有反抗作用。

虽然任何物体都有惯性，但不同的物体，其惯性大小不同。在相等的外力作用下，运动状态容易发生改变的物体惯性小，反之则惯性大。

这个定律还说明力是改变物体运动状态的原因，如果要使物体改变其原有的运动状态，就必须对其施加外力。所以，第一定律定性地说明了力和物体运动状态改变的关系。

6.1.2 第二定律（动力定律）

质点受力作用时所产生的加速度，其方向与力相同，其大小与力的大小成正比，而与质点的质量成反比。

如以 $\boldsymbol{F}$、m、$\boldsymbol{a}$ 分别表示作用于质点上的力、质点的质量和质点的加速度，则第二定律可用矢量式表示为

$$m\boldsymbol{a}=\boldsymbol{F}$$

如质点同时受几个力作用，则上式中的 $\boldsymbol{F}$ 应为这几个力的矢量和，而上式可表示为

$$m\boldsymbol{a}=\sum \boldsymbol{F} \tag{6-1}$$

此即著名的牛顿第二定律。

式（6-1）表示的是力与加速度的瞬时关系，即只要某瞬时有力作用于质点，则在该瞬时质点必有确定的加速度。若在某瞬时没有力作用于质点，那么质点在该瞬时就没有加速度，即力和加速度是同瞬时产生，同瞬时变化，同瞬时消失。

注意到如以相同的力作用于质量不同的两个质点上，则质量较大的质点其加速度较小，而质量较小的质点其加速度较大。也就是说质点的质量越大，其运动状态越不容易改变，即质点的惯性越大。可见，质量是质点惯性的量度。

在国际单位制（SI）中，以质量、长度和时间的单位作为基本单位，它们分别取为 kg（千克）、m（米）和 s（秒），而力的单位则是由式（6-1）得到的导出单位。规定能使质量为 1kg 的质点获得 $1\mathrm{m/s^2}$ 加速度的力为力的一个国际单位，并称为牛顿（N），即

$$1\mathrm{N} = 1\mathrm{kg} \cdot 1\ \mathrm{m/s^2} = 1\mathrm{kg} \cdot \mathrm{m/s^2}$$

下面讨论物体的质量和重量的关系。

由自由落体的实验可知：地球表面的物体受到重力的作用时会自由下落。设该物体的质量为 m，所产生的向下的加速度为 $\boldsymbol{g}$，则根据第二定律该物体所受到的重力 $\boldsymbol{G}$ 为

$$\boldsymbol{G} = m\boldsymbol{g} \tag{6-2}$$

上式中的重力 $\boldsymbol{G}$，习惯上也称之为重量（weight），其国际单位为 N。而由重力作用所产生的加速度 $\boldsymbol{g}$，则通常称之为重力加速度，其国际单位为 $\mathrm{m/s^2}$。要注意的是，随着物体在地球表面所处的位置不同，其重力加速度 $\boldsymbol{g}$ 是各不相同的。例如，在赤道平面处，$g = 9.78\mathrm{m/s^2}$；在两极的海平面上，$g = 9.8311\mathrm{m/s^2}$；在北京地区，$g = 9.80122\mathrm{m/s^2}$；在南京地区，$g = 9.7944\mathrm{m/s^2}$。计算时，常取为 $g = 9.80\mathrm{m/s^2}$。

由式（6-2）可知，物体的质量和重量的意义是完全不同的。质量是物体惯性的度量，是个常量；而重量则是地球对物体的吸引力，它随着物体在地球上所处位置的不同而改变，并且只有在地面附近的空间内才有意义。

6.1.3　第三定律（作用与反作用定律）

两个物体间的作用力与反作用力总是大小相等、方向相反，沿着同一直线，且同时分别作用在这两个物体上。此即广泛存在于自然界中的作用与反作用定律。

这一定律不仅适用于平衡的物体，也适用于运动着的物体，对于互相接触或不直接接触的物体也同样适用。

6.2　质点运动微分方程及其应用

牛顿第二定律建立起了质点的质量、力和加速度三者之间的关系，是解决动力学问题的基本依据。但是，在应用该定律解决工程实际问题时，通常都需要根据已知条件建立质点运动微分方程。

6.2.1　质点运动微分方程

质点运动微分方程实质上是牛顿第二定律的微分形式。设质量为 m 的质点 M，沿某曲线运动轨迹，受到 n 个力 $\boldsymbol{F}_1$，$\boldsymbol{F}_2$，…，$\boldsymbol{F}_n$ 的作用，其合力 $\boldsymbol{F} = \sum \boldsymbol{F}_i$。

质点的加速度为 $\boldsymbol{a}$，如图 6-1 所示。由式（6-1），得

$$m\boldsymbol{a} = \boldsymbol{F} = \sum \boldsymbol{F}_i$$

或

$$m\frac{\mathrm{d}^2\boldsymbol{r}}{\mathrm{d}t^2} = \sum \boldsymbol{F}_i \tag{6-3}$$

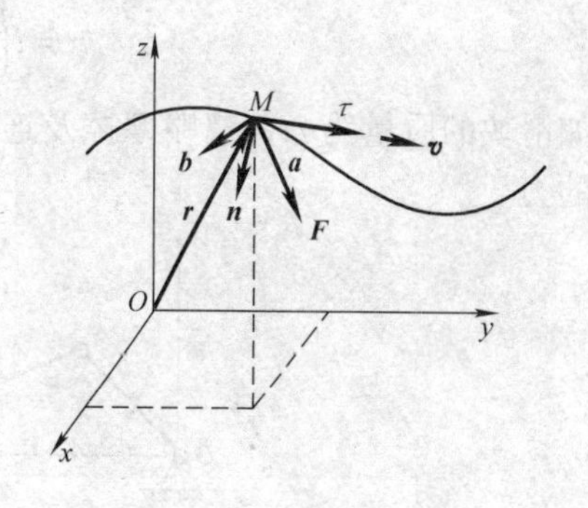

图 6-1　质点运动微分方程

这就是矢量形式的质点运动微分方程。具体计算时一般使用它的投影形式。

1. 直角坐标形式的质点运动微分方程

将式（6-3）投影到直角坐标轴上，得到直角坐标形式的质点运动微分方程为

$$m\frac{d^2x}{dt^2}=\sum F_{xi},\quad m\frac{d^2y}{dt^2}=\sum F_{yi},\quad m\frac{d^2z}{dt^2}=\sum F_{zi} \tag{6-4}$$

式中，x、y、z 分别为矢径 $\boldsymbol{r}$ 在直角坐标轴上的投影；F_{xi}、F_{yi}、F_{zi} 分别为力 $\boldsymbol{F}_i$ 在直角坐标轴上的投影。

2. 自然坐标形式的质点运动微分方程

$\boldsymbol{\tau}$、$\boldsymbol{n}$、$\boldsymbol{b}$ 分别为点 M 运动轨迹的切线、法线和副法线方向的单位矢量，以点 M 为坐标原点，上述三个单位矢量所在直线为轴组成自然坐标轴系，如图 6-1 所示。将式（6-3）投影到自然坐标轴上，得到自然坐标形式的质点运动微分方程为

$$m\frac{dv}{dt}=\sum F_{ti},\ m\frac{v^2}{\rho}=\sum F_{ni},\ 0=\sum F_{bi} \tag{6-5}$$

6.2.2 质点运动微分方程的应用

应用质点运动微分方程，可以求解质点动力学的两类基本问题：

（1）已知质点的运动，求作用在质点上的力。这类问题称为质点动力学的第一类问题。

（2）已知作用在质点上的力，求质点的运动。这类问题称为质点动力学的第二类问题。

此外，既求质点的运动，又求某些未知力的问题，称为质点动力学的综合问题。

各类问题求解的一般步骤为：①选定研究对象。②根据问题，将研究对象置于任意位置或某一特定位置进行受力分析，并画出相应的受力图。③对研究对象进行运动分析。判断质点的运动轨迹是否已知，质点运动方程、速度、加速度是否已知。④建立质点运动微分方程求解。对于第一类问题，由质点运动微分方程的左侧求右侧，数学上是一个微分问题，求解比较简单；对于第二类问题，则由质点运动微分方程的右侧求左侧，数学上是根据初始条件积分或解微分方程的问题，求解难度较第一类问题大些；对于综合问题，由受力图直接建立质点运动微分方程后，应尽量设法分开求解。

例 6-1 曲柄连杆机构如图 6-2a 所示，曲柄 OA 以匀角速度 ω 绕轴 O 转动，滑块沿轴 x 做往复直线运动，r 和 l 分别为曲柄 OA 和连杆 AB 的长度，当 $\lambda=r/l$ 比较小时，以 O 为坐标原点，滑块 B 的运动方程可近似写为

$$x=l\left(1-\frac{\lambda^2}{4}\right)+r\left(\cos\omega t+\frac{\lambda}{4}\cos 2\omega t\right)$$

如滑块的质量为 m，忽略摩擦及连杆 AB 的质量，试求当 $\varphi=\omega t=0$ 和 $\pi/2$ 时，连杆 AB 所受的力。

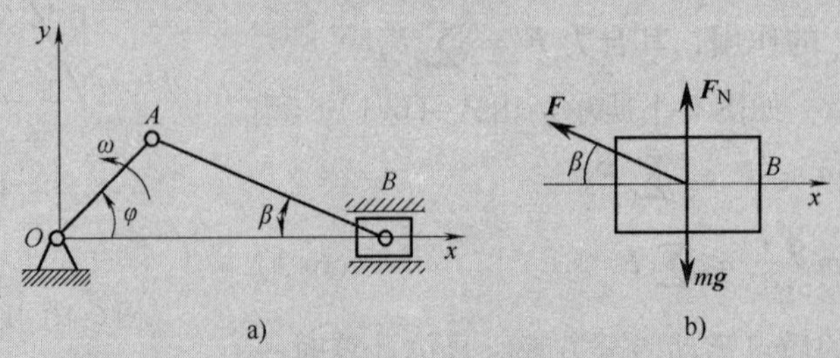

图 6-2 例 6-1 图

解 取滑块为研究对象，其做平动，可视为质点。作用于滑块上的力有连杆（二力杆）的拉力 $\boldsymbol{F}$、滑块重力 $m\boldsymbol{g}$ 和滑道约束力 $\boldsymbol{F}_N$，如图 6-2b 所示。

由题设的运动方程，得

$$a_x = \frac{d^2x}{dt^2} = -r\omega^2\ (\cos\omega t + \lambda\cos 2\omega t)$$

根据质点运动微分方程，可得

$$ma_x = -F\cos\beta$$

当 $\omega t = 0$ 时，$a_x = -r\omega^2(1+\lambda)$，且 $\beta = 0$，所以得

$$F = mr\omega^2(1+\lambda)$$

此时，杆 AB 受拉力。

当 $\omega t = \frac{\pi}{2}$ 时，$a_x = r\omega^2\lambda$，而 $\cos\beta = \sqrt{l^2 - r^2}/l$，则得

$$mr\omega^2\lambda = -F\ \sqrt{l^2-r^2}/l$$

即

$$F = -mr^2\omega^2 l/\sqrt{l^2-r^2}$$

式中，负号说明杆 AB 作用于滑块的力 $\boldsymbol{F}$ 与图 6-2b 中所示的方向相反，此时，杆 AB 受压力。

由以上分析可知，本题属于第一类问题。

例 6-2　图 6-3 为桥式起重机的平面力学简图，小车连同重 $\boldsymbol{G}$ 的重物沿横梁以匀速 $\boldsymbol{v}_0$ 向右运动。当小车因故紧急制动时，重物将向右摆动，已知钢绳长为 l，求紧急制动时，钢绳的拉力 $\boldsymbol{F}$。

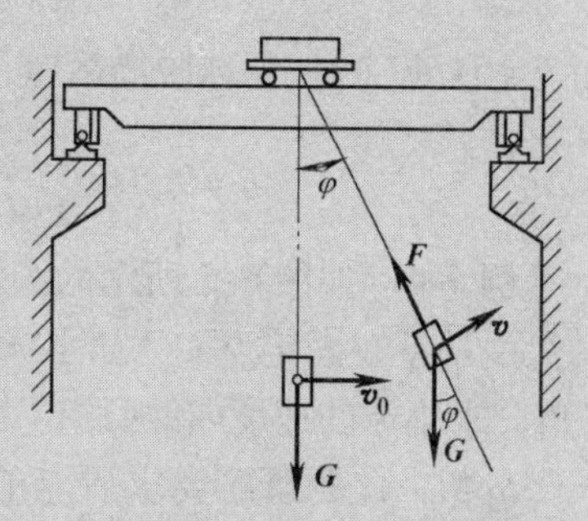

图 6-3　例 6-2 图

解　此为动力学第一类问题。取重物为研究对象，在制动后其向右摆动做圆周曲线运动，故任意瞬时法向加速度 $a_n = v^2/l$。画出重物的受力图，其中有重力 $\boldsymbol{G}$ 和钢绳拉力 $\boldsymbol{F}$。选取自然坐标轴，则运动微分方程的自然坐标式中的法向投影方程为

$$F - G\cos\varphi = \frac{G}{g}a_n$$

$$F = G\cos\varphi + \frac{G}{g}a_n = G\cos\varphi + \frac{G}{g}\frac{v^2}{l} = G\left(\cos\varphi + \frac{v^2}{gl}\right)$$

式中，v 及 φ 均为变量。由于制动后重物做减速运动，摆角 φ 越大，速度 v 越小。因此，当 $\varphi = 0$ 时，即制动的瞬时，钢绳中的拉力有最大值

$$F_{\max} = G\left(1 + \frac{v_0^2}{gl}\right)$$

计算结果表明，紧急制动时钢绳拉力 $F_{\max}$ 是物重 G 的 $(1 + v_0^2/gl)$ 倍。因此，在实际操作中应尽量避免紧急制动，同时小车的行走速度也不宜太快。一般在不影响吊装工作安全的条件下，钢绳应尽量放得长一些，以减小钢绳的最大拉力。

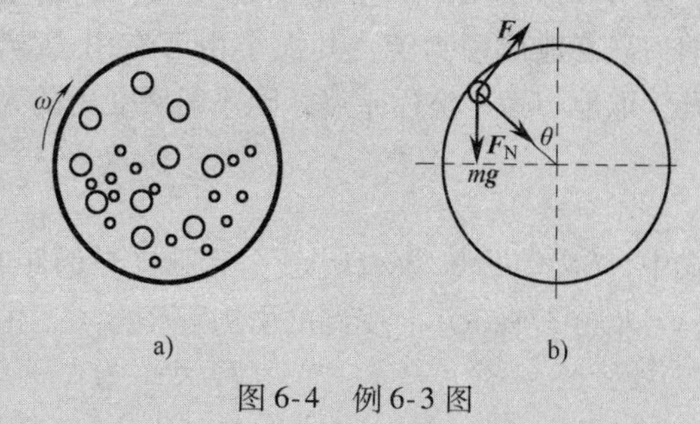

图 6-4　例 6-3 图

例 6-3　图 6-4a 所示为球磨机，工作原理是利用在旋转圆筒内的锰钢球对矿石或煤块的冲击，同时也靠运动时的磨削作用来磨制矿石粉或煤粉。当圆筒匀速转动时，利用圆筒内壁与钢球之间的摩擦力带动钢球一起运动，待转至一定角

度 θ 时，钢球即离开圆筒内壁并沿抛物线轨迹打击矿石。已知 $\theta=54°40'$时，钢球脱离圆筒内壁，此时可得到最大的打击力。设圆筒内径 $D=3.2\text{m}$，求圆筒应有的转速。

解　此为动力学第二类问题。视钢球为质点，则钢球被旋转的圆筒带着沿圆筒向上运动，当运动至某一高度时，会脱离筒内壁沿抛物线轨迹下落。如图 6-4b 所示，设一钢球随筒壁达到图示位置时，钢球受到重力 $m\boldsymbol{g}$、筒内壁的法向约束力 $\boldsymbol{F}_{\text{N}}$和切向摩擦力 $\boldsymbol{F}$ 的共同作用。其质点运动微分方程沿主法线方向的投影式可表示为

$$m\frac{2v^2}{D}=F_{\text{N}}+mg\cos\theta$$

钢球在未离开筒壁前的速度应等于筒壁的速度，即

$$v=\frac{\pi n}{30}\frac{D}{2}$$

代入上式解得

$$n=\frac{30}{\pi}\left[\frac{2}{mD}(F_{\text{N}}+mg\cos\theta)\right]^{\frac{1}{2}}$$

当 $\theta=54°40'$时，钢球脱离筒壁，此时 $F_{\text{N}}=0$，故

$$n=9.549\sqrt{\frac{2g}{D}\cos54°40'}\text{r/min}=18\text{r/min}$$

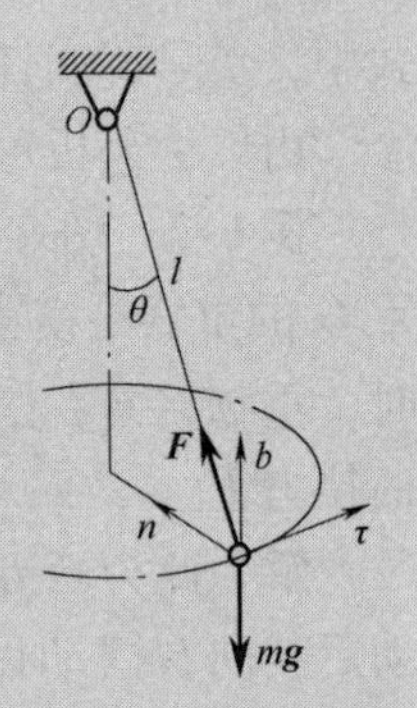

图 6-5　例 6-4 图

例 6-4　如图 6-5 所示的圆锥摆，质量为 m 的小球系于长 l 的绳上，绳的另一端系在固定点 O。如小球在水平面内做匀速圆周运动，绳与铅垂线成 θ 角。求小球的速度$\boldsymbol{v}$和绳的拉力 $\boldsymbol{F}$ 的大小。

分析　此题既需要求质点的运动规律，又需要求未知力，是质点动力学第一类基本问题与第二类基本问题结合在一起的动力学问题。

解　以小球为研究的质点，作用于质点上的有重力 $m\boldsymbol{g}$ 和绳的拉力 $\boldsymbol{F}$。建立自然坐标，运动微分方程在自然轴上的投影式为

$$m\frac{v^2}{\rho}=\sum F_{\text{n}}=F\sin\theta,\ 0=\sum F_{\text{b}}=F\cos\theta-mg \tag{1}$$

因 $\rho=l\sin\theta$，于是解得

$$v=\sin\theta\sqrt{\frac{lg}{\cos\theta}},\ F=\frac{mg}{\cos\theta} \tag{2}$$

* **例 6-5**　如图 6-6 所示质量为 m 的飞船，求脱离地球引力场做宇宙飞行的飞船所需的初速度，已知地球半径 $R=6371\text{km}$，质量为 M。

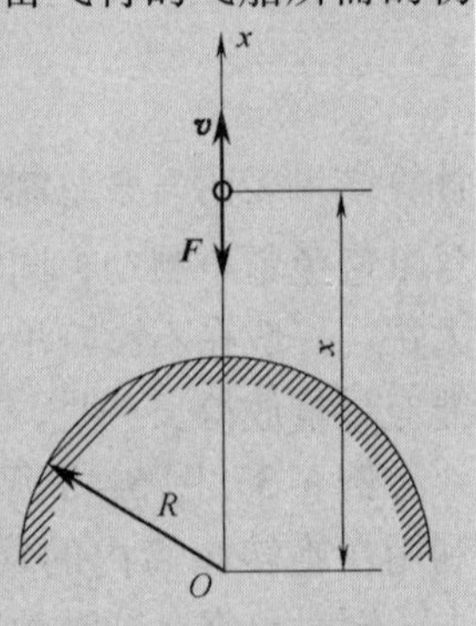

图 6-6　例 6-5 图

解　取飞船为研究对象，并将它视为质点，飞船的火箭关机时速度为$\boldsymbol{v}$，与地心距离近似为地球半径，忽略空气阻力，作用于飞船上的力只有地球引力 $\boldsymbol{F}$，其大小由万有引力定律确定。设飞船铅直上升，取地心为 x 坐标原点，则飞船所受力的大小为

$$F=f\frac{mM}{x^2} \tag{1}$$

式中，f 为引力常数；x 是飞船到地心的距离。当飞船在地面附近（$x\approx R=6371\text{km}$）时受到的引力等于重力，由此得引力常数

$$f=R^2g/M$$

代入式（1）中，则地球引力 $\boldsymbol{F}$ 的大小可写为

$$F = \frac{mR^2 g}{x^2}$$

飞船的运动微分方程为

$$m\frac{\mathrm{d}^2 x}{\mathrm{d}t^2} = -\frac{mR^2 g}{x^2}$$

或

$$\frac{\mathrm{d}v}{\mathrm{d}t} = -\frac{R^2 g}{x^2} \tag{2}$$

上式中包含 v、t、x 三个变量，必须化为两个变量才能积分，为此做如下变换：

$$\frac{\mathrm{d}v}{\mathrm{d}t} = \frac{\mathrm{d}v}{\mathrm{d}t}\cdot\frac{\mathrm{d}x}{\mathrm{d}x} = v\cdot\frac{\mathrm{d}v}{\mathrm{d}x}$$

代入式（2）并分离变量，得

$$v\mathrm{d}v = -\frac{R^2 g}{x^2}\mathrm{d}x$$

从火箭关机开始计时，运动的初始条件是 $t=0$，$x(0)=R$，$v(0)=v_0$，设 t 时刻的速度为 $\boldsymbol{v}$，则对上式进行定积分运算

$$\int_{v_0}^{v} v\mathrm{d}v = -\int_{R}^{x}\frac{R^2 g}{x^2}\mathrm{d}x$$

解得

$$v_0^2 = v^2 + 2gR^2\left(\frac{1}{R} - \frac{1}{x}\right)$$

要使飞船脱离地球引力做宇宙飞行的条件是：当 $x=\infty$，$v\geqslant 0$，取 $v=0$，代入上式后解得 $\boldsymbol{v}_0$ 的最小值为

$$v_0 = \sqrt{2gR} = 11.2\mathrm{km/s}$$

此速度称为第二宇宙速度（second cosmic velocity）。

思考题

1. 何谓质量？质量与重量有什么区别？

2. 作用于质点上的力的方向是否就是质点运动的方向？质点的加速度方向是否就是质点速度的方向？

3. 绳子一端系总重为 $\boldsymbol{G}$ 的重物，试问以下五种不同情况下绳子所受的拉力有何不同？

（1）重物不动；（2）重物匀速上升；（3）重物匀速下降；（4）重物加速上升；（5）重物加速下降。

4. 刚体做定轴转动，当角速度很大时，是否外力矩也一定很大？当角速度为零时，是否外力矩也为零？外力矩的转向是否一定与角速度的转向一致？

5. 一圆环与一实心圆盘材料相同，质量相同，绕其质心做定轴转动，某一瞬时有相同的角加速度，问该瞬时作用于圆环和圆盘上的外力矩是否相同？

习　题

6-1　如题 6-1 图所示，滑块重 100N，以 2m/s 的初始速度在光滑平面上运动。如果力 $F=(25t)\mathrm{N}$，t 的单位是秒，作用在滑块上 3s。求滑块的终了速度和在 3s 内滑块移动的距离。

6-2　自行车以等速 $v=8\text{m/s}$ 沿曲率半径 $\rho=30\text{m}$ 的圆弧路拐弯。不计摩擦，求路面的侧向倾角 α。

*6-3　列车（不连机车）质量为200t，以等加速度沿水平轨道行驶，由静止开始经60s后达到54km/h的速度。设摩擦力等于车重的0.005；求机车与列车之间的拉力。

6-4　如题6-4图所示，一山路表面的曲率半径 $\rho=100\text{m}$，一辆汽车沿该山路表面行驶，求汽车不离开地面的最大恒定速率是多少？忽略汽车的大小，汽车的重量为17.5kN。

6-5　如题6-5图所示，一重400N的男孩悬挂在横杠上。如果横杠以：（1）1m/s的速度向上运动；（2）速率 $v=1.2t^2\text{m/s}$ 向上运动，分别求这两种情况下，当 $t=2\text{s}$ 时，每个手臂上的力各是多少？

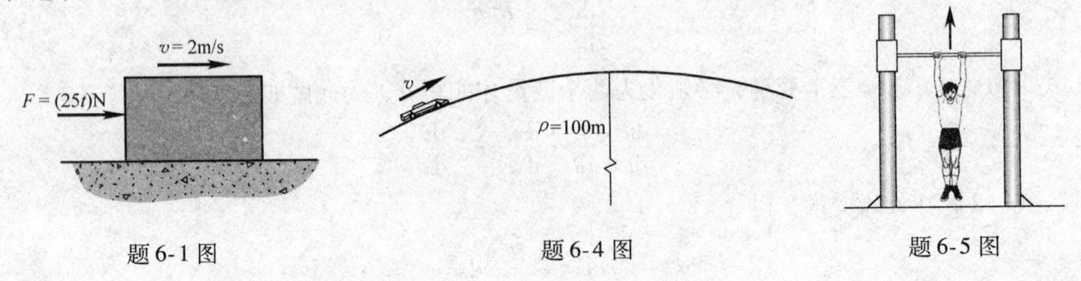

题6-1图　　题6-4图　　题6-5图

6-6　如题6-6图所示，载货的小车重7kN，并以 $v=1.6\text{m/s}$ 的速度沿缆车轨道面下降。轨道的倾角 $\alpha=15°$，运动的总阻力因数 $f=0.015$。（1）求小车匀速下降时，吊小车之缆绳的张力；（2）又设小车制动的时间为 $t=4\text{s}$，求此时缆绳的张力。设制动时小车做匀速运动。

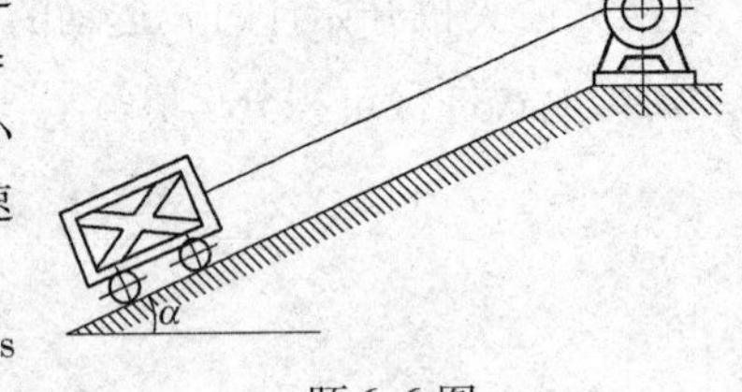

题6-6图

6-7　如题6-7图所示，质量 $m=2000\text{kg}$ 的汽车，以速度 $v=6\text{m/s}$ 先后驶过曲率半径为 $\rho=120\text{m}$ 的桥顶（见图a）和凹坑（见图b）时，分别求出桥顶和凹坑底面对汽车的约束力。

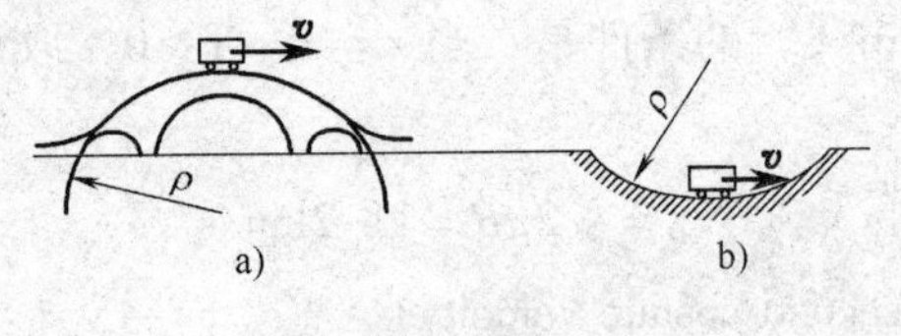

题6-7图

6-8　题6-8图所示桥式起重机，已知重物的质量 $m=100\text{kg}$。求下列两种情况下吊索的拉力。（1）重物匀速上升时；（2）重物在上升过程中以 $a=2\text{m/s}^2$ 的加速度突然制动时。

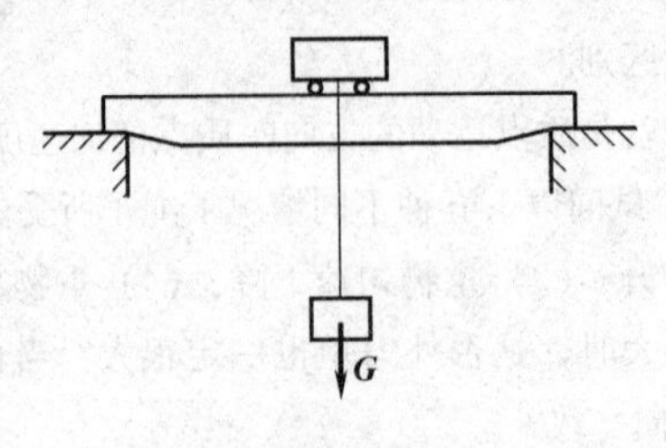

题6-8图

第7章 动能定理

上一章讨论了质点动力学问题。必须指出，工程实际中遇到的多数研究物体抽象为质点系才更为合理。因此，研究质点系动力学问题，更具普遍性和实用性。

从理论上讲，研究质点系动力学问题，可以对质点系中的每个质点逐一建立运动微分方程，联立求解。但这种方法在数学求解上烦琐、困难，在工程实际中应用也不现实。

此外，研究质点系动力学问题，通常不必关心每个质点的运动，而必须着眼于描述系统整体的运动特征。质点系的动量、动能等物理量就是从不同侧面描述了质点系整体运动特征的变化。因此，揭示这些物理量与质点系受力之间关系的动力学普遍定理——动量定理、动量矩定理和动能定理，就成为研究质点系动力学问题的重要工具。

能量转换与功之间的关系是自然界中各种形式运动的普遍规律。是从能量的角度来分析质点和质点系的动力学问题。在一定的条件下，应用动能定理来解决工程实际问题，物理概念明确，便于深入了解机械运动的性质。因此，有些时候用动能定理解决工程实际问题更为方便和有效。

本章将介绍质心、转动惯量、力的功、动能等重要概念，推导动能定理，并主要通过单自由度系统说明其应用。

7.1 质心和转动惯量

质点系的运动不仅与作用于质点系上的力以及各质点的质量大小有关，而且还与质点系的质量分布状况有关。质心和转动惯量就是反映质点系质量分布的两个特征量。

7.1.1 质心

质点系又 n 个质点 M_1，M_2，…，M_n 组成，各质点的质量分别为 m_1，m_2，…，m_n，相对于固定点 O 的矢径分别为 $\boldsymbol{r}_1$，$\boldsymbol{r}_2$，…，$\boldsymbol{r}_n$，质点系的总质量用 m 表示，即 $m = \sum m_i$，质点系质心 C 的位置用矢径 $\boldsymbol{r}_C$ 表示，如图 7-1 所示。则质心位置矢量 $\boldsymbol{r}_C$ 和各质点位置矢径 $\boldsymbol{r}_i$ 的关系为

$$\boldsymbol{r}_C = \frac{\sum m_i \boldsymbol{r}_i}{m} \tag{7-1}$$

在直角坐标系中，质心 C 的坐标（x_C，y_C，z_C）与各质点 M 的坐标（x_i，y_i，z_i）的关系为

$$x_C = \frac{\sum m_i x_i}{m}$$

$$y_C = \frac{\sum m_i y_i}{m} \tag{7-2}$$

$$z_C = \frac{\sum m_i z_i}{m}$$

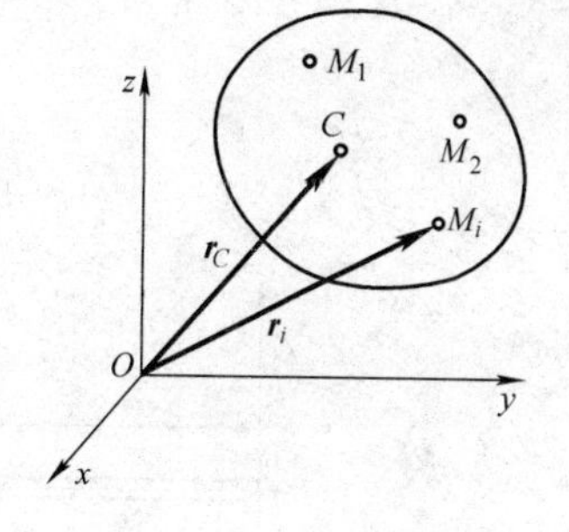

图 7-1　质心 C 的坐标

不难看出，质点系质心位置的计算公式与 5.12 节提到的重心位置计算公式相似。实际上，

在重力场中，质点系的质心与其重心重合。对于质量均匀分布的刚体，质心也是刚体的几何中心。

7.1.2 转动惯量

转动惯量（moment of inertia）是描述刚体质量分布的又一特征量，它反映刚体质量相对于某一轴的分布情况，是刚体转动惯性的度量。

刚体的转动惯量等于刚体内各质点的质量与质点到轴的垂直距离二次方的乘积之和，即

$$J_z = \sum_{i=1}^{n} m_i r_i^2 \tag{7-3}$$

式中，m_i为刚体内任一质点的质量；r_i为该质点到轴的垂直距离。式（7-3）表明，转动惯量有3个特征：①不仅与刚体的质量大小有关，而且与刚体的质量分布有关；②是恒大于零的正数；③与刚体的运动情况及受力情况无关。

转动惯量的国际单位制单位为$\text{kg}\cdot\text{m}^2$。对于质量连续分布的刚体，其转动惯量的公式应写为

$$J_z = \int_V r^2 \mathrm{d}m \tag{7-4}$$

式中，V表示整个刚体区域。

具有规则几何形状的均质刚体，其转动惯量均可按上式积分求得。对于形状不规则或质量非均匀分布的刚体，通常用实验测定其转动惯量。

1. 规则形状、均质刚体的转动惯量

（1）均质细直杆。设为l，质量为m，如图7-2所示。求此杆对通过杆端A并与杆垂直的轴z的转动惯量J_z。

在杆上距杆端A的x处取长为$\mathrm{d}x$的一微段元，其质量为$\mathrm{d}m = m\mathrm{d}x/l$，则此杆对轴$z$的转动惯量为

$$J_z = \int_0^l x^2 \mathrm{d}m = \int_0^l \frac{m}{l}x^2 \mathrm{d}x = \frac{1}{3}ml^2 \tag{7-5}$$

（2）均质薄圆环。设圆环质量为m，半径为R，如图7-3所示。求此环对过圆心O且与圆环所在平面垂直的轴z的转动惯量。

将圆环沿圆周方向分成许多微段，每一微段的质量为m_i，到轴z的垂直距离为R，对轴z的转动惯量为m_iR^2，故整个圆环对轴z的转动惯量为

$$J_z = \sum m_i R^2 = \left(\sum m_i\right) R^2 = mR^2 \tag{7-6}$$

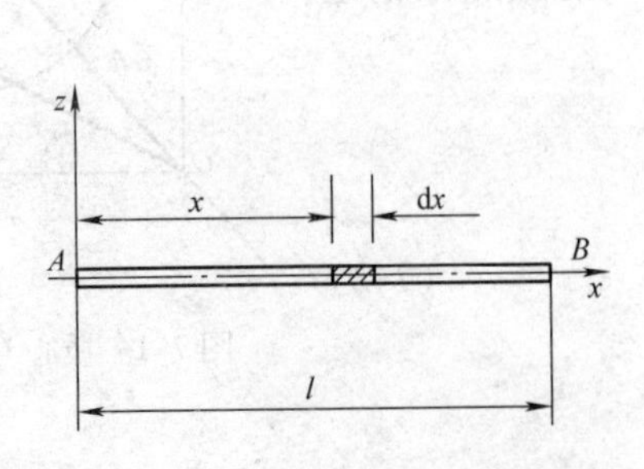

图7-2 均质细直杆长的转动惯量

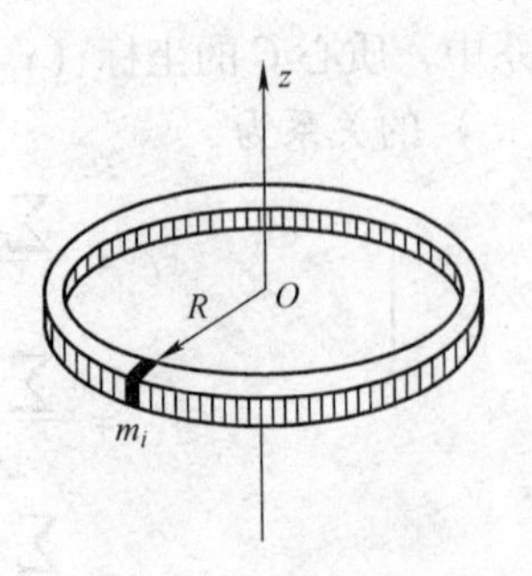

图7-3 均质薄圆环

（3）均质薄圆板。设圆板质量为 m，半径为 R，如图 7-4 所示。求此板对过圆心 O 且与圆板所在平面垂直的轴 z 的转动惯量 J_z。

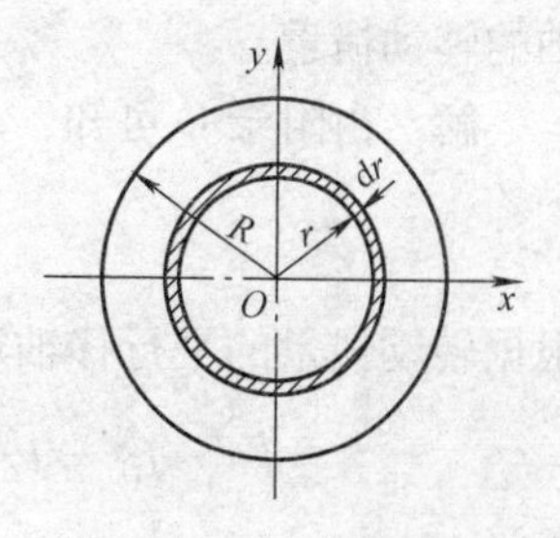

图 7-4　均质薄圆板

将圆板分为许多的同心的细圆环，其半径为 r，宽为 $\mathrm{d}r$，则任一细圆环对轴 z 的转动惯量为

$$J_{zi}=r^2\mathrm{d}m=r^2\ \frac{m}{\pi R^2}\cdot 2\pi r\mathrm{d}r=\frac{2m}{R^2}r^3\mathrm{d}r$$

故整个圆板对轴 z 的转动惯量为

$$J_z = \int_0^R \frac{2m}{R^2}r^3\mathrm{d}r = \frac{1}{2}mR^2 \tag{7-7}$$

2. 惯性半径（回转半径）

设刚体的质量为 m，对轴 z 的转动惯量为 J_z，定义刚体对轴 z 的惯性半径（或回转半径）ρ_z 为

$$\rho_z=\sqrt{\frac{J_z}{m}} \tag{7-8}$$

ρ_z 的物理意义为：若把刚体的质量集中在某一点，仍保持原有的转动惯量不变，则 ρ_z 就是这个点到轴 z 的距离。ρ_z 的大小仅与刚体的几何形状和尺寸有关，与刚体的材质无关，它具有长度的单位。

若已知刚体的惯性半径，则刚体的转动惯量为

$$J_z=m\rho_z^2 \tag{7-9}$$

即刚体的转动惯量等于刚体的质量与惯性半径二次方的乘积。

书后的附录 C 中给出了一些常见的规则形状、均质刚体的转动惯量及惯性半径的计算公式。另外一些形状已标准化的刚体的转动惯量和惯性半径可在机械工程手册中查阅。

3. 平行轴定理

工程手册中，一般只给出刚体对质心轴的转动惯量，但工程实际中，某些刚体的转轴并不过质心，而是与质心轴平行。这就需要应用平行轴定理计算刚体对转轴的转动惯量。

平行轴定理：刚体对任一轴的转动惯量，等于刚体对与该轴平行的质心轴的转动惯量，加上刚体的质量与两轴间的距离二次方的乘积，即

$$J_z'=J_z+md^2 \tag{7-10}$$

式中，m 为刚体质量；轴 z 为质心轴；轴 z' 为与质心轴平行的轴；d 为两轴间的距离，如图 7-5 所示。

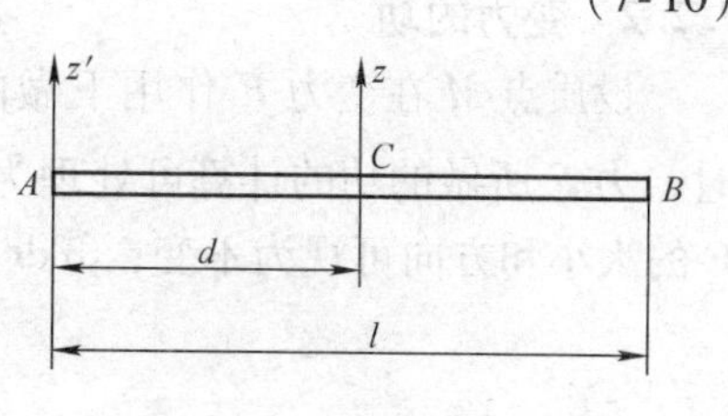

图 7-5　平行轴定理

由应用数学中所讲的坐标移轴公式很容易证明平行轴定理，读者可自行证明。

由此定理可知，在一组平行轴中，刚体对质心轴的转动惯量最小。

若一个刚体由几个几何形状简单的刚体组成，计算整体的转动惯量时可先分别计算每一个组成刚体的转动惯量，然后再合起来。如果组成刚体的某部分无质量（空心的），计算时可把这部分质量取为负值。

例 7-1　摆锤由均质摆杆 OA 和均质圆盘 B 焊接而成，如图 7-6 所示。已知摆杆的质量 $m_1=1\mathrm{kg}$，长度 $l=1\mathrm{m}$，圆盘的质量 $m_2=2\mathrm{kg}$，半径 $R=0.5\mathrm{m}$，求摆锤对通过悬挂点 O 的水平

轴的转动惯量。

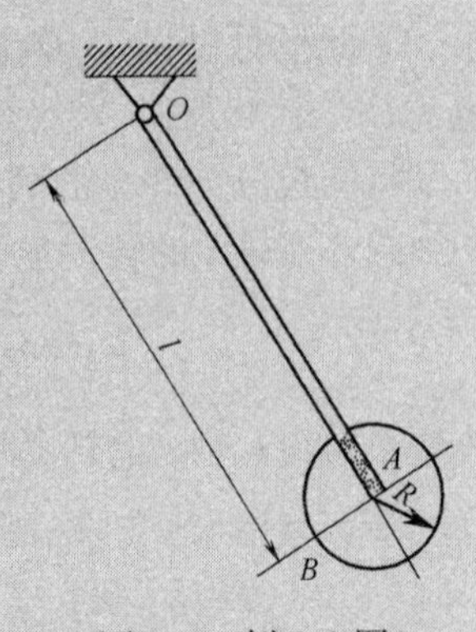

图 7-6 例 7-1 图

解 由附录 C 可知，均质摆杆 OA 对水平轴 O 的转动惯量

$$J_O^{杆}=\frac{1}{3}m_1l^2$$

根据转动惯量的平行移轴定理，圆盘对水平轴 O 的转动惯量

$$J_O^{盘}=J_A^{盘}+m_2l^2=\frac{1}{2}m_2R^2+m_2l^2$$

整个摆锤对于水平轴 O 的转动惯量为

$$J_O=J_O^{杆}+J_O^{盘}=\frac{1}{3}m_1l^2+\frac{1}{2}m_2R^2+m_2l^2$$

$$=\left(\frac{1}{3}\times1\times1^2+\frac{1}{2}\times2\times0.5^2+2\times1^2\right)\text{kg}\cdot\text{m}^2$$

$$=2.58\text{kg}\cdot\text{m}^2$$

7.2 力的功

功（work）是度量力的作用的一个物理量。它反映的是力在一段路程上对物体作用的累积效果，其结果是引起物体能量的改变和转化。例如，从高处落下的重物速度越来越大，就是重力对物体在下落的高度中作用的累积效果。可见力的功包含力和路程两个因素。由于在工程实际中遇到的力有常力、变力或力偶，而力的作用点的运动轨迹有直线，也有曲线，因此，下面将分别说明在各种情况下力所做功的计算方法。

7.2.1 常力的功

如图 7-7 所示，设有大小和方向都不变的力 $\boldsymbol{F}$ 作用在物体上，力的作用点向右做直线运动。则此常力 $\boldsymbol{F}$ 在位移方向的投影 $F\cos\alpha$ 与位移的大小 s 的乘积称为力 $\boldsymbol{F}$ 在位移 s 上所做的功，用 W 表示，即

$$W=s\cdot F\cos\alpha \tag{7-11}$$

由上式可知：当 $\alpha<90°$ 时，功 W 为正值，即力 $\boldsymbol{F}$ 做正功；当 $\alpha>90°$ 时，功 W 为负值，即力 $\boldsymbol{F}$ 做负功；当 $\alpha=90°$ 时，功为零，即力与物体的运动方向垂直时，力不做功。

由于功只有正负值，不具有方向意义，所以功是代数量。

在国际单位制中，功的单位是 N·m（牛·米），称为 J（焦），即 1J=1N·m。

7.2.2 变力的功

设质点 M 在变力 $\boldsymbol{F}$ 作用下做曲线运动，如图 7-8 所示。当质点从 M_1 沿曲线运动到 M_2 时，力 $\boldsymbol{F}$ 所做的功的计算可处理为：①整个路程细分为无数个微段 ds；②在微小路程上，力 $\boldsymbol{F}$ 的大小和方向可视为不变；③d$\boldsymbol{r}$ 表示相应于 ds 的微小位移，当 ds 足够小时，$|\text{d}\boldsymbol{r}|=\text{d}s$。

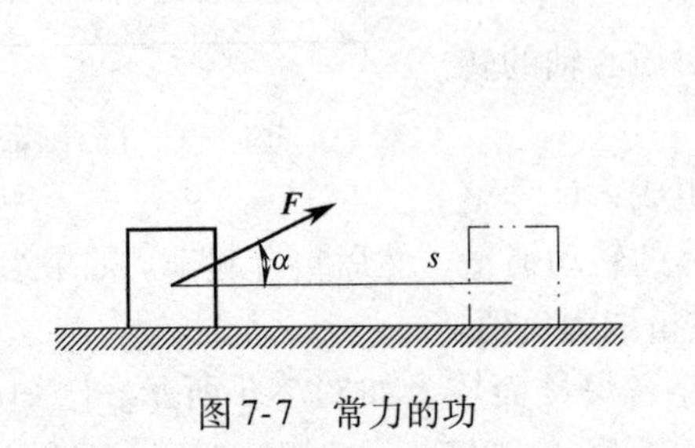

图 7-7 常力的功

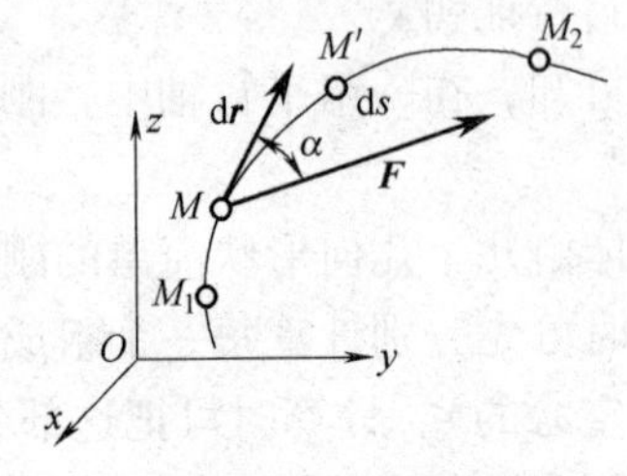

图 7-8 变力的功

根据功的定义，力 $\boldsymbol{F}$ 在微小位移 $\mathrm{d}\boldsymbol{r}$ 上所做的功（即元功）为

$$\delta W = F\cos\alpha \mathrm{d}s$$

式中，α 表示力 $\boldsymbol{F}$ 与曲线上 M 点处的切线的夹角。将 $\boldsymbol{F}$ 和微小位移 $\mathrm{d}\boldsymbol{r}$ 投影到直角坐标轴上，则上式的直角坐标表达式为

$$\delta W = F_x \mathrm{d}x + F_y \mathrm{d}y + F_z \mathrm{d}z$$

力 $\boldsymbol{F}$ 在曲线路程 $\overset{\frown}{M_1M_2}$ 上所做的功等于该力在各微段的元功之和，即

$$W = \int_{M_1}^{M_2} \boldsymbol{F} \cdot \mathrm{d}\boldsymbol{r} = \int_{M_1}^{M_2} F\cos\alpha \mathrm{d}s \tag{7-12a}$$

或

$$W = \int_{M_1}^{M_2} (F_x \mathrm{d}x + F_y \mathrm{d}y + F_z \mathrm{d}z) \tag{7-12b}$$

7.2.3 常见力的功

1. 重力的功

设有一重力为 G 的质点，自位置 M_1 沿某曲线运动至 M_2，如图7-9所示，由式（7-12）有

$$W = \int_{M_1}^{M_2} (F_x \mathrm{d}x + F_y \mathrm{d}y + F_z \mathrm{d}z)$$

$$= -\int_{z_1}^{z_2} G\mathrm{d}z = -G(z_2 - z_1)$$

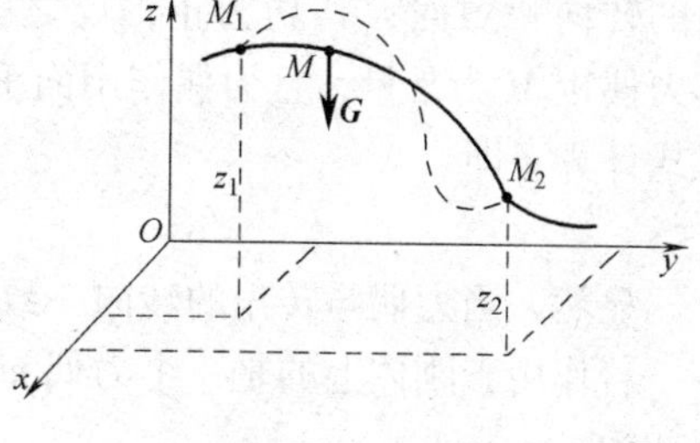

图7-9 重力的功

或

$$W = G(z_1 - z_2) = \pm Gh \tag{7-13}$$

式中，$h = |z_1 - z_2|$ 为质点在运动过程中重心位置的高度差。

此式表明：重力的功等于质点的重量与其起始位置与终了位置的高度差的乘积，且与质点运动的轨迹形状无关。质点在运动过程中，当其重心位置降低时，重力做正功；当其重心位置升高时，重力做负功。

2. 弹性力的功

一端固定的弹簧与一质点 M 相连接，弹簧的原始长度为 l_0（见图7-10），在弹性变形范围内，弹簧弹性力 $\boldsymbol{F}$ 的大小与其变形量 δ 成正比，即

$$F = k\delta$$

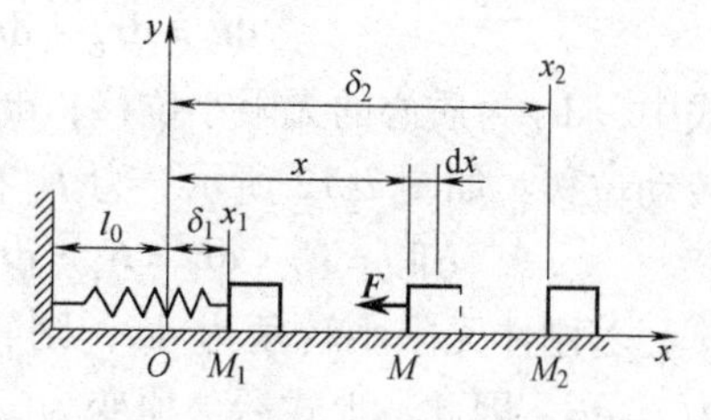

图7-10 弹性力做功

式中，k 为弹簧的刚度系数（单位是N/m或N/mm），弹性力 $\boldsymbol{F}$ 的方向总指是向弹簧的自然位置，亦即弹簧未变形时端点 O 的位置。当质点 M 由 M_1 点运动到 M_2 点时，弹性力做功由式（7-12b），得

$$W = \int_{M_1}^{M_2} F\mathrm{d}x = \int_{x_1}^{x_2} -kx\mathrm{d}x = \frac{k}{2}(\delta_1^2 - \delta_2^2) \tag{7-14}$$

式中，δ_1、δ_2 分别为弹簧在初始位置 M_1 与终了位置 M_2 的变形量。可以证明，当质点 M 做曲线运动时，弹性力的功仍按式（7-14）计算，即弹性力的功也只决定于弹簧初始位置与终了位置的变形量，而与质点的运动轨迹无关。

由以上讨论可知，弹性力的功等于弹簧初变形 δ_1 和末变形 δ_2 的平方差与弹簧刚度系数乘积的一半，与质点运动的轨迹无关。若弹簧变形减小（即 $\delta_1 > \delta_2$），弹性力做正功；若变形增加（即 $\delta_1 < \delta_2$），弹性力的功为负，与弹簧实际受拉伸或压缩无关。

3. 定轴转动刚体上作用力的功

设一力 $\boldsymbol{F}$ 作用在绕固定轴 z 转动的刚体上的 M 点（见图7-11），将力 $\boldsymbol{F}$ 分解为三个正交

的分力：$\boldsymbol{F}_{\rm t}$、$\boldsymbol{F}_{\rm n}$、F_z，可以看出，当刚体转过一微小转角 $\mathrm{d}\varphi$ 时，轴向分力 $\boldsymbol{F}_z$和径向分力 $\boldsymbol{F}_{\rm n}$都不做功，只有切向分力 $\boldsymbol{F}_{\rm t}$做功，设从力 $\boldsymbol{F}$ 的作用点到转轴的距离为 r，则力 $\boldsymbol{F}$ 在微小路程 $r\mathrm{d}\varphi$ 中的元功为

$$\delta W = F_{\rm t} r \mathrm{d}\varphi$$

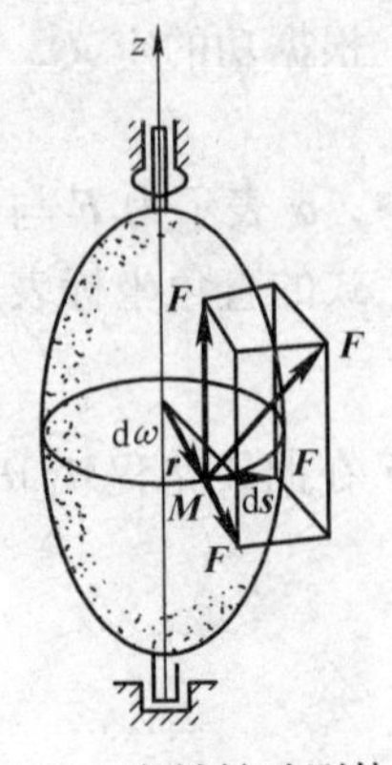

图 7-11　定轴转动刚体上作用力的功

刚体绕 z 轴自位置 M_1（对应的位置角为 φ_1）转到位置 M_2（对应的位置角为 φ_2）的过程中，力 $\boldsymbol{F}$ 所做的功应为

$$W = \int_{M_1}^{M_2} F_{\rm t} r \mathrm{d}\varphi = \int_{\varphi_1}^{\varphi_2} M_z \mathrm{d}\varphi = \pm M_z \varphi \tag{7-15}$$

式中，$\varphi = \varphi_2 - \varphi_1$；$M_z$为力 $\boldsymbol{F}$ 对转轴 z 的力矩，且 M_z为常量。此式表明，刚体绕定轴转动时，若作用在刚体上的力对转轴的矩为常量，则其功等于该力对转轴的力矩乘以刚体所转过的角度。当力矩与转角的转向一致时，其功为正，反之为负。若刚体上作用的是力偶，其力偶矩 M 为常量，且力偶作用面垂直于转轴，则力偶使刚体转过转角 φ 时所做的功仍可用上式计算，即

$$W = \pm M\varphi \tag{7-16}$$

显然，当力偶与转角的转向一致时，其功为正，反之为负。

若作用于刚体上的是一个力偶 m，且力偶作用面垂直于轴 z，则 $M_z = m$，于是，力偶所做的功为

$$W_{12} = \int_{\varphi_1}^{\varphi_2} m \mathrm{d}\varphi \tag{7-17}$$

4. 作用于平面运动刚体的力系的功

设平面运动刚体上受有多个力作用。取刚体的质心 C 为基点，当刚体有无限小位移时，任一力 $\boldsymbol{F}$ 作用点 i 的位移为

$$\mathrm{d}\boldsymbol{r}_i = \mathrm{d}\boldsymbol{r}_C + \mathrm{d}\boldsymbol{r}_{iC} \tag{7-18}$$

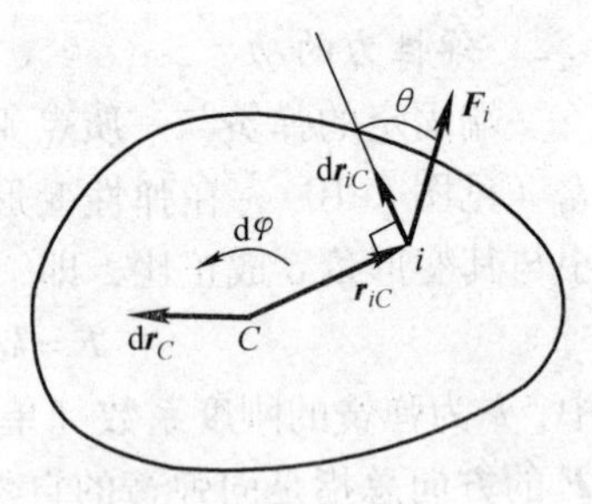

图 7-12　作用于平面运动刚体的力系的功

式中，$\mathrm{d}\boldsymbol{r}_C$为质心的无限小位移；$\mathrm{d}\boldsymbol{r}_{iC}$为点 i 绕质心 C 的微小转动位移，如图 7-12 所示。力 F_i 在点 i 位移上所做元功为

$$\delta W_i = \boldsymbol{F}_i \cdot \mathrm{d}\boldsymbol{r}_i = \boldsymbol{F}_i \cdot \mathrm{d}\boldsymbol{r}_C + \boldsymbol{F}_i \cdot \mathrm{d}\boldsymbol{r}_{iC}$$

若刚体无限小转角为 $\mathrm{d}\varphi$，则转动位移 $\mathrm{d}\boldsymbol{r}_{iC} \perp \boldsymbol{r}_{iC}$，大小为 $r_{iC}\mathrm{d}\varphi$。因此，上式后一项变为

$$\boldsymbol{F}_i \cdot \mathrm{d}\boldsymbol{r}_{iC} = F_i \cos\theta \cdot r_{iC} \cdot \mathrm{d}\varphi = M_C(\boldsymbol{F}_i)\mathrm{d}\varphi$$

式中，$\theta_{\rm r}$为力 $\boldsymbol{F}_i$与转动位移 $\mathrm{d}\boldsymbol{r}_{iC}$间的夹角；$M_C$（$\boldsymbol{F}_i$）为力 $\boldsymbol{F}$ 对质心 C 的矩。

力系全部力所做元功之和为

$$\delta W = \sum \delta W_i = \sum \boldsymbol{F}_i \cdot \mathrm{d}\boldsymbol{r}_C + \sum M_C(\boldsymbol{F}_i)\mathrm{d}\varphi = \boldsymbol{F}'_{\rm R} \cdot \mathrm{d}\boldsymbol{r}_C + M_C \mathrm{d}\varphi \tag{7-19}$$

式中，$\boldsymbol{F}_{\rm R}$ 为力系主矢；M_C为力系对质心的主矩。刚体质心 C 由 C_1 移到 C_2，同时刚体又由 φ_1 转到 φ_2 角度时，力系做功为

$$W_{12} = \int_{C_1}^{C_2} \boldsymbol{F}'_{\rm R} \cdot \mathrm{d}\boldsymbol{r}_C + \int_{\varphi_1}^{\varphi_2} M_C \mathrm{d}\varphi \tag{7-20}$$

上式表明：平面运动刚体上力系的功等于力系向质心简化所得的力和力偶做功之和。这个结论也适用于做一般运动的刚体，基点也可以是刚体上任意一点。

5. 摩擦力的功

（1）滑动摩擦力的功。设物体沿粗糙轨道由位置 M_1 运动到位置 M_2，如图7-13a所示。运动过程中受到的动滑动摩擦力 $\boldsymbol{F}_s$ 的方向始终与物体滑动方向相反，所以，动滑动摩擦力的功恒为负值，且与物体的运动路径有关。

（2）滚动摩擦力的功。当物体在固定面上纯滚动时，如图7-13b所示纯滚动的圆轮，它与固定面之间没有相对滑动，其滑动摩擦力属于静滑动摩擦力。圆轮做纯滚动时，轮与固定面的接触点 C 是圆轮在此瞬时的速度瞬心，$v_C=0$，由式（7-12），得

$$\delta W=\boldsymbol{F}\cdot \mathrm{d}\boldsymbol{r}_C=\boldsymbol{F}\cdot \boldsymbol{v}_C\mathrm{d}t=0$$

即圆轮沿固定轨道滚动而无滑动时，滑动摩擦力不做功。

6. 质点系内力做的功

设质点系中两质点间的内力 $\boldsymbol{F}_A=-\boldsymbol{F}_B$，如图7-14所示。内力元功之和为

$$\delta W=\boldsymbol{F}_A\cdot \mathrm{d}\boldsymbol{r}_A+\boldsymbol{F}_B\cdot \mathrm{d}\boldsymbol{r}_B=\boldsymbol{F}_A\cdot \mathrm{d}\boldsymbol{r}_A-\boldsymbol{F}_A\cdot \mathrm{d}\boldsymbol{r}_B=\boldsymbol{F}\cdot d(\boldsymbol{r}_A-\boldsymbol{r}_B)$$

将 $\boldsymbol{r}_A-\boldsymbol{r}_B=-\boldsymbol{r}_{AB}$ 代入上式，得

$$\delta W=-\boldsymbol{F}\cdot \mathrm{d}\boldsymbol{r}_{AB} \tag{7-21}$$

上式表明：当质点系中质点间的距离可变化时，内力功之和一般不为零。例如，弹簧内力、发动机汽缸内气体压力做的功等。对刚体来说，任何两质点间的距离保持不变，所以刚体内力的元功之和恒等于零。

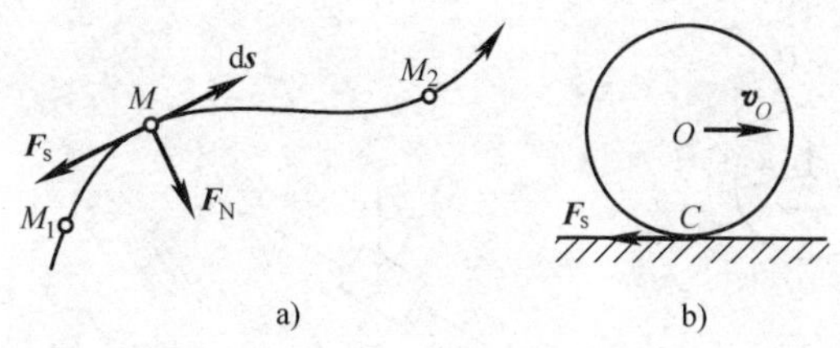

图7-13 摩擦力的功

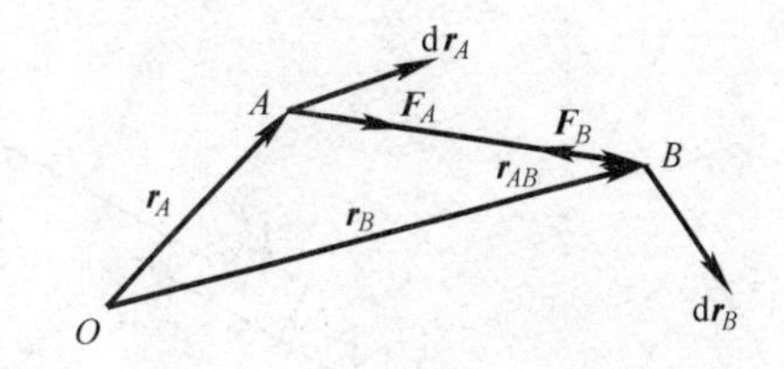

图7-14 质点系内力做的功

例7-2 如图7-15所示，一货箱质量 $m=300\mathrm{kg}$，现用一力 $\boldsymbol{F}_T$ 将它沿斜板向上拉到汽车车厢上，已知货箱与斜板的摩擦因数 $f_s=0.5$，斜板的倾角 $\alpha=20°$，汽车车厢高 $h=1.5\mathrm{m}$。问将货箱拉上车厢时，所消耗的功应为多少？

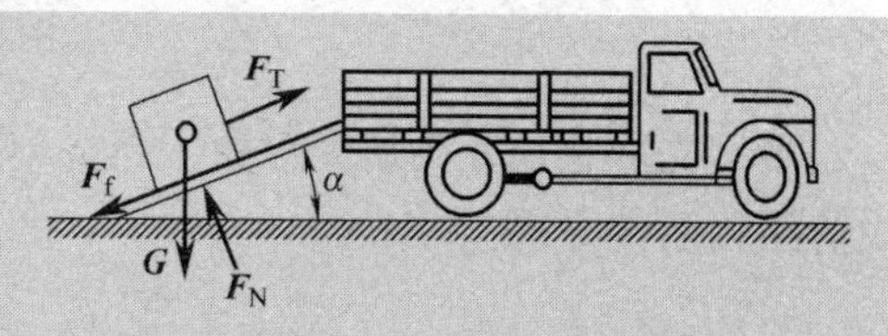

图7-15 例7-2图

解 取货箱为研究对象，它受有重力 $m\boldsymbol{g}$、斜板法向约束力 $\boldsymbol{F}_N$、摩擦力 $\boldsymbol{F}_f$ 及绳索的拉力 $\boldsymbol{F}_T$。货箱沿斜板拉上车厢时，拉力 $\boldsymbol{F}_T$ 做正功，摩擦力 $\boldsymbol{F}_f$ 与重力 $m\boldsymbol{g}$ 做负功，法向约束力 $\boldsymbol{F}_N$ 与位移方向垂直不做功。当货厢升高1.5m时，重力 $m\boldsymbol{g}$ 做的功为

$$W_1=-mgh=(-300\times 9.8\times 1.5)\mathrm{J}=-4410\mathrm{J}$$

摩擦力 $\boldsymbol{F}_f$ 做的功为

$$W_2=-F_fs=-f_sF_N\frac{h}{\sin\alpha}=-f_smg\cos\alpha\frac{h}{\sin\alpha}$$

$$=\frac{-0.5\times 300\times 9.8\times \cos 20°\times 1.5}{\sin 20°}\mathrm{J}=-6058\mathrm{J}$$

将货箱拉上车厢所消耗的功即为

$$W=W_1+W_2=(-4410-6058)\ \mathrm{J}=-10468\mathrm{J}$$

例 7-3 如图 7-16 所示，带轮两侧的拉力分别为 $F_{T1}=1.6\mathrm{kN}$ 和 $F_{T2}=0.8\mathrm{kN}$。已知带轮的直径 $D=0.5\mathrm{m}$，试求带轮两侧的拉力在轮子转过两圈时所做的功。

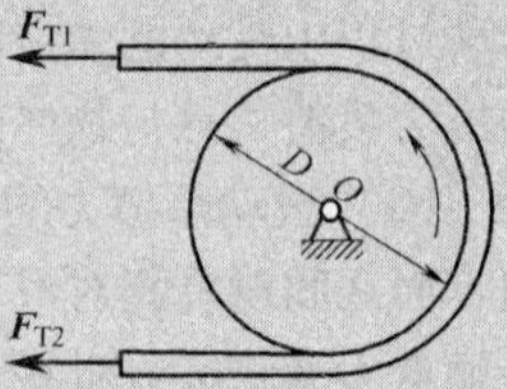

图 7-16 例 7-3 图

解 作用于带轮上的转矩为

$$M_O=F_{T1}\frac{D}{2}-F_{T2}\frac{D}{2}=\left[(1.6-0.8)\times10^3\times\frac{0.5}{2}\right]\mathrm{N\cdot m}=200\mathrm{N\cdot m}$$

当轮子转过两圈时，其转角

$$\varphi=2\times2\pi\ \mathrm{rad}=12.56\mathrm{rad}$$

因此，带轮两侧的拉力在轮子转过两圈时所做的功为

$$W=M_O\varphi=(200\times12.56)\mathrm{J}=2.512\times10^3\mathrm{J}$$

例 7-4 如图 7-17a 所示，重量为 $\boldsymbol{Q}$、半径为 R 的卷筒 B 上作用一变力偶 $M=C_\varphi$，其中 C 为常数，φ 为卷筒的转角。缠绕在卷筒上绳索的引出部分与斜面平行，并与重量为 $\boldsymbol{P}$ 的物块 A 相连，斜面为光滑面，它的倾角为 θ，其上放一刚度系数为 k 的弹簧，弹簧的下端固定，上端与物块 A 相连。若卷筒的转角 $\varphi=0$ 时，绳索对物块的拉力为零，物块处于静平衡状态，则当卷筒转过任意角度 φ 时，作用于系统上所有力做的功为多少?

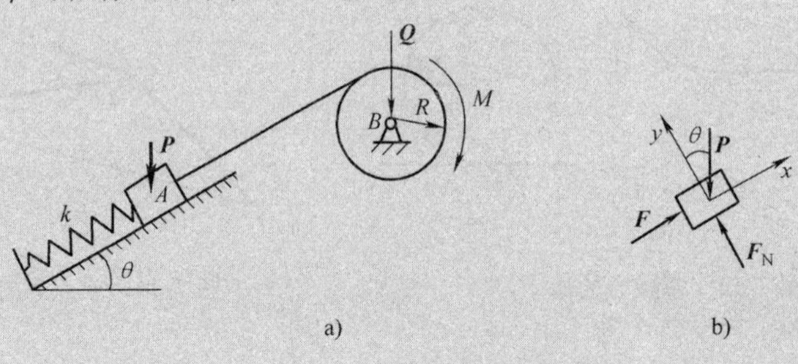

图 7-17 例 7-4 图

解 先取物块 A 为研究对象。当 $\varphi=0$ 时，物块 A 处于静平衡状态，受力如图 7-17b 所示，由静平衡条件，得

$$\sum F_x=0,\ F-P\sin\theta=0$$

将 $F=k\delta_1$ 代入上式，得弹簧变形

$$\delta_1=\frac{P}{k}\sin\theta$$

再取整个系统为研究对象。当卷筒转过任意角度时，物块 A 沿斜面由静平衡位置向上滑移的距离为 $R\varphi$，此时弹簧的变形 δ_2 和物块 A 上升的高度 h 分别为

$$\delta_2=R\varphi-\delta_1=R\varphi-\frac{P}{k}\sin\theta$$

$$h=R\varphi\sin\theta$$

作用于系统上的力 $\boldsymbol{P}$、弹性力 $\boldsymbol{F}$ 和力偶矩 M 所做的功分别为

$$W_P=-Ph=-PR\varphi\sin\theta$$

$$W_F = \frac{k}{2}(\delta_1^2 - \delta_2^2) = PR\varphi\sin\theta - \frac{1}{2}kR^2\varphi^2$$

$$W_M = \int_0^{\varphi} M\mathrm{d}\varphi = \int_0^{\varphi} C\varphi\mathrm{d}\varphi = \frac{1}{2}C\varphi^2$$

系统运动过程中，全部约束力及卷筒重力 $\boldsymbol{Q}$ 都不做功，故作用于系统上的所有力做的总功为

$$W_{\varphi} = W_P + W_F + W_M = \frac{1}{2}(C - kR^2)\varphi^2$$

7.3　动能

一切运动的物体都具有一定的能量，如飞行的子弹能穿透钢板，运动的锻锤可以改变锻件的形状。物体由于机械运动所具有的能量称为动能（kinetic energy）。

动能是度量物体机械运动的一个物理量，它描述物体运动时所具有的做功的能力。

7.3.1　质点和质点系的动能

设某质点的质量为 m，某瞬时其速度为$\boldsymbol{v}$，则此瞬时该质点的动能定义为

$$T = \frac{1}{2}mv^2 \tag{7-22}$$

任一瞬时质点的动能都是恒正的标量。其单位与功的单位是一致的，法定计量单位为 J。

质点系的动能等于质点系内各质点动能的算术和，即

$$T = \sum \frac{1}{2}m_i v_i^2 \tag{7-23}$$

式中，m_i和 v_i 分别是质点系中任一质点的质量和速度。

7.3.2　刚体运动时的动能

刚体做不同运动时，其动能的计算式也不相同。

1. 平动刚体的动能

根据刚体平动时的特点，即其上各点的速度均相同，所以，同一瞬时其上各点的速度都等于刚体质心的速度 v_C，从而得刚体平动时的动能为

$$W = \int_{M_1}^{M_2}(F_x\mathrm{d}x + F_y\mathrm{d}y + F_z\mathrm{d}z)$$

$$= -\int_{z_1}^{z_2}G\mathrm{d}z = -G(z_2 - z_1) \tag{7-24}$$

或者

$$W = G(z_1 - z_2) = \pm Gh$$

式中，$h = |z_1 - z_2|$ 为质点在运动过程中重心位置的高度差。

此式表明：重力的功等于质点的重量与其起始位置及终了位置的高度差的乘积，且与质点运动的轨迹形状无关。质点在运动过程中，当其重心位置降低时，重力做正功；当其重心位置升高时，重力做负功。

如图 7-18 所示的质点系有 3 个质点，它们的质量分别为 $m_1 = 2m_2 = 4m_3$，忽略绳子的质量，并假设绳不可伸长，则 3 个质点的速度大小都等于 v，则质点系的动能为

$$T = \frac{1}{2}m_1v_1^2 + \frac{1}{2}m_2v_2^2 + \frac{1}{2}m_3v_3^2 = \frac{7}{2}m_3v^2$$

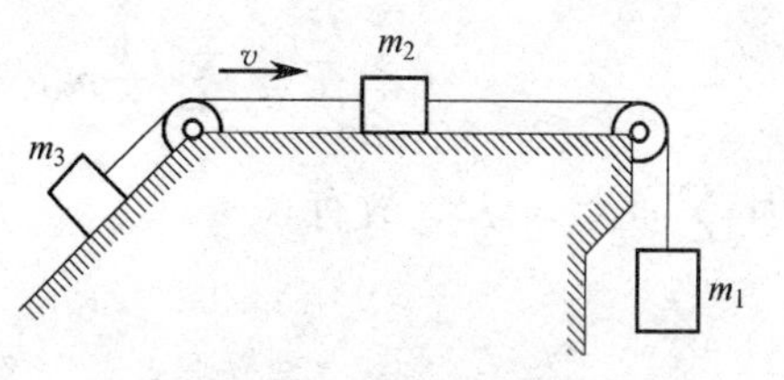

图 7-18　质点系的动能

例 7-5 不可伸长的绳索绕过小滑轮 O，并在其两端分别系着质量为 m_1 和 m_2 的物块 A、B（见图 7-19），物块 A 沿铅垂导杆滑动，铅垂导杆与滑轮 O 之间的距离为 d，绳索总长为 l。不计绳索和滑轮的质量，试用物块 A 下降到某一高度时所具有的速度 $\boldsymbol{v}_1$ 来表示质点系的动能。

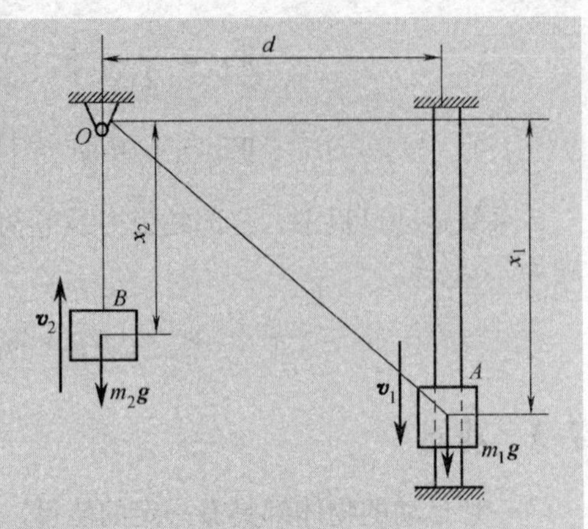

图 7-19 例 7-5 图

解 这是由两个质点组成的质点系。两个质点的位置坐标 x_1 与 x_2 之间的关系为

$$x_2 + \sqrt{d^2 + x_1^2} = l$$

将上式两边对时间 t 求导，并考虑到 $\frac{\mathrm{d}x_1}{\mathrm{d}t} = v_1$，$\frac{\mathrm{d}x_2}{\mathrm{d}t} = v_2$，得

$$v_2 = -\frac{x_1}{\sqrt{d^2 + x_1^2}} v_1$$

质点系的动能为

$$T = \sum \frac{1}{2} m_i v_i^2 = \frac{1}{2} m_1 v_1^2 + \frac{1}{2} m_1 v_2^2$$
$$= \frac{1}{2} m_1 v_1^2 + \frac{1}{2} m_2 \frac{x_1^2}{d^2 + x_1^2} v_1^2 = \frac{1}{2}\left(m_1 + \frac{m_2 x_1^2}{d^2 + x_1^2}\right) v_1^2$$

7.3.3 刚体的动能

对于刚体而言，由于各质点间的相对距离保持不变，故当它运动时，各处质点的速度之间必定存在着一定的联系，因而可以推导出刚体做各种运动时的动能计算公式。

1. 平动刚体的动能

刚体平动时，在同一瞬时，刚体内各质点的速度都相同，如用刚体质心 C 的速度 $\boldsymbol{v}_C$ 代表各质点的速度，于是刚体平动时的动能为

$$T = \sum \frac{1}{2} m_i v_i^2 = \sum \frac{1}{2} m_i v_C^2 = \frac{1}{2}\left(\sum m_i\right) v_C^2 = \frac{1}{2} M v_C^2 \tag{7-25}$$

式中，$M = \sum m_i$ 为刚体的质量。上式表明，刚体平动时的动能等于刚体的质量与其质心速度平方乘积的一半。

2. 刚体做定轴转动的动能

设刚体在某瞬时绕固定轴 z 转动的角速度为 ω，刚体内任一质点的质量为 m_i，它与转动轴 z 的距离为 r_i，则该质点的速度为 $v_i = r_i \omega$，于是，做定轴转动刚体的动能为

$$T = \sum \frac{1}{2} m_i v_i^2 = \sum \frac{1}{2} m_i r_i^2 \omega^2 = \frac{1}{2}\left(\sum m_i r_i^2\right) \omega^2$$

因 $\sum m_i r_i^2 = J_z$，故有

$$T = \frac{1}{2} J_z \omega^2 \tag{7-26}$$

因此，定轴转动刚体的动能，等于刚体对转动轴的转动惯量与角速度平方乘积的一半。

3. 刚体做平面运动的动能

已知平面运动刚体某瞬时的角速度为 ω，速度瞬心在 C'点，刚体在该瞬时对通过瞬心且垂直于运动平面的轴的转动惯量为 $J_{C'}$，由于刚体的平面运动可看成绕速度瞬心做瞬时转动（见图7-20），由式（7-26）可得此时刚体的动能为

$$T=\frac{1}{2}J_{C'}\omega^2 \tag{a}$$

设刚体质心 C 到瞬心 C'的距离为 r_C，刚体的质量为 m，由转动惯量的平行移轴定理可得

$$J_{C'}=J_C+mr_C^2 \tag{b}$$

式中，J_C是刚体对通过质心 C 且垂直于运动平面的轴的转动惯量。

把式（b）代入式（a），可得到

$$T=\frac{1}{2}mv_C^2+\frac{1}{2}J_C\omega^2 \tag{7-27}$$

式中，$v_C=r_C\omega$ 为刚体质心 C 的速度。

式（7-27）表明：刚体做平面运动时的动能等于刚体随质心平移的动能与绕质心转动的动能之和。例如，一车轮在地面上滚动而不滑动，如图7-21所示。若轮心做直线运动，速度为 $\boldsymbol{v}_C$，车轮质量为 m，质量分布在轮缘，轮辐的质量不计，则车轮的动能为

$$T=\frac{1}{2}mv_C^2+\frac{1}{2}mR^2\left(\frac{v_C}{R}\right)^2=mv_C^2$$

其他运动形式的刚体，应按其速度分布计算该刚体的动能。

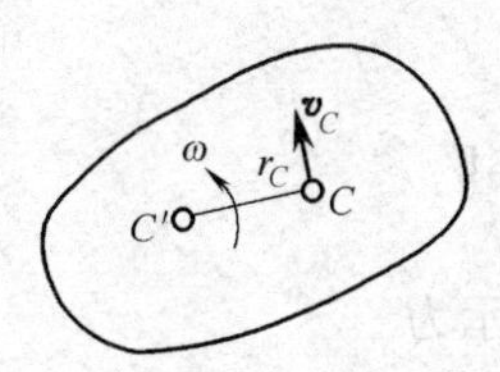

图7-20 刚体做平面运动的动能

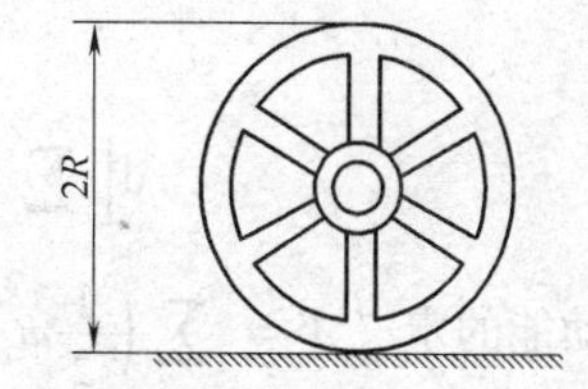

图7-21 刚体做平面运动时的动能

7.4 动能定理

动能定理（theorem of kinetic energy）建立了物体上作用力的功与其动能之间的关系。

7.4.1 质点的动能定理

设质量为 m 的质点在力 $\boldsymbol{F}$（指合力）作用下沿曲线运动（见图7-8）。将动力学基本方程

$$m\frac{\mathrm{d}\boldsymbol{v}}{\mathrm{d}t}=\boldsymbol{F}$$

两边分别点乘 $\mathrm{d}\boldsymbol{r}$，得

$$m\frac{\mathrm{d}\boldsymbol{v}}{\mathrm{d}t}\cdot\mathrm{d}\boldsymbol{r}=\boldsymbol{F}\cdot\mathrm{d}\boldsymbol{r}$$

因 $\mathrm{d}\boldsymbol{r}=\boldsymbol{v}\mathrm{d}t$，$\boldsymbol{F}\cdot\mathrm{d}\boldsymbol{r}=\delta W$，于是有

$$m\boldsymbol{v}\cdot\mathrm{d}\boldsymbol{v}=\delta W$$

或

$$\mathrm{d}\left(\frac{1}{2}mv^2\right)=\delta W \tag{7-28}$$

上式表明，质点动能的微分等于作用于质点上的力的元功。这就是质点动能定理的微分形式。

当质点由位置 M_1 运动到位置 M_2 时，它的速度由 $\boldsymbol{v}_1$，变为 $\boldsymbol{v}_2$。将式（7-28）两边积分，得

$$\int_{v_1}^{v_2} \mathrm{d}\left(\frac{1}{2}mv^2\right) = \int_{M_1}^{M_2} \delta W$$

即

$$\frac{1}{2}mv_2^2 - \frac{1}{2}mv_1^2 = W$$

或

$$T_2 - T_1 = W \tag{7-29}$$

式中，T_1、T_2 分别表示质点位于 M_1 和 M_2 处的动能。上式表明，在某一段路程上质点动能的改变，等于作用于质点上的力在同一段路程上所做的功。这就是质点动能定理的积分形式。

由上述公式可见，当力做正功时，质点的动能增加；当力做负功时，质点的动能减少。

7.4.2 质点系的动能定理

设质点系由 n 个质点组成，其中任一质点的质量为 m_i，某瞬时速度为 $\boldsymbol{v}_i$，作用于该质点上的力为 $\boldsymbol{F}_i$，力的元功为 δW_i。由质点动能定理的微分形式，得

$$\mathrm{d}\left(\frac{1}{2}m_i v_i^2\right) = \delta W_i$$

对整个质点系有

$$\sum \mathrm{d}\left(\frac{1}{2}m_i v_i^2\right) = \sum \delta W_i$$

或写成

$$\mathrm{d}\left[\sum\left(\frac{1}{2}m_i v_i^2\right)\right] = \sum \delta W_i$$

注意到质点系动能的定义 $T = \sum\left(\frac{1}{2}m_i v_i^2\right)$，则上式可表示为

$$\mathrm{d}T = \sum \delta W_i \tag{7-30}$$

式（7-30）为质点系动能定理的微分形式，即质点系动能的增量等于作用于质点系上所有力的元功之和。

对式（7-30）积分，记 T_1 和 T_2 分别表示质点系在某一运动过程的起点和终点的动能，有

$$T_2 - T_1 = \sum W_i \tag{7-31}$$

式中，T_1、T_2 分别表示质点位于 M_1 和 M_2 处的动能。

上式表明，在某一段路程上质点动能的改变，等于作用于质点上的力在同一段路程上所做的功。

由上述公式可见，当力做正功时，质点的动能增加；当力做负功时，质点的动能减少。式（7-31）为质点系动能定理的积分形式，即质点系在某一运动过程中其动能的改变量，等于作用于质点系上所有力在此过程中所做的功之和。

若将作用在质点系上的力分为主动力和约束力，对于光滑接触面、一端固定的绳索等约束，其约束力都垂直于力作用点的位移，做功为零。将约束力做功为零的约束称之为理想约束。将光滑铰接、刚性二力杆件以及不可伸长的细绳等作为质点系内部的约束时，由于约束的相互性，成对出现的约束力所做的功之和为零，也是理想约束。在理想约束的条件下，质点系

动能的变化只与主动力所做的功有关，应用动能定理时只需要计算主动力所做的功。

一般情况下，内力虽然等值反向，但所做的功的和不一定等于零。但若质点系为刚体时，由于刚体内部任意两质点之间的距离始终保持不变，则任意两质点沿它们连线方向的位移必相等，故等值反向的内力所做的功之和等于零。因此对于刚体而言，所有内力所做的功之和等于零。

理解动能定理时注意以下两点。

（1）研究对象若是质点系，应分析内力是否做功；对刚体来说，只需考虑外力的功。

（2）在计算外力功时，应清楚主动力的功和约束力的功；主动力的功前面已学过，而约束属于理想约束（如光滑接触面、光滑铰链、不可伸长的柔索等）时，它们的约束力或者不做功，或者做功之和为零，则方程中只包括主动力所做的功。如遇摩擦力做功，可将摩擦力当作特殊的主动力看待。

应用动能定理求解动力学问题的方法步骤：

（1）选取研究对象（质点或质点系）；

（2）确定力学过程（从某一位置运动到另一位置）；

（3）计算系统动能（分析质点或质点系运动，计算在确定的力学过程中起始和终了位置的动能）；

（4）计算所有力所做的功（主动力、摩擦力等的功，分析内力、约束力是否做功）；

（5）应用动能定理建立方程，求解欲求的未知量。

例7-6 如图7-22所示，鼓轮向下运送重 $G_1=400\text{N}$ 的重物，重物下降的初速度 $v_0=0.8\text{m/s}$，为了使重物停止，用摩擦制动，设加在鼓轮上的正压力 $F_N=2000\text{N}$，制动块与鼓轮间的摩擦因数 $f=0.4$，已知鼓轮重 $G_2=600\text{N}$，其半径 $R=0.15\text{m}$，可视为均质圆柱体，求制动过程中重物下降的距离 s。

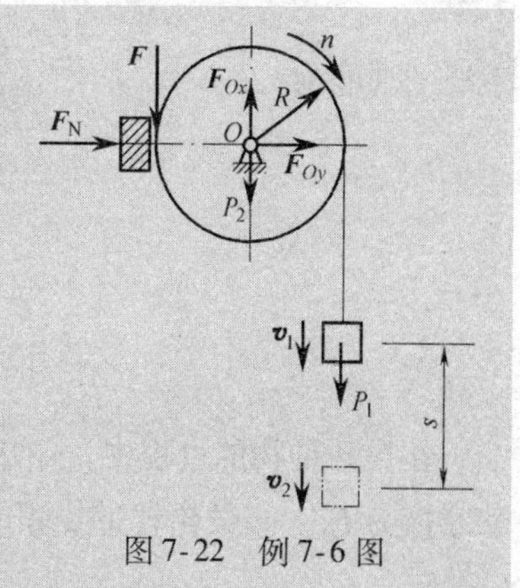

图7-22 例7-6图

解 取重物及鼓轮组成的系统为研究对象。设重物下降距离 s 时，鼓轮所转过的角度为 φ。系统受力 $\boldsymbol{F}_N$、$\boldsymbol{F}$、$\boldsymbol{G}_1$、$\boldsymbol{G}_2$ 及 $\boldsymbol{F}_{Ox}$、$\boldsymbol{F}_{Oy}$ 作用，如图7-22所示。仅重力 $\boldsymbol{G}_1$ 和摩擦力 $\boldsymbol{F}$ 做功，所以其功

$$\sum W_{12}=G_1 s-FR\varphi=(G_1-F_N f)s$$

系统在制动开始位置时，重物的速度为 $\boldsymbol{v}_0$，鼓轮的角度速度 $\omega_0=v_0/R$，故系统动能

$$T_1=\frac{1}{2}\frac{G_1}{g}v_0^2+\frac{1}{2}J_O\omega_0^2$$

式中，J_O 为鼓轮对中心轴 O 的转动惯量，即

$$J_O=\frac{1}{2}\frac{G_2}{g}R^2$$

所以

$$T_1=\frac{1}{2}\frac{G_1}{g}v_0^2+\frac{1}{4}\frac{G_2}{g}R^2\omega_0^2=\frac{2G_1+G_2}{4g}v_0^2$$

重物下降 s 时，系统静止，故系统动能 $T_2=0$。

根据动能定理积分形式，得

$$0-\frac{2G_1+G_2}{4g}v_0^2=(G_1-F_Nf)s$$

解之得

$$s=\frac{v_0^2(2G_1+G_2)}{4g(F_Nf-G_1)}=0.057\text{m}$$

例7-7 如图7-23所示绞车的鼓轮上作用一恒定的力矩M，鼓轮的半径为r，质量为m_1。缠绕在鼓轮上的绳子系一质量为m_2的重物，使其沿倾角为θ的斜面上升。已知重物与斜面间的动摩擦因数为f，绳子质量不计，鼓轮可视为均质圆柱。在开始时，此系统处于静止。求鼓轮转过φ角时的角速度和角加速度。

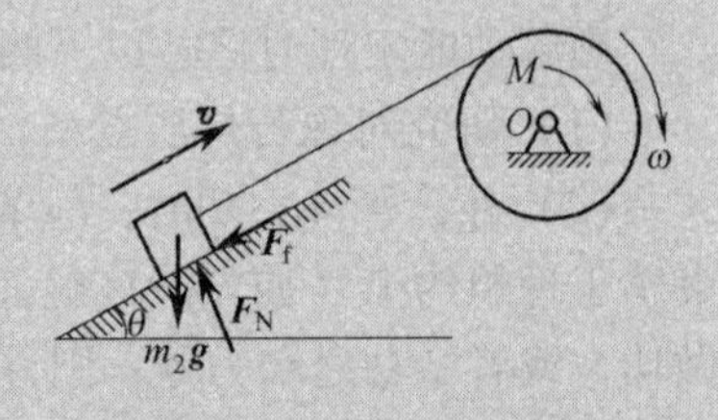

图7-23 例7-7图

解 取鼓轮和重物组成的质点系为研究对象，其上作用的外力有：重物的重力$m_2\boldsymbol{g}$，斜面的法向约束力$\boldsymbol{F}_N$，摩擦力$\boldsymbol{F}_f$，鼓轮上的力矩M，以及鼓轮的重力和轴承处的约束力（图中未画出）。

开始时，系统处于静止，其动能为

$$T_1=0$$

设当鼓轮转过φ角时的角速度为ω，则重物的速度为

$$v=r\omega$$

系统的动能为

$$\begin{aligned}T_2&=\frac{1}{2}m_2v^2+\frac{1}{2}J_O\omega^2\\&=\frac{1}{2}m_2(r\omega)^2+\frac{1}{2}\left(\frac{1}{2}m_1r^2\right)\omega^2\\&=\frac{1}{4}(m_1+2m_2)r^2\omega^2\end{aligned}$$

在提升重物的过程中，作用于质点系上能做功的力是鼓轮上的力矩M、重物的重力$m_2\boldsymbol{g}$和摩擦力$\boldsymbol{F}_f$。当鼓轮转过φ角时，它们所做的总功为

$$W=M\varphi-m_2g\sin\theta\cdot\varphi r-m_2g\cos\theta\cdot f\cdot\varphi r$$

由动能定理，有

$$M\varphi-m_2g\sin\theta\cdot\varphi r-m_2g\cos\theta\cdot f\cdot\varphi r=\frac{1}{4}(m_1+2m_2)r^2\omega^2$$

得

$$\omega=\frac{2}{r}\sqrt{\frac{M-m_2gr(\sin\theta+f\cos\theta)}{m_1+2m_2}\varphi}$$

将上式两边对时间t求导，并注意$\omega=\mathrm{d}\varphi/\mathrm{d}t$，得鼓轮的角加速度为

$$\varepsilon=\frac{2[M-m_2gr(\sin\theta+f\cos\theta)]}{r^2(m_1+2m_2)}$$

例7-8 物块A的质量为m_1，挂在不可伸长的绳索上，绳索跨过定滑轮B，另一端系在滚子C的轴上，滚子C沿固定水平面滚动而不滑动（见图7-24）。已知滑轮B和滚子C是相同

的均质圆盘，半径都为 r，质量都为 m_2。假设系统从静止开始运动，求物块 A 在下降高度 h 时的速度和加速度。绳索的质量以及滚动摩擦阻力和轴承摩擦都忽略不计。

解 取物块 A、滑轮 B、滚子 C 组成的质点系为研究对象，其上作用的外力有：物块 A 的重力 $m_1\boldsymbol{g}$，以及滑轮 B 的重力、轴承 B 处的约束力、滚子 C 的重力及其水平面的法向约束力。

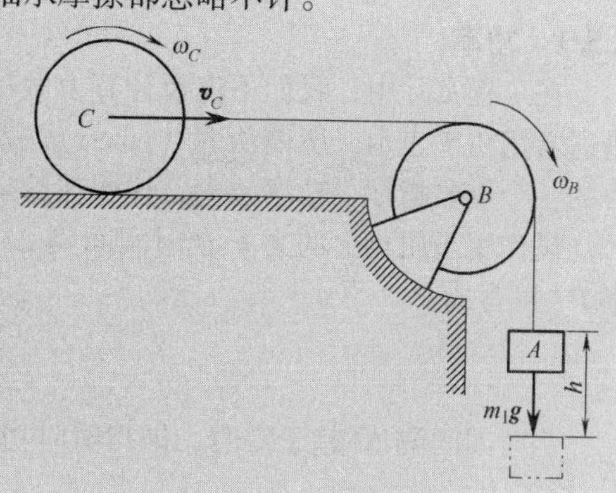

图 7-24 例 7-8 图

开始时系统处于静止，其动能为

$$T_1 = 0$$

当物块 A 下降高度 h 时，系统的动能为

$$\begin{aligned} T_2 &= T_A + T_B + T_C \\ &= \frac{1}{2}m_1 v^2 + \frac{1}{2}J_B\omega_B^2 + \frac{1}{2}m_2 v_C^2 + \frac{1}{2}J_C\omega_C^2 \end{aligned}$$

因 $J_B = J_C = \frac{1}{2}m_2 r^2$，$v_C = v$，$\omega_B = \omega_C = \frac{v}{r}$

故

$$\begin{aligned} T_2 &= \frac{1}{2}m_1 v^2 + \frac{1}{2}\times\frac{1}{2}m_2 v^2 + \frac{1}{2}m_2 v^2 + \frac{1}{2}\times\frac{1}{2}m_2 v^2 \\ &= \frac{1}{2}m_1 v^2 + m_2 v^2 \end{aligned}$$

系统中做功的力为物块 A 的重力，它的功为

$$W = m_1 g h$$

由动能定理，有

$$\frac{1}{2}m_1 v^2 + m_2 v^2 = m_1 g h$$

得

$$v = \sqrt{\frac{2m_1 g h}{m_1 + 2m_2}}$$

将上式两边对时间 t 求导，注意到 $\frac{\mathrm{d}v}{\mathrm{d}t} = a$，$\frac{\mathrm{d}h}{\mathrm{d}t} = v$，得物体 A 的加速度为

$$a = \frac{m_1}{m_1 + 2m_2}g$$

通过以上例题，可将应用动能定理的解题步骤总结如下：

（1）恰当选取研究对象，对质点系，一般可取整个系统为研究对象；

（2）根据题意确定质点系（刚体）运动的始末位置，并根据刚体的运动情况（如平动、定轴转动、平面运动）分别计算在该位置时的动能。计算动能必须用绝对速度、绝对角速度。

（3）分析质点系的受力情况，画出受力图，并计算在运动的始末过程中作用于质点系的全部力所做的功（可以按主动力和约束力对力进行分类，也可以按内力和外力对力进行分类），并求它们的代数和。

（4）应用质点系动能定理求未知量。若求速度，可直接用动能定理的积分形式，若求加速度，必须写出一般位置的动能及功的表达式，对时间 t 求一次导数后可求出加速度。还可用动能定理的微分形式直接求出加速度。

7.5 功率与机械效率

7.5.1 功率

在工程实际中，我们不仅要计算力做功的大小，而且还要知道力做功的快慢。力做功的快慢通常用功率表示。所谓功率（power），就是在单位时间内力所做的功，它是衡量机器工作能力的一个重要指标，功率越大，说明在给定的时间内能做的功就越多。

设作用于质点上的力 $\boldsymbol{F}$ 在时间间隔 Δt 内所做的元功为 δW，该力在这段时间内的平均功率 P^* 可写成

$$P^* = \frac{\delta W}{\Delta t}$$

当时间间隔 Δt 趋于零时，即得瞬时功率为

$$P = \lim_{\Delta t \to 0} \frac{\delta W}{\Delta t} = \frac{\mathrm{d}W}{\mathrm{d}t}$$

对于作用于质点上力的功率，可表示为

$$P = \frac{\delta W}{\mathrm{d}t} = \frac{F\cos\alpha \cdot \mathrm{d}s}{\mathrm{d}t} = F_{\mathrm{t}} v \tag{7-32}$$

式中，α 表示力 $\boldsymbol{F}$ 与其作用点位移速度 $\boldsymbol{v}$ 之间的夹角。可见，作用于质点上力的功率等于力在速度方向上的投影与速度的乘积。

对于作用于定轴转动刚体上力的功率，可表示为

$$P = \frac{\delta W}{\mathrm{d}t} = \frac{F_{\mathrm{t}} r \mathrm{d}\varphi}{\mathrm{d}t} = \frac{M_z \mathrm{d}\varphi}{\mathrm{d}t} = M_z \omega \tag{7-33a}$$

上式表明，作用于定轴转动刚体上力的功率等于该力对转轴的矩与角速度的乘积。若刚体上作用的是力偶，其力偶矩为 M，则力偶的功率为

$$P = M\omega \tag{7-33b}$$

在国际单位制中，当每秒钟力所做的功为 1J 时，其功率定为 1J/s（焦/秒）或 1W（瓦），1000W = 1kW。若以转速 n(r/min)代替角速度 ω，力对转轴的矩用 M 表示，则式（7-33b）可写成

$$P = \frac{M\omega}{1000} = \frac{M}{1000} \times \frac{n\pi}{30} = \frac{Mn}{9549} \ (\mathrm{kW}) \tag{7-34}$$

式（7-34）表示了功率、转速和转矩三者之间的数量关系，这一关系在工程实际中经常用到。由此式也可以看出，在功率不变的情况下，转速低则转矩大；而转速越高，则转矩越小。例如，在机械加工中用机床切削工件时，常把电动机的高转速通过减速器转换成主轴的低转速来加大切削力。

7.5.2 机械效率

任何一部机器工作时，都需要从外界输入一定的功率，称为输入功率（input power），用 $P_{输入}$ 表示；机器在工作中用于能量转化而消耗的一部分功率，称为有用功率（available power），用 $P_{有用}$ 表示；用于克服摩擦等有害阻力而消耗的一部分功率，称为无用功率，用 $P_{无用}$ 表示。在机器稳定运转时有

$$P_{输入} = P_{有用} + P_{无用}$$

即机器的输入功率和输出功率是平衡的。此时，机器输出的有用功率与输入功率之比称为机械效率（mechanical efficiency），用 η 表示，即

$$\eta = P_{有用} / P_{输入} \tag{7-35}$$

由于摩擦是不可避免的，故机械效率 η 总是小于 1。机械效率越接近于 1，有用功率就越

接近于输入功率，消耗的无用功率也就越小，说明机器对输入功率的有效利用程度越高，机器的性能越好。因此，机械效率的大小是评价机器质量优劣的重要标志之一。机械效率与机器的传动方式、制造精度和工作条件等因素有关。各种常用机械的机械效率一般可在机械设计手册或有关说明书中查得。

例7-9 一起重机，其悬挂部分重 $Q=5\text{kN}$，所用电动机的功率 $P_e=36.5\text{kW}$，起重机齿轮的传动效率 $\eta=0.92$，当提升速度 $v=0.2\text{m/s}$ 时，求最大起重量 G。

解 电动机的功率 P_e 就是起重机的输入功率 $P_{输入}$，由式（7-35）可求得起重机输出的有用功率

$$P_{有用}=P_{输入}\cdot\eta=P_e\cdot\eta=(36.5\times0.92)\text{kW}=33.58\text{kW}$$

又有 $P_{有用}=(Q+G)v$，由此求得

$$G=P_{有用}/v-Q=\left(\frac{33.58\times10^3}{0.2}-5\times10^3\right)\text{N}$$

$$=162900\text{N}=162.9\text{kN}$$

例7-10 用车刀切削一直径 $d=0.2\text{m}$ 的零件外圆，如图7-25所示。已知切削力 $F=2.5\text{kN}$，切削时车床主轴转速 $n=180\text{r/min}$，车床齿轮传动的机械效率 $\eta=0.8$。试求切削所消耗的功率及电动机的输出功率。

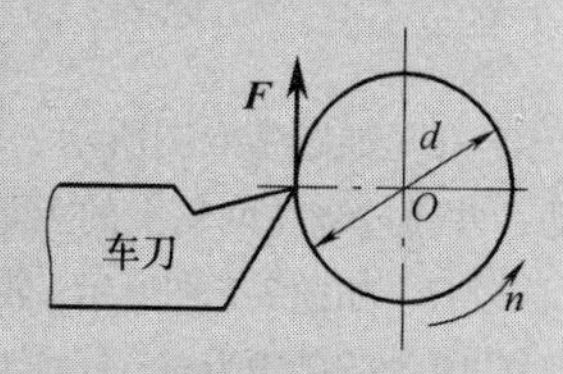

图7-25 例7-10

解 切削力对主轴的转矩为

$$M=Fd/2=(2.5\times10^3\times0.2/2)\text{N}\cdot\text{m}=250\text{N}\cdot\text{m}$$

切削所消耗的功率即车床的有用功率，由式（7-34），得

$$P_{有用}=Mn/9549=(250\times180/9549)\text{kW}=4.71\text{kW}$$

电动机的输出功率就是车床的输入功率，由式（7-34），得

$$P_{电}=P_{输入}=P_{有用}/\eta=(4.71/0.8)\text{kW}=5.89\text{kW}$$

思考题

1. 在弹性范围内，把弹簧的伸长量加倍，拉力所做的功也增加相同的倍数吗？
2. 比较质点的动能与刚体绕定轴转动的动能的计算式，指出它们相似的地方。
3. 汽车的速度由0增至4m/s，再由4m/s增至8m/s，这两种情况下汽车发动机所做的功是否相等？
4. 在运动学中讲过，刚体做平面运动时，可任选一个基点 A，平面运动可以看成是随点 A 的平动和绕点 A 的转动。但平面运动刚体的动能是否为 $T=\frac{1}{2}Mv_A^2+\frac{1}{2}J_A\omega^2$？
5. “质量大的物体一定比质量小的物体动能大”，“速度大的物体一定比速度小的物体动能大”，这两种说法对吗？
6. 功和功率有什么区别？为什么人在快速提升物体时感觉较累？

习 题

7-1 重量为 G 的火车，具有最大功率 P_0 驱动机车驰行；在起动阶断机车从静止出发，机车的功率逐步增加使机车以 $\boldsymbol{a}_0$ 的加速度匀加速运行，设滑动摩擦因数为 f_d，阻力为 $\boldsymbol{f}_p$，求机车自静止起动至最大速度的时间 t_0 及最大速度值。

7-2　题 7-2 图所示原长为 $l=100\text{mm}$ 的弹簧，固定在直径 $OA=200\text{mm}$ 的点 O 处，其刚度系数 $k=5\text{N/mm}$，若已知 BC 垂直于 OA，点 C 为圆心。当弹簧的另一端由图示的点 B 拉到任一点时，试求弹性力在此过程中所做的功。

7-3　题 7-3 图所示重 2kN 的刚体，受已知力 $F_Q=0.5\text{kN}$ 的作用而沿水平面滑动。如接触面间的动摩擦因数 $f'=0.2$。求刚体向右滑动距离 $s=50\text{m}$ 时，作用于刚体的各力所做的功及合力所做的功。

7-4　题 7-4 图所示皮带轮的半径为 500mm，皮带拉力分别为 $F_{T1}=1800\text{N}$ 和 $F_{T2}=600\text{N}$，若皮带轮转速为 120r/min，试求一分钟内皮带拉力所做的总功。

7-5　题 7-5 图所示半径为 $2r$ 的圆轮在水平面上做纯滚动，轮轴上绕有软绳，轮轴半径为 r，绳上作用常值水平拉力 $\boldsymbol{F}$，求轮心 C 运动 s 时，力 $\boldsymbol{F}$ 所做的功。

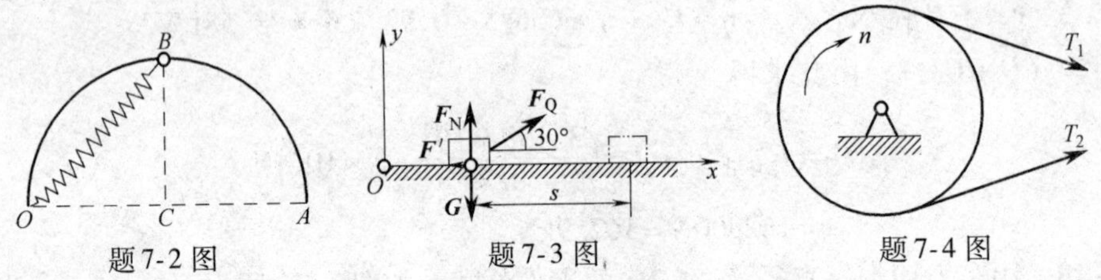

题 7-2 图　　题 7-3 图　　题 7-4 图

7-6　如题 7-6 图所示，均质轮 O 和 A，质量和半径都相同，分别为 m 和 R。轮 O 以角速度 ω 做定轴转动，并通过绕在两轮上的无重细绳带动轮 A 在与直绳部分平行的平面上做纯滚动。试求系统所具有的动能。

7-7　如题 7-7 图所示，滑块 A、B 分别铰接于 AB 杆的两端点，并可以在相互垂直的槽内运动。已知滑块 A、B 及杆 AB 的质量均为 m，杆长为 l。当 AB 与铅直槽的夹角为 φ 时，A 的速度为$\boldsymbol{v}$。试求该瞬时整个系统的动能。

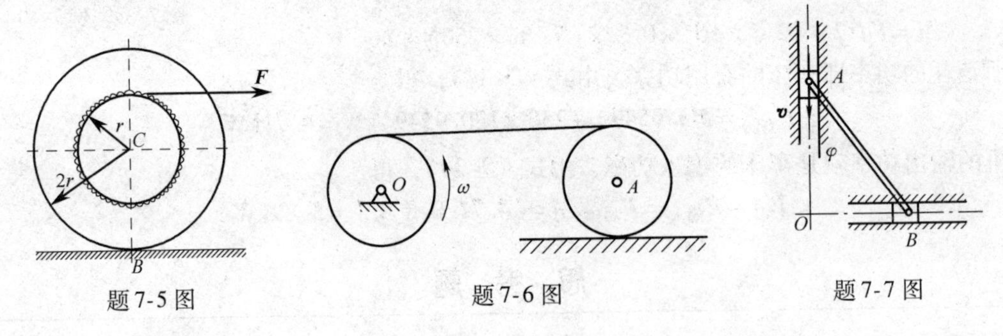

题 7-5 图　　题 7-6 图　　题 7-7 图

*7-8　在题 7-8 图所示机构中，鼓轮 B 质量为 m，内、外半径分别为 r 和 R，对转轴 O 的回转半径为 ρ，其上绕有细绳，一端吊一质量为 m 的物块 A，另一端与质量为 M、半径为 r 的均质圆轮 C 相连，斜面倾角为 φ，绳的倾斜段与斜面平行。试求：(1) 鼓轮的角加速度 α；(2) 斜面摩擦力及连接物块 A 的绳子的张力(表示为 α 的函数)。

7-9　如题 7-9 图所示，物体重 $\boldsymbol{G}$，以 AB、DE 两绳悬挂，AB、DE 通过重心 C，$AC=EC=l$，$\theta=30°$，初始静止。若将绳 DE 剪断，求剪断前、后瞬间绳 AB 张力的比值 β。

7-10　均质棒 AB 重 $G=4N$，其两端悬挂在两条平行绳上，棒处在水平位置，如题 7-10 图所示。设其中一绳剪断，求此瞬时另一绳的张力 $\boldsymbol{F}$。

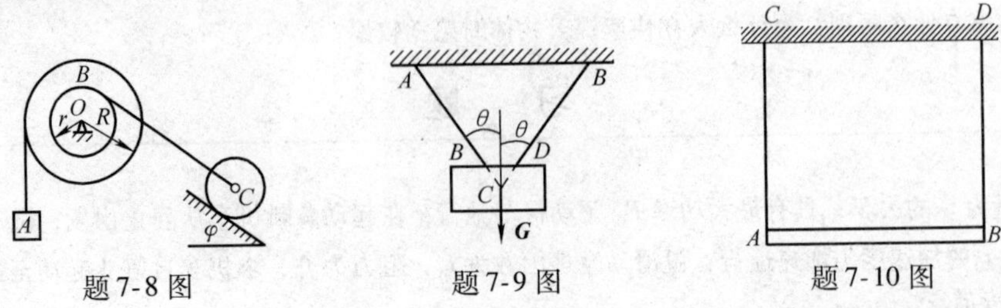

题 7-8 图　　题 7-9 图　　题 7-10 图

*7-11　如题7-11图所示，长为l的均质杆AB的A端用绳悬挂，B端放在光滑水平面上，且$\varphi=60°$。设绳突然断掉，试求杆AB在重力作用下运动到$\varphi=30°$时，其质心C的加速度。

7-12　如题7-12图所示，半径为r、质量为m的均质圆柱体沿水平面做纯滚动。绳索一端绕在圆柱体上，另一端水平跨过定滑轮并悬挂质量为m_1的重物A。不考虑定滑轮质量及摩擦，系统从静止开始运动。求重物A下降s后，圆柱质心C的速度和加速度。

*7-13　如题7-13图所示平面机构由两匀质杆AB、BO组成，两杆的质量均为m，长度均为l，在铅垂平面内运动。在杆AB上作用一不变的力偶矩M，从图示位置由静止开始运动。不计摩擦，求当点A即将碰到铰支座O时A端的速度。

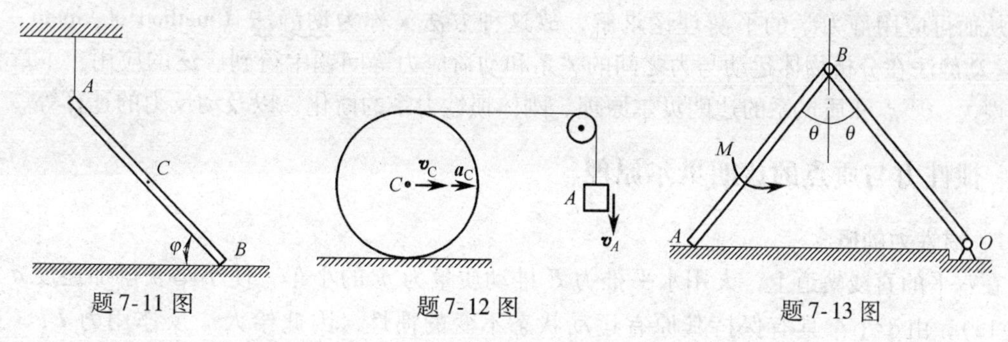

题7-11图　　题7-12图　　题7-13图

*7-14　如题7-14图所示为材料冲击试验机。试验机摆锤质量为18kg，重心到转动轴的距离$l=840$mm，杆重不计。试验开始时，将摆锤升高到摆角$\alpha_1=70°$的地方释放，冲断试件后，摆锤上升的摆角$\alpha_2=29°$。求冲断试件需用的能量。

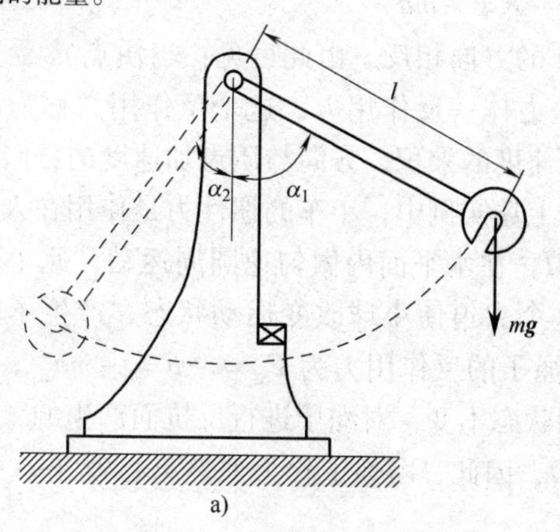

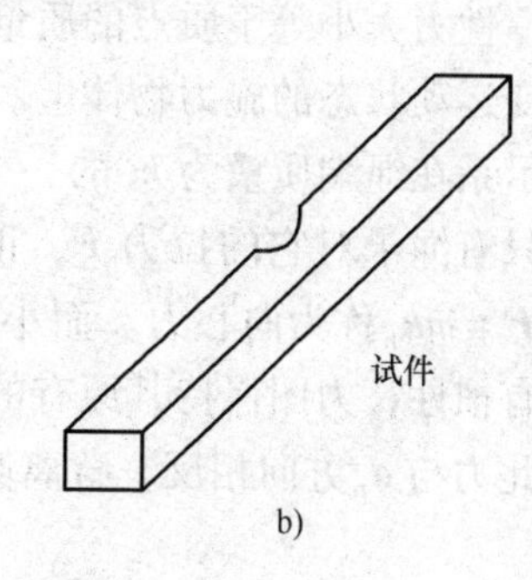

题7-14图

第 8 章　达朗贝尔原理（动静法）

达朗贝尔原理（d' Alembert principle）是为解决机器动力学问题而提出的，其实质就是在动力学方程中引入惯性力（inertial force），将动力学问题从形式上转化为静力学中力的平衡问题，从而可应用静力学的平衡理论求解，故这种方法又称为动静法（method of kineto - statics）。动静法在分析物体运动与力之间的关系和动荷应力等问题中得到广泛的应用。本章将介绍惯性力、质点和质点系的达朗贝尔原理、刚体惯性力系的简化，以及动反力的计算等。

8.1　惯性力与质点的达朗贝尔原理

8.1.1　惯性力的概念

在水平的直线轨道上，人用水平推力 $\boldsymbol{F}$ 推动质量为 m 的小车，使小车获得加速度 $\boldsymbol{a}$（见图 8-1a），由于小车具有保持其原有运动状态不变的惯性，因此给人一反作用力 $\boldsymbol{F}_g$（见图 8-1b），因为这个反作用力与小车的质量有关，所以记为 $\boldsymbol{F}_g$，称为小车的惯性力。根据作用与反作用定律，有 $\boldsymbol{F}_g=-\boldsymbol{F}$，若不计直线轨道的摩擦，则由牛顿第二定律，得

$$\boldsymbol{F}_g=-\boldsymbol{F}=-m\boldsymbol{a} \tag{8-1}$$

式中，负号表示惯性力 $\boldsymbol{F}_g$ 的方向与加速度 $\boldsymbol{a}$ 的方向相反。由此可见：当质点 m 受力改变其运动状态时，由于质点的惯性，质点必将给施力体一反作用力，这个反作用力称为质点的惯性力。质点的惯性力大小等于质点的质量与加速度的乘积，方向与质点加速度的方向相反，作用在使质点改变运动状态的施力物体上。如在上述实例中，小车的惯性力是作用在人手上的。又如图 8-2 所示系在绳端质量为 m 的一个球 M，在水平面内做匀速圆周运动，此小球在水平面内所受到的只有绳子对它的拉力 F，正是这个力迫使小球改变运动状态，产生了向心加速度 $\boldsymbol{a}_n$，这个力 $\boldsymbol{F}=m\boldsymbol{a}_n$ 称为向心力。而小球对绳子的反作用力为 $\boldsymbol{F}_g=-\boldsymbol{F}=-m\boldsymbol{a}_n$，它同样也是由于小球具有惯性，力图保持其原有的运动状态不变，对绳子进行反抗而产生的，故称为小球的惯性力。此力与 $\boldsymbol{a}_n$ 方向相反，背离圆心 O，因此，习惯上称为惯性离心力（inertial centrifugal force）。

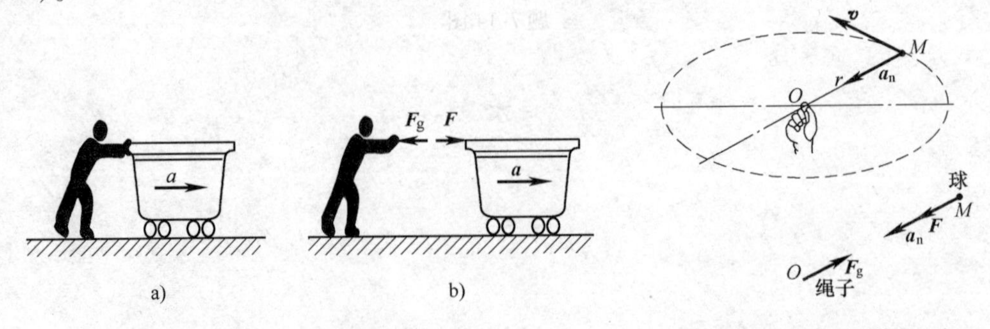

图 8-1　小车的惯性力

图 8-2　小球匀速圆周运动

由以上两例可见，若质点的运动状态不发生改变，即质点加速度为零，则不会有惯性力，只有当质点的运动状态发生改变时才会有惯性力。

8.1.2　质点的达朗贝尔原理

设一非自由质点 M 的质量为 m，受主动力 $\boldsymbol{F}$、约束力 $\boldsymbol{F}_N$的作用，沿合力 $\boldsymbol{F}_R$ 方向做加速运动，设其加速度为 $\boldsymbol{a}$，如图8-3所示。由质点动力学基本方程，得

$$\boldsymbol{F}+\boldsymbol{F}_N = m\boldsymbol{a}$$

将上式右边移到左边，并以惯性力 $\boldsymbol{F}_g = -m\boldsymbol{a}$ 代入，则可表示为

$$\boldsymbol{F}+\boldsymbol{F}_N+\boldsymbol{F}_g=\boldsymbol{0} \tag{8-2}$$

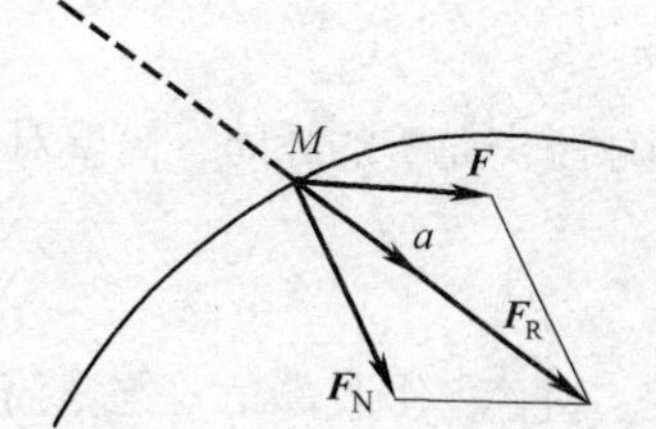

图8-3　质点的达朗贝尔原理

式（8-2）表明：如果在运动的质点上假想地加上惯性力，则作用于质点上的主动力、约束力及惯性力，在形式上构成一平衡力系，这就是质点的达朗贝尔原理。

必须再次强调指出：惯性力实际并不作用于质点，而是作用于迫使质点改变运动状态的施力体上，在质点施加惯性力是假想的，其“平衡力系”是虚拟的。应用动静法时，并没有改变动力学问题的实质，但是力学问题的求解却显得特别方便。

将式（8-2）分别投影于自然坐标轴和直角坐标轴，即得动静法的自然坐标式

$$\left.\begin{aligned}F_t+F_{Nt}+F_{gt}=0\\F_n+F_{Nn}+F_{gn}=0\end{aligned}\right\} \tag{8-3}$$

动静法的直角坐标式

$$\left.\begin{aligned}F_x+F_{Nx}+F_{gx}=0\\F_y+F_{Ny}+F_{gy}=0\end{aligned}\right\} \tag{8-4}$$

应用质点动静法解题时，首先对研究对象进行受力分析，除受有主动力和约束力外，再假想地加上惯性力，其中惯性力要根据质点运动条件及轨迹曲线确定。然后，用静力学中列平衡方程的方法求解。

应该看到，由于惯性力不是质点上的真实作用力，这里研究的质点并非处于平衡状态，式（8-2）只是形式上的平衡方程。之所以将惯性力虚拟地施加在物体上，是为了将动力学基本定律在形式上化为静力学的平衡关系，从而可以用解决静力学平衡问题的方法研究动力学问题

例8-1　如图8-4a所示，球磨机滚筒内装有钢球和矿石，滚筒绕固定水平轴 O 以匀转速 n（r/min）做顺时针方向转动，带动钢球和矿石在滚筒中运动，转到一定角度 α 时钢球离开滚筒内壁沿抛物线轨迹落下，可以得到最大的打击力。设滚筒的半径为 r，求钢球离升滚筒时的角度 α 应为多少？

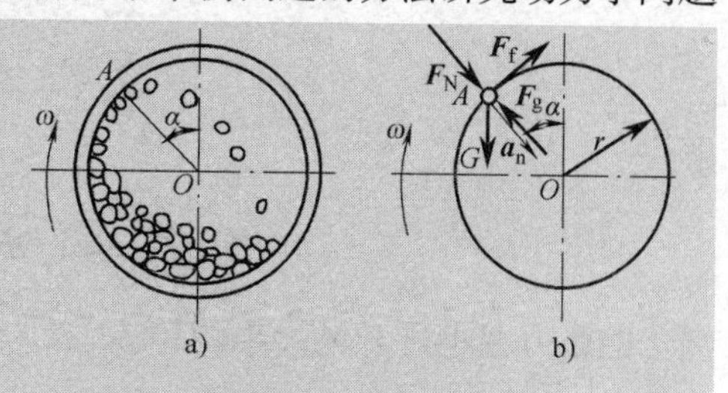

图8-4　例8-1图

解　以最外层的一个钢球 A 为研究对象，不考虑钢球间的相互作用力，则钢球所受的力有重力 $\boldsymbol{G}$、筒壁对钢球的摩擦力 $\boldsymbol{F}_f$和约束力 $\boldsymbol{F}_N$，如图8-4b所示。钢球随滚筒做匀速圆周运动，只有法向加速度，因此，惯性力的大小为

$$F_g = ma = (G/g)\ r\omega^2$$

其方向通过 A 点背向滚筒中心 O。

取自然坐标系，列平衡方程

$$\sum F_n = 0,\quad F_N + G\cos\alpha - F_g = 0$$

由此解得

$$F_N = G\left(\frac{r\omega^2}{g} - \cos\alpha\right)$$

钢球脱离筒壁的瞬间，筒壁对钢球的约束力 $F_N = 0$，代入上式后，可求得脱离角 α 为

$$\alpha = \arccos\left(\frac{r\omega^2}{g}\right) = \arccos\left(\frac{r\pi^2 n^2}{900g}\right)$$

讨论：①脱离角 α 与滚筒的角速度和滚筒半径有关，而与钢球质量无关。

②由此结果可以看出，当 $r\omega^2/g = 1$ 时，$\alpha = 0$。这相当于钢球始终不脱离筒壁。

此时转筒的转速 $n_L = \frac{30}{\pi}\sqrt{g/r}$，一般称为临界转速。对球磨机而言，应要求 n 小于 n_L，否则球磨机就不能工作。在设计计算中一般取否 $n = (0.76 \sim 0.88)\,n_L$。而对离心浇铸机而言，为了使溶液在旋转着的铸型内能紧贴内壁成型，则要求 n 大于 n_L。

*例 8-2　如图 8-5 所示一圆锥摆，质量 $m = 0.1\text{kg}$ 的小球系于长 $l = 0.3\text{m}$ 的绳上，绳的另一端系在固定点 O，并与铅垂线成 $\alpha = 60°$角。如小球在水平面内做匀速圆周运动，求小球的速度与绳子的张力大小。

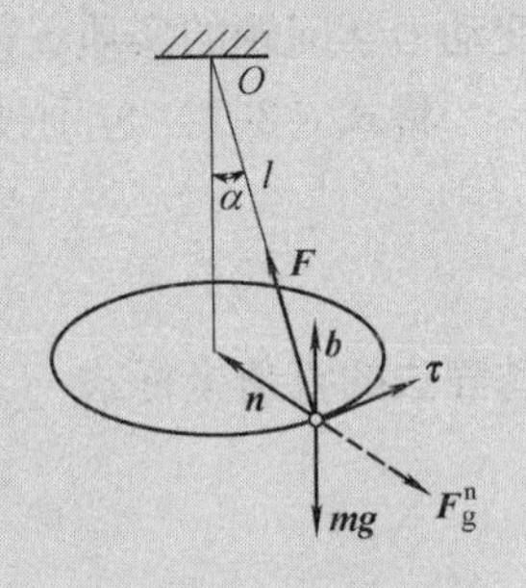

图 8-5　例 8-2 图

解　取小球作为研究对象（质点）。小球在水平面内做匀速圆周运动，只有法向加速度，作用在小球上的力有重力 $m\boldsymbol{g}$、绳子的约束力 $\boldsymbol{F}$ 以及虚加的法向惯性力 $\boldsymbol{F}_g^n$。

$$F_g^n = ma_n = m\frac{v^2}{l\sin\alpha}$$

由达朗贝尔原理，以上三力形式上组成平衡力系，即

$$\boldsymbol{F} + m\boldsymbol{g} + \boldsymbol{F}_g^n = \boldsymbol{0}$$

在自然坐标中的投影式为

$$\sum F_b = 0,\ F\cos\alpha - mg = 0$$

$$\sum F_n = 0,\ F\sin\alpha - F_g^n = 0$$

解得

$$F = \frac{mg}{\cos\alpha} = 1.96\text{N},\ v = \sqrt{\frac{Fl\sin^2\alpha}{m}} = 2.1\text{m/s}$$

绳子的张力大小与 $\boldsymbol{F}$ 的大小相等。

8.2　质点系的达朗贝尔原理

质点系的达朗贝尔原理可由质点的达朗贝尔原理推广得到。

设质点系中任一质点 i 的质量为 m_i，加速度为 $\boldsymbol{a}_i$，作用于质点的外力和为 $\boldsymbol{F}_i^{(e)}$，内力之和为 $\boldsymbol{F}_i^{(i)}$，给该质点虚加惯性力 $\boldsymbol{F}_{gi} = -m_i\boldsymbol{a}_i$，则由质点的达朗贝尔原理，得

$$\boldsymbol{F}_i^{(e)} + \boldsymbol{F}_i^{(i)} + \boldsymbol{F}_{gi} = \boldsymbol{0}$$

即作用在质点 i 上的所有外力、内力以及虚加在质点 i 上的惯性力组成形式上的平衡力系。

给质点系中的每个质点虚加惯性力，则每个质点所受的外力、内力以及其上虚加的惯性力都可以构成形式上的平衡力系。于是，整个质点系上所有的外力、内力以及各质点上虚加的惯性力也组成一个形式上的平衡力系，这就是质点系的达朗贝尔原理。

由静力学知识可知，力系的平衡条件是力系的主矢为零，对任一点的主矩为零，即

$$\begin{cases}\sum \boldsymbol{F}_i^{(e)} + \sum \boldsymbol{F}_i^{(i)} + \sum \boldsymbol{F}_{gi} = \boldsymbol{0} \\ \sum M_O(\boldsymbol{F}_i^{(e)}) + \sum M_O(\boldsymbol{F}_i^{(i)}) + \sum M_O(\boldsymbol{F}_{gi}) = \boldsymbol{0}\end{cases}$$

考虑到内力总是成对出现，且等值反向，故

$$\sum \boldsymbol{F}_i^{(i)} = \boldsymbol{0}$$

$$\sum M_O(\boldsymbol{F}_i^{(i)}) = 0$$

于是有

$$\left.\begin{aligned}\sum \boldsymbol{F}_i^{(e)} + \sum \boldsymbol{F}_{gi} = \boldsymbol{0} \\ \sum M_O(\boldsymbol{F}_i^{(e)}) + \sum M_O(\boldsymbol{F}_{gi}) = 0\end{aligned}\right\} \tag{8-5}$$

式（8-5）表明：质点系在运动的每一瞬间，作用于质点系上的所有外力与虚加在各质点上的惯性力，在形式上构成一个平衡力系。

式（8-5）是矢量表达式，具体应用时，应选择其在相应坐标轴上的投影形式。

质点系的达朗贝尔原理等价于动量原理。其中式（8-5）的第一式等价于质点系动量定理（或质心运动定理），第二式等价于质点系对任意点的动量矩定理。两个原理等价性的证明，本书不予讨论，读者可参阅相关文献资料。由于本书仅讨论了质点系对固定点（或固定轴）的动量矩定理，因此本书应用动量矩定理解题时，矩心或矩轴不能任意选取，只能取定点（或定轴）。而在根据质点系的达朗贝尔原理建立起的质点系形式的力矩平衡方程中，矩心的选择则是任意的，并非一定要是定点。从这一点来说，质点系的达朗贝尔原理在应用上比质点系动量原理更为方便。

8.3　刚体惯性力系的简化

由上一节可知，在质点系中应用达朗贝尔原理时，需要对每个质点虚加惯性力，这些惯性力组成一个惯性力系。若是少数质点组成的质点系，可逐点虚加惯性力。若组成质点系的质点个数非常多，逐点虚加惯性力的方法就很烦琐。对刚体这类由无限多个质点组成的质点系而言，这种方法甚至是失效的。因此，为了应用方便，可以按照静力学中力系简化的方法，对质点系的惯性力系进行简化，用简化结果等效替代原来的惯性力系。这样在解题时就可以直接利用其简化结果。本节讨论刚体平动、定轴转动和平面运动时惯性力系的简化结果。

8.3.1　刚体平动时惯性力系的简化

当刚体平动时，任一瞬时刚体内各点的加速度相同，若某瞬时刚体质心加速度记为 $\boldsymbol{a}_C$，则该瞬时体内任一质量为 m_i 的质点的加速度 $\boldsymbol{a}_i = \boldsymbol{a}_C$，虚加在该点上的惯性力为 $\boldsymbol{F}_{gi} = -m_i\boldsymbol{a}_i = -m_i\boldsymbol{a}_C$。刚体内每一点都加上相应的惯性力，且每一点的惯性力方向相同，组成同方向的空间平行力系，该空间平行力系可简化为通过质心的合力（合惯性力）

$$\boldsymbol{F}_{gR} = \sum \boldsymbol{F}_{gi} = \sum(-m_i\boldsymbol{a}_C) = -\boldsymbol{a}_C\sum m_i = -m\boldsymbol{a}_C \tag{8-6}$$

式中，m 为刚体的总质量。

结论 对平动的刚体，惯性力系可简化为通过质心的合力，其大小等于刚体的质量与质心加速度的乘积，合力的方向与质心加速度的方向相反。

8.3.2 刚体绕定轴转动时惯性力系的简化

此处只讨论刚体具有质量对称平面（如齿轮、圆盘、飞轮等），且转轴与质量对称面垂直的特殊情况。在这种情况下，刚体内惯性力的分布对于质量对称面是完全对称的，因此可以将惯性力系简化为质量对称面内的平面一般力系。

如图8-6a所示的定轴转动刚体的质量对称面为S，与转轴的交点记为O，某瞬时角速度和角加速度分别为ω和ε，转向如图所示，质心为点C。取S内任一质量为m_i（即为刚体内过该点且垂直于S面的线段上所有点的质量）的点，该点加速度记为$\boldsymbol{a}_i$，则该点的惯性力为$\boldsymbol{F}_{gi}=-m_i\boldsymbol{a}_i$，则

$$\boldsymbol{F}_{gi}=\boldsymbol{F}_{gi}^{t}+\boldsymbol{F}_{gi}^{n}$$

其中，$\boldsymbol{F}_{gi}^{t}=-m_i\boldsymbol{a}_i^{t}$，$\boldsymbol{F}_{gi}^{n}=-m_i\boldsymbol{a}_i^{n}$。

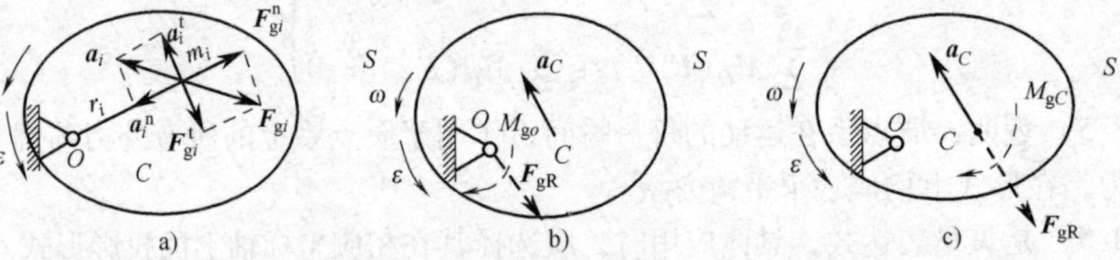

图8-6 刚体绕定轴转动时惯性力系的简化

S平面内所有点的惯性力构成平面一般力系，将此平面力系向点O进行简化，可得到一个力和一个力偶，该力为惯性力系的主矢，即

$$\boldsymbol{F}_{gR}=\sum\boldsymbol{F}_{gi}=-\sum m_i\boldsymbol{a}_i$$

将刚体质量记为m，由质心坐标计算公式$m\boldsymbol{r}_C=\sum m_i\boldsymbol{r}_i$，对时间求二阶导数，有$m\boldsymbol{a}_C=\sum m_i\boldsymbol{a}_i$，则

$$\boldsymbol{F}_{gR}=-m\boldsymbol{a}_C$$

该力偶的力偶矩为惯性力系对点O的主矩，即

$$M_{gO}=\sum M_O(\boldsymbol{F}_{gi})$$

惯性力$\boldsymbol{F}_{gi}$对点O的矩M_O（$\boldsymbol{F}_{gi}$）的计算，由于法向惯性力$\boldsymbol{F}_{gi}^{n}=-m_i\boldsymbol{a}_i^{n}$作用线过点$O$，对点$O$的矩为零：而切向惯性力$\boldsymbol{F}_{gi}^{t}$的大小为$m_ia_i^{t}=m_ir_i\varepsilon$，则$M_O(\boldsymbol{F}_{gi})=M_O(\boldsymbol{F}_{gi}^{t})=-m_ir_i^2\varepsilon$。对整个刚体$M_{gO}=\sum M_O(\boldsymbol{F}_{gi})=-\sum m_ir_i^2\varepsilon$，而$\sum m_ir_i^2$为刚体对转轴$O$的转动惯量$J_O$，则

$$M_{gO}=-J_O\varepsilon$$

结论 对有质量对称平面的刚体，且该刚体绕垂直于此对称平面的轴做定轴转动时，其惯性力系可以简化为对称面内的一个力和一个力偶，该力等于刚体的质量与质心加速度的乘积，方向与质心加速度方向相反，且力的作用线通过转轴；该力偶的力偶矩等于刚体对转轴的转动惯量与角加速度的乘积，其转向与角加速度转向相反。惯性力系向点O简化的结果如图8-6b所示。

如将惯性力系向S上的质心C简化，由于主矢与简化中心的位置无关，而主矩与简化中心的位置有关。其结果为

$$\boldsymbol{F}_{gR}=-m\boldsymbol{a}_C \tag{8-7}$$

$$M_{gC}=-J_C\varepsilon \tag{8-8}$$

其中，$\boldsymbol{F}_{gR}$的大小和方向不变，只是其作用线通过质心 C；而主矩M_{gC}与简化中心位置有关，大小发生了变化，转向仍与角加速度转向相反；J_C为刚体对通过质心且与转轴 O 平行的轴 C 的转动惯量。简化结果如图 8-6c 所示。

当转轴 O 通过质心 C，且 $\varepsilon \neq 0$ 时，由于 $a_C = a_O = 0$，故惯性力系的简化结果为一力偶，该力偶的力偶矩为

$$M_{gC} = -J_C\varepsilon$$

当刚体匀速转动，转轴不通过质心 C 时，因角加速度 $\varepsilon = 0$，故惯性力系简化为过简化中心 O 的一个力，即

$$\boldsymbol{F}_{gR} = -m\boldsymbol{a}_C^{n} \tag{8-9}$$

其大小为 $mr_C\omega^2$，其中 r_C为质心到简化中心 O 的距离，方向与质心 C 的法向加速度方向相反。

当刚体匀速转动，转轴通过质心 C 时，惯性力系向 S 内任一点简化的主矢和主矩都等于零，则惯性力系是一平衡力系。

8.3.3　刚体做平面运动时惯性力系的简化

此处只讨论具有质量对称平面的刚体，且刚体平行于此对称面运动的情况。在该条件下，刚体的惯性力系仍可简化为对称面内的平面一般力系。

在质量对称平面 S 内刚体的平面运动图形如图 8-8 所示。由运动学知，平面图形的运动可分解为跟随基点的平动和绕基点的转动。取质心 C 作为基点，设某瞬时质心加速度为 $\boldsymbol{a}_C$，平面图形的角加速度为 ε，转向如图 8-7 所示。将简化到对称面内的惯性力系向质心 C 简化，可得到：一是随质心平动而产生的惯性力系，可简化为过质心的一个力；二是绕质心转动而产生的惯性力系，可简化一个力偶。该力为惯性力系的主矢，该力偶的力偶矩为惯性力系对质心 C 的主矩。分别由下面两式确定，即

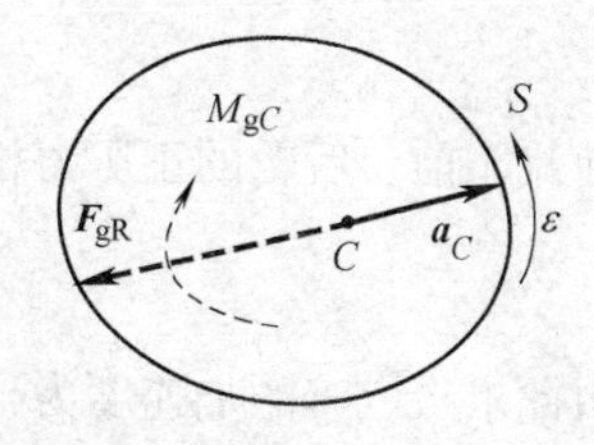

图 8-7　刚体做平面运动时惯性力系的简化

$$F_{gR} = -ma_C \tag{8-10}$$

$$M_{gC} = -J_C\varepsilon \tag{8-11}$$

其中，J_C是刚体对过质心 C 且垂直于质量对称面的轴的转动惯量；负号表示主矩的转向与平面图形角加速度 ε 的转向相反。

结论　对有质量对称平面的刚体，且该刚体平行于质量对称面做平面运动时，其惯性力系可以简化为在质量对称面内的一个力和一个力偶。该力作用线通过质心，大小等于刚体的质量与质心加速度的乘积，方向与质心加速度的方向相反；该力偶的力偶矩等于刚体对通过质心且垂直于质量对称面的轴的转动惯量与刚体角加速度的乘积，转向与角加速度的转向相反。

由以上分析可知，刚体的运动形式不同，惯性力系的简化结果也不相同。因此在利用达朗贝尔原理研究刚体动力学问题时，必须先分析刚体的运动形式，以求得惯性力系的简化结果，然后建立主动力系、约束力系和惯性力系的形式上的平衡方程。但应注意这种形式上的平衡方程实质上反映了系统的运动与力之间的关系。

8.4　用动静法解质点系统动力学问题的应用举例

用动静法求解质点系统的动力学问题的解题步骤为：①明确指出研究对象；②正确地进行受力分析，画出所有主动力和外约束力；③正确地画出惯性力系的等效力系；④根据平衡条件列出研究对象在此瞬时的平衡方程；⑤求解平衡方程。

例 8-3　如图 8-8a 所示，质量为 m 的汽车以加速度 $\boldsymbol{a}$ 做水平直线运动。试求汽车前、后轮的正压力以及欲保证前、后轮正压力相等时汽车的加速度。

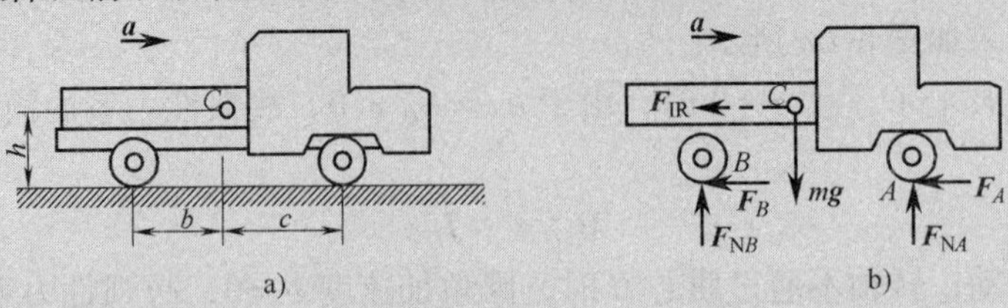

图 8-8　例 8-3 图

解　取汽车为研究对象，其受力如图 8-9b 所示。

汽车做直线平移，在质心 C 处虚加惯性合力 $\boldsymbol{F}_{\mathrm{R}} = -m\boldsymbol{a}$，根据达朗贝尔原理，列平衡方程，有

$$\sum M_A(\boldsymbol{F}) = 0,\ F_{\mathrm{gR}}h + mgc - (b+c)F_{\mathrm{N}B} = 0$$

$$\sum M_B(\boldsymbol{F}) = 0,\ F_{\mathrm{gR}}h - mgb + (b+c)F_{\mathrm{N}A} = 0$$

联立求解，得汽车前、后轮的正压力分别为

$$F_{\mathrm{N}A} = \frac{bg - ha}{b+c}m,\ F_{\mathrm{N}B} = \frac{cg + ha}{b+c}m$$

使汽车前、后轮的正压力相等，即令

$$F_{\mathrm{N}A} = F_{\mathrm{N}B},\ \frac{bg - ha}{b+c}m = \frac{cg + ha}{b+c}m$$

由此求得汽车的加速度为

$$a = \frac{g(b-c)}{2h}$$

例 8-4　图 8-9a 所示的滑动门的质量为 60kg，质心为 C，相应的几何尺寸如图所示。门上的滑轮 A 和 B 可沿固定的水平梁滑动，若已知动摩擦因数 $f_{\mathrm{s}} = 0.25$，欲使门获得加速度 $a = 0.49\mathrm{m/s^2}$，求作用在门上的水平力 $\boldsymbol{F}$ 的大小以及作用在滑轮 A 和 B 上的法向约束力。

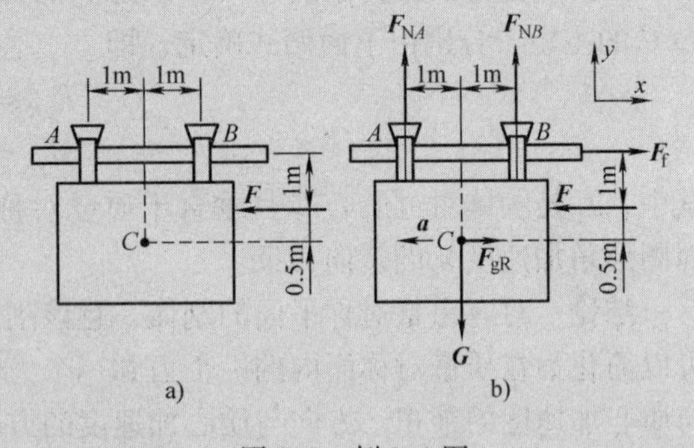

图 8-9　例 8-4 图

解　取滑动门为研究对象，画受力分析图如图 8-9b 所示。滑动门受重力 $\boldsymbol{G} = m\boldsymbol{g}$、滑轮的法向约束力 $\boldsymbol{F}_{\mathrm{N}A}$、$\boldsymbol{F}_{\mathrm{N}B}$、摩擦力 $F_{\mathrm{f}} = f_{\mathrm{s}}(F_{\mathrm{N}A} + F_{\mathrm{N}B})$ 和惯性力 $\boldsymbol{F}_{\mathrm{gR}}$ 的作用，因为滑动门做平动，所以惯性力的合力 $\boldsymbol{F}_{\mathrm{gR}}$ 通过质心 C，其大小为 $F_{\mathrm{gR}} = ma$，方向与 $\boldsymbol{a}$ 的方向相反。

由动静法可知以上这些力在形式上组成平衡力系，列平衡方程

$$\sum F_x = 0,\ F_{\mathrm{gR}} + F_{\mathrm{f}} - F = 0$$

$$\sum F_y = 0,\ F_{\mathrm{N}A} + F_{\mathrm{N}B} - G = 0$$

$$\sum M_C(\boldsymbol{F}) = 0,\ -F_{\mathrm{N}A} \times 1 - F_{\mathrm{f}} \times 1.5 + F_{\mathrm{N}B} \times 1 + F \times 0.5 = 0$$

解得

$$F = 176.4\mathrm{N},\ F_{\mathrm{N}A} = 227.85\mathrm{N},\ F_{\mathrm{N}B} = 360.15\mathrm{N}$$

例8-5　如图8-10a所示，匀质矩形板的质量为 m，边长 $AE=b$、$AB=2b$，用两根等长细绳吊在水平天花板上。若在静止状态下突然剪断细绳 O_2B，试求剪断瞬时矩形板质心 C 的加速度与细绳 O_1A 的拉力。

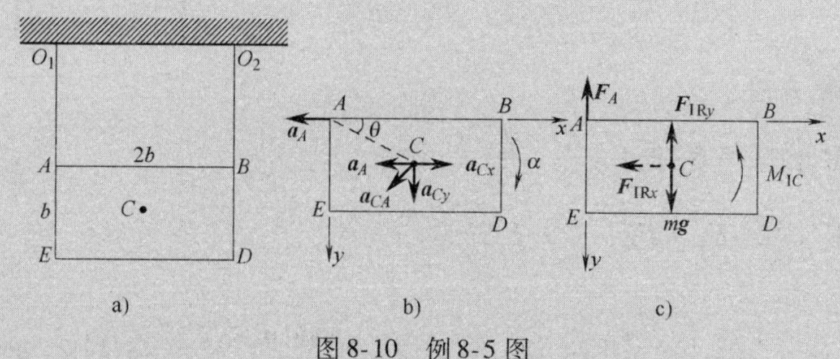

图8-10　例8-5图

解　选取矩形板为研究对象。剪断细绳 O_2B 后，矩形板将做平面运动，以点 A 为基点，由基点法得质心 C 的加速度

$$\boldsymbol{a}_{Cx}+\boldsymbol{a}_{Cy}=\boldsymbol{a}_A+\boldsymbol{a}_{CA}^{\mathrm{n}}+\boldsymbol{a}_{CA}^{\mathrm{t}} \tag{1}$$

在剪断细绳 O_2B 的瞬时，矩形板的角速度以及其上任一点的速度均为零，故知 $\boldsymbol{a}_A$ 的方向垂直于 O_1A。$\boldsymbol{a}_{CA}^{\mathrm{n}}=0$，$\boldsymbol{a}_{CA}=\boldsymbol{a}_{CA}^{\mathrm{t}}$ 对应的加速度矢量图如图8-10b所示。

将式（1）的两边向 y 轴投影，得

$$a_{Cy}=a_{CA}^{\mathrm{t}}\cos\theta=\left(\alpha\times\frac{AD}{2}\right)\times\frac{2b}{AD}=b\alpha \tag{2}$$

画出矩形板的受力图，并虚加惯性力系的主矢和主矩（见图8-10c），其中

$$F_{\mathrm{gR}x}=ma_{Cx},\ F_{\mathrm{gR}y}=ma_{Cy}=mb\alpha \tag{3}$$

$$M_{\mathrm{g}C}=J_C\alpha=\frac{1}{12}m[b^2+(2b)^2]\alpha=\frac{5}{12}mb^2\alpha \tag{4}$$

根据达朗贝尔原理，列平衡方程

$$\sum F_x=0,\ -F_{\mathrm{gR}x}=0 \tag{5}$$

$$\sum F_y=0,\ -mg+F_A+F_{\mathrm{gR}y}=0 \tag{6}$$

$$\sum M_C(\boldsymbol{F})=0,\ M_{\mathrm{g}C}-F_Ab=0 \tag{7}$$

联立上述公式，解得矩形板质心 C 的加速度 $a_{Cx}=0$，$a_{Cy}=\frac{12}{17}g$。

8.5　定轴转动刚体轴承的附加动反力

刚体在给定的主动力作用下绕定轴转动时，一般说来刚体的惯性力不能自成平衡力系，这主要是因为刚体的质量对于转轴的分布在实际中不可能很对称。工程机械中许多机件是做高速旋转运动，如电动机转子、汽轮机转子、纺纱机的锭子等，例如纺纱机的锭子转速可达10000r/min以上，这样高的转速会产生很大的惯性力，对轴承产生很大的附加动压力，同时轴承给转轴以同样大小的附加约束力，或称附加动反力。下面通过工程实例说明这一问题。

例8-6　如图8-11所示，电机转子的质量为10kg，由于材质、制造或安装等原因，造成转子的质心偏离转轴，偏心距 $e=0.1\mathrm{mm}$，转子安装于轴的中部，若转子以转速 $n=3000\mathrm{r/min}$ 绕轴做匀速转动，求当转子质心处于最低位置时轴承 A、B 的动反力。

解　取整个转子为研究对象，转子受到重力 $\boldsymbol{G}$、轴承约束力 $\boldsymbol{F}_A$、$\boldsymbol{F}_B$ 作用，由于转子做匀速转动且转轴不通过质心，其惯性力系可简化为通过质心的一个合力，其大小为

$$F_g = ma_n = me(\pi n/30)^2$$

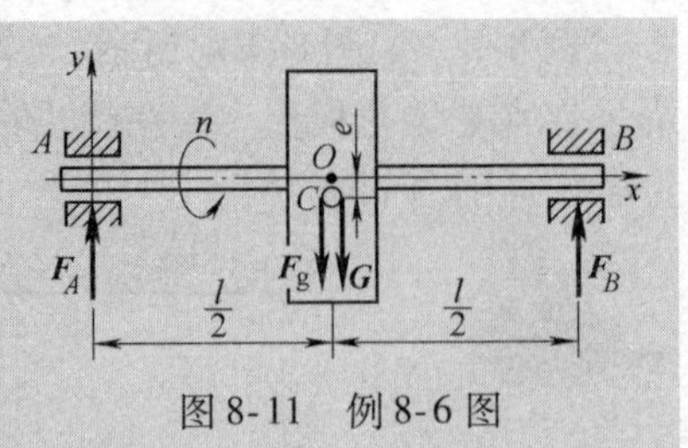

图 8-11　例 8-6 图

应用动静法列平衡方程

$$\sum M_A(\boldsymbol{F}) = 0,\ F_B l - \frac{Gl}{2} - \frac{F_g l}{2} = 0$$

$$\sum F_y = 0,\ F_A + F_B - G - F_g = 0$$

解得

$$F_A = F_B = \frac{F_g}{2} + \frac{G}{2} = \frac{1}{2}\left[10\times0.1\times10^{-3}\times\left(\frac{3000\pi}{30}\right)^2 + 10\times9.8\right]\text{N} = 98.3\text{N}$$

由此可见，轴承 A、B 的约束力由两部分组成。一部分是由重力 $\boldsymbol{G}$ 引起的约束力称为静约束力，简称为静反力，其大小为转子重量的 1/2，即 49N；另一部分是由惯性力引起的约束力称为附加约束力，简称为动反力，其大小为 49.3N。由于转子偏心引起的动反力会加速轴承的磨损，并引起机械的振动而产生噪声。

附加约束力过大时还将导致机械故障或使机械损坏。例如上例中传动轮的质心与轴线的偏心距 $e=0.1\text{mm}$，转速也不太高（$n=3000\text{r/min}$），但当传动轮的转速高达 15000r/min 时，可以计算出轴承附加约束力为 1232.45N，相当于静约束力 49N 的 25 倍。

静约束力在刚体静止或转动时都存在，而附加约束力只有在刚体转动时才出现。上例说明，对于高速转子，即使偏心距很小，其附加约束力都要比静约束力大很多，故要减小高速转动刚体的附加约束力，应尽可能地消除转动零部件的偏心，使转动部件的质心落在转轴上。当刚体的转轴通过其质心时，若刚体只有重力而没有其他主动力作用，则不论它转到什么位置都能保持静止不动，这种现象称为静平衡（static balancing）。

当刚体转动时不出现附加约束力的现象称为动平衡（dynamic balancing）。能保持动平衡的刚体却必然是静平衡的；但能满足静平衡的刚体却不一定是动平衡的。因此在工程技术中，为了消除高速转动零部件的附加约束力，首先要对其进行静平衡试验，以使其质心落在转轴上，然后再对其进行动平衡试验以避免零部件转动时出现附加约束力。

静平衡试验的方法有很多，这里只介绍最简单的一种。如图 8-12 所示，将欲进行静平衡试验的转动部件架在两严格保持水平的钢制刀刃口上，如果部件质心与转动轴线 OO 不重合，其重力对轴线将产生力矩，故将发生滚动，滚动停止时，其质心必定位于最低位置，因此需在轴线的 OO 的正上方加平衡重量，然后再进行相同试验，反复多次直至零件在任何位置都能静止时为止，此时说明其质心与轴线已重合并且达到了平衡。所加的平衡重量的大小与位置随之确定。关于动平衡试验请读者查阅有关资料。

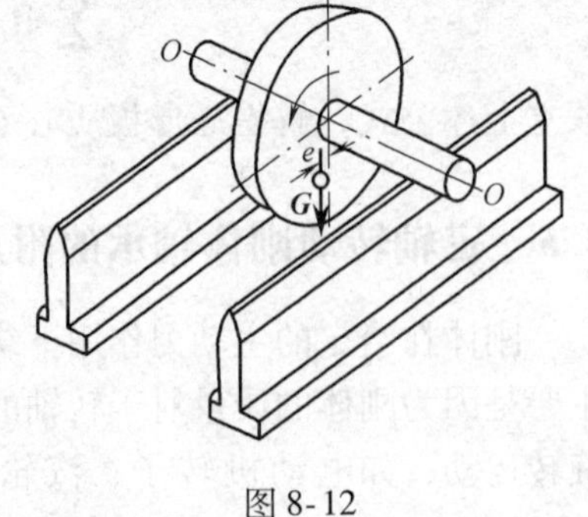

图 8-12

思　考　题

1. 什么是惯性力？怎样确定惯性力的大小和方向？做匀速直线运动的质点，其惯性力为何值？

2. 是否运动的物体都有惯性力？质点做匀速圆周运动时有无惯性力？
3. 什么是动静法？用动静法解题的方法是什么？
4. 转动件轴承所受的动反力与哪些因素有关？在什么条件下轴承的动反力等于零？

习　题

8-1　如题8-1图所示，当列车以匀加速度 $\boldsymbol{a}$ 沿直线轨道运动时，一端固定在车厢顶部的单摆将偏斜成与铅垂线成不变的角 θ，已知摆球的质量为 m，求列车的加速度及摆线的张力大小。

8-2　如题8-2图所示载货的小车，重10kN，以 $v=2\text{m/s}$ 的速度沿缆车轨道而下降；轨道的倾角 $\alpha=15°$，运动的总阻力因数 $\mu=0.015$。求小车的速下降时，牵引小车的缆绳的张力。又设小车制动时做匀减速运动，设小车制动时间为 $t=4\text{s}$，求此时绳的张力。

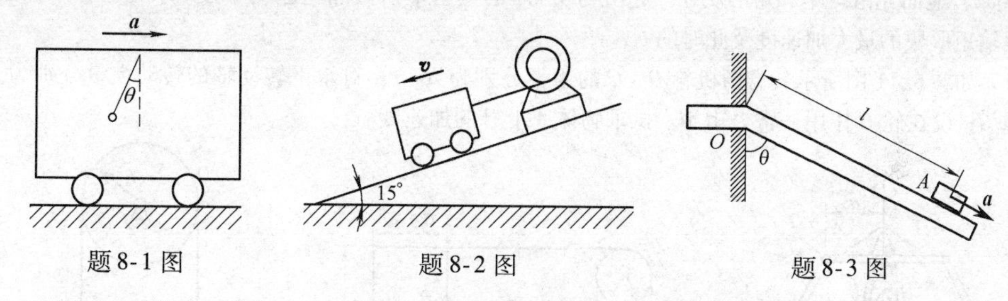

题8-1图　　题8-2图　　题8-3图

8-3　如题8-3图所示，质量 $m=10\text{kg}$ 的物块 A 沿与铅垂面夹角 $\theta=60°$ 的悬臂梁下滑。已知当物块下滑至距固定端 O 的距离 $l=0.6\text{m}$ 时，其加速度 $a=2\text{m/s}^2$。忽略物块尺寸和梁的自重，试求该瞬时固定端 O 的约束力。

8-4　如题8-4图所示，质量为 m 的物块放在匀速转动的水平台上，物块与台面间的摩擦因数为 f，距转轴的距离为 r，当水平台转动时，求物块不滑动的最大转速。

8-5　如题8-5图所示，质量为 m 的小车在水平拉力 $\boldsymbol{F}$ 的作用下沿水平轨道运动，质心 C 到力 $\boldsymbol{F}$ 作用线的距离为 e，到轨道平面的距离为 h，两轮与水平面接触点到重力作用线的距离分别为 a、b。设车轮与轨道间的总摩擦力为 $F_s=fmg$。求两轮受到的约束力及小车获得的加速度。

8-6　如题8-6图所示，汽车质量8000kg，视为平移刚体，$h=2\text{m}$，$b=1.5\text{m}$，$c=2.5\text{m}$。(1) 汽车加速度 $a=3\text{m/s}^2$，求前后轮正压力；(2) 后轮驱动，发动机驱动力矩不受限制，轮与两种路面间摩擦因数分别为 (a) $f_1=0.9$，(b) $f_1=0.5$，分别求起动时的最大加速度。

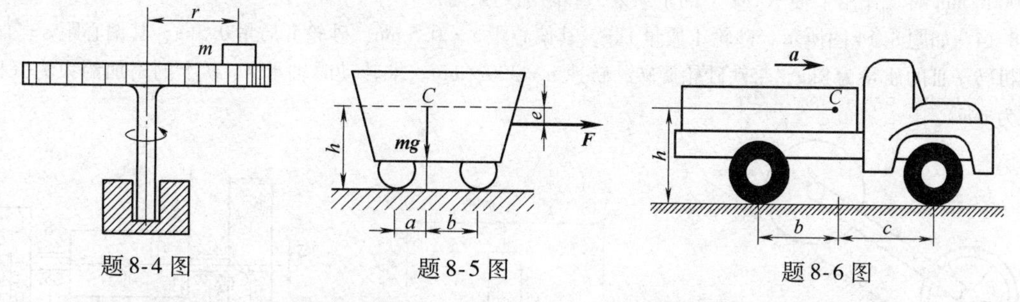

题8-4图　　题8-5图　　题8-6图

8-7　如题8-7图所示，木箱质量 $m_1=100\text{kg}$，质心为 C，小车质量 $m_2=60\text{kg}$，木箱与小车间的摩擦因数 $f=0.9$，小车与地面间无摩擦。求安全运输木箱的最大加速度和此时的水平拉力 $\boldsymbol{F}$。

8-8　如题8-8图所示，钢丝绳绕过半径为 $r=10\text{cm}$ 的滑轮，钢丝绳两端分别悬挂物块 A 和 B。设物块 A 重 $G_1=4\text{kN}$，物块 B 重 $G_2=1\text{kN}$，滑轮上作用一力偶，其矩为 $M=0.41\text{kN}\cdot\text{m}$，设绳不可伸长，并略去绳和滑轮的质量及轴承摩擦，求物块 A 的加速度和轴承 O 的约束力。

8-9　游乐场的航空乘坐设备如题8-9图所示。伸臂长 $a=5\text{m}$，吊篮的质心到伸臂端点的距离 $l=10\text{m}$。不计伸臂和吊杆的重量，并将吊篮看作一质点。如果要使吊杆与铅直线间的夹角保持为 $\theta=60°$，问伸臂绕铅直轴转动的角速度应为多大？

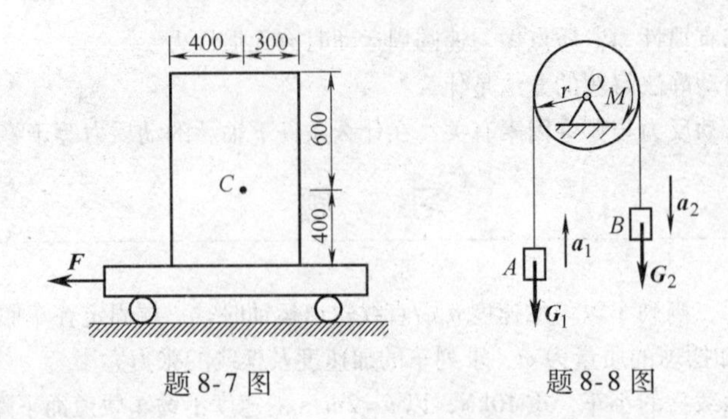

题 8-7 图　　题 8-8 图

8-10　如题 8-10 图所示，匀质矩形块 $m_1=100\mathrm{kg}$，车 $m_2=50\mathrm{kg}$，块与车之间摩擦因数（1）$f_1=0.1$；（2）$f_1=0.2$，地面光滑。车和矩形块在一起由物块 m_3 的重力牵引做加速运动。分别求在两种摩擦因数情况下安全运输矩形块的最大加速度及此时的 m_3。

8-11　如题 8-11 图所示，卷扬机轮 D、C 的半径分别为 R、r，对水平转动轴的转动惯量分别为 J_1、J_2；物体 A 重 G，设在轮 C 作用一常力矩 M。试求物体 A 上升的加速度。

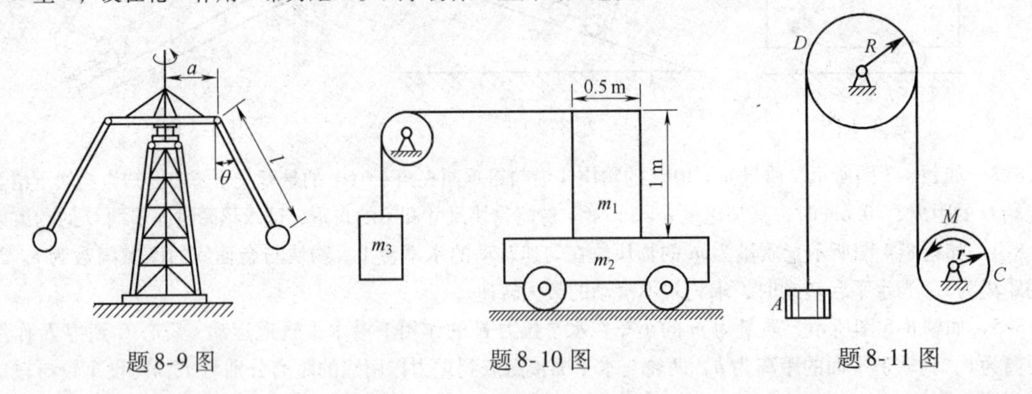

题 8-9 图　　题 8-10 图　　题 8-11 图

*8-12　如题 8-12 图所示，均质实心圆柱体 A 和薄铁环 B 的质量均为 m，半径均为 r，两者用不计质量的杆 AB 铰接，无滑动地沿斜面滚下。已知斜面与水平面的夹角为 θ，试求杆 AB 的加速度和所受的力。

*8-13　如题 8-13 图所示，质量为 20kg 的砂轮，因安装不正，使重心偏离转轴 $e=0.1\mathrm{mm}$。试求当转速 $n=10000\mathrm{r/min}$ 时。作用于轴承 OO 上的全约束力和附加约束力。

8-14　如题 8-14 图所示，砂轮Ⅰ质量 1kg，其偏心距 $e=0.5\mathrm{mm}$，砂轮Ⅱ质量 0.5kg，其偏心距 $e=1\mathrm{mm}$。电动机转子Ⅲ的质量为 8kg，带动砂轮旋转，转速 $n=300\mathrm{r/min}$。求转动时轴承 A、B 上的附加约束力（图中单位为 mm）。

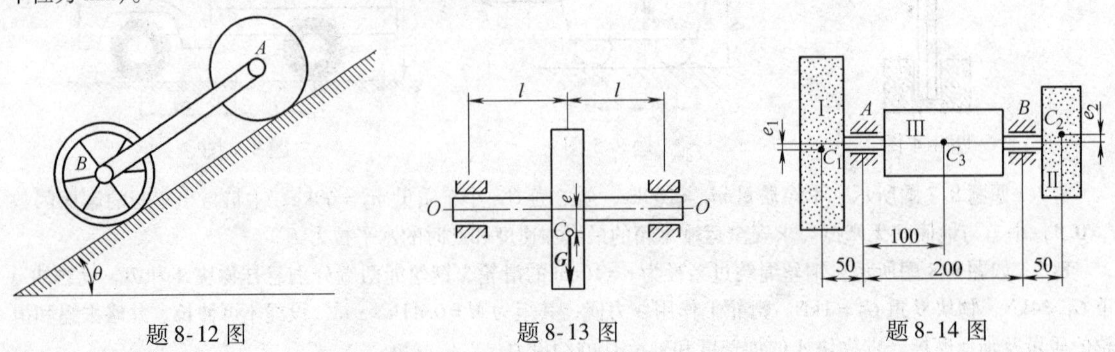

题 8-12 图　　题 8-13 图　　题 8-14 图

* 第 9 章　动量定理和动量矩定理

前面介绍的动能定理，是从能量的角度分析质点系的动力学问题，建立了系统动能的变化与作用于系统上力的功之间的关系。揭示了质点系机械运动规律的一个侧面，但非全貌。仅仅应用动能定理也不能求解所有质点系动力学问题。而本章将介绍的动量定理和动量矩定理则是基于动量的角度，从另一侧面揭示质点系的机械运动规律，弥补动能定理在求解诸如理想约束力以及多自由度系统运动量等质点系动力学问题上的不足。

动量定理和动量矩定理与动能定理相辅相成，共同成为研究质点系动力学问题的重要工具。

本章将介绍动量、冲量、动量矩等基本概念，推导动量定理及其等价形式质心运动定理、动量矩定理及其推论刚体定轴转动微分方程，并简要阐明它们的应用。

9.1　动量定理

质点（particle）动力学问题可以对每个质点列三个运动微分方程和表达相互联系形式的约束方程，再根据运动初始条件进行联立求解。但在工程实际中，在许多情况下运动的物体并不能简化为一个质点，而必须看成是由有限或无限多个质点组成的质点系（system of particles）。对于许多质点系动力学问题，往往不必求解每一个质点的运动情况，而只需知道质点系整体的运动特征就够了。

动量定理（theorem of momentum）阐述、揭示了质点系的整体运动特征与力对系统的作用效果之间的关系。

9.1.1　动量定理的基本概念

1. 动量（momentum）

（1）质点的动量。质点的质量与某瞬时质点速度的乘积称为质点在该瞬时的动量用 $\boldsymbol{p}$ 表示质点的动量，则

$$\boldsymbol{p} = m\boldsymbol{v} \tag{9-1}$$

质点的动量是矢量，其方向与该瞬时质点速度方向一致。在国际单位制中，动量的单位为 kg · m/s。

（2）质点系的动量。质点系内部各质点在某瞬时动量的矢量和称为质点系在该瞬时的动量，记为

$$\boldsymbol{p} = \sum_{i=1}^{n} m_i \boldsymbol{v}_i \tag{9-2}$$

其中，n 为质点系内的质点数；m_i为第 i 个质点的质量；$\boldsymbol{v}_i$为该质点的速度。

2. 冲量（impulse）

物体在力作用下产生的运动变化，不仅与力的大小和方向有关，还与力作用时间的长短有关。为此，引入力的冲量的概念，以表征力在一段时间内对物体的累积效应。

若常力 $\boldsymbol{F}$ 作用的时间为 t，则该常力的冲量为

$$\boldsymbol{I} = \boldsymbol{F}t \tag{9-3}$$

冲量也是矢量，它与力 $\boldsymbol{F}$ 的方向一致。

若力 $\boldsymbol{F}$ 是变化的，应将力的作用时间分成无数微小时间间隔，在每一微小时间间隔内可将力视为常力，这样便得到力 $\boldsymbol{F}$ 在时间 $\mathrm{d}t$ 内的冲量，称为元冲量，即

$$\mathrm{d}\boldsymbol{I}=\boldsymbol{F}\mathrm{d}t \tag{9-4}$$

则在 t_1 到 t_2 时间间隔内，变力 $\boldsymbol{F}$ 的冲量为

$$\boldsymbol{I}=\int_{t_1}^{t_2}\boldsymbol{F}\mathrm{d}t \tag{9-5}$$

在国际单位制中，冲量的单位是 N·s，它与动量的单位相同。

9.1.2 动量定理

1. 质点的动量定理

设质点的质量为 m，速度为$\boldsymbol{v}$，所受作用力的合力为 $\boldsymbol{F}$，如图 9-1a 所示。由质点运动微分方程

$$m\frac{\mathrm{d}\boldsymbol{v}}{\mathrm{d}t}=\sum\boldsymbol{F}_i=\boldsymbol{F}$$

可得

$$\mathrm{d}(m\boldsymbol{v})=\sum\boldsymbol{F}_i\mathrm{d}t=\boldsymbol{F}\mathrm{d}t \tag{9-6}$$

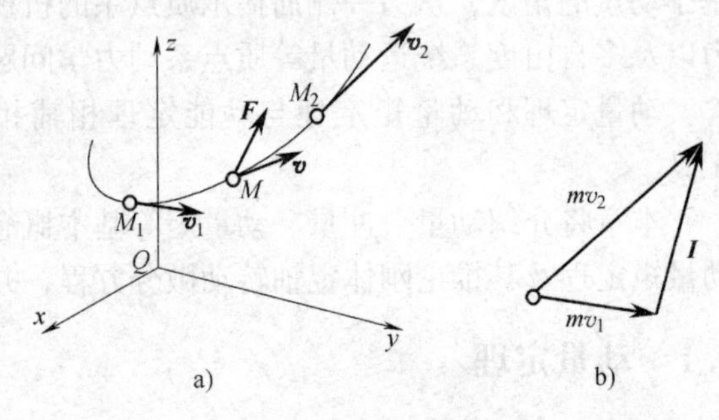

图 9-1 质点的动量定理

这就是质点动量定理的微分形式。它表明：质点动量的微分等于作用于该质点上的各力元冲量的矢量和。

设从瞬时 t_1 到 t_2，质点对应的速度由 $\boldsymbol{v}_1$变到 $\boldsymbol{v}_2$。对式（9-6）积分，得

$$m\boldsymbol{v}_2-m\boldsymbol{v}_1=\sum\int_{t_1}^{t_2}\boldsymbol{F}_i\mathrm{d}t=\sum\boldsymbol{I}_i=\boldsymbol{I} \tag{9-7}$$

这就是质点动量定理的积分形式，又称质点的冲量定理（particle impulse theorem）。它表明：质点动量在任一时间间隔内的变化，等于作用于该质点上的各力在同一时间间隔内的冲量的矢量和（见图 9-1b）。

2. 质点系的动量定理

设质点系由 n 个质点组成，其中第 i 个质点的质量为 m_i、速度为$\boldsymbol{v}_i$，其所受的外力之和为 $\boldsymbol{F}_i^{(e)}$ 所受的内力之和为 $\boldsymbol{F}_i^{(i)}$，根据质点的动量定理，得

$$\mathrm{d}(m_i\boldsymbol{v}_i)=\boldsymbol{F}_i^{(e)}\mathrm{d}t+\boldsymbol{F}_i^{(i)}\mathrm{d}t$$

对于质点系内每个质点都可以写出这样一个方程，将这样的 n 个方程相加，得

$$\sum\mathrm{d}(m_i\boldsymbol{v}_i)=\sum\boldsymbol{F}_i^{(e)}\mathrm{d}t+\sum\boldsymbol{F}_i^{(i)}\mathrm{d}t$$

由于质点系的内力是成对出现的，所以质点系内力的矢量和等于零，即 $\sum\boldsymbol{F}_i^{(i)}\mathrm{d}t=\boldsymbol{0}$，又因为 $\sum\mathrm{d}(m_i\boldsymbol{v}_i)=\mathrm{d}(\sum m_i\boldsymbol{v}_i)=\mathrm{d}\boldsymbol{p}$，于是得

$$\mathrm{d}\boldsymbol{p}=\sum\boldsymbol{F}_i^{(e)}\mathrm{d}t \tag{9-8a}$$

这就是质点系动量定理的微分形式。它表明：质点系动量的微分等于作用于质点系的所有外力的元冲量的矢量和。

式（9-8a）还可以写成

$$\frac{\mathrm{d}\boldsymbol{p}}{\mathrm{d}t}=\sum\boldsymbol{F}_i^{(e)} \tag{9-8b}$$

这就是质点系动量定理的另一种微分形式。它表明：质点系的动量对时间的导数等于作用于质点系上的所有外力的矢量和。

对式（9-8a）进行积分，从瞬时 t_1 到瞬时 t_2，质点系相应的动量由 $\boldsymbol{p}_1$ 变到 $\boldsymbol{p}_2$，故得

$$\boldsymbol{p}_2 - \boldsymbol{p}_1 = \sum \int_{t_1}^{t_2} \boldsymbol{F}_i^{(e)} \mathrm{d}t = \sum \boldsymbol{I}_i^{(e)} \tag{9-9}$$

这就是质点系动量定理的积分形式，也称质点系的冲量定理。它表明，质点系的动量在任一时间间隔内的变化，等于在同一时间内作用于该质点系所有外力冲量的矢量和。

由质点系的动量定理可知，内力不能改变质点系的动量，只有外力才能改变质点系的动量，所以，应用质点系的动量定理求解动力学问题时，不需要分析内力。

以上所述的动量定理都为矢量方程，具体应用时常用投影式，将其在直角坐标轴上投影，其投影式，得

$$\left.\begin{aligned} \frac{\mathrm{d}p_x}{\mathrm{d}t} &= \sum F_x^{(e)} \\ \frac{\mathrm{d}p_y}{\mathrm{d}t} &= \sum F_y^{(e)} \\ \frac{\mathrm{d}p_z}{\mathrm{d}t} &= \sum F_z^{(e)} \end{aligned}\right\} \tag{9-10a}$$

与

$$\left.\begin{aligned} p_{2x} - p_{1x} &= \sum I_{ix}^{(e)} \\ p_{2y} - p_{1y} &= \sum I_{iy}^{(e)} \\ p_{2z} - p_{1z} &= \sum I_{iz}^{(e)} \end{aligned}\right\} \tag{9-10b}$$

3. 质点系的动量守恒定律

若作用于质点系的外力的矢量和恒等于零，即 $\sum \boldsymbol{F}_i^{(e)} = \boldsymbol{0}$，由式（9-8b）或式（9-9）可得

$$\boldsymbol{p}_2 - \boldsymbol{p}_1 = 常矢量 \tag{9-11}$$

这就是质点系的动量守恒定律。它表明：若作用于质点系的外力的矢量和恒等于零，则该质点系的动量保持不变。

若作用于质点系的外力在轴 x 上投影的代数和等于零，即 $\sum F_x^{(e)} = 0$，由式（9-10a）或式（9-10b）可得

$$p_{2x} - p_{1x} - 常量 \tag{9-12}$$

这是质点系的动量在该轴上投影守恒的情形。它表明：若作用于质点系的外力在某轴上的投影代数和恒等于零，则该质点系的动量在该轴上的投影保持不变。

例 9-1　在水平面上有物块 A 与 B，$m_A = 2\text{kg}$，$m_B = 1\text{kg}$。物块 A 以某一速度运动而撞击原来静止的物块 B，如图 9-2 所示。撞击后，物块 A 与 B 一起向前运动，历时 2s 而停止。设物块 A、B 与水平面的摩擦因数为 $f = 0.25$，求撞击前物块 A 的速度以及撞击时物块 A 与 B 相互作用的冲量。

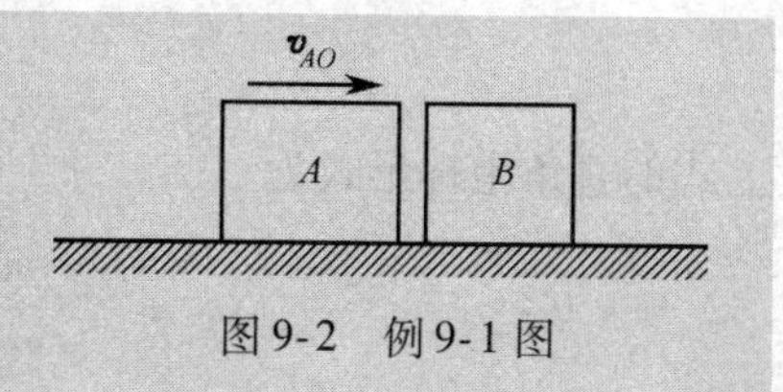

图 9-2　例 9-1 图

解 先取物块 A 为研究对象，如图 9-3a 所示。在物块 A 和 B 撞击运动过程中，作用于物块 A 的力有：物块 A 的重力 $\boldsymbol{G}_A$、水平面的法向约束力 $\boldsymbol{F}_{NA}$、摩擦力 $\boldsymbol{F}_A$ 及物块 B 的作用力 $\boldsymbol{F}_R$。设撞击前物块 A 的速度为 $\boldsymbol{v}_{A0}$，从撞击开始到停止运动的 2s 内，物块 A 的速度由 $\boldsymbol{v}_{A0}$，变化到零。此段时间内，在水平方向，物块 A 上有两个冲量作用：一个是物块 B 对它作用力 $\boldsymbol{F}_R$ 的冲量，设其大小为 I；另一个是水平面对它作用的摩擦力 $\boldsymbol{F}_A$ 的冲量 $\boldsymbol{F}_A t$，沿 x 轴水平向左，由动量定理投影式，得

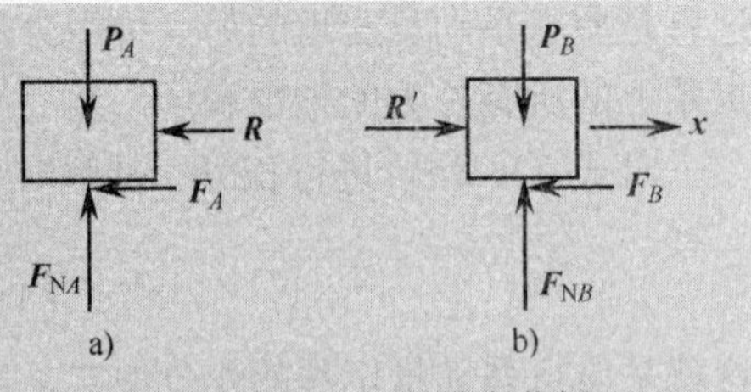

图 9-3 例 9-1 图受力分析

$$0 - m_A \boldsymbol{v}_{A0} = -\boldsymbol{I} - \boldsymbol{F}_A t \tag{1}$$

再取物块 B 为研究对象，如图 9-3b 所示。在撞击运动过程中，作用于物块 B 的力有：物块的重力 $\boldsymbol{G}_B$、水平面的法向约束力 $\boldsymbol{F}_{NB}$、摩擦力 $\boldsymbol{F}_B$ 及物块 A 的作用力 $\boldsymbol{F}'_R$。物块 B 在撞击开始时的速度为零，最后仍为零，所以它的动量变化为零。在此时间间隔内，作用于物块 B 的水平方向冲量有两个：一个是物快 A 对它撞击时作用力 $\boldsymbol{F}'_R$ 的冲量，其与作用在物块 A 上的撞击冲量互为作用与反作用；另一个是摩擦力 $\boldsymbol{F}_B$ 的冲击量 $\boldsymbol{F}_B t$，而 $F_B = F_N f = m_B g f$。由动量定理投影式，得

$$0 - 0 = \boldsymbol{I}' - \boldsymbol{F}_B t \tag{2}$$

由式（1）、式（2）可得

$$-m_A \boldsymbol{v}_{A0} = -(\boldsymbol{F}_A + \boldsymbol{F}_B)t$$

故

$$v_{A0} = \frac{(F_A + F_B)t}{m_A} = \frac{(m_A gf + m_B gf)t}{m_A} = \frac{m_A + m_B}{m_A} gft$$

$$= \left(\frac{2+1}{2} \times 9.8 \times 0.25 \times 2\right) \text{m/s} = 7.35 \text{m/s}$$

由式（2）得物块 A 和 B 相互作用的冲量

$$I = I' = F_B t = m_B gft = (1 \times 9.8 \times 0.25 \times 2) \text{N} \cdot \text{s} = 4.9 \text{N} \cdot \text{s}$$

9.1.3 质心运动定理

1. 质心的确定

设有由 n 个质点 M_1，M_2，…，M_i 组成的质点系，它们的质量分别为 m_1，m_2，…，m_i，而系统的质量为 $m = \sum m_i$。在固定坐标 $Oxyz$ 中，任一质点 M_i 的位置如果用由起点在坐标原点 O 的矢径 $\boldsymbol{r}_C$ 表示，则确定质心 C 位置的矢径 $\boldsymbol{r}_C$ 由下式决定：

$$\boldsymbol{r}_C = \frac{\sum m_i \boldsymbol{r}_i}{\sum m_i} = \frac{\sum m_i \boldsymbol{r}_i}{m} \tag{9-13}$$

上式的直角坐标形式为

$$x_C = \frac{\sum m_i x_i}{m}, \quad y_C = \frac{\sum m_i y_i}{m}, \quad z_C = \frac{\sum m_i z_i}{m} \tag{9-14}$$

式中，$m = \sum m_i$ 为质点系的总质量。

对于在地面附近的质点系，即在重力加速度为 $\boldsymbol{g}$ 的均匀重力场中的质点系，有

$$m_i = \frac{G_i}{g},\ m = \frac{G}{g} = \frac{\sum G_i}{g}$$

那么质心直角坐标形式（9-14）成为

$$x_C = \frac{\sum G_i x_i}{G},\ y_C = \frac{\sum G_i y_i}{G},\ z_C = \frac{\sum G_i z_i}{G}$$

式中，G_i为质点 M_i的重量；G 为质点系的重量。

2. 质心运动定理

将式（9-13）的等号两边乘以 m 后对时间 t 求导，并考虑到 $\mathrm{d}\boldsymbol{r}_C/\mathrm{d}t = \boldsymbol{v}_C$是质点系质心的速度，$\frac{\mathrm{d}\boldsymbol{r}_i}{\mathrm{d}t} = \boldsymbol{v}_i$ 是质点 M_i 的速度，则有

$$m\boldsymbol{v}_C = \sum m_i \boldsymbol{v}_i = \boldsymbol{p} \tag{9-15}$$

可见，质点系的动量就等于质点系的质量与质心速度的乘积。

将式（9-15）代入质点系动量定理的表达式（9-9），得

$$\frac{\mathrm{d}(m\boldsymbol{v}_C)}{\mathrm{d}t} = \sum \boldsymbol{F}_i$$

因$\frac{\mathrm{d}\boldsymbol{v}_C}{\mathrm{d}t} = \boldsymbol{a}_C$ 为质心的加速度，故上式成为

$$m\boldsymbol{a}_C = \sum \boldsymbol{F}_i \tag{9-16}$$

此式表明，质点系的质量与其质心加速度的乘积等于作用于质点系的外力的矢量和。这就是质心运动定理（theorem of motion of centre of mass）。

式（9-16）与质点动力学基本方程 $m\boldsymbol{a} = \boldsymbol{F}$ 在形式上完全相同。因此，可以把质点系中质心的运动看成为一个质点的运动，设想把质点系的全部质量和所有外力集中在这个质点上。对于平面问题，将式（9-16）的两边在固定坐标轴上投影，得

$$m\frac{\mathrm{d}^2 x_C}{\mathrm{d}t^2} = \sum F_{ix},\ m\frac{\mathrm{d}^2 y_C}{\mathrm{d}t^2} = \sum F_{iy} \tag{9-17}$$

9.1.4 质心运动守恒定律

下面讨论两种特殊情形：

由式（9-16）知，当 $\sum \boldsymbol{F}_i = \boldsymbol{0}$ 时有

$$\boldsymbol{a}_C = \boldsymbol{0}$$

即

$$v_C = 常矢量$$

这表明，如果作用于质点系上的所有外力的矢量和恒为零，则质心做惯性运动。

又由式（9-17）知，当 $\sum F_{ix} = 0$ 时，有

$$\mathrm{d}^2 x_C/\mathrm{d}t^2 = 0$$

即

$$v_{Cx} = 常量$$

这表明，如果作用于质点系上的所有外力在某一轴上的投影的代数和恒为零，则质心在该轴方向做惯性运动。

上述两种情况的结论统称为质心运动守恒定律（conservation of motion of the center of mass）。

质心运动定理指出，质心的运动完全决定于质点系的外力，而与质点系的内力无关。例如，汽车、火车之所以能行进，是因为依靠主动轮与地面或铁轨接触点间的向前摩擦力。否则，车轮只能在原地空转。再如冰冻路面光滑，所以常在汽车轮子上绕防滑链，或在火车的铁轨上喷砂粒，这样做都是为了增大主动轮与地面或铁轨间的摩擦力。制动时，制动闸与轮子间的摩擦力是内力，它并不直接改变质心的运动状态，但能阻止车轮相对于车身的转动，如果没有车轮与地面或铁轨接触点间的向后摩擦力，即使闸块使轮子停止转动，车辆仍要向前滑行，不能减速。再例如人在跳远时，当起跳后其质心在重力作用下沿抛物线运动，这时，人体的任何动作都已不可能改变其质心的运动，因为在此过程中外力（重力）并未改变。当然，尽管质心的运动这时已无法改变，但运动员还可以将两臂向后甩，以使两腿前伸，从而取得较好的成绩。

质心运动定理是质点系动量定理的另一种形式，建立了质点系质心的运动与外力之间的关系。如果质点系仅做移动，那么应用质心运动定理求出质点系质心的运动后，就完全确定了整个质点系的运动。若质点系做任意运动，则总可将它分解为随质心的移动和绕质心的转动。

例 9-2 曲柄 AB 长 r，重 $\boldsymbol{W}_1$，受力偶作用以不变的角速度 ω 转动，并带动滑槽连杆以及与它固连的活塞 D，如图 9-4 所示。滑槽、连杆、活塞共重 $\boldsymbol{W}$、重心位于点 C。活塞上作用一恒力 $\boldsymbol{Q}$，如导板的摩擦略去不计。求作用在曲柄轴 A 上的最大水平分力 $\boldsymbol{F}_{Ax}$。

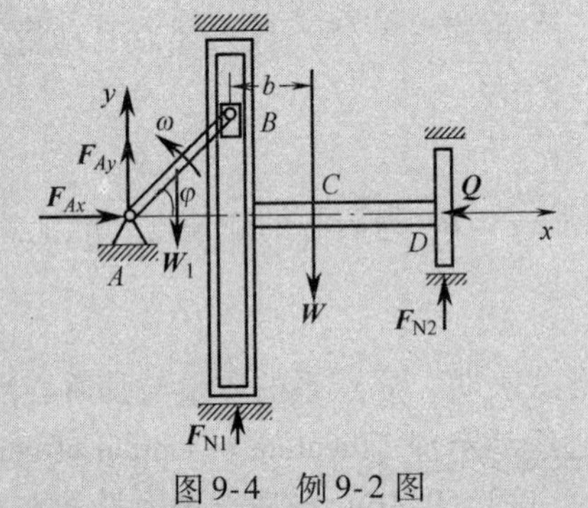

图 9-4 例 9-2 图

解 选取整个机构为研究的质点系。作用在水平方向的外力有 $\boldsymbol{Q}$ 和 $\boldsymbol{F}_{Ax}$。

列出质心运动定理在 x 轴上的投影式

$$ma_{Cx} = F_{Ax} - Q$$

为了求质心的加速度在 x 轴上的投影，先计算质心的坐标，然后把它对时间取二阶导数，即

$$x_C = \left[W_1 \cdot \frac{r}{2}\cos\varphi + W(r\cos\varphi + b)\right]\frac{1}{W + W_1}$$

$$a_{Cx} = \frac{\mathrm{d}^2 x_C}{\mathrm{d}t^2} = \frac{-r\omega^2}{W + W_1}\left(\frac{W_1}{2} + W\right)\cos\omega t$$

应用质心运动定理，解得

$$F_{Ax} = Q - \frac{r\omega^2}{g}\left(\frac{W_1}{2} + W\right)\cos\omega t$$

显然，最大压力为

$$F_{Ax,\max} = Q + \frac{r\omega^2}{g}\left(\frac{W_1}{2} + W\right)$$

请读者分析，取整个机构为研究对象，应用质心运动定理能否求解铅直分力 $\boldsymbol{F}_{Ay}$。

例 9-3 机车的质量为 m_1，车辆的质量为 m_2，它们是通过相互撞击而挂钩。若挂钩前，机车的速度为$\boldsymbol{v}_1$，车辆处于静止，$v_2 = 0$，如图 9-5a 所示。求：挂钩后的共同速度 $\boldsymbol{u}$，以及在挂钩过程中相互作用的冲量和平均撞击力。设挂钩时间为 t（单位：s），轨道是光滑和水平的。

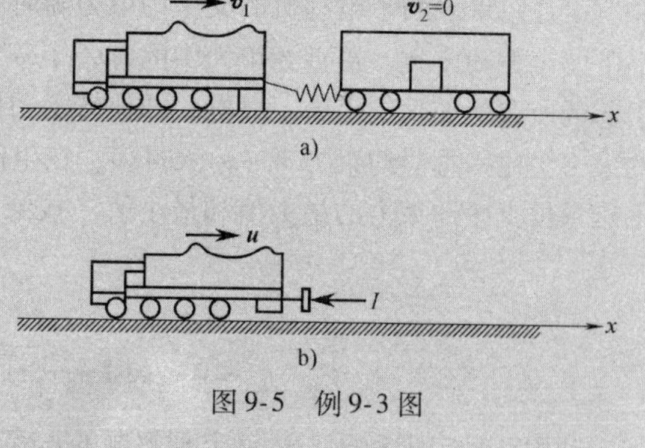

图9-5 例9-3图

解 (1)以机车和车辆为研究对象。它们在撞击时的相互作用力是内力，作用在系统上的外力除了铅垂方向的重力和轨道给车轮的法向约束力外，无其他外力，故在挂钩过程中水平方向没有外力冲量，即系统的动量在水平轴 x 方向是守恒的：

$$(m_1+m_2)\boldsymbol{u}=m_1\boldsymbol{v}_1$$

式中，$\boldsymbol{u}$ 为挂钩后机车和车辆的共同速度。由此求得

$$\boldsymbol{u}=\frac{m_1}{m_1+m_2}\boldsymbol{v}_1$$

(2)以机车为研究对象。如图9-5b所示。根据式(13-12)的第一式有

$$m_1\boldsymbol{u}-m_1\boldsymbol{v}_1=-\boldsymbol{I}$$

由此求得冲量 $\boldsymbol{I}$ 的大小为

$$\boldsymbol{I}=m_1(\boldsymbol{v}_1-\boldsymbol{u})=\frac{m_1\ m_2}{m_1\ +m_3}\boldsymbol{v}_1$$

从而求得平均撞击力为

$$\boldsymbol{F}^*=\frac{\boldsymbol{I}}{t}=\frac{m_1\ m_2}{m_1+m_2}\times\frac{\boldsymbol{v}_1}{t}$$

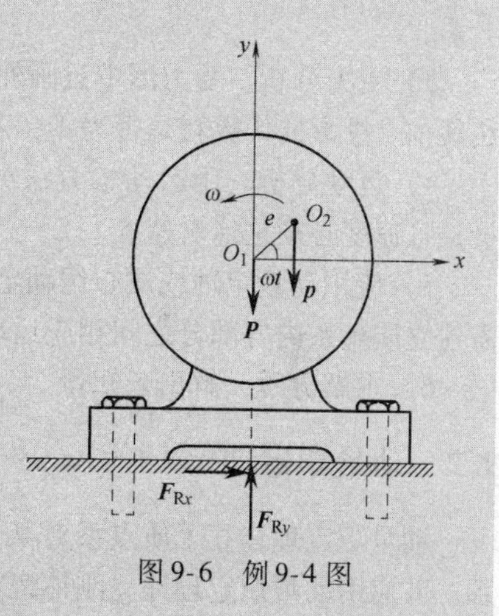

图9-6 例9-4图

例9-4 电动机的外壳固定在水平基础上，定子（包括外壳）重为 $\boldsymbol{W}$、转子重为 $\boldsymbol{w}$，如图9-6所示。由于制造误差，转子的质心 O_2 没有与定子的质心 O_1 重合，偏心距 $O_1O=e$。已知转子以匀角速度转动，求电动机支座处所受到的水平约束力 $\boldsymbol{F}_{Rx}$。和铅垂约束力 $\boldsymbol{F}_{Ry}$，并求出它们的最大值及最小值。

解 取整个系统为研究对象，取坐标系如图。系统所受的外力有：定子的重力 $\boldsymbol{W}$、转子的重力 $\boldsymbol{w}$、水平约束力 $\boldsymbol{F}_{Rx}$ 和铅垂约束力 $\boldsymbol{F}_{Ry}$。

系统质心的坐标为

$$x_C=\frac{Wx_1+wx_2}{W+w}=\frac{0+we\cos\omega t}{W+w},\ y_C=\frac{Wy_1+wy_2}{W+w}=\frac{0+we\sin\omega t}{W+w}$$

将以上两式分别对时间 t 求导两次，得质心加速度的两个分量：

$$a_{Cx}=\frac{\mathrm{d}^2x_C}{\mathrm{d}t^2}=-\frac{we\omega^2}{W+w}\cos\omega t$$

$$a_{Cy}=\frac{\mathrm{d}^2y_C}{\mathrm{d}t^2}=-\frac{we\omega^2}{W+w}\sin\omega t$$

由式(9-17)，有

$$\frac{W+w}{g}a_{Cx}=F_{Rx},\quad \frac{W+w}{g}a_{Cy}=F_{Ry}-W-w$$

由此求得

$$F_{Rx}=-\frac{W}{g}e\omega^2\cos\omega t,\quad F_{Ry}=W+w-\frac{W}{g}e\omega^2\sin\omega t$$

上述结果表明，电动机的支座约束力随时间而变化，这是由于转子的偏心使电动机左右、上下发生振动所致。铅垂约束力中的$(w/g)e\omega^2\sin\omega t$那部分以及整个水平约束力就是这种效应引起的所谓附加动约束力。显然，即使转子的偏心距e不大，但在转速ω较大的情况下，附加约束力会比铅垂静约束力$W+w$大得多，在生产和组装电动机时必须注意到这一影响。由上式不难求得支座约束力的最大值和最小值（按绝对值）

$$F_{\mathrm{R}x,\max}=\frac{w}{g}e\omega^2,\ F_{\mathrm{R}x,\min}=0$$

$$F_{\mathrm{R}y,\max}=W+w\left(1+\frac{e\omega^2}{g}\right),\ F_{\mathrm{R}y,\min}=W+w\left(1-\frac{e\omega^2}{g}\right)$$

利用动量定理和质心运动定理解题的步骤和要点：

1）判定给定问题是否可用动量定理或质心运动定理求解。求约束力、速度和加速度时可用动量定理或质心运动定理；求质心速度、质心位置或质点系内部质点速度的改变时多用动量守恒定律或质心运动守恒定律。

2）根据题意选择研究对象。研究对象可以是单个质点、质点系内部部分质点或整个质点系。

3）受力分析。受力图中只画外力，不画内力。分析作用在研究对象上的外力主矢或外力在某轴上投影的代数和是否为零，若为零可选择动量守恒或质心运动守恒定律求解。

4）运动分析。用运动学方法分析质点或质点系质心的运动。计算动量时注意动量是矢量，且速度必须是绝对速度。

5）应用动量定理或质心运动定理建立运动特征量与外力之间的关系。若应用守恒定律则需建立质点系内各部分之间相应运动学量之间的关系。

6）求解方程，解出未知量。

9.2 动量矩定理

动量矩定理建立了质点系对某点的动量矩与作用于其上的外力系对同一点主矩之间的关系。并应用动量矩定理建立刚体绕定轴转动微分方程；以及结合质心运动定理和本节导出的相对质心的动量矩定理建立平面运动微分方程。

9.2.1 动量矩的概念

动量矩（moment of momentum）是度量质点或质点系对某点或某轴运动强度的一个物理量。其定义和计算与力矩的定义和计算完全一致。只要在原来力矩的定义及有关力矩的各种计算公式中，将力$\boldsymbol{F}$换成量$m\boldsymbol{v}$，便可适用于动量矩的计算。如质点的质量为m、速度为$\boldsymbol{v}$，则其对点O的动量矩为

$$\boldsymbol{M}_O(m\boldsymbol{v})=\boldsymbol{r}\times m\boldsymbol{v} \tag{9-18}$$

式中，$\boldsymbol{r}$是质点到点O的矢径，如图9-7所示。此表达式与静力学中力$\boldsymbol{F}$对点O的矩$\boldsymbol{M}_O(\boldsymbol{F})=\boldsymbol{r}\times\boldsymbol{F}$完全相似。

质点对于点O的动量矩是矢量，画在矩心上，它垂直于矢径$\boldsymbol{r}$与$m\boldsymbol{v}$所组成的平面，矢量的指向通过右手法则确定。

质点系对某点O的动量矩等于各质点对同一点O的动量矩的矢量和，即

$$\boldsymbol{L}_O=\sum\boldsymbol{M}_O(m_i\boldsymbol{v}_i) \tag{9-19}$$

和力对点的矩与对经过该点的任一轴的矩之间的关系相似，动量对于一点的矩在经过该点

的任一轴上的投影就等于动量对于该轴的矩。

在国际单位制中，动量矩的单位用 $kg \cdot m^2/s$ 或 $N \cdot m \cdot s$ 等表示。

刚体绕定轴转动是工程实践中最常见的一种运动形式，它对转轴 z 的动量矩为

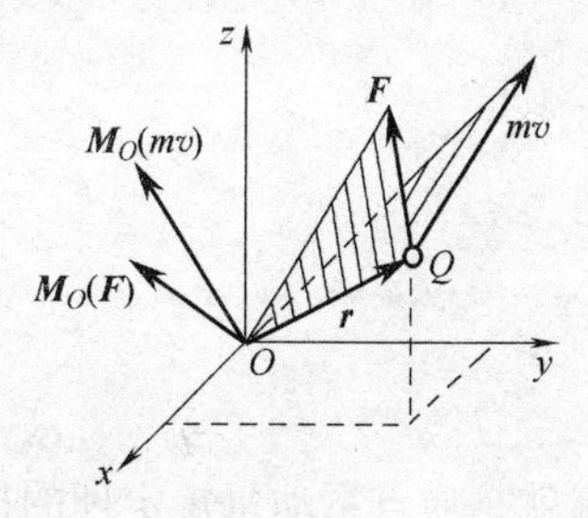

图9-7　动量矩

$$L_z = \sum M_z(m_i \boldsymbol{v}_i) = \sum m_i \omega r_i \cdot r_i = \omega \sum m_i r_i^2$$

而 $\sum m_i r_i^2$ 就是7.1节中式（7-3）定义的转动惯量。故转动刚体对转轴 z 的动量矩为

$$L_z = J_z \omega \tag{9-20}$$

这就是刚体绕定轴转动时动量矩的计算公式。它表明：绕定轴转动的刚体对其转轴的动量矩等于刚体对转轴的转动惯量与转动角速度的乘积。

9.2.2　动量矩定理

式（9-18）对时间 t 求导，得

$$\frac{\mathrm{d}}{\mathrm{d}t}\boldsymbol{M}_O(m\boldsymbol{v}) = \frac{\mathrm{d}}{\mathrm{d}t}(\boldsymbol{r} \times m\boldsymbol{v}) = \frac{\mathrm{d}\boldsymbol{r}}{\mathrm{d}t} \times m\boldsymbol{v} + \boldsymbol{r} \times \frac{\mathrm{d}}{\mathrm{d}t}(m\boldsymbol{v})$$

由于

$$\frac{\mathrm{d}\boldsymbol{r}}{\mathrm{d}t} = \boldsymbol{v},\ \frac{\mathrm{d}}{\mathrm{d}t}(m\boldsymbol{v}) = \boldsymbol{F}$$

故

$$\frac{\mathrm{d}}{\mathrm{d}t}\boldsymbol{M}_O(m\boldsymbol{v}) = \boldsymbol{v} \times m\boldsymbol{v} + \boldsymbol{r} \times \boldsymbol{F}$$

又因为$\boldsymbol{v}$与 $m\boldsymbol{v}$同方向，所以$\boldsymbol{v} \times m\boldsymbol{v} = \boldsymbol{0}$，因而上式成为

$$\frac{\mathrm{d}}{\mathrm{d}t}\boldsymbol{M}_O(m\boldsymbol{v}) = \boldsymbol{M}_O(\boldsymbol{F}) \tag{9-21}$$

这就是质点的动量矩定理。它表明：质点对任一固定点的动量矩对时间的一阶导数等于作用于质点上的力对同一点的矩。

对于质点系，其中任一质点的质量为 m_i，速度为$\boldsymbol{v}_i$，其上作用分为内力 $\boldsymbol{F}_i^{(i)}$ 和外力 $\boldsymbol{F}_i^{(e)}$，则对该质点应用质点动量矩定理，得

$$\frac{\mathrm{d}}{\mathrm{d}t}\boldsymbol{M}_O(m_i\boldsymbol{v}_i) = \boldsymbol{M}_O(\boldsymbol{F}_i^{(i)}) + \boldsymbol{M}_O(\boldsymbol{F}_i^{(e)})$$

由于质点系内每个质点都可以写出上述形式的方程，将它们相加，得

$$\sum \frac{\mathrm{d}}{\mathrm{d}t}\boldsymbol{M}_O(m_i\boldsymbol{v}_i) = \sum \boldsymbol{M}_O(\boldsymbol{F}_i^{(i)}) + \sum \boldsymbol{M}_O(\boldsymbol{F}_i^{(e)})$$

将求和与求导顺序交换，又因为内力都是大小相等、方向相反地成对出现，即

$$\sum \boldsymbol{M}_O(\boldsymbol{F}_i^{(i)}) = 0$$

所以上式成为

$$\frac{\mathrm{d}\boldsymbol{L}_O}{\mathrm{d}t} = \sum \boldsymbol{M}_O(\boldsymbol{F}_i^{(e)}) \tag{9-22}$$

这就是质点系的动量矩定理。它表明：质点系对于任一固定点的动量矩对时间的一阶导数，等于作用于质点系的所有外力对同一点的矩的矢量和。

将式（9-22）投影到直角坐标轴上，得

$$
\left.
\begin{aligned}
\frac{\mathrm{d}L_x}{\mathrm{d}t} &= \sum M_x(\boldsymbol{F}_i^{(e)}) \\
\frac{\mathrm{d}L_y}{\mathrm{d}t} &= \sum M_y(\boldsymbol{F}_i^{(e)}) \\
\frac{\mathrm{d}L_z}{\mathrm{d}t} &= \sum M_z(\boldsymbol{F}_i^{(e)})
\end{aligned}
\right\} \tag{9-23}
$$

这就是质点系动量矩定理的投影形式。它表明：质点系对于某定轴的动量矩等于作用于质点系的外力对同一轴的矩的代数和。

9.2.3 动量矩守恒定律

由式（9-20）及式（9-21）可知，若 $\sum M_O(\boldsymbol{F}_i^{(e)}) = 0$（或 $\sum M_x(\boldsymbol{F}_i^{(e)}) = 0$），则 $\boldsymbol{L}_O =$ 常量（或 $L_x =$ 常量）。就是说，如果质点系所受的外力对某一固定点（或固定轴）的矩始终等于零，则质点系对该点（或轴）的动量矩保持为常量。此结论称为质点系动量矩守恒定律。

动量矩守恒定律在科学技术上、生产和日常生活中，都有着广泛的应用。例如，图 9-10 所示为摩擦式离合器的示意图。在离合器接合之前，如图 9-8a 所示，飞轮Ⅰ以角速度 ω_1 转动，而摩擦盘Ⅱ则静止不动。离合器接合后，如图 9-8b 所示，飞轮与摩擦盘则以相同角速度 ω 一起转动。设飞轮、摩擦盘及其后的传动系统对转动轴的转动惯量分别为 J_1 和 J_2。将飞轮和摩擦盘及其后的传动系统视为一质点系，因为整个质点系不受外力矩（轴承处摩擦不计）作用，所以对转动轴的动量矩守恒。故有

$$J_1\omega_1 = (J_1 + J_2)\omega$$

即

$$\omega = \frac{J_1\omega_1}{J_1 + J_2}$$

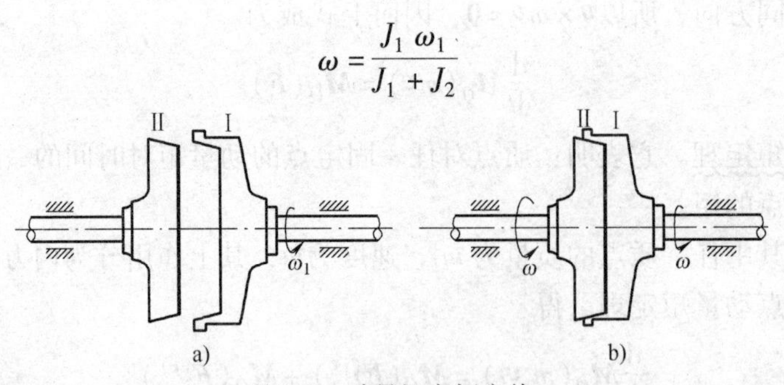

图 9-8 动量矩守恒定律

又如，舞蹈演员绕着通过脚尖的铅直轴旋转时，可借着伸张和收缩两臂来调整旋转的速度。

例 9-5 如图 9-9 所示，滑轮的重量为 $\boldsymbol{W}$，半径为 r，可视为匀质圆盘绕轴 O 转动，其上绕一绳子，绳子的一端挂一重量为 $\boldsymbol{Q}$ 的重物。滑轮上作用一转矩 M，使得重物上升。设绳的重量及轴承处的摩擦不计，试求重物上升的加速度。

解 取滑轮、绳及重物组成的质点系为研究对象。作用于其上的外力有滑轮重力 $\boldsymbol{W}$、重物重力 $\boldsymbol{Q}$、转矩 M、轴承约束力 $\boldsymbol{F}_{Ox}$、$\boldsymbol{F}_{Oy}$，如图 9-9 所示。

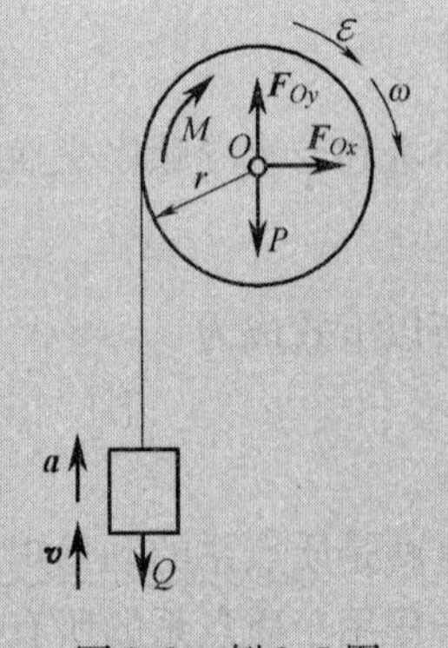

图 9-9 例 9-5 图

滑轮做定轴转动，重物做直线平动。设任一瞬时，重物上升的速度为 $\boldsymbol{v}$，加速度为 $\boldsymbol{a}$，而滑轮的角速度为 ω，角加速度为 ε，如图 9-9 所示。

应用质点系对转动轴 O 的动量矩定理，有

$$\frac{\mathrm{d}L_O}{\mathrm{d}t}=\sum_{i=1}^{n}\boldsymbol{M}_O(\boldsymbol{F}_i^{(\mathrm{e})}) \tag{1}$$

质点系对轴 O 的动量矩

$$L_O=\frac{1}{2}\frac{W}{g}r^2\omega+\frac{Q}{g}vr \tag{2}$$

所有外力对轴 O 的力矩之和

$$\sum_{i=1}^{n}M_O(\boldsymbol{F}_i^{(\mathrm{e})})=M-Qr \tag{3}$$

将式（2）和式（3）代入式（1），可解得

$$a=\frac{2(M-Qr)g}{(W+2Q)r}$$

9.2.4　刚体绕定轴转动的微分方程

现在把质点系动量矩定理应用于刚体绕定轴转动的情形。设刚体上作用了主动力 $\boldsymbol{F}_1$，$\boldsymbol{F}_2$，…，$\boldsymbol{F}_n$和轴承约束力 $\boldsymbol{F}_{\mathrm{N1}}$、$\boldsymbol{F}_{\mathrm{N2}}$，如图9-10所示，这些力都是外力。已知刚体对于 z 轴的转动惯量为 J_z，角速度为 ω，则刚体对于 z 轴的动量矩为 $J_z\omega$。根据质点系对 z 轴的动量矩定理，有

$$\frac{\mathrm{d}}{\mathrm{d}t}(J_z\omega)=\sum M_z(\boldsymbol{F})=\sum_{i=1}^{n}M_z(\boldsymbol{F}_i)+\sum_{i=1}^{2}M_z(\boldsymbol{F}_{\mathrm{N}i})$$

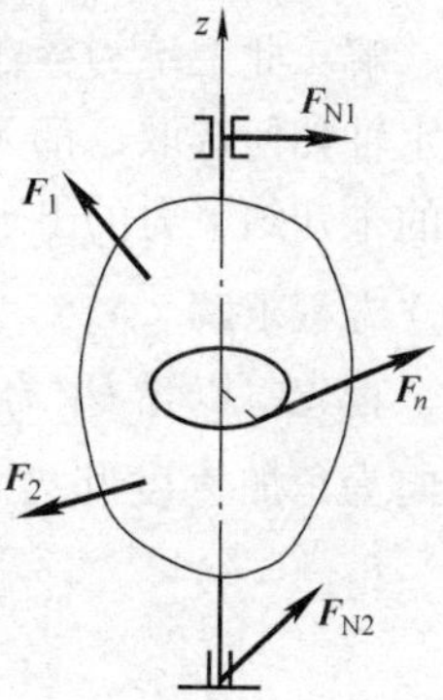

由于轴承约束力对于 z 轴的力矩等于零，于是有

$$\frac{\mathrm{d}}{\mathrm{d}t}(J_z\omega)=\sum_{i=1}^{n}M_z(\boldsymbol{F}_i) \tag{9-24a}$$

上式也可写成

$$J_z\varepsilon=\sum_{i=1}^{n}M_z(\boldsymbol{F}_i) \tag{9-24b}$$

或

$$J_z\frac{\mathrm{d}^2\varphi}{\mathrm{d}t^2}=\sum_{i=1}^{n}M_z(\boldsymbol{F}_i) \tag{9-24c}$$

图9-10

以上各式均为刚体绕定轴转动的微分方程。它表明：刚体对定轴的转动惯量与角加速度的乘积，等于作用于刚体上的主动力对该轴力矩的代数和。

由式（9-24）可以看出：

（1）将作用于刚体的外力分为主动力和约束力，由于约束力往往是未知的轴承约束力，其对转轴的力矩常为零，故而主动力对转轴的力矩使刚体的转动状态发生变化。

（2）若 $\sum_{i=1}^{n}M_z(\boldsymbol{F}_i)=0$，则 $\varepsilon=0$，$\omega=$常数，即若作用于刚体上的主动力对转轴的力矩之和等于零，则刚体做匀速转动；若 $\sum_{i=1}^{n}M_z(\boldsymbol{F}_i)=$常数，则 $\varepsilon=$常数，即作用于刚体上的主动力对转轴的力矩之和等于常数，则刚体做匀变速转动。

（3）在一定时间间隔内，当主动力对转轴的力矩相同时，刚体的转动惯量越大，转动状态变化越小；转动惯量越小，转动状态变化越大。即刚体转动惯量的大小反映了刚体转动状态改变的难易程度。因此，转动惯量是刚体转动惯性的度量。

(4) 应用刚体绕定轴转动的微分方程可以求解刚体的转动规律（如转动方程、角速度、角加速度等），也可求解能对转轴产生力矩的未知外力或外力偶，但不能求解轴承处的约束力。

例 9-6 如图 9-11a 所示，两带轮的半径各为 R_1 和 R_2，重力各为 G_1 和 G_2，如在轮 O_1 上作用一主动力矩 M，在轮 O_2 上作用一阻力矩 M'时，带轮视为均质圆盘，胶带的质量和轴承摩擦略去不计，求轮 O_1 的角加速度。

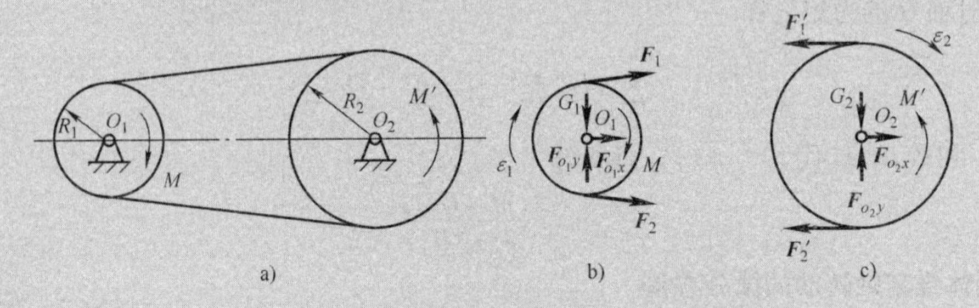

图 9-11 例 9-6 图

解 此系统为存在两个定轴的多轴系统，若以系统为研究对象，采用动量矩定理解题，无论定轴如何选取，都无法避免轴承处的未知约束力，从而无法解出未知量。因此，为避免轴承处的未知约束力的出现，必须将系统拆开，分别取包含一个定轴的轮 O_1、轮 O_2 为研究对象，联立方程求解。

首先，以轮 O_1 为研究对象。设其角加速度为 α_1，受力分析如图 9-11b 所示，规定顺时针转向为角加速度和力计算的正向。由于轮 O_1 做定轴转动，则由刚体绕定轴转动的微分方程，得

$$J_1 \varepsilon_1 = M + (F_1 - F_2)R_1 \tag{1}$$

再以轮 O_2 为研究对象。设其角加速度为 ε_2，受力分析如图 9-11c 所示。同样由刚体定轴转动微分方程得

$$J_2 \varepsilon_2 = -M' - (F'_1 - F'_2)R_2 \tag{2}$$

又由运动学关系得

$$R_1 \varepsilon_1 = R_2 \varepsilon_2 \tag{3}$$

考虑 $F_1 - F_2 = F_1' - F_2'$，$J_1 = \dfrac{G_1}{2g}R_1^2$，$J_2 = \dfrac{G_2}{2g}R_2^2$，联立式 (1) ~式 (3) 解得

$$\varepsilon_1 = \frac{2g(MR_2 - M'R_1)}{R_1^2 R_2(G_1 + G_2)}$$

为说明刚体绕定轴转动的微分方程的应用，本题采用了上述解法。但这种方法并非最佳解法，以系统为研究对象采用动能定理求解将更为简便。读者可自行计算。

*9.3 刚体的平面运动微分方程

由运动学可知，刚体的平面运动可以分解为随同基点的平移和相对于基点的转动。在动力学中，一般取质心为基点，将刚体的平面运动分解为随同质心的平移和相对于质心的转动。这两部分的运动分别由质心运动定理和相对于质心的动量矩定理来确定。

如图9-10所示，作用在刚体上的外力简化为质心所在平面内的一平面力系 $\boldsymbol{F}_i^{(e)}$（$i=1, 2, \cdots, n$），在质心 C 处建立平移坐标系 $Cx'y'$，由质心运动定理和相对于质心的动量矩定理，得

$$\left.\begin{aligned} m\boldsymbol{a}_C &= \sum \boldsymbol{F}_i^{(e)} \\ \frac{\mathrm{d}}{\mathrm{d}t}(J_C\omega) &= \sum M_C(\boldsymbol{F}_i^{(e)}) \end{aligned}\right\} \tag{9-25a}$$

上式的投影形式为

$$\left.\begin{aligned} ma_{Cx} &= \sum F_{ix}^{(e)} \\ ma_{Cy} &= \sum F_{iy}^{(e)} \\ J_C\varepsilon &= \sum M_C(\boldsymbol{F}_i^{(e)}) \end{aligned}\right\} \tag{9-25b}$$

式（9-25）为刚体平面运动微分方程，利用此方程可求解刚体平面运动的两类动力学问题。

例9-7　如图9-12所示，已知匀质杆 AB 长为 l，质量为 m。若不计滑块 A 的质量和滑槽摩擦，试求当绳子 BO 断裂瞬间滑槽的约束力以及杆 AB 的角加速度。

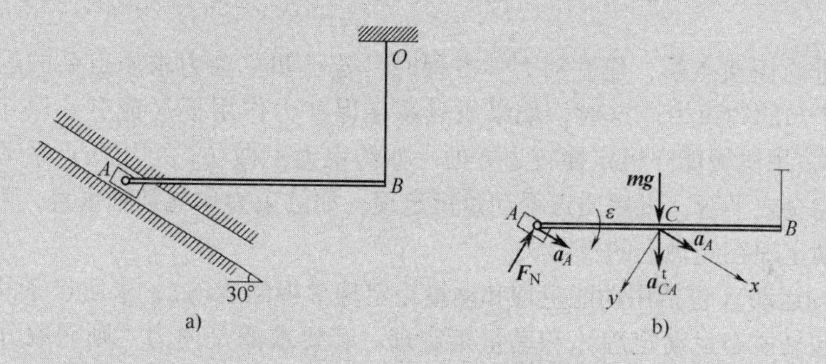

图9-12　例9-7图

解　选取杆 AB（含滑块 A）为研究对象。在绳断裂瞬间，杆 AB 的角速度为零，其受力分析和运动分析如图9-12b所示。建立图9-12b的示坐标系，根据刚体平面运动微分方程，有

$$\left.\begin{aligned} ma_{Cx} &= mg\sin 30° \\ ma_{Cy} &= mg\cos 30° - F_{\mathrm{N}} \\ \frac{1}{12}ml^2\varepsilon &= F_{\mathrm{N}}\frac{l}{2}\cos 30° \end{aligned}\right\} \tag{1}$$

上述三方程中包含了四个未知量，不可解。需要根据运动学知识建立补充方程。绳断后杆 AB 做平面运动。取点 A 为基点。由基点法，质心 C 的加速度为

$$a_C = a_A + a_{CA}^{\mathrm{t}} + a_{CA}^{\mathrm{n}} \tag{2}$$

其中，$a_{CA}^{\mathrm{n}} = \frac{l}{2}\omega^2 = 0$，$a_{CA}^{\mathrm{t}} = \frac{l}{2}\varepsilon$，将式（2）两边向 y 轴投影，有

$$a_{Cy} = \frac{l}{2}\varepsilon\cos 30° \tag{3}$$

联立式（1）与式（3）解得当绳子 $B0$ 断裂瞬间，滑槽约束力以及杆 AB 的角加速度分别为

$$F_{\mathrm{N}} = \frac{2\sqrt{3}}{13}mg,\ \varepsilon = \frac{18g}{13l}$$

9.4 动力学普遍定理的综合应用

动能定理、动量定理和动量矩定理通常称为动力学普遍定理（general theorems of dynamics），又称为动力学的三大定理。这些定理从不同的方面给出了研究对象（质点或质点系）的运动特征量和力的作用量之间的关系。它们可分为两类：动能定理属于一类，动量定理和动量矩定理属于另一类。前者是标量形式，后者是矢量形式；两者都用于研究机械运动，而前者还用于研究机械运动与其他运动形式有能量转化的问题。

由于各个定理有各自的特点，这就需要根据问题的性质和所给的条件及要求，恰当地选择合适的定理。由于选用普遍定理解题有相当的灵活性，不可能定出几条固定不变的规则，因而综合应用普遍定理求解动力学问题必须根据问题的具体条件和要求灵活掌握。下面介绍求解动力学综合应用问题的一般方法和步骤，仅供参考。

9.4.1 一般方法

（1）首先判断是否是某种运动守恒问题，如动量守恒、质心运动守恒、动量矩守恒或相对于质心的动量矩守恒等。若是守恒问题，可根据相应的守恒定律求未知的运动（速度、角速度或位移）。

（2）对于非自由质点系，建立动力学方程时，若已知主动力求质点系的运动，最好能使方程中不包含未知的约束力。这时，如果质点系在保守力作用下（或有非保守力作用，但非保守力不做功），用机械能守恒定律较为方便。如约束力不做功，可用质点系动能定理。如约束力与某定轴相交或平行，可用质点系动量矩定理。如约束力均与某轴垂直，可用质点系动量定理或质心运动定理在此轴上的投影式。

（3）若已知运动（包括用动能定理和动量矩定理求得的运动），求质点系的约束力。通常用动量定理（包括质心运动定理）和动量矩定理。若要求的是内力，则需取分离体或用动能定理。

（4）对于既要求运动又要求力的综合性问题，总的思路是，先求运动，再求力。对有的问题虽只求运动，但问题比较复杂时，往往用一个定理不能求解。以上两种问题需要综合应用动力学普通定理求解，求解时还要充分利用题中的附加条件（如运动学关系、最大静摩擦力定律等），增列补充方程，使方程中的未知数与方程数相等，方能求解。

9.4.2 解题步骤

（1）选取研究对象。首先明确所研究的质点系包括哪些物体，是整个系统，还是其中的某一部分。

（2）物体的受力分析和运动分析。根据所选研究对象，画出受力图和运动分析图；分清每个物体的运动形式、特点，为计算基本物理量和建立运动学补充方程做准备。

（3）选择定理。根据以上分析及对已知量和待求量的分析，选取合适的定理，建立方程式。

（4）求解并讨论。

9.4.3 动力学普遍定理的应用举例

例 9-8 船上吊杆从船舱中吊货，货物是钢块，质量 $m=3000\text{kg}$，如图 9-13a 所示。在卸货过程中，当钢块被从距甲板高度 $H=1.5\text{m}$ 处吊起时，由于滑轮卡住，吊货索突然断裂，钢块落在甲板上，碰撞时间 $t=0.01\text{s}$。试求作用在甲板上的平均碰撞力。

解　取钢块为研究对象。钢块从高度 H 处自由下落过程中只受重力作用，设它与甲板刚要接触时所具有的速度为$\boldsymbol{v}$。由动能定理，得

$$\frac{1}{2}mv^2-0=mgH$$

所以

$$v=\sqrt{2gH}=\sqrt{2\times9.8\times1.5}\mathrm{m/s}=5.42\mathrm{m/s}$$

钢块接触甲板后到停止的过程中，除受钢块的重力 $\boldsymbol{P}$ 作用外，还受甲板作用于钢块上的约束力 $\boldsymbol{F}_{\mathrm{N}}$。这个约束力是变力，在极短的碰撞时间间隔 t 内迅速变化，我们用平均碰撞约束力来代替，如图 9-13b 所示。

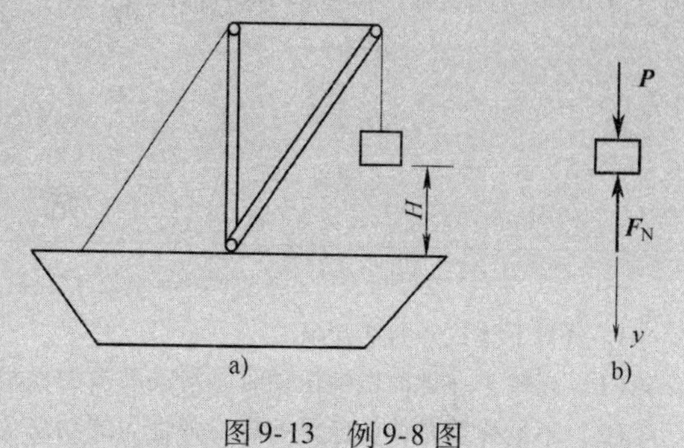

图 9-13　例 9-8 图

取铅垂轴 y，向下为正，根据质点动量定理，得

$$mv_{2y}-mv_{1y}=(P-F_{\mathrm{N}})t$$

这时，$v_{2y}=0$，$v_{1y}=5.42\mathrm{m/s}$，$P=mg$，代入上式，得

$$F_{\mathrm{N}}=P+\frac{mv}{t}=\left(3000\times9.8+\frac{3000\times5.42}{0.01}\right)\mathrm{kN}=1655.4\mathrm{kN}$$

钢块的重量 $P=mg=29.4\mathrm{kN}$，撞击时作用在甲板上的平均力是钢块重量的 56.3 倍，可见甲板受的冲击力相当大，因此，在船上装卸货物时，必须注意操作安全。

例 9-9　如图 9-14 所示，三角柱体 ABC 质量为 M，放置于光滑水平面上。质量为 m 的均质圆柱体沿斜面 AB 向下滚动而不滑动，若斜面倾角为 θ，求三角柱体的加速度。

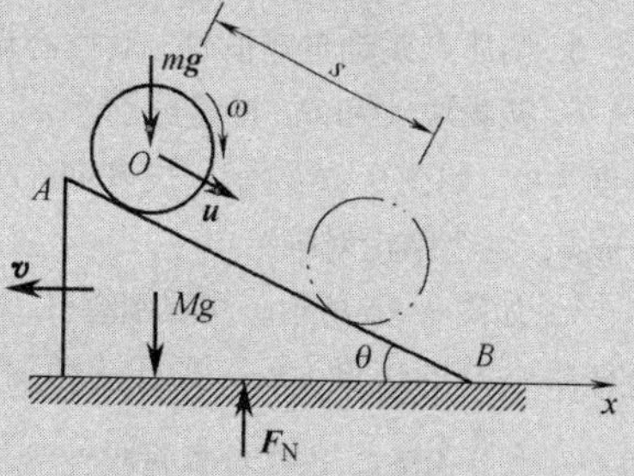

图 9-14　例 9-9 图

解　设圆柱体质心 O 相对三角柱的速度为 $\boldsymbol{u}$，三角柱体向左滑动的速度为$\boldsymbol{v}$，并设系统开始时静止，根据动量守恒定理，有

$$p_x=-Mv+m(u\cos\theta-v)=0$$

得

$$u=\frac{M+m}{m\cos\theta}v \tag{1}$$

初始时刻系统的动能为零：$T_1=0$。

任意时刻的动能

$$T_2=\frac{1}{2}Mv^2+\frac{1}{2}m(v^2+u^2-2vu\cos\theta)+\frac{1}{2}J_O\omega^2$$

其中，$J_O=\dfrac{1}{2}mr^2$，$\omega=\dfrac{u}{r}$，代入上式，得

$$T_2=\frac{1}{2}Mv^2+\frac{1}{2}m(v^2+u^2-2vu\cos\theta)+\frac{1}{4}mu^2$$

在运动过程中，作用于系统的力只有重力 mg 做功，故

$$W=mgs\sin\theta$$

由动能定理，得

$$\frac{1}{2}Mv^2+\frac{1}{2}m(v^2+u^2-2vu\cos\theta)+\frac{1}{4}m\,u^2=mgs\sin\theta \tag{2}$$

将式（1）代入式（2），得

$$\frac{M+m}{4m\cos^2\theta}[3(M+m)-2m\cos^2\theta]v^2=mgs\sin\theta$$

将上式两边对时间 t 求导，并注意到$\frac{\mathrm{d}v}{\mathrm{d}t}=a$，$\frac{\mathrm{d}s}{\mathrm{d}t}=u=\frac{M+m}{m\cos\theta}v$，可得三角柱体的加速度

$$a=\frac{mg\sin2\theta}{3M+m+2m\sin^2\theta}$$

思 考 题

1. 分析下述论点是否正确：

（1）当轮子在地面做纯滚动时，滑动摩擦力做负功；

（2）不论弹簧是伸长还是缩短，弹性力的功总等于 $-k\delta^2/2$；

（3）当质点做曲线运动时，沿切线及法线方向的分力都做功；

（4）质点的动能愈大，表示作用于质点上的力所做的功愈大。

2. 一人站在高塔顶上，以大小相同的初速度 u_0 分别沿水平、铅直向上、铅直向下抛出小球，当这些小球落到地面时，其速度的大小是否相等？（空气阻力不计）

3. 质点做匀速直线运动和匀速圆周运动时，其动量有无变化？为什么？

4. 如果给某一运动的质点系施加一力偶，那么该质点系的动量是否会发生改变？

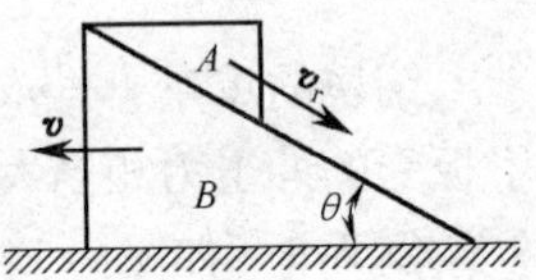

图 9-15

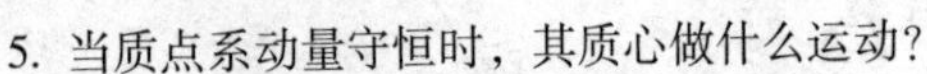

5. 当质点系动量守恒时，其质心做什么运动？

6. 两物块 A 和 B，质量分别为 m_A 和 m_B，初始静止。如 A 沿斜面下滑的相对速度为$\boldsymbol{v}_r$，如图 9-15 所示。设 B 向左的速度为$\boldsymbol{v}$，根据动量守恒定律，有 $m_A v_r\cos\theta=m_B v$，这个结论对吗？

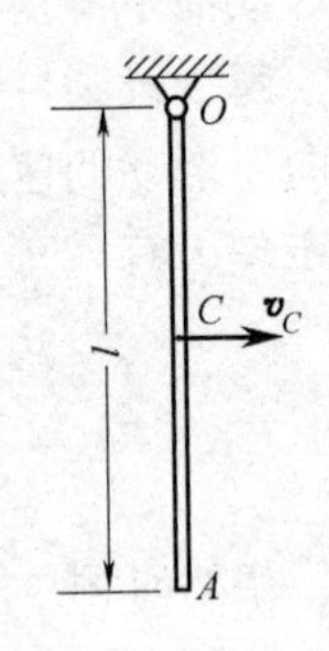

图 9-16

7. 如图 9-16 所示，均质细直杆 OA 长为 l、质量为 M，可绕定轴 O 转动。设某瞬时直杆质心 C 的速度为$\boldsymbol{v}_C$，则杆的动量 $p=Mv_C$，于是求得直杆对轴 O 的动量矩为 $L_O=Mv_C\frac{l}{2}=\frac{1}{2}Mlv_C$。这样计算对吗？为什么？

8. 有一火车以匀速度 $\boldsymbol{u}$ 沿直线行驶，车厢内一重为 $\boldsymbol{G}$ 的人以同方向、相对于车厢为$\boldsymbol{v}$的速度向前行走，问该人的动量为何？如果此人原在车上相对静止，其动量的变化是如何产生的？

9. 炮弹飞出炮膛后，如无空气阻力，质心将沿抛物线运动。炮弹爆炸后，质心运动规律不变。若有一块碎片落地，质心是否还会沿原抛物线运动？为什么？

习 题

9-1 计算下列系统的动量。

（1）如题 9-1a 图所示，质量为 m 的均质圆盘，沿水平面纯滚动，某瞬时质心速度为$\boldsymbol{v}_C$。

（2）如题 9-1b 图所示，非均质圆盘以角速度 ω 绕轴 O 转动，圆盘质量为 m，质心为 C，且 $OC=l/2$。

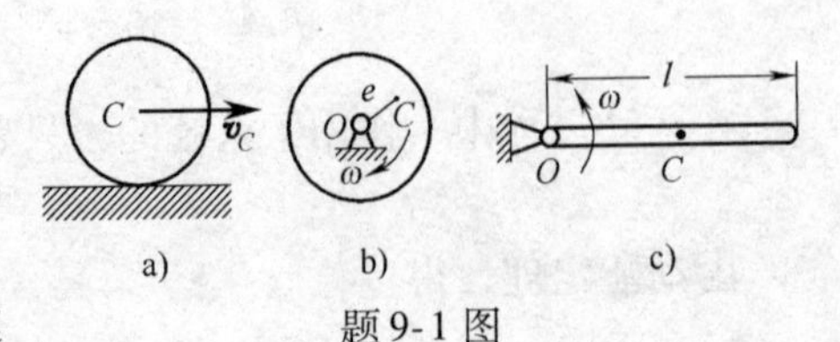

题 9-1 图

（3）如题 9-1c 图所示，质量为 m 的均质杆，长为 l，角速

度为 ω。

9-2　一物块质量为 1kg，开始静止在光滑的水平面上，后受一水平向右的力作用，此力的大小随时间而变化的关系为 $F=5+2t$（其中 F 的单位为 N，t 的单位为 s）。试求 $t=2$s 时物块的速度。

9-3　一汽车以速度 $v_0=90$km/h 沿水平直线匀速行驶。轮胎与路面间的摩擦因数为 $f=0.6$，如果每个车轮都装有制动闸，试求：(1) 欲使汽车停止需要多少时间；(2) 刹车过程中汽车行驶了多少路程。

9-4　如题 9-4 图所示的通风机，转动部分以初角速度 ω_0 绕其轴转动，空气的阻力矩与角速度成正比，$M=A\omega_0$，其中 A 为常数。设转动部分对其轴的转动惯量为 J_0，问经过多少时间后其转动角速度减少为初角速度的一半？又在此时间内共转过多少转？

9-5　题 9-5 图所示质量为 m_1 的电动机，在转动轴上带动一质量为 m_2 的偏心轮，偏心距为 e。设电机的角速度为 ω，试求：

(1) 如电动机外壳用螺杆固定在基座上，求作用在螺杆上最大的水平约束力 $\boldsymbol{F}_r$。

(2) 如不用螺杆固定，求角速度为多大时，电动机会跳离地面？

9-6　题 9-6 图所示在一质量为 6000kg 的驳船上，用绞车拉动一质量为 1000kg 的箱子 A。开始时，船与箱均为静止。

(1) 当箱子在船上拉过 10m 时，求驳船移动的水平距离（不计水的阻力）。

(2) 设在船上测得木箱移动的速度为 3m/s，求驳船移动的速度及木箱的绝对速度。

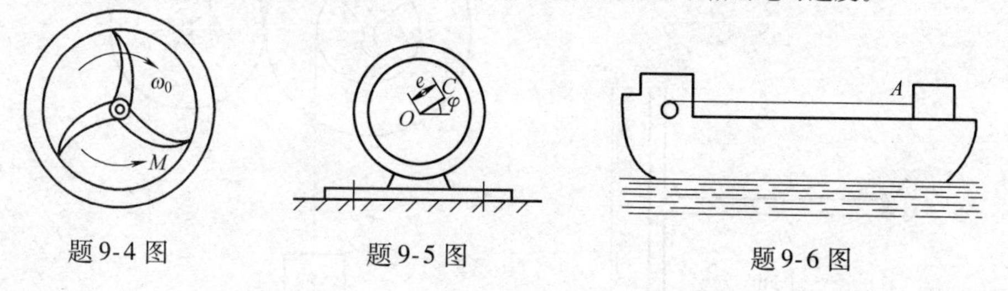

题 9-4 图　　题 9-5 图　　题 9-6 图

9-7　如题 9-7 图所示一物体质量为 98kg，以初速 $v_0=1$m/s 在光滑的水平面上向右运动。今有 $F=98$N 的力向左作用于该物体上。求 5s 后该物体的速度，并求该力在此时间内所做的功。

9-8　机车质量为 m_1，以速度 v_1 与静止在平直轨道上的车厢对接，车厢质量为 m_1，不计摩擦，试求对接后列车的速度 $\boldsymbol{v}_2$ 以及机车损失的动量。

9-9　如题 9-9 图所示，子弹质量为 0.15kg，以速度 $v_1=600$m/s 沿水平线击中圆盘的中心。设圆盘质量为 2kg，静止地放置在光滑水平支座上。设子弹穿出圆盘时的速度 $v_2=300$m/s，求此时圆盘的速度 $\boldsymbol{v}_3$。

9-10　如题 9-10 图所示，质量 $m_1=20000$kg 的浮动起重机举起质量 $m_2=2000$kg 的重物。已知吊杆长 $OA=8$m；开始时吊杆与铅直位置成 60°角。若水的阻力与杆重略去不计，当吊杆 OA 转到与铅直位置成 30°角时，试求起重机的位移。

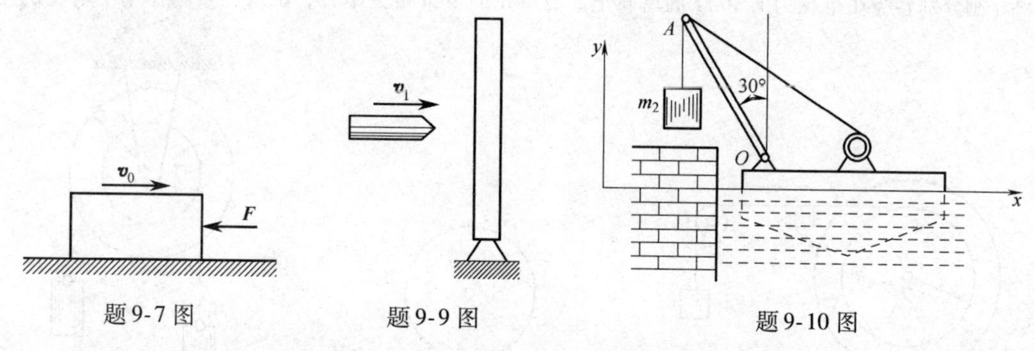

题 9-7 图　　题 9-9 图　　题 9-10 图

9-11　题 9-11 图所示机构中，鼓轮的质量为 m_1，质心位于转轴 O 上。重物 A 的质量为 m_2、重物 B 的质量为 m_3。斜面光滑，倾角为 θ。若已知重物 A 的加速度为 $\boldsymbol{a}$，试求轴承 O 处的约束力。

9-12　题 9-12 图中各物体都是均质物体，设各物体的质量为 m，试计算各刚体对固定轴 O 的动量矩。

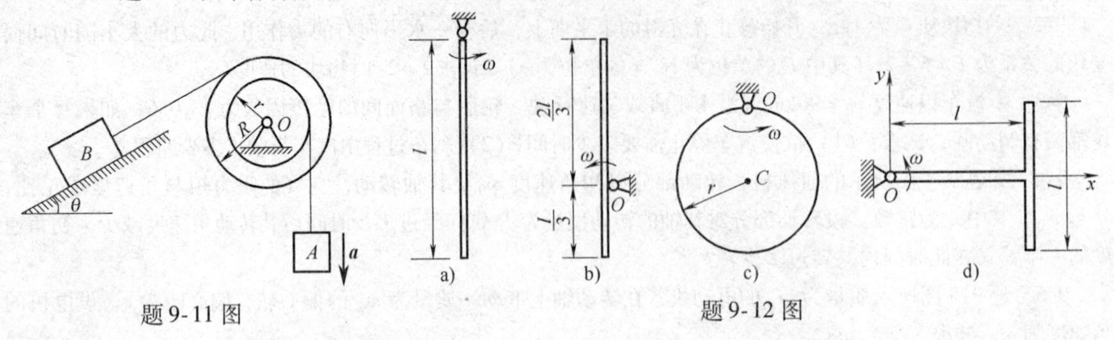

题 9-11 图　　题 9-12 图

9-13　如题 9-13 图所示，两根质量各为 8kg 的均质细杆固连成 T 字形，可绕通过点 O 的水平轴转动，当 $0A$ 处于水平位置时，T 形杆具有角速度 $\omega=4\text{rad/s}$。求该瞬时轴承 O 处的约束力。

9-14　题 9-14 图所示电绞车在主动轴 O_1 上受有一力偶矩 M 作用，从而提升重物 $\boldsymbol{G}$。设主动轴、从动轴及安装于这两轴上的齿轮和其他附件的转动惯量分别为 J_{O1} 和 J_{O2}，各轮半径如题图所示。求重物的加速度。

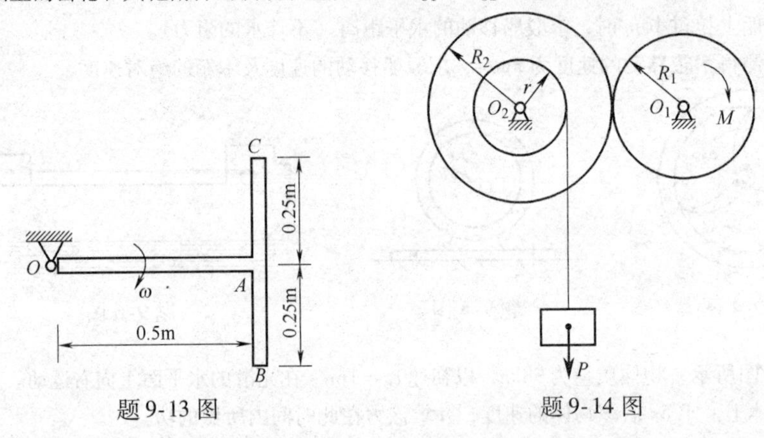

题 9-13 图　　题 9-14 图

9-15　如题 9-15 图所示，重为 G 的物体 A，系在绳子上。绳子跨过固定滑轮 D，并绕在鼓轮上。由于重物下降，带动了轮 C，使它沿水平轨道滚动而不滑动。设鼓轮半径为 r，轮 C 的半径为 R，两者固连在一起，总重为 $\boldsymbol{Q}$，对于其水平轴 O 的回转半径为 ρ。求重物 A 的加速度。

9-16　如题 9-16 图所示，板重 $\boldsymbol{G}$，受水平力 $\boldsymbol{F}$ 作用，沿水平面运动，板与平面间摩擦因数为 f。在板上放一重为 $\boldsymbol{Q}$ 的均质实心圆柱，此圆柱对板只滚不滑。求板的加速度。

9-17　题 9-17 图所示两个重物 M_1、M_2 的重量分别是 G_1、G_2（$G_1<G_2$）。分别系于两根重量不计的细绳上，绳子则分别卷绕在半径为 r_1 和 r_2 的塔轮上。若塔轮的重量略去不计，试求在重物作用下塔轮的角加速度。

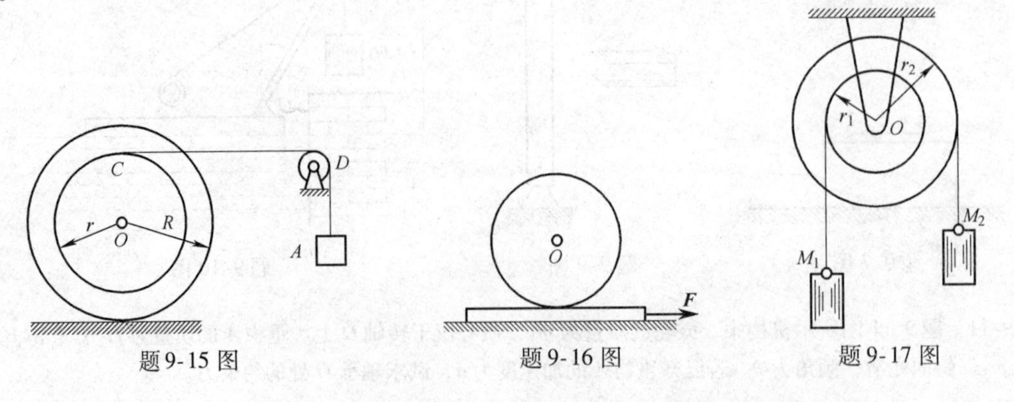

题 9-15 图　　题 9-16 图　　题 9-17 图

第3篇　材 料 力 学

在前面的理论力学研究中，主要是研究力对物体作用的外效应。我们把物体（构件）假设成不变形的刚体，并对其进行了外力分析（画受力图）和计算，搞清了作用在物体上所有外力的大小和方向。但在这些外力作用下，构件是否破坏，是否产生大于允许的变形，以及能否保持原有的平衡状态等问题，则需要利用材料力学的理论来解决。本篇我们将进行材料力学的研究。

第10章　材料力学基础

本章介绍材料力学中对可变形固体所做的基本假设，介绍杆件内力、应力和应变的概念，以及杆件四种基本变形的受力特点和变形特点。

10.1　变形固体的概念

在材料力学中，研究模型为可变形固体，并且主要为一个方向的尺寸远大于其他两个方向的尺寸的可变形杆件。

10.1.1　变形固体的变形

材料力学研究的构件在外力作用下会产生变形，制造构件的材料称为变形固体（deformation solid)。所谓变形，是指在外力作用下构件几何形状和尺寸的改变。这些变形与构件的强度、刚度、稳定性等方面密切相关。

变形固体在外力作用下会产生变形，就其变形的性质可分为弹性变形和塑性变形。

弹性变形（elastic deformation)：作用在变形固体上的外力去掉后可以消失的变形。

塑性变形（plastic deformation)：作用在变形固体上的外力去掉后不能消失的变形，也称残余变形（residual deformation)。

10.1.2　材料力学的基本假设

材料力学在研究变形固体时，为了建立简化模型，忽略了对研究主体影响不大的次要因素，保留了主体的基本性质，对变形固体做了如下假设。

1. 连续均匀性假设

认为物体在其整个体积内毫无空隙地充满了物质，各点处的力学性质是完全相同的。由于构件的尺寸远远大于物质的基本粒子及粒子之间的间隙，这些间隙的存在以及由此而引起的性质上的差异，在宏观讨论中完全可以略去。根据这一假设，可将物体内部的物理量用数学的函数来表示。

2. 各向同性假设

认为物体沿各个方向的力学性质是相同的。实际物体，例如金属是由晶粒组成，沿不同方向晶粒的性质并不相同。但由于构件中包含的晶粒极多，晶粒排列又无规则，在宏观研究中，物体的性质并不显示出力向的差别，因此可以看成是各向同性的。当然，某些情况，如含有碳素纤维的复合材料等，就需要按各向异性来考虑。

连续均匀、各向同性的可变形固体，是对实际物体的一种科学抽象。实践表明，在此假设下建立的材料力学理论，基本上符合真实构件在外力作用下的表现，因此假设得以成立。

3. 小变形假设

认为研究的构件几何形状和尺寸的改变量与原始尺寸相比是非常小的。工程中的大多数构件在正常工作中均满足此假设，构件的小变形假设，可使研究的问题得到简化。例如图10-1所示结构，杆 AB 受到拉力，杆 AC 受到压力，长度由 AB 伸长为

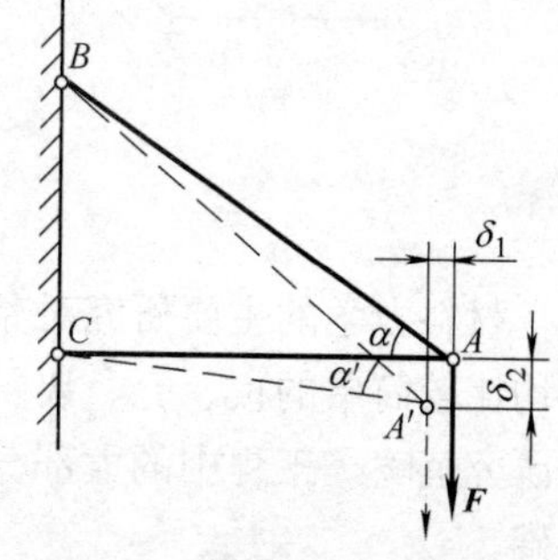

图10-1　构件的小变形假设

$A'B$，而杆 AC 的长度由 AC 缩短为 $A'C$。节点由 A 变为 A'。杆 AB 与杆 AC 间的夹角由 α 变为 α'。然而，由于小变形假设，因而在考察这些构件的平衡问题时，可将变形略去，仍按变形前的原始尺寸和角度来考虑，这样可极大地简化计算过程，而计算精度足可以满足工程要求。工程中也有些构件变形过大，需要按变形后的形状和尺寸来考虑，这属于大变形问题，不在本书讨论范围之内。

综上所述，材料力学中的基本假设有两类：一类是将实际研究的材料看作是连续均匀和各向同性的可变形固体；另一类则是小变形假设。前者是对材料本身性质的假设，而后者则是对构件产生变形大小的假设。

实践表明，在这些假设基础上所建立的理论与分析计算结果，符合工程要求。

10.2 材料力学的研究对象

根据几何形状以及各个方向上尺寸的差异，弹性体大致可分为杆、板、壳、体四大类。如图 10-2 所示。

杆：如图 10-2a 所示，一个方向的尺寸远大于其他两个方向的尺寸，这种弹性体称为杆（Bar）。杆的各横截面形心的连线称为杆的轴线（axis），轴线为直线的杆称为直杆（straight bar）；轴线为曲线的杆称为曲杆（curves bar）。按各截面相等与否，杆又分为等截面杆（non-equal stem）和变截面杆（cross-section bar）。工程上最常见的等截面直杆，简称等直杆。

板：如图 10-2b 所示，一个方向的尺寸远小于其他两个方向的尺寸，且各处曲率均为零，这种弹性体称为板（plate）。

壳：如图 10-2c 所示，一个方向的尺寸远小于其他两个方向的尺寸，且至少有一个方向的曲率不为零，这种结构称为壳（shell）。

注意：板与壳的区别就在于“平、曲”二字，平的为板，曲的为壳。

体：如图 10-2d 所示，三个方向具有相同量级的尺寸，这种弹性体称为体（body）。

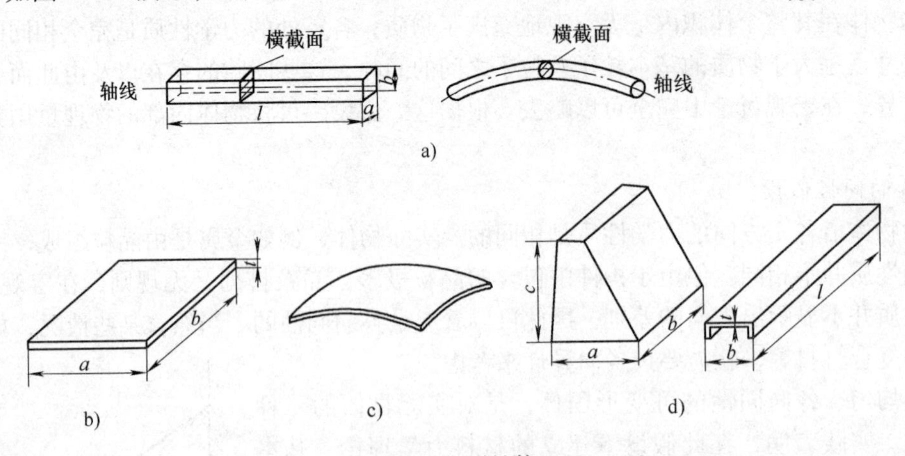

图 10-2 弹性体

材料力学的主要研究对象是杆，以及由若干杆组成的简单杆系，同时也研究一些形状与受力均比较简单的板、壳、块。至于一般较复杂的杆系与板壳问题，则属于结构力学与弹性力学的研究范畴。工程中的大部分构件属于杆件，杆件分析的原理与方法是分析其他形式构件的基础。

10.3　构件的外力与杆件变形的基本形式

10.3.1　构件的外力及其分类

材料力学的研究对象是构件，构件工作时，总要受到其他物体所施加的力的作用，包括作用在构件上的载荷和约束力等。

按照外力在构件表面的分布情况，若连续分布在构件表面某一范围的力，称为分布力（distributed force），用 q 表示；如果分布力的作用范围远小于构件的表面面积，或沿杆件轴线的分布范围远小于杆件长度，则可将分布力简化为作用于一点处的力，称为集中力（concentrated force）；有时外力以力偶的形式集中作用于构件上，称为集中力偶（concentrated couple）用 m 表示。

按载荷随时间变化的情况又可将外力分为静载荷（static load）与动载荷（dynamic load）。载荷缓慢地由零增加到某一定值，以后即保持不变，或变动不显著，这种载荷称为静载荷。如机器被缓慢地放置在机器设备的基础上，机器的重量对基础的作用便是静载荷。若载荷随时间的变更而变化，这种载荷称为动载荷。随时间交替变化的载荷称为交变载荷（alternating load）。物体的运动在短时内突然改变所引起的载荷称为冲击载荷（impact load）。

材料在静载荷和动载荷作用下的性能颇不相同，分析方法也迥异。因为静载荷问题比较简单，所建立的理论和方法又可作为解决动载荷问题的基础，所以，先研究静载荷问题，后研究动载荷问题。

关于约束力的计算，在前两篇中已经讨论了，不再详述。

另外，在材料力学的研究中，为简化力的描述，习惯上将力的标号用白体印刷，如力 F、G 等，而不再用黑体 $\mathbf{F}$、$\mathbf{G}$。

10.3.2　杆件变形的基本形式

杆件在各种不同的外力作用下将发生各种各样的变形，但基本变形有四种形式：轴向拉伸或压缩（axial tensile or compression）（见图 10-3a、b）；剪切（shear）（见图 10-3c）；扭转（reverse）（见图 10-3d）和弯曲（bending）（见图 10-3e）。

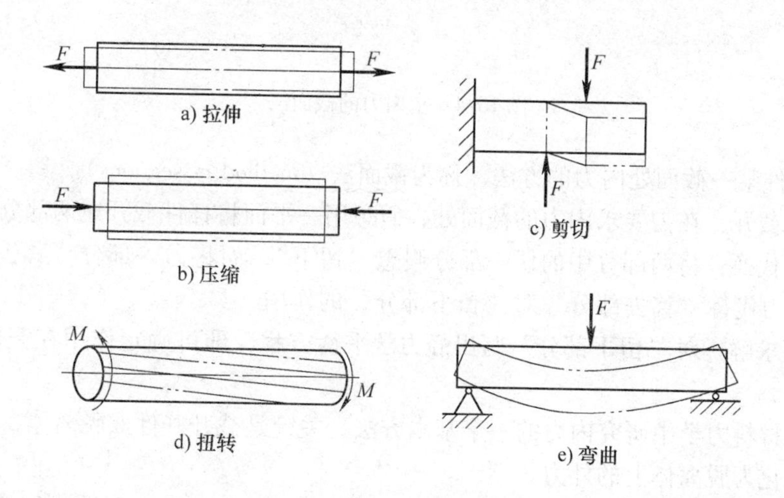

图 10-3　杆件变形的基本形式

10.4 材料力学的内力及截面法

10.4.1 材料力学的内力

我们知道，物体是由无数颗粒组成的，在其未受外力作用时，各颗粒间就存在着相互作用的内力，以维持它们之间的联系及物体的原有形状。物理学中，把物体（构件）内部相连各部分之间产生相互作用力，称为分子的结合内力。正是依靠这种分子之间的结合内力，才使物体保持一定的形状和尺寸。

当构件受到外力作用时，构件要发生变形。同时，构件内部原有的分子结合内力要发生变化，即产生了内力变化量，称为附加内力（additional internal）。构件的强度、刚度及稳定性，与“附加内力”的大小及其在这种件内的分布情况密切相关。在材料力学中我们就是研究这种“附加内力”，或简称为内力（internal force）。简言之，材料力学中所谓的内力是指构件在外力作用下所引起的内力变化量。内力分析是解决构件强度、刚度与稳定性问题的基础。

10.4.2 求内力的截面法

为了显示和计算构件的内力，必须假想地用截面把构件切开成两部分，这样内力就转化为外力而显示出来，并可用静力平衡条件将它求出。

例如图 10-4a 所示构件受多个外力作用，处于平衡状态。若求任一截面 m—m 的内力，可以将构件假想地用 m—m 平面截分为Ⅰ、Ⅱ两部分。任取其中一部分作为研究对象（如Ⅰ），将Ⅱ对Ⅰ的作用截面上的内力来代替。由均匀连续性假设可知，内力在横截面上是连续分布的。这些分布力构成一空间任意力系（见图 10-4b），将其向截面形心 C 简化后可得一主矢 F 和一主矩 M，称其为该截面上的内力。

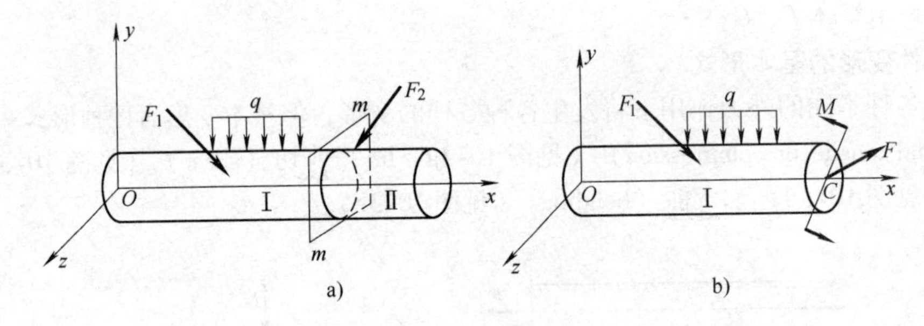

图 10-4　求内力的截面法

上述求构件某一截面处内力的方法，称为截面法（method of sections）。其一般步骤如下。

（1）假想截开：在需要求内力的截面处，假想用一平面将杆件截开成两部分。

（2）保留代换：将两部分中的任一部分假想“留下”，而将另一部分“移去”，并以作用在截面上的内力代替“移去部分”对“留下部分”的作用。

（3）平衡求解：对“留下部分”写出静力学平衡方程，即可确定作用在截面上的内力大小和方向。

截面法是材料力学中研究内力的一个基本方法。关键是截开杆件取脱离体，这样就使杆件的截面内力转化为脱离体上的外力。

当受更复杂的载荷作用时，内力计算按同样的过程进行，此时内力分量会多一些，平衡方程也相应增多。并且，只要未知内力是按正方向假设的，从平衡方程解出的内力代数值就自然符合材料力学的正负号约定。各种变形情况下杆件内力的具体计算和图示，将在相应的章节中做进一步的研究。

10.5 应力

10.5.1 应力的概念

上节中求出的内力是在一个截面上连续分布的内力系的总和。要了解杆件的承载能力，仅知道内力是不够的。如图10-5所示的杆件在承受轴向拉力时，截面 $a—a$ 和截面 $b—b$ 上的内力是一样大的，但我们知道 $b—b$ 截面比 $a—a$ 截面更容易发生破坏。这是因为 $b—b$ 截面的面积比 $a—a$ 截面小，因此 $b—b$ 截面上的内力集度即单位面积上的内力比 $a—a$ 截面上的大。由此可见，材料的破坏或变形是与内力集度直接相关的。截面上内力的分布集度称为应力（stress）。

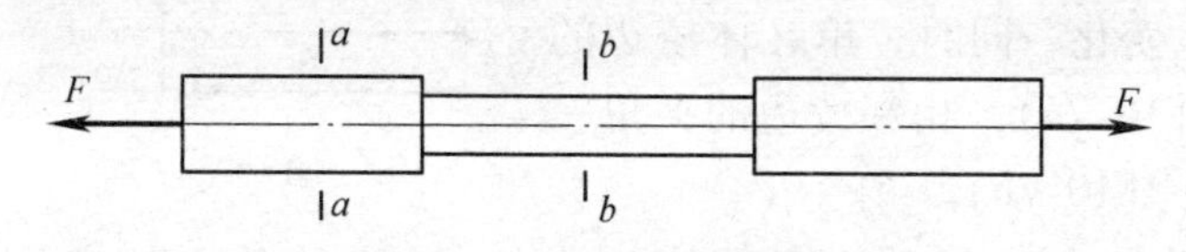

图10-5 承受轴向拉力的杆件

如图10-6a所示，考察构件的截面 $m—m$ 上某一点 K 处的内力集度，可在该截面上围绕 K 点取一微小面积 ΔA，设作用在该微小面积上的内力合力为 ΔF，如图10-6a所示，则 ΔA 上的平均内力集度为

$$p_m = \frac{\Delta F}{\Delta A}$$

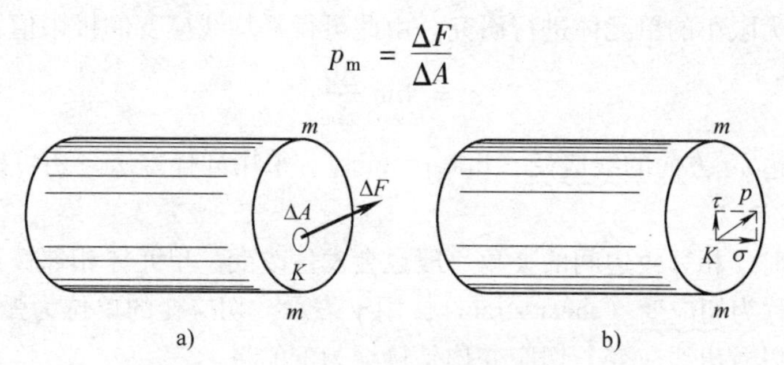

图10-6 构件的内力集度

式中，p_m 称为 ΔA 上的平均应力。一般地说，截面 $m—m$ 上的内力并不是均匀的，所以 ΔA 上的平均应力集度还不能代表 K 点处的真实内力集度。为精确表示 K 点处的真实内力集度，应令 ΔA 趋近于零，此时平均应力 p_m 将趋向于一极限值

$$p = \lim_{\Delta A \to 0} \frac{\Delta F}{\Delta A} \tag{10-1}$$

式中，p 代表截面上 K 点处的真实内力集度，称为 K 点的总应力（total stress）。

10.5.2 正应力和切应力

总应力 p 是矢量，一般情况下它既不与截面垂直也不与截面相切。为便于研究，通常把它分解成垂直于截面的分量 σ 和相切于截面的分量 τ，如图10-6b所示。其中，垂直于截面的分量 σ 称为正应力（normal stress），并规定以受拉为正，受压为负；相切于截面的分量 τ 称为切应力（shear stress），并规定以产生绕所研究的截面顺时针转的力矩为正，反之为负。显然，有

$$p^2 = \sigma^2 + \tau^2 \tag{10-2}$$

将总应力用正应力和切应力两个分量来表示，其物理意义和材料的两类断裂现象（拉断和剪切错动）相对应。今后在强度计算中只计算正应力和切应力，而不用计算总应力。

应力的大小反映了内力在截面上的集聚程度，应力的基本单位为帕斯卡（Pa），1MPa = 10^6Pa，1GPa = 10^9Pa。

10.6 线应变和切应变

在外力作用下，构件发生变形，同时引起应力。为了研究构件的变形及其内部的应力分布，需要了解构件内部各点处的变形。为此，假想地将构件分割成许多细小的单元体。构件受力后，各单元体的位置发生变化，同时，单元体棱边的长度发生改变（见图 10-7a），相邻棱边的夹角一般也会发生改变（见图 10-7b）。

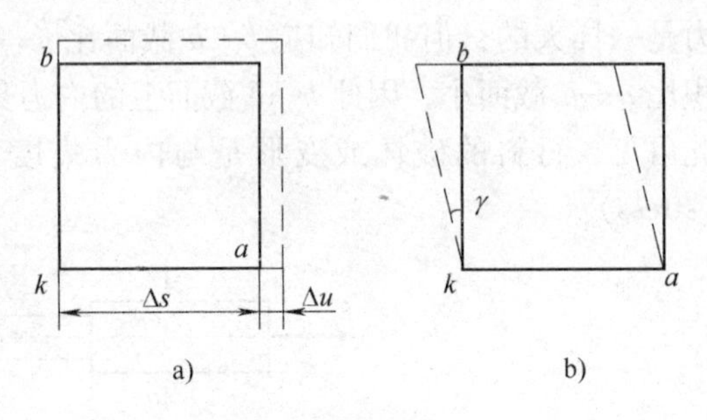

图 10-7 单元体的变形

设棱边 ka 原长为 Δs，变形后的长度为 $\Delta s+\Delta u$，即长度改变量为 Δu，则 Δu 与 Δs 的比值称为棱边 ka 的平均应变，即

$$\varepsilon_{\mathrm{m}} = \frac{\Delta u}{\Delta s}$$

一般情况下，棱边 ka 各点处的变形程度并不相同。为了精确地描述 k 点沿棱边 ka 方向的变形情况，应选取无限小的单元体进行研究，由此可得平均线应变的极限值：

$$\varepsilon = \lim_{\Delta s \to 0} \frac{\Delta u}{\Delta s} \tag{10-3}$$

称其为 k 点处沿棱边 ka 方向的线应变（linear strain）。采用同样方法，还可确定 k 点处沿其他方向的线应变。

当单元体变形时，相邻棱边间的夹角一般也会发生改变。单元体相邻棱边所夹直角的改变量（见图 10-7b）称为切应变（shear strain），用 γ 表示。切应变的单位为弧度（rad）。

由以上定义可以看出线应变与切应变均是量纲为 1 的量。

构件的整体变形是构成构件的单元体局部变形组合的结果，而单元体的局部变形则可用线应变与切应变来度量。

思 考 题

1. 何谓变形？弹性变形与塑性变形有何区别？

2. 材料力学的强度、刚度、稳定性是如何定义的？强度与刚度有何区别？强度、刚度、稳定性在工程实际中有何意义？

3. 杆件的轴线与横截面之间有何关系？

4. 材料力学的基本假设是什么？均匀性假设与各向同性假设有何区别？能否说“均匀性材料一定是各向同性材料”？

5. 杆件有几种基本变形形式？

6. 构件在外力作用下做等速直线运动，能否说“该构件处于动载荷作用下”？

7. 何谓内力？何谓截面法？截面法的一般步骤是什么？

8. 何谓应力？何谓正应力与切应力？应力的量纲与单位是什么？

9. 内力与应力有何区别？能否说“内力是应力的合力”？

10. 何谓正应变与切应变？它们的量纲各是什么？切应变的单位是什么？

习　题

10-1　如题10-1图所示，拉伸试样上 A、B 两点间的距离 l 称为标距。受拉力作用后，用变形仪量出 l 的增量为 $=10\times10^{-2}$mm。若 l 的原长度为100mm，试求 A、B 两点间的平均线应变 ε。

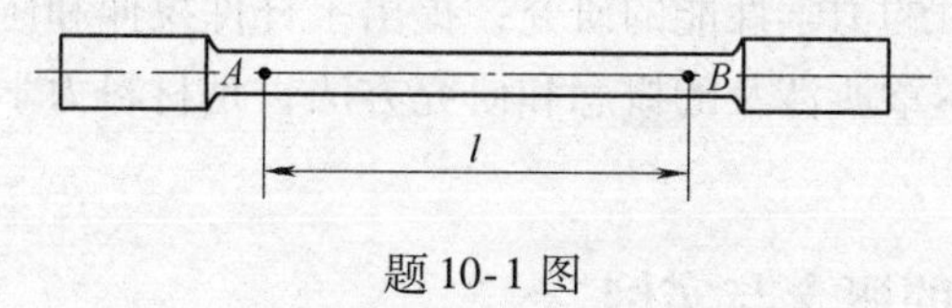

题10-1图

10-2　如题10-2图所示为两边固定的薄板。变形后 ab 和 ad 两边仍保持为直线，a 点沿铅垂方向向下移动0.025mm。试求：ab 边的平均线应变以及 ab 和 ad 两边夹角的变化。

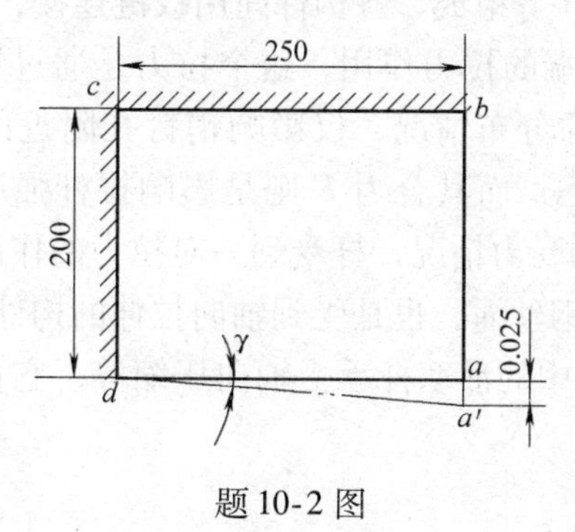

题10-2图

第 11 章　拉伸与压缩

本章主要讨论拉（压）构件的强度和变形计算问题，通过拉伸或压缩变形的应力和变形计算及材料在拉伸和压缩时的力学性能的研究，提出了杆件拉伸和压缩时的强度条件。初步研究了超静定问题的解法。本章所涉及的概念和研究方法，是材料力学的学习基础。因此，阐述分析较详细。

11.1　轴向拉伸与压缩的概念与实例

工程实际中，经常会遇到因外力作用产生拉伸或压缩变形的杆件。例如简易起重机（见图 11-1)，由拉杆 BC 和横梁 AB 等组成，各构件间用铰链连接，如图 11-1a 所示。经过受力分析，工作时 BC 杆受到 B、C 两端的拉力作用，这个拉力是通过销钉作用在销钉孔上的，如图 11-1b 所示。拉力在销钉孔处的分布情况，仅影响销钉孔附近的局部区域，对拉杆的主体来说，没有什么影响，可不加考虑；而其合力 F 则是影响拉杆强度的主要因素。因此可以将拉杆 BC 简化为如图 11-1c 所示的受力情况，杆受到一对拉力的作用，拉力 F 的作用线与杆的轴线重合。显然，吊运重物 P 的钢丝绳，也是受到轴向拉伸的构件。

又如图 11-2 所示液压装置中的活塞杆承受轴向压缩等，它们都可以简化为轴向拉伸或压缩的构件。

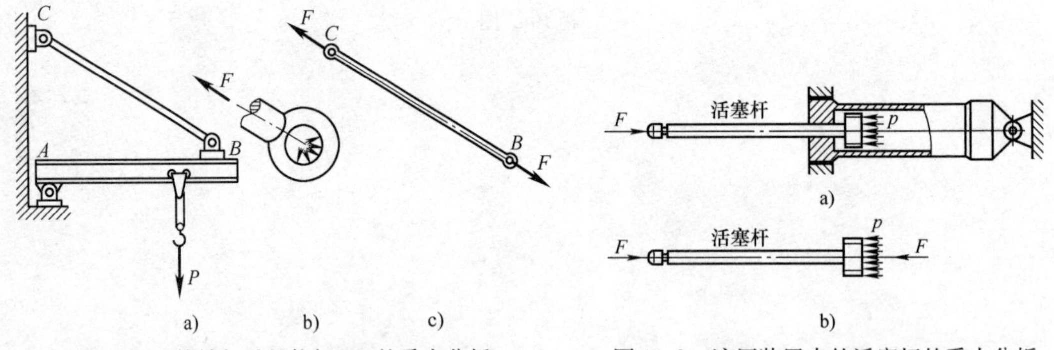

图 11-1　简易起重机拉杆 BC 的受力分析　　图 11-2　液压装置中的活塞杆的受力分析

综上各例可以看出，工程实际中许多轴向拉伸或压缩的构件多为等截面直杆。这些受拉或受压杆件的结构形式各有差异，加载方式也并不相同，但若将这些杆件的形状和受力情况进行简化，都可得到如图 11-3 所示的受力简图。图中用实线表示受力前杆件的外形，虚线表示受力变形后的形状。拉伸或压缩杆件的受力特点是：作用在杆件上的外力合力作用线与杆的轴线重合。杆件的变形特点是：杆件产生沿轴线方向的伸长或缩短。这种变形形式称为轴向拉伸（见图 11-3a）或轴向压缩（见图 11-3b)，简称为拉伸或压缩。

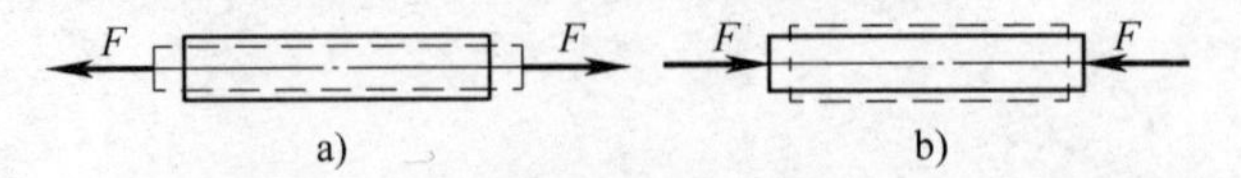

图 11-3　轴向拉伸或压缩杆件的受力简图

为保证轴向拉伸或压缩杆件能够安全地工作，对许多轴向拉、压的杆件需要进行强度计算。

11.2　轴向拉伸或压缩时横截面上的内力

11.2.1　杆件轴向拉伸或压缩时的内力——轴力的概念

为了进行拉（压）杆的强度计算，必须首先研究杆件横截面上的内力，然后分析横截面上的应力。下面讨论杆件横截面上内力的计算。

取一直杆，在它两端施加一对大小相等、方向相反、作用线与直杆轴线相重合的外力 F，使其产生轴向拉伸变形，如图 11-4a 所示。为了研究拉杆横截面上的内力，通常用第 10 章所介绍的截面法。

欲求该拉杆任一横截面 m—m 上的内力，假想沿横截面 m—m 把拉杆截成两段。杆件横截面上的内力是一个分布力系，其合力为 F_N，如图 11-4b、c 所示。由于外力 F 的作用线与杆的轴线相重合，所以 F_N 的作用线也与杆的轴线相重合，故称为轴力（axial force），用符号 F_N 表示。

如果考虑左段杆（见图 11-4b），由该部分的平衡方程 $\sum F_x = 0$，可得

$$F_N - F = 0,\ F_N = F$$

如果考虑右段杆（见图 11-4c），则可由该部分的平衡方程 $\sum F_x = 0$，得到

$$F - F_N' = 0,\ F'_N = F$$

为了使左、右两段同一横截面上的轴力具有相同的正负号，对轴力的符号做如下规定：使杆件产生纵向伸长的轴力为正，称为拉力；使杆件产生纵向缩短的轴力为负，称为压力。不难理解，拉力的方向是离开截面的，压力的方向是指向截面的。

例 11-1　两钢丝绳吊运一个重 $P=10\text{kN}$ 的重物，如图 11-5a 所示，试求钢丝绳的拉力。

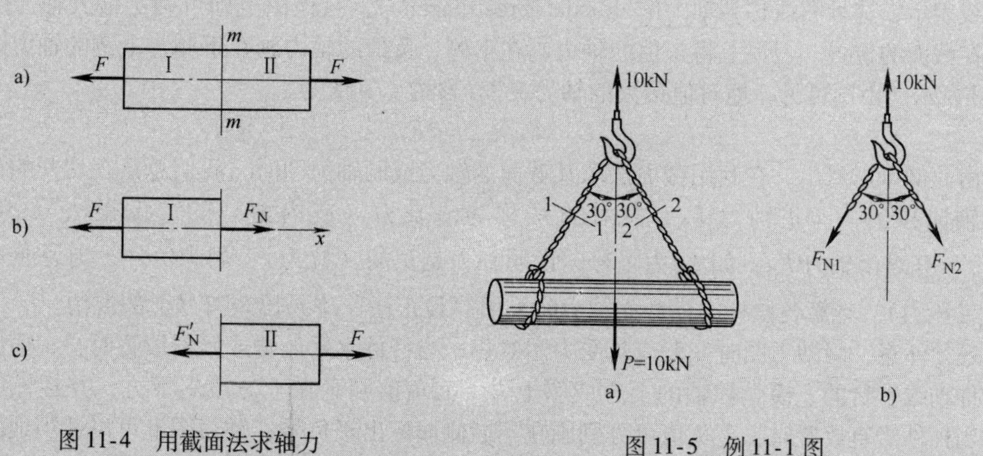

图 11-4　用截面法求轴力

图 11-5　例 11-1 图

解　同时用 1—1 和 2—2 两个截面将两钢丝绳截开，取上半部为研究对象（见图 11-5b）。设两钢丝绳拉力分别为 F_{N1} 和 F_{N2}，且由对称关系知 $F_{N1} = F_{N2}$，又因吊钩所受向上的拉力也是 10kN，则由平衡方程

$$\sum F_y = 0,\ 10\text{kN} - F_{N1}\cos 30^\circ - F_{N2}\cos 30^\circ = 0$$

即

$$10\text{kN}-2F_{N1}\cos 30°=0$$

得

$$F_{N1}=5.78\text{kN}=F_{N2}$$

关于这类问题，实际上在理论力学中已经有所接触，只是当时并未明确指为内力罢了。

11.2.2　轴力图

下面利用截面法分析较为复杂的拉压杆的内力。如图 11-6a 所示的拉压杆，由于在面 C 处有外力，因而 AC 段和 CB 段的轴力将不相同，为此必须逐段分析。利用截面法，沿 AC 段的任一截面 1—1 将杆截开成两部分，取左部分来研究，其受力图如图 11-6b 所示。

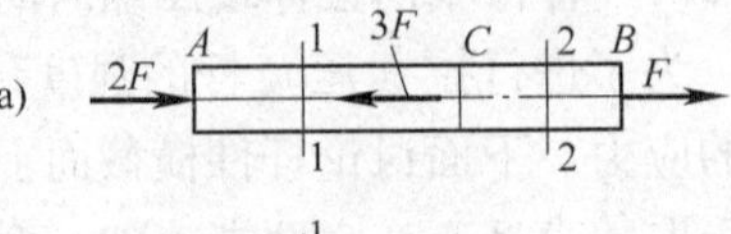

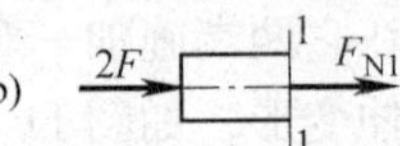

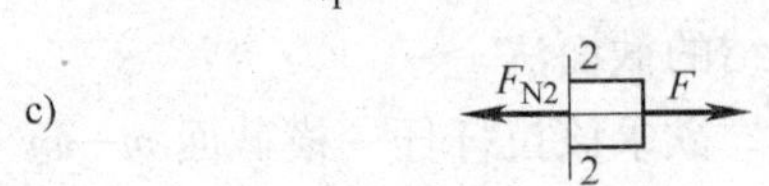

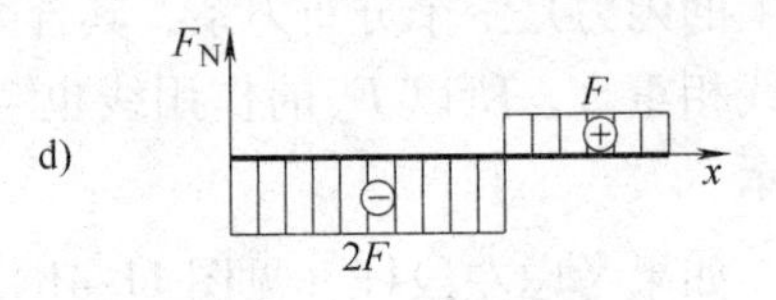

图 11-6　轴力图

由平衡方程

$$\sum F_x=0,\ F_{N1}+2F=0$$

得

$$F_{N1}=-2F$$

结果为负值，表示所设 F_{N1} 的方向与实际受力方向相反，即为压力。

沿 CB 段的任一截面 2—2 将杆截开成两部分，取右段研究，其受力图如图 11-6c 所示，由平衡方程，得

$$F_{N2}=F$$

结果为正，表示假设 F_{N2} 为拉力是正确的。

由上例分析可见，杆件在受力较为复杂的情况下，各横截面的轴力是不相同的，为了更直观、形象地表示轴力沿杆的轴线的变化情况，常采用图线表示法。作图时以沿杆轴方向的坐标 x 表示横截面的位置，以垂直于杆轴的坐标 F_N 表示轴力，这样，轴力沿杆轴的变化情况即可用图线表示，这种图线称为轴力图（axial force diagram）。从该图上即可确定最大轴力的数值及所在截面的位置。习惯上将正值的轴力画在上侧，负值的轴力画在下侧。上例的轴力图如图 11-6d 所示。由图可见，绝对值最大的轴力在 AC 段内，其值为

$$|F_N|_{max}=2F$$

由此例可以看出，在利用截面法求某截面的轴力或画轴力图时，我们总是在切开的截面上设出轴向拉力，即正轴力 F_N，这种方法称为求轴力（或内力）的“设正法”。然后由 $\sum F_x=0$ 求出轴力 F_N，如 F_N 为正号，说明轴力是正的（拉力）；如为负号，则说明轴力是负的（压力）。计算各段杆的横截面轴力时采用“设正法”不易出现符号上的混淆。

还须注意，画轴力图时一般应与受力图对正，当杆件水平放置或倾斜放置时，正值应画在与杆件轴线平行的 x 横坐标轴的上方或斜上方，而负值则画在下方或斜下方，并且标出正负号。当杆件竖直放置时，正负值可分别画在不同侧面标出正负号；轴力图上可以适当地画一些纵标线，纵标线必须垂直于坐标轴 x，旁边应标注轴力的名称 F_N。

例 11-2　试画图 11-7a 中直杆的轴力图。

解　(1) 计算杆各段的轴力。首先计算 AB 段的轴力，沿截面 1—1 将杆假想地截开，取左段杆为研究对象，假设该截面的轴力 F_{N1} 为拉力（见图 11-7b）。由平衡方程

$$\sum F_x=0,\ F_{N1}-F_1=0$$

得

$$F_{N1}=F_1=5\text{kN}$$

结果为正值，表示假设 F_{N1} 为拉力是正确的。

再求 BC 段的轴力。考虑截面2—2左段杆的平衡，假设轴力 F_{N2} 为拉力（见图11-7c）。由

$$\sum F_x = 0,\ F_{N2} + F_2 - F_1 = 0$$

得 $$F_{N2} = F_1 - F_2 = 5\text{kN} - 20\text{kN} = -15\text{kN}$$

结果为负值，表示所设 F_{N2} 的方向与实际受力方向相反，即为压力。

计算 CD 段的轴力 F_{N3} 时，取截面3—3右边杆为研究对象比较简单（见图11-7d）。仍假设该截面的轴力 F_{N3} 为拉力。由平衡方程

$$\sum F_x = 0,\ F_4 - F_{N3} = 0$$

得 $$F_{N3} = 10\text{kN}$$

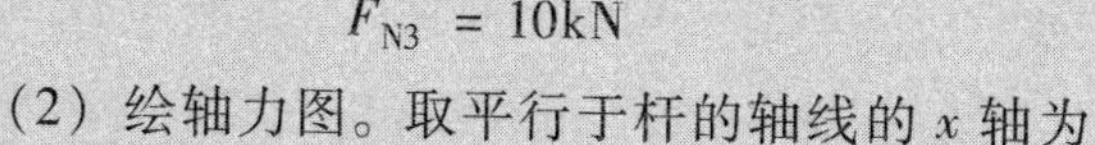

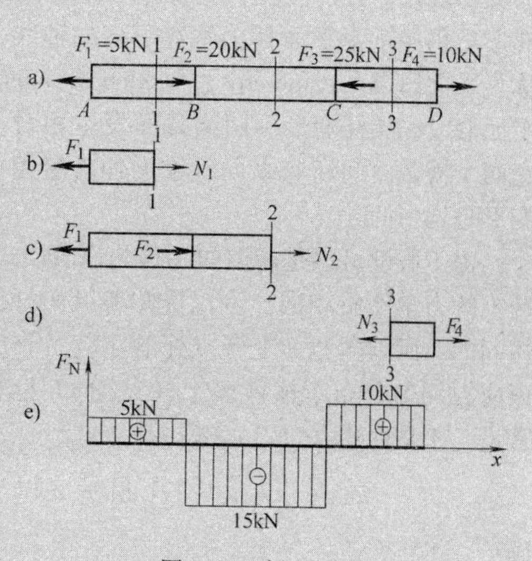

图11-7 例11-2图

（2）绘轴力图。取平行于杆的轴线的 x 轴为横坐标轴，以坐标 x 表示横截面的位置；取垂直于 x 轴的 F_N 轴为纵坐标轴，以坐标 F_N 表示相应截面的轴力。按适当比例将正值轴力绘于 x 轴的上侧，负值轴力绘于下侧，可得轴力图如图11-7e所示。由图可见，绝对值最大的轴力在 BC 段内，其值为

$$|F_{N2}| = 15\text{kN}$$

提醒注意：未知内力的方向可任意假设，若求得为正值，说明假设方向正确；若求得为负值，则与假设方向相反，但轴力的正负另有定义：拉力为正，压力为负。上述两种正负号的不同含义不应混淆。为方便起见，通常在运用截面法计算内力时都假设各横截面的轴力均为正（拉力），则由计算结果中轴力的正、负号可直接判定是拉（或压）力。

11.3 轴向拉伸或压缩时截面上的应力

通过截面法可以求出受拉或受压杆件的横截面上的轴力（内力）。但是仅仅求出轴力还不能解决构件的强度问题。因为同样的轴力，作用在大小不同的横截面上，会产生不同的结果。轴力聚集在较小的横截面上时，就比较危险；而将其分散在较大的横截面上时，就比较安全。因此，在讨论杆件的强度问题时，还必须研究横截面上由轴力引起的应力。

11.3.1 轴向拉（压）杆横截面上的应力

由于轴向拉（压）杆横截面上的轴力 F_N 垂直于横截面，故在横截面上应存在正应力 σ。根据连续性假设，横截面上应到处都存在着内力。若以 A 表示横截面面积，则微分面积 dA 上的内力元素 σ 组成一个垂直于横截面的平行力系，其合力就是轴力 F_N。于是得静力关系为

$$F_N = \int_A \sigma \mathrm{d}A \tag{11-1}$$

仅由式（11-1）还不能确定应力 σ，还必须知道 σ 在横截面上的分布规律。因此，必须通过实验，从观察拉杆的变形入手来研究。

如图11-8a所示的等直杆，拉伸变形前，在其侧面上作垂直于杆轴的直线 ab 和 cd，然后在杆的两端施加轴向拉力 F，使杆发生轴向拉伸。变形后可以观察到 ab 和 cd 仍为直线，且仍然垂直于杆的轴线，只是分别平行地移至 $a'b'$ 和 $c'd'$，如图11-8b虚线所示。根据表面观察到

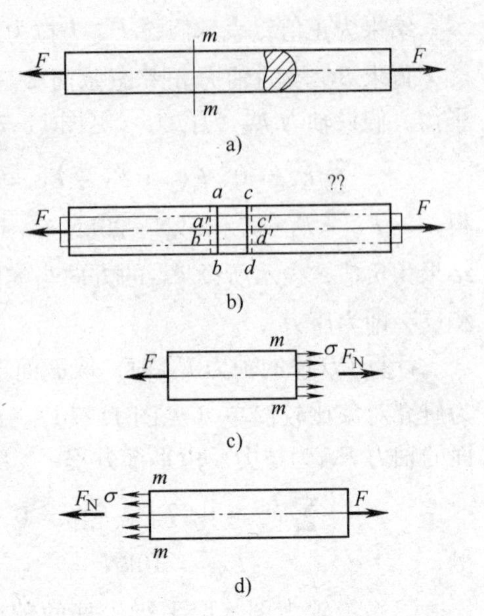

图 11-8 轴向拉（压）杆横截面上的轴力、应力

的变形现象，可以假设：变形前原来为平面的横截面，变形后仍保持为平面且仍垂直于杆的轴线，这个假设称为平面假设（plane cross - section assumption）。根据平面假设，拉杆变形后两横截面发生相对平移，则任意两个横截面间所有纵向纤维的伸长量相等，即伸长变形是均匀的。

由于假设材料是均匀的（均匀性假设），即各纵向纤维的力学性质相同，可以推知各纵向纤维的受力是相同的。所以横截面上各点处的正应力 σ 都相等，即正应力均匀分布于横截面上（见图 11-8c、d），σ 为常量。于是由式（11-1），得

$$F_N = \int_A \sigma \mathrm{d}A = \sigma \int_A \mathrm{d}A = \sigma A$$

则

$$\sigma = \frac{F_N}{A} \tag{11-2}$$

式中，F_N为轴力，由截面法确定；A 为横截面的面积。

式（11-2）就是拉杆横截面上正应力 σ 的计算公式。当 F_N为压力时，它同样可用于压应力的计算。正应力的正负号和轴力 F_N 的正负号规定一样。通常规定拉应力为正，压应力为负。

使用式（11-2）时，要求外力的合力作用线与杆的轴线重合。若轴力沿轴线变化，可先画出轴力图，再由式（11-2）求出不同横截面下的应力。

*11.3.2 圣维南原理

应该指出，受作用于杆端的轴向外力作用方式的影响，在杆端附近的截面上，应力实际上并非是平均分布的。但圣维南原理指出，作用于杆端的外力的分布方式，只会影响杆端局部区域的应力分布，影响区至杆端的距离大致等于杆的横向尺寸。该原理已被大量实验所证实。例如，两端承受集中力作用的拉杆的横向尺寸为 h（见图 11-9），在距杆端分别为 $h/4$、$h/2$ 的横截面 1—1、2—2 上，应力非均匀分布，但在距杆端为 h 的横截面 3—3 上，应力分布已趋向均匀。因此，工程中都采用式（11-1）来计算拉（压）杆横截面上的应力。

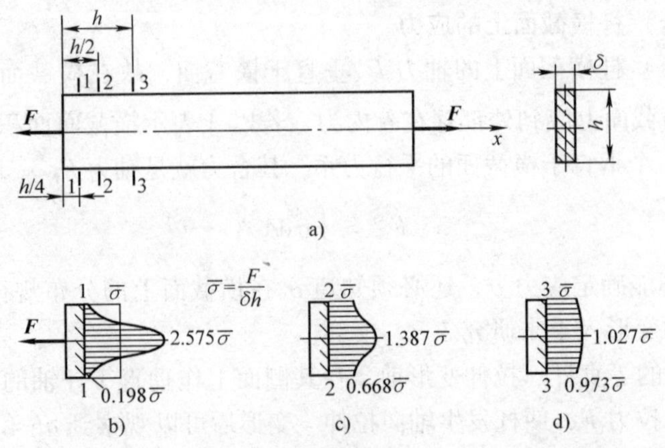

图 11-9 圣维南原理

例 11-3　一钢制阶梯状杆如图 11-10a 所示。各段杆的横截面面积为 $A_{AB}=1600\mathrm{mm}^2$、$A_{BC}=625\mathrm{mm}^2$ 和 $A_{CD}=900\mathrm{mm}^2$；载荷 $F_1=120\mathrm{kN}$，$F_2=220\mathrm{kN}$，$F_3=260\mathrm{kN}$，$F_4=160\mathrm{kN}$。求：（1）各段杆内的轴力；（2）杆的最大工作应力。

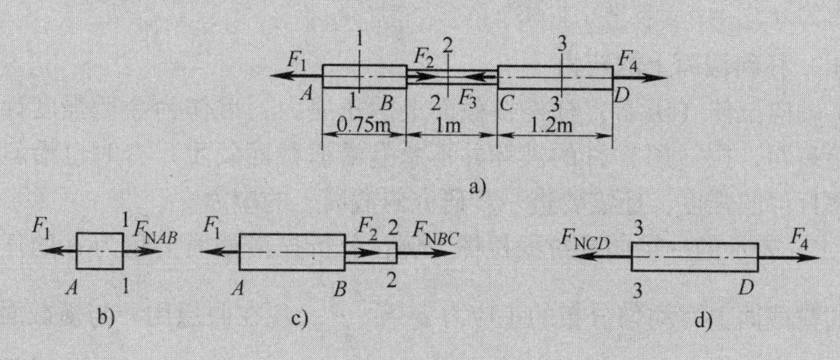

图 11-10　例 11-3 图

解　（1）求轴力。首先，求 AB 段任一截面上的轴力。应用截面法，将杆沿 AB 段内任一横截面 1—1 截开（见图 11-10b），研究左段杆的平衡。由平衡方程

$$\sum F_x=0,\ F_{NAB}-F_1=0$$

得

$$F_{NAB}=F_1=120\mathrm{kN}$$

同理，截开各段杆可求得 BC 段和 CD 段内任一横截面的轴力（见图 11-10c、d）分别为

$$F_{NBC}=-100\mathrm{kN},\ F_{NCD}=160\mathrm{kN}$$

（2）求最大工作应力。由于杆是阶梯状的，各段的横截面面积不相等，故应分段计算各段的应力

$$\sigma_{AB}=\frac{F_{NAB}}{A_{AB}}=\frac{120\times10^3\mathrm{N}}{1600\times10^{-6}\mathrm{m}^2}=75\mathrm{MPa}$$

$$\sigma_{BC}=\frac{F_{NBC}}{A_{BC}}=\frac{-100\times10^3\mathrm{N}}{625\times10^{-6}\mathrm{m}^2}=-160\mathrm{MPa}$$

$$\sigma_{CD}=\frac{F_{NCD}}{A_{CD}}=\frac{160\times10^3\mathrm{N}}{900\times10^{-6}\mathrm{m}^2}=178\mathrm{MPa}$$

由此可见，杆的最大工作应力在 CD 段内，其值为 178MPa。

例 11-4　一横截面为正方形的砖柱分上、下两段，其受力情况、各段长度及横截面尺寸如图 11-11a 所示。已知 $F=50\mathrm{kN}$，试求荷载引起的最大工作应力。

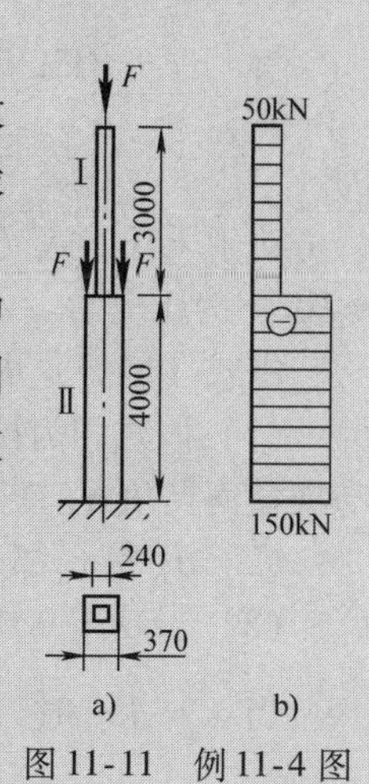

图 11-11　例 11-4 图

解　首先，作柱的轴力图如图 11-11b 所示。由于此柱上、下两段的横截面尺寸不同，故不能应用式（11-2）计算柱的最大工作应力，必须利用式（11-2）求出每段柱的横截面上的正应力，然后进行比较以确定全柱的最大工作应力。

Ⅰ、Ⅱ两段柱（见图 11-11a）横截面上的正应力分别为

$$\sigma_{\mathrm{I}}=\frac{F_{\mathrm{I}}}{A_{\mathrm{I}}}=\frac{-50\mathrm{kN}}{240\mathrm{mm}\times240\mathrm{mm}}=\frac{-50\times10^3\mathrm{N}}{240\times240\times10^{-6}\mathrm{m}^2}$$

$$=-0.87\times10^6\mathrm{N/m}^2=-0.87\mathrm{MPa}\ (\text{压应力})$$

$$\sigma_{\text{II}} = \frac{F_{\text{II}}}{A_{\text{II}}} = \frac{-150\text{kN}}{370\text{mm}\times 370\text{mm}} = \frac{-150\times 10^3\text{N}}{370\times 370\times 10^{-6}\text{ m}^2}$$

$$= -1.1\times 10^6\text{N/ m}^2 = -1.1\text{MPa}\ (\text{压应力})$$

故最大工作应力为 $\sigma_{max} = \sigma_{\text{II}} = -1.1\text{ MPa}$。

11.3.3 拉（压）杆斜截面上的应力

前面讨论了轴向拉伸（压缩）杆件横截面上的正应力，可作为今后强度计算的依据。但不同材料的实验表明，拉（压）杆的破坏并不总是沿横截面发生，有时也沿斜截面发生。为了能够全面了解杆件的强度，还需要进一步研究斜截面上的应力。

现以图 11-12a 表示的一轴向受拉的拉杆为例，分析与横截面夹角为 α 的任意斜截面上的应力。该杆件的横截面上有均匀分布的正应力 $\sigma = \frac{F_N}{A}$。现在假想用一与横截面成 α 角的斜截面（简称 α 截面）将杆件切成两部分，保留左段，弃去右段，用内力 $F_{N\alpha}$ 来表示右段对左段的作用，因为 $F_{N\alpha}$ 在 α 截面上也是均匀分布的，故 α 截面上也有均匀分布的应力（见图 11-12b），其表达式为

$$p_\alpha = \frac{F_{N\alpha}}{A_\alpha} \tag{a}$$

式中，A_α 为斜截面上的面积，它与横截面面积 A 的关系为

$$A_\alpha = \frac{A}{\cos\alpha} \tag{b}$$

将式（b）代入式（a），并考虑到 $F_{N\alpha} = F_N$，可得

$$p_\alpha = \frac{F_N}{A}\cos\alpha = \sigma\cos\alpha \tag{c}$$

式中，$\sigma = \frac{F_N}{A}$ 为横截面上 K 点的正应力。

把 p_α 分解为垂直于斜截面的正应力 σ_α 及切于斜截面的切应力 τ_α（见图 11-12c）。利用式（c）可得 m—m 斜截面上 K 点的正应力 σ_α 及切应力 τ_α 的计算表达式

$$\begin{cases}\sigma_\alpha = p_\alpha\cos\alpha = \sigma\cos^2\alpha \\ \tau_\alpha = p_\alpha\sin\alpha = \frac{\sigma}{2}\sin 2\alpha\end{cases} \tag{11-3}$$

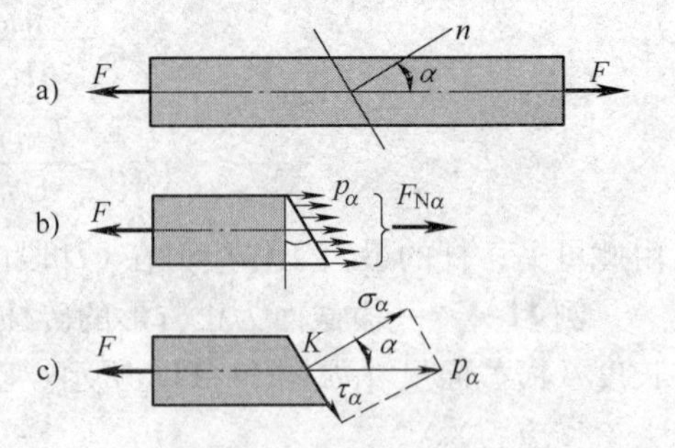

图 11-12 斜截面上的应力

对于压杆，式（11-3）也同样适用，只是式中的 σ_α 和 σ 为压应力。

由式（11-3）可以看出：

（1）该式即为拉压杆斜截面上的应力计算公式。只要知道横截面上的正应力 σ_α 及斜截面与横截面夹角 α，就可以求出该斜截面上的正应力 σ_α 和切应力 τ_α。

（2）σ_α 和 τ_α 都是夹角 α 的函数，即在不同 α 角的斜截面上，正应力与切应力是不同的。

（3）当 $\alpha = 0°$ 时，$\sigma_{0°} = \sigma_{max} = \sigma$，$\tau_{0°} = 0$；

当 $\alpha = 45°$ 时，$\tau_{45°} = \tau_{max} = \frac{\sigma}{2}$，$\sigma_{45°} = \frac{\sigma}{2}$；

当 $\alpha = 90°$ 时，$\sigma_{90°} = 0$，$\tau_{90°} = 0$。

由此表明：在拉压杆中，斜截面上不仅有正应力还有切应力；在横截面上正应力最大；与横截面夹角为45°的斜截面上切应力最大，其值等于横截面上正应力的一半；与横截面垂直的纵向截面上不存在任何应力，说明杆的各纵向“纤维”之间无牵拉也无挤压作用。

11.3.4　应力集中及其利弊

1. 应力集中现象

由上面计算知，等截面直杆受轴向拉伸和压缩时，横截面上的应力是均匀分布的。但是工程上由于实际的需要，常在一些构件上钻孔、开槽以及制成阶梯形等，以致截面的形状和尺寸突然发生了较大的改变。由实验和理论研究表明，构件在截面突变处的应力不再是均匀分布的。例如图11-13a所示开有圆孔的直杆受到轴向拉伸时，在圆孔附近的局部区域内，应力的数值剧烈增加，而在稍远的地方，应力迅速降低而趋于均匀。又如图11-13b所示具有明显粗细过渡的圆截面拉杆，在靠近粗细过渡处应力很大，在粗细过渡的横截面上，其应力分布如图11-13b所示。

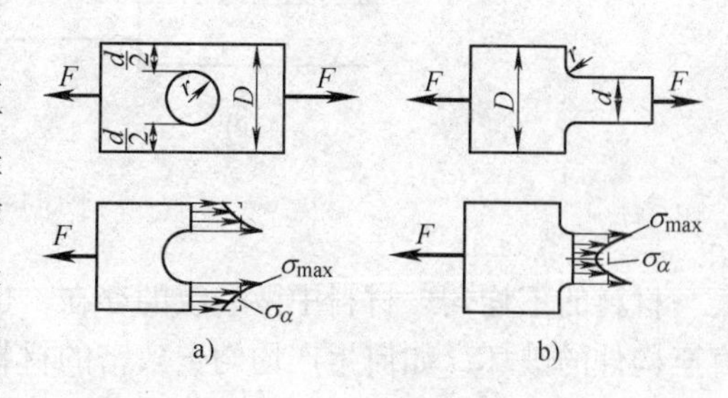

图11-13　应力集中

在力学上，把物体上由于几何形状的局部变化，而引起该局部应力明显增高的现象称为应力集中（stress concentration）。

2. 理论应力集中系数

设发生应力集中的截面上的最大应力为σ_{max}，同一截面上的平均应力为σ_m，则比值k称为理论应力集中系数（theoretical stress concentration factor），即

$$k=\frac{\sigma_{max}}{\sigma_m} \tag{11-4}$$

式中，k是一个大于1的系数，它反映了应力集中的程度。

3. 应力集中的利弊及其应用

应力集中有利也有弊。例如在生活中，若想打开金属易拉罐装饮料，只需用手拉住罐顶的小拉片，稍一用力，随着“砰”的一声，易拉罐便被打开了，这便是“应力集中”在帮我们的忙。注意一下易拉罐顶部，可以看到在小拉片周围，有一小圈细长卵形的刻痕，正是这一圈刻痕，使得我们在打开易拉罐时，轻轻一拉便在刻痕处产生了很大的应力（产生了应力集中）。如果没有这一圈刻痕，要打开易拉罐就不容易了。

现在许多食品都用塑料袋包装，在这些塑料袋离封口不远处的边上，常会看到一个三角形的缺口或一条很短的切缝，在这些缺口和切缝处撕塑料袋时，因在缺口和切缝的根部会产生很大的应力，因此稍一用力就可以把塑料袋沿缺口或切缝撕开。如果塑料袋上没有这样的缺口或切缝，要想打开塑料袋，则要借助于剪刀了。

在切割玻璃时，先用金刚石刀在玻璃表面划一刀痕，再把刀痕两侧的玻璃轻轻一掰，玻璃就沿刀痕断开了。这也是由于在刀痕处产生了应力集中。实践证明，目前还没有比利用应力集中来切割玻璃的更好办法。

再如在生产中，圆轴是我们几乎处处能见到的一种构件，如汽车的变速器里便有许多根传动轴。一根轴通常在某一段较粗，在某一段较细，若在粗细段的过渡处有明显的台阶，如图11-14a所示，则在台阶的根部会产生比较大的应力集中，根部越尖锐，应力集中系数越大。

所以在轴的粗细段的过渡台阶处，尽可能做成光滑的圆弧过渡，如图 11-14b 所示，这样可明显降低应力集中系数，提高轴的使用寿命。

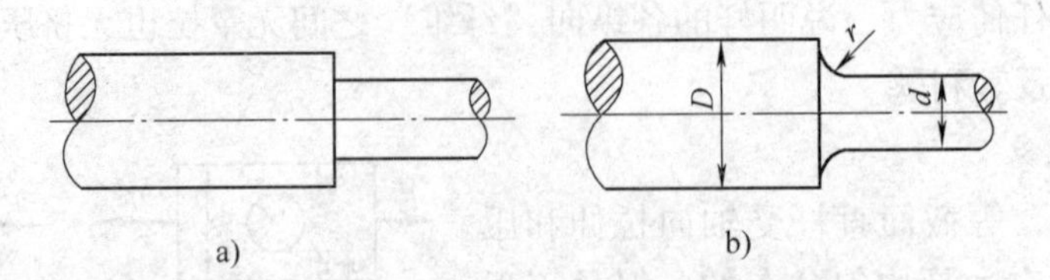

图 11-14 台阶轴

材料的不均匀、材料中微裂纹的存在，也会导致应力集中，导致宏观裂纹的形成、扩展，直至构件的破坏。如何生产均匀、致密的材料，一直是材料科学家的奋斗目标之一。

在构件设计时，为避免几何形状的突然变化，尽可能做到光滑、逐渐过渡。构件中若有开孔，可对孔边进行加强（例如增加孔边的厚度），开孔、开槽尽可能做到对称等，都可以有效地降低应力集中，各行业的工程师们已经在长期的实践中积累了丰富的经验。但由于材料中的缺陷（夹杂、微裂纹等）不可避免，应力集中也总是存在，对结构进行定时检测或跟踪检测，特别是对结构中应力集中的部位进行检测，对发现的裂纹部位进行及时修理，消灭隐患于未然，在工程中十分重要。例如，对机械设备要进行定期的检测与维修就是这个道理。

总之，应力集中是一把双刃剑，利用它可以为我们的生活、生产带来方便；避免它或降低它，可使我们制造的构件、用具为我们服务的时间更长。扬应力集中之“善”，抑应力集中之“恶”，是我们不懈的追求。

11.4 轴向拉伸或压缩时的变形

如图 11-15 所示，杆件在轴向力作用下，沿轴线方向将发生伸长或缩短，同时杆的横向（与轴线垂直的方向）尺寸将缩小或增大，此即为轴向拉压杆变形的基本形态。

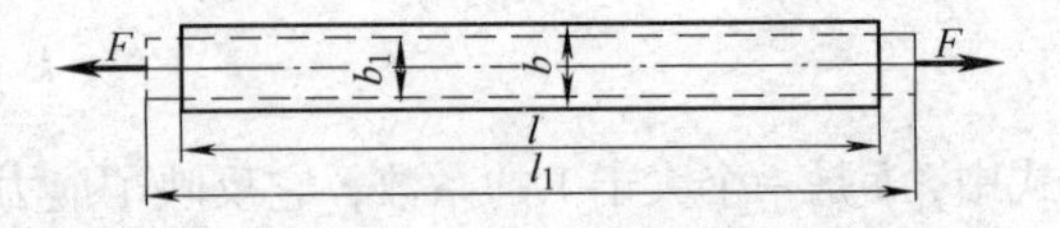

图 11-15 杆件轴向拉伸或压缩时的变形

11.4.1 纵向变形（轴向变形）

1. 纵向绝对变形

杆件沿轴线方向的变形（伸长或缩短），称为纵向变形（linear deformation）或轴向变形，用 Δl 表示，它是杆件长度尺寸的绝对改变量，即

$$\Delta l = l_1 - l \tag{11-5}$$

式中，l_1为变形后的杆长；l 为杆的原长。

2. 纵向线应变

纵向变形 Δl 与杆件原长 l 的比值称为纵向线应变（vertical line strain），简称为线应变或应变，用 ε 表示，即

$$\varepsilon = \Delta l / l \tag{11-6}$$

11.4.2 横向变形

杆件沿垂直于轴线方向的变形（缩小或增大），称为横向变形。

1. 横向绝对变形

横向绝对变形是杆件横向尺寸的绝对改变量。若原横向尺寸为 b，变形后横向尺寸为 b_1

（见图11-15），则横向变形为

$$\Delta b = b_1 - b \tag{11-7}$$

2. 横向线应变

横向绝对变形 Δb 与杆件横向原长 b 的比值称为横向线应变，用 ε' 表示，由正应变定义可知

$$\varepsilon' = \Delta b/b = (b_1 - b)/b \tag{11-8}$$

11.4.3　泊松比

科学家泊松对各种材料所做的试验表明，在一定应力范围内，横向线应变 ε' 与纵向线应变 ε 之间保持比例关系，但符号相反，即

$$\varepsilon' = -\mu\varepsilon \tag{11-9}$$

式中，比例系数 μ 称为泊松比或横向变形系数（Poisson's ratio），是量纲为一的量，其值随材料而异。

11.4.4　拉压胡克定律　拉压杆的变形公式

下面讨论轴向拉压杆的变形规律和计算。当拉压杆受轴向力作用后，杆中横截面上产生正应力 σ，相应地产生轴向正应变 ε。试验表明，在一定的应力数值范围以内，一点处的正应力与线应变成正比，即

$$\sigma = E\varepsilon \tag{11-10}$$

上述关系式称为胡克定律（Hooke's law），比例系数 E 称为材料的弹性模量（elastic modulus），其值随材料而异。由式（11-10）可以看出，由于正应变 ε 是一个量纲为一的量，所以，弹性模量的量纲与正应力 σ 的量纲相同，即为 MPa 或 Pa。

需要指出的是，弹性模量 E 和泊松比 μ 都是表征材料弹性性质的常数，与材料性质有关，与杆件所受荷载等外因无关，都可由实验测定。几种常用材料的 E 和 μ 值如表11-1所示。

表11-1　几种常用材料的 E 和 μ 值

材料名称	弹性模量 E/GPa	泊松比 μ
低碳钢	200～210	0.25～0.33
16锰钢	200～220	0.25～0.33
合金钢	190～220	0.24～0.33
灰铸铁、白口铸铁	115～160	0.23～0.27
可锻铸铁	155	
硬铝合金	71	0.33
铜及其合金	74～130	0.31～0.42
铅	17	0.42
混凝土	14.6～36	0.16～0.18
木材（顺纹）	10～12	
橡胶	0.08	0.47

现在利用胡克定律导出拉压杆的纵向绝对变形 Δl 的计算公式。设杆件横截面面积为 A，轴向拉力为 F，如图11-8所示，则由式（11-2）可知横截面上的正应力

$$\sigma = \frac{F}{A} = \frac{F_N}{A}$$

将式（11-2）、式（11-6）和式（11-10）联立可得

$$F_N/A = E(\Delta l/l)$$

所以

$$\Delta l = \frac{F_N l}{EA} \tag{11-11}$$

式（11-11）即为计算拉压杆变形的公式，这个公式是胡克定律的另一种表达形式，它表明：在正应力与正应变存在正比关系的范围以内，杆的伸长量 Δl 与轴力和杆长 l 成正比，而与乘积 EA 成反比。

对于式（11-11）应注意以下几点：

（1）轴向变形 Δl 与杆的原长 l 有关，因此，轴向变形 Δl 不能确切地表明杆件的变形程度。只有正应变 ε 才能衡量和比较杆件的变形程度。

（2）式中 EA 与杆的轴向变形 Δl 成反比，可见，乘积 EA 反映杆件抵抗拉压变形的能力，故称 EA 为杆件的抗拉（压）刚度［rigidity in tension（compression）］。

（3）轴向变形 Δl 的正、负（伸长或缩短）与轴力的符号相同。

（4）此式只适用于 E、A 和杆段内轴力 F_N 均为常数的变形计算。

如果全杆的轴力 F_N、横截面面积 A 和弹性模量 E 其中之一是分段变化的，则应按式(11-11)分段计算每杆段的轴向变形，然后求其代数和，即得全杆总的轴向变形 Δl，即

$$\Delta l = \sum_{i=1}^{n} \Delta l_i = \sum_{i=1}^{n} \frac{F_{Ni} l_i}{E_i A_i}$$

如果 F_N 或 A 沿轴线连续变化，则全杆总的轴向变形应通过对长为 $d(\Delta l)$ 的轴向微段积分来计算，即

$$\Delta l = \int_l d(\Delta l) = \int_l \frac{F_N dx}{EA}$$

例 11-5 图 11-16a 所示为一阶梯形钢杆，已知材料的弹性模量 $E=200\text{GPa}$，AC 段的横截面面积为 $A_{AB} = A_{BC} = 500\,\text{mm}^2$，$CD$ 段的横截面面积为 $A_{CD} = 200\,\text{mm}^2$，杆的各段长度及受力情况如图所示。试求杆的总变形。

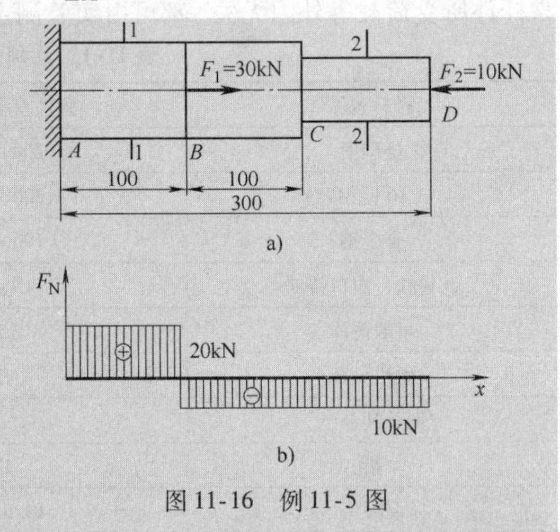

图 11-16 例 11-5 图

解 （1）求各段的内力。

AB 段：$F_{N1} = F_1 = F_2 = 30\text{kN} - 10\text{kN} = 20\text{kN}$

BC 段与 CD 段：$F_{N2} = F_{N3} = -F_2 = -10\text{kN}$

（2）画轴力图（见图 11-16b）。

（3）杆的总变形等于各段杆变形的代数和，即

$$\Delta l_{AD} = \Delta l_{AB} + \Delta l_{BC} + \Delta l_{CD} = \frac{F_{N1} l_{AB}}{E A_{AB}} + \frac{F_{N2} l_{BC}}{E A_{BC}} + \frac{F_{N3} l_{CD}}{E A_{CD}}$$

将有关数据代入，并注意单位的统一，即得

$$\Delta l_{AB} = -0.015 \times 10^{-3}\text{m} = -0.015\text{mm}$$

负值说明整个杆件是缩短的。

例 11-6 图 11-17 所示 M12 的螺栓，内径 $d_1 = 10.1\text{mm}$，拧紧时计算在长度 $l = 80\text{mm}$ 上产

生的总伸长为 $\Delta l = 0.03\text{mm}$。钢的弹性模量 $E = 210 \times 10^9\text{Pa}$，试计算螺栓内应力及螺栓的预紧力。

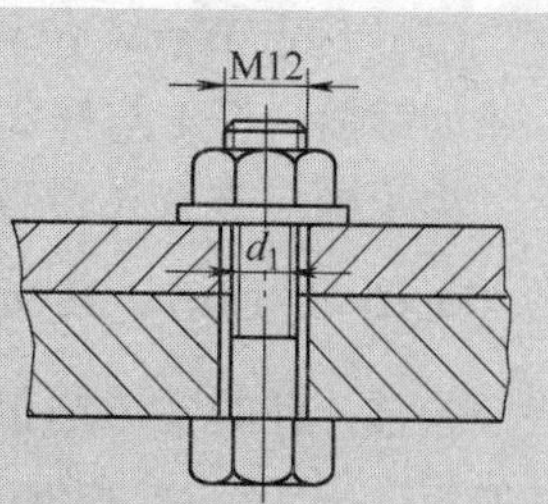

解　拧紧后螺栓的应变为

$$\varepsilon = \frac{\Delta l}{l} = \frac{0.03\text{mm}}{80\text{mm}} = 0.000375$$

由胡克定律求出螺栓的拉应力为

$$\sigma = E\varepsilon = 210 \times 10^9\text{Pa} \times 0.000375 = 78.8 \times 10^6\text{Pa}$$

螺栓的预紧力为

图11-17　例11-6图

$$F = \sigma A = 78.8 \times 10^6\text{Pa} \times \frac{\pi}{4} \times (10.1 \times 10^{-3})^2\text{m}^2 = 6.3\text{kN}$$

以上问题求解时，也可先由胡克定律的另一表达式 $\left(\Delta l = \dfrac{Fl}{EA}\right)$ 求出预紧力 F，然后再由 F 计算应力 σ。

例11-7　图11-18a所示桁架，在节点 A 处承受铅垂载荷 F 作用，试求该节点的位移。已知：杆1用钢制成，弹性模量 $E_1 = 200\text{GPa}$，横截面面积 $A_1 = 100\text{mm}^2$，杆长 $l_1 = 1\text{m}$；杆2用硬铝制成，弹性模量 $E = 70\text{GPa}$，横截面面积 $A_2 = 250\text{mm}^2$，杆长 $l_2 = 707\text{mm}$；载荷 $F = 10\text{kN}$。

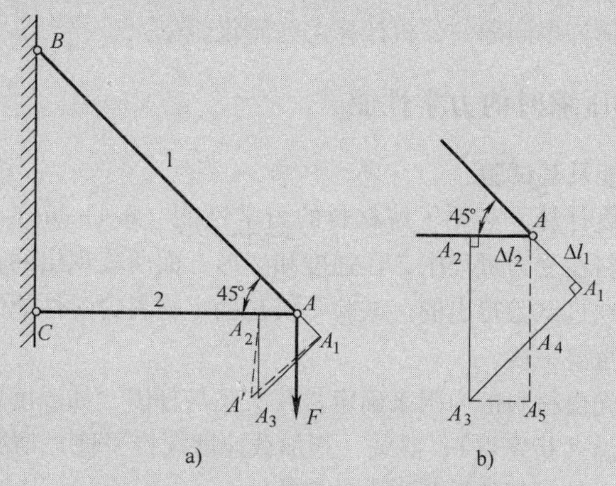

图11-18　例11-7图

解　(1) 计算杆件的轴向变形。

首先，根据节点 A 的平衡条件，求得杆1与杆2的轴力分别为

$$F_{\text{N1}} = \sqrt{2}F = \sqrt{2} \times 10 \times 10^3\text{N} = 1.414 \times 10^4\text{N}\ (\text{拉伸})$$

$$F_{\text{N2}} = F = 1.0 \times 10^4\text{N}\ (\text{压缩})$$

设杆1的伸长为 Δl_1，并用 AA_1 表示，杆2的缩短为 Δl_2，并用 AA_2 表示，则由胡克定律可知：

$$\Delta l_1 = \frac{F_{\text{N1}} l_1}{E_1 A_1} = \frac{1.414 \times 10^4\text{N} \times 1.0\text{m}}{200 \times 10^9\text{Pa} \times 100 \times 10^{-6}\text{m}^2}$$

$$= 7.07 \times 10^{-4}\text{m} = 0.707\text{mm}$$

$$\Delta l_2 = \frac{F_{\text{N2}} l_2}{E_2 A_2} = \frac{1.0 \times 10^4\text{N} \times 0.707\text{m}}{70 \times 10^9\text{Pa} \times 250 \times 10^{-6}\text{m}^2}$$

$$= 4.04 \times 10^{-4}\text{m} = 0.404\text{mm}$$

(2) 确定节点 A 位移后的位置。

加载前，杆 1 与杆 2 在节点 A 相连；加载后，各杆的长度虽然改变，但仍连接在一起。因此，为了确定节点 A 位移后的位置，可分别以 B 和 C 为圆心，并分别以 BA 和 CA_2 为半径作圆弧（见图 11-18a），其交点 A' 即为节点 A 的新位置。

通常，杆的变形均很小（例如杆 1 的变形 Δl_1 仅为杆长 l_1 的 0.0707%），弧线 $\widehat{A_1A'}$ 与 $\widehat{A_2A'}$ 必很短，因而可近似地用其切线代替。于是，过 A_1 与 A_2 分别作 BA_1 与 CA_2 的垂线（见图 11-18b），其交点 A_3 亦可视为节点 A 的新位置。

(3) 计算节点 A 的位移。

由图可知，节点 A 的水平与铅垂位移分别为

$$\Delta_{Ax} = \overline{AA_2} = \Delta l_2 = 0.404\text{mm}$$

$$\Delta_{Ay} = \overline{AA_4} + \overline{A_4A_5} = \frac{\Delta l_1}{\sin 45^\circ} + \frac{\Delta l_2}{\tan 45^\circ} = 1.404\text{mm}$$

(4) 讨论。

与结构原尺寸相比为很小的变形，在小变形的条件下，通常即可按结构原有几何形状与尺寸计算约束力与内力，并可采用上述以切线代替圆弧的方法确定位移。因此，小变形为一重要概念，利用此概念，可使许多问题的分析计算大为简化。

11.5 材料在拉伸和压缩时的力学性能

11.5.1 材料的力学性能及其试验

为了进行构件的强度计算，必须了解材料的力学性能（mechanical properties）。所谓材料的力学性能，就是指材料在受力过程中，在强度和变形方面所表现出的特性。

材料的力学性能是通过试验得出的。试验不仅是确定材料力学性能的唯一目的，而且也是建立理论和验证理论的重要手段。

材料的力学性能首先由材料的内因来确定，其次还与外因，如温度、加载速度等有关。这里，主要介绍材料在常温（指室温）、静载（指加载速度缓慢平稳）情况下的拉伸和压缩试验所获得的力学性能，这也是材料的最基本力学性能。

由于材料的某些性能与试件的尺寸及形状有关，为了使试验结果能互相比较，在做拉伸试验和压缩试验时，必须将材料按国家标准做成标准试件。

拉伸试验常用的是如图 11-19a 所示圆形截面试件。试件中部等截面段的直径为 d，试件中段用来测量变形的工作长度为 l（又叫标距）。标距 l 与直径 d 的比例规定为 $l=10d$ 或 $l=5d$。标准压缩试件通常采用圆形截面的短柱体（见图 11-19b），柱体的高度 h 与直径 d 之比规定为

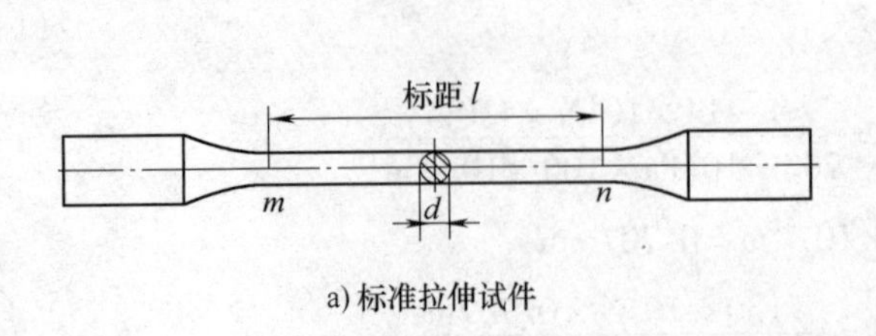

a) 标准拉伸试件

b) 标准压缩试件

图 11-19 标准试件

$h/d=1\sim3.5$。

拉压试验的主要设备有两部分。一是加力与测力的机器，常用的是万能试验机（见图11-20a）；二是测量变形的仪器，常用的有变形传感器（见图11-20b）、杠杆变形仪、电阻应变仪等。

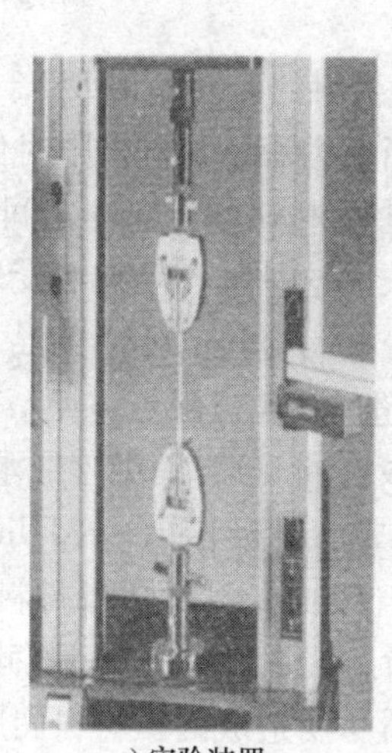

a) 实验装置

b) 变形传感器

图11-20 万能试验机

11.5.2 拉伸时材料的力学性能

1. 低碳钢拉伸时的力学性能

低碳钢是指碳的质量分数在0.3%以下的碳素结构钢。这类钢材在工程中使用很广，同时在拉伸试验中表现出的力学性能也最为典型。现以低碳钢为例，阐述低碳钢拉伸时的力学性能。

试验时，首先将试样安装在材料试验机的上、下夹头内（见图11-21a），并在标记 m 与 n 处安装测量轴向变形的仪器。然后开动机器，缓慢加载。随着载荷 F 的增大，试样逐渐被拉长，试验段的拉伸变形用 Δl 表示。拉力 F 与变形之间的关系曲线称为试样的力－伸长曲线或拉伸图（见图11-21b）。试验一直进行到试样断裂为止。

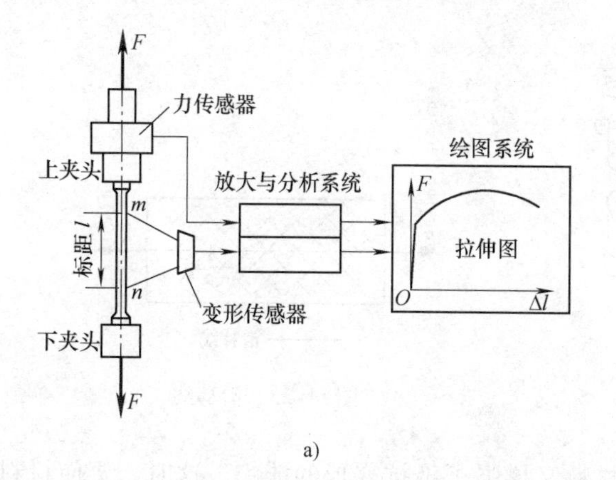

a)

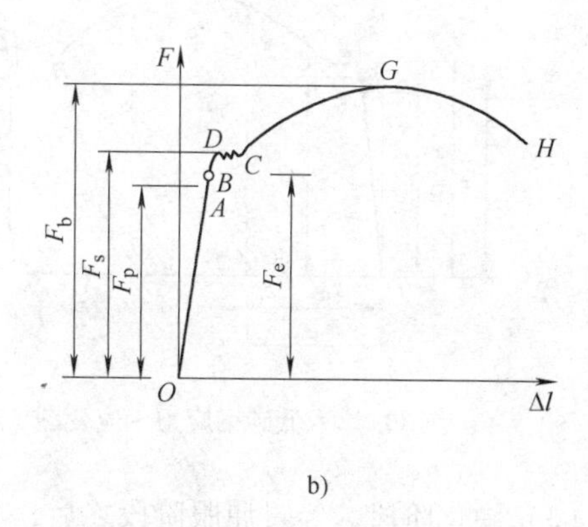

b)

图11-21 低碳钢拉伸试验

显然，拉伸图不仅与试样的材料有关，而且与试样的横截面尺寸 d 及标距 l 的大小有关。例如，试验段的横截面面积越大，将其拉断所需之拉力越大；在同一拉力作用下，标距越大，拉伸变形 Δl 也越大。因此，不宜用试样的拉伸图表征材料的力学性能。

将拉伸图的纵坐标 F 除以试样横截面的原面积 A，将其横坐标 Δl 除以试验段的原长 l（即标距），由此所得应力、应变的关系曲线，称为材料的应力－应变图（见图11-22）。

根据应力－应变图表示的试验结果，低碳钢的拉伸过程可分成四个阶段：

（1）线弹性阶段。拉伸的初始阶段，σ 与 ε 的关系用通过原点的斜直线 OA 表示。在这一阶段内，应力 σ 与应变 ε 成正比。直线部分的最高点 A 所对应的应力称为比例极限（proportional limit），用 σ_p 表示。显然，只有应力低于比例极限时，应力与应变才成正比，材料服从胡克定律。Q235 钢的比例极限 $\sigma_p \approx 200\text{MPa}$。图 11-22 中直线 OA 的斜率为

$$\tan\alpha = \frac{\sigma}{\varepsilon} = E$$

即直线 OA 的斜率等于材料的弹性模量 E。

试验表明，如果当应力小于比例极限时停止加载，并将载荷逐渐减小至零，即卸去载荷，则可以看到，在卸载过程中应力与应变之间仍保持正比关系，并沿直线 AO 回到 O 点（见图 11-22），变形完全消失。这种仅产生弹性变形的现象，一直持续到应力－应变曲线的某点 B，与该点对应的正应力，称为材料的弹性极限（elastic limit），并用 σ_e 表示。

（2）屈服阶段。超过弹性极限点 B 后，应力的轻微增加将导致材料的损伤并产生永久变形，这种现象称为屈服（yield），图中近似水平线即为屈服阶段。引起屈服的应力称为屈服应力（yielding stress）或屈服极限（yield limit），并用 σ_s 表示。低碳钢 Q235 的屈服应力 $\sigma_s \approx 235\text{MPa}$。如果试样表面光滑，则当材料屈服时，试样表面将出现与轴线约成 45°的线纹（见图 11-23）。如前所述，在杆件的 45°斜截面上，作用有最大切应力，因此，上述线纹可能是材料沿该截面产生滑移所造成的。材料屈服时试样表面出现的线纹，通常称为滑移线（slip-lines）。

材料屈服时出现显著的塑性变形，这是一般工程结构所不允许的。因此屈服极限 σ_s 是衡量材料强度的一个重要指标。

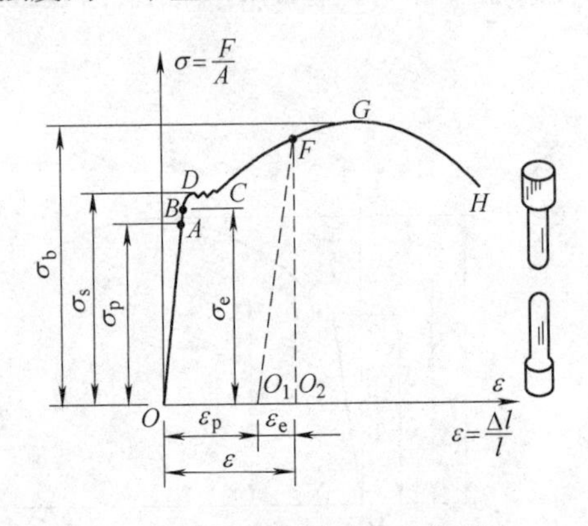

图 11-22 低碳钢应力－应变图

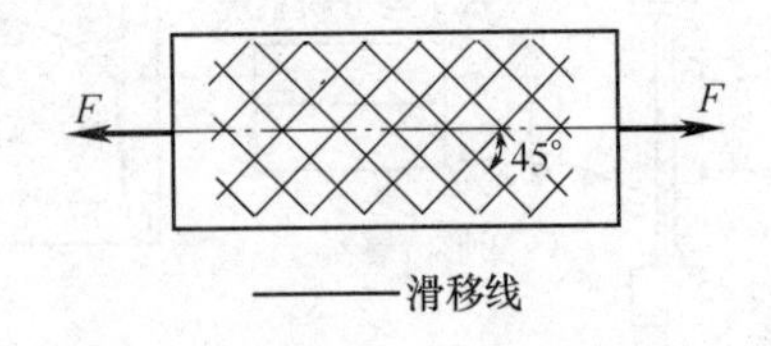

图 11-23 滑移线

（3）硬化阶段。经过屈服阶段之后，材料又增强了抵抗变形的能力。这时，要使材料继续变形需要增大应力。经过屈服滑移之后，材料重新呈现抵抗继续变形的能力，称为应变硬化（strain hardening）。硬化阶段的最高点 G 所对应的正应力，称为材料的强度极限（ultimate strength），并用 σ_b 表示。低碳钢 Q235 的强度极限 $\sigma_b \approx 380\text{MPa}$。

（4）缩颈阶段。当应力增长至最大值 σ_b 之后，试样的某一局部显著收缩，产生所谓缩颈（见图 11-24a）。缩颈出现后，使试件继续变形所需之拉力减小，应力－应变曲线相应呈现下降，最后导致试样在缩颈处断裂（见图 11-24b）。图 11-22 中的 GH 段称为缩颈阶段。试件拉断后，断口呈杯锥状，即断口的一头向内凹而另一头则向外凸。

综上所述，在整个拉伸过程中，材料经历了线弹性、屈服、硬化与缩颈四个阶段，并存在三个特征点，相应的应力依次为比例极限、屈服应力与强度极限。

（5）卸载规律与冷作硬化。若对试件加载到超过屈服阶段后的某应力值如图 11-25 中的 C 点，然后逐渐将载荷卸去，则卸载路径几乎沿着与 OA 平行的直线 CO_1 回到 ε 轴上的 O_1 点。这

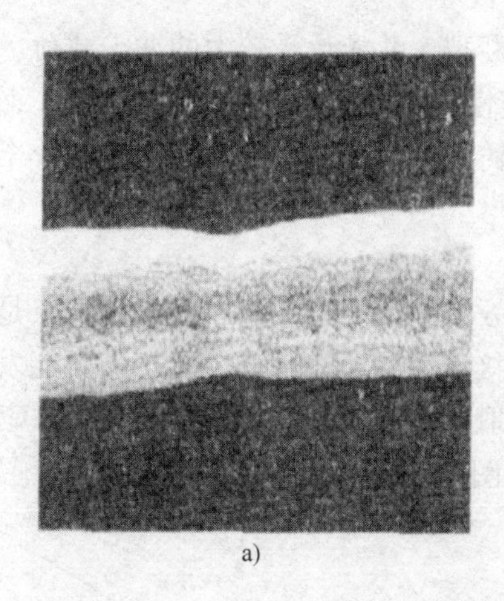
a)

b)

图11-24　缩颈与断口

说明在卸载过程中，应力和应变之间呈直线关系，这就是材料的卸载规律。载荷全部卸去后，图11-25中的O_1O_2是消失的弹性应变ε_e，而OO_1则是残留下来的塑性应变ε_p。

卸完载荷后，若立即进行第二次加载，则应力－应变曲线将沿O_1C发展，到C点后即折向CDE，直到E点试件被拉断。这表明：在常温下将材料预拉力超过屈服极限后卸去载荷，再次加载时，材料的比例极限将得到提高，而断裂时的塑性变形将降低，这种现象称为冷作硬化。工程中常利用钢材的冷作硬化特性，对钢筋进行冷拉，以提高材料的弹性范围。但应指出，冷作硬化虽然提高了材料的弹性极限指标，可是材料也会因塑性降低而变脆，这对材料承受冲击或振动载荷是不利的。

（6）材料的塑性——伸长率（percent elongation）和断面收缩率（percent reduction of area）。试件拉断后，由于保留了塑性变形，试件长度由原来的l（见图11-19a）变为l_1（见图11-26），用百分比表示比值

$$\delta = \frac{l_1 - l}{l} \times 100\% \tag{11-12}$$

称为伸长率。试件的塑性变形越大，δ也就越大。因此，伸长率是衡量材料塑性的指标。如果试验段横截面的原面积为A，断裂后断口的横截面面积为A_1，则所谓断面收缩率即为

$$\psi = \frac{A - A_1}{A} \times 100\% \tag{11-13}$$

低碳钢Q235的伸长率δ为25%～30%，断面收缩率$\psi \approx 60\%$。

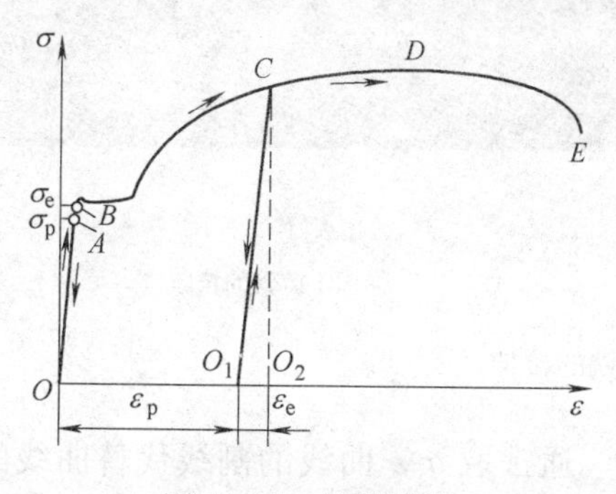

图11-25　卸载规律

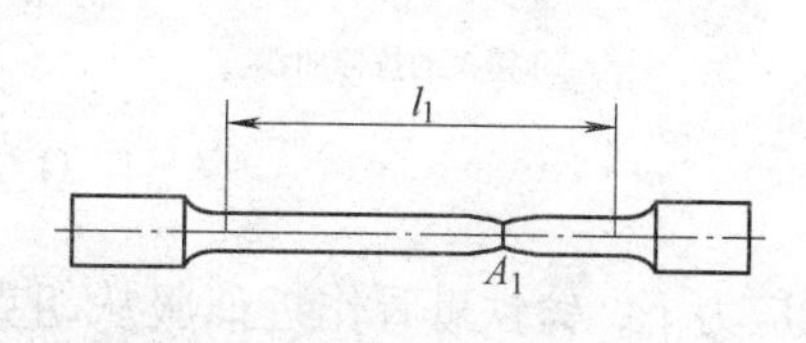

图11-26　伸长率

塑性好的材料，在轧制或冷压成型时不易断裂，并能承受较大的冲击载荷。在工程中，通常将伸长率较大（例如$\delta \geqslant 5\%$）的材料称为塑性材料或延性材料，所以Q235钢是典型的塑性材料；伸长率较小的材料称为脆性材料，如灰铸铁与陶瓷等材料，它们的伸长率几近于零，则属于脆性材料。

2. 其他塑性材料在拉伸时的力学性能

图11-27所示是一些塑性材料拉伸试验的σ-ε曲线。这些材料的最大特点是，在弹性阶段后，没有明显的屈服阶段，而是由直线部分直接过渡到曲线部分。对于这类能发生很大塑性变形，而又没有明显屈服阶段的材料，通常规定取试件产生0.2%塑性应变所对应的应力作为屈服极限，称为名义屈服极限，用$\sigma_{0.2}$表示（见图11-28）。

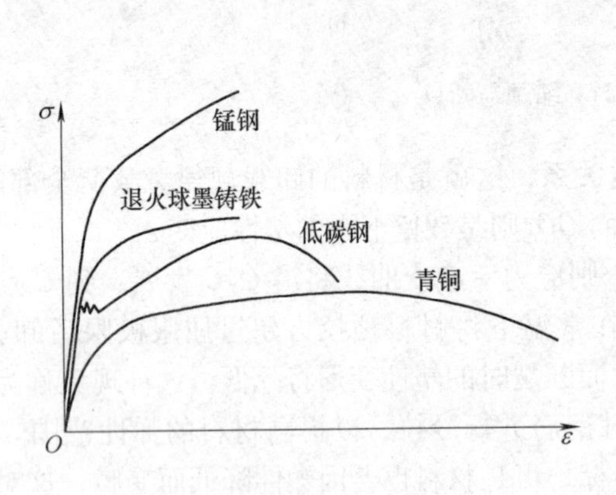

图11-27 其他塑性材料拉伸时的力学性能

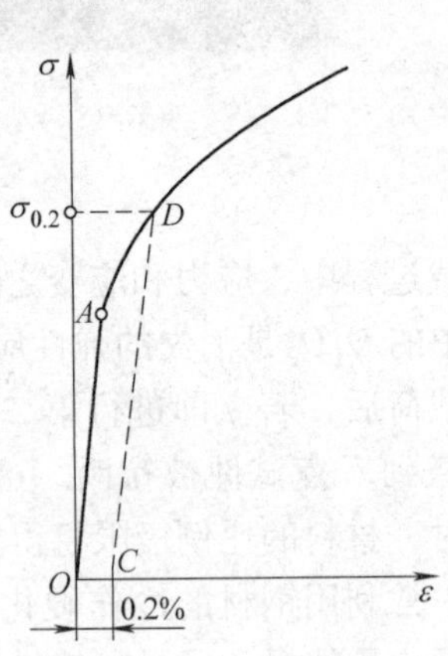

图11-28 名义屈服极限

3. 铸铁拉伸时的力学性能

灰铸铁是典型的脆性材料，其σ-ε曲线是一段微弯曲线，如图11-29a所示，没有明显的直线部分，没有屈服和缩颈现象，拉断前的应变很小，伸长率也很小。强度极限σ_b是其唯一的强度指标。铸铁等脆性材料的抗拉强度很低，所以不宜作为受拉零件的材料。

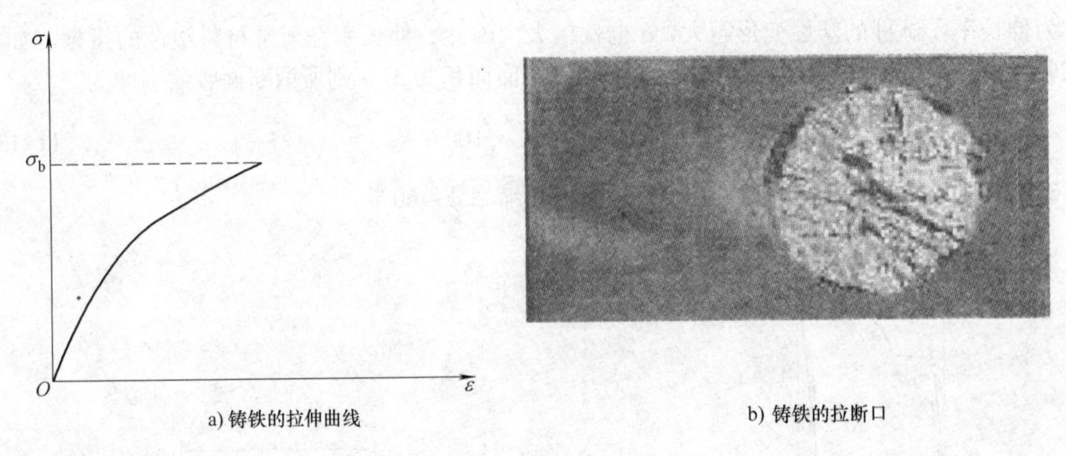

a) 铸铁的拉伸曲线　　b) 铸铁的拉断口

图11-29 铸铁的拉伸

在低应力下，铸铁可看作近似服从胡克定律。通常取σ-ε曲线的割线代替曲线的开始部分，并以割线的斜率作为弹性模量。

工程材料按伸长率分成两大类：$\delta \geq 5\%$的材料为塑性材料，如碳钢、黄铜、铝合金等；$\delta < 5\%$的材料称为脆性材料，如灰铸铁、陶瓷等。

4. 铸铁的拉伸

铸铁的拉伸过程具有以下特征：

拉伸图（见图11-29a）无明显的直线段；拉伸图无屈服阶段；无缩颈现象；伸长率远小于5%。铸铁的抗拉强度很低，$\sigma_b \approx 150\text{MPa}$。伸长率$\delta$远小于5%，属脆性材料。其拉断后无明显的变形，且断口粗糙（见图11-29b）。

11.5.3　材料在压缩时的力学性能

1. 低碳钢压缩时的力学性能

低碳钢压缩时的$\sigma-\varepsilon$曲线如图11-30a所示。试验表明：低碳钢压缩时的弹性模量E和屈服点σ_s都与拉伸时大致相同。应力超过屈服阶段以后，试件越压越扁，呈鼓形，横截面面积不断增大（见图11-30b），试件抗压能力也继续增大，因而得不到压缩时的强度极限σ_b。由此，低碳钢的力学性能一般由拉伸试验确定，通常不必进行压缩试验。

对大多数塑性材料也存在上述情况。少数塑性材料，如铬钼硅合金钢，压缩与拉伸时的屈服强度不相同，这种情况需做压缩试验。

2. 铸铁压缩时的力学性能

图11-31a所示为铸铁压缩时的$\sigma-\varepsilon$曲线。试件仍然在较小的变形下突然破坏，破坏断面的法线与轴线大致成45°~55°的倾角（见图11-31b）。铸铁的抗压强度比它的抗拉强度高4~5倍，因此，铸铁广泛用于机床床身、机座等受压零部件。

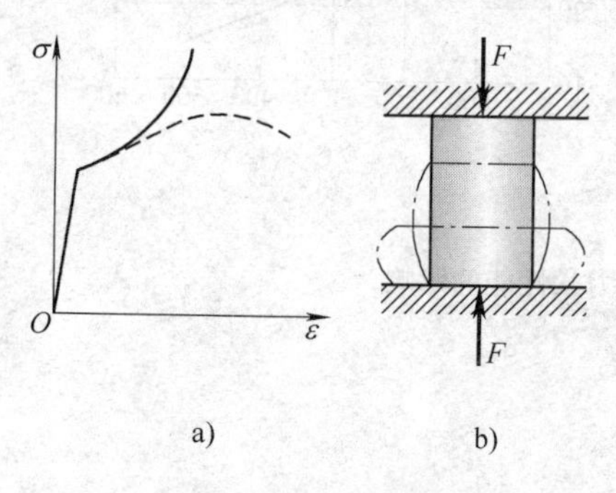

图11-30　低碳钢压缩试验

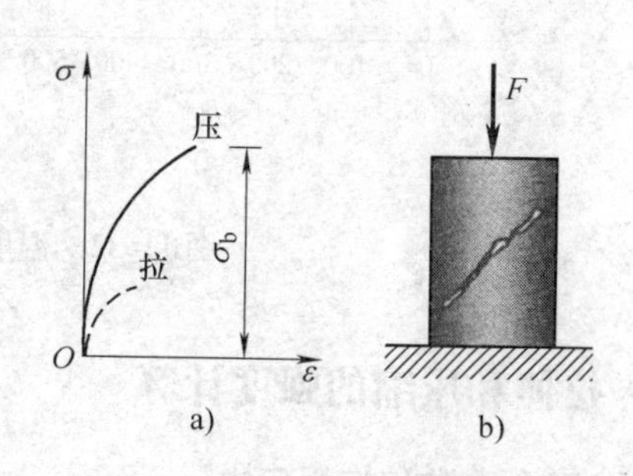

图11-31　铸铁压缩试验

对于其他脆性材料，如石料、混凝土等的压缩试验表明，抗压能力都要比抗拉能力大得多，故工程中一般都把它们用作受压构件。

11.5.4　塑性材料与脆性材料的力学性能比较

两类材料的力学性能有明显区别，归纳如下：

（1）变形。塑性材料变形能力大，在破坏前往往已有明显变形，而脆性材料往往无明显变形就突然断裂。

（2）强度。塑性材料的抗拉、抗压性能基本相同，能用于受拉构件，也可用于承压构件；脆性材料的抗压能力远高于抗拉能力，故适宜作承压构件，不可用于受拉构件。

（3）抗冲击性。材料的$\sigma-\varepsilon$曲线图下的面积（见图11-22）表示单位体积材料在静载下破坏时需消耗的能量，由塑性材料的$\sigma-\varepsilon$图知塑性材料破坏需消耗掉的能量大于脆性材料，因此，塑性材料抗冲击能力强。生活经验告诉我们，脆的物件易跌碎打破，因此，承受冲击的构件必须用塑性材料制作。

（4）应力集中敏感性。塑性材料进入屈服阶段，应变不断增大，应力保持为屈服应力，故截面形状的变化虽会导致应变急剧增大，但由于应力变化迟钝，对应力集中现象不敏感。脆性材料变形几乎全在弹性范围内，故应力集中敏感，易导致破坏。因此，脆性材料制成的构件必须尽量避免截面形状上的变化，塑性材料在常温静载下，孔边的应力集中有时可以不考虑，但脆性材料的应力集中影响必须考虑。

11.5.5 温度对材料力学性能的影响

试验表明，温度对材料的力学性能存在很大的影响。图 11-32a 为中碳钢的屈服应力与强度极限随温度 T 变化的曲线，总的趋势是：材料的强度随温度升高而降低。图 11-32b 为铝合金的弹性模量 E 与切变模量 G 随温度变化的曲线，可以看出，随着温度的升高，材料的弹性常数 E 与 G 均降低。

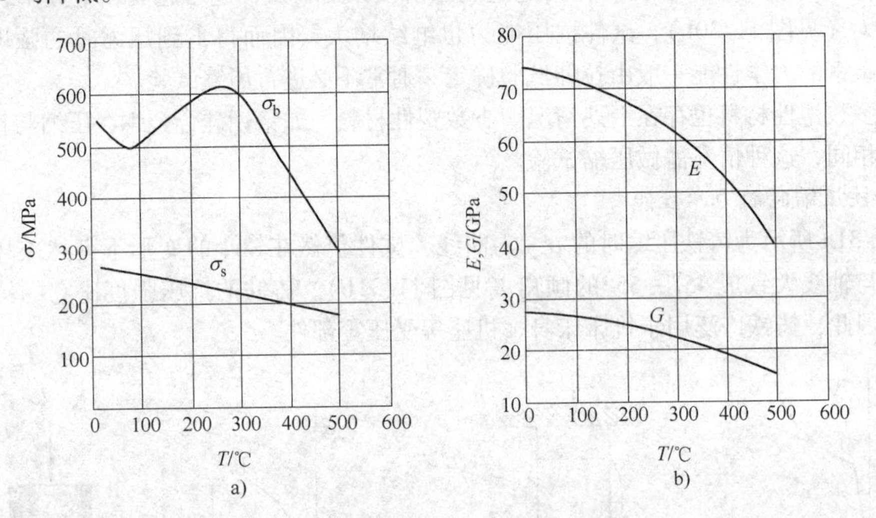

图 11-32 温度对材料的力学性能的影响

11.6 拉伸和压缩的强度计算

11.6.1 安全系数和许用应力

对拉伸和压缩的杆件，塑性材料以屈服为破坏标志，脆性材料以断裂为破坏标志。因此，应选择不同的强度指标作为材料所能承受的极限应力（limit stress）σ^0，即

$$\sigma^0 = \begin{cases} \sigma_s(\sigma_{0.2}) & \text{对塑性材料} \\ \sigma_b & \text{对脆性材料} \end{cases}$$

考虑到材料缺陷、载荷估计误差、计算公式误差、制造工艺水平以及构件的重要程度等因素，设计时必须有一定的强度储备。因此，应将材料的极限应力除以一个大于 1 的系数，所得的应力称为许用应力（allowable stress），用 $[\sigma]$ 表示，即

$$[\sigma] = \frac{\sigma^0}{n} \tag{11-14}$$

式中，n 称作安全系数（safety factor）。

安全系数的选取是个较复杂的问题，要考虑多个方面的因素。一般机械设计中 n 的选取范围如下：

$$n=\begin{cases}1.2\sim1.5 & \text{对塑性材料}\\ 2.0\sim4.5 & \text{对脆性材料}\end{cases}$$

脆性材料的安全系数一般取得比塑性材料要大一些。这是由于脆性材料的失效表现为脆性断裂，而塑性材料的失效表现为塑性屈服，两者的危险性显然不同，因此对脆性材料有必要多一些强度储备。

多数塑性材料拉伸和压缩时的 σ_s 相同，因此许用应力 $[\sigma]$ 对拉伸和压缩可以不加区别。对脆性材料，拉伸和压缩的 σ_b 不相同，因而许用应力亦不相同。通常用 $[\sigma_t]$ 表示许用拉应力，用 $[\sigma_c]$ 表示压应力。

常用工程材料的许用应力值可在有关的设计规范或工程手册中查得。

11.6.2　拉伸和压缩时的强度条件

为保证轴向拉伸（压缩）杆件的正常工作，必须使杆件的最大工作应力不超过材料的许用拉（压）应力。因此，杆件受轴向拉伸（压缩）时的强度条件为

$$\sigma=F_N/A\leqslant[\sigma] \tag{11-15}$$

根据上式可以解决拉伸（压缩）杆件强度校核、截面设计、确定许用载荷等三类强度计算问题。

（1）强度校核。对给定的构件（结构）、载荷、许用应力 $[\sigma]$，计算构件的应力 σ 并与许用应力 $[\sigma]$ 比较，若 $\sigma\leqslant[\sigma]$，则构件是安全的，反之则不安全。

（2）设计截面。对给定载荷、许用应力的结构，计算构件内力，由强度条件 $A\geqslant\dfrac{F_N}{[\sigma]}$ 确定构件的横截面面积

$$A=\frac{F_N}{[\sigma]}$$

（3）确定许用载荷。对给定的结构（材料和构件尺寸已定）、许用应力和加载方式，确定结构在安全前提下所能承受的最大载荷 $[F]$。构件的许用轴力 $[F_N]=A[\sigma]$，利用轴力 F_N 与载荷的关系，得到构件允许的载荷值，结构中各构件允许的载荷值里最小者，即结构的许用载荷。

11.6.3　拉伸和压缩强度的应用举例

下面举例说明上述三种类型的强度计算问题。

例 11-8　图 11-33a 所示杆 $ABCD$，$F_1=10\text{kN}$，$F_2=18\text{kN}$，$F_3=20\text{kN}$，$F_4=12\text{kN}$，AB 和 CD 段横截面面积 $A_1=10\text{cm}^2$，BC 段横截面面积 $A_2=6\text{cm}^2$，许用应力 $[\sigma]=15\text{MPa}$，校核该杆强度。

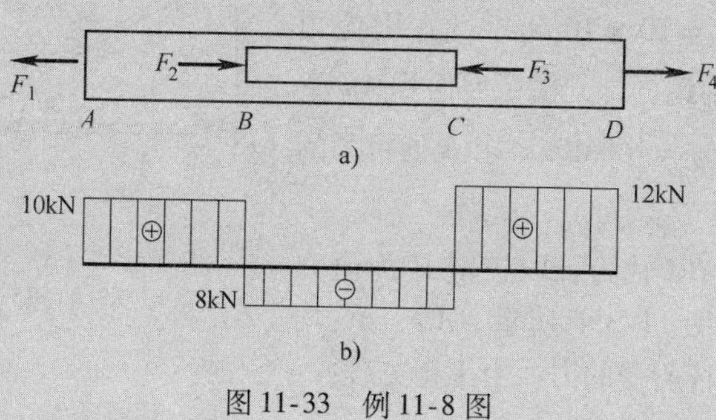

图 11-33　例 11-8 图

解 （1）计算内力

AB 段： $F_{N1}=F_1=10\text{kN}$

BC 段： $F_{N2}=F_1-F_2=10\text{kN}-18\text{kN}=-8\text{kN}$

CD 段： $F_{N3}=F_4=12\text{kN}$

轴力图如图 11-33b 所示。

（2）判定危险面 BC 段因面积最小，有可能是危险面；CD 段轴力最大，也有可能是危险面。故须两段都校核。下面分段进行校核。

BC 段： $\sigma=\dfrac{F_{N2}}{A_2}=\dfrac{8\times10^3\text{N}}{6\times10^{-4}\text{m}^2}=13.3\text{MPa}<[\sigma]$；

CD 段： $\sigma=\dfrac{F_{N3}}{A_1}=\dfrac{12\times10^3\text{N}}{10\times10^{-4}\text{m}^2}=12\text{MPa}<[\sigma]$；

两段应力都小于许用应力值，故满足强度条件，安全。

例 11-9 气动夹具如图 11-34a 所示，已知气缸内径 $D=140\text{mm}$，缸内气压 $p=0.6\text{MPa}$。活塞杆材料为 20 钢，$[\sigma]=80\text{MPa}$，试设计活塞杆的直径 d。

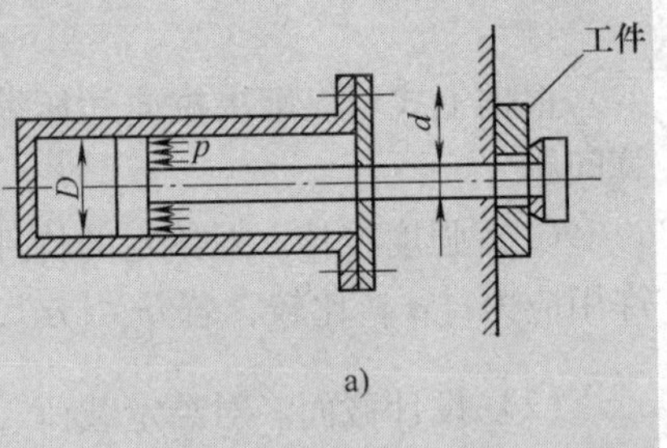

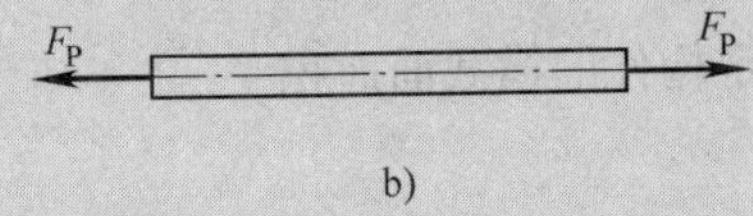

图 11-34 例 11-9 图

解 （1）求轴力。活塞杆左端承受活塞上的气体压力，右端承受工件的反作用力，将发生轴向拉伸变形。拉力 F_P 可由气压乘活塞的受压面积求得（见图 11-34b）。在尚未确定活塞杆的横截面面积前，计算活塞的受压面积时，可将活塞杆横截面面积略去不计。

$$F_P=p\times\frac{\pi}{4}D^2=0.6\times10^6\text{Pa}\times\frac{\pi}{4}\times140^2\times10^{-6}\text{m}^2=9.24\text{kN}$$

活塞杆的轴力为 $F_N=F_P=9.24\text{kN}$

（2）确定活塞杆直径。根据强度条件，活塞杆的横截面面积应满足

$$A=\frac{\pi}{4}d^2\geqslant\frac{F_N}{[\sigma]}=\frac{9.24\times10^3\text{N}}{80\times10^6\text{Pa}}=1.16\times10^{-4}\text{m}^2$$

由此可解出

$$d\geqslant0.0122\text{m}$$

最后将活塞的直径取为 $d=0.012\text{m}=12\text{mm}$。

例 11-10 图 11-35a 为一钢木结构。AB 为木杆，其横截面面积 $A_{AB}=10\times10^3\text{mm}^2$，许用应力 $[\sigma]_{AB}=7\text{MPa}$，杆 BC 为钢杆，其横截面面积 $A_{BC}=600\text{mm}^2$，许用应力 $[\sigma]_{BC}=160\text{MPa}$。求 B 处可吊的最大许可载荷 $[F_P]$。

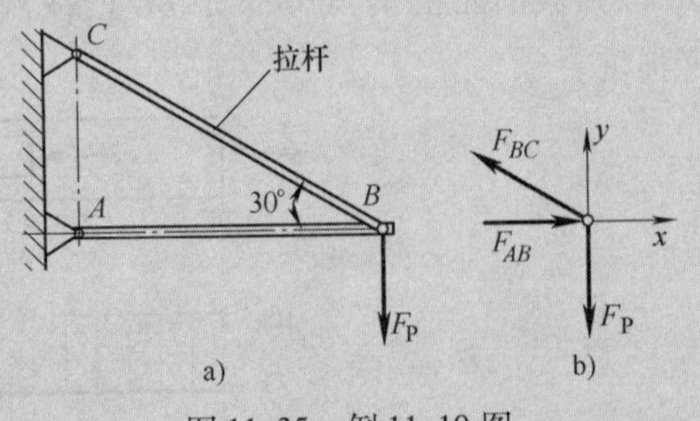

图 11-35 例 11-10 图

解 （1）求 AB、BC 轴力。取铰链 B 为研究对象进行受力分析，如图 11-35b 所示，AB、BC 均为二力杆，其轴力等于杆所受的力。由平衡方程

$$\sum F_x=0,\ F_{AB}-F_{BC}\cos30°=0$$

$$\sum F_y=0,\ F_{BC}\sin30°-F_P=0$$

得

$$F_{BC}=\frac{F_P}{\sin 30°}=2F_P$$

$$F_{AB}=F_{BC}\cos 30°=2\ F_P\cdot\frac{\sqrt{3}}{2}=\sqrt{3}F_P$$

（2）确定许可载荷。根据强度条件，木杆内的许可轴力为

$$F_{AB}\leqslant A_{AB}\ [\sigma]_{AB}$$

即

$$\sqrt{3}F_P\leqslant 10\times 10^3\times 10^{-6}\text{m}^2\times 7\times 10^6\text{Pa}$$

解得

$$F_P\leqslant 40.4\text{kN}$$

钢杆内的许可轴力为

$$F_{BC}\leqslant A_{BC}[\sigma]_{BC}$$

即

$$2\ F_P\leqslant 600\times 10^{-6}\text{m}^2\times 160\times 10^6\text{Pa}$$

解得

$$F_P\leqslant 48\text{kN}$$

因此，保证结构安全的最大许可载荷为

$$[F_P]=40.4\text{kN}\approx 40\text{kN}$$

11.7　拉伸和压缩超静定问题

11.7.1　拉伸和压缩静定和超静定问题的概念

在前面所讨论的拉压杆问题中，支座约束力与轴力均可通过静力平衡方程确定。由静力平衡方程可确定全部未知力（包括支座约束力与内力）的问题，称为拉压静定问题（the problem of static tension and compression set），在工程实际中，有时为了增加构件和结构物的强度或刚度，或者由于构造上的需要，往往还会给构件增加一些约束，或在结构物中增加一些杆件，这时构件的约束力或杆件的内力，仅用静力学平衡方程就不能求解了。例如在图 11-36a 中用三根钢丝绳吊运重物时，为计算三根钢丝绳所受的内力，可选取吊钩为研究对象（见图 11-36b）。这是一个平面汇交力系，可列出两个平衡方程（$\sum F_x=0$、$\sum F_y=0$），然而未知力却有三个（F_{T1}、F_{T2}、F_{T3}），故不能求解。

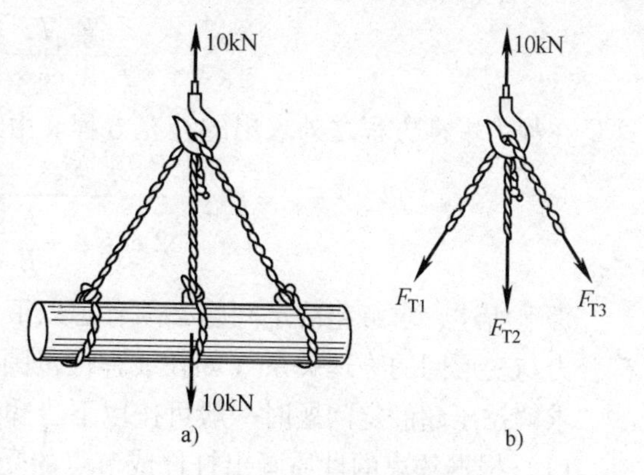

图 11-36　超静定结构物

这种未知力多于平衡方程，仅用静力学平衡方程不能求解的问题，称为超静定（statically indeterminate）问题。未知力数比平衡方程数多一个时，为一次超静定，多两个时为二次超静定，其余类推。

11.7.2 超静定问题的解法

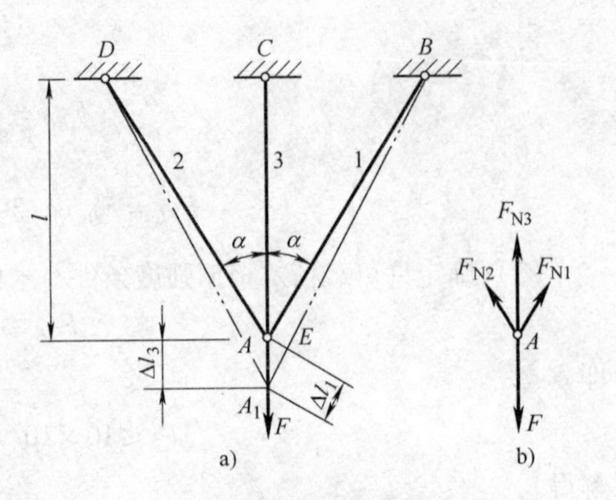

图 11-37 超静定桁架结构

现以图 11-37a 所示的一次超静定桁架结构为例，说明求解超静定问题的方法。取节点 A 为研究对象，画出受力图如图 11-37b 所示。节点 A 的静力平衡方程式为

$$\left.\begin{aligned}\sum F_x = 0,\ F_{N1}\sin\alpha - F_{N2}\sin\alpha = 0\\ F_{N1} = F_{N2}\\ \sum F_y = 0,\ F_{N3} + 2F_{N1}\cos\alpha - F = 0\end{aligned}\right\}\quad(a)$$

这里静力平衡方程只有2个，但未知力却有3个，可见只由静力平衡方程不能求得全部轴力，所以是一次超静定问题。

为了寻求问题的解，在静力平衡方程之外，还必须寻求补充方程。设杆 1 和杆 2 的抗拉刚度相同，桁架变形是对称的，节点 A 垂直地移动到A_1，位移$\overline{AA_1}$也就是杆 3 的伸长 Δl_3。以 B 点为圆心，杆 1 的原长度 $l/\cos\alpha$ 为半径作圆弧，圆弧以外的线段即为杆 1 的伸长 Δl_1。由于变形很小，可用垂直于A_1B 的线段 AE 代替上述弧线，并仍可认为$\angle AA_1E=\alpha$，于是

$$\Delta l_1 = \Delta l_3\cos\alpha \quad (b)$$

这是1、2、3 三根杆件的变形必须满足的关系，只有满足了这一关系，它们才可能在变形后仍然在节点 A_1联系在一起，三根杆的变形才是相互协调的。所以把这种几何关系称为变形协调方程。

若杆 1、2 的抗拉刚度为 E_1A_1，杆 3 的抗拉刚度为 E_3A_3，由胡克定律

$$\Delta l_1 = \frac{F_{N1}l}{E_1A_1\cos\alpha},\ \Delta l_3 = \frac{F_{N3}l}{E_3A_3} \quad (c)$$

这两个表示变形与轴力关系的式子可称为物理方程。将其代入式（b），得

$$\frac{F_{N1}l}{E_1A_1\cos\alpha} = \frac{F_{N3}l}{E_3A_3}\cos\alpha \quad (d)$$

这是在静力平衡方程之外求出的补充方程。由式（a）、式（d）容易解出

$$F_{N1} = F_{N2} = \frac{F\cos^2\alpha}{2\cos^3\alpha + \dfrac{E_3A_3}{E_1A_1}},\ F_{N3} = \frac{F}{1 + 2\dfrac{E_1A_1}{E_3A_3}\cos^3\alpha}$$

综上所述，求解超静定问题必须考虑以下三个方面：满足平衡方程；满足变形协调条件；符合力与变形间的物理关系（如在线弹性范围之内，即符合胡克定律）。

求解拉压超静定问题时一般可按以下步骤进行：

（1）根据约束的性质画出杆件或节点的受力图；

（2）根据静力平衡条件列出所有独立的静力平衡方程；

（3）画出杆件或杆系节点的变形 - 位移图；

（4）根据变形几何关系图建立变形几何方程；

（5）将力与变形间的物理关系（如胡克定律等）代入变形几何方程，便能得到解题所需的补充方程；

（6）将静力平衡方程与补充方程联立，解出全部的约束力及杆件内力。

应该指出的是，在超静定汇交杆系结构中，各杆的内力是受拉还是受压在解题前往往是未知的。为此，在绘受力图时，可假定各杆均受拉力。并以此画受力图、列静力平衡方程；根据杆件变形与内力一致的原则，绘制节点位移图，建立几何关系方程。最后解得的结果若为正，则表示杆件的轴力与假设的一致；若为负，则表示杆件中轴力与假设的相反。

下面再通过例题来说明超静定问题的解法和步骤。

例 11-11　如图 11-38a 所示，一平行杆系 1、2、3 悬吊着横梁 AB（AB 梁可视为刚体），在横梁上作用着载荷 F，如果杆 1、2、3 的长度、横截面面积、弹性模量均相同，分别设为 l、A、E。试求 1、2、3 三杆的轴力。

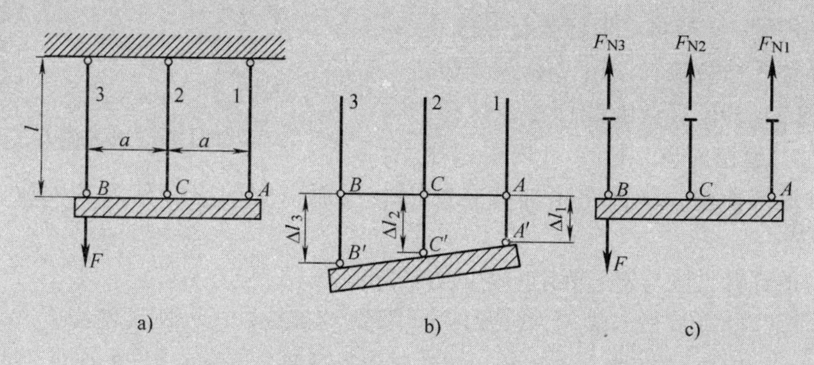

图 11-38　例 11-11 图

解　在载荷 F 作用下，假设一种可能变形，如图 11-38b 所示，则此时杆 1、2、3 均伸长，其伸长量分别为 Δl_1、Δl_2、Δl_3。与之相对应，杆 1、2、3 的轴力分别为拉力，如图 11-38c 所示。

（1）平衡方程

$$\sum F_y = 0,\ F_{N1} + F_{N2} + F_{N3} - F = 0 \tag{a}$$

$$\sum M_B = 0,\ F_{N1} \cdot 2a + F_{N2} \cdot a = 0 \tag{b}$$

在式（a）、式（b）两式中包含着 F_{N1}、F_{N2}、F_{N3} 三个未知力，故为一次超静定。

（2）变形几何方程（见图 11-38b）

$$\Delta l_1 + \Delta l_3 = 2\Delta l_2 \tag{c}$$

（3）物理方程

$$\Delta l_1 = \frac{F_{N1}l}{EA},\ \Delta l_2 = \frac{F_{N2}l}{EA},\ \Delta l_3 = \frac{F_{N3}l}{EA} \tag{d}$$

将式（d）代入式（c）中，即得所需的补充方程

$$\frac{F_{N1}l}{EA} + \frac{F_{N3}l}{EA} = 2\,\frac{F_{N2}l}{EA} \tag{e}$$

将式（a）、式（b）、式（e）三式联立求解，可得

$$F_{N1} = -\frac{F}{6},\ F_{N2} = \frac{F}{3},\ F_{N3} = \frac{5F}{6} \tag{f}$$

由此例题可以看出，假设各杆的轴力是拉力还是压力，要以假设的变形关系图中所反映的杆是伸长还是缩短为依据，两者之间必须一致。即变形与内力的一致性。

在以上例题中，假设一种可能变形，它不是唯一的，只要与结构的约束不发生矛盾即可；

可是变形一旦假设后，其各杆的内力一定要与其变形保持一致性。

*11.7.3　装配应力

在机械制造和结构工程中，零件或构件尺寸在加工过程中存在微小误差是难以避免的。这种误差在静定结构中，只不过造成结构几何形状的微小改变，不会引起内力的改变（见图11-39a）。但对超静定结构，加工误差却往往要引起内力。如图11-39b所示结构中，3杆比原设计长度短了δ，若将三根杆强行装配在一起，必然导致3杆被拉长，1、2杆被压短，最终位置如图11-39b双点画线所示。这样，装配后3杆内引起拉应力，1、2杆内引起压应力。在超静定结构中，这种在未加载之前因装配而引起的应力称为装配应力（assembly stress）。

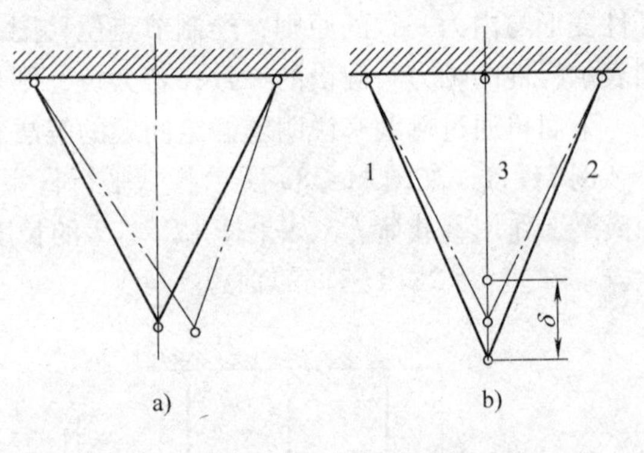

图11-39　装配应力

装配应力的计算方法与解超静定问题的方法相同。

例11-12　图11-40a所示结构，已知杆1、杆2的抗拉（压）刚度同为E_1A_1，（压）杆3的刚度为E_3A_3。若因加工误差，杆3的实际长度比设计长度l短了δ（$\delta << l$），求强行装配后各杆内产生的应力。

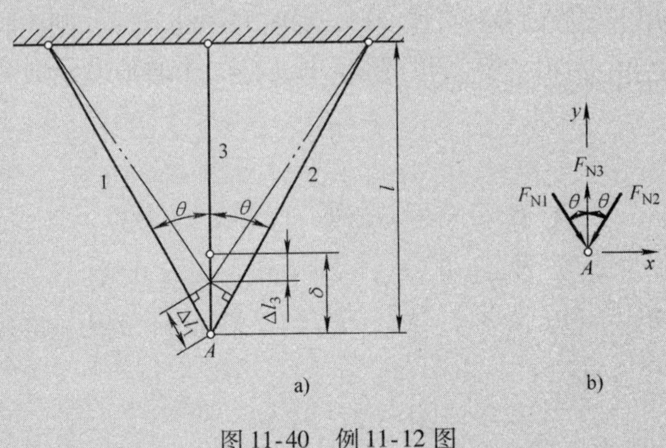

图11-40　例11-12图

解　（1）列平衡方程。强行装配后，截取节点A为研究对象，画出受力图如图11-40b所示，杆1、杆2、杆3的轴力依次记作F_{N1}、F_{N2}、F_{N3}，其平衡方程为

$$\sum F_x = 0,\ F_{N1}\sin\theta - F_{N2}\sin\theta = 0 \tag{a}$$

$$\sum F_y = 0,\ -F_{N1}\cos\theta - F_{N2}\cos\theta + F_{N3} = 0 \tag{b}$$

这是一次超静定问题。

（2）列变形协调方程画出结构变形图，如图11-40a中双点画线所示。根据变形图中的几何关系，并注意到小变形，即可得其变形协调方程为

$$\Delta l_3 + \frac{|\Delta l_1|}{\cos\theta} = \delta \tag{c}$$

式中，Δl_1、Δl_3分别为杆1、杆3的轴向变形。

（3）列补充方程。利用胡克定律，由变形协调方程可得补充方程为

$$\frac{F_{N3}l}{E_3A_3}+\frac{F_{N1}l}{E_1A_1\cos^2\theta}=\delta \tag{d}$$

（4）解方程。计算轴力与应力，联立求解方程（a）、（b）、（d），得各杆轴力分别为

$$F_{N1}=F_{N2}=\frac{\delta}{l}\frac{E_1A_1\cos^2\theta}{1+\dfrac{2E_1A_1}{E_3A_3}\cos^3\theta}\text{（压力）}$$

$$F_{N3}=\frac{\delta}{l}\frac{2E_1A_1\cos^3\theta}{1+\dfrac{2E_1A_1}{E_3A_3}\cos^3\theta}\text{（拉力）}$$

再除以横截面面积，即得各杆应力。假设三杆的抗拉（压）刚度均相同，材料的弹性模量 $E=200\text{GPa}$，$\theta=30°$，$\delta/l=1/1000$，计算出各杆横截面上的应力分别为 $\sigma_1=\sigma_2=65.3\text{MPa}$（压应力），$\sigma_3=112.9\text{MPa}$（拉应力）。

这种因构件尺寸误差强行装配而产生的应力称为装配应力。由上例可见，虽然构件的尺寸误差很小，但所引起的装配应力仍然相当大。因此，制造构件时需要保证足够的加工精度，以尽量避免装配应力。但有时在工程中，人们又要利用装配应力来达到某种目的。例如，机械零件中的过盈配合、钢筋混凝土结构中的预应力构件等，都是利用装配应力的典型实例。

11.7.4　温度应力

温度变化将引起物体的膨胀或收缩，构件尺寸发生微小改变。静定结构可以自由变形，所以温度变化时在杆内不会产生温度应力。但在超静定结构中由于存在“多余”约束，构件不能自由变形，由温度引起的变形就会在杆内引起应力。例如在图11-41中，AB 杆代表蒸汽锅炉与原动机间的管道，两端可简化为固定端。当管道中通过高压蒸汽时，就相当于两端固定杆的温度发生了变化。因为固定端杆件的膨胀或收缩，势必有约束力 F_{RA} 和 F_{RB} 作用于两端。这将引起杆内的应力，这种应力称为热应力或温度应力（temperature stress）。温度应力与材料的拉压弹性模量 E、热膨胀率 α、温度变化量 Δt 等成正比，其计算公式为

$$\sigma=\alpha E\Delta t \tag{11-16}$$

例如某管道是钢制的，其 $\alpha=12.5\times10^{-6}l/℃$，$E=200\text{GPa}$，当温度升高 $\Delta t=40℃$ 时，求得杆内的温度应力为

$$\sigma=\alpha E\Delta t=12.5\times10^{-6}\times200\times10^9\times40=100\times10^6\ \text{Pa}=100\text{MPa}$$

由此可见，在超静定结构中，构件中的温度应力有时可达较大的数值，这时就不能忽略。在热电厂的高温管道中通常插入膨胀节（见图11-42），使管道有部分自由伸缩的可能，以减小温度应力。

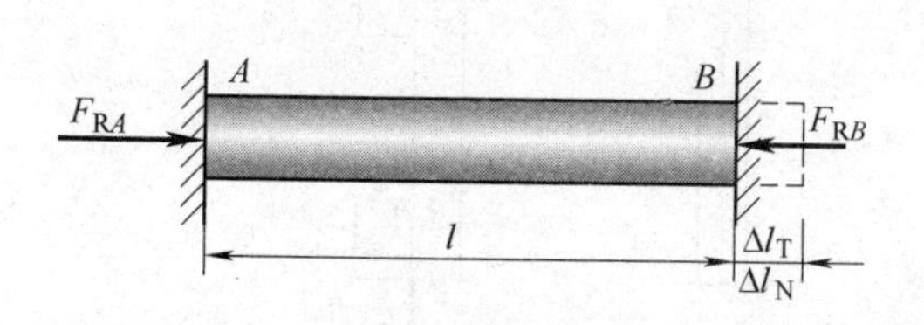

图11-41　高压蒸汽管道中的温度应力

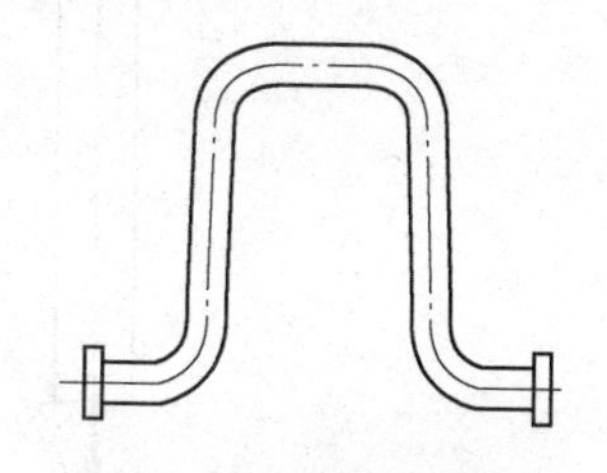

图11-42　膨胀节

温度应力的计算方法与解超静定问题的方法相同。不同之处在于杆件的变形应包括弹性变形和由温度引起的变形两部分。

例 11-13 图 11-43a 所示的阶梯形钢杆的两端在 $T_1 = -5℃$ 时被固定，钢杆上、下两段的横截面面积分别为 $A_1 = 5\text{cm}^2$，$A_2 = 10\text{cm}^2$，若钢杆的 $\alpha = 12.5\times10^{-4}/℃$，$E = 200\text{GPa}$。试求当温度升高至 $T_2 = 25℃$ 时，杆内各部分的温度应力。

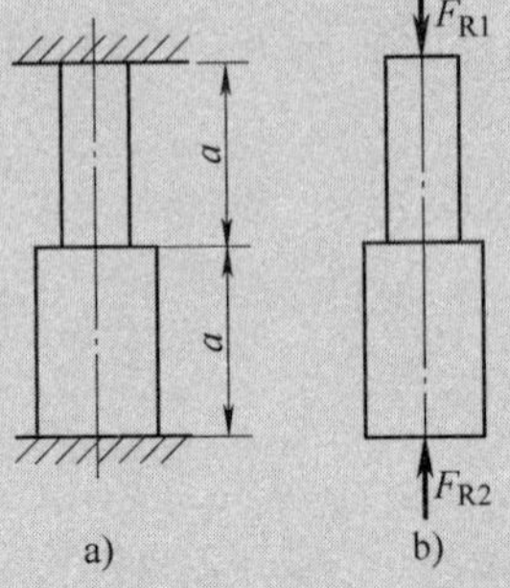

图 11-43　例 11-13 图

解　阶梯形钢杆的受力图如图 11-43b 所示，平衡条件为

$$\sum F_y = 0, F_{R1} - F_{R2} = 0 \tag{a}$$

其变形协调方程为

$$\Delta l_1 + \Delta l_2 = \Delta l_T \tag{b}$$

将 $\Delta l_1 = \dfrac{F_{R1}a}{EA_1}$，$\Delta l_2 = \dfrac{F_{R2}a}{EA_2}$ 及 $\Delta l_T = 2a\alpha\Delta T$ 代入式（b），得

$$\frac{a}{E}\left(\frac{F_{R1}}{A_1} + \frac{F_{R2}}{A_2}\right) = 2\alpha\Delta Ta \tag{c}$$

联立式（a）、式（c），解得　$F_{R2} = F_{R1} = 33.4\text{kN}$

杆各部分的应力分别为

$$\sigma_{上} = \frac{F_{R1}}{A_{上}} = \frac{33.4\times10^3\text{N}}{5\times10^{-4}\text{m}^2} = 66.8\text{MPa}(压)$$

$$\sigma_{下} = \frac{F_{R2}}{A_{下}} = \frac{33.4\times10^3\text{N}}{10\times10^{-4}\text{m}^2} = 33.4\text{MPa}(压)$$

然而事物总是有两面性，有时却又要利用它。就是根据需要，有意识地使其产生适当的热应力。如火车轮缘与轮毂的装配时需要紧配合，装配时将轮毂加热膨胀，使之内径增大，迅速压入轮缘中，这样轮缘与轮毂就会紧紧抱在一起。工程上称之为热应力配合。

11.7.5　超静定结构的特点

（1）在超静定结构中，各杆的内力与该杆的刚度及各杆的刚度比值有关，任一杆件刚度的改变都将引起各杆内力的重新分配。

（2）温度变化或制造加工误差都将引起温度应力或装配应力。

（3）超静定结构的强度和刚度都有所提高。

思　考　题

1. 试辨别图 11-44 所示构件哪些属于轴向拉伸或轴向压缩。

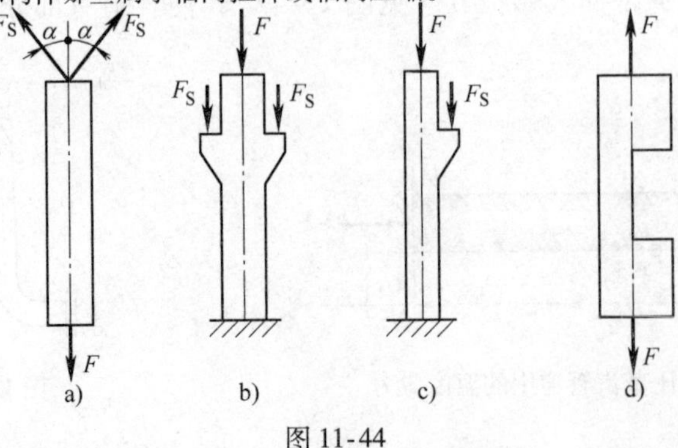

图 11-44

2. 根据自己的实践经验，举出工程实际中一些轴向拉伸和压缩的构件。

3. 指出下列概念的区别：

（1）内力与应力；（2）变形与应变；（3）弹性变形与塑性变形；（4）极限应力与许用应力。

4. 静力学中介绍的力的可传性，在材料力学中是否仍然适用？为什么？

5. 何谓截面法？用截面法求内力的方法和步骤如何？

6. 轴力和截面面积相等，而截面形状和材料不同的拉杆，它们的应力是否相等？

7. 轴力和截面面积相等，而材料和截面形状不同的两根拉杆，在应力均匀分布的条件下，它们的应力是否相同？

8. 在拉压杆中，轴力最大的截面一定是危险截面，这种说法对吗？为什么？

9. 何谓应力集中？应力集中对杆件的强度有何影响？

10. 何谓纵向变形？何谓横向变形？二者有什么关系？

11. 钢的弹性模量 $E=200\text{GPa}$，铝的弹性模量 $E=71\text{GPa}$。试比较在同一应力作用下，哪种材料的应变大？在产生同一应变的情况下，哪种材料的应力大？为什么？

12. 低碳钢在拉伸试验中表现为哪几个阶段？有哪些特征点？怎样从 $\sigma-\varepsilon$ 曲线上求出拉压弹性模量 E 的值？

13. 在低碳钢的应力－应变曲线上，试样断裂时的应力反而比开始缩颈时的应力低，为什么？

14. 经冷作硬化（强化）的材料，在性能上有什么变化？在应用上有什么利弊？

15. 在拉伸和压缩试验中，各种材料试样的破坏形式有哪些？试大致分析其破坏的原因。

16. 在钢材的力学性能中，有哪两项强度指标？有哪两项塑性指标？它们的意义何在？

17. 工作应力、许用应力和危险应力有什么区别？它们之间又有什么关系？

18. 根据轴向拉伸（压缩）时的强度条件，可以计算哪三种不同类型的强度问题？

19. 超静定问题有什么特点？在工程实际中如何利用这些特点？解超静定问题的一般步骤是什么？在画变形图和受力图时，要特别注意什么关系？

20. 在有输送热气管道的工厂里，其管道并不是笔直铺设的，而是每隔一段距离，就将管道弯成一个伸缩节，为什么？

习　题

11-1　试求题 11-1 图所示各杆 1—1、2—2、3—3 截面上的轴力。

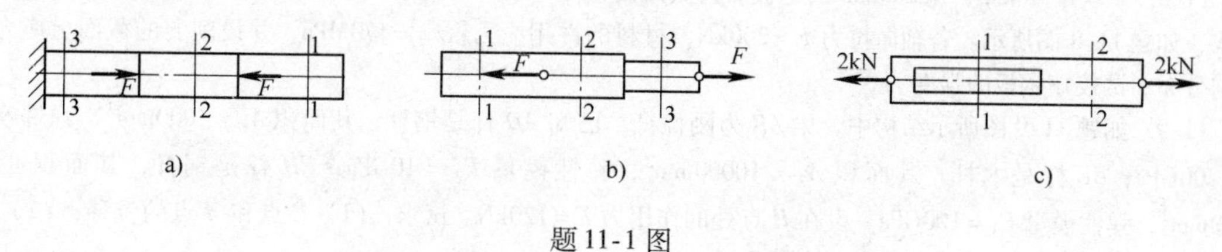

题 11-1 图

11-2　试求题 11-2 图所示各杆 1—1、2—2、3—3 截面上的轴力，并作轴力图。

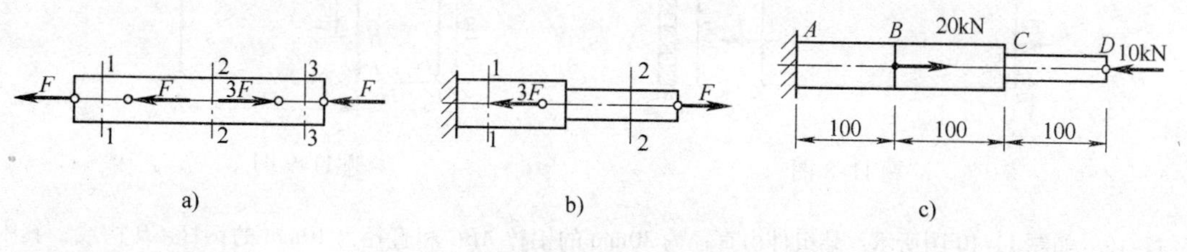

题 11-2 图

11-3 如题 11-3 图所示直杆。已知 $a=1\mathrm{m}$，直杆的横截面面积为 $A=400\mathrm{mm}^2$，材料的弹性模量 $E=200\mathrm{GPa}$，试求各段的伸长（或缩短），并计算全杆的总伸长。

11-4 如题 11-4 图所示的阶梯形黄铜杆，受轴向载荷作用，若各段横截面尺寸分别为 $d_{AB}=15\mathrm{mm}$、$d_{BC}=40\mathrm{mm}$ 和 $d_{CD}=10\mathrm{mm}$，试求 A 端相对于 D 端的位移，已知 $E_{铜}=105\mathrm{GPa}$。

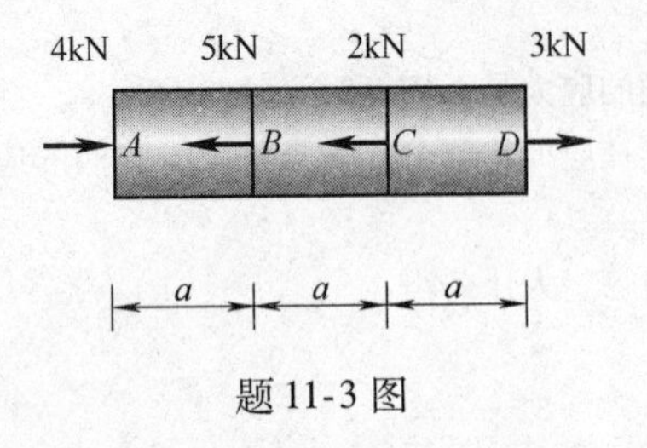

题 11-3 图

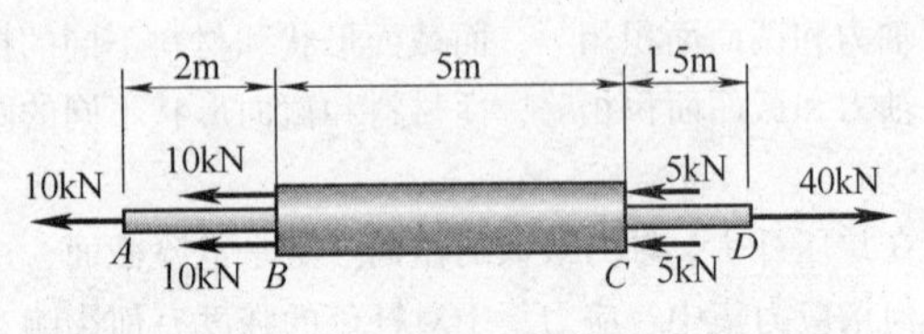

题 11-4 图

11-5 如题 11-5 图所示压杆受轴向压力 $F=5\mathrm{kN}$ 的作用，杆件的横截面面积 $A=100\mathrm{mm}^2$。试求 $\alpha=0°$，$30°$，$45°$，$60°$，$90°$ 时，各斜截面上的正应力和切应力，并分别用图表示。

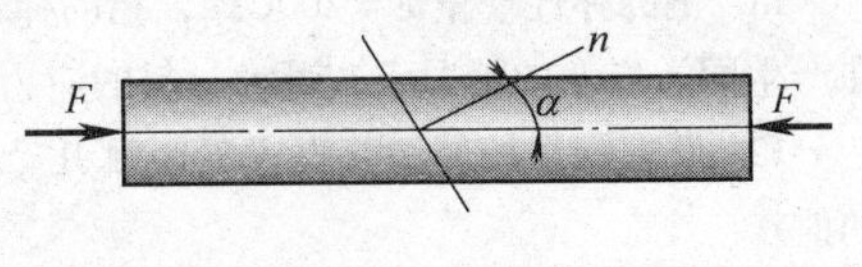

题 11-5 图

11-6 如题 11-6 图所示用绳索起吊重物。已知重物 $W=10\mathrm{kN}$，绳索的直径 $d=40\mathrm{mm}$，许用应力 $[\sigma]=10\mathrm{MPa}$，试校核绳索的强度。绳索的直径 d 应为多大才更经济？

11-7 如题 11-7 图所示钢板厚为 5mm，在其中心钻一直径为 20mm 的孔，为了保证该钢板能承受 15kN 的轴向载荷，试确定钢板的合适宽度 w 的近似值。已知钢板的许用正应力 $[\sigma]=155\mathrm{MPa}$。

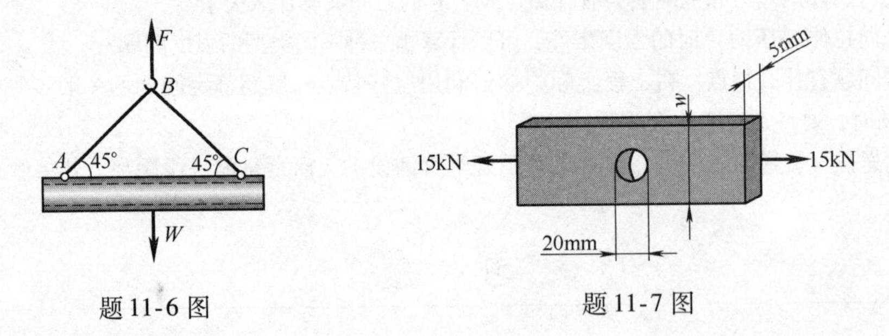

题 11-6 图　　题 11-7 图

11-8 一块厚 10mm、宽 200mm 的钢板。其截面被直径 $d=20\mathrm{mm}$ 的圆孔所削弱，圆孔的排列对称于杆的轴线，如题 11-8 图所示。若轴向拉力 $F=200\mathrm{kN}$，材料的许用应力 $[\sigma]=170\mathrm{MPa}$，并设削弱的截面上应力为均匀分布，试校核钢板的强度。

11-9 如题 11-9 图所示结构中，梁 AB 为刚性杆。已知 AD 杆是钢杆，其面积 $A_1=1000\mathrm{mm}^2$，弹性模量 $E=200\mathrm{GPa}$；BE 杆是木杆，其面积 $A_2=10000\mathrm{mm}^2$，弹性模量 $E_2=10\mathrm{GPa}$；CH 杆是铜杆，其面积 $A_3=3000\mathrm{mm}^2$，弹性模量 $E_3=100\mathrm{GPa}$。设在 H 点处的作用力 $F=120\mathrm{kN}$。试求：(1) C 点和 H 点的位移；(2) AD 杆的横截面面积扩大一倍时 C 点和 H 点的位移。

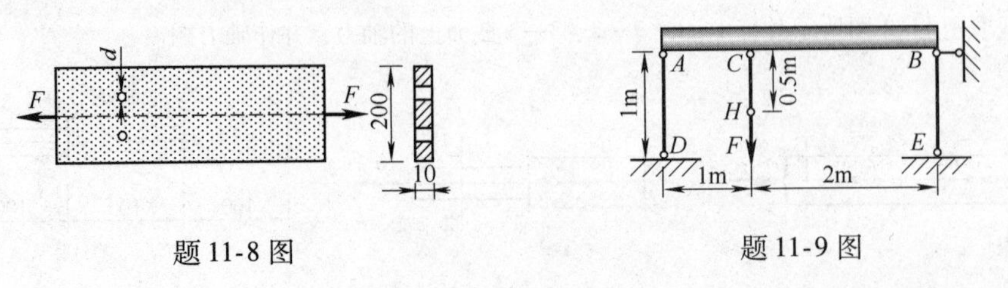

题 11-8 图　　题 11-9 图

11-10 如题 11-10 图所示，某组件由直径为 30mm 的铝棒 ABC 和直径为 10mm 的钢杆 CD 构成，其中铝棒 ABC 在 B 点有一轴套。试求在图示载荷作用下 D 点的位移，忽略轴套 B 和连接处 C 的尺寸影响，$E_{钢}=$

200GPa，$E_{铝}=70\text{GPa}$。

11-11　如题 11-11 图所示，重 500N 的均匀刚性横梁 *AB* 由两根钢杆 *AC* 和 *BD* 吊起，为了确保作用 1500N 的载荷后横梁仍处于水平位置，试求图中 *x* 的值。已知每根杆的直径为 12mm。

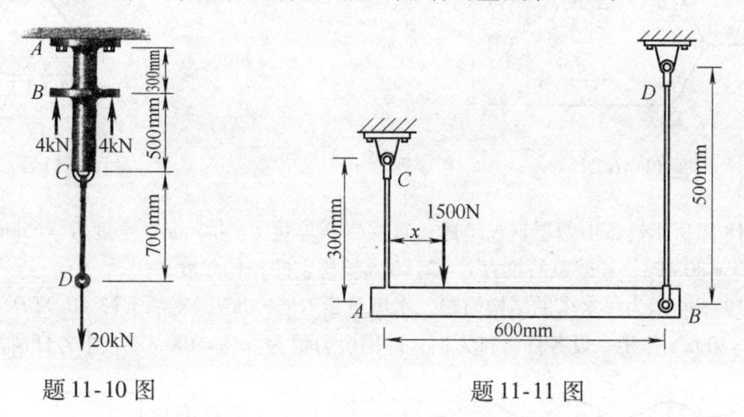

题 11-10 图　　题 11-11 图

11-12　题 11-12 图所示的构架中，*AB* 为刚性杆，*CD* 杆的刚度为 *EA*，试求：（1）*CD* 杆的伸长；（2）*C*、*B* 两点的位移。

11-13　题 11-13 图所示构架，若钢拉杆 *BC* 的横截面直径为 10mm，试求拉杆内的应力。设由 *BC* 连接的 1 和 2 两部分均为刚体。

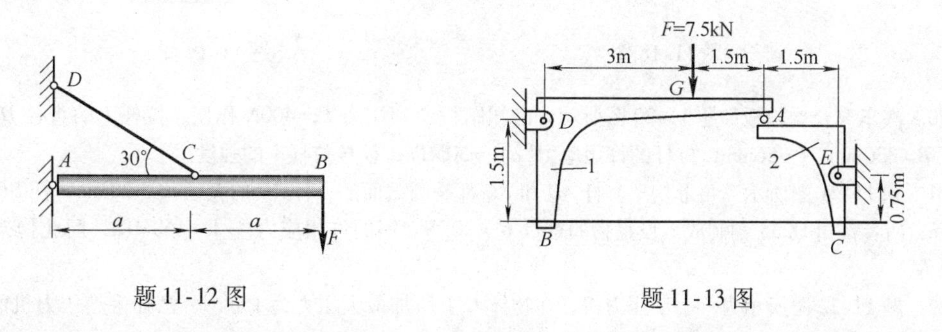

题 11-12 图　　题 11-13 图

11-14　如题 11-14 图所示的两根铝杆受到 $F=20\text{kN}$ 的垂直力作用。若铝材的许用正应力 $[\sigma]=150\text{MPa}$，试求两杆所需的直径。

11-15　如题 11-15 图所示的钢杆，许用正应力 $[\sigma]=120\text{MPa}$，试求板能承受的最大轴向载荷。暂不考虑应力集中的影响（即不考虑 $r=10\text{mm}$）。

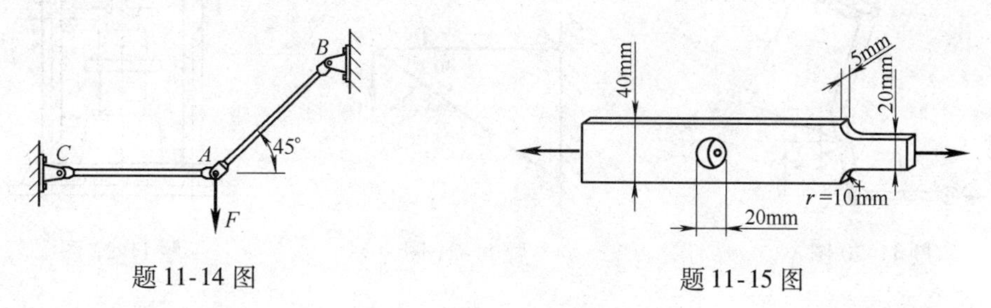

题 11-14 图　　题 11-15 图

11-16　题 11-16 图所示的双杠杆夹紧机构，需产生一对 20kN 的夹紧力，试求水平杆 *AB* 及斜杆 *BC* 和斜杆 *BD* 的横截面直径。已知：此三杆的材料相同，$[\sigma]=100\text{MPa}$，$\alpha=30°$。

11-17　题 11-17 图所示结构中，刚性杆 *AC* 受到均布载荷 $q=20\text{kN/m}$ 的作用。若钢制拉杆 *AB* 的许用应力 $[\sigma]=150\text{MPa}$，试求其所需的横截面面积。

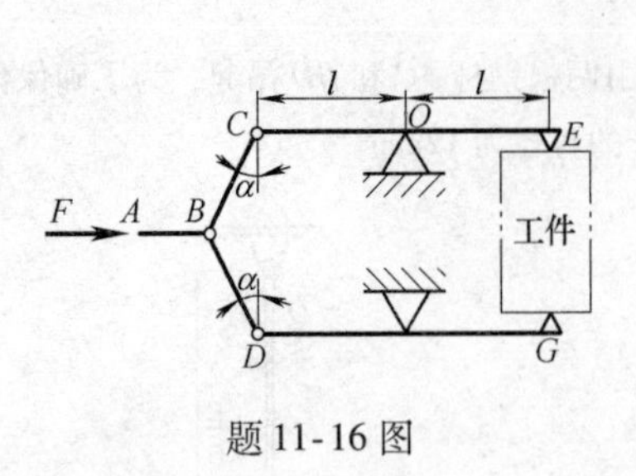

题 11-16 图

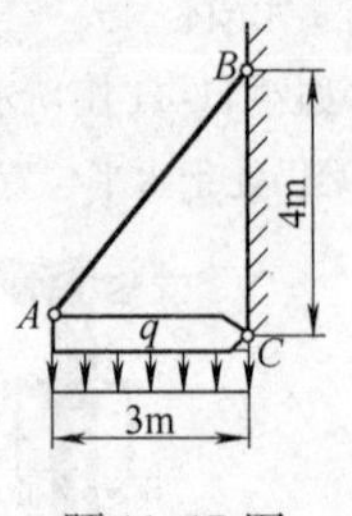

题 11-17 图

11-18 题 11-18 图所示链条由两层钢板组成，每层钢板厚度 $t=4.5\text{mm}$，宽度 $H=65\text{mm}$，$h=40\text{mm}$，钢板材料许用应力$[\sigma]=80\text{MPa}$，若链条的拉力 $P=25\text{kN}$，校核它的拉伸强度。

11-19 题 11-19 图所示为一水塔的结构简图，水塔重量 $G=400\text{kN}$，支承于杆 AB、BD 及 CD 上，并受到水平方向的风力 $F=100\text{kN}$ 作用。设各杆材料为钢，许用应力都为$[\sigma]=100\text{MPa}$，求各杆所需的横截面面积。

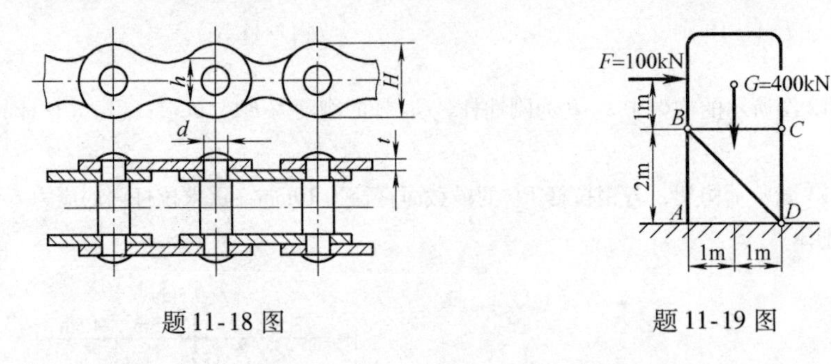

题 11-18 图　　题 11-19 图

11-20 汽车离合器踏板如题 11-20 图所示。已知踏板受到压力 $F=400\text{N}$ 作用，拉杆 1 的直径 $D=9\text{mm}$，杠杆臂长 $L=330\text{mm}$，$l=56\text{mm}$，拉杆的许用应力$[\sigma]=50\text{MPa}$，校核拉杆 1 的强度。

11-21 题 11-21 图所示三角形构架，杆 AB 和 BC 都是圆截面的，杆 AB 的直径 $d_1=20\text{mm}$，杆 BC 的直径 $d_2=40\text{mm}$，两者都由 Q235 钢制成。设重物的重量 $G=20\text{kN}$，钢的许用应力$[\sigma]=160\text{MPa}$，问此构架是否满足强度条件。

11-22 题 11-22 图所示为一手动压力机，在物体 C 上所加最大压力为 150kN，已知手动压力机的立柱 A 和螺杆 B 所用材料为 Q235 钢，许用应力$[\sigma]=160\text{MPa}$。

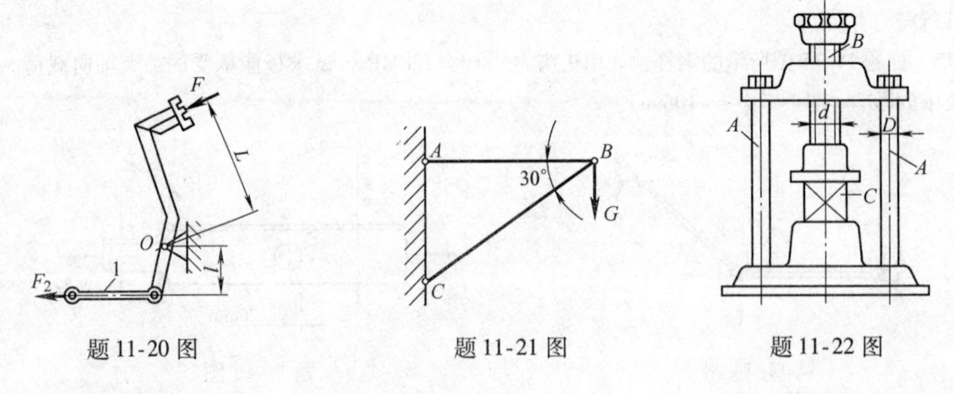

题 11-20 图　　题 11-21 图　　题 11-22 图

（1）试按强度要求设计立柱 A 的直径 D；

（2）若螺杆 B 的内径 $d=40\text{mm}$，试校核其强度。

11-23 曲柄滑块机构如题 11-23 图所示。工作时连杆接近水平位置，承受的镦压力 $F=1100\text{kN}$。连杆截面是矩形截面，高度与宽度之比为 $h/b=1.4$。材料为 45 钢，许用应力 $[\sigma]=58\text{MPa}$，试确定截面尺寸 h 及 b。

11-24 某拉伸试验机的结构示意图如题 11-24 图所示。设试验机的 CD 杆与试件 AB 的材料同为低碳钢，

其 $\sigma_p=200\text{MPa}$，$\sigma_s=240\text{MPa}$，$\sigma_b=400\text{MPa}$。试验机最大拉力为 100kN。（1）用这一试验机做拉断试验时，试样直径最大可达多大？（2）若设计时取试验机的安全系数 $n=2$，则 CD 杆的横截面面积为多少？（3）若试件直径 $d=10\text{mm}$，今欲测弹性模量 E，则所加载荷最大不能超过多少？

11-25　题 11-25 图所示卧式拉床的液压缸内径 $D=186\text{mm}$，活塞杆直径 $d_1=65\text{mm}$，材料为 20Cr 并经过热处理，$[\sigma]=130\text{MPa}$。缸盖由 6 个 M20 的螺栓与缸体连接，M20 螺栓的内径 $d=17.3\text{mm}$，材料为 35 钢，经热处理后 $[\sigma]=110\text{MPa}$。试按活塞杆和螺栓强度确定最大油压 p。

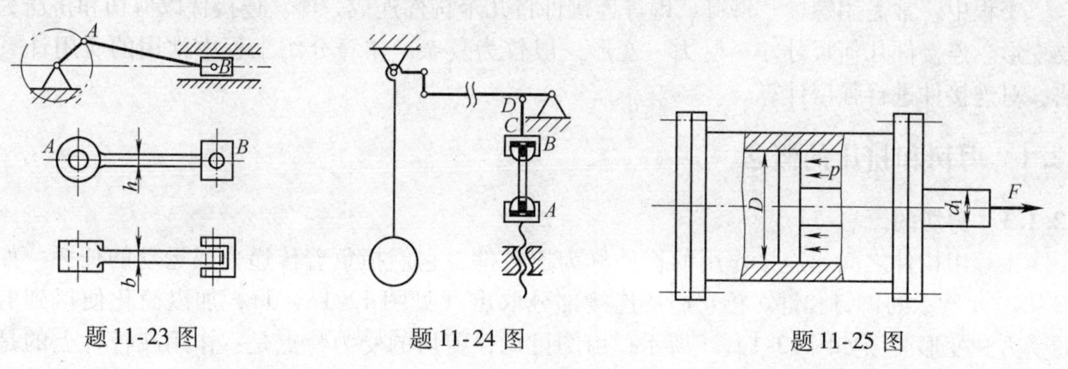

题 11-23 图　　题 11-24 图　　题 11-25 图

11-26　题 11-26 图所示简易吊车中，BC 为钢杆，AB 为木杆。木杆 AB 的横截面面积 $A_1=100\text{cm}^2$，许用应力 $[\sigma]=7\text{MPa}$，钢杆 BC 的横截面面积 $A_1=6\text{cm}^2$，许用应力 $[\sigma]=60\text{MPa}$。试求许可吊重 F。

11-27　题 11-27 图所示刚性杆 AB 重 35kN，挂在三根等长度、同材料钢杆的下端。各杆的横截面面积分别为 $A_1=1\text{cm}^2$、$A_2=1.5\text{cm}^2$、$A_3=2.25\text{cm}^2$。试求各杆的应力。

*11-28　题 11-28 图所示结构中钢杆 1、2、3 的横截面面积均为 $A=200\text{mm}^2$，长度 $l=1\text{m}$，$E=200\text{GPa}$。杆 3 因制造不准而比其余两杆短了 $\delta=0.8\text{mm}$。试求将杆 3 安装在刚性梁上后三杆的轴力。

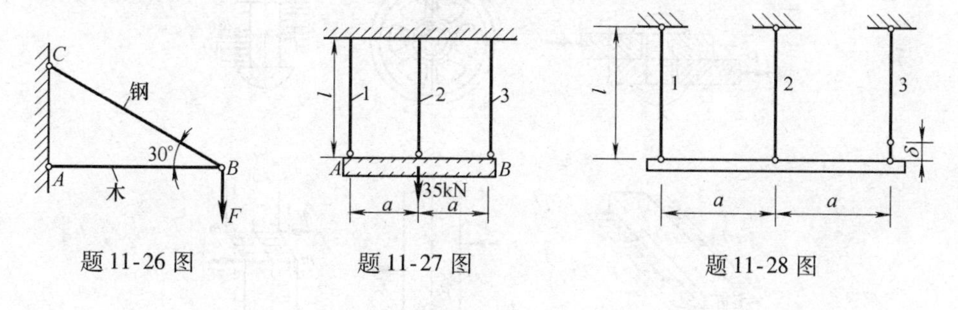

题 11-26 图　　题 11-27 图　　题 11-28 图

第 12 章　剪切与挤压

工程中，常需用螺栓、铆钉、键等连接件将几个构件连成一体。连接件以剪切和挤压为主要变形。连接件几何尺寸小，受力、变形一般较为复杂。本章介绍工程中常用的实用计算方法，对连接件进行强度计算。

12.1　剪切和挤压的概念

12.1.1　剪切的概念

工程中构件之间起连接作用的构件称为连接件，它们担负着传递力或运动的任务。如图 12-1a、b 所示的铆钉和键。将它们从连接部分取出（见图 12-1c、d），加以简化便得到剪切的受力和变形简图如图 12-1e、f 所示，由图可见，剪切的受力特点是：作用在杆件上的是一对等值、反向、作用线相距很近的横向力（即垂直于杆轴线的力）；剪切的变形特点是：在两横向力之间的横截面将沿力的方向发生相对错动。杆件的这种变形称为剪切变形（shearing deformation）。剪切变形是杆件的基本变形之一，若此时外力过大，杆件就可能在两力之间的某一截面，如 $m—m$ 处被剪断，$m—m$ 截面称为剪切面（shear surface），如图 12-1f 中的$m—m$横截面。

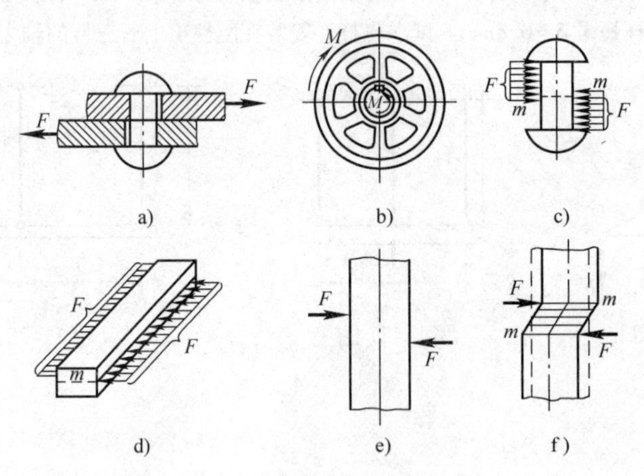

图 12-1　连接件受力和变形简图

12.1.2　挤压的概念

杆件在发生剪切变形的同时，常伴随有挤压变形。如图 12-1a 所示的铆钉与钢板接触处，图 12-1b 中的键与轮、键与轴的接触处，很小的面积上需要传递很大的压力，极易造成接触部位的压溃，构件的这种变形称为挤压变形（extrusion deformation）。因此，在进行剪切计算的同时，也须进行挤压计算。

12.1.3　剪切和挤压的实用计算法

剪切变形或挤压变形只发生于连接构件的某一局部，而且外力也作用在此局部附近，所以其受力和变形都比较复杂，难以从理论上计算它们的真实工作应力。这就需要寻求一种反映剪切或挤压破坏实际情况的近似计算方法，即实用计算法。根据这种方法算出的应力只是一种名义应力。

下面通过铆钉连接的应力计算来说明剪切和挤压实用计算方法。

12.2　剪切强度条件

1. 剪切面上的内力

现以图12-2a所示铆钉连接为例，用截面法分析剪切面上的内力。选铆钉为研究对象，进行受力分析，画受力图，如图12-2b所示。假想将铆钉沿 $m—m$ 截面截开，分为上、下两部分，如图12-2c所示，任取一部分为研究对象，由平衡条件可知，在剪切面内必然有与外力 F 大小相等、方向相反的内力存在，这个作用在剪切面内部、与剪切面平行的内力称为剪力（shear force），用 F_Q 表示（见图12-2c）。剪力 F_Q 的大小可由平衡方程求得

$$\sum F_x = 0,\ F_Q = F$$

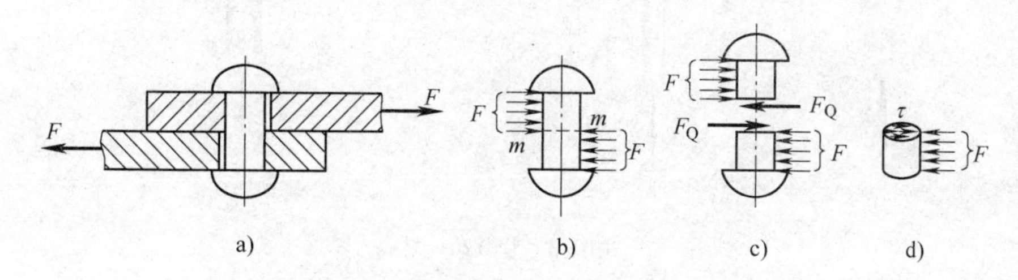

图12-2　铆钉剪切面上的内力

2. 剪切面上的切应力

剪切面上内力 F_Q 分布的集度称为切应力（shear stress），其方向平行于剪切面、与 F_Q 相同，用符号 τ 表示，如图12-2d所示。切应力的实际分布规律比较复杂，很难确定，工程上通常采用建立在实验基础上的实用计算法，即假定切应力在剪切面上是均匀分布的。故

$$\tau = \frac{F_Q}{A} \tag{12-1}$$

式中，F_Q 是剪切面上的剪力，单位为N；A 是剪切面面积，单位为mm^2。

3. 剪切强度条件

为了保证构件在工作中不被剪断，必须使构件的工作切应力不超过材料的许用切应力，即

$$\tau = \frac{F_Q}{A} \leqslant [\tau] \tag{12-2}$$

式（12-2）称为剪切强度条件。式中，$[\tau]$ 是材料的许用切应力，其大小等于材料的抗剪强度 τ_b 除以安全系数 n，即

$$[\tau] = \frac{\tau_b}{n}$$

这里的许用切应力 $[\tau]$ 可根据连接件实物或试件的剪切破坏实验测试得到，即测出连接件在剪切破坏时的极限剪力 F_{0b}，然后由 $\tau_{0b} = F_{0b}/A_0$ 算得极限切应力，再除以安全因数 n 得到 $[\tau]$。

工程中常用材料的许用切应力，可从有关手册中查取，也可按下列经验公式确定：

塑性材料 $[\tau]=(0.6\sim0.8)[\sigma]$

脆性材料 $[\tau]=(0.8\sim1.0)[\sigma]$

式中，$[\sigma]$是材料拉伸时的许用应力。与拉伸（或压缩）强度条件一样，剪切强度条件也可以解决剪切变形的三类强度计算问题：强度校核、设计截面尺寸和确定许用载荷。

例 12-1 如图 12-3a 所示，吊杆的直径 $d=20\text{mm}$，其上端部为圆盘。将吊杆穿过一个直径为 40mm 的孔，当吊杆承受 $F=20\text{kN}$ 的力作用时，试确定圆盘厚度 t 的最小值。已知吊杆的圆盘的许用切应力 $[\tau]=35\text{MPa}$。

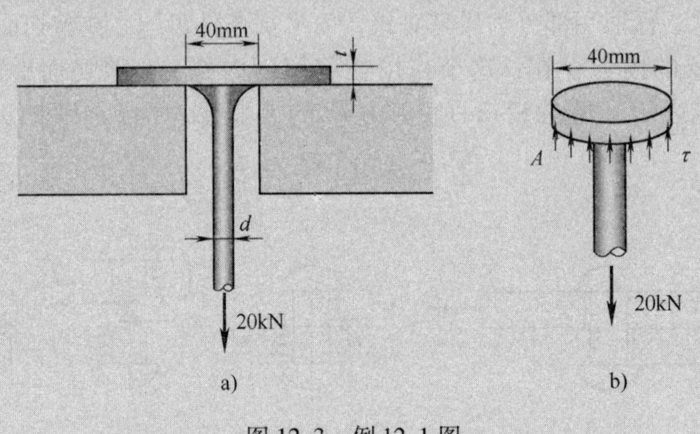

图 12-3 例 12-1 图

解 吊杆圆盘中心部分的受力如图 12-3b 所示，在直径为 $D=40\text{mm}$ 的截面处有剪切力 F_Q，从而有切应力 τ 产生。材料必须能够承受切应力的作用，以防止盘从孔中脱出。假定该切应力沿剪切面均匀分布，已知载荷 $F=20\text{kN}$，由平衡条件，得 $F_Q=F=20\text{kN}$，由式(12-1)，有

$$A=F_Q/[\tau]=\frac{20\times10^3\text{N}}{35\times10^6\text{N/m}^2}=0.5714\times10^{-3}\text{m}^2$$

由于剪切面面积 $A=2\pi(0.04\text{m}/2)(t)$，所以所需的圆盘厚度为

$$t=\frac{0.5714\times10^{-3}\text{m}^2}{2\pi\times0.02\text{m}}=4.55\times10^{-3}\text{m}=4.55\text{mm}$$

12.3 挤压强度条件

12.3.1 挤压的实用计算

在连接件和被连接件的接触面上将产生局部承压的现象。如在图 12-4 所示的铆钉连接中，在铆钉与钢板相互接触的侧面上，将发生彼此间的局部承压现象。若外力过大，构件则发生挤压破坏。相互接触面称为挤压面（extrusion surface），其上的压力称为挤压力（extrusion pressure），并记为 F_{jy}。挤压力可根据被连接件所受的外力，由静力平衡条件求得。如图 12-5a 所示，其数值等于接触面所受外力的大小。

1. 挤压应力 σ_{jy} 的实用计算

$$\sigma_{jy}=\frac{F_{jy}}{A_{jy}} \tag{12-3}$$

式中，F_{jy}为接触面上的挤压力；A_{jy}为计算挤压面面积。

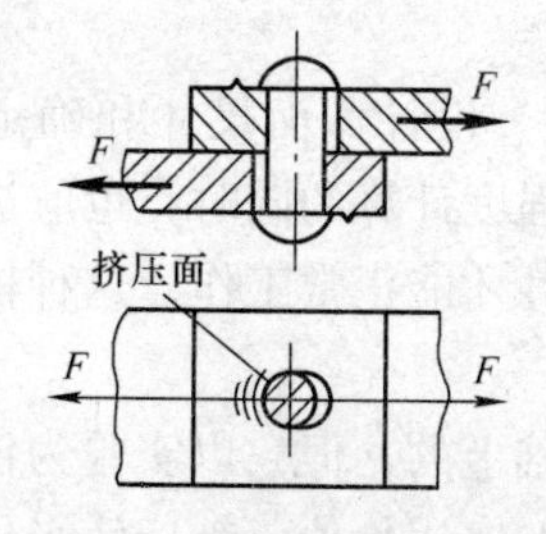

图 12-4　铆钉连接挤压破坏

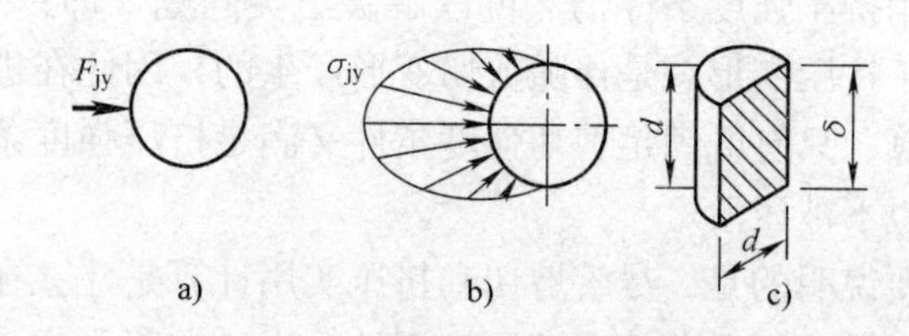

图 12-5　挤压应力和挤压面面积

2. 挤压面面积 A_{jy} 的计算

当连接件与被连接构件的接触面为平面，即如图 12-6a 所示键连接中键与轴或轮毂间的接触面时，计算挤压面面积 A_{jy} 即为实际接触面的面积，$A_{jy}=lh/2$。

当接触面为圆柱面（如螺栓或铆钉连接中螺栓与钢板间的接触面）时，计算挤压面面积 A_{jy} 取为实际接触面在直径平面上的投影面积 $A_{jy}=dt$，如图 12-6b 所示。理论分析表明，这类圆柱状连接件与钢板孔壁间接触面上的理论挤压应力沿圆柱面的变化情况如图 12-6c 所示，而按式（12-3）算得的名义挤压应力与接触面中点处的最大理论挤压应力值相近。

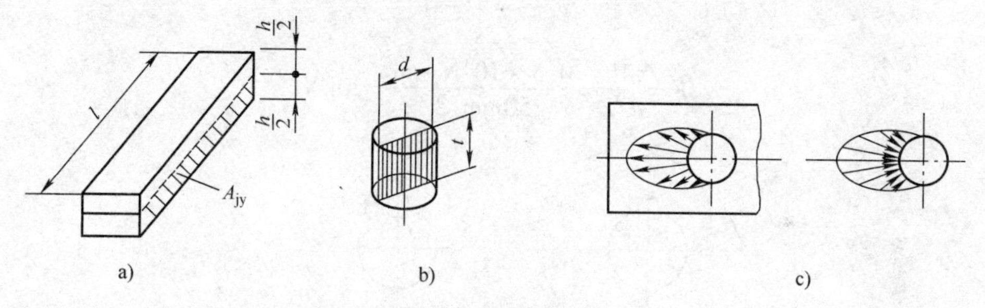

图 12-6　挤压面面积 A_{jy} 的计算

需要说明的是，挤压力是构件之间的相互作用力，是一种外力，它与轴力 F_N 和剪力 F_Q 这些内力在本质上是不同的。

3. 挤压强度条件

为了保证构件不产生局部挤压塑性变形，必须使构件的工作挤压应力不超过材料的许用挤压应力。许用挤压应力是通过直接试验，并按名义挤压应力公式得到材料的极限挤压应力，再除以适当的安全系数从而确定许用挤压应力 $[\sigma_{jy}]$。

于是，挤压的强度条件可表示为

$$\sigma_{jy}=\frac{F_{jy}}{A_{jy}}\leqslant[\sigma_{jy}] \tag{12-4}$$

式（12-4）称为挤压强度条件。式中，$[\sigma_{jy}]$ 是材料的许用挤压应力，设计时可由有关手册查取。

根据实验积累的数据，一般情况下，许用挤压应力 $[\sigma_{jy}]$ 与许用拉应力 $[\sigma]$ 之间存在下述关系：

塑性材料　　$[\sigma_{jy}]=(1.5\sim2.5)[\sigma]$

脆性材料　　$[\sigma_{jy}]=(0.9\sim1.5)[\sigma]$

应当注意，当连接件和被连接件材料不同时，应对材料的许用应力低者进行挤压强度计算，这样才能保证结构安全可靠地工作。

应用挤压强度条件仍然可以解决三类问题，即：强度校核、设计截面尺寸和确定许可载荷。由于挤压变形总是伴随剪切变形产生的，因此在进行剪切强度计算的同时，也应进行挤压强度计算，只有既满足剪切强度条件又满足挤压强度条件的构件才能正常工作，这种构件既不被剪断也不被压溃。

需要说明的是，尽管剪切和挤压实用计算是建立在假设基础上的，但它以实验为依据，以经验为指导，因此剪切和挤压实用计算方法在工程中具有很高的实用价值，被广泛采用，并已被大量的工程实践证明是安全可靠的。

例 12-2 齿轮用平键与传动轴连接，如图 12-7a 所示。已知轴的直径 $d=50\text{mm}$，键的尺寸 $b \times h \times l = 16\text{mm} \times 10\text{mm} \times 50\text{mm}$，键的许用切应力 $[\tau]=60\text{MPa}$，许用压应力 $[\sigma_{jy}]=100\text{MPa}$，作用在轴上的外力偶矩 $M=0.5\text{kN}\cdot\text{m}$。校核键的强度。

解 （1）求作用在键上的外力 F。

选轴和键整体为研究对象，进行受力分析，画受力图，如图 12-7b 所示。列平衡方程

$$\sum M_O(F) = 0$$

$$F\frac{d}{2} - M = 0$$

得

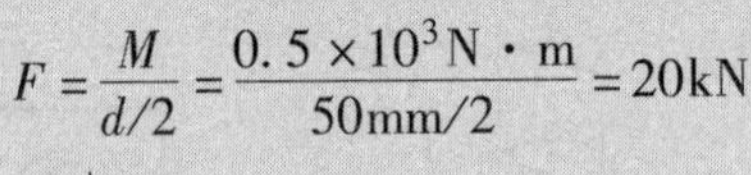

$$F = \frac{M}{d/2} = \frac{0.5 \times 10^3\text{N}\cdot\text{m}}{50\text{mm}/2} = 20\text{kN}$$

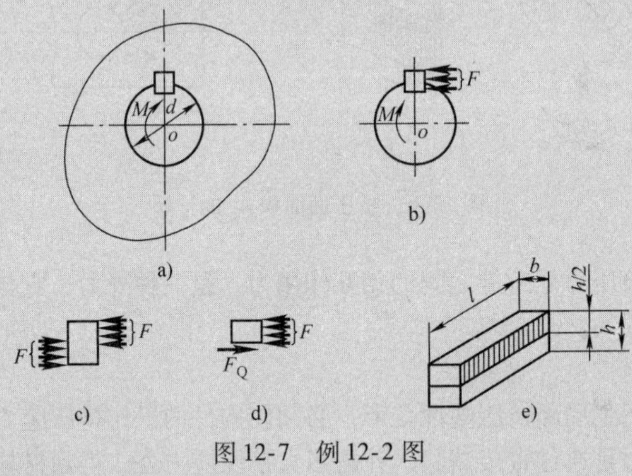

图 12-7 例 12-2 图

（2）校核键的剪切强度。

选键为研究对象，进行受力分析，画受力图，如图 12-7c 所示。用截面法求剪切面上的内力 F_Q，如图 12-7d 所示，有

$$F_Q = F$$

由剪切强度条件，得

$$\tau = \frac{F_Q}{A} = \frac{F}{bl} = \frac{20 \times 10^3\text{N}}{16\text{mm} \times 50\text{mm}} = 25\text{MPa} < [\tau]$$

故键的剪切强度足够。

（3）校核键的挤压强度。

由图 12-7c 可知挤压面有两个，它们的挤压面积相同，所受挤压力也相同，故产生的挤压

应力相等，如图 12-7e 所示挤压面为平面，故挤压面积按实际面积计算。由挤压强度条件，得

$$\sigma_{jy}=\frac{F_{jy}}{A_{jy}}=\frac{F}{lh/2}=\frac{2\times 20\times 10^3\text{N}}{50\text{mm}\times 10\text{mm}}=80\text{MPa}<[\sigma_{jy}]$$

故键的挤压强度足够。

例 12-3 铆钉连接钢板如图 12-8a 所示，已知作用于钢板上的力 $F=15\text{kN}$，钢板的厚度 $t=10\text{mm}$，铆钉的直径 $d=15\text{mm}$，铆钉的许用切应力 $[\tau]=60\text{MPa}$，许用挤压应力 $[\sigma_{jy}]=200\text{MPa}$。校核铆钉的强度。

解 （1）选铆钉为研究对象，进行受力分析。

画受力图如图 12-8b 所示。由图中可知铆钉受双剪，剪切面分别为 m—m 截面和 n—n 截面。

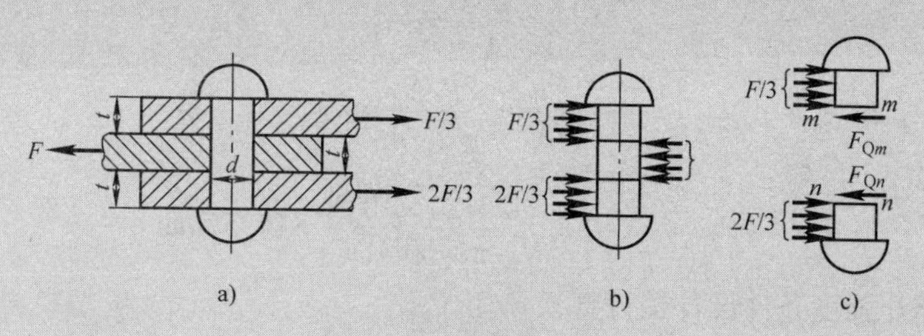

图 12-8 例 12-3 图

（2）校核铆钉的剪切强度。

如图 12-8c 所示，用截面法求剪切面上的内力 F_Q。

对于 m—m 截面 $$F_{Qm}=\frac{F}{3}$$

对于 n—n 截面 $$F_{Qn}=\frac{2F}{3}$$

所以危险截面为 n—n 截面，只需对 n—n 截面进行校核。由剪切强度条件，得

$$\tau=\frac{F_{Qn}}{A}=\frac{2F/3}{\pi d^2/4}=\frac{2\times 15\times 10^3\text{N}/3}{\pi\times 15^2\text{mm}^2/4}=56.6\text{MPa}<[\tau]$$

故铆钉的剪切强度足够。

（3）校核铆钉的挤压强度。

分析可知挤压面为半个圆柱面，故挤压面积按圆柱体的正投影进行计算。由图 12-8b 可见，挤压面有三个，挤压面面积均相等，中间的挤压面（力 F 的作用面）所受挤压力最大，故此挤压面为危险挤压面，只需对中间的挤压面进行校核。由挤压强度条件，得

$$\sigma_{jy}=\frac{F_{jy}}{A_{jy}}=\frac{F}{dt}=\frac{15\times 10^3\text{N}}{15\times 10\ \text{mm}^2}=100\text{MPa}<[\sigma_{jy}]$$

故铆钉的挤压强度足够。

例 12-4 汽车与拖车之间用挂钩的销钉连接如图 12-9a 所示，已知挂钩的厚度 $t=8\text{mm}$，销钉材料的许用切应力 $[\tau]=60\text{MPa}$，许用挤压应力 $[\sigma_{jy}]=200\text{MPa}$，机车的牵引力 $F=20\text{kN}$。设计销钉的直径。

解 （1）选销钉为研究对象，进行受力分析。

画受力图如图 12-9b 所示。由图中可知销钉受双剪。

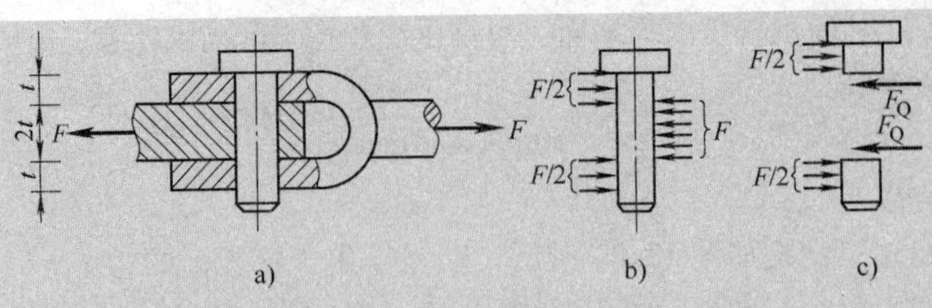

图 12-9　例 12-4 图

（2）根据剪切强度条件，设计销钉直径 d。

如图 12-9c 所示，用截面法求剪切面上的内力 F_Q，由图中可得两个剪切面上的内力相等，均为

$$F_Q=\frac{F}{2}$$

由剪切强度条件，得
$$\tau=\frac{F_{Qn}}{A}=\frac{F/2}{\pi d_1^2/4}\leqslant[\tau]$$

故
$$d_1\geqslant\sqrt{\frac{2F}{\pi[\tau]}}=\sqrt{\frac{2\times20\times10^3\text{N}}{\pi\times60\text{MPa}}}=14.57\text{mm}$$

（3）根据挤压强度条件设计销钉直径 d。

由图 12-9 b 可见，有三个挤压面，分析可得三个挤压面上的挤压应力均相等，故可取任意一个挤压面进行计算，这里取中间的挤压面（力 F 的作用面）进行挤压强度计算。由挤压强度条件，得

$$\sigma_{jy}=\frac{F_{jy}}{A_{jy}}=\frac{F}{d_2\times2t}<[\sigma_{jy}]$$

故
$$d_2\geqslant\frac{F}{[\sigma_{jy}]\times2t}=\frac{20\times10^3\text{N}}{200\text{MPa}\times2\times8\text{mm}}=6.25\text{mm}$$

因为 $d_1>d_2$，销钉既要满足剪切强度条件又要满足挤压强度条件，故其直径应取大者，d_1 圆整取 $d=15\text{mm}$。

12.4　综合强度计算及其他剪切计算

12.4.1　剪切、挤压与拉伸（或压缩）综合强度计算举例

在对连接结构的强度计算中，除了要进行剪切、挤压强度计算外，有时还应对被连接件进行拉伸（或压缩）强度计算，因为在连接处被连接件的横截面受到削弱，往往成为危险截面。在受到削弱的截面上存在着应力集中现象，故对这样的截面进行的拉伸（或压缩）强度计算也是必不可少的。通常也是用实用计算法。

例 12-5　两块钢板用四只铆钉连接，如图 12-10a 所示，钢板和铆钉的材料相同，其许用拉应力 $[\sigma]=175\text{MPa}$，许用切应力 $[\tau]=140\text{MPa}$，许用挤压应力 $[\sigma_{jy}]=320\text{MPa}$，铆钉的直径 $d=16\text{mm}$，钢板的厚度 $t=10\text{mm}$，宽度 $b=85\text{mm}$。当拉力 $F=110\text{kN}$ 时，校核铆接各部分的强度（假设各铆钉受力相等）。

解　（1）受力分析。

选铆钉和钢板为研究对象，分别画受力图如图 12-10b、c 所示。分析可知，此连接结构有三种可能的破坏形式：

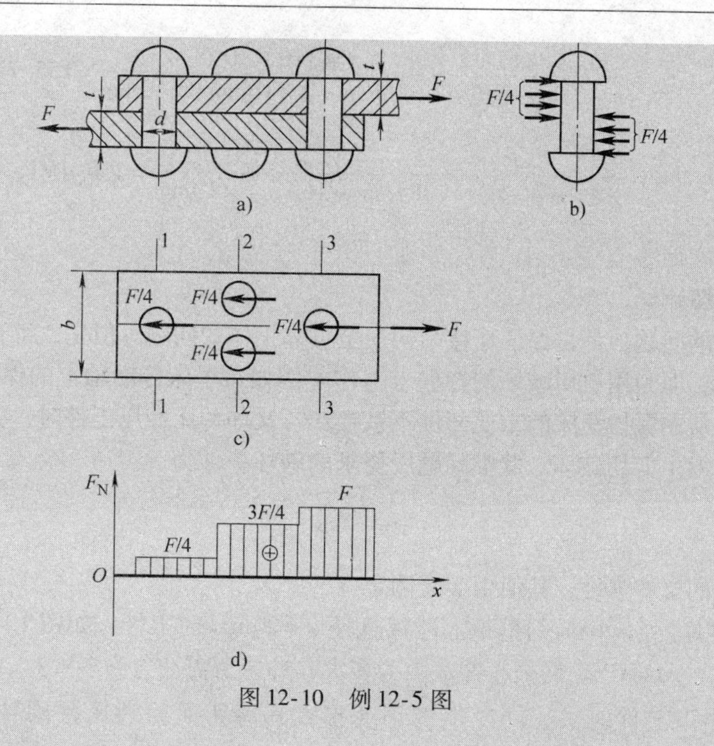

图 12-10　例 12-5 图

① 铆钉被剪断；②铆钉与钢板的接触面上发生挤压破坏；③钢板被拉断。

（2）校核铆钉的剪切强度。因为假定每个铆钉受力相同，所以每个铆钉受力均为 $F/4$，如图 12-10b 所示。用截面法求得剪切面上的内力为

$$F_Q = \frac{F}{4}$$

由剪切强度条件，得

$$\tau = \frac{F_Q}{A} = \frac{F/4}{\pi d^2/4} = \frac{F}{\pi d^2} = \frac{110 \times 10^3 \mathrm{N}}{\pi \times 16^2 \mathrm{mm}^2} = 136.8\mathrm{MPa} < [\tau]$$

故铆钉的剪切强度足够。

（3）校核铆钉的挤压强度。

每个铆钉所受的挤压力为

$$F_{jy} = \frac{F}{4}$$

由挤压强度条件，得

$$\sigma_{jy} = \frac{F_{jy}}{A_{jy}} = \frac{F/4}{dt} = \frac{110 \times 10^3 \mathrm{N}}{4 \times 16\mathrm{mm} \times 10\mathrm{mm}} = 171.9\mathrm{MPa} < [\sigma_{jy}]$$

故铆钉挤压强度足够。

（4）校核钢板的拉伸强度。

两块钢板的受力情况相同，故可校核其中任意一块，本例中校核上面一块。根据图 12-10c所示受力图，画出轴力图如图 12-10d 所示。图中可见，1—1 截面和 3—3 截面的面积相同，但后者轴力较大，故 3—3 截面比 1—1 截面应力大；2—2 截面的轴力较 3—3 截面小，但其截面面积也小，所以此两截面都可能是危险截面，需同时校核。

由拉伸强度条件，得

2—2 截面 $\sigma_2=\frac{F_{N2}}{A_2}=\frac{3F/4}{(b-2d)t}=\frac{3\times 110\times 10^3\text{N}/4}{(85\text{mm}-2\times 16\text{mm})\times 10\text{mm}}=155.7\text{MPa}<[\sigma]$

3—3 截面 $\sigma_3=\frac{F_{N3}}{A_3}=\frac{F}{(b-d)t}=\frac{110\times 10^3\text{N}}{(85\text{mm}-16\text{mm})\times 10\text{mm}}=159.4\text{MPa}<[\sigma]$

故钢板的拉伸强度足够。

12.4.2 其他剪切计算

以上所讨论的问题，都是保证连接结构安全可靠工作的问题。但是，工程实际中也会遇到与之相反的问题，即利用剪切破坏的特点来工作。例如，车床传动轴上的保险销，当超载时，保险销被剪断，从而保护车床的重要部件不被损坏。又如冲床冲压工件时，为了冲制所需的零部件必须使材料发生剪切破坏。此类问题所要求的破坏条件为

$$\tau=\frac{F_Q}{A}>\tau_b \tag{12-5}$$

式中，τ_b是材料的抗剪强度，其值由实验测定。

例 12-6 在厚度 $t=8\text{mm}$ 的钢板上冲裁直径 $d=25\text{mm}$ 的工件，如图 12-11 所示，已知材料的抗剪强度 $\tau_b=314\text{MPa}$。问最小冲裁力为多大？冲床所需冲力为多大？

解 冲床冲压工件时，工件产生剪切变形，其剪切面为冲压件圆柱体的外表面，如图 12-11所示，其高为 t，直径为 d。剪切面面积 $A=\pi dt$，剪切面上的内力为

$$F_Q=F$$

由式（12-5），得

$$\tau=\frac{F_Q}{A}=\frac{F}{\pi dt}>\tau_b$$

则最小冲裁力$F_{min}=\pi dt\,\tau_b=\pi\times 25\text{mm}\times 8\text{mm}\times 314\text{MPa}=1.97\times 10^5\text{N}=197\text{kN}$

为保证冲床工作安全，一般将最小冲裁力加大 30% 计算冲床所需冲力。因此，冲床所需冲力为

$$F=1.3F_{min}=256\text{kN}$$

*12.4.3 焊接焊缝的实用计算

对于主要承受剪切的焊接焊缝，如图 12-12 所示，假定沿焊缝的最小断面即焊缝最小剪切面发生破坏，并假定切应力在剪切面上是均匀分布的。若一侧焊缝的剪力 $F_Q=F/2$，于是，焊缝的剪切强度准则为

$$\tau_{max}=\frac{F_Q}{A_{min}}=\frac{F_Q}{\delta l\cos 45°}\leqslant[\tau] \tag{12-6}$$

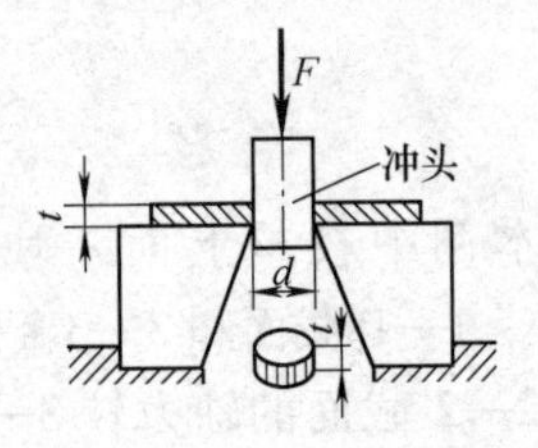

图 12-11 例 12-6 图

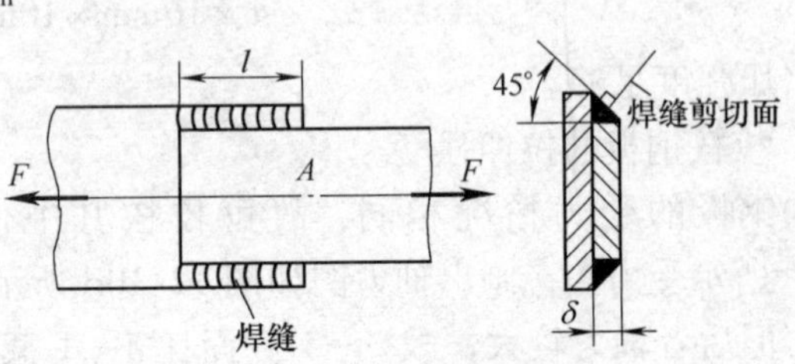

图 12-12 承受剪切的焊缝

思 考 题

1. 剪切变形的形式是什么？构件在怎样的外力作用下才会发生剪切变形？
2. 剪切和挤压分别发生在连接件的哪些部分？
3. 在连接件上，剪切面和挤压面与外力方向的关系如何？
4. 连接件切应力的实用计算是以什么假设为基础的？
5. 在连接件中，强度校核时使用平均应力的依据是什么？
6. 连接件的实用计算中，单剪与双剪的区别是什么？

习 题

12-1　夹剪的尺寸如题12-1图所示，销子 C 的直径 $d=0.5\text{cm}$。作用力 $F=200\text{N}$，在剪直径与销子 C 直径相同的铜丝 A 时，若 $a=2\text{cm}$，$b=15\text{cm}$。试求铜丝与销子横截面上的切应力各为多少？

12-2　题12-2图所示一个直径 $d=40\text{mm}$ 的拉杆，上端为直径 $D=60\text{mm}$、高为 $h=10\text{mm}$ 的圆头。受力 $F=100\text{kN}$。已知 $[\tau]=50\text{MPa}$，$[\sigma_{jy}]=90\text{MPa}$，$[\sigma]=80\text{MPa}$，试校核拉杆的强度。

12-3　如题12-3图所示，接头受到楔形构件大小为30kN的轴向力作用，试求作用于截面 AB 和 BC 上的应力。假设构件接触面光滑，宽度为30mm。

12-4　如题12-4图所示宽为 $b=0.1\text{m}$ 的两矩形木杆互相连接。若载荷 $F=50\text{kN}$，木杆的许用切应力为 $[\tau]=1.5\text{MPa}$，许用挤压应力 $[\sigma_{jy}]=12\text{MPa}$，试求尺寸 a 和 l。

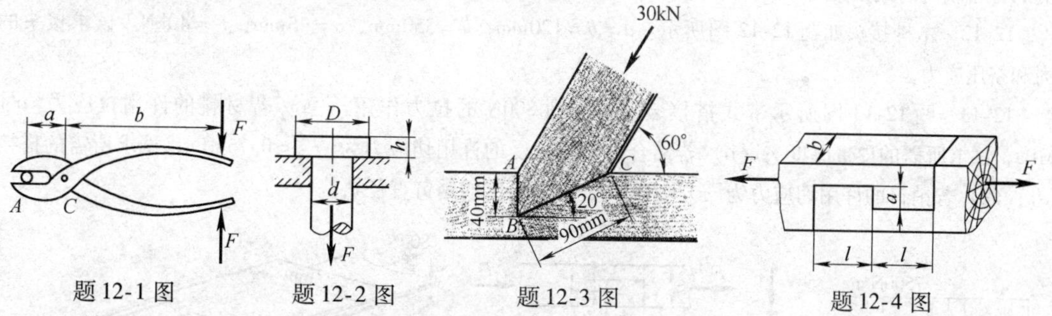

题12-1图　题12-2图　题12-3图　题12-4图

12-5　销钉式安全联轴器如题12-5图所示，允许传递的力偶矩 $M=300\text{N}\cdot\text{m}$。销钉材料的剪切强度极限 $\tau_b=320\text{MPa}$，轴的直径 $D=30\text{mm}$。预保证 $M>300\text{N}\cdot\text{m}$ 时，销钉就被剪断，问销钉直径应为多少？

12-6　如题12-6图所示为测定剪切强度极限的试验装置。若已知低碳钢试件的直径 $d=10\text{mm}$，剪断试件时的外力 $F=50.2\text{kN}$，试问材料的剪切强度极限为多少？

12-7　题12-7图所示由螺栓、螺帽以及两个垫片组成的螺栓体装置。已知螺栓直径为8mm，垫片的外径为20mm，内径（孔的直径）为12mm。若板的许用挤压应力 $[\sigma_{jy}]=14\text{MPa}$，螺栓体 S 的许用拉（压）应力为 $[\sigma]=120\text{MPa}$，试求螺栓体所能承受的最大许用拉力。

12-8　题12-8图所示手柄与轴用平键连接，已知键的长度 $l=35\text{mm}$，横截面为正方形，边长 $a=5\text{mm}$，轴的直径 $d=20\text{mm}$。材料的许用切应力 $[\tau]=100\text{MPa}$，许用挤压应力 $[\sigma_{jy}]=220\text{MPa}$，试求作用在手柄上的最大许可值。

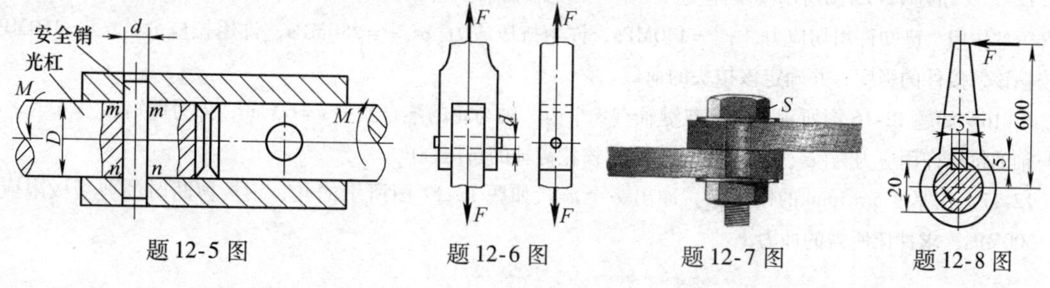

题12-5图　题12-6图　题12-7图　题12-8图

12-9　题 12-9 图所示减速机上齿轮与轴通过平键连接。已知平键受外力 $F=12\text{kN}$，所用平键的尺寸为 $b=28\text{mm}$，$h=16\text{mm}$，键的许用应力$[\tau]=87\text{MPa}$，$[\sigma_{jy}]=100\text{MPa}$。试设计平键的长度 l。

12-10　题 12-10 图所示一螺栓将拉杆与厚为 8mm 的两块盖板相连接。各零件材料相同，其许用应力为 $[\sigma]=80\text{MPa}$，$[\tau]=60\text{MPa}$，$[\sigma_{jy}]=160\text{MPa}$。若拉杆的厚度 $t=15\text{mm}$，拉力 $F=120\text{kN}$。试设计螺栓直径 d 及拉杆宽度 b。

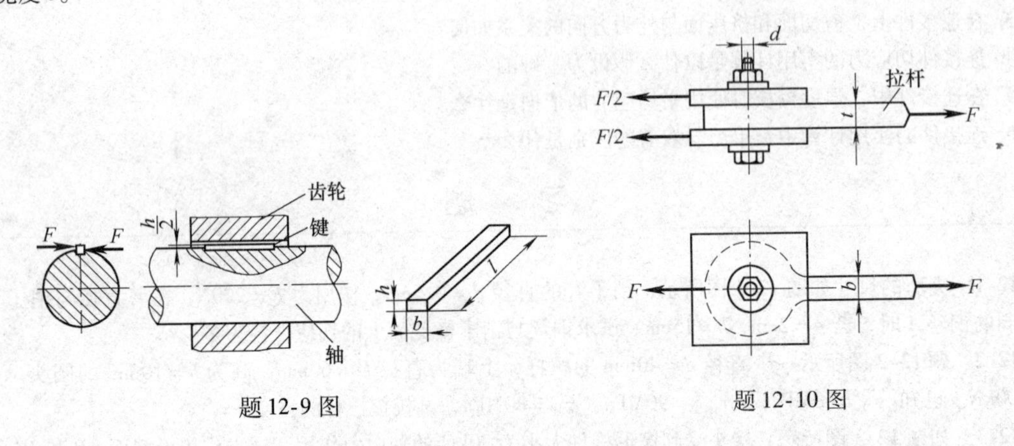

题 12-9 图　　题 12-10 图

*12-11　题 12-11 图所示结构，为了使 A 和 B 处直径为 12mm 的螺栓内的切应力不超过许用切应力 $[\tau]=100\text{MPa}$，以及直径 $d=15\text{mm}$ 的杆 AB 内的拉应力不超过许用拉应力$[\sigma]=150\text{MPa}$，试求托架装置所能承受的分布载荷的最大集度 q。

*12-12　木榫接头如题 12-12 图所示。$a=b=120\text{mm}$，$h=350\text{mm}$，$c=45\text{mm}$，$F=40\text{kN}$。试求接头的切应力和挤压应力。

*12-13　题 12-13 图所示带式搭接装置，受到 800N 的拉力作用，(a) 若材料的许用拉应力$[\sigma]=10\text{MPa}$，试求所需的皮带厚度 t；(b) 若黏合剂所能承受的许用切应力为$[\tau]=0.75\text{MPa}$，试求所需的搭接长度 d_1；(c) 若销钉的许用切应力为$[\tau]=30\text{MPa}$，试求所需的销钉直径 d_r。

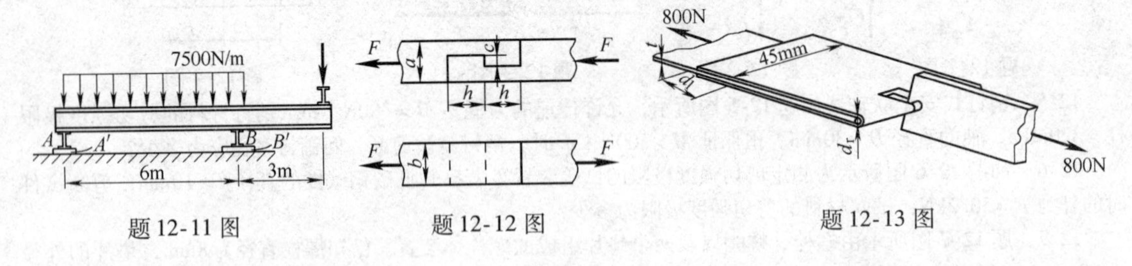

题 12-11 图　　题 12-12 图　　题 12-13 图

12-14　某钢材板形试件如题 12-14 图所示，受到拉伸试验机 10kN 的拉力作用。若钢材的许用拉应力 $[\sigma]=120\text{MPa}$，许用切应力 $[\tau]=100\text{MPa}$，为了使试件内的应力同时达到上述应力值，试求所需的尺寸 b 和 t 的大小。假设试件的宽为 40mm。

12-15　如题 12-15 图所示两块厚度为 10mm 的钢板由两个直径为 17mm 的铆钉搭接在一起，钢板受拉力 $F=60\text{kN}$ 作用。已知许用切应力 $[\tau]=140\text{MPa}$，许用挤压应力$[\sigma_{jy}]=280\text{MPa}$，许用拉应力 $[\sigma]=160\text{MPa}$。试校核该铆接件的强度，并确定该接头的荷载。

12-16　如题 12-16 图所示，机床花键轴有 8 个齿，轴与轮的配合长度 $l=60\text{mm}$，外力偶矩 $M_e=4\text{kN}\cdot\text{m}$。轮与轴的挤压许用应力为$[\sigma_{jy}]=104\text{MPa}$，试校核花键轴的挤压强度。

12-17　在厚度 $\delta=5\text{mm}$ 的钢板上，冲出一个形状如题 12-17 图所示的孔，钢板剪断时的剪切极限应力 $\tau_b=300\text{MPa}$，求冲床所需的冲力 F。

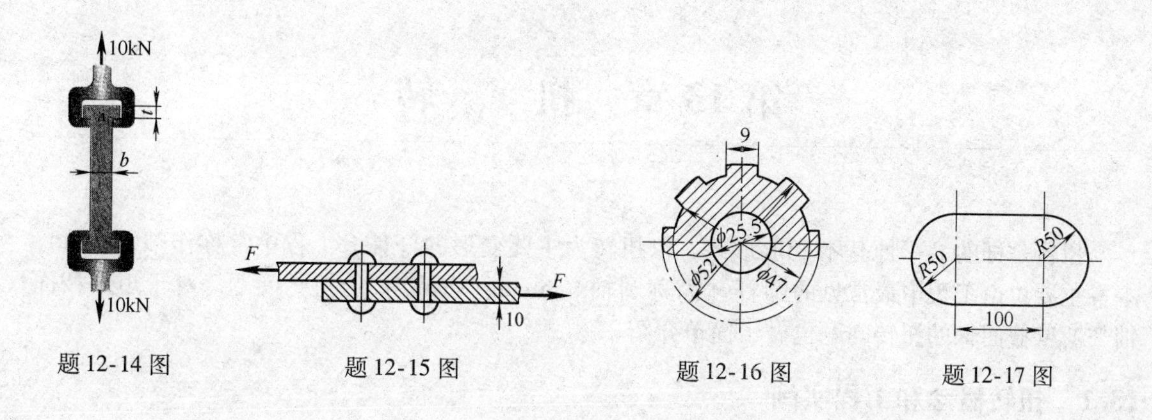

题 12-14 图　　题 12-15 图　　题 12-16 图　　题 12-17 图

第13章　扭　　转

扭转是杆的又一种基本变形形式。以扭转为主要变形的杆件，工程中常称作轴（shaft）。本章主要讨论工程中最常见的圆杆［简称圆轴（circular shaft）］的扭转问题。对于矩形截面轴与薄壁截面轴的扭转问题也做了简单介绍。

13.1　扭转概念和工程实例

先举几个工程实例来说明扭转变形的特点。以汽车方向盘的转向轴 AB 为例（见图13-1）。驾驶员通过方向盘把力偶作用于转向轴的 A 端，在转向轴的 B 端，则受到来自转向器给它的反力偶。这样，就使转向轴 AB 产生扭转。再如搅拌机中的搅拌轴（见图13-2），电动机施加一主动力偶 M 带动搅拌轴旋转，其上的搅拌翅受到被搅拌物料的一对大小相等、方向相反的阻力 F 的作用，使搅拌轴产生扭转变形。又如用丝锥攻丝时（见图13-3），要在手柄两端加上大小相等、方向相反的力，这两个力在垂直于丝锥轴线的平面内构成一个矩为 M 的力偶，使丝锥转动。下面丝扣的阻力则形成转向相反的力偶，阻碍丝锥的转动。丝锥在这一对力偶的作用下将产生扭转变形。

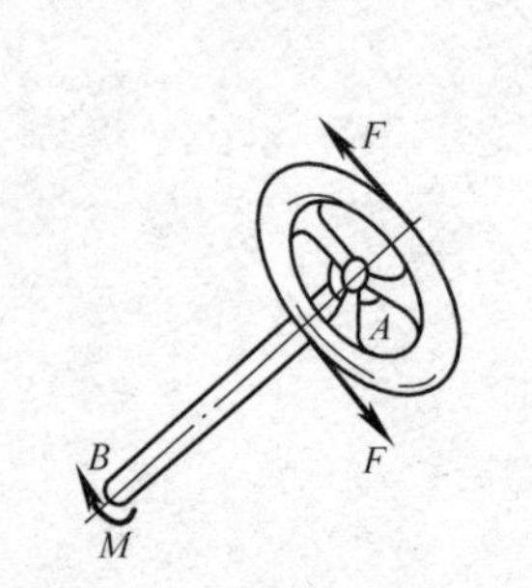

图13-1　汽车方向盘转向轴

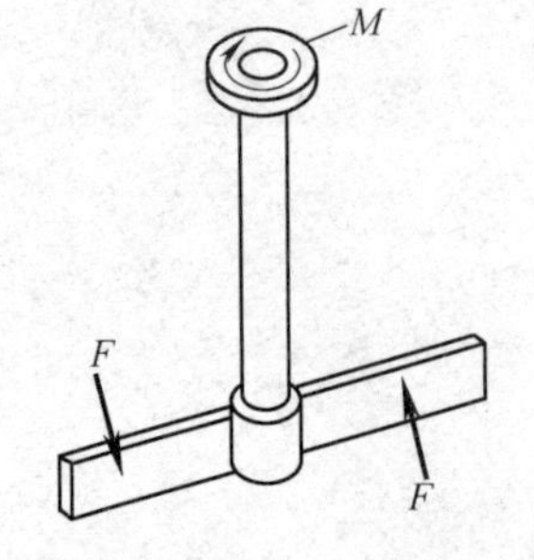

图13-2　搅拌轴

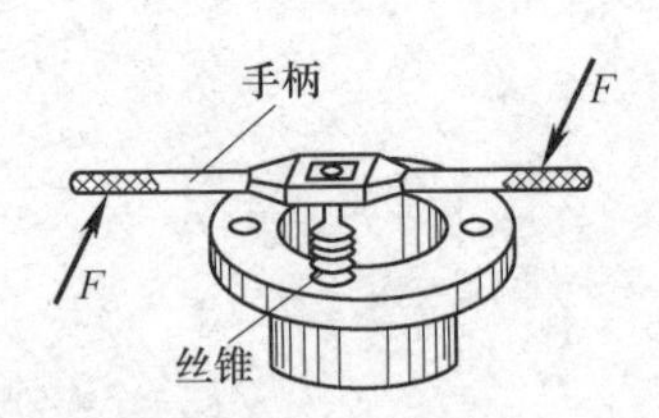

图13-3　丝锥攻丝

这些杆件的外力特征是：杆件受外力偶 M 作用，力偶作用面在与轴线垂直的平面内。其受力简图如图13-4所示。任意两横截面上相对转过的角度，称为扭转角（torsion angle），用 φ 表示。图中的 φ_{AB} 表示截面 B 对截面 A 的相对扭转角。具有这种形式特征的变形形式称为扭转变形（torsional deformation）。轴的截面形状是圆形称为圆轴，工程中的大部分轴是圆轴。轴的截面形状非圆形，称为非圆轴（non－circular shaft），如方轴（见图13-5）、工字形轴等。

在工程实际中，有些发生扭转变形的杆件往往还伴随着其他形式的变形。例如，图13-6所示的轴，轴上每个齿轮都承受圆周力 F_1、F_2 和径向力 F_{r1}、F_{r2} 作用，将每个齿轮上的力向圆心简化，附加力偶 M_e 使各横截面绕轴线做相对转动，而横向力 F_1、F_{r1}、F_2 和 F_{r2} 使轴产生弯曲。工程上将既有扭转又有弯曲的轴称为转轴（spindle），属于组合变形（将在后面讨论）。但如果两个齿轮离轴承很近，则轴的弯曲小到可以忽略。这时仍可按轴扭转变形计算。

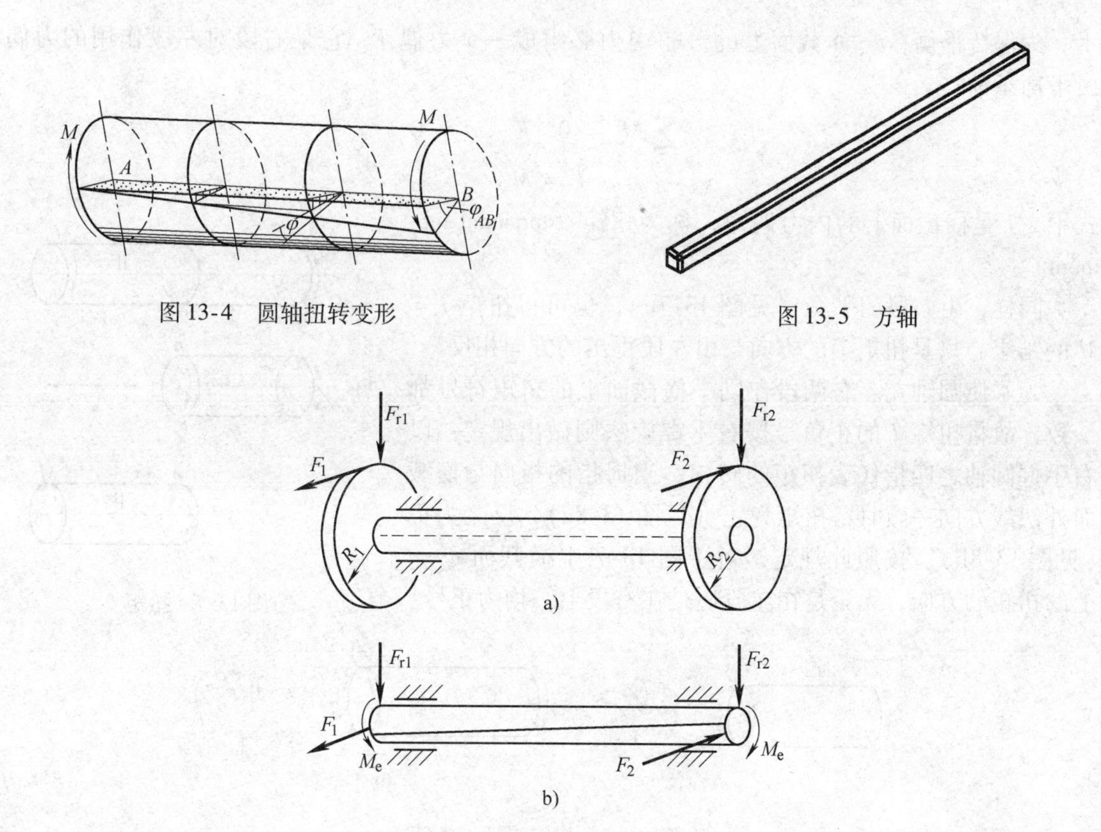

图13-4　圆轴扭转变形

图13-5　方轴

图13-6　转轴

13.2　外力偶矩和扭矩的计算

研究轴扭转时的强度和刚度问题，首先必须计算作用于轴上的外力偶矩及横截面上的内力。

13.2.1　外力偶矩 M_e 的计算

前面已经提到，扭转时，作用在轴上的外力是一对大小相等、转向相反的力偶。但在工程实际中，常常是并不直接给出外力偶矩的大小，而是给定轴所传递的功率和轴的转速。这时可根据理论力学中所传递的功率、转速和力偶矩之间的关系，求出作用在轴上的外力偶矩，即

$$M=9549P/n \tag{13-1}$$

当功率 P 为马力（1 马力 =765.5N · m/s）时，外力偶矩 M 的计算方式为

$$M=7024P/n \tag{13-2}$$

式（13-1）、式（13-2）中，M 为外力偶矩（N · m）；P 为轴传递的功率（kW，或马力）；n 为轴的转速（r/min）。

在确定外力偶矩的方向时，应注意输入力偶矩为主动力矩时，其方向与轴的转向相同；输出力偶矩为阻力矩，其方向与轴的转向相反。

13.2.2　圆轴扭转时的内力

求出作用于轴上的所有外力偶矩以后，就可运用截面法计算横截面上的内力。图13-7a 所示的轴，两端作用着一对大小相等、转向相反的外力偶 M，若要求的是任意横截面 n—n 上的内力，可以假想将轴沿该截面切开，分为左、右两段，并取左段为研究对象，如图13-7b 所

示。为保持平衡，$n—n$ 截面上的分布内力必组成一个力偶 T。它是右段对左段作用的力偶。由平衡条件：

$$\sum M_x = 0,\ T - M = 0$$

$$T = M$$

式中，T 是横截面上的内力偶矩，称为扭矩（torsional moment）。

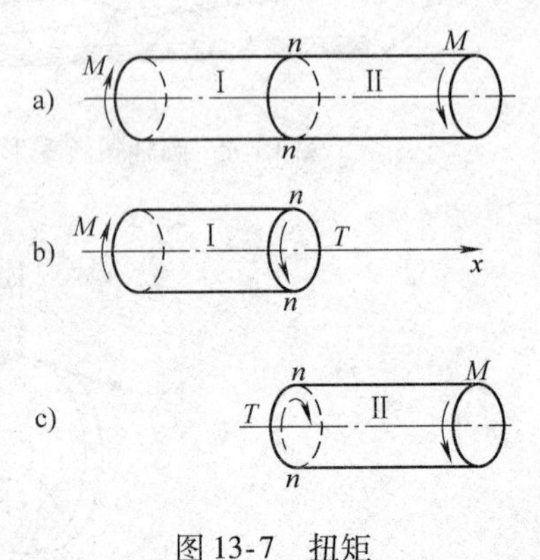

图 13-7　扭矩

同样，由右段的平衡（见图 13-7c），也可得扭矩 $T=M$ 的结果，只是扭矩 T 的方向与由左段得出的方向相反。

为了使圆轴左、右两段在同一横截面上的扭矩符号都一致，故将扭矩 T 的正负号按右手螺旋法则做出规定：以右手握圆轴之四指代表扭矩的转向，当拇指的指向与横截面外法线方向一致时，扭矩为正（见图 13-8a），反之为负（见图 13-8b）。按照此规定，对于图 13-7 中横截面 $n—n$ 上的扭矩的方向，无论是在左段还是在右段上，均为正号。

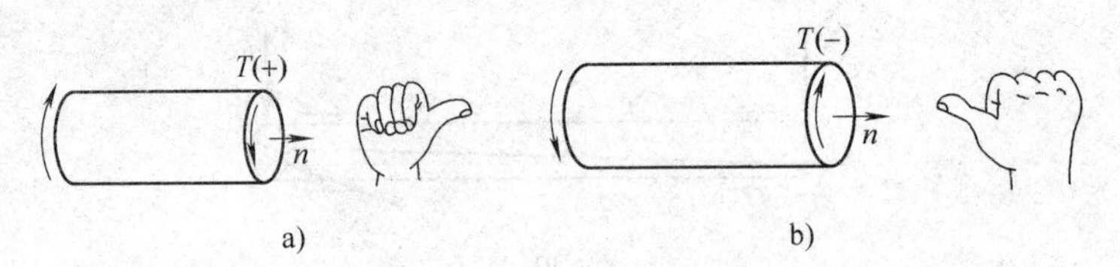

图 13-8　扭矩 T 的正负号

13.2.3　扭矩图

以上研究了轴上受两个外力偶作用的情况，这时各横截面上的扭矩是相同的。若轴上有多于两个外力偶作用时，各横截面上的扭矩不尽相同，这时应以外力偶作用平面为界，分段计算扭矩。例如某轴受到三个外力偶作用，则应分两段，依次类推，同一段内扭矩相同。为了清楚地表示扭矩随横截面位置的变化情况，通常画扭矩图（torque diagram）。现举例说明扭矩的计算和扭矩图的画法。

例 13-1　传动轴如图 13-9a 所示。已知主动轮 A 的输入功率为 $P_A=36000\text{W}$，从动轮 B、C、D 的输出功率分别为 $P_B=P_C=11000\text{W}$，$P_D=14000\text{W}$。轴的转速为 $n=300\text{r/min}$。试画出传动轴的扭矩图。

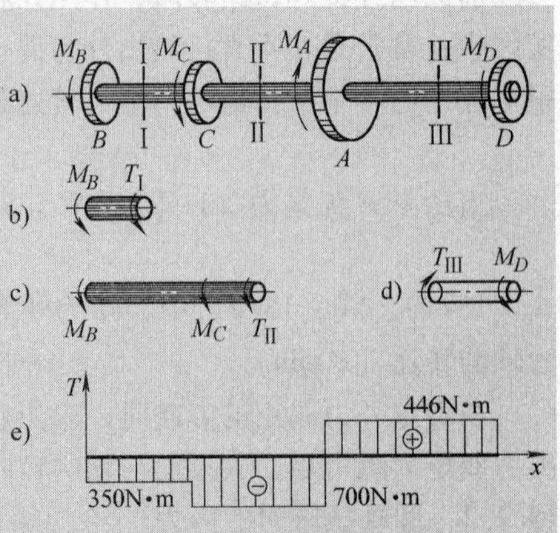

图 13-9　例 13-1 图

解　先将功率单位换算成 kW，按式（13-1）算出作用于各轮上外力偶的力偶矩大小

$$M_A = 9549 \times \frac{P_A}{n} = 9549 \times \frac{36}{300}\text{N} \cdot \text{m} = 1146\text{N} \cdot \text{m}$$

$$M_B = M_C = 9549 \times \frac{P_B}{n} = 9549 \times \frac{11}{300}\text{N} \cdot \text{m} = 350\text{N} \cdot \text{m}$$

$$M_D = 9549 \times \frac{P_D}{n} = 9549 \times \frac{14}{300}\text{N} \cdot \text{m} = 446\text{N} \cdot \text{m}$$

将传动轴分为 BC、CA、AD 三段。先用截面法求出各段的扭矩。在 BC 段内，以 T_{I} 表示

横截面Ⅰ—Ⅰ上的扭矩，并设扭矩的方向为正（见图13-9b）。由平衡方程

$$\sum M_x = 0,\ T_{\mathrm{I}} + M_B = 0$$

即得

$$T_{\mathrm{I}} = -M_B = -350\mathrm{N\cdot m}$$

式中，负号表示扭矩T_{I}的实际方向与假设方向相反。可以看出，在BC段内各横截面上的扭矩均为T_{I}。在CA段内，设截面Ⅱ—Ⅱ的扭矩为T_{II}，由图13-9c，得

$$\sum M_x = 0,\ T_{\mathrm{II}} + M_C + M_B = 0$$

$$T_{\mathrm{II}} = -M_C - M_B = -700\mathrm{N\cdot m}$$

式中，负号表示扭矩T_{II}的实际方向与假设方向相反。

在AD段内，扭矩T_{III}由截面Ⅲ—Ⅲ以右的右段的平衡（见图13-9d）求得，即

$$T_{\mathrm{III}} = M_D = 446\mathrm{N\cdot m}$$

为了能够形象直观地表示出轴上各横截面扭矩的大小，用平行于杆轴线的x坐标表示横截面的位置，用垂直于x轴的坐标T表示横截面扭矩的大小，把各截面扭矩表示在$x-T$坐标系中，描画出截面扭矩随着截面坐标x的变化曲线。由图可见，该传动轴的绝对值最大扭矩$|T_{\max}| = T_{\mathrm{II}} = 700\mathrm{N\cdot m}$。

13.3 切应力互等定理与剪切胡克定律

扭转应力的分析是一个比较复杂的问题。为了讨论扭转时的应力和变形，先考察薄壁圆筒的扭转，使之产生所谓的纯剪切状态，从而得到切应力和切应变两者间的关系，以及切应力的若干重要性质。

13.3.1 薄壁圆筒扭转时的切应力

各个点均处于纯剪切状态的实际构件是很少见的，为了研究纯剪切的变形规律与材料在剪切下的力学性质，通常用非常接近纯剪切状态的薄壁圆筒的纯扭转来进行研究，取薄壁圆筒的平均半径为r，厚度为t，长为l，如图13-10a所示。

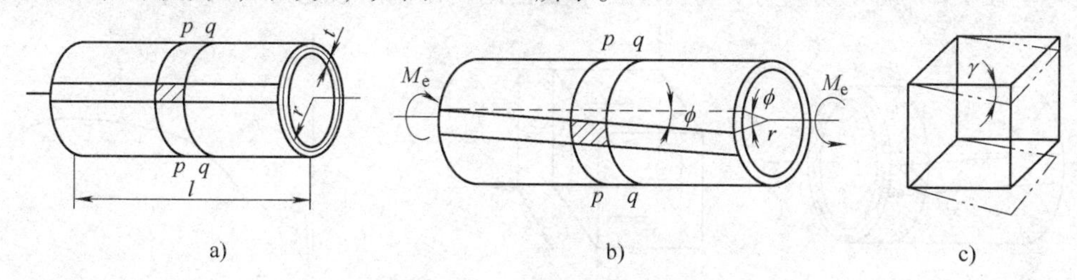

图13-10 薄壁圆筒的纯扭转

若在薄壁圆筒的外表面画上一系列互相平行的纵向直线和横向圆周线，将其分成一个个小方格，其中代表性的一个小方格如图13-10a所示。这时使圆筒在外力偶M_e作用下扭转。扭转后相邻的圆周线绕轴线相对转过一微小转角γ，纵线均倾斜一个微小倾角从而使小方格变成菱形，如图13-10b所示。在图中的阴影部分取出一个小单元体，如图13-10c所示。根据以前的定义，我们可以看出，转角γ其实就是圆筒中的切应变。

同时，我们还可以看出，圆筒沿轴线及周线的长度都没有发生变化。这表明，当薄壁圆筒扭转时，其横截面和包含轴线的纵向截面上都没有正应力，横截面上只有切于截面的切应力

τ。因为筒壁的厚度很小，可以认为沿筒壁厚度的切应力不变，又根据圆截面的轴对称性，横截面上的切应力沿圆环处处相等。

由截面法沿 q—q 截面切开，以薄壁圆筒的左段为研究对象（见图 13-11a），根据平衡方程，有

$$M_{\mathrm{e}} = \int_A r\tau \mathrm{d}A = 2\pi r^2 t\tau \tag{13-3}$$

得

$$\tau = \frac{M_{\mathrm{e}}}{2\pi r^2 t} \tag{13-4}$$

式（13-4）中的 τ 为薄壁圆筒扭转产生的切应力。

13.3.2 切应力互等定理

如果从薄壁圆筒上取出相应于图 13-11a 上带阴影的小方块作为研究单元体（见图 13-11b），它的厚度为壁厚 t，宽度和高度分别为 $\mathrm{d}x$、$\mathrm{d}y$。当薄壁圆筒受到扭矩时，此单元体分别相应于 p—p、q—q 圆周面的左、右侧面上有切应力，因此在这两个侧面上有剪力，而且这两个侧面上剪力的大小相等而方向相反，形成一个力偶，其力偶矩为 M_{e}。为了平衡这一力偶，上、下水平面上也必须有一对切应力 τ' 作用。对整个单元体，必须满足平衡条件，即 $\sum M_x = 0$，有

$$\tau t \mathrm{d}y \mathrm{d}x = \tau' t \mathrm{d}x \mathrm{d}y \tag{13-5}$$

$$\tau = \tau' \tag{13-6}$$

式（13-6）表明，在一对相互垂直的微面上，与棱线正交的切应力应该大小相等，其方向共同指向或背离两个截面的交线，这就是切应力互等定理（shear stress reciprocal theorem）。

13.3.3 剪切胡克定律

切应力 τ 与切应变 γ 的关系可由实验确定。如图 13-12 是实验给出的低碳钢薄圆筒的切应力切应变曲线（$\tau-\gamma$ 曲线），它与拉伸试验得到的 $\sigma-\varepsilon$ 曲线相仿，也存在比例极限 τ_{p}，屈服极限 τ_{s}等。在 $\tau \leqslant \tau_{\mathrm{p}}$时，切应力 τ 与切应变 γ 成正比，比例系数记为 G。

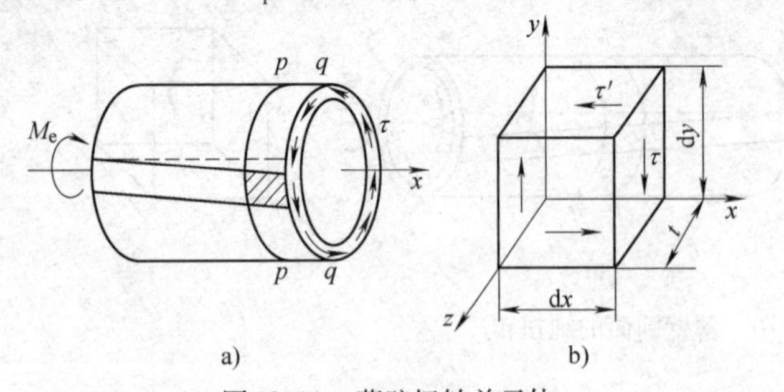

图 13-11 薄壁扭转单元体

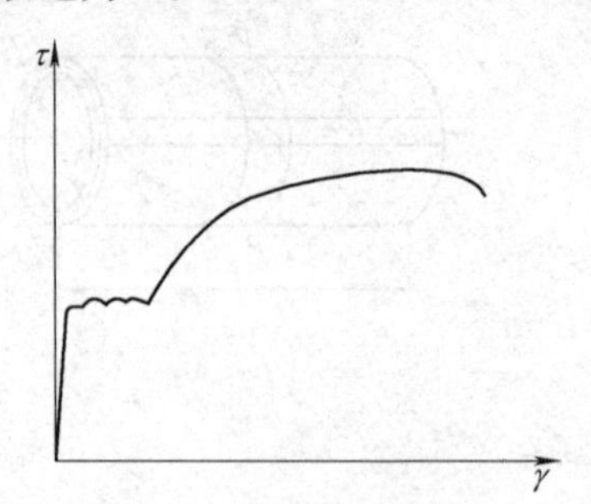

图 13-12 薄圆筒扭转试验

薄圆筒扭转试验表明，在切应力为一定的范围内，切应变与切应力成正比，即

$$\tau = G\gamma \tag{13-7}$$

式（13-7）称为剪切胡克定律（Hooke's law in shear）。G 为材料剪切弹性模量（shear modulus of elasticity），单位是 Pa、MPa 或 GPa。材料的剪切弹性模量 G 和材料的 E 及 μ 一样是表明材料弹性性质的三个常数，这三个常数都可以由试验确定。但是，分析物体中一个单元体的应力与变形的一般关系后，可以推导出这三个常数之间的一定关系，即

$$G=\frac{E}{2(1+\mu)} \tag{13-8}$$

各种材料的剪切弹性模量 G 可在材料手册中查到，表13-1给出几种材料的 G 值。

表13-1　几种材料的切变模量值

材料名称	G/MPa
碳钢	8.0×10^4
铸铁	4.4×10^4
压延铜	4.0×10^4
压延铝	$(2.6\sim2.7)\times10^4$
铅	0.7×10^4
玻璃	2.2×10^4
顺纹木材	0.054×10^4

13.4　圆轴扭转时横截面上的应力

13.4.1　圆轴扭转应力的推导

为了研究圆轴扭转横截面上的应力，需要从圆轴扭转时的变形几何关系、材料的应力应变关系（又称物理关系）以及静力平衡关系等三个方面进行综合考虑。这种研究方法也是材料力学中通用的研究方法。

1. 变形几何关系

观察受扭圆轴的变形。为了便于观察，如图13-13a所示，在圆轴表面画上纵向线和横向线（圆周线）。在外力矩作用下圆轴变形如图13-13b所示。可看到下面现象：

圆周线：圆周线之间的距离保持不变。圆周线仍保持圆周线。直径不变，只是转动了一个角度，轴端面保持平面，无翘曲。

纵向线：直线变成螺旋线，保持平行，纵向线与圆周线不再垂直，角度变化为 γ。

根据看到的变形，假定内部变形也如此。从而提出平面假设：圆轴横截面始终保持平面，只是刚性地绕轴线转动一个角度。由平面假设可知，各轴向线段长度不变，$\Delta l=0$，因而横截面上正应力 $\sigma=0$；半径为 ρ 的圆周变形后仍是半径为 ρ 的圆周，如同看到的外圆周的变化，所以横截面内同一半径 ρ 上各点的切应力方向相同，就是外圆处切应力的方向，即与圆周周线相切，与所在点半径垂直。

如果在图13-14a所示的受扭圆轴上取长为 dx 一微段（见图13-14b），视左截面为相对静

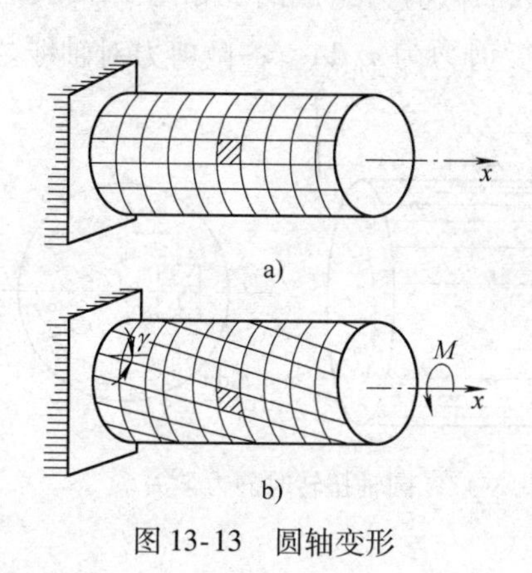

图13-13　圆轴变形

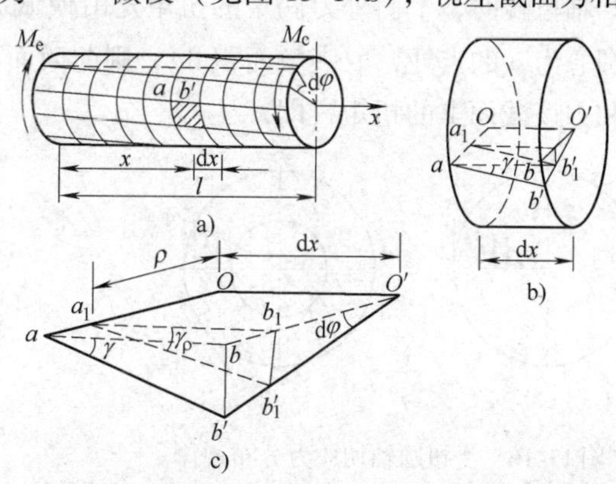

图13-14　受扭圆轴横截面上的切应变分布图

止的面，右截面相对左截面转过 $d\varphi$ 角。轴表面纵向线段 ab 变为 ab'，切应变为 γ；横截面上 b 点位移为 bb'，有

$$\overline{bb'} = \gamma dx = \frac{d}{2}d\varphi \tag{a}$$

内部变形同表面所见，如图 13-14c 所示，右截面上半径为 ρ 处的点 b_1 的周向位移 $b_1b'_1$，有关系式：

$$\overline{b_1b'_1} = \gamma_\rho dx = \rho d\varphi \tag{b}$$

其中，γ_ρ 是半径 ρ 处纵向线与横向线夹角的变化值，即切应变。上式改写为

$$\gamma_\rho = \rho\frac{d\varphi}{dx} = \rho\theta \tag{13-9}$$

式中，$\theta = d\varphi/dx$ 称为单位扭转角（unit angle of twist），表示轴扭转变形剧烈的程度。式(13-9)表达了横截面上切应变的分布规律，γ_ρ 与半径 ρ 成正比，如图 13-14 所示。图 13-15 表示空心圆轴横截面内切应变的分布图。

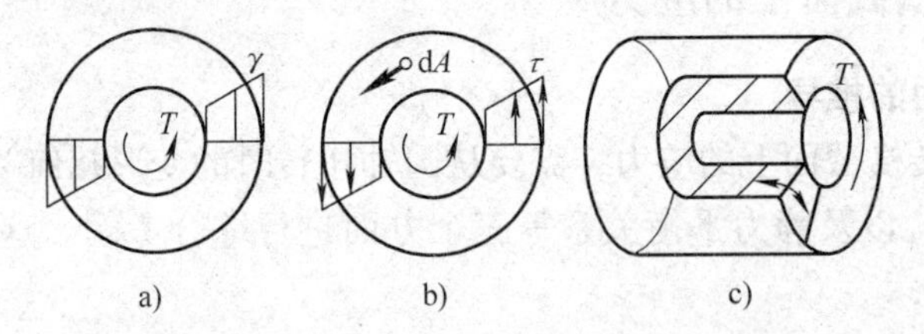

图 13-15 空心圆轴横截面内切应变分布图

2. 物理关系

由剪切胡克定律可得

$$\tau_\rho = G\gamma_\rho \tag{c}$$

将式（13-9）代入式（c），得

$$\tau_\rho = G\rho\frac{d\varphi}{dx} \tag{d}$$

上式表明：扭转切应力沿截面径向线性变化，实心圆轴与空心圆轴横截面上的切应力分布规律如图 13-16a、b 所示。

式（d）虽然表示了切应力的分布规律，但因式中的 $d\varphi/dx$ 尚未知道，要求得切应力，还必须借助圆轴横截面上的静力学关系。

3. 静力学关系

圆轴扭转时，平衡外力偶矩的扭矩是由横截面上无数的微剪力组成的。如图 13-17 所示，在距圆心为 ρ 的点处，取一微面积 dA，则此微面积上的微剪力为 $\tau_\rho dA$。各微剪力对轴线之矩的总和为该截面上的扭矩，即

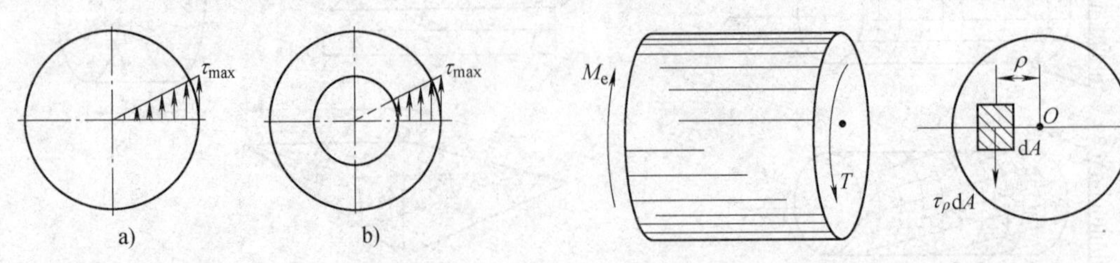

图 13-16 受扭圆轴切应力分布规律

图 13-17 圆轴扭转时静力学关系

$$\int_A \rho\tau_\rho \mathrm{d}A = T \tag{e}$$

将式（d）代入式（e），则

$$\int_A \rho\tau_\rho \mathrm{d}A = \int_A G\rho^2 \frac{\mathrm{d}\varphi}{\mathrm{d}x}\mathrm{d}A = T$$

上式中的 A 是整个横截面的面积，而 G 和$\frac{\mathrm{d}\varphi}{\mathrm{d}x}$均为常数，可以将其提到积分号外，得

$$G\frac{\mathrm{d}\varphi}{\mathrm{d}x}\int_A \rho^2 \mathrm{d}A = T \tag{f}$$

其中，$\int_A \rho^2 \mathrm{d}A$ 是一个只与横截面的几何形状、尺寸有关的量，称为横截面对形心的极惯性矩（polar moment of inertia），用 I_P表示，即令

$$\int_A \rho^2 \mathrm{d}A = I_P \tag{13-10}$$

I_P常用的单位是 cm^4，对于任一已知的截面，I_P为常数，因此式（f）可写为

$$\frac{\mathrm{d}\varphi}{\mathrm{d}x} = \frac{T}{G I_P} \tag{13-11}$$

式中，$\mathrm{d}\varphi/\mathrm{d}x$ 是扭转角沿 x 轴的变化率；GI_P称为圆轴的抗扭刚度（torsional rigidity），它反映了圆轴抵抗扭转变形的能力。将式（13-11）代入式（d），得

$$\tau_\rho = G\rho\frac{\mathrm{d}\varphi}{\mathrm{d}x} = \frac{T\rho}{I_P} \tag{13-12}$$

式（13-12）就是圆轴扭转时横截面上任意点的切应力表达式。式中的 T 为该截面上的扭矩，ρ 为该点到圆心的距离。横截面上圆杆在扭转时任一横截面上最大切应力必然发生在 $\rho=\rho_{\max}$，即该横截面周边各点处。若令 $W_P = I_P/\rho_{\max}$，则式（13-12）可写为

$$\tau_{\max} = \frac{T}{W_P} \tag{13-13}$$

式中，W_P称为抗扭截面模量（wrest resistant section modulus）。

实验表明，圆轴横截面切应力计算公式是正确的。剩下的问题是 I_P和 W_P如何计算。

13.4.2 圆轴极惯性矩 I_P和抗扭截面模量 W_P的计算

圆轴的横截面通常采用实心圆和空心圆两种形状。它们的极惯性矩 I_P和抗扭截面模量 W_P都是反映圆轴横截面几何性质的量。计算公式如下：

1. 实心圆截面（见图 13-18a）

若在距圆心 ρ 处取微面积 $\mathrm{d}A = 2\pi\rho\mathrm{d}\rho$，则实心圆截面的极惯性矩为

$$I_P = \int_A \rho^2 \mathrm{d}A = 2\pi\int_0^{\frac{D}{2}} \rho^3 \mathrm{d}\rho = \frac{\pi D^4}{32} \tag{13-14a}$$

抗扭截面模量为 $$W_P = \frac{I_P}{\rho_{\max}} = \frac{\frac{\pi D^4}{32}}{\frac{D}{2}} = \frac{\pi D^3}{16} \tag{13-14b}$$

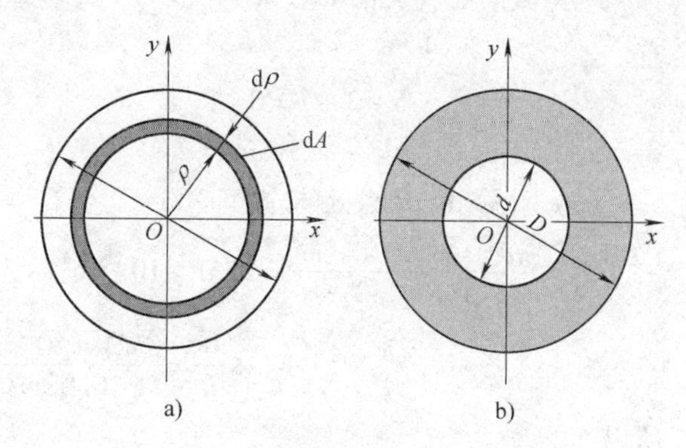

图 13-18 极惯性矩 I_P和抗扭截面模量 W_P的计算

2. 空心圆截面（见图 13-18b）

同理，空心圆截面的极惯性矩为

$$I_{\mathrm{P}} = 2\pi\int_{\frac{d}{2}}^{\frac{D}{2}} \rho^3 \mathrm{d}\rho = \frac{\pi}{32}(D^4 - d^4) = \frac{\pi D^4}{32}(1 - \alpha^4) \tag{13-15a}$$

式中，$\alpha = \dfrac{d}{D}$为内、外径之比。

抗扭截面模量为

$$W_{\mathrm{P}} = \frac{I_{\mathrm{P}}}{\rho_{\max}} = \frac{\pi D^3}{16}(1 - \alpha^4) \tag{13-15b}$$

式中，α是内径和外径之比；D和d分别为空心圆截面的外径和内径。

至此，圆轴扭转时横截面上任意点处的切应力便可计算了。

例 13-2 图 13-19a 给出了实心轴上沿任意三个径向线的切应力分布，试计算截面上的扭矩。

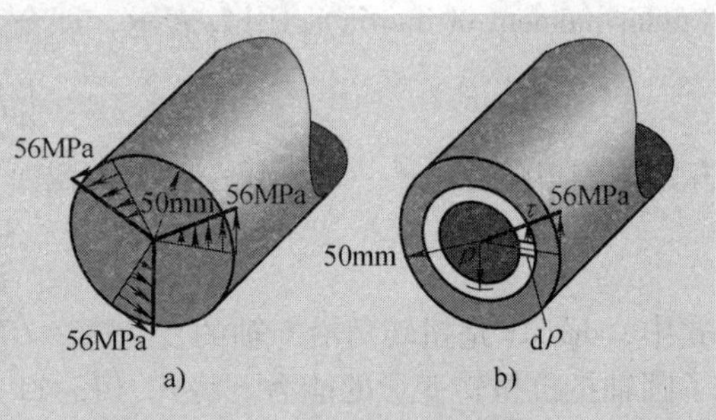

图 13-19 例 13-2 图

解 截面极惯性矩 $I_{\mathrm{P}} = \pi D^4/32$，则

$$I_{\mathrm{P}} = 9.82 \times 10^6 \mathrm{mm}^4$$

应用截面上最大扭转应力公式

$$\tau_{\max} = T\rho/I_{\mathrm{P}}$$

代入已给出的 $\tau_{\max} = 56\mathrm{N/mm^2}$ 和 $\rho = 50\mathrm{mm}$（见图 13-19a），则

$$56\mathrm{N/mm^2} = \frac{T \times 50\mathrm{mm}}{9.82 \times 10^6 \mathrm{mm}^4}$$

解得 $T = 11.0\mathrm{kN \cdot m}$。

例 13-3 传动轴的受力情况如图 13-20a 所示，轴的直径 $d = 40\mathrm{mm}$。求该轴 m—m 截面（见图 13-20b）上 A、B 点处的应力（B 点距中心为 4mm）。

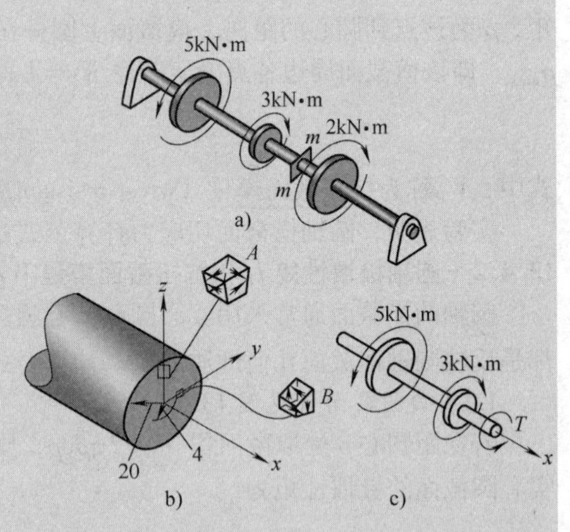

图 13-20 例 13-3 图

解 （1）计算 m—m 截面上的扭矩。

利用截面法（见图 13-20c），依 $\sum M_x = 0$，有

$$5 - 3 + T = 0$$

得

$$T = -2\mathrm{kN \cdot m}$$

（2）计算 A、B 点处的应力

$$I_{\mathrm{P}} = \frac{\pi d^4}{32} = \frac{\pi \times 0.04^4 \mathrm{m}^4}{32} = 25.1 \times 10^{-8}\mathrm{m}^4$$

$$W_{\mathrm{P}} = \frac{I_{\mathrm{P}}}{R} = \frac{25.1 \times 10^{-8}\mathrm{m}^4}{0.02\mathrm{m}} = 1255 \times 10^{-8}\mathrm{m}^3$$

所以

$$\tau_A = \tau_{\max} = \frac{|T|}{W_{\mathrm{P}}} = \frac{2 \times 10^3 \mathrm{N \cdot m}}{1255 \times 10^{-8}\mathrm{m}^3} = 159.4 \times 10^6 \mathrm{Pa} = 159.4\mathrm{MPa}$$

$$\tau_B=\frac{|T|\rho}{I_P}=\frac{2\times10^3\text{N}\cdot\text{m}\times0.004\text{m}}{25.1\times10^{-8}\text{m}^4}=31.9\times10^6\text{Pa}=31.9\text{MPa}$$

A、B 点的应力方向如图 13-20b 所示。

13.5 圆轴扭转时的强度计算

13.5.1 圆轴扭转时的强度条件

为了使承受扭转变形的圆轴能正常工作，要求轴内的最大切应力 τ_{max} 必须小于材料的许用切应力［τ］，因此，圆轴扭转时的强度条件为

$$\tau_{max}\leqslant[\tau] \tag{13-16}$$

显然，等截面圆轴的最大切应力发生在绝对值最大的扭矩所在截面的周边各点处。

此时，$\rho=\rho_{max}=r$，切应力强度条件为

$$\tau_{max}=\frac{T}{I_P}r=\frac{T}{I_P/r}=\frac{T}{W_P}\leqslant[\tau] \tag{13-17}$$

式中，扭矩 T 为 T_{max}；［τ］是轴的扭转许用切应力。

必须指出，在阶梯轴的情况下，因各段的 W_P 不同，τ_{max} 不一定发生在最大扭矩所在的截面上。因此，必须综合考虑 W_P 和 T 两个因素确定全轴中的 τ_{max}。

13.5.2 扭转许用切应力［τ］的确定

扭转许用切应力是根据扭转试验并考虑适当的安全系数确定的。在静载荷作用下，它与许用拉应力［σ］之间存在下列关系：

对于塑性材料 $[\tau]=(0.5\sim0.6)[\sigma]$

对于脆性材料 $[\tau]=(0.8\sim1.0)[\sigma]$

例 13-4 某品牌汽车主传动轴 AB（见图 13-21）传递的最大扭矩为 $T=1930\text{N}\cdot\text{m}$，传动轴用外径 $D=89\text{mm}$、壁厚 $\delta=2.5\text{mm}$ 的钢管制成，材料为 20 号钢，其许用切应力 $[\tau]=70\text{MN/m}^2$。试校核此轴的强度。

（1）由

$$\alpha=\frac{d}{D}=\frac{89\text{mm}-2\times2.5\text{mm}}{89\text{mm}}=0.945$$

得

$$W_P=\frac{\pi\times(8.9\text{cm})^3}{16}\times(1-0.945^4)=28.1\ \text{cm}^3$$

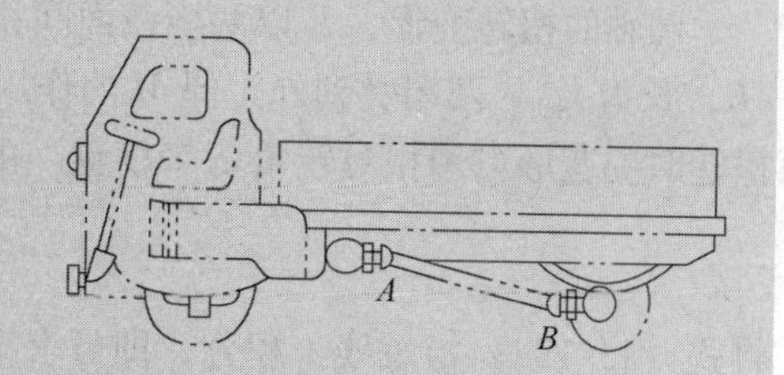

图 13-21 例 13-4 图

（2）强度校核。

由强度条件式（13-17），有

$$\tau_{max}=\frac{T}{W_P}=\frac{1930\text{N}\cdot\text{m}}{28.1\times10^{-6}\text{m}^3}=68.7\times10^6\text{N/m}^2=68.7\text{MN/m}^2\leqslant[\tau]$$

所以 AB 轴满足强度条件。

（3）讨论：此例中，如果传动轴不用钢管而采用实心圆轴，使其与钢管具有同样的强度（即两者的最大应力相同）。试确定其直径，并比较实心轴和空心轴的重量。由

$$\tau_{\max} = \frac{T}{W_P} = \frac{T}{\pi d^3/16} = 68.7 \times 10^6 \mathrm{N/m^2}$$

可得

$$d = \sqrt[3]{\frac{1930 \times 16}{\pi \times 68.7 \times 10^6}} = 0.0523\mathrm{m}$$

实心轴横截面面积为

$$A_{实} = \frac{\pi d^2}{4} = \frac{\pi \times (0.0523\mathrm{m})^2}{4} = 21.5 \times 10^{-4}\mathrm{m^2}$$

空心轴横截面面积为

$$A_{空} = \frac{\pi(D^2 - d^2)}{4} = \frac{\pi}{4}(89^2 - 84^2) \times 10^{-6}\mathrm{m^2} = 6.79 \times 10^{-4}\mathrm{m^2}$$

在两轴长度相等、材料相同的情况下，两轴重量之比等于截面面积之比，得

$$\frac{G_{空}}{G_{实}} = \frac{A_{空}}{A_{实}} = \frac{6.79}{21.5} = 0.316$$

由此可见，在材料相同，载荷相同的条件下，空心轴的重量只有实心轴的31.6%，其减轻重量、节约材料的作用是非常明显的。这是因为圆轴扭转时横截面上的切应力沿半径按线性规律分布（见图13-22a），当截面边缘处的最大切应力达到许用切应力值时，圆心附近各点处的切应力还很小，这部分材料没有充分发挥作用。如果将轴心附近的材料移向边缘处，即制成空心轴（见图13-22b），同样的截面面积，其 I_P 和 W_P 都将大幅增大，从而大大提高了轴的承载能力，充分利用了材料。因此，工程中应尽量采用空心圆轴。

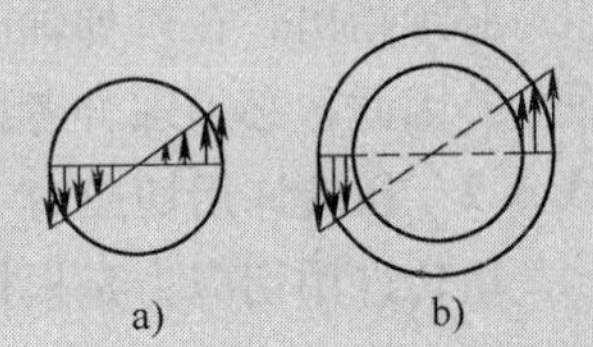

图13-22 切应力沿半径分布规律

13.6 扭转变形和刚度条件

13.6.1 圆轴扭转时的变形计算

圆轴的扭转变形，是以两横截面间相对的扭转角来度量的，如图13-23所示的等截面直轴 AB，长为 l_{AB}，两端受到外力偶 M 的作用，显然，圆轴 AB 要发生扭转变形。前已提及，圆轴扭转时的变形可用相对转角 φ 来度量，由式（13-11）可得

$$\mathrm{d}\varphi = \frac{T}{GI_P}\mathrm{d}x \tag{13-18a}$$

将式（13-18a）沿轴线 x 积分，即可求得距离为 l 的两个横截面 A、B 之间的相对转角（relative angle）φ_{AB} 为

$$\varphi_{AB} = \int_{x_A}^{x_B}\mathrm{d}\varphi = \int_{x_A}^{x_B}\frac{T}{GI_P}\mathrm{d}x \tag{13-18b}$$

对等截面直轴 AB 来说，在 AB 段里若扭矩 T 是常数，且横截面形状也不变化，则 I_P 也是常数，它们都可以提到积分号外，此时长为 l_{AB} 轴的两端面的相对扭转角 φ_{AB} 可表示为

$$\varphi_{AB} = \frac{Tl_{AB}}{GI_P}$$

或写成一般式

$$\varphi=\frac{Tl}{GI_P} \tag{13-19}$$

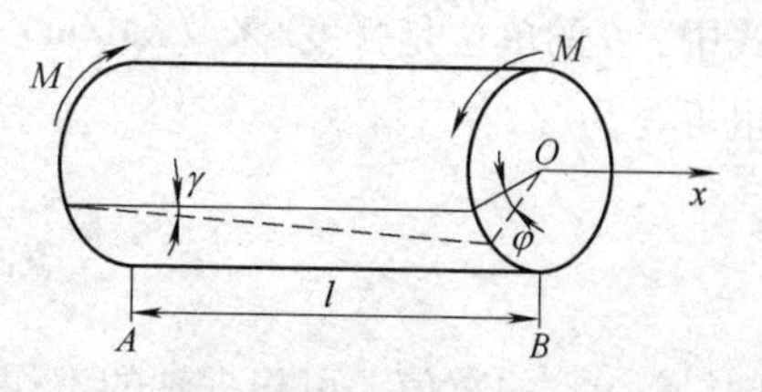

图 13-23 圆轴扭转时的变形计算

式（13-19）就是等直圆轴扭转变形的计算公式。

用式（13-19）计算得到的 φ，其单位是弧度，当工程上需要用角度表示时，应再乘 180°/π。图 13-23 所示的等截面直轴 AB，若 A 面不转动的话，φ_{AB} 就是 B 面的扭转角 φ_B（角位移）。

例 13-5 一等直钢制传动轴（见图 13-24），材料的剪切弹性模量 $G=80\text{GPa}$。试计算扭转角 φ_{AB}、φ_{BC}、φ_{AC}。

解 在计算 φ_{AB} 和 φ_{BC} 时，可直接应用式（13-18b），因为在 BC 段和 AB 段分别有常量的扭矩。但在计算 φ_{AC} 时，就必须利用 φ_{AB} 和 φ_{BC} 来求得。

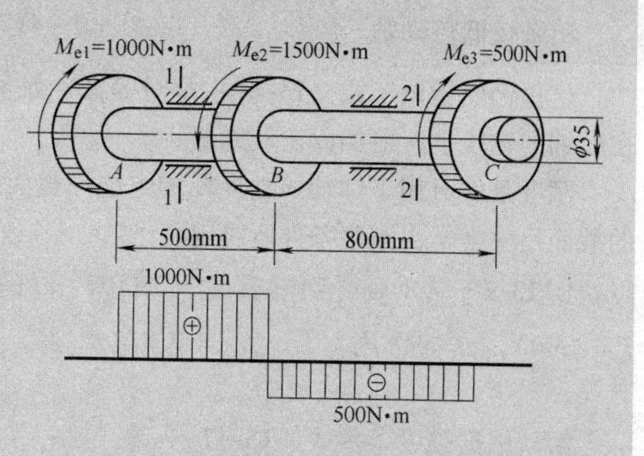

图 13-24 例 13-5 图

（1）计算扭矩。

用截面法并按扭矩正、负号的规定，可算得 AB、BC 段任一横截面上的扭矩为

$$T_{AB}=+1000\text{N}\cdot\text{m}$$

$$T_{BC}=-500\text{N}\cdot\text{m}$$

由此可作扭矩图（见图 13-24）。

（2）A 轮对 B 轮的扭转角

$$I_P=\pi d^4/32=\pi\times(35\times10^{-3})^4/32\text{m}^4=1.47\times10^{-7}\text{m}^4$$

$$\varphi_{AB}=\frac{T_{AB}l_{AB}}{GI_P}=\frac{1000\text{N}\cdot\text{m}\times500\times10^{-3}\text{m}}{80\times10^9\text{Pa}\times1.47\times10^{-7}\text{m}^4}=4.25\times10^{-2}\text{rad}$$

（3）B 轮对 C 轮的扭转角为

$$\varphi_{BC}=\frac{T_{BC}l_{BC}}{GI_P}=\frac{-500\text{N}\cdot\text{m}\times800\times10^{-3}\text{m}}{80\times10^9\text{Pa}\times1.47\times10^{-7}\text{m}^4}=-3.40\times10^{-2}\text{rad}$$

（4）A 轮对 C 轮的扭转角。

计算 φ_{AC} 时只需要将 φ_{BC}、φ_{AB} 代数相加，即可求得 A 轮和 C 轮之间的扭转角

$$\varphi_{AC}=\varphi_{AB}+\varphi_{BC}=4.25\times10^{-2}\text{rad}-3.40\times10^{-2}\text{rad}=8.5\times10^{-3}\text{rad}$$

13.6.2 刚度条件

强度条件仅保证构件不被破坏，要保证构件正常工作，有时还要求扭转变形不要过大，即要求构件必须有足够的刚度。通常规定受扭圆轴的最大单位扭转角 $|\theta_{max}|$ 不得超过规定的许用单位扭转角 $[\theta]$，因此刚度条件可写为

$$|\theta_{max}|=\frac{T_{max}}{GI_P}\leqslant[\theta] \tag{13-20}$$

式中，θ 的单位是弧度/米（rad/m），而工程上［θ］常用度/米（°/m）表示，因此刚度条件也可写为

$$|\theta_{max}| = \frac{T_{max}}{GI_P} \times 180°/\pi \leqslant [\theta] \tag{13-21}$$

圆轴［θ］的数值，可根据轴的工作条件和机器的精度要求，按实际情况从有关手册中查得。

这里列举常用的一般数据：

精密机械的轴 $[\theta] = 0.25 \sim 0.5(°/m)$

一般传动轴 $[\theta] = 0.5 \sim 1.0(°/m)$

精密较低传动轴 $[\theta] = 2 \sim 4(°/m)$

这里仍要指出，式（13-21）是对等截面轴刚度条件，对于阶梯轴，其θ_{max}值还可能发生在较细的轴段上，要加以比较判断。

刚度条件可用于圆轴的刚度校核或选择截面。对于要求精密的轴，其［θ］值较小，故它的截面尺寸常常由刚度条件所决定。

例 13-6 传动轴受到扭矩 $M_e = 2300\text{N} \cdot \text{m}$ 的作用，若 $[\tau] = 40\text{MN/m}^2$，传动轴受到扭矩 $T = 2300\text{N} \cdot \text{m}$ 的作用，若 $[\theta] = 0.8°/\text{m}$，$G = 80\text{GPa}$，试按强度条件和刚度条件设计轴的直径。

解 根据强度条件式（13-17），得

$$d \geqslant \sqrt[3]{\frac{16 \times 2300}{\pi \times 40 \times 10^6}}\text{m} = 0.0664\text{m} = 66.4\text{mm}$$

根据刚度条件式（13-21），有

$$\theta_{max} = \frac{T}{GI_P} \times \frac{180}{\pi} \leqslant [\theta]$$

将$I_P = \frac{\pi d^4}{32}$代入，得

$$d \geqslant \sqrt[3]{\frac{32T \times 180°}{G\pi^2[\theta]}} = \sqrt[3]{\frac{32 \times 2300 \times 180°}{80 \times 10^9 \times \pi^2 \times 0.8°}}\text{m} = 0.0677\text{m} = 67.7\text{mm}$$

为了同时满足强度和刚度的要求，应在两个直径中选择较大者，即取轴的直径 $d = 68\text{mm}$。

例 13-7 钢制空心圆轴的外径 $D = 100\text{mm}$，内径 $d = 50\text{mm}$。若要求轴在 2m 长度内的最大相对扭转角不超过 1.5°，材料的剪切弹性模量 $G = 80.4\text{GPa}$。（1）求该轴所能承受的最大扭矩。（2）确定此时轴内的最大切应力。

解 （1）确定轴所能承受的最大扭矩。

由已知条件，单位长度的许用扭转角为

$$[\theta] = \frac{1.5°}{2\text{m}} = \left(\frac{1.5°}{2} \times \frac{\pi}{180°}\right)\text{rad/m}$$

空心轴横截面的极惯性矩

$$I_P=\frac{\pi D^4}{32}(1-\alpha^4),\ \alpha=\frac{d}{D}=\frac{50\text{mm}}{100\text{mm}}=0.5$$

由刚度条件

$$\theta=\frac{T}{GI_P}\leqslant[\theta]$$

得

$$T\leqslant[\theta]GI_P=\frac{1.5°}{2}\times\frac{\pi}{180°}\times 80.4\times10^9\text{Pa}\times\frac{\pi\times100^4\times10^{-12}\text{m}^4}{32}(1-0.5^4)$$

$$T\leqslant(9.688\times10^3)\text{N}\cdot\text{m}=9.688\text{kN}\cdot\text{m}$$

（2）轴承受最大扭矩时，横截面上的最大切应力

$$\tau_{\max}=\frac{T}{W_P}=\frac{T}{\pi D^3(1-\alpha^4)/16}=\frac{16\times9.688\times10^3\text{N}\cdot\text{m}}{\pi\times100^3\times10^{-9}\text{m}^3\times\ (1-0.5^4)}=52.6\text{MPa}$$

最后特别提醒，以上导出的扭转切应力公式和扭转变形公式等，仅适用于圆形截面的受扭构件，且最大切应力不超过材料剪切比例极限的情况。因非圆截面杆扭转时，横截面发生了翘曲，平面假设不再成立，所以公式不再适用。

*13.7 圆柱形密圈螺旋弹簧

圆柱形密圈螺旋弹簧在工程中应用甚广，它可用于缓冲减振，如车辆轮轴上的弹簧；又可用于控制机械运动，如内燃机的气门弹簧等；还可用以测力，如弹簧秤等。

螺旋弹簧丝的轴线是一空间螺旋线（见图13-25a），其应力和变形的精确分析比较复杂。但当螺旋角 α 很小，例如 $\alpha<5°$ 时，便可不计 α 的影响，认为簧丝横截面与弹簧轴线（亦即与 F 力）在同一平面内。这种弹簧称为密圈螺旋弹簧（tightly coiled helical spring）。此外，当簧丝横截面的直径 d 远小于弹簧圈的平均直径 D 时，还可不计簧丝曲率的影响，近似地使用直杆公式。以下讨论就以上述简化为基础。

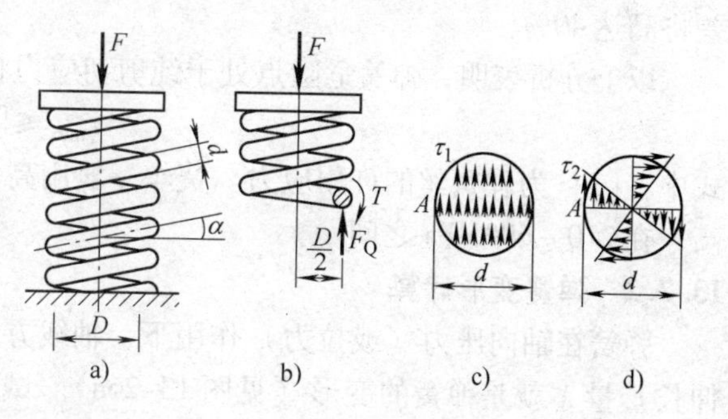

图13-25 圆柱形密圈螺旋弹簧的应力和变形

13.7.1 弹簧丝横截面上的应力

以簧丝横截面将弹簧分成两部分，截面以上部分如图13-25b所示。如上所述，可认为 F 与簧丝横截面在同一平面内。为保持截出部分的平衡，要求横截面上有一个与截面相切的内力系。这个内力系简化成一个通过截面形心的力 F_Q（即剪力）和一个矩为 T 的力偶（即扭矩）。有平衡方程

$$F_Q=F,\ T=FD/2 \tag{a}$$

与剪力 F_Q 对应的切应力 τ_1 可认为均匀分布于横截面上，即

$$\tau_1=F_Q/A=4F/(\pi d^2) \tag{b}$$

与扭矩 T 对应的切应力 τ_2 可用圆截面直杆扭转公式计算

$$\tau_{2,\max}=\frac{T}{W_{\mathrm{P}}}=\frac{8FD}{\pi d^3} \tag{c}$$

τ_1和τ_2的分布状况已分别表示于图13-25c和图13-25d中。在横截面的任意点上，总的切应力是剪切和扭转两种切应力的矢量和。在靠近轴线的内侧点A，切应力为最大值，且

$$\tau_{\max}=\tau_1+\tau_{2,\max}=\frac{8FD}{\pi d^3}\left(\frac{d}{2D}+1\right) \tag{d}$$

式中，括号内的第一项代表剪切的影响，当$\dfrac{D}{d}\geqslant 10$时，$\dfrac{d}{2D}$与1相比不超过5%，一般可以忽略，即

$$\tau_{\max}=\frac{8FD}{\pi d^3} \tag{13-22}$$

以上分析中，用直杆扭转公式计算τ_2，未考虑簧丝实际上是一根曲杆，这在D/d较小时会引起较大误差。还有，认为剪切引起的切应力τ_1在截面上均匀分布也是一个假定。在考虑了簧丝曲率和τ_1并非均匀分布这两个因素后，求得计算最大切应力的修正公式如下：

$$\tau_{\max}=\left(\frac{4c-1}{4c-4}+\frac{0.615}{c}\right)\frac{8FD}{\pi d^3}=\kappa\frac{8FD}{\pi d^3} \tag{13-23}$$

式中，

$$c=\frac{D}{d},\quad \kappa=\frac{4c-1}{4c-4}+\frac{0.615}{c} \tag{e}$$

c称为弹簧指数（spring index），κ称为曲度因数（curvature factor），是对近似公式（13-23）的一个修正因数。c越小则κ越大。当$c=4$时，$\kappa=1.40$。这表明如按式（13-22）计算，误差将高达40%。

以上分析表明，弹簧危险点处于纯剪切应力状态，所以，弹簧的强度条件为

$$\tau_{\max}\leqslant[\tau] \tag{13-24}$$

式中，[τ]为弹簧丝的许用应力。簧丝一般用高强度弹簧钢制成，其许用应力[τ]的数值颇高，在210～690MPa之间。

13.7.2 弹簧变形计算

弹簧在轴向压力（或拉力）作用下，轴线方向的压缩（或伸长）量λ就是弹簧的变形（见图13-26a）。试验表明，在线弹性范围内压力F与变形λ成正比，即F与λ的关系是一斜直线（见图13-26b）。早期的胡克定律就是这样表述的。当F从零增加到最终值时，它所做的功等于斜直线下方的面积。即

$$W=\frac{1}{2}F\lambda$$

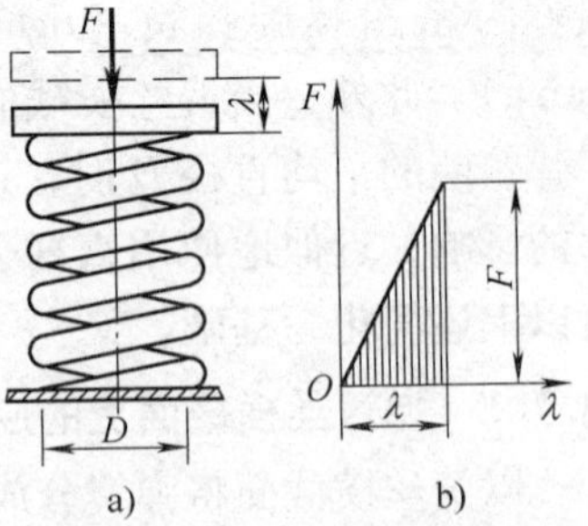

图13-26 弹簧变形计算

根据能量原理，可以推导（略）出计算弹簧变形的公式如下：

$$\lambda=\frac{8FD^3n}{Gd^4}=\frac{64FR^3n}{Gd^4} \tag{13-25}$$

式中，$R=D/2$是弹簧圈的平均半径。令

$$k=\frac{Gd^4}{8D^3n}=\frac{Gd^4}{64R^3n} \tag{13-26}$$

则式（13-25）可以写成

$$\lambda = \frac{F}{k} \tag{13-27}$$

显然，F 一定时，k 越大则 λ 越小，所以 k 代表弹簧抵抗变形的能力，称为弹簧刚度（spring stiffness）。从式（13-24）可看出，若希望弹簧有较好的减振与缓冲作用，即要求它有较大的变形和比较柔软时，应使簧丝直径尽可能小一些。此外，增加圈数 n 和加大平均直径 D，都可以取得增加 λ 的效果。

例 13-8　某柴油机气门弹簧的簧圈平均半径 $R = 18\text{mm}$，簧丝横截面直径 $d = 4\text{mm}$，有效圈数 $n = 5$。弹簧工作时总压缩变形（包括预压变形）为 $\lambda = 18.5\text{mm}$。材料的 $[\tau] = 350\text{MPa}$，$G = 80\text{GPa}$。试校核弹簧的强度。

解　由式（13-25）求出弹簧所受压力为

$$F = \frac{\lambda G d^4}{64 R^3 n} = \frac{(18.5 \times 10^{-3}\text{m})(80 \times 10^9 \text{Pa})(4 \times 10^{-3}\text{m})^4}{64\ (18 \times 10^{-3}\text{m})^3 \times 5} = 203\text{N}$$

由 R 及 d 求出

$$c = \frac{D}{d} = \frac{2R}{d} = \frac{2(18 \times 10^{-3}\text{m})}{4 \times 10^{-3}\text{m}} = 9$$

代入式（e）求出

$$\kappa = \frac{4 \times 9 - 1}{4 \times 9 - 4} + \frac{0.615}{9} = 1.16$$

由式（13-23）

$$\tau_{\max} = \kappa \frac{8FD}{\pi d^3} = 1.16 \times \frac{8(203\text{N})(2 \times 18 \times 10^{-3}\text{m})}{\pi (4 \times 10^{-3}\text{m})^3} = 337 \times 10^6 \text{Pa} = 337\text{MPa} < [\tau]$$

弹簧满足强度要求。

13.8　矩形截面杆扭转理论简介

工程实际中也能遇到非圆截面杆的情况。其中较常见的是矩形截面。现在简要讨论矩形截面杆的自由扭转（Free torsion）问题。

前面讨论圆截面杆的扭转时，注意到变形前和变形后其圆截面的平面特征并没有改变，半径仍保持为直线。对于矩形截面杆（见图 13-27a），在扭转时其横截面不再保持为平面，而发生翘曲（见图 13-27b）。因此，由圆截面杆扭转时根据平面假设导出的公式对于非圆截面杆扭转就不再适用了。本节将对矩形截面杆在自由扭转时的应力及变形做一简单介绍。

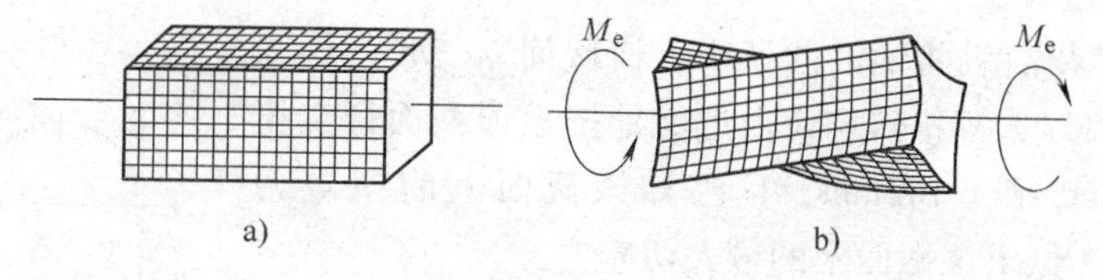

图 13-27　矩形截面杆的扭转

矩形截面杆自由扭转时，横截面上的切应力分布如图 13-28 所示，它具有以下特点：

（1）截面周边的切应力方向与周边平行；

（2）角点的切应力为零；

（3）最大的切应力发生在长边的中点处，其计算式为

$$\tau_{\max}=\frac{T}{\alpha h t^2} \tag{13-28}$$

单位长度扭转角的计算公式为

$$\theta=\frac{T}{\beta G h t^3} \tag{13-29}$$

式中，T 为杆横截面上的扭矩；t 为矩形截面短边长度；h 为矩形截面长边长度；G 为剪切弹性模量；α、β 为与截面的边长比 h/t 有关的系数，其值可查表 13-2。

当矩形截面的 $h/t>10$ 时（狭长矩形），由表 13-2 可查得 $\alpha=\beta=0.333$，可近似地认为 $\alpha=\beta=1/3$。于是横截面上长边中点处的最大切应力为

$$\tau_{\max}=\frac{T}{\frac{1}{3}h t^2} \tag{13-30}$$

这时，横截面周边上的切应力分布规律如图 13-29 所示。

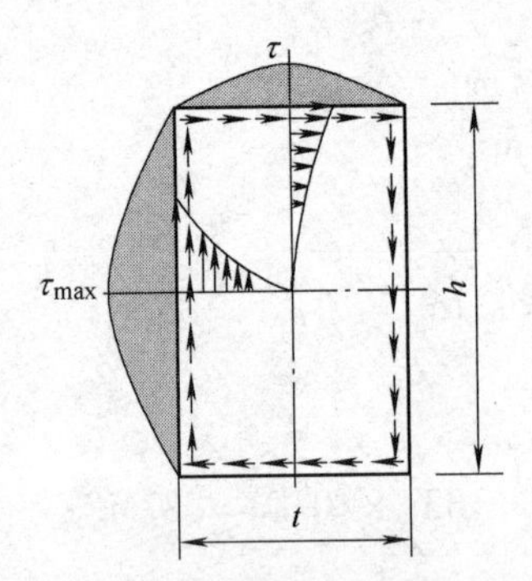

图 13-28 矩形横截面上的切应力分布

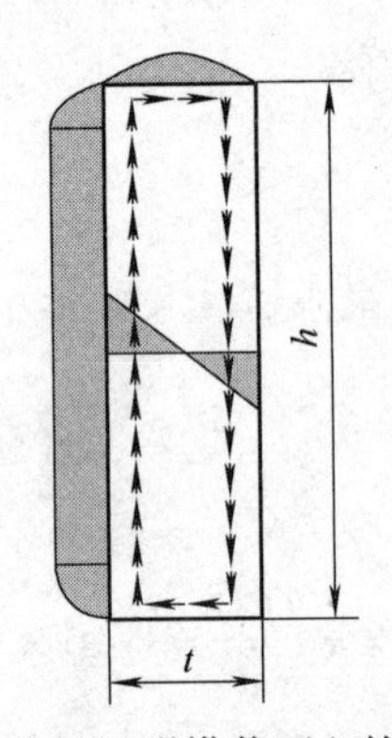

图 13-29 狭长矩形横截面上的切应力分布

表 13-2 矩形截面杆扭转的系数 α、β

$\frac{h}{t}$	1.0	1.2	1.5	2.0	2.5	3.0	4.0	6.0	8.0	10.0	∞
α	0.208	0.219	0.231	0.246	0.258	0.267	0.282	0.299	0.307	0.313	0.333
β	0.141	0.166	0.196	0.229	0.249	0.263	0.281	0.299	0.307	0.313	0.333

而杆件的单位扭转角则为

$$\theta=\frac{T}{\frac{1}{3}G h t^3} \tag{13-31}$$

例 13-9 在某柴油机曲轴的曲柄中，横截面 m—m 可认为是矩形（见图 13-30），其扭转切应力近似地按矩形截面杆受扭计算。若 $b=22\text{mm}$，$h=102\text{mm}$，且已知该截面上的扭矩为 $T=M_e=281\text{N}\cdot\text{m}$。试求该截面上的最大切应力。

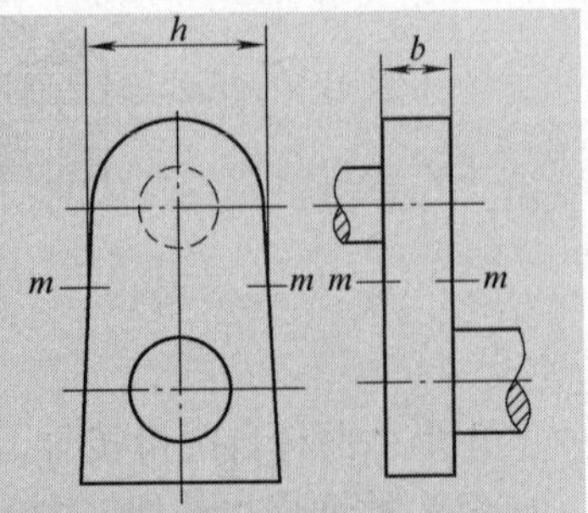

图 13-30 例 13-9 图

解 由截面 m—m 的尺寸求得

$$\frac{h}{b}=\frac{102\text{mm}}{22\text{mm}}=4.64$$

利用直线插值法和表 13-2 中的数值，求出

$$\alpha=0.287$$

于是由式（13-28）得

$$\tau_{\max}=\frac{T}{\alpha hb^2}=\frac{281\text{N}\cdot\text{m}}{0.287\times(102\times10^{-3}\text{m})\times(22\times10^{-3}\text{m})^2}=19.8\times10^6\text{Pa}=19.8\text{MPa}$$

思考题

1. 扭转的受力和变形各有何特点？
2. 试判别如图13-31所示各圆杆分别发生什么变形？

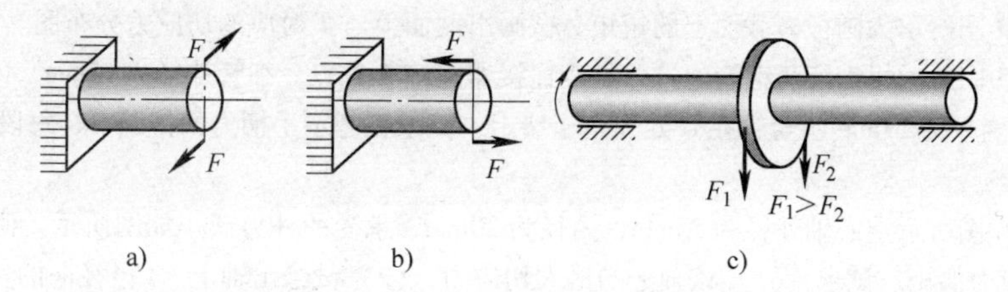

图13-31

3. 轴的转速、所传递功率和外力偶矩之间有何关系，各物理量应选取什么单位？
4. 何谓扭矩？扭矩的正负号是如何规定的？怎样计算扭矩？怎样作扭矩图？
5. 切应力互等定理的条件和结论各是什么？
6. 何谓剪切胡克定律？该定律的应用条件是什么？
7. 圆轴扭转时横截面上的切应力是如何分布的？圆轴扭转切应力公式是如何建立的？其应用条件是什么？
8. 怎样计算圆截面的极惯性矩和抗扭截面系数？两者的量纲各是什么？
9. 空心圆轴的外径为D，内径为d；抗扭截面模量能否用下式计算？为什么？

$$W_P=\pi(D^3-d^3)/16$$

10. 从扭转强度考虑，为什么空心圆截面轴比实心轴更合理？
11. 何谓扭转角？如何计算圆轴的扭转角？扭转角的单位是什么？
12. 应用圆轴扭转刚度条件时应注意什么？
13. 矩形截面受扭时，横截面上的切应力分布有何特点？最大切应力发生在什么地方？其值如何计算？

习　题

13-1　试求题13-1图所示各轴1—1、2—2截面上的扭矩，并在各截面上表示出扭矩的转向。

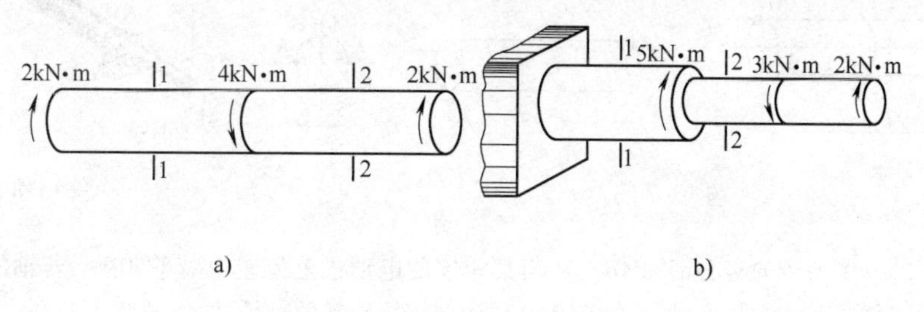

题13-1图

13-2　试作题13-2图所示各轴的扭矩图。

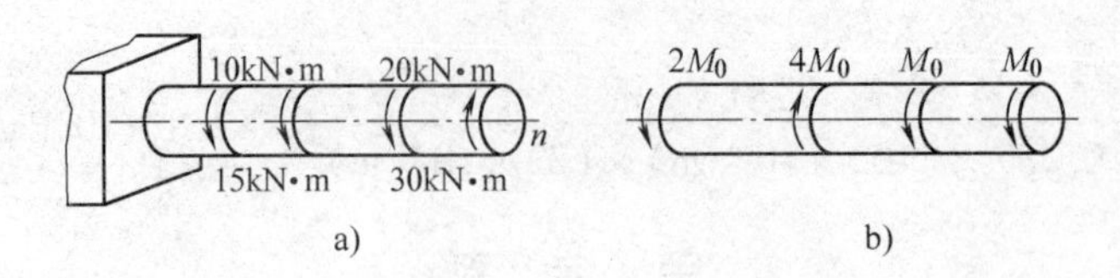

题 13-2 图

13-3 一直径为 $d=20$mm 的钢轴，若［τ］$=100$MN/m^2，求此轴能承受的扭矩。如转速为 100r/min，求此轴能传递的功率（单位：kW）。

13-4 题 13-4 图所示为圆杆横截面上的扭矩，试画出截面上与 T 对应的切应力分布图。

13-5 题 13-5 图所示粗细管两钢管通过一过渡连接器连接于 B 点。细管外径为 15mm，内径为 13mm；粗管外径为 20mm，内径为 17mm。若管在 C 处固定于墙上，试求在图示手柄力的作用下，每段管内的最大切应力。

13-6 题 13-6 图所示空心轴外径为 25mm，内径为 20mm，承受的外力偶矩如图所示。假设 A、B 两处的支撑轴承不产生阻力偶矩。试求：(1) 该轴上的最大切应力；(2) 试绘出轴上 EA 沿径向的切应力分布图。

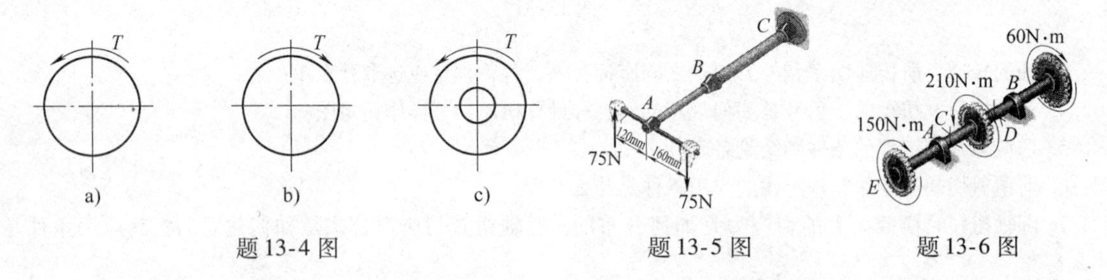

题 13-4 图　　题 13-5 图　　题 13-6 图

13-7 如题 13-7 图所示实心圆轴的直径 $d=100$mm，长 $l=1$m，两端受力偶矩 M 作用，设材料的切变模量 $G=80$GPa，求：(1) 最大切应力及两端截面间的相对扭转角；(2) 图示截面上 A、B、C 三点切应力的数值及方向。

13-8 题 13-8 图所示的钢轴由空心轴 AB 和 CD 以及实心轴 BC 构成，光滑轴承允许其自由转动。若在 A、D 端作用 85N·m 的力偶矩，试求实心部分 B 端相对于 C 端的扭转角。已知空心轴外径为 30mm，内径为 20mm，实心轴直径为 40mm，$G=75$GPa。

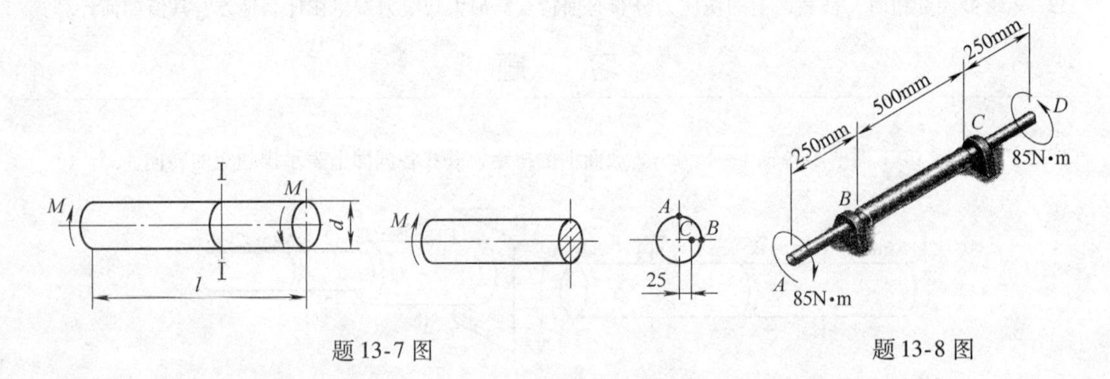

题 13-7 图　　题 13-8 图

13-9 如题 13-9 图所示的实心钢轴 AB，从与其相连的电动机上传递功率 3750W。若轴的转动的角速度 $\omega=18.33$rad/s，钢的许用切应力［τ］$=100$MPa，试确定该轴所需的直径。

13-10 如题 13-10 图所示阶梯形圆轴直径 $d_1=4$cm，$d_2=7$cm。轴上装有三个皮带轮。已知由轮 3 输入的功率为 $P_3=30000$W，轮 1 输出的功率为 $P_3=13000$W，轴做匀速转动，转速 $n=200$r/min，材料的许用剪应力［τ］$=60$MN/m^2，$G=80$GPa，许用单位扭转角［θ］$=2°$/m。试校核轴的强度和刚度。

13-11　如题13-11图所示的转轴，转速 $n=500\mathrm{r/min}$，主动轮 A 输入功率 $P_A=368\mathrm{kW}$，从动轮 B、C 分别输出功率 $P_B=147\mathrm{kW}$，$P_C=221\ \mathrm{kW}$。已知$[\tau]=70\mathrm{MPa}$，$[\theta]=1°/\mathrm{m}$，$G=80\mathrm{GPa}$。(1) 试确定 AB 段的直径 d_1 和 BC 段的直径 d_2。(2) 若 AB 和 BC 两段选用同一直径，试确定直径 d。(3) 主动轮和从动轮应如何安排才比较合理?

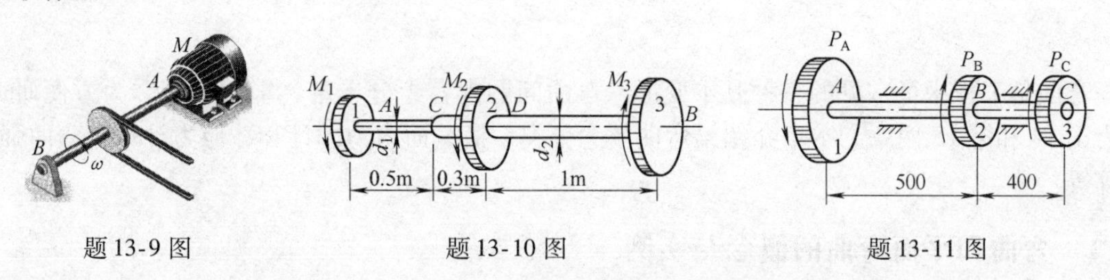

题13-9图　　题13-10图　　题13-11图

13-12　如题13-12图所示，在一直径75mm的等截面圆轴上，作用着外力偶矩：$M_1=1\mathrm{kN\cdot m}$，$M_2=0.6\mathrm{kN\cdot m}$，$M_3=0.2\mathrm{kN\cdot m}$，$M_4=0.2\mathrm{kN\cdot m}$。

(1) 求作轴的扭矩图。

(2) 求出每段内的最大切应力。

(3) 求出轴两端截面的相对扭转角，已知材料的切变模量 $G=80\times10^9\mathrm{N/m^2}$。

(4) 若 M_1 和 M_2 的位置互换，试问最大切应力将怎样变化?

13-13　题13-13图所示铝棒截面为25mm×25mm的正方形，长为2m，试求图示扭矩作用下棒上的最大切应力，以及一端相对于另一端的扭转角。已知 $G=26\mathrm{GPa}$。

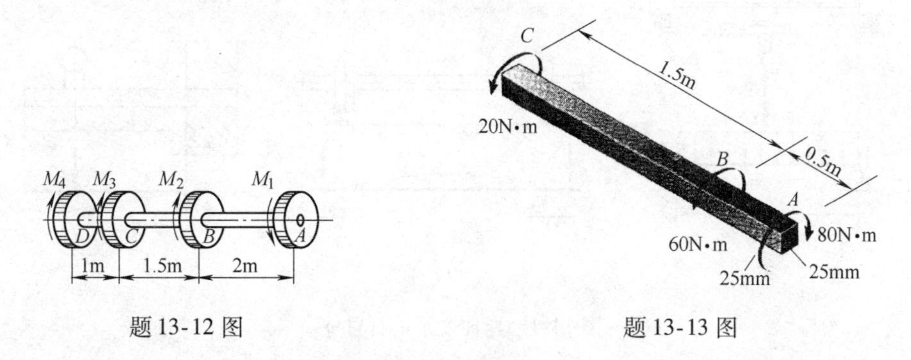

题13-12图　　题13-13图

13-14　材料、横截面积与长度均相同的两根轴，一为圆形截面，一为正方形截面。若作用在轴端的扭力偶矩 M 也相同，试计算上述两轴的最大扭转切应力与扭转变形，并进行比较。

13-15　圆柱形密圈螺旋弹簧，簧丝的直径 $d=18\mathrm{mm}$，弹簧的平均直径 $D=125\mathrm{mm}$，材料的 $G=80\mathrm{GPa}$。如弹簧所受拉力 $F=500\mathrm{N}$，试求：

(1) 簧丝的最大切应力。

(2) 要使伸长等于6mm，弹簧需要有几圈?

13-16　油泵分油阀门的弹簧丝直径为2.25mm，簧圈外径为18mm，有效圈数 $n=8$，轴向压力 $F=89\mathrm{N}$，弹簧材料的 $G=82\mathrm{GPa}$。试求弹簧的最大切应力和变形 λ。

13-17　拖拉机通过方轴带动悬挂在后面的旋耕机。方轴转速 $n=720\mathrm{r/min}$，传递的最大功率 $P=25.7\mathrm{kW}$，截面为30mm×30mm的正方形，材料的$[\tau]=100\mathrm{MPa}$。试校核方轴的强度。

第 14 章　弯曲内力和弯曲强度

弯曲是工程中最常见的一种基本变形。弯曲问题内容十分丰富，篇幅较多，为方便研究，分为第 14 和第 15 两章。本章介绍梁弯曲概念分类，横截面内力的计算，应力计算及弯曲强度计算等。

14.1　弯曲和平面弯曲的概念与实例

在机械工程结构中，经常遇到发生弯曲变形的杆件。如图 14-1a 所示，桥式吊车的横梁在被吊物体的重力 G 和横梁自重 q 的作用下发生弯曲变形；火车轮轴在车厢重力的作用下发生弯曲变形（见图 14-1b）；悬臂管道支架在管道重力作用下发生的变形（见图 14-1c）等，都是机械中常见的弯曲变形的实例。在其他的工程实际和日常生活实践中，也存在着很多弯曲变形的问题，例如房屋建筑的楼面梁，在楼面载荷 q 作用下发生弯曲变形（见图 14-2）。跳水运动员站在跳板上时，跳板也会发生弯曲变形。

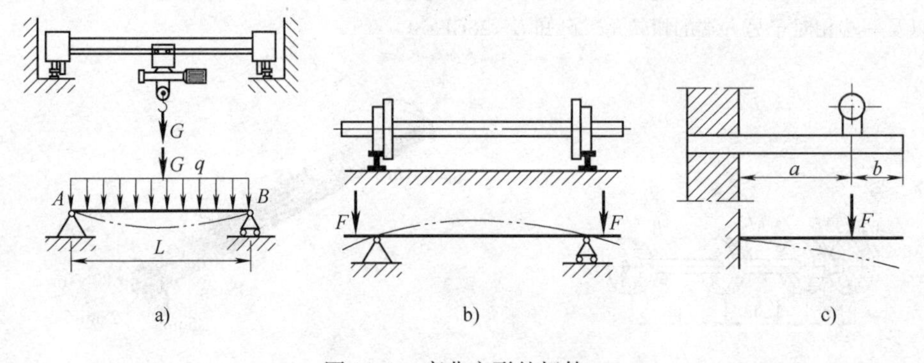

图 14-1　弯曲变形的杆件 q

观察这些杆件，尽管形状各异，加载的方式也不尽相同，但它们所发生的变形却有共同的特点，即所有作用于这些杆件上的外力都垂直于杆的轴线，这种外力称为横向力（transverse force）；在横向力作用下，杆的轴线将弯曲成一条曲线。这种变形形式称为弯曲（bending）。凡是以弯曲变形为主的杆件习惯上称为梁（beams）。某些杆件，如图 14-3a 所示镗床用镗刀加工工件内孔时，镗刀杆在切削力的作用下，不但有弯曲变形，还有扭转变形（见图 14-3b）。当我们讨论其弯曲变形时，仍然把这类杆件作为梁来处理。工程力学中的梁，包括结构物中的各种梁，也包括机械中的转轴和齿轮轴等。

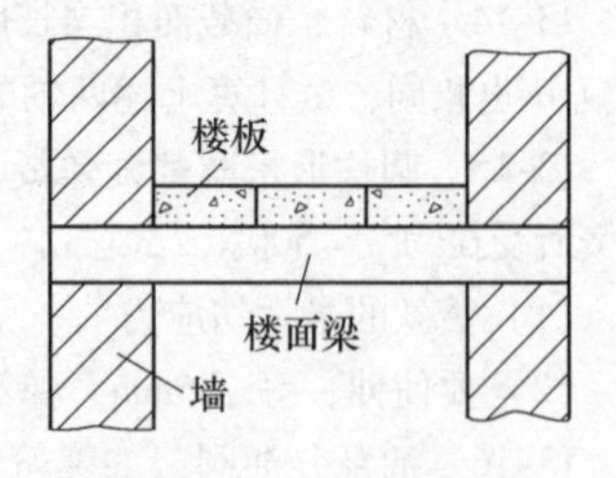

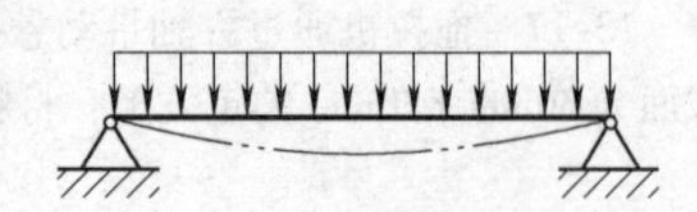

图 14-2　楼面梁

工程中的梁一般都具有纵向对称平面（见图 14-4a），当作用于梁上的所有外力（包括支座约束力）都作用在此纵向对称平面（见图 14-4b）内时，梁的轴线就在该平面内弯成一平面曲线，这种弯曲称为对称弯曲

(symmetric bending) 或平面弯曲 (plane bending)。对称弯曲是弯曲中较简单的情况。本章主要讨论对称弯曲问题。

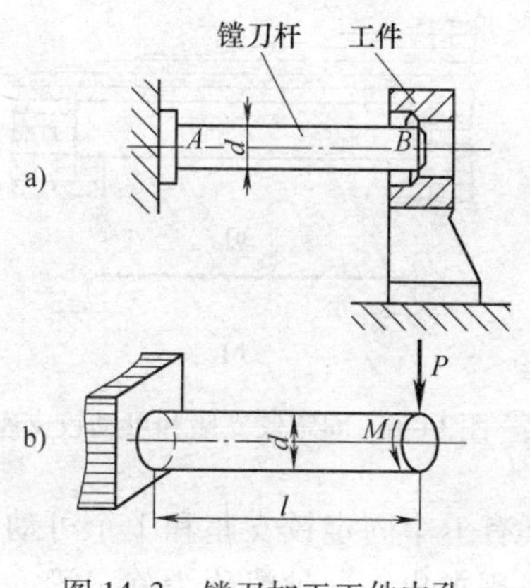

图 14-3　镗刀加工工件内孔

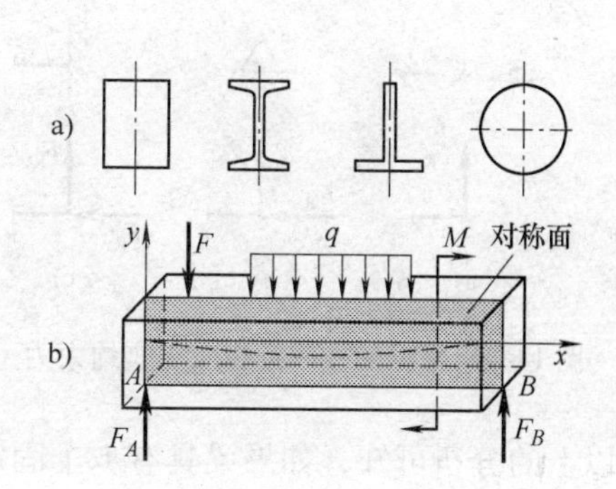

图 14-4　平面弯曲

14.2　梁的简化及分类

工程上梁的截面形状、载荷及支承情况都比较复杂，为了便于分析和计算，必须对梁进行简化，包括梁本身的简化、载荷的简化以及支座的简化等。

对于梁的简化，不管梁的截面形状有多复杂，都简化为一直杆，如图 14-1 ~ 图 14-3 所示，并用梁的轴线来表示。

14.2.1　载荷的简化

作用于梁上的外力（包括载荷和支座约束力），可以简化为集中力、分布载荷和集中力偶三种形式。当载荷的作用范围较小时，简化为集中力；若载荷连续作用于梁上，则简化为分布载荷。沿梁轴线，单位长度上所受到的力称为载荷集度（load sets degrees），以 q（单位 N/m）表示。如图 14-4 所示，集中力偶可理解为力偶的两力分布在很短的一段梁上。

14.2.2　支座的简化

最常见的支座及相应支座约束力如下：

（1）可动铰支座。如图 14-5a 所示，可动铰支座仅限制梁支承处垂直于支承平面的线位移，与此相对应，仅存在垂直于支承平面的反作用力 F_R。在图中同时还绘出了用铰杆表示的可动铰支座的简图。

（2）固定铰支座。如图 14-5b 所示，固定铰支座限制梁在支承处沿任何方向的线位移，因此，相应支座约束力可用两个分力表示。例如，沿梁轴方向的支座约束力 F_{Rx} 与垂直于梁轴的支座约束力 F_{Ry}。

（3）固定端。如图 14-5c 所示，固定端限制梁端截面的线位移与角位移，因此，相应支座约束力可用三个分量表示：沿梁轴方向的支座约束力 F_{Rx}、垂直于梁轴方向的支座约束力 F_{Ry}，以及位于梁轴平面内的约束力偶矩 M。

14.2.3　梁支座的简化

梁的实际支座通常可简化为上述三种基本形式。支座的简化往往与对计算的精度要求，或与所有支座对整个梁的约束情况有关。例如，图 14-6a 所示的插入砖墙内的过梁，由于插入端较短，因而梁端在墙内有微小转动的可能；此外当梁有水平移动趋势时，其一端将与砖墙接触而限制了梁的水平移动。因此，两个支座可分别简化为固定铰支座和可动铰支座（见图 14-6b）。图 14-1b 中车辆轴的支座也有类似的情况。

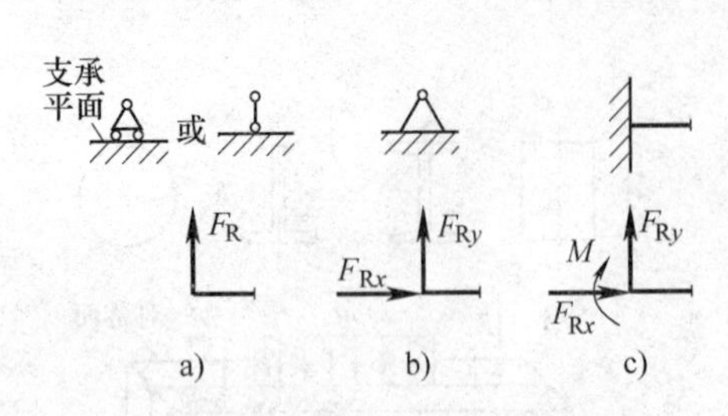

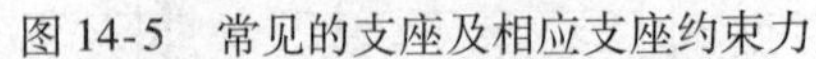

图 14-5　常见的支座及相应支座约束力

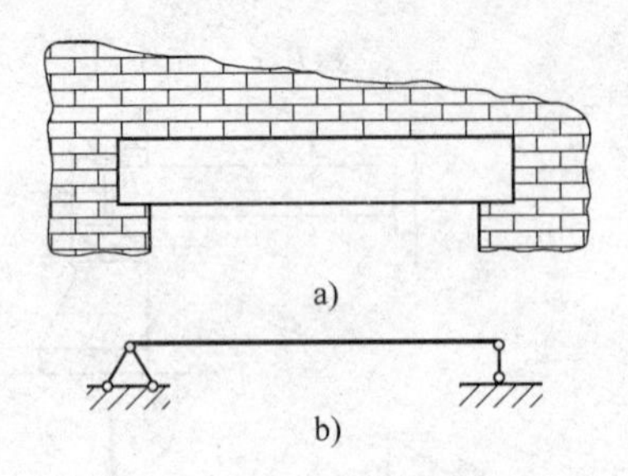

图 14-6　固定铰支座和可动铰支座

从以上的分析可知，如果梁具有 1 个固定端，或具有 1 个固定铰支座和 1 个可动铰支座，则其 3 个支座约束力可由平面力系的 3 个独立的平衡方程求出。这种梁称为静定梁（statically determinate beam）。图 14-7a、b、c 所示为工程上常见的三种基本形式的静定梁，分别称为简支梁（simply supported beam）、外伸梁（overhanging beam）和悬臂梁（cantilever beam）。图 14-1a、b、c 所示梁即为这三种梁的实例。梁在两支座间的部分称为跨，其长度则称为梁的跨长。

有时为了工程上的需要，对梁设置较多的支座（见图 14-8），因而梁的支座约束力数目多于独立的平衡方程的数目，此时仅用平衡方程无法确定其所有的支座约束力，这种梁称为超静定梁（statically indeterminate beam）。关于超静定梁的解法将在后面介绍。

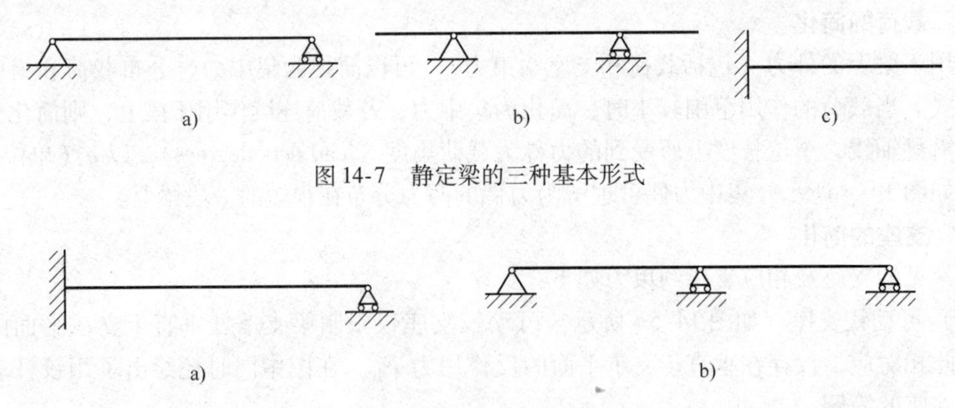

图 14-7　静定梁的三种基本形式

图 14-8　超静定梁

14.3　梁的内力——剪力和弯矩

为了计算梁的应力和变形，首先应该确定梁在外力作用下任意横截面上的内力。为此，应先根据平衡条件求得静定梁在载荷作用下的全部力。当作用在梁上的全部力（包括外力和支座约束力）均为已知时，用截面法就可以求出任意截面上的内力。

14.3.1　求梁截面内力的基本方法——截面法

如图 14-9a 所示的简支梁，已知 $F_1=1\text{kN}$，$F_2=2\text{kN}$，$l=5\text{m}$，$a=1.5\text{m}$，$b=3\text{m}$。用平面平行力系的平衡方程求得两端支座的约束力 $F_{NA}=1.5\text{kN}$，$F_{NB}=1.5\text{kN}$。现欲求距 A 端 $x=2\text{m}$ 处的横截面 m—m 上的内力。用截面法假想将梁沿截面 m—m 截开，分为左、右两部分，因为

梁原来处于平衡状态，所以截开以后任意一部分也必然处于平衡状态。现取左部分梁为研究对象，画受力图，如图14-9b所示。显然左部分梁在 F_1 和 F_{NA} 的作用下不能保持平衡。

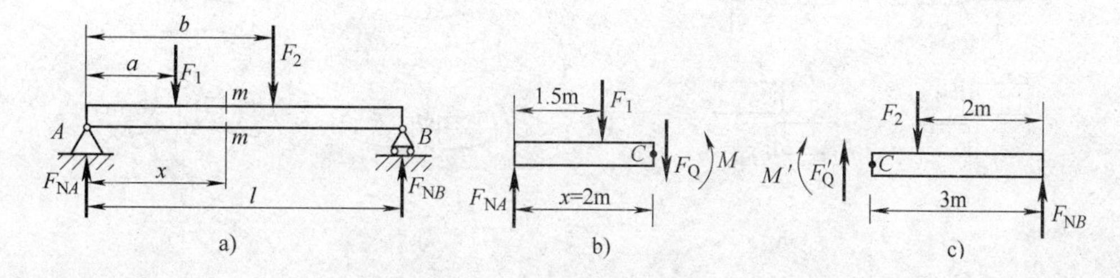

图14-9　用截面法求梁截面内力

为了保持左部分梁的平衡，截面 $m—m$ 上必然存在两个内力分量：

（1）内力：作用在截面内部与截面相切，其作用线平行于外力，称为剪力（shear force），用 F_Q（或 F_S）表示。

（2）内力偶矩：其作用面垂直于横截面，称为弯矩（bending moment），用 M 表示。

现在讨论剪力和弯矩的求法。确定梁中截面上剪力和弯矩的基本方法仍然是截面法。剪力 F_Q 和弯矩 M 的大小和方向可根据平面平行力系的平衡方程确定。

由
$$\sum F_y = 0,\ F_{NA} - F_1 - F_Q = 0$$
得
$$F_Q = F_{NA} - F_1 = 1.5\text{kN} - 1\text{kN} = 0.5\text{kN}$$
由
$$\sum M_C(F) = 0,\ -F_{NA}x + F_1(x-a) + M = 0$$
得
$$\begin{aligned} M &= F_{NA}x - F_1(x-a) \\ &= 1.5 \times 2\text{kN} \cdot \text{m} - 1 \times (2-1.5)\text{kN} \cdot \text{m} \\ &= 2.5\text{kN} \cdot \text{m} \end{aligned}$$

如果取右部分梁为研究对象，如图14-9c所示，则 $m—m$ 截面上的剪力和弯矩分别以 F'_Q 和 M' 表示，可以求得 $F'_Q = F_Q = 0.5\text{kN}$，$M' = M = 2.5\text{kN} \cdot \text{m}$，即它们大小相等、方向相反。这是因为它们之间是作用与反作用的关系。

为了使上述两种算法得到的同一截面上的剪力和弯矩不仅数值相同而且符号也一致，我们把剪力和弯矩的符号规则与梁的变形联系起来，规定如下：

（1）剪力的符号规则。剪力 F_Q 绕保留部分顺时针方向为正（见图14-10a），反之为负（见图14-10b）。

（2）弯矩的符号规则。在截面 $n—n$ 处弯曲变形向下凸或使梁的上表面纤维受压时（见图14-11a），截面 $n—n$ 上的弯矩规定为正；反之为负（见图14-11b）。

按上述关于符号的规定，任意截面上的剪力和弯矩，无论根据这个截面左侧还是右侧来计算，所得结果的数值和符号都是一样的。

例14-1　求图14-12a所示简支梁截面1—1及2—2的剪力和弯矩。

解　（1）计算梁的支座约束力。由平衡方程

$$\sum M_A(F) = 0,\ F_B \times 10\text{m} - F \times 6\text{m} - \frac{1}{2} \times q \times (10\text{m})^2 = 0$$

得

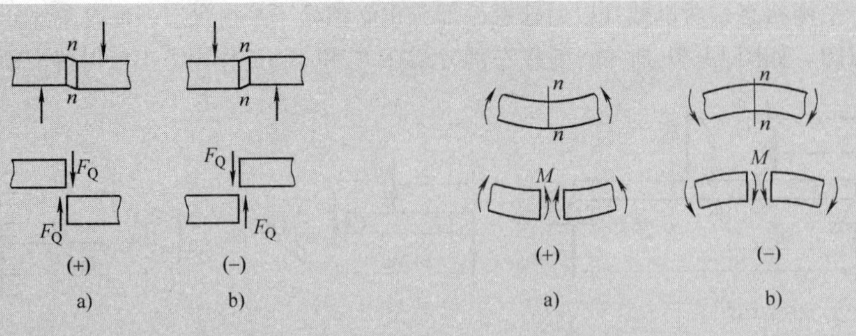

图 14-10 剪力的符号规则　　图 14-11 弯矩的符号规则

$$F_B = 34\text{kN}$$

$$\sum F_y = 0, \quad F_A + A_B - 40\text{kN} - 2\times 10\text{kN} = 0$$

得

$$F_A = 26\text{kN}$$

（2）求截面 1—1 的剪力F_{Q1}及弯矩M_1。截面 1—1 左边部分梁段上的外力和截面上正向剪力 F_{Q1}和正向弯矩 M_1如图 14-12b 所示，由平衡方程可得

$$F_{Q1} = (26 - 2\times 5)\text{kN} = 16\text{kN}$$

$$M_1 = \left(26\times 5 - 2\times 5\times \frac{5}{2}\right)\text{kN}\cdot\text{m} = 105\text{kN}\cdot\text{m}$$

（3）求截面 2—2 的剪力F_{Q2}及弯矩M_2。截面 2—2 右边部分梁段上外力较简单，故求截面 2—2 的剪力和弯矩时，取该截面的右边梁段为研究对象较适宜。设截面 2—2 上有正向剪力 F_{Q2}和正向弯矩 M_2，如图 14-12c 所示，由平衡方程可得

$$F_{Q2} = (2\times 2 - 34)\text{kN} = -30\text{kN}$$

$$M_2 = (34\times 2 - 2\times 2\times 1)\text{kN}\cdot\text{m} = 64\text{kN}\cdot\text{m}$$

F_{Q2}得负值，说明与图示假设方向相反，即为负剪力。

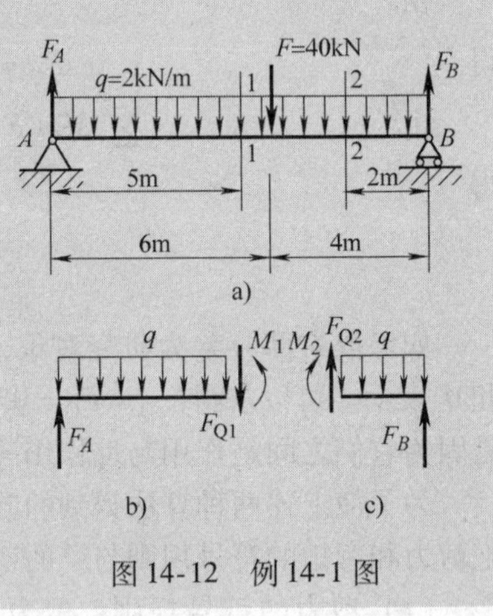

图 14-12 例 14-1 图

讨论：用截面法计算梁截面内力（F_Q和 M）的方法是求内力的基本方法。由上面的例子可以总结出用截面法计算梁的内力——剪力 F_Q和弯矩 M 的一般步骤如下。

（1）用假想截面从被指定的截面处将梁截为两部分；

（2）以其中任意部分为研究对象，在截开的截面上按 F_Q和 M 的符号规则先假设为正，画出未知的 F_Q和 M 的方向；

（3）应用平衡方程 $\sum F_y = 0$ 和 $\sum M_O = 0$，计算 F_Q和 M 的值，其中 O 点一般取截面的形心；

（4）根据计算结果，结合题意判断 F_Q和 M 的方向。

*14.3.2 直接由外力求剪力和弯矩的方法

用截面法求梁任意截面上的剪力和弯矩虽然是基本方法，但是一般比较烦琐。然而根据截面法求得任意截面上的剪力和弯矩的结果，可以得到下述两个规律：

（1）某一截面的剪力等于此截面一侧（左侧或右侧）所有外力（包括载荷和约束力）沿着与杆轴垂直方向投影的代数和，即 $F_Q = \sum F_{一侧}$。

（2）某一截面的弯矩等于此截面一侧（左侧或右侧）所有外力（包括载荷和约束力）对此截面形心的力矩的代数和，即 $M = \sum (m_O(F)_{一侧})$。

这样我们就可以利用这两个规律，直接写出任意截面上的剪力和弯矩。

为了使所求得的剪力和弯矩的正负号也符合上述规定，应注意：

（1）按此规律列剪力计算式时，“凡截面左侧梁上所有向上的外力，或截面右侧梁上所有向下的外力，都将产生正的剪力，故均取正号；反之为负”。

（2）在列弯矩计算式时，“凡截面左侧梁上外力对截面形心之矩为顺时针转向，或截面右侧外力对截面形心之矩为逆时针转向，都将产生正的弯矩，故均取正号；反之为负”。

上述规则可以概括为“左上右下，剪力为正；左顺右逆，弯矩为正”的口诀。

利用上述规律，在求弯曲内力时，可不再列出平衡方程，而是直接根据截面左侧或右侧梁上的外力来确定横截面上的剪力和弯矩，从而简化了求内力的计算步骤。

例如图14-13a所示的简支梁，已知所受载荷为 F，并且已求得左、右端的支座约束力分别为 $3F/4$ 和 $F/4$。若用这一方法求中间截面的剪力和弯矩时，如欲取左段梁为研究对象，只需假想用一张纸将右段盖住（见图14-13a）。根据左段梁上的外力，即可直接写出：

$$F_Q = (3F/4) - F = -F/4$$
$$M = (3F/4) \times (l/2) - Fl/4 = Fl/8$$

如欲取右段梁为研究对象，可假想将左段梁盖住（见图14-13b），也可直接得出

$$F_Q = -F/4$$
$$M = (F/4) \times (l/2) = Fl/8$$

可见计算过程简化了不少。

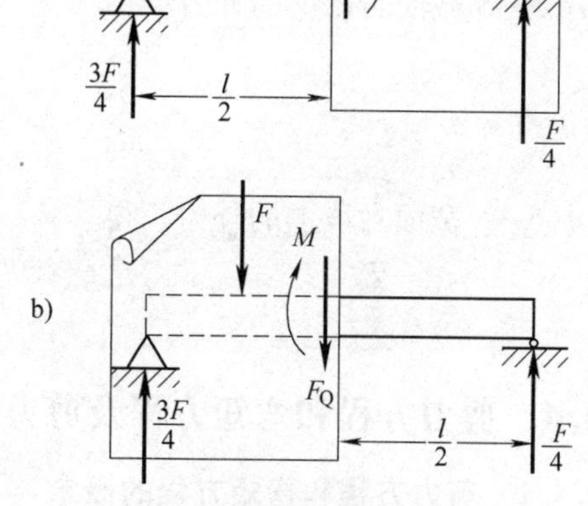

图14-13　直接根据截面一侧的外力求横截面上的剪力和弯矩

*例14-2　外伸梁受载如图14-14所示，已知 q、a。试求图中各指定截面上的剪力和弯矩。图中截面2、3分别为约束力（F_A）作用处的左、右邻截面（即面2、3间的间距趋于无穷小量），截面4、5亦为集中力偶矩 M_{T0} 的左、右邻截面。截面6为约束力（F_B）作用处的左邻截面。

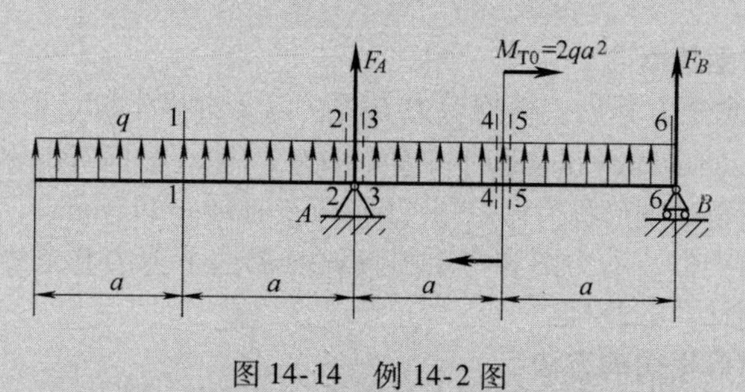

图14-14　例14-2图

解 (1) 求支座约束力。设支座约束力F_A和F_B均向上，由平衡方程 $\sum M_B(F)=0$ 和 $\sum M_A(F)=0$，得$F_A=-5qa$，$F_B=qa$。F_A为负值，说明其实际方向与原假设方向相反。

(2) 求指定截面上的剪力和弯矩。考虑1—1截面左段上的外力，得

$$F_{Q1}=qa$$

$$M_1=qa\frac{a}{2}=\frac{qa^2}{2}$$

考虑2—2截面左段上的外力，得

$$F_{Q2}=2qa$$

$$M_2=2qaa=2qa^2$$

考虑3—3截面左段上的外力，得

$$F_{Q3}=2qa+F_A=2qa+(-5qa)=-3qa$$

$$M_3=2qaa+F_A\times 0=2qa^2$$

考虑4—4截面右段上的外力，得

$$F_{Q4}=-qa-F_B=-qa-qa=-2qa$$

$$M_4=F_Ba+\frac{qaa}{2}-M_{T0}=qa^2+\frac{qa^2}{2}-2qa^2=-\frac{1}{2}qa^2$$

考虑5—5截面右段上的外力，得

$$F_{Q5}=-qa-F_B=-qa-qa=-2qa$$

$$M_5=F_{Ba}+\frac{qaa}{2}=qa^2+\frac{qa^2}{2}=\frac{3}{2}qa^2$$

考虑6—6截面右段上的外力，得

$$F_{Q6}=-F_B=-qa$$

$$M_6=0$$

14.4 剪力方程和弯矩方程及剪力图和弯矩图的概念

14.4.1 剪力方程和弯矩方程的概念

一般来说，对于梁上不同的横截面，其剪力和弯矩都是不同的。为了对梁进行强度计算和刚度计算，需要知道剪力和弯矩随横截面变化的规律。若以沿梁轴线的横坐标x表示横截面的位置，则横截面上的剪力F_Q和弯矩M可以表示为x的函数，即

$$F_Q=F_Q(x) \tag{14-1}$$

$$M=M(x) \tag{14-2}$$

这两个数学表达式分别称为梁的剪力方程（equation of shear force）和弯矩方程（equation of bending moment）。

14.4.2 剪力图和弯矩图的概念

在得到剪力方程和弯矩方程后，根据剪力方程，以x为横坐标、剪力F_Q为纵坐标，绘制所得的图形称为剪力图（shear force diagram），或简称为F_Q图。根据弯矩方程，以x为横坐标，弯矩M为纵坐标，绘制所得的图形称为弯矩图（bending moment diagram），或简称为M图。

与轴力图和扭矩图类似，剪力图和弯矩图直观地表达了剪力和弯矩随横截面的变化规律，是梁的强度计算和刚度计算的基础。

14.4.3 绘制剪力图和弯矩图的方法

1. 列梁的剪力方程和弯矩方程绘制剪力图和弯矩图

绘制剪力图和弯矩图的基本方法——列出梁的剪力和弯矩方程，按方程绘图。剪力方程和

弯矩方程的建立仍然是用截面法，或利用截面一侧所有外力直接写出任意梁段上的剪力方程和弯矩方程。

在列方程时，一般将坐标 x 的原点取在梁的左端。作图时，要选择一个适当的比例尺，以横截面位置 x 为横坐标，剪力 F_Q 和弯矩 M 值为纵坐标，并将正剪力和正弯矩画在 x 轴的上边，负的画在下面。

下面用例题来说明这个方法。

例 14-3　如图 14-15a 所示，一悬臂梁 AB 在自由端受集中力 F 作用。试作此梁的剪力图和弯矩图。

解　（1）列剪力方程和弯矩方程。将梁左端 A 点取作坐标原点（见图 14-15b），在求距离此梁左端为 x 的任意横截面上的剪力和弯矩时，不必求出梁支座约束力，而可根据截面左侧梁的平衡方程求得

$$F_Q = -F \quad (0 < x < l) \tag{a}$$

$$M = -Fx \quad (0 \leqslant x < l) \tag{b}$$

式（a）和式（b）分别为此梁的剪力方程和弯矩方程。

（2）画剪力图和弯矩图。式（a）表明，剪力 F_Q 与 x 无关，故剪力图是水平线（见图 14-15c）；式（b）表明，弯矩 M 是 x 的一次函数，故弯矩图是一条倾斜直线，需要由图线的两个点来确定这条直线。当 $x=0$ 时，$M=0$；当 $x=l$ 时，$M=-Fl$（见图 14-15d）。由此可画出梁的剪力图和弯矩图，分别如图 14-15c、d 所示。

由图 14-15d 可见，此悬梁的弯矩的最大值出现在固定端 B 处，其绝对值为 $|M|_{max}=Fl$。可见，此弯矩在数值上等于梁固定端的约束力偶矩：

$$|M|_{max} = |M_B| = Fl$$

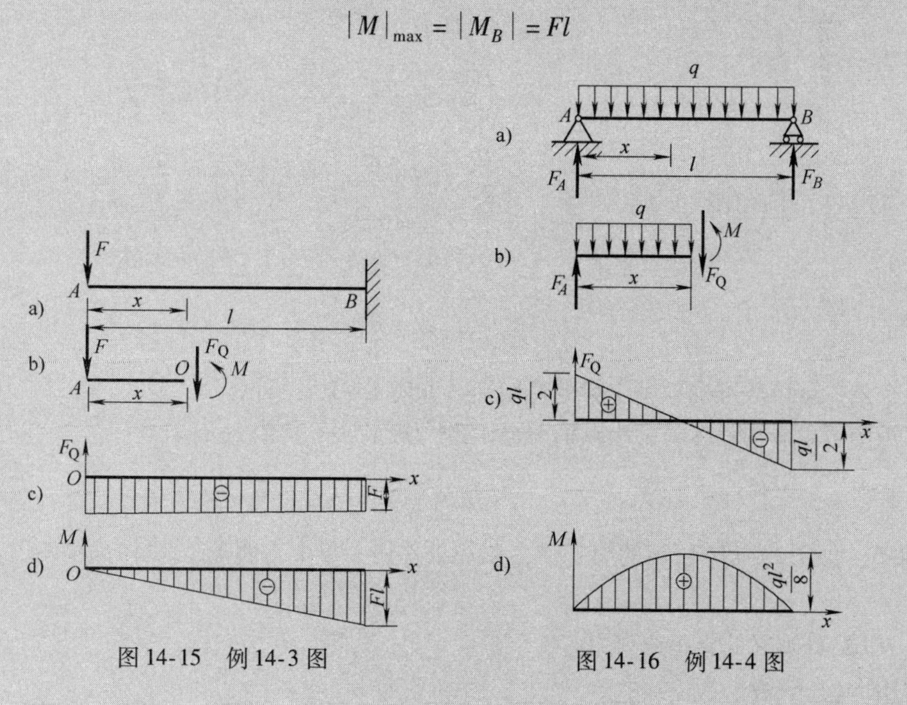

图 14-15　例 14-3 图　　图 14-16　例 14-4 图

例 14-4　如图 14-16a 所示，简支梁 AB 受均布载荷 q 的作用。试作此梁的剪力图和弯矩图。

解 （1）求支座约束力。

由载荷及支座约束力的对称性可知两个支座约束力相等，故

$$F_A = F_B = \frac{ql}{2}$$

（2）列剪力方程和弯矩方程。

以梁左端 A 点为坐标原点，距左端为 x 的任意横截面（见图 14-16b）上的剪力和弯矩分别为

$$F_Q = F_A - qx \quad (0 < x < l) \tag{a}$$

$$M = F_A x - qx\frac{x}{2} = \frac{ql}{2}x - \frac{qx^2}{2} \quad (0 \leqslant x < l) \tag{b}$$

式（a）和式（b）即为梁的剪力方程和弯矩方程。

（3）作剪力图和弯矩图。

由剪力方程知剪力 F_Q 是 x 的一次函数，故剪力图是一条斜直线，只需确定两点的剪力值（如截面 A 和 B），剪力方程为

$$F_{QA} = \frac{ql}{2},\ F_{QB} = -\frac{ql}{2}$$

由剪力图（见图 14-16c）可知，最大剪力在 A、B 两截面处，即

$$|F_Q|_{\max} = \frac{ql}{2}$$

由弯矩方程知弯矩 M 是 x 的二次函数，故弯矩图是一条二次抛物线。为了画出此抛物线，要适当地确定曲线上几个点的弯矩值，即

$$x = 0, \quad M = 0$$

$$x = \frac{l}{4}, \quad M = \frac{ql}{2}\frac{l}{4} - \frac{q}{2}\left(\frac{l}{4}\right)^2 = \frac{3}{32}ql^2$$

$$x = \frac{l}{2}, \quad M = \frac{ql}{2}\frac{l}{2} - \frac{q}{2}\left(\frac{l}{2}\right)^2 = \frac{1}{8}ql^2$$

$$x = \frac{3}{4}l, \quad M = \frac{ql}{2}\frac{3l}{4} - \frac{q}{2}\left(\frac{3}{4}l\right)^2 = \frac{3}{32}ql^2$$

$$x = l, \quad M = \frac{ql}{2}l - \frac{q}{2}l^2 = 0$$

通过这几个点，就可较准确地画出梁的弯矩图，如图 14-16d 所示。

由弯矩图可以看出，在跨度中点横截面上的弯矩最大，其值为

$$M_{\max} = \frac{ql^2}{8}$$

例 14-5 如图 14-17a 所示的简支梁，在 C 处作用一集中力偶 M_e。试作此梁的剪力图和弯矩图。

解 （1）计算梁的支座约束力。

由平衡方程 $\sum M_A = 0$，得

$$F_B = -\frac{M_e}{l}$$

由

$$\sum M_B = 0,\ -F_A l + M_e = 0$$

得

$$F_A = \frac{M_e}{l}$$

F_B为负值，表示其方向与原假设方向相反，F_B指向向下。实际上F_A和F_B正好构成一个力偶与外力偶相平衡。

（2）列剪力方程和弯矩方程。

在集中力偶作用处将梁分为 AC 和 CB 两段，分别在两段内取截面，根据截面左侧梁上的外力列出梁的剪力方程和弯矩方程。

AC 段：

$$F_{Q1} = F_A = \frac{M_e}{l} \quad (0 < x \leqslant a) \qquad \text{(a)}$$

$$M_1 = F_A x = \frac{M_e}{l}x \quad (0 \leqslant x < a) \qquad \text{(b)}$$

CB 段：

$$F_{Q2} = F_A = \frac{M_e}{l} \quad (a \leqslant x < l) \qquad \text{(c)}$$

$$M_2 = F_A x - M_e = \frac{M_e}{l}x - M_e \quad (a < x \leqslant l) \qquad \text{(d)}$$

（3）画剪力图和弯矩图。

由式（a）、式（c）知，AC 段和 CB 段各横截面上的剪力相同，两段的剪力图为同一水平线；由式（b）、式（d）知，两段梁的弯矩图为倾斜直线。可画出梁的剪力图和弯矩图如图 14-17c、d 所示。由图可见，全梁各横截面上的剪力均为 M_e/l；在 $a<b$ 的情况下，绝对值最大的弯矩在 C 点稍右的截面上，其值为

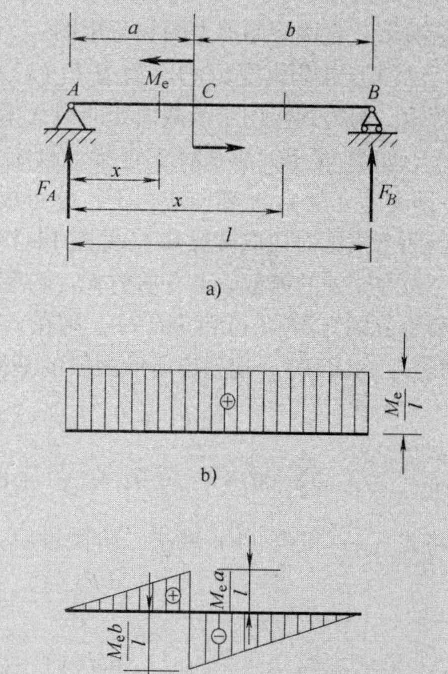

图 14-17　例 14-5 图

$$|M|_{\max} = \frac{M_e b}{l}$$

讨论：从以上几个例题中可以看出：

（1）根据剪力图和弯矩图，既可了解全梁中剪力和弯矩的变化情况，又可很容易找出梁内最大剪力和弯矩所在的横截面及数值，知道了这些数据之后，才能进行梁的强度计算和刚度计算。

（2）在集中力作用截面的两侧，剪力有一突然变化，变化的数值就等于集中力。在集中力偶作用截面两侧，弯矩有一突然变化，变化的数值就等于集中力偶矩。这种现象的出现，好像在集中力和集中力偶矩作用处的横截面上剪力和弯矩没有确定的数值。但事实上并非如此。这是因为：所谓集中力实际上不可能“集中”作用于一点，它实际上是分布于一个微段 Δx 上的分布力经简化后得出的结果（见图 14-18a）。若在此范围内把载荷看作是均布的，则剪力将连续地从 F_{Q1} 变到 F_{Q2}

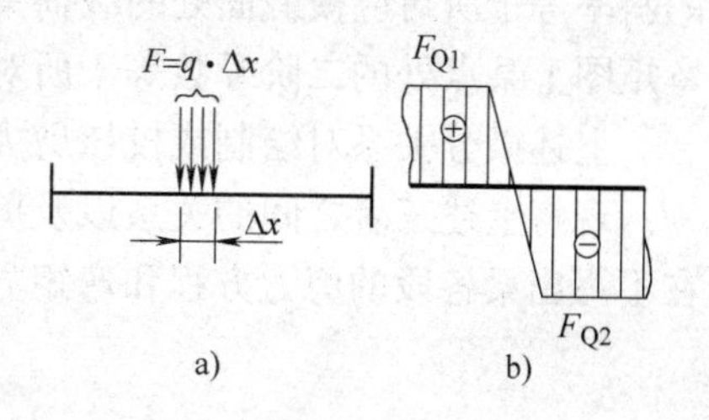

图 14-18　集中力偶作用弯矩变化

（见图 14-18b）。对集中力偶作用的截面，也可做同样的解释。

2. 利用 $q(x)$、$F_Q(x)$ 和 $M(x)$ 间的微分关系及剪力图、弯矩图特征绘制剪力图和弯矩图

前面介绍了绘制剪力图和弯矩图的基本方法，即根据剪力方程和弯矩方程绘制剪力图和弯矩图。但是，当梁上作用的载荷很多时，相应的剪力方程和弯矩方程就要分成许多段来考虑，这样一来，要想绘制出该梁的剪力图和弯矩图，就必须写出各段上的剪力方程和弯矩方程，从而使得绘制剪力图和弯矩图的工作量大大增加。下面，我们利用 $q(x)$、$F_Q(x)$ 和 $M(x)$ 间的微分关系及如表 14-1 所示的剪力图和弯矩图的特征，在不写出梁各段的剪力方程和弯矩方程的情况下，直接绘制剪力图和弯矩图。

（1）载荷集度 $q(x)$、剪力 $F_Q(x)$ 和弯矩之间的微分关系。研究表明，梁上任意截面上的弯矩、剪力和作用于该截面处的载荷集度之间存在着一定的微分关系。

如图 14-19a 所示简支直梁，设梁上作用着任意载荷，坐标原点选在梁的左端截面形心（即支座 A 处），x 轴向右为正，分布载荷以向上为正。在距坐标原点分别为 x 和 $x+\mathrm{d}x$ 的两处以两个横截面切取微段 $\mathrm{d}x$（见图 14-19b），并规定梁上分布载荷的方向与 y 轴方向一致为正。今设在 x 处的横截面上有剪力 $F_Q(x)$ 和弯矩 $M(x)$，当 x 有一定增量 $\mathrm{d}x$ 时，相应的剪力和弯矩增量分别为 $\mathrm{d}F_Q(x)$ 和 $\mathrm{d}M(x)$，则在 $x+\mathrm{d}x$ 处横截面上的剪力和弯矩分别为 $F_Q(x)+\mathrm{d}F_Q(x)$ 和 $M(x)+\mathrm{d}M(x)$，现列出所取微段的平衡方程，得

$$\sum F_y = 0,\ F_Q(x) - [F_Q(x) + \mathrm{d}F_Q(x)] + q(x)\mathrm{d}x = 0 \tag{a}$$

$$\sum M_C(F) = 0,\ M(x) + \mathrm{d}M(x) - M(x) - F_Q(x)\mathrm{d}x - q(x)\mathrm{d}x\frac{\mathrm{d}x}{2} = 0 \tag{b}$$

将式（a）和式（b）略去二阶微量后，化简可得

$$\left.\begin{aligned}\frac{\mathrm{d}F_Q(x)}{\mathrm{d}x} &= q(x)\\ \frac{\mathrm{d}M(x)}{\mathrm{d}x} &= F_Q(x)\end{aligned}\right\}\frac{\mathrm{d}^2M}{\mathrm{d}x^2} = \frac{\mathrm{d}F_Q(x)}{\mathrm{d}x} = q(x) \tag{14-3}$$

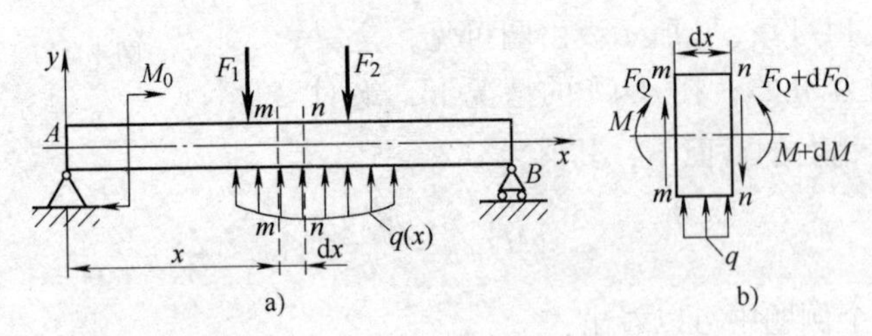

图 14-19 $M(x)$、$F_Q(x)$ 与 $q(x)$ 三者之间的微分关系

式（14-3）表明了同一截面处 $M(x)$、$F_Q(x)$ 与 $q(x)$ 三者之间的微分关系，即剪力图上某点处的斜率等于所对应横截面处的载荷集度；弯矩图上某点处的斜率等于所对应横截面处的剪力；弯矩图上某点处的二阶导数等于所对应横截面处的载荷集度。

上述微分关系对绘制或校核剪力图和弯矩图是很有帮助的。

现将上述三者之间的关系以及剪力图、弯矩图的一些特征汇总整理为表 14-1，以供参考，在不写出梁各段的剪力方程和弯矩方程的情况下，直接绘制剪力图和弯矩图。

表 14-1　梁在均布载荷、集中力和集中力偶作用下的剪力图和弯矩图

梁上外力情况	无载荷作用段 	有均布载荷作用段 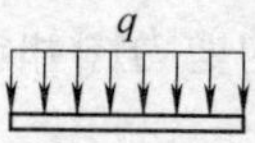	集中力 F 作用截面 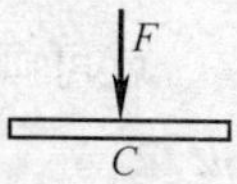	集中力偶矩 M_e 作用截面 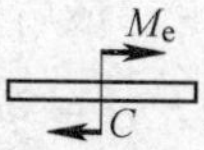
剪力方程	常数	一次函数	无定义	有定义
剪力图的特征	与轴线平行的直线⊕或⊖（或为零）	斜直线 q 向下作用，F_Q 图向下斜\ q 向上作用，F_Q 图向上斜/	有突变，突变值为 F，突变方向与 F 的作用方向一致	左右无变化
弯矩方程	一次函数（或为常数）	二次函数	有定义	无定义
弯矩图的特征	斜直线/或\ （或—）	二次抛物线 q 向下，M 图向上凸； q 向上，M 图向下凸。 即：q：↓　M：⌒ q：↑　M：‿	有折角 ∨或∧	有突变，突变值为 M_e，突变方向： M_e 顺时针，M 图向上突变； M_e 逆时针，M 图向下突变
剪力图与弯矩图之间的关系	F_Q 图为正，M 图递增； F_Q 图为负，M 图递减； F_Q 图为零，M 图不增不减为水平线	F_Q 图为正，M 图递增； F_Q 图为负，M 图递减； F_Q 图由正变负，在 $F_Q=0$ 的截面，M 图取极大值； F_Q 图由负变正，在 $F_Q=0$ 的截面，M 图取极小值		

注意表中所述的规律要求从左向右绘制剪力图和弯矩图。

例 14-6　作如图 14-20a 所示外伸梁的剪力图和弯矩图，并求 $|F_Q|$ 和 $|M|$，设 $M_e=ql^2$。

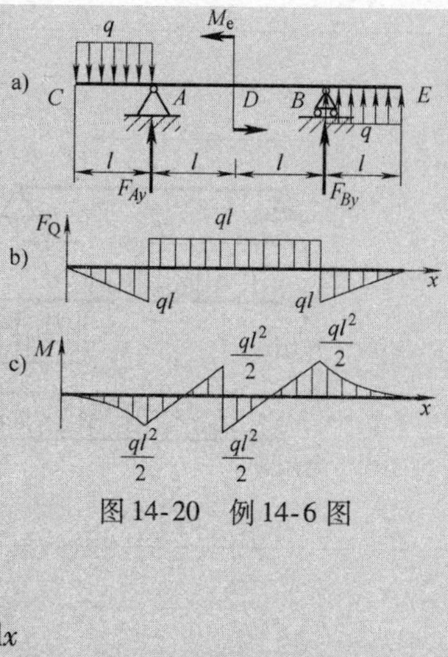

解　由静力平衡方程，求得支座约束力为

$$F_{Ay}=2ql,\ F_{By}=-2ql$$

根据梁所受的外力，将该梁分为四段，即 CA、AD、DB 和 BE。再根据表 14-1 可知：在 CA 和 BE 两段，剪力图为斜直线，弯矩图为二次抛物线；在 AD 和 DB 两段，剪力图为水平线，弯矩图为斜直线，在 A、B 两截面，有集中力 F_{Ay}、F_{By} 作用，故剪力图有突变；在 D 截面，有集中力偶矩 M_e 作用，故弯矩图有突变。各截面的坐标值可根据

图 14-20　例 14-6 图

$$F_Q(x_2)-F_Q(x_1)=\int_{x_1}^{x_2}q(x)\mathrm{d}x$$

$$M(x_2)-M(x_1)=\int_{x_1}^{x_2}F_Q(x)\,\mathrm{d}x$$

来确定。最后，从左至右，就可画出全梁的剪力图和弯矩图，如图 14-20b、c 所示。从图中可知，$|F_Q|=ql$，$|M|=ql^2/2$。

在例 14-6 中，我们可以看出：该梁所承受的载荷对于 D 截面是反对称载荷，则剪力图对于 D 截面是正对称，而弯矩图对于 D 截面是反对称。同理可证明：若梁所承受的载荷对某一截面是对称，则剪力图对该截面是反对称，而弯矩图对该截面是对称。

14.5 弯矩图的叠加法

当梁上同时有几个载荷作用时，可以分别求出各个载荷单独作用下的弯矩图，然后进行代数相加，从而得到各载荷同时作用下的弯矩图。这样一种方法称为绘制弯矩图的叠加法（superposition method）。

上述叠加法也可以用于剪力图的绘制和 $|F_{Q\max}|$ 的确定。

几种受单一载荷作用梁的剪力图和弯矩图列于表 14-2 中。

表 14-2 几种受单一载荷作用梁的剪力图和弯矩图

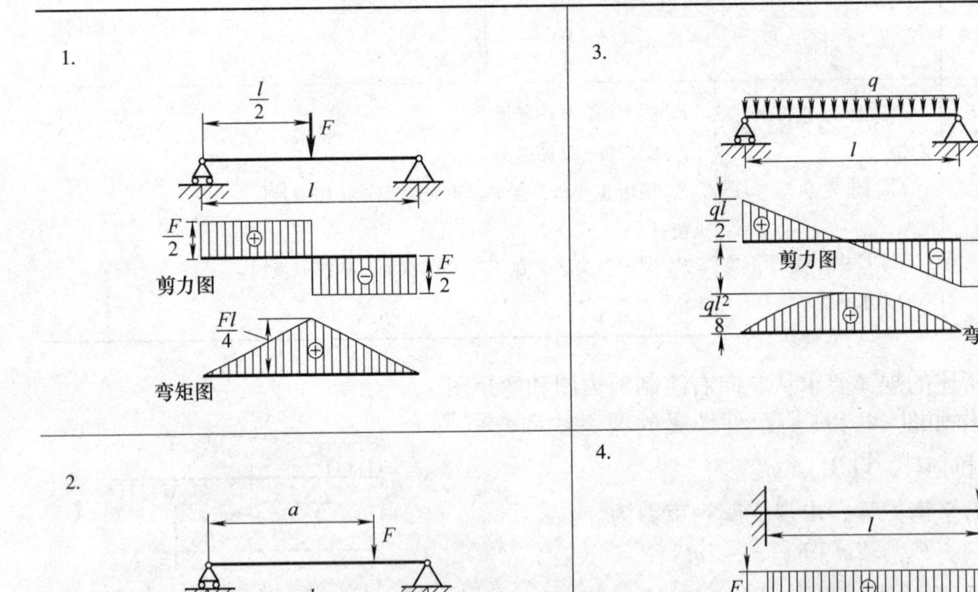

（续）

5. 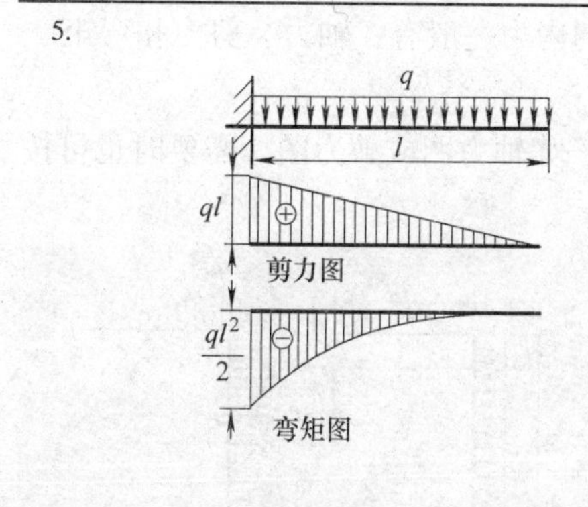	7. 剪力图 弯矩图
6. 剪力图 弯矩图	8. 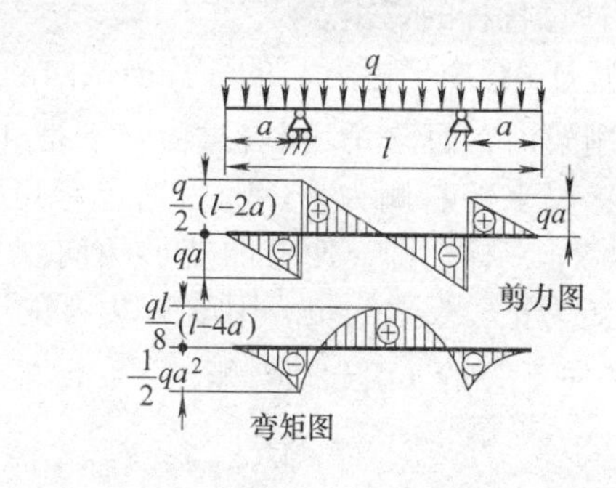

例 14-7　试用叠加法作图 14-21a 所示悬臂梁的弯矩图，设 $F=3ql/8$。

解　查表 14-2，先分别画出梁在只有集中载荷和只有分布载荷作用下的弯矩图（见图 14-21b、c）。两图的弯矩具有不同的符号。为了便于叠加，在叠加时可把它们画在 x 轴的同一侧，例如同画在坐标的下侧（见图 14-21d）。于是，对于两图共同部分，其正值和负值的纵坐标互相抵消。剩下的图形即代表叠加后的弯矩图。如将其改为以水平线为基线的图，即得通常形式的弯矩图（见图 14-21e）。最大弯矩值

$$|M_{Q\max}|=ql^2/8$$

发生在根部截面上。

利用叠加法作弯矩图在以后研究的能量法求变形的计算中，有着更大的优越性。

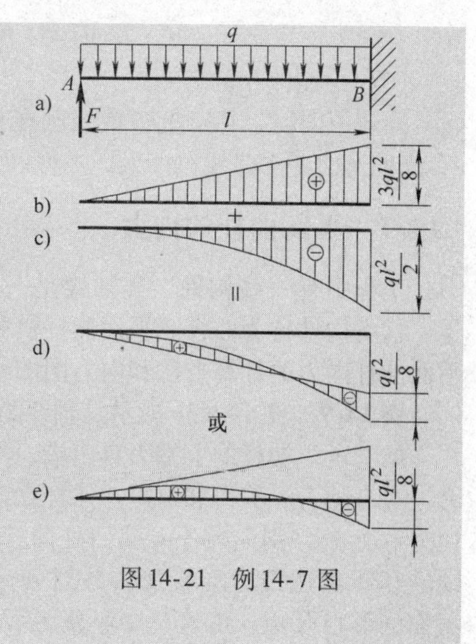

图 14-21　例 14-7 图

*14.6　平面刚架的内力

1. 刚架的概念

工程中，某些机器的机身或机架的轴线是由几段直线组成的折线，如压力机框架、轧钢机机架等，而组成机架的各部分在其连接处的夹角不能改变，即在连接处各部分不能相对转动。

这种连接称为刚节点，如图 14-22 中的节点 C 与铰节点的区别在于刚节点可以抵抗弯矩。由刚节点连接成的框架结构称为刚架（frame）。刚架横截面上的内力一般有：轴力、剪力和弯矩。

2. 平面刚架弯矩图的绘制

下面我们用例题说明刚架弯矩图的绘制。其他内力图，如轴力图或剪力图，需要时也可按相似的方法绘制。

例 14-8 图 14-22a 所示刚架 ABC，设在 AC 段承受均布载荷 q 作用，试分析刚架的内力，并画出内力图。

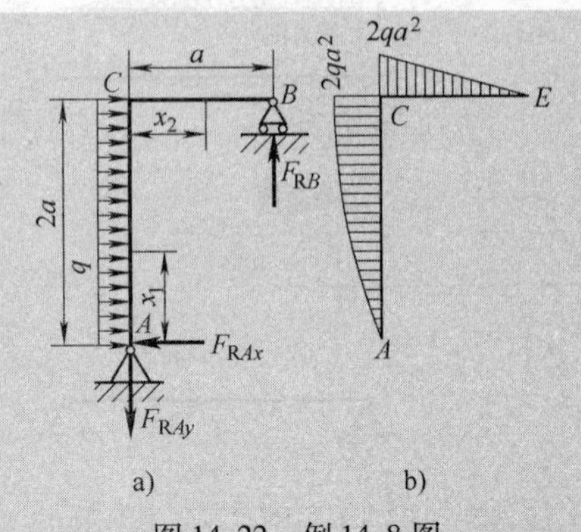

图 14-22 例 14-8 图

解 （1）利用平衡方程求出支座约束力

$$F_{RAx}=2qa,\ F_{RAy}=2qa,\ F_{RB}=2qa$$

约束力方向如图 14-22a 所示。

（2）计算各杆的弯矩。

计算竖杆 AC 中坐标为 x_1 的任意横截面的弯矩时，设想置身于刚架内，面向 AC 杆看过去。于是 AC 杆原来的左侧为上；原来的右侧为下。随后判定弯矩正负的方法与水平梁完全一样。即，使弯曲变形凸向“下”（即向右）的弯矩为正，反之为负。用截面以“左”的外力来计算弯矩，则“向上”的 F_{RAx}。引起正弯矩；“向下”的 q 引起负弯矩。

$$M(x_1)=F_{RAx}x_1-\frac{1}{2}qx_1^2=2qax_1-\frac{1}{2}qx_1^2$$

计算横杆 BC 中坐标为 x_2 的横截面的弯矩时，用截面右侧的外力来计算

$$M(x_2)=F_{RB}(a-x_2)=2qa(a-x_2)$$

（3）绘制刚架的弯矩图。

绘弯矩图时，约定把弯矩图画在杆件弯曲变形凹入的一侧，亦即画在受压的一侧。例如 AC 杆的弯曲变形是左侧凹入，右侧凸出，故弯矩图画在左侧，如图 14-22b 所示。

*14.7 平面曲杆的内力

工程中有一些构件，其轴线是一条平面曲线，如曲杆（见图 14-23a）、吊钩、链环、拱等。这类构件称为曲杆。平面曲杆横截面上的内力通常包含轴力、剪力和弯矩。下面举例说明平面曲杆内力的计算方法和内力图的绘制。

例 14-9 图 14-23a 所示是轴线为四分之一圆周的曲杆。试绘制该曲杆的弯矩图。

解 由于曲杆的上端为自由端，不必先求支座约束力就可计算横截面 $m—m$ 上的内力。内力一般有轴力、剪力和弯矩。曲杆在 $m—m$ 截面以右的部分示于图 14-23b 中。把这部分上的内力和外力分别向 $m—m$ 截面处曲杆轴线的切线和法线方向投影，并对 $m—m$ 截面的形心取矩，由这三个平衡方程便可求得

$$F_N=F\sin\varphi+2F\cos\varphi$$

$$F_Q=F\cos\varphi-2F\sin\varphi$$

$$M=2Fa\ (1-\cos\varphi)\ -Fa\sin\varphi$$

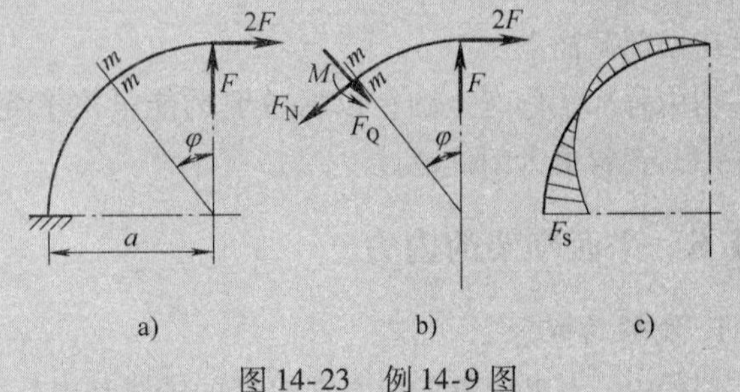

图 14-23 例 14-9 图

关于内力的正负号，规定为：引起拉伸变形的轴力 F_N 为正；使轴线曲率增加的弯矩 M 为正；以剪力 F_Q 对所考虑的部分曲杆内任一点取矩，若力矩为顺时针方向，则剪力 F_Q 为正。按照这一正负号规则，在图 14-23b 中，F_N 和 M 为正，而 F_Q 为负，即上面第二式右边应冠以负号。

绘制弯矩图时，M 画在曲杆在弯曲中受压的一侧（参考例 14-7、例 14-8），并沿曲杆轴线的法线标出杆的 M 的数值（见图 14-23c）。

14.8　弯曲应力

当梁受力弯曲时，其横截面上的内力一般有弯矩和剪力两项。为了进行梁的校核和设计工作，必须进一步研究梁横截面上的应力情况。本节主要讨论应力在横截面上的分布规律以及强度计算，并进一步讨论梁的合理截面选择和提高承载能力的措施。

14.8.1　梁弯曲横截面上的正应力

在一般情况下，梁弯曲时其横截面上既有弯矩 M 又有剪力 F_Q，这种弯曲称为横力弯曲（horizontal force bending），也称剪切弯曲（shear bending）。如图 14-24a 中梁上的 AC 段和 DB 段。梁横截面上的弯矩是由正应力合成的，而剪力则是由切应力合成的，因此，在梁的横截面上一般既有正应力又有切应力。

如果某段梁内各横截面上弯矩为常量而剪力为零，则该段梁的弯曲称为纯弯曲（pure bending）。图 14-24a 中梁上的 CD 段就属于纯弯曲，纯弯曲时梁的横截面上不存在切应力。仅有正应力，比较简单。

14.8.2　纯弯曲时梁横截面上的正应力

下面先针对纯弯曲的情况来分析应力和弯矩的关系，导出纯弯曲梁的应力计算公式。

1. 梁在纯弯曲时的实验观察

为了分析计算梁在纯弯曲情况下的应力，必须先研究梁在纯弯曲时的变形现象。为此，先进行一个简单的实验。取容易变形的材料（如橡胶）做成一根矩形截面的梁（见图 14-25）。先在梁的表面上画出两条与轴线平行的纵向直线 aa 和 bb，以及与轴线垂直的横向直线 $m—m$ 和 $n—n$（见图 14-25a）。设想梁是由无数层纵向纤维组成的，于是纵向直线代表纵向纤维，横

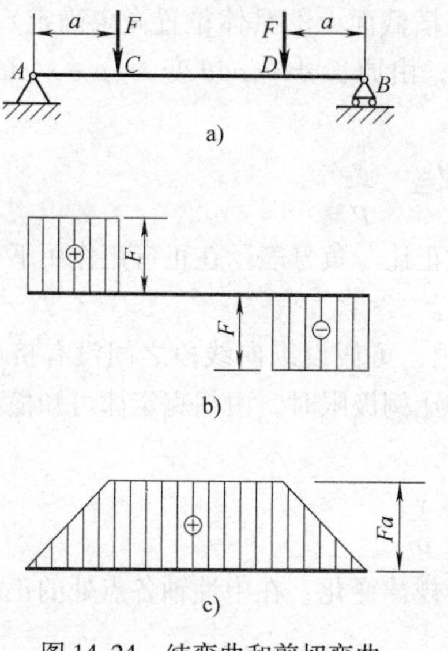

图 14-24　纯弯曲和剪切弯曲

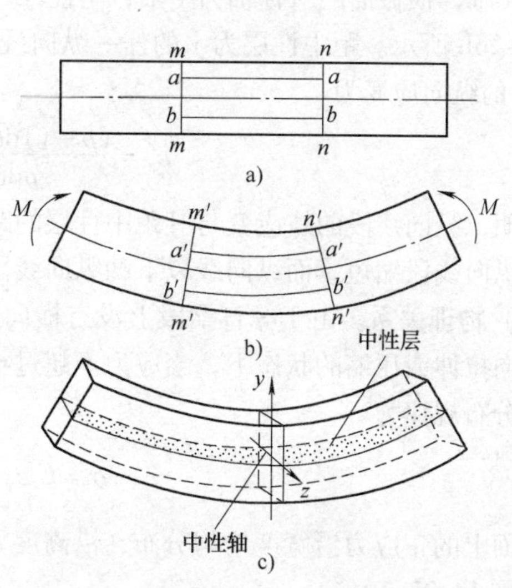

图 14-25　矩形截面的梁纯弯曲变形观察

向直线代表各个横截面的周边。当梁段在该梁的两端受到一对大小相等、转向相反的外力偶 m 的作用（见图 14-25b）时，显然该梁段的弯曲为纯弯曲。发生纯弯曲变形时，可观察到下列一些现象（见图 14-25c）：

（1）两条纵线 aa 和 bb 弯成曲线 $a'a'$ 和 $b'b'$，且靠近底面的纵线 bb 伸长了，而靠近顶面的纵线 aa 缩短了。

（2）两条横线仍保持为直线 $m'—m'$ 和 $n'—n'$；只是相互倾斜了一个角度，但仍垂直于弯成曲线的纵线。

（3）在纵线伸长区，梁的宽度减小；在纵线缩短区，梁的宽度增大。情况与轴向拉伸、压缩时的变形相似。

2. 推断和假设

根据上述矩形截面梁的纯弯曲实验，可以给出如下假设：

（1）梁在纯弯曲时，各横截面始终保持为平面，并垂直于梁轴。此即弯曲变形的平面假设。

（2）纵向纤维之间没有相互挤压，每根纵向纤维只受到简单拉伸或压缩。

根据平面假设，当梁按图 14-25b 方向弯曲时，其底部各纵向纤维伸长，顶部各纵向纤维缩短。而纵向纤维的变形沿截面高度应该是连续变化的。所以，从伸长到缩短区，中间必有一层纤维既不伸长也不缩短。这一长度不变的过渡层称为中性层（neutral surface）（见图 14-25c）。中性层与横截面的交线称为中性轴（neutral axis）。在平面弯曲的情况下，显然中性轴必然垂直于截面的纵向对称轴。

概括地说，在纯弯曲的条件下，所有横截面仍保持平面，只是绕中性轴做相对转动，横截面之间并无互相错动的变形，而每根纵向纤维则处于简单的拉伸或压缩的受力状态。

3. 纯弯曲时梁的正应力

纯弯曲时梁的正应力分析方法与推导扭转切应力公式相似，也需要从几何、物理和静力学三个方面来综合考虑。

（1）几何方面。假想从梁中截取长为 dx 的微段进行分析。梁弯曲后，由平面假设可知，两横截面将相对转动一个角度 $d\theta$，如图 14-26a 所示，图中的 ρ 为中性层的曲率半径。取梁的轴线为 x 轴，横截面的对称轴为 y 轴，中性轴（其在横截面上的具体位置尚未确定）为 z 轴，如图 14-26b 所示。距中性层为 y 的任一纵向线段 ab，由原长 $dx=\rho d\theta$ 变为 $(\rho-y)d\theta$。因此，线段 ab 的纵向应变为

$$\varepsilon_x=\frac{(\rho-y)d\theta-\rho d\theta}{\rho d\theta}=-\frac{y}{\rho}$$

上式表明，纵向线段的线应变与其距中性层的距离成正比。负号表示在正弯矩作用下，中性层以上的纵向线段缩短，而纵向线以下的纵向线段伸长。

（2）物理关系。由于等直梁段上没有横向力作用，可假设纵向线段之间没有挤压，亦即处于单向拉伸或压缩的状态下，当应力不超过材料的比例极限时，由胡克定律可知横截面上正应力的分布规律为

$$\sigma=E\varepsilon_x=-E\frac{y}{\rho} \tag{14-4}$$

即横截面上的正应力沿宽度均匀分布，沿高度呈线性规律变化，在中性轴各点处的正应力均为零（见图 14-27a）。

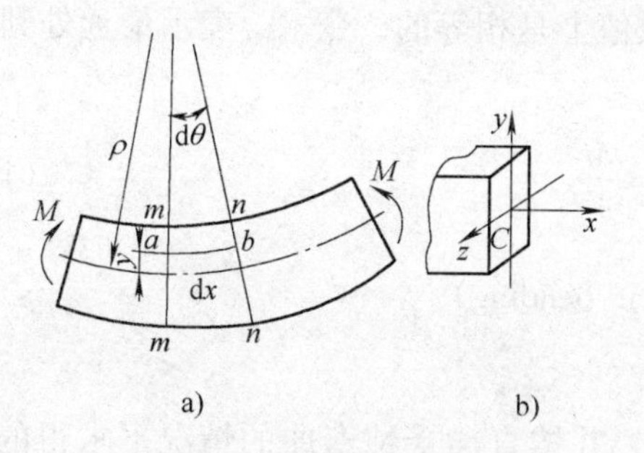

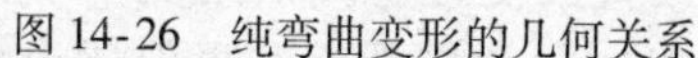

图 14-26　纯弯曲变形的几何关系

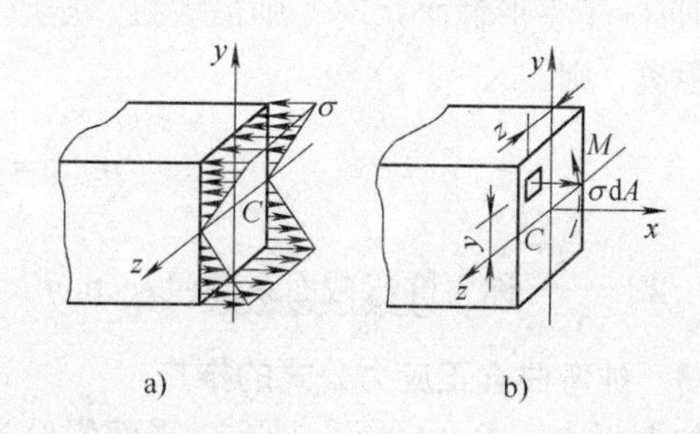

图 14-27　横截面上正应力的分布规律

（3）静力关系。由于横截面上的内力分量只有作用于纵向对称平面内的弯矩 M（见图 14-27b）。因此，应力与内力分量间的静力关系为

$$F_N = \int_A \sigma \mathrm{d}A = 0 \tag{a}$$

$$M_y = \int_A z\sigma \mathrm{d}A = 0 \tag{b}$$

$$M_z = -\int_A y\sigma \mathrm{d}A = M \tag{c}$$

将式（14-4）代入式（a），得

$$\int_A \sigma \mathrm{d}A = -\frac{E}{\rho}\int_A y\mathrm{d}A = -\frac{E}{\rho}S_z = 0$$

由于 E/ρ 不可能为零，则要求横截面对中性轴的静矩 S_z 等于零，因此中性轴必须通过截面的形心。

将式（14-4）代入式（b），得

$$\int_A z\sigma \mathrm{d}A = -\frac{E}{\rho}\int_A zy\mathrm{d}A = 0$$

令积分 $\int_A yz\mathrm{d}A = I_{yz}$，称为截面对轴 y、z 的惯性积（product of inertia）。由于 y 轴是横截面的对称轴，由对称性可知，I_{yz} 必然等于零，故式（b）是自然满足的。

将式（14-4）代入式（c），得

$$-\int_A y\sigma \mathrm{d}A = \frac{E}{\rho}\int_A y^2\mathrm{d}A = M$$

令积分 $\int_A y^2\mathrm{d}A = I_z$，称为横截面对中性轴 z 的惯性矩或截面二次轴矩（second axial moment of area）。于是有

$$\frac{1}{\rho} = \frac{M}{EI_z} \tag{14-5}$$

式中，$1/\rho$ 是梁变形后的曲率。上式表明，在弯矩不变的情况下，EI_z 越大，则曲率 $1/\rho$ 越小，即弯曲变形越小。故 EI_z 称为梁的抗弯刚度（flexural rigidity）。

将式（14-5）代回式（14-4），即得对称弯曲梁纯弯曲时横截面上任一点处的正应力为

$$\sigma = -\frac{My}{I_z} \tag{14-6}$$

横截面上的最大拉、压应力分别发生在离中性轴的最远处。当中性轴为截面的对称轴

（如圆形、工字形截面）时，则最大拉、压应力在数值上是相等的，令 $y_{\max}$ 表示最远处到中性轴的距离，则

$$\sigma_{\max} = \frac{My_{\max}}{I_z} = \frac{M}{W_z} \tag{14-7}$$

式中，$W_z = \dfrac{I_z}{y_{\max}}$ 称为抗弯截面系数（section modulus in bending）。

14.8.3 纯弯曲梁正应力公式的推广

如上所述，式（14-4）是在以平面假设为基础，并按直梁受纯弯曲的情况下求得的。但梁一般为剪切弯曲，这是工程实际中最常见的情况。此时，梁的横截面不再保持为平面。同时，在与中性层平行的纵截面上还有横向力引起的挤压应力。但由弹性力学证明，对于跨长 l 与横截面高度 h 之比 $l/h>5$ 的梁，虽有上述因素，但横截面上的正应力分布规律与纯弯曲的情况几乎相同。这就是说，剪力和挤压的影响甚少，可以忽略不计。因而平面假设和纤维之间互不挤压的假设在剪切弯曲的情况下仍可适用。工程实际中常见的梁，其 l/h 的值远大于5。因此，纯弯曲时的正应力公式可以足够精确地用来计算梁在剪切弯曲时横截面上的正应力。式（14-4）也可近似用于小曲率的曲梁，但有一定误差。

14.8.4 轴惯性矩和抗弯截面系数的计算——平行轴定理

1. 轴惯性矩的计算

在应用式（14-4）计算梁的正应力时，需预先计算横截面对中性轴的惯性矩。对于一些简单图形的截面，如矩形、圆形等，可以直接根据惯性矩的定义用积分的方法来计算。例如，为求图14-28所示矩形截面对中性轴 z 的惯性矩 I_z，可取宽为 b、高为 $\mathrm{d}y$ 的狭长条作为微面积，即取 $\mathrm{d}A=h\mathrm{d}y$，积分后得

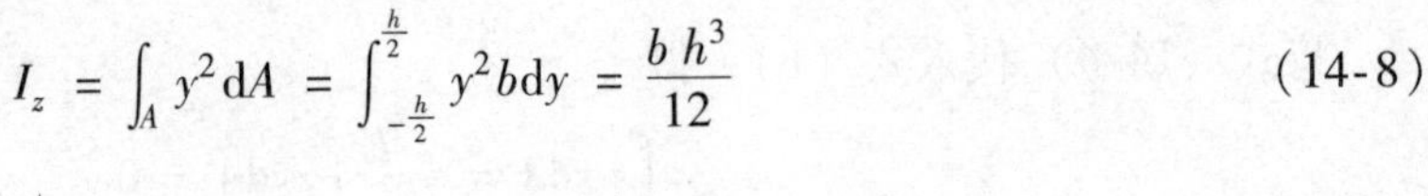

$$I_z = \int_A y^2 \mathrm{d}A = \int_{-\frac{h}{2}}^{\frac{h}{2}} y^2 b \mathrm{d}y = \frac{bh^3}{12} \tag{14-8}$$

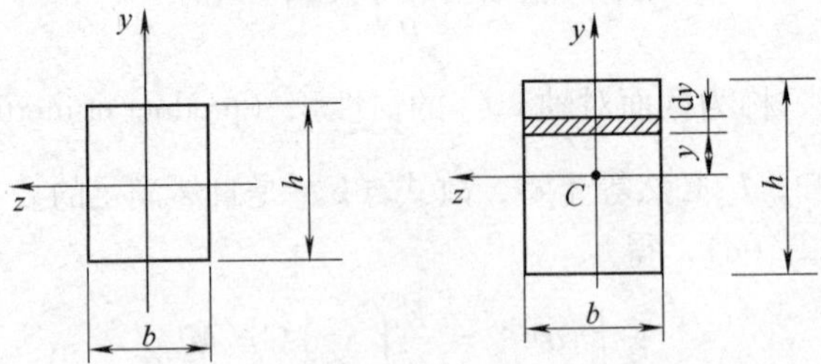

图14-28 矩形截面对中性轴 z 的惯性矩 I_z

用同样的方法得直径为 d 的圆形截面对通过圆心轴 z 的惯性矩为

$$I_z = \frac{\pi}{64} d^4 \tag{14-9}$$

若是外径为 D、内径为 d 的圆环形截面，则

$$I_z = \frac{\pi}{64}(D^4 - d^4) = \frac{\pi D^4}{64}(1-\alpha^4) \tag{14-10}$$

式中，$\alpha = \dfrac{d}{D}$。

有时为了简便起见，将惯性矩表示为图形面积与某一长度二次方的乘积，即

$$I_z = i_z^2 A$$

所以有

$$i_z = \sqrt{\frac{I_z}{A}} \tag{14-11}$$

i_z为图形对轴 z 的惯性半径（radius of gyration）。例如，矩形（图 14-29a）对轴 z 的惯性半径为

$$i_z = \sqrt{\frac{I_z}{A}} = \sqrt{\frac{bh^3}{12bh}} = \frac{h}{2\sqrt{3}}$$

同理可算得直径为 d 的圆形截面（见图 14-29b）对任一形心轴的惯性半径为 $d/4$。

2. 抗弯截面系数的计算

前已述及，抗弯截面系数 $W = I_z / y_{\max}$，故对于如图 14-29a 所示的矩形截面，有

$$W_z = \frac{I_z}{h/2} = \frac{bh^3/12}{h/2} = \frac{bh^2}{6} \tag{14-12}$$

对于如图 14-29b 所示的圆形截面，有

$$W_z = \frac{I_z}{d/2} = \frac{\pi d^4/64}{d/2} = \frac{\pi d^3}{32} \tag{14-13}$$

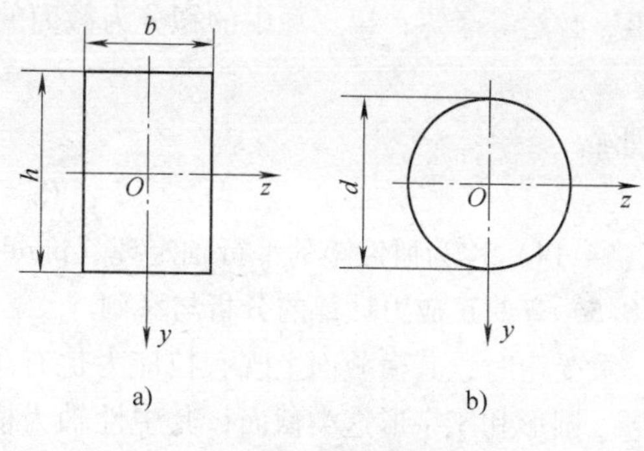

图 14-29　惯性半径

至于轧制型钢，其抗弯截面系数 W 则可直接从本书的附录 F 中的型钢规格表中查得。

3. 平行轴定理

工程上有许多梁的截面形状是比较复杂的，有些梁的截面形状是由几个部分组成的，对于这种组合图形，根据惯性矩的定义，组合图形对某一轴的惯性矩应等于各个组成部分对同一轴的惯性矩之和。例如图 14-29 所示的 T 形截面，可将其分为两个矩形 Ⅰ 和 Ⅱ，则整个截面对轴 z 的惯性矩等于两个矩形对轴 z 的惯性矩$(I_z)_{\mathrm{I}}$与$(I_z)_{\mathrm{II}}$之和，即

$$I_z = (I_z)_{\mathrm{I}} + (I_z)_{\mathrm{II}}$$

在计算组合图形的各部分对整个截面中性轴的惯性矩时，往往会遇到这样的问题：中性轴并不通过各部分的形心，对中性轴的惯性矩并无简单的计算公式，图 14-30a 所示的 T 形截面就属于这种情况。这时，可应用下述平行轴定理进行计算。

设有一任意形状的截面（见图 14-30b），轴 y 和轴 z 是通过形心的一对形心轴，已知截面对形心轴的惯性矩分别为 I_y和 I_z。如另一对坐标轴 y_1和轴 z_1，它们分别与轴 y 和轴 z 平行，平行轴之间的距离分别为 a 和 b。现求截面对平行轴 y_1和轴 z_1的惯性矩。

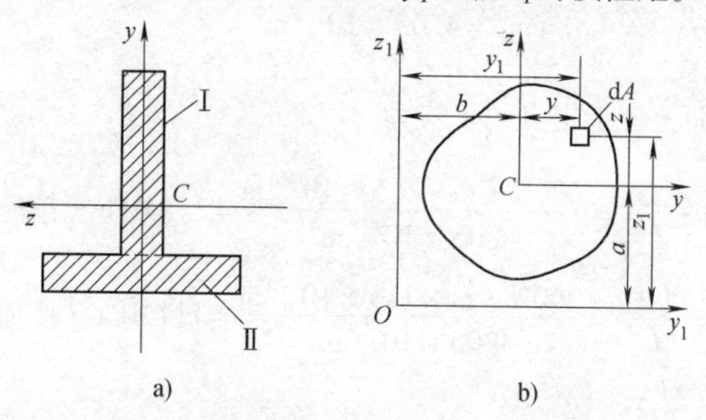

图 14-30　任意形状的截面的惯性矩

在截面上任取一微面积 dA，其在两坐标系的坐标（y，z）与（y_1，z_1）之间的关系为

$$z_1 = z + a$$

则

$$I_{y_1} = \int_A z_1^2 \mathrm{d}A = \int_A (z+a)^2 \mathrm{d}A$$
$$= \int_A z^2 \mathrm{d}A + 2a\int_A z\mathrm{d}A + a^2\int_A \mathrm{d}A$$

上式中等号右边的第一项是截面对形心轴 y 的惯性矩 I_y；第二项中的积分为截面对形心轴 y 的静矩，必然等于零；第三项中的积分为截面的面积 A。因此，上式可表示为

$$I_{y_1} = I_y + a^2 A \tag{14-14a}$$

同理

$$I_{z_1} = I_z + b^2 A \tag{14-14b}$$

式（14-14）称为惯性矩的平行轴定理（parallel axis theorem）。

14.8.5 弯曲正应力计算的分析与举例

梁受弯时，其横截面上既有拉应力也有压应力。对于矩形、圆形和工字形这类截面，其中性轴为横截面的对称轴，故其最大拉应力和最大压应力的绝对值相等，如图 14-31a 所示；对于 T 字形这类中性轴不是对称轴的截面，其最大拉应力和最大压应力的绝对值则不等，如图 14-31b 所示。对于前者的最大拉应力和最大压应力，可直接用式（14-7）求得；而对于后者，则应分别将截面受拉和受压一侧距中性轴最远的距离代入式（14-6），以求得相应的最大应力。

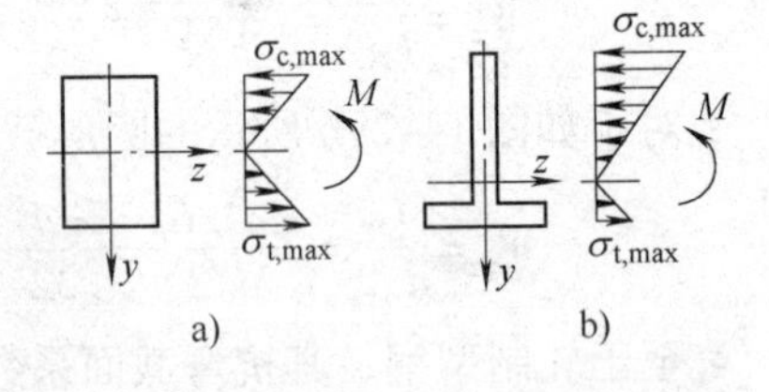

图 14-31 压应力

例 14-10 一矩形截面梁，如图 14-32 所示（图中单位 mm）。计算 1—1 截面上 A、B、C、D 各点处的正应力，并指明是拉应力还是压应力。

解 （1）计算 1—1 截面上的弯矩

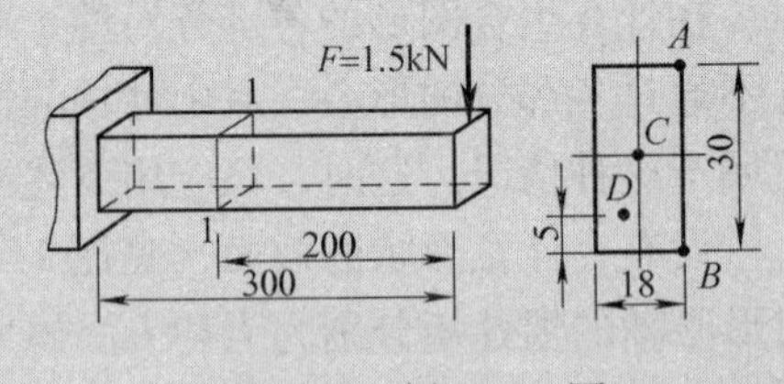

图 14-32 例 14-10 图

$$M_{1-1} = -F \times 200\text{mm} = (-1.5\times10^3\times200\times10^{-3})\text{N}\cdot\text{m}$$
$$= -300\text{N}\cdot\text{m}$$

（2）计算 1—1 截面的惯性矩

$$I_z = \frac{bh^3}{12} = \frac{1.8\text{cm}\times(3\text{cm})^3}{12} = 4.05\text{cm}^4 = 4.05\times10^{-8}\text{m}^4$$

（3）计算 1—1 截面上各指定点的正应力

$$\sigma_A = \frac{M_1 y_A}{I_z} = \frac{300\text{N}\cdot\text{m}\times1.5\times10^{-2}\text{m}}{4.05\times10^{-8}\text{m}^4} = 111\text{MPa}\ （拉应力）$$

$$\sigma_B = \frac{M_1 y_B}{I_z} = \frac{300\text{N}\cdot\text{m}\times1.5\times10^{-2}\text{m}}{4.05\times10^{-8}\text{m}^4} = 111\text{MPa}\ （压应力）$$

$$\sigma_C = \frac{M_1 y_C}{I_z} = \frac{M_1\times0}{I_z} = 0$$

$$\sigma_D = \frac{M_1 y_D}{I_z} = \frac{300\text{N} \cdot \text{m} \times 1 \times 10^{-2}\text{m}}{4.05 \times 10^{-8}\text{m}^4} = 74.1\text{MPa}\ （压应力）$$

例 14-11　一简支木梁受力如图 14-33a 所示（图中单位 mm）。已知 $q = 2\text{kN/m}$，$l = 2\text{m}$。试比较梁在竖放（见图 6－11b）和平放（见图 6－11c）时横截面 C 处的最大正应力。

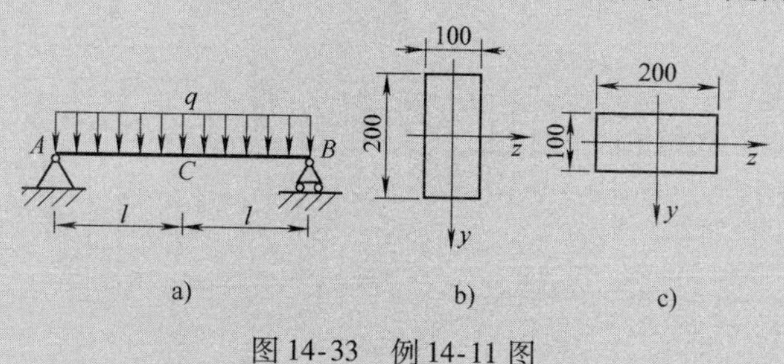

图 14-33　例 14-11 图

解　首先计算横截面 C 处的弯矩，有

$$M_c = \frac{q(2l)^2}{8} = \frac{(2 \times 10^3)\text{N/m} \times (4\text{m})^2}{8} = 4000\text{N} \cdot \text{m}$$

梁在竖放时，其抗弯截面系数为

$$W_{z1} = \frac{bh^2}{6} = \frac{0.1\text{m} \times (0.2\text{m})^2}{6} = 6.67 \times 10^{-4}\text{m}^3$$

故横截面 C 处的最大正应力为

$$\sigma_{\max 1} = \frac{M_c}{W_{z1}} = \frac{4000\text{N} \cdot \text{m}}{6.67 \times 10^{-4}\text{m}^3} = 6 \times 10^6\text{Pa} = 6\text{MPa}$$

梁在平放时，其抗弯截面系数为

$$W_{z2} = \frac{bh^2}{6} = \frac{0.2\text{m} \times (0.1\text{m})^2}{6} = 3.33 \times 10^{-4}\text{m}^3$$

故横截面 C 处的最大正应力为

$$\sigma_{\max 2} = \frac{M_c}{W_{z2}} = \frac{4000\text{N} \cdot \text{m}}{3.33 \times 10^{-4}\text{m}^3} = 12 \times 10^6\text{Pa} = 12\text{MPa}$$

显然，有 $\sigma_{\max 1} : \sigma_{\max 2} = 1:2$。

也就是说，梁在竖放时其危险截面处承受的最大正应力是平放时的一半。因此，在建筑结构中，梁一般采用竖放形式。

例 14-12　T 形截面铸铁外伸梁的荷载和尺寸如图 14-34a 所示，试求梁内的最大拉应力和压应力。

解　（1）确定截面中性轴的位置，并计算对中性轴的惯性矩。取顶边轴 z_1 为参考轴，设截面形心到顶边的距离为 y_C，则

$$y_C = \frac{\sum A_i y_i}{\sum A_i} = \frac{(80 \times 20 \times 10 + 20 \times 120 \times 80)\ \text{mm}^3}{(80 \times 20 + 20 \times 120)\ \text{mm}^2} = 52\text{mm}$$

根据惯性矩的平行轴定理，求得截面对中性轴的惯性矩为

$$I_z = \left[\frac{80 \times 20^3}{12} + 80 \times 20 \times (52 - 10)^2 + \frac{20 \times 120^3}{12} + 20 \times 120 \times (80 - 52)^2\right]\text{mm}^4$$

$$= 764 \times 10^4\text{mm}^4 = 7.64 \times 10^{-6}\text{m}^4$$

（2）作弯矩图。

如图 14-34b 所示，截面 B 有最大负弯矩，$M_B=-5\text{kN}\cdot\text{m}$；在 $x=0.87\text{m}$ 处截面 D 的剪力为零，弯矩有极值，其值为 $M_D=3.8\text{kN}\cdot\text{m}$。

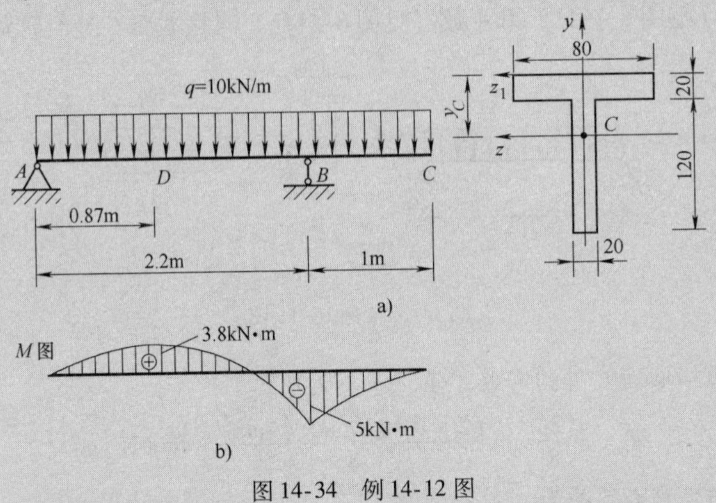

图 14-34　例 14-12 图

（3）求最大正应力。

截面 B 处负弯矩的绝对值最大，上边缘有最大拉应力，下边缘有最大压应力，即

$$\sigma_{\text{t,max}}=\frac{(5\times10^3\text{N}\cdot\text{m})(52\times10^{-3}\text{m})}{7.64\times10^{-6}\text{m}^4}=34\times10^6\text{Pa}=34\text{MPa}$$

$$\sigma_{\text{c,max}}=\frac{(5\times10^3\text{N}\cdot\text{m})[(140-52)\times10^{-3}\text{m}]}{7.64\times10^{-6}\text{m}^4}=57.6\times10^6\text{Pa}=57.6\text{MPa}$$

在截面 D 处，虽然其弯矩小于截面 B 处弯矩的绝对值，但 M_D 是正弯矩，$\sigma_{\text{t,max}}$ 位于截面的下边缘，由于离中性轴的距离最远，有可能发生比截面 B 还要大的拉应力。可得

$$\sigma_{\text{t,max}}=\frac{(3.8\times10^3\text{N}\cdot\text{m})[(140-52)\times10^{-3}\text{m}]}{7.64\times10^{-6}\text{m}^4}=43.8\text{MPa}$$

可见，梁内的最大拉应力发生在截面 D 的下边缘，其值为 $\sigma_{\text{t,max}}=43.8\text{MPa}$，而最大压应力发生在截面 B 的下边缘，其值为 $\sigma_{\text{c,max}}=57.6\text{MPa}$。

14.9　梁弯曲横截面上的切应力

在横力弯曲的情形下，梁的横截面上除了有弯曲正应力外，还有弯曲切应力。切应力在截面上的分布规律较之正应力要复杂，本节不对其做详细讨论，仅准备对矩形截面梁、工字形截面梁、圆形截面梁和薄壁环形截面梁的切应力分布规律做一简单介绍，具体的推导过程可参阅其他较详细的材料力学教材（如刘鸿文主编的《材料力学》）。

14.9.1　矩形截面梁弯曲时横截面上的切应力

矩形截面梁的横截面如图 14-35a 所示，其宽为 b，高为 h，截面上作用有剪力 F 和弯矩 M。为了强调切应力，图中未画出正应力。对于狭长矩形截面，由于梁的侧面上没有切应力，故横截面上侧边各点处的切应力必然平行于侧边，z 轴处的切应力必然沿着 y 方向。考虑到狭长矩形截面上的切应力沿宽度方向的变化不大，于是可做假设如下：（1）横截面上各点处的切应力均平行于侧边；（2）距中性轴 z 轴等距离的各点处的切应力大小相等。弹性理论分析的结果表明，对于狭长矩形截面梁，上述假设是正确的；对于一般高度大于宽度的矩形截面梁，在工程计算中也能满足精度要求。

根据以上假设，再利用静力平衡条件，就可以推导出矩形截面等直梁横截面上任一点处切应力的计算公式。此处略去推导过程，只给出结果：

$$\tau=\frac{F_Q S_z^*}{I_z b} \tag{14-15}$$

式中，F_Q为横截面上的剪力；I_z为横截面对中性轴 z 轴的惯性矩；b 为矩形截面的宽度；S_z^* 为横截面上距中性轴为 y 的横线以外部分的面积（即图 14-35a 中的阴影部分面积）对中性轴的静矩。切应力 τ 的方向与剪力 F_Q的方向相同。

$$S_z^*=b\left(\frac{h}{2}-y\right)\left(y+\frac{\frac{h}{2}-y}{2}\right)=\frac{b}{2}\left(\frac{h^2}{4}-y^2\right)$$

将上式代入式（14-15），即可得到截面上距中性轴为 y 处各点的切应力

$$\tau=\frac{F_Q}{2I_z}\left(\frac{h^2}{4}-y^2\right) \tag{14-16}$$

对于矩形截面，静矩 S_z^* 等于所考虑面积与该面积形心到中性轴距离的乘积，即由上式可知，矩形截面上的切应力沿着截面高度按二次抛物线规律变化，如图 14-35b 所示。当 $y=\pm\dfrac{h}{2}$时，即在横截面的上、下边缘处，切应力 $\tau=0$；当 $y=0$ 时，即在中性轴上各点处，切应力最大，其值为

$$\tau_{max}=\frac{F_Q h^2}{8I_z}$$

已知矩形截面对中性轴的惯性矩$I_z=\dfrac{bh^3}{12}$，将其代入上式，即得

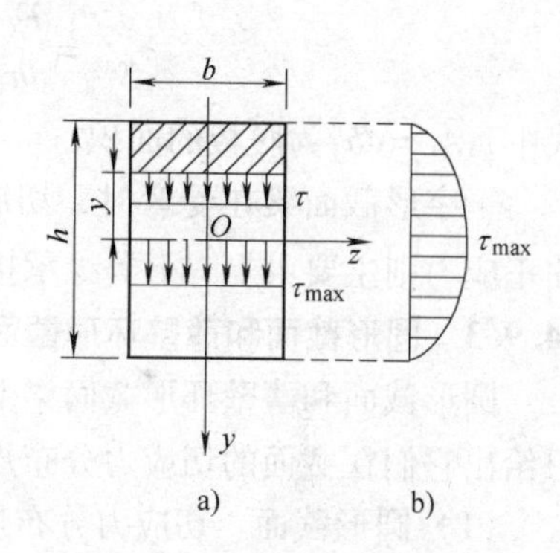

图 14-35　矩形截面梁的横截面上的切应力

$$\tau_{max}=3F_Q/(2bh)=3F_Q/(2A)=1.5\tau_{均} \tag{14-17}$$

式中，$A=bh$ 为矩形截面的面积。从上式可以看出，矩形截面梁的最大切应力为其平均切应力的1.5倍。

14.9.2　工字形截面梁弯曲时横截面上的切应力

在工程中经常要用到工字形截面梁。工字形截面可以简化为图 14-36a 所示的图形，由上、下平行于 x 轴的翼缘和中间垂直于 x 轴的腹板组成。工字形截面的翼缘和腹板上的切应力分布是不同的，需要分别研究。首先，分析工字形截面翼缘上的切应力分布。由于翼缘上、下表面上没有切应力的存在，而且翼缘的厚度很薄，因此翼缘上的切应力主要是水平方向的切应力分量，平行于 y 轴方向的切应力分量则是次要的。研究表明，翼缘上的最大切应力比腹板上的最大切应力要小得多，因此在强度计算时一般不予考虑。至于工字形截面的腹板，则可视为一狭长矩形，那么在研究矩形截面时的两个假设也同样适用。于是，可由式（14-15）求得腹板上任一点处的切应力为

$$\tau=\frac{F_Q S_z^*}{I_z d} \tag{14-18}$$

式中，F_Q为横截面上的剪力；I_z为工字形截面对中性轴 z 轴的惯性矩；d 为腹板厚度；S_z^* 为横

截面上距中性轴为 y 的横线以外部分（含翼缘）的面积（即图 14-36a 中的阴影部分面积）对中性轴的静矩。腹板部分的切应力方向与剪力 F 的方向相同，切应力的大小则同样是沿腹板高度按二次抛物线规律变化，其最大切应力也发生在中性轴上，如图 14-36b 所示。这也是整个横截面上的最大切应力，其值为

$$\tau_{\max}=\frac{F_{\mathrm{Q}}S_{z\max}^{*}}{I_{z}d} \tag{14-19}$$

式中，$S_{z\max}^{*}$ 为中性轴任一边的半个横截面面积对中性轴 z 轴的静矩。在实际计算时，对于工字钢截面，上式中的 $\frac{I_z}{S_{z\max}^{*}}$ 可通过查型钢规格表（见本书的附录 F）中的 $I_x : S_x$ 得到。

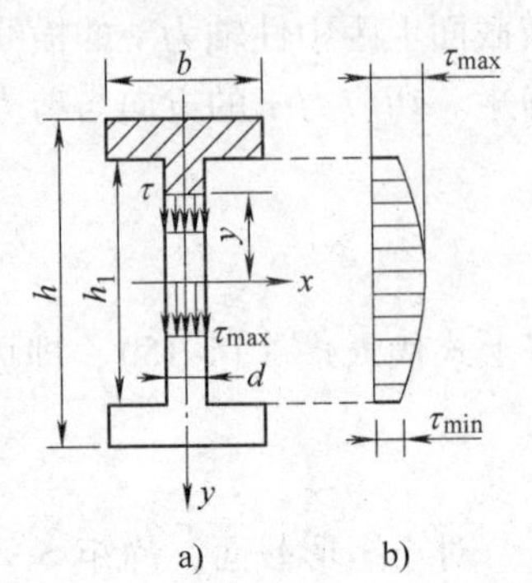

图 14-36　工字形截面梁的横截面上的切应力

由图 14-36b 可见，腹板上的最大切应力和最小切应力相差不大，接近于均匀分布。由于截面上的剪力 F_{Q} 几乎全部（95% ~97%）由腹板承担，因此在工程上常常用剪力除以腹板面积来近似计算工字形截面梁的最大切应力，即

$$\tau_{\max}=\frac{F_{\mathrm{Q}}}{dh_{1}}=\frac{F_{\mathrm{Q}}}{A_{1}} \tag{14-20}$$

式中，$A_1=dh_1$ 为腹板的面积。

工字形截面梁在受弯时，切应力主要是由腹板承担，而弯曲正应力则主要由上、下翼缘承担，这样截面上各处的材料就可以得到充分利用。

14.9.3　圆形截面和薄壁环形截面梁弯曲时横截面上的切应力

圆形截面和薄壁环形截面梁上的切应力分布规律比矩形截面还要复杂，此处也不做推导。只给出它们在截面的切应力分布规律及最大切应力的计算式。

（1）圆形截面。切应力分布规律如图 14-37 所示，截面上的最大切应力为截面上平均切应力的 4/3 倍。即

$$\tau_{\max}=4\tau_{均}/3\approx1.33F_{\mathrm{Q}}/A \tag{14-21}$$

（2）薄壁环形截面。环形截面上的切应力分布规律如图 14-38 所示。截面上的最大切应力为截面上平均切应力的 2 倍

$$\tau_{\max}=2\tau_{均}=2F_{\mathrm{Q}}/A \tag{14-22}$$

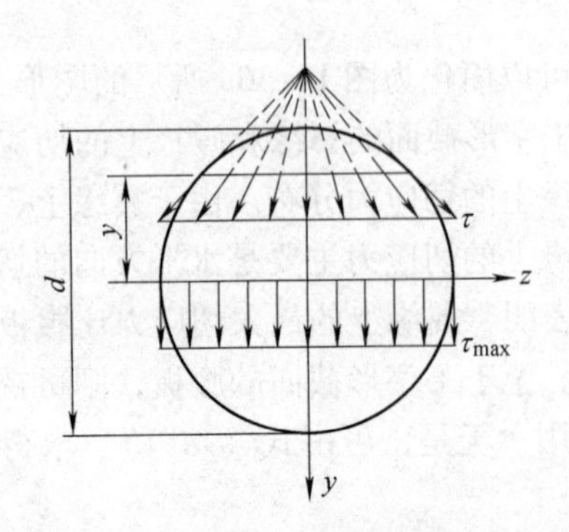

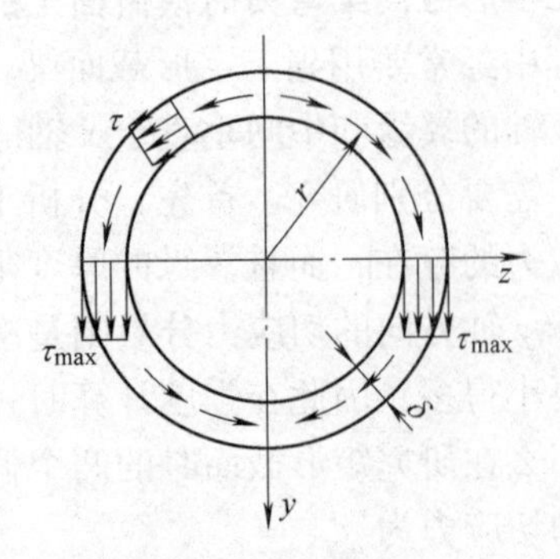

图 14-37　圆形截面梁上的切应力分布规律　　图 14-38　薄壁环形截面梁上的切应力分布规律

以上两式中，A 为截面的面积；$\tau_{均}$ 为截面上的平均切应力。

从上面的分析可以看出，对于等直梁而言，其最大切应力发生在最大剪力所在横截面上，一般位于该截面的中性轴上。

14.10　梁的强度计算

前面已提到，梁在横力弯曲时，其横截面上同时存在着弯矩和剪力。因此，一般应从正应力和切应力两个方面来考虑梁的强度计算。

14.10.1　梁的正应力强度条件

对于等直梁来说，其最大弯曲正应力发生在最大弯矩所在截面上距中性轴最远（即上、下边缘）的各点处，而该处的切应力为零，或与该处的正应力相比可忽略不计，因而可将横截面上最大正应力所在各点处的应力状态视为单轴应力状态。于是，可按照单轴应力状态下强度条件的形式来建立梁的正应力强度条件：梁的最大工作正应力 $\sigma_{\max}$ 不得超过材料的许用弯曲正应力 $[\sigma]$，即

$$\sigma_{\max}=\frac{M_{\max}}{W_z}\leqslant[\sigma] \tag{14-23}$$

材料的许用弯曲正应力一般近似取材料的许用拉（压）应力，或者按有关的设计规范选取。利用正应力强度条件式（14-23），即可对梁按照正应力进行强度计算，解决强度校核、截面设计和许可载荷的确定等三类问题。

必须指出的是，对于用脆性材料（如铸铁）制成的梁，由于其许用拉应力 $[\sigma_t]$ 和许用压应力 $[\sigma_c]$ 并不相等，而且其横截面上的中性轴往往也不是对称轴，因此必须按照拉伸和压缩分别进行强度校核，即要求梁的最大工作拉应力和最大工作压应力（要注意的是，二者常常发生在不同的横截面上）分别不超过材料的许用拉应力和许用压应力。

14.10.2　梁的切应力强度条件

前面已提到，等直梁的最大正应力发生在最大弯矩所在横截面上距中性轴最远的各点处，该处的切应力为零，最大切应力则发生在最大剪力所在横截面的中性轴上各点处，梁的最大工作切应力不得超过材料的许用切应力，即切应力强度条件是

$$\tau_{\max}\leqslant[\tau] \tag{14-24}$$

材料的许用切应力 $[\tau]$ 在有关的设计规范中有具体的规定。

必须明确：在实际工程中使用的梁以细长梁居多，一般情况下，梁很少发生剪切破坏，往往都是弯曲破坏。也就是说，对于细长梁，其强度主要是由正应力控制的，按照正应力强度条件设计的梁，一般都能满足切应力强度要求，不需要进行专门的切应力强度校核。只有在以下情况下才需要对切应力进行强度校核。

（1）短梁和集中力离支座较近的梁。

（2）木梁。

（3）经焊接、铆接或胶合而成的梁，对焊缝、铆钉或胶合面等一般还要据弯曲剪应力进行剪切强度计算。

（4）薄壁截面梁或非标准的型钢截面。

14.10.3　梁的强度条件的应用举例

根据强度条件可以解决下述三类问题：

（1）强度校核。验算梁的强度是否满足强度条件，判断梁的工作是否安全。

（2）设计截面尺寸。根据梁的最大载荷和材料的许用应力；确定梁截面的尺寸和形状，

或选用合适的标准型钢。

（3）确定许用载荷。根据梁截面的形状和尺寸及许用应力，确定梁可承受的最大弯矩，再由弯矩和载荷的关系确定梁的许用载荷。

例 14-13 一吊车（见图 14-39a）用 32c 工字钢制成，将其简化为一简支梁（见图 14-39b），梁长 $l=10\text{m}$，自重力不计。若最大起重载荷为 $F=35\text{kN}$（包括电动葫芦和钢丝绳），许用应力为 $[\sigma]=130\text{MPa}$，试校核梁的强度。

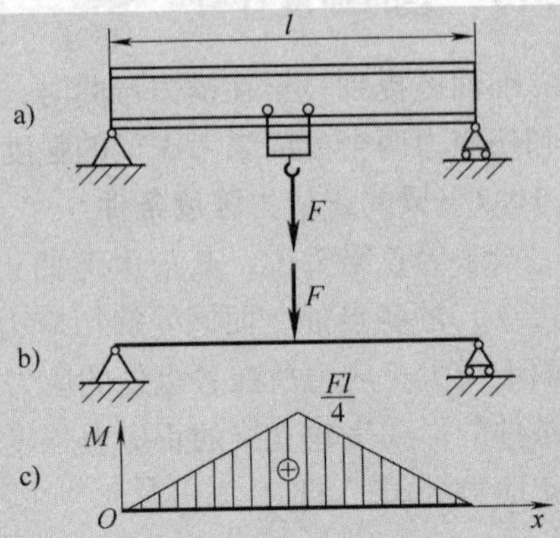

图 14-39 例 14-13 图

解 （1）求最大弯矩。

当载荷在梁中点时，该处产生最大弯矩，由图 14-39c可得

$$M_{\max}=Fl/4=\left[\frac{35\text{kN}\times 10\text{m}}{4}\right]=87.5\text{kN}\cdot\text{m}$$

（2）校核梁的强度。

查型钢表得 32c 工字钢的抗弯截面系数 $W_z=760\text{cm}^3$，所以

$$\sigma_{\max}=\frac{M_{\max}}{W_z}=\frac{87.5\times 10^6\text{N}\cdot\text{mm}}{760\times 10^3\text{mm}^3}=115.1\text{MPa}<[\sigma]$$

说明梁的工作是安全的。

例 14-14 如图 14-40a 所示，一压板夹紧装置。已知压紧力 $F=3\text{kN}$，$a=50\text{mm}$，材料的许用正应力 $[\sigma]=150\text{MPa}$。试校核压板的强度。

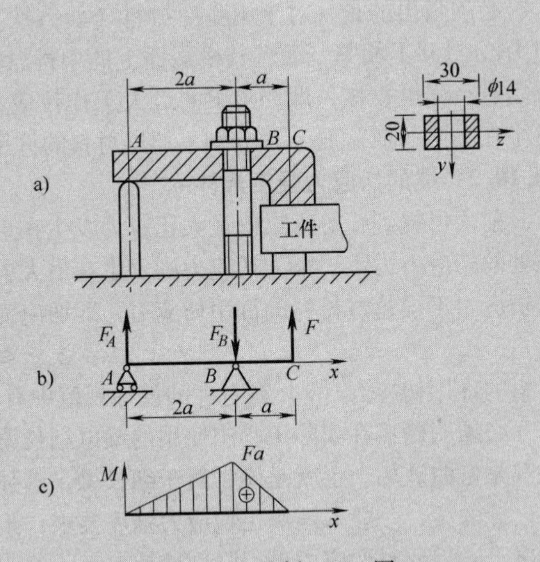

图 14-40 例 14-14 图

解 压板可简化为一简支梁（见图 14-40b），绘制弯矩图如图 14-40c 所示。最大弯矩在截面 B 上

$$M_{\max}=Fa=3\times 10^3\text{N}\times 0.05\text{m}=150\text{N}\cdot\text{m}$$

欲校核压板的强度，需计算 B 处截面对其中性轴的惯性矩

$$I_z=\frac{30\text{mm}\times(20\text{mm})^3}{12}-\frac{14\text{mm}\times(20\text{mm})^3}{12}$$

$$=10.67\times 10^{-9}\text{m}^4$$

抗弯截面系数为

$$W_z=\frac{I_z}{y_{\max}}=\frac{10.67\times 10^{-9}\text{m}^4}{0.01\text{m}}=1.067\times 10^{-6}\text{m}^3$$

最大正应力则为

$$\sigma_{\max}=\frac{M_{\max}}{W_z}=\frac{150\text{N}\cdot\text{m}}{1.067\times 10^{-6}\text{m}^3}=141\times 10^6\text{Pa}=141\text{MPa}<150\text{MPa}$$

故压板的强度足够。

例 14-15 图14-41a所示为简支梁，材料的许用正应力$[\sigma]=140\text{MPa}$，许用切应力$[\tau]=80\text{MPa}$。试选择合适的工字钢型号。

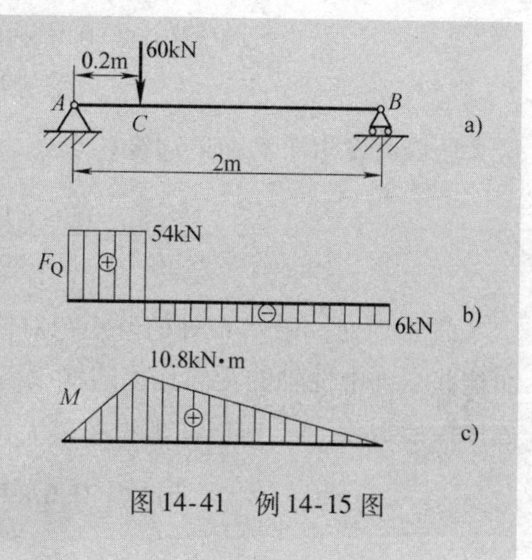

图14-41 例14-15图

解 （1）求支座约束力。

由静力平衡方程求出梁的支座约束力$F_A=54\text{kN}$，$F_B=6\text{kN}$，并画出剪力图和弯矩图如图14-41b、c所示，得$F_{\max}=54\text{kN}$，$M_{\max}=10.8\text{kN}\cdot\text{m}$。

（2）选择工字钢型号。

由正应力强度条件，得

$$W_z\geqslant\frac{M_{\max}}{[\sigma]}=\frac{10.8\times10^3\text{N}\cdot\text{m}}{140\times10^6\text{Pa}}=77.1\times10^3\text{mm}^3$$

查型钢表，选用12.6号工字钢，$W_z=77.5\times10^3\text{mm}^3$，$H=126\text{mm}$，$t=8.4\text{mm}$，$d=5\text{mm}$。

（3）切应力强度校核。

12.6号工字钢的腹板面积为

$$A=(H-2t)d=(126\text{mm}-2\times8.4\text{mm})\times5\text{mm}=546\text{mm}^2$$

$$\tau_{\max}=\frac{F_{Q\max}}{A}=\frac{54\times10^3\text{N}}{546\text{mm}^2}=98.9\text{MPa}>[\tau]$$

故切应力强度不够，需要重选。

若选用14号工字钢，其$h=140\text{mm}$，$t=9.1\text{mm}$，$d=5.5\text{mm}$，则

$$A=(140\text{mm}-2\times9.1\text{mm})\times5.5\text{mm}=669.9\ \text{mm}^2$$

$$\tau_{\max}=\frac{F_{Q\max}}{A}=\frac{54\times10^3\text{N}}{669.9\text{mm}^2}=80.6\text{MPa}>[\tau]$$

应力不超过许用切应力的5%，所以最后确定选用14号工字钢。

***例 14-16** T字形截面外伸梁尺寸及其受力情况如图14-42a、b所示，截面对形心轴z的惯性矩$I_z=86.8\text{cm}^4$，$y_1=38\text{mm}$，材料为铸铁，其许用拉应力$[\sigma_t]=28\text{MPa}$，许用压应力$[\sigma_c]=40\text{MPa}$。试校核其强度。

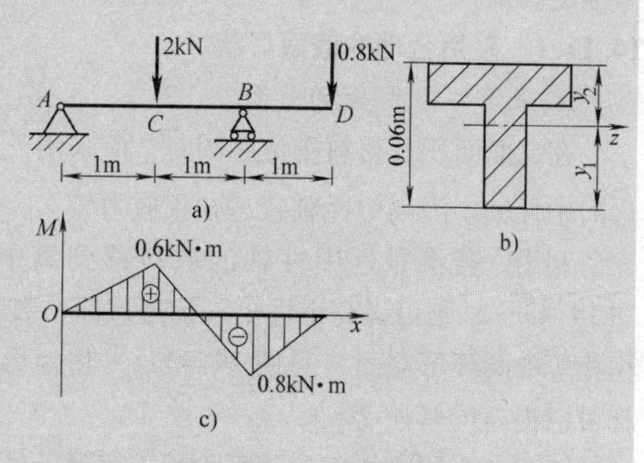

图14-42 例14-16图

解 （1）求梁的约束力。

由静力平衡方程求出梁的约束力$F_A=0.6\text{kN}$，$F_B=2.2\text{kN}$，并作弯矩图如图14-42c所示。可知最大正弯矩在截面C处，$M_C=0.6\text{kN}\cdot\text{m}$，最大负弯矩在截面$B$处，$M_B=-0.8\text{kN}\cdot\text{m}$。

（2）校核梁的强度。

显然，截面C和截面B均为危险截面，都要进行强度校核。

截面B处：最大拉应力发生于截面上边缘各点处，得

$$\sigma_t=\frac{M_B y_2}{I_z}=\frac{0.8\times10^6\text{N}\cdot\text{mm}\times22\text{mm}}{86.8\times10^4\text{mm}^4}=20.3\text{MPa}<[\sigma_t]$$

最大压应力发生于截面下边缘各点处，得

$$\sigma_c=\frac{M_B y_1}{I_z}=\frac{0.8\times10^6\text{N}\cdot\text{mm}\times38\text{mm}}{86.8\times10^4\text{mm}^4}=35.2\text{MPa}<[\sigma_c]$$

截面 C 处：虽然 C 处的弯矩绝对值比 B 处的小，但最大拉应力发生于截面下边缘各点处，而这些点到中性轴的距离比上边缘处各点到中性轴的距离大，且材料的许用拉应力$[\sigma_t]$小于许用压应力$[\sigma_c]$，所以还需校核最大拉应力

$$\sigma_t=\frac{M_C y_1}{I_z}=\frac{0.6\times10^6\text{N}\cdot\text{mm}\times38\text{mm}}{86.8\times10^4\text{mm}^4}=26.4\text{MPa}<[\sigma_t]$$

所以梁的工作是安全的。

从此例题可以看出，对于中性轴不是截面对称轴的、用脆性材料制成的梁，其危险截面不一定就是弯矩最大的截面。当出现与最大弯矩反向的较大弯矩时，如果此截面的最大拉应力边距中性轴较远，算出的结果就有可能超过许用拉应力，故此类问题考虑要全面。T 字形截面梁是工程中常用的梁，应注意合理放置，尽量使最大弯矩截面上受拉边距中性轴较近。此外，在设计 T 字形截面的尺寸时，为了充分利用材料的抗拉（压）强度，应该使中性轴至截面上、下边缘的距离之比恰好等于许用拉、压应力之比。

14.11 提高梁的弯曲强度的措施

由强度条件式（14-23）可知，降低最大弯矩$|M|_{max}$或增大抗弯截面系数 W_z 均能提高抗弯强度。

14.11.1 采用合理的截面形状

1. 采用 I_z 和 W_z 大的截面

在截面面积和材料重量相同时，应采用 I_z 和 W_z 较大的截面形状，即截面积分布应尽可能远离中性轴。因离中性轴较远处正应力较大，而靠近中性轴处正应力很小，这部分材料没有被充分利用。若将靠近中性轴的材料移到离中性轴较远处，如将矩形改成工字形截面（见图 14-43c），则可提高惯性矩和抗弯截面系数，即提高抗弯能力。同理，将实心圆截面改为面积相等的圆环形截面（见图 14-43a），将矩形截面由平改为立放（见图 14-43b）等做法，也都可以提高抗弯强度。

工程中金属梁的成型截面除了工字形以外，还有槽形、箱形（图 14-44a、b）等，也可将钢板用焊接或铆接的方法拼接成上述形状的截面。建筑中则常采用混凝土空心预制板（见图 14-44c）。

此外，合理的截面形状应使截面上最大拉应力和最大压应力同时达到相应的许用应力值。对于抗拉和抗压强度相等的塑性材料，宜采用对称于中性轴的截面（如工字形）。对于抗拉和抗压强度不等的材料，宜采用不对称于中性轴的截面，如由铸铁等脆性材料制成的梁，其截面常做成 T 字形或槽形。并使梁的中性轴偏于受拉的一边（见图 14-45），即使 $|\sigma_c|_{max}>|\sigma_t|_{max}$。

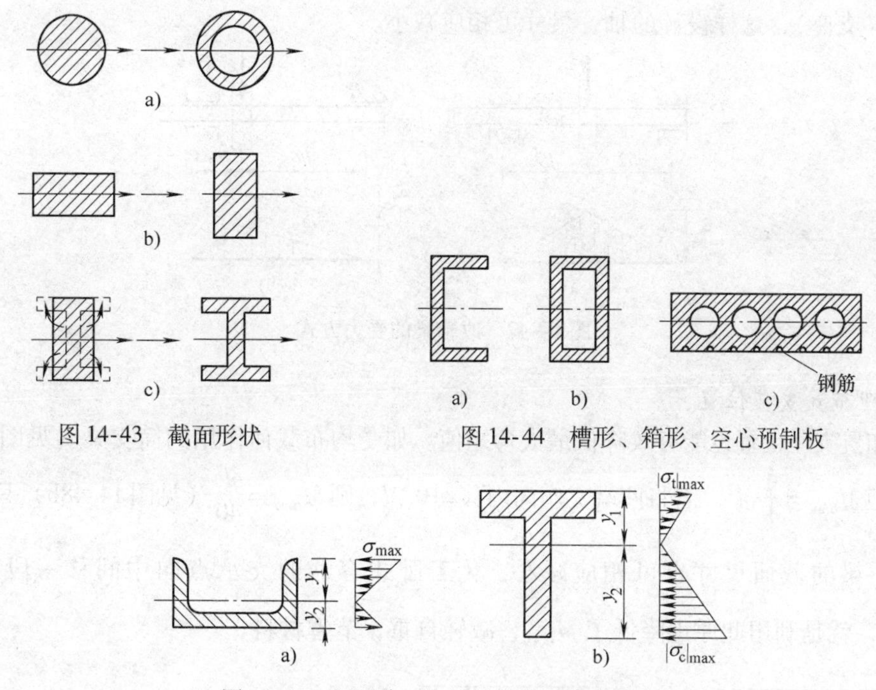

图14-43　截面形状

图14-44　槽形、箱形、空心预制板

图14-45　不对称于中性轴的截面应力分布

2. 采用变截面梁

除上述材料在梁的某一截面上如何合理分布的问题外，还有一个材料沿梁的轴线如何合理安排的问题。

等截面梁的截面尺寸是由最大弯矩决定的。故除 M_{max} 所在的截面外，其余部分的材料未被充分利用。为节省材料和减轻重量，可采用变截面梁（beams of variable cross section），即在弯矩较大的部位采用较大的截面，在弯矩较小的部位采用较小的截面。例如桥式起重机的大梁，两端的截面尺寸较小，中段部分的截面尺寸较大（见图14-46a），铸铁托架（见图14-46b），阶梯轴（见图14-46c）等，都是按弯矩分布设计的近似于变截面梁的实例。

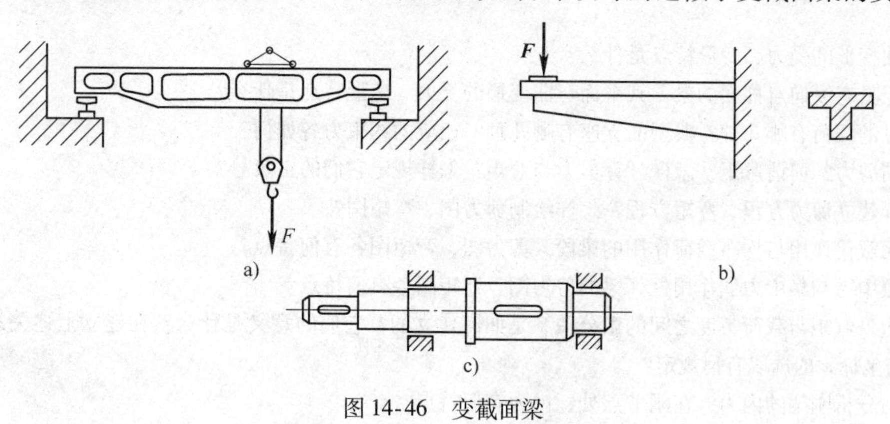

图14-46　变截面梁

14.11.2　合理布置载荷和支座位置

1. 改善梁的受力方式，可以降低梁上的最大弯矩值

如图14-47a所示受集中力作用的简支梁，若使载荷尽量靠近一边的支座（见图14-47b），则梁的最大弯矩值要比载荷作用在跨度中间时小得多。设计齿轮传动轴时，尽量将齿轮安排得

靠近轴承（支座），这样设计的轴，尺寸可相应减小。

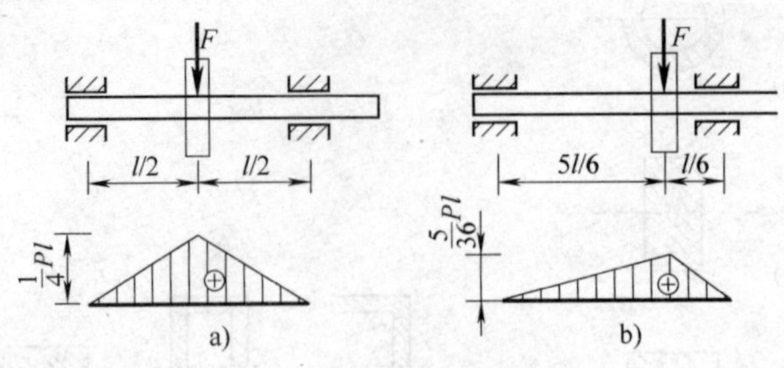

图 14-47 改善梁的受力方式

2. 合理布置支座位置

合理布置支座位置也能有效降低最大弯矩值。如受均布载何作用的简支梁（见图 14-48a），其最大弯矩 $M_{\max}=\dfrac{1}{8}ql^2$。若将两端支座向内移动 0.2$l$，则 $M_{\max}=\dfrac{ql^2}{40}$（见图 14-48b）只有前者的 $\dfrac{1}{5}$。因此，梁的截面尺寸也可相应减小，化工卧式容器的支承点向中间移一段距离（见图 14-49），就是利用此原理降低了 $M_{\max}$，减轻自重，节省材料。

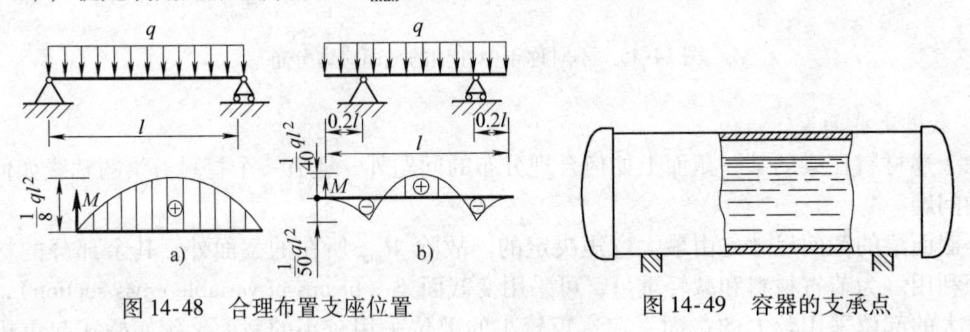

图 14-48 合理布置支座位置

图 14-49 容器的支承点

思 考 题

1. 弯曲变形的受力、变形特点是什么？
2. 对于具有纵向对称面的梁，其平面弯曲变形的受力、变形特点是什么？
3. 常见的载荷有哪几种？典型的支座有哪几种？相应的约束力各如何？
4. 何谓剪力？何谓弯矩？怎样计算剪力与弯矩？怎样规定它们的正负号？
5. 怎样建立剪力方程、弯矩方程？怎样绘制剪力图、弯矩图？
6. 在无载荷作用与均布载荷作用的梁段，剪力图、弯矩图各有何特点？
7. 在集中力与集中力偶作用处，梁的剪力图、弯矩图各有何特点？
8. 剪力、弯矩与载荷集度之间的微分关系是如何建立的？它们的意义是什么？在建立上述关系时，对于载荷集度与坐标 x 的选取有何规定？

*9. 如何分析刚架的内力？在刚节点处，内力有何特点？

*10. 如何分析平面曲杆的内力？

11. 何谓中性层？何谓中性轴？其位置如何确定？
12. 截面形状及尺寸完全相同的两根静定梁，一根为钢材，另一根为木材，若两梁所受的载荷也相同，问它们的内力图是否相同？横截面上的正应力分布规律是否相同？两梁对应点处的纵向线应变是否相同？
13. 纯弯曲时的正应力公式的应用范围是什么？它可推广应用于什么情况？

14. 一简支梁的矩形空心截面系由钢板折成，然后焊成整体。试问如图 14-50a、b、c 所示三种焊缝中，哪种最好？哪种最差？为什么？

15. 设梁的横截面如图 14-51 所示，试问此截面对 z 轴的惯性矩和抗弯截面系数是否可按下式计算，为什么？

$$I_z = \frac{BH^3}{12} - \frac{bh^3}{12},\ W_z = \frac{BH^2}{6} - \frac{bh^2}{6}$$

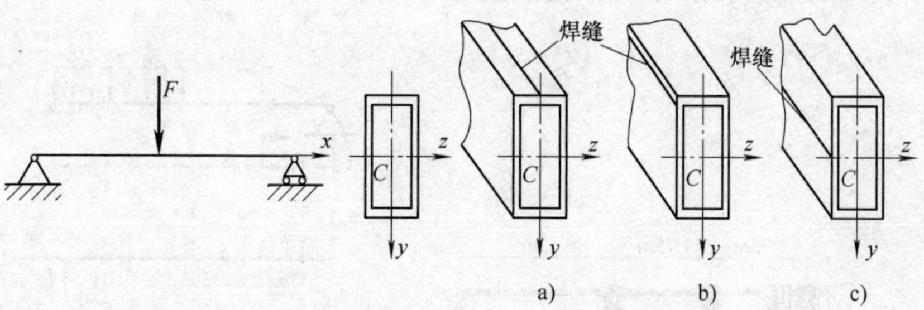

图 14-50 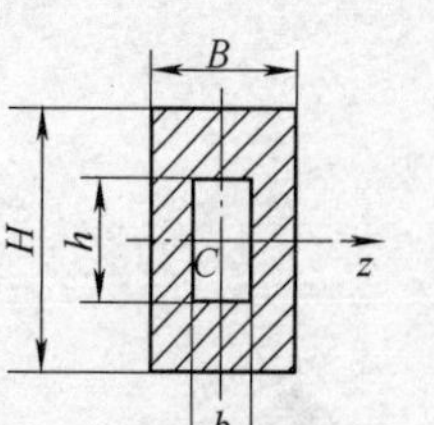　　图 14-51

习　题

14-1　试计算题 14-1 图所示各梁 1、2、3 截面的剪力与弯矩（1、2、3 截面无限接近于 C 或 D）。

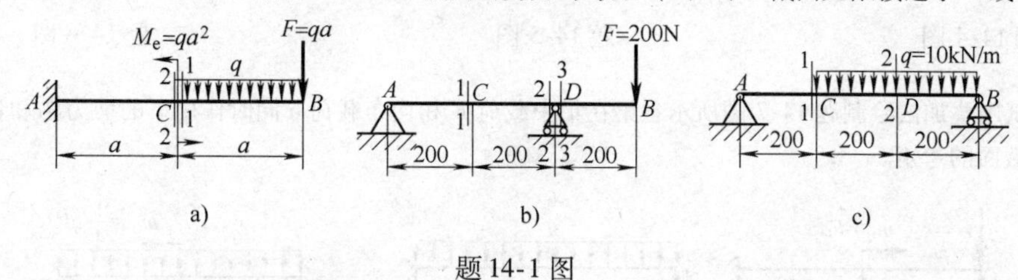

题 14-1 图

14-2　设已知题 14-2 图所示各梁的载荷 F、q、M_0 和尺寸 a，（1）列出梁的剪力方程和弯矩方程；（2）作剪力图和弯矩图；（3）确定 $|Q|_{max}$ 及 $|M|_{max}$。

14-3　已知题 14-3 图所示起重机正悬吊着重为 1200N 的发动机。试画出起重臂 ABC 水平时的剪力图和弯矩图。

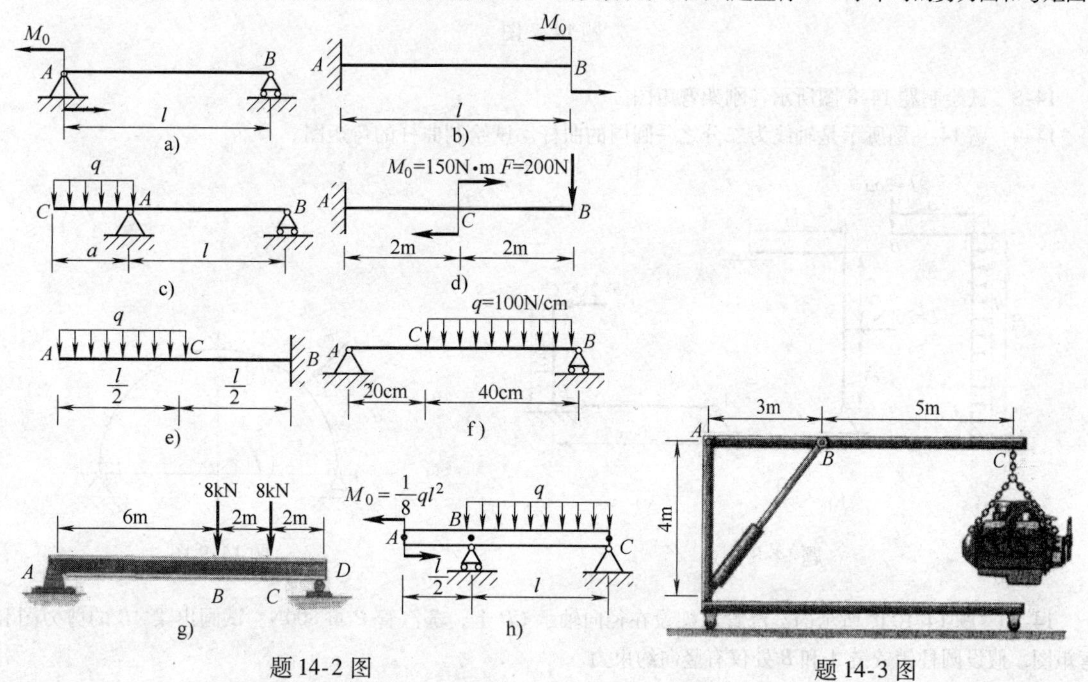

题 14-2 图　　题 14-3 图

14-4 如题 14-4 图所示，轴在两皮带轮处受到传送带载荷的作用，试画出剪力图和弯矩图。假设轴承 A 和 B 处仅施加竖向约束力。

*14-5 如题 14-5 图所示，三个交通指示灯的质量均为 10kg，悬臂杆 AB 的自重可视为均布载荷 $q=1.5\text{kN/m}$。试画出杆 AB 的剪力图和弯矩图。指示灯 A 右边的标牌的质量可略去不计。

14-6 试根据弯矩、剪力和载荷集度间的微分关系，改正题 14-6 图所示 F_Q图和 M 图中的错误。

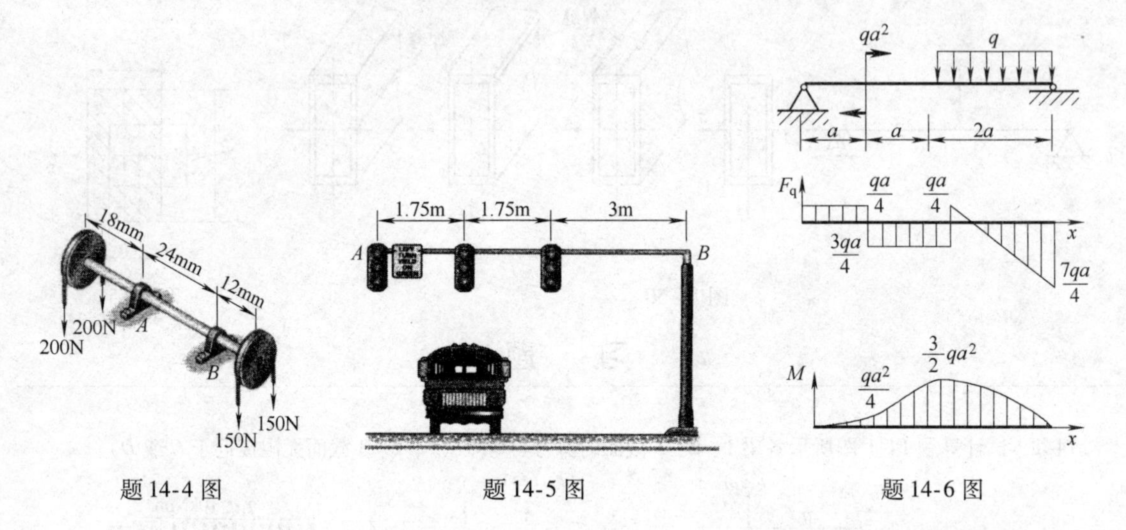

题 14-4 图　　题 14-5 图　　题 14-6 图

14-7 试用叠加法绘制题 14-7 图所示各梁在集中载荷 F 和均布载荷 q 同时作用下的剪力图和弯矩图，并求梁的中间截面的弯矩。

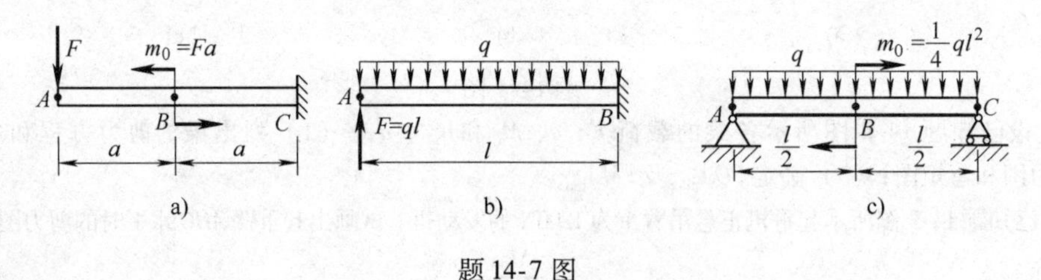

题 14-7 图

14-8 试绘制题 14-8 图所示各刚架弯矩图。

*14-9 题 14-9 图所示是轴线为二分之一圆周的曲杆。试绘制曲杆的弯矩图。

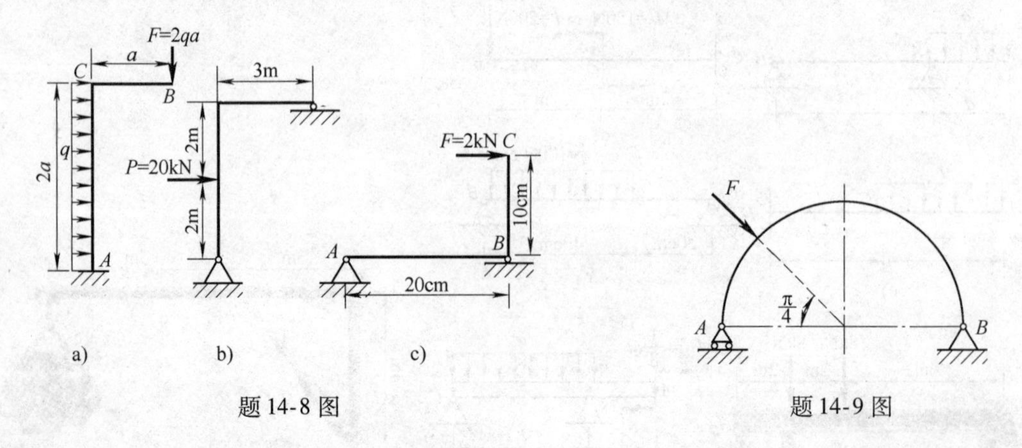

题 14-8 图　　题 14-9 图

*14-10 题 14-10 图所示的蒸汽管 P 架设在径向轴承 CD 上，蒸汽管 P 重 800N。试画出梁 AB 的剪力图和弯矩图。假设圆柱销铰链 A 和 B 处仅有竖向约束力。

*14-11　试画出题 14-11 图所示梁的剪力图和弯矩图。

*14-12　试绘出如题 14-12 图所示外伸梁的剪力图和弯矩图。

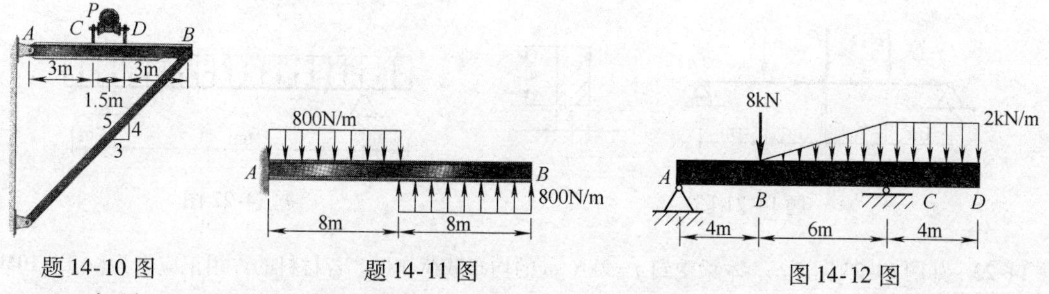

题 14-10 图　　题 14-11 图　　图 14-12 图

14-13　如题 14-13 图所示，若梁的横截面为边长 100mm 的正方形，试求梁中的最大弯曲正应力。

14-14　如题 14-14 图所示，轴的直径为 50mm，试求轴中的最大弯曲正应力。

14-15　如题 14-15 图所示，矩形横截面梁的宽为 200mm、高为 400mm，试求梁中的最大弯曲应力。

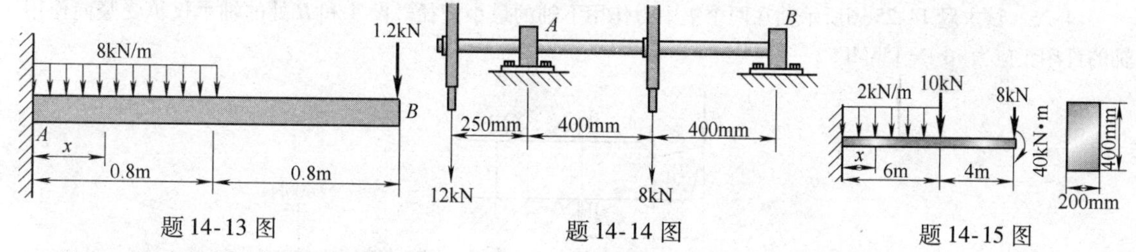

题 14-13 图　　题 14-14 图　　题 14-15 图

14-16　梁的横截面如题 14-16 图所示，试求梁中最大弯曲应力。

14-17　题 14-17 图所示，梁的横截面为矩形。若 $F=1.5\text{kN}$，试求梁中危险面上的最大弯曲正应力，并绘出危险面上的应力分布简图。

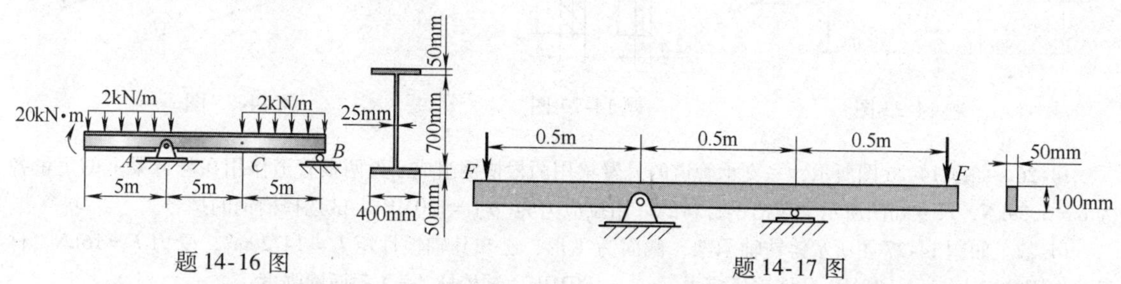

题 14-16 图　　题 14-17 图

14-18　题 14-18 图所示跳水板，一人的质量为 78kg，静止站立在跳水板的一端。板的横截面如图所示，试求板中的最大正应变。已知材料的弹性模量为 $E=125\text{GPa}$，并假定 A 处为销钉，B 处为活动铰支座轴约束。

14-19　如题 14-19 图所示为电线杆上的三角形支撑架，其水平杆的右端承受重为 600N 的电缆作用。若 A、B 和 C 处均为铰链，试求支撑杆上的最大弯曲正应力。

14-20　如题 14-20 图所示空心外伸轴。若 $d_i=160\text{mm}$，$d_o=200\text{mm}$，试求空心轴中的最大弯曲应力。

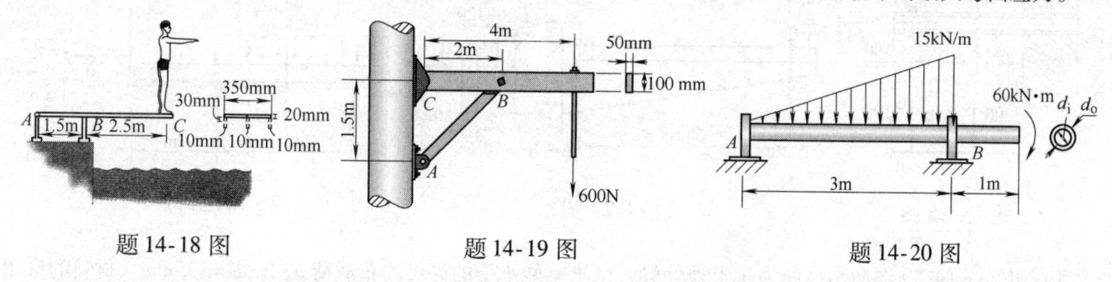

题 14-18 图　　题 14-19 图　　题 14-20 图

14-21　如题 14-21 图所示一矩形截面梁，已知 $F=2\text{kN}$，横截面的高宽度比 $h/b=3$，材料为松木。其许用正应力 $[\sigma]=8\text{MN/m}^2$，许用切应力 $[\tau]=80\text{MPa}$。试选择截面尺寸。

14-22　如题 14-22 图所示一受均布载荷的外伸钢梁。已知 $q=12\text{kN/m}$，材料的许用正应力 $[\sigma]=160\text{MPa}$，试选择此梁所用工字钢的型号。

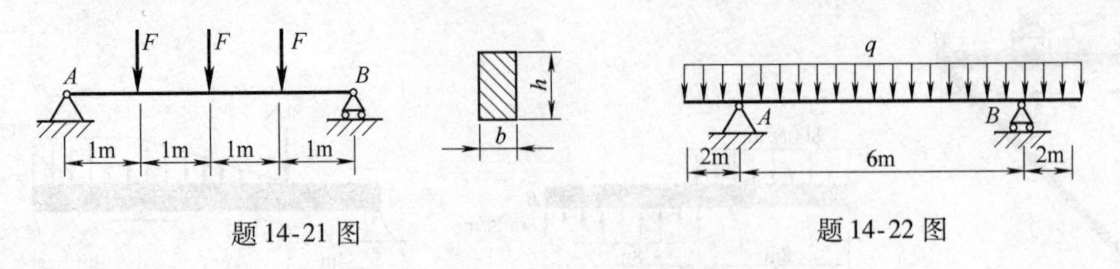

题 14-21 图　　　　题 14-22 图

14-23　如题 14-23 图所示，木梁受到 $q=2\text{kN/m}$ 的均布载荷作用。若材料的许用正应力为 $[\sigma]=10\text{MPa}$，试求横截面所需的尺寸 b。假定 A 点处为销钉支撑，而 B 点处为滚轴。

14-24　如题 14-24 图所示，割刀在切割工件时受 $F=1\text{kN}$ 的切割力的作用。割刀尺寸如图所示，若已知其许用正应力 $[\sigma]=220\text{MPa}$，试校核割刀的强度。

14-25　试求题 14-25 图所示轴在两个集中力作用下轴的最小直径。设 A 和 B 处的轴承仅承受竖向作用，轴的许用正应力 $[\sigma]=154\text{MPa}$。

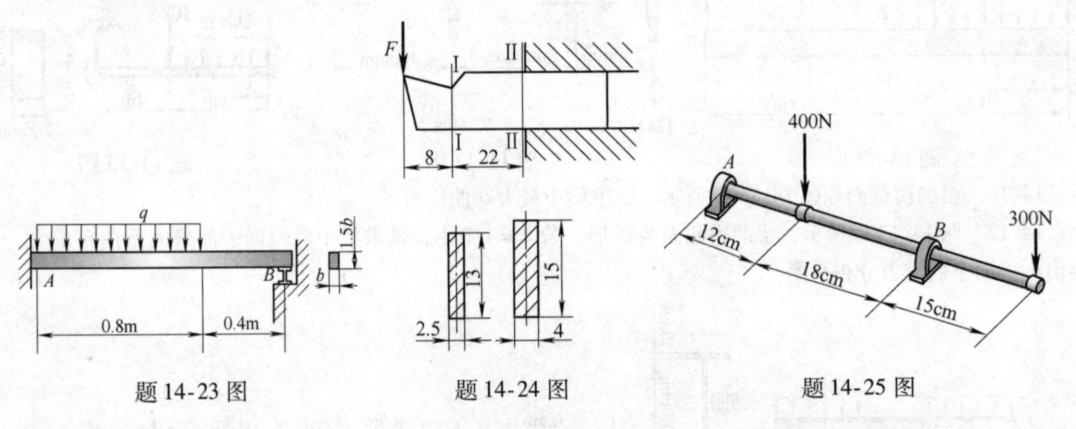

题 14-23 图　　　　题 14-24 图　　　　题 14-25 图

14-26　如题 14-26 图所示，一支承管道的悬臂梁用两根槽钢组成。设两根管道作用在悬臂梁上的重量各为 $G=5.39\text{kN}$，尺寸如图所示，设槽钢材料的许用拉应力为 $[\sigma]=130\text{MPa}$。试选择槽钢的型号。

14-27　如题 14-27 图所示铸铁轴承架，截面为 T 形，已知其轴惯性矩 $I_z=1472\text{cm}^4$，受力 $F=16\text{kN}$，材料的许用拉应力 $[\sigma_t]=30\text{MPa}$，许用压应力 $[\sigma_c]=100\text{MPa}$。试校核 $A—A$ 截面的强度。

*14-28　题 14-28 图所示截面为 T 形外伸梁，若材料的许用弯曲应力为 $[\sigma]=150\text{MPa}$，试求所需的横截面尺寸 a。

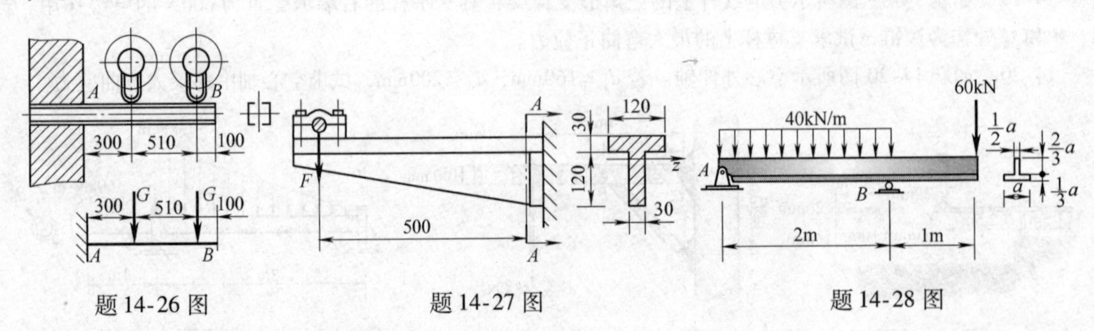

题 14-26 图　　　　题 14-27 图　　　　题 14-28 图

14-29　题 14-29 图所示截面为 T 形外伸梁，试求梁能承受的许可均布载荷 q。设 $b=125\text{mm}$，材料的许用正应力为 $[\sigma]=150\text{MPa}$。

14-30　如题 14-30 图所示，制动装置的杠杆在 B 处用直径 $d=30\text{mm}$ 的销钉支承。若杠杆的许用正应力

$[\sigma]=140\text{MPa}$，销钉的许用切应力$[\tau]=100\text{MPa}$。试求许可的F_1和F_2。

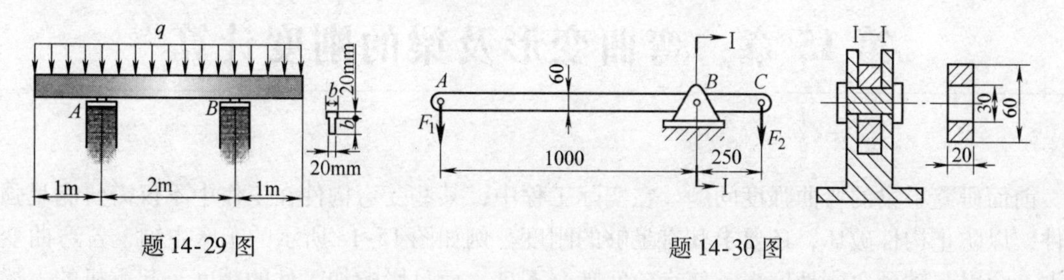

题14-29图　　题14-30图

14-31　如题14-31图所示简支梁，当力F直接作用在简支梁AB的中点时，梁内的$M_{\max}$超过许用应力值30%。为了消除过载现象配置了如图所示的辅助梁CD。试求此辅助梁的跨度a。已知$l=6\text{m}$。

*14-32　如题14-32所示，撑竿跳高用的撑竿在弯曲过程中曲率半径的最小值约为4.5m，若撑竿的直径为40mm，由玻璃增强塑料制成，弹性模量为$E=131\text{GPa}$，试求撑竿中的最大弯曲正应力。

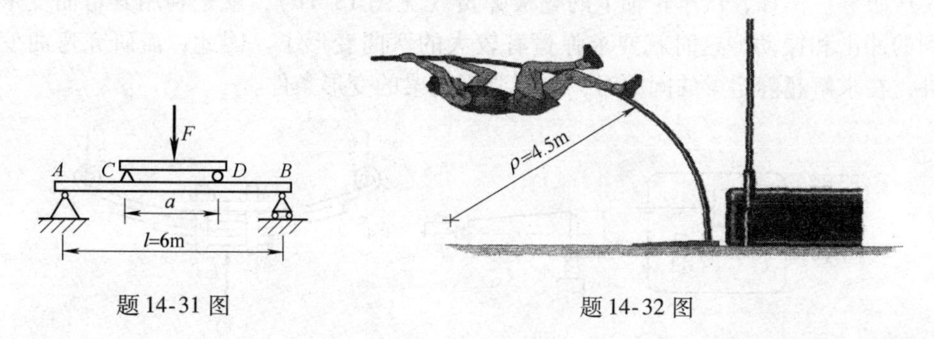

题14-31图　　题14-32图

第15章　弯曲变形及梁的刚度计算

前面研究了梁的弯曲强度问题。在实际工程中，某些受弯构件在工作中不仅需要满足强度条件，以防止构件破坏，还要求其有足够的刚度。例如图15-1a所示的车床主轴，若弯曲变形过大，会引起轴颈急剧地磨损，使齿轮间啮合不良，而且影响加工件的精度。起重机的大梁起吊重物时，若其弯曲变形过大，就会使起重机在运行时产生较大的振动，破坏起吊工作的平稳性。再如若输液管道弯曲变形过大，将影响管内液体的正常输送，出现积液、沉淀和管道连结处不密封等现象。因此，必须限制构件的弯曲变形。但在某些情况下，也可利用构件的弯曲变形来为生产服务。例如，汽车轮轴上的叠板弹簧（见图15-1b），就是利用其弯曲变形来缓和车辆受到的冲击和振动，这时就要求弹簧有较大的弯曲变形了。因此，需研究弯曲变形的规律。此外，在求解超静定梁的问题时，也需要用到梁的变形条件。

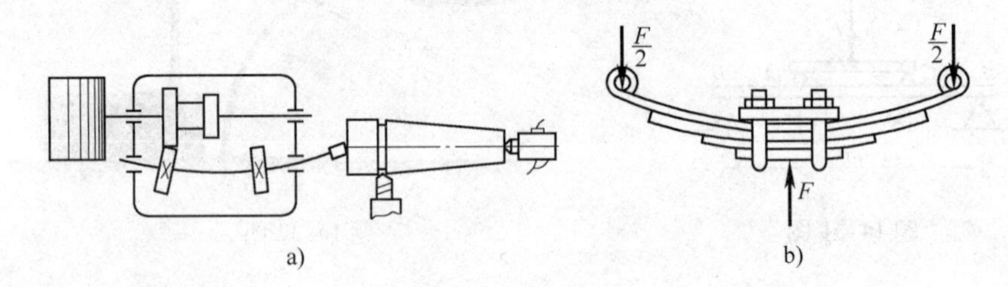

图15-1　弯曲变形实例

15.1　弯曲变形的计算

15.1.1　梁弯曲变形的概念

1. 梁变形的挠曲线方程

梁弯曲时，剪力对变形的影响一般都忽略不计，因此梁弯曲变形后的横截面仍为平面，且与变形后的梁轴线保持垂直，并绕中性轴转动，如图15-2所示。梁在弹性范围内弯曲变形后，其轴线变为一条光滑连续曲线，称为挠曲线。以梁的左端为原点取一直角坐标系 xOw（见图15-2），挠度 w 与以梁变形前的轴线建立的坐标的函数关系即为

$$w = w(x) \tag{15-1}$$

式（15-1）称为梁变形的挠曲线方程（beams of the deflection curve equation）。

2. 梁的变形程度的度量

由图15-2可以看出，梁的变形程度可用两个基本量来度量：

（1）挠度——梁上距离坐标原点 A 为 x 的截面形心，沿垂直于 x 轴方向的位移 w，称为该截面的挠度（deflection），其单位为mm。挠度一般用 w（或 y）表示。

（2）转角——梁的任一横截面在弯曲变形过程中，绕中性轴转过的角位移 θ，称为该截面的转角（angle of rotation），其单位为弧度（rad）。

尽管梁弯曲变形时其横截面形心沿轴线方向也存在位移，但在小变形的条件下，这一位移远小于垂直于梁轴线方向的位移，故不必考虑。挠度和转角的表示用代数量，其正负规定为：

在图 15-2 所示的坐标系中，向上的挠度为正，向下的挠度为负；逆时针方向的转角为正，顺时针方向的转角为负。

由图 15-2 还可以看出，梁的横截面转角 θ 等于挠曲线在该截面处点的切线与轴 Ox 的夹角。在工程实际中，梁的转角 θ 一般均很小，于是

$$\theta \approx \tan\theta = \frac{\mathrm{d}w(x)}{\mathrm{d}x} = w' \tag{15-2}$$

即横截面的转角近似等于挠曲线在该截面处的斜率。可见，只要得到梁变形后的挠曲线方程，就可通过微分得到转角方程，然后由方程计算梁的挠度和转角。

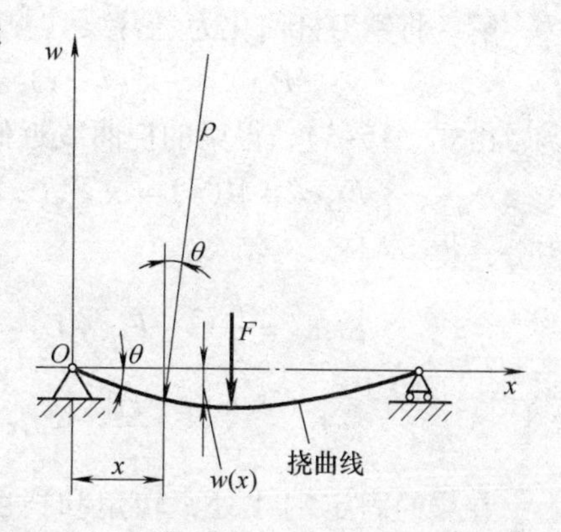

图 15-2　梁变形的挠曲线方程及变形度量

15.1.2　积分法求梁的变形

在第 14 章讨论梁的弯曲正应力时，我们曾建立了用中性层曲率表示的梁纯弯曲变形的基本公式（14-5），并指出此式也适用于横力弯曲。在这种情况下，梁弯曲的曲率半径和弯矩都是横截面位置 x 的函数，于是式（14-5）即写成

$$\frac{1}{\rho(x)} = \frac{M(x)}{EI_z} \tag{a}$$

由高等数学可知，对于一平面曲线 $w = w(x)$ 上任意一点的曲率又可写成

$$\frac{1}{\rho(x)} = \pm \frac{w''}{[1+(w')^2]^{\frac{3}{2}}} \tag{b}$$

在小变形的条件下，梁的转角 θ 一般都很小，因此式（b）中的 $(w')^2$ 远小于 1，略去不计。因图 15-2 所选坐标系规定 w 向上为正，弯矩 $M(x)$ 应与 $\mathrm{d}^2w/\mathrm{d}t^2$ 同号，故取式（b）左边为正号，将式（b）代入式（a），得

$$w'' = \frac{\mathrm{d}^2w(x)}{\mathrm{d}x^2} = \frac{M(x)}{EI_z} \tag{15-3}$$

上式称为梁的挠曲线近似微分方程。根据此方程得出的解用于计算梁的挠度和转角，在工程上已足够精确。对于等截面直梁，只要将弯矩方程代入挠曲线近似微分方程，先后积分两次，就可得到梁的转角方程和挠度方程为

$$\theta = \frac{\mathrm{d}w(x)}{\mathrm{d}x} = \int \frac{M(x)}{EI_z}\mathrm{d}x + C \tag{15-4}$$

$$w = \int\left(\int \frac{M(x)}{EI_z}\mathrm{d}x\right)\mathrm{d}x + Cx + D \tag{15-5}$$

式中的积分常数 C 和 D 可利用梁上某些截面的已知位移来确定。例如，在梁的固定端处挠度和转角均为零，在梁的固定铰链支座处挠度为零，等等，这些称为梁变形的边界条件。当弯矩方程在分段建立时，各梁段的挠度、转角方程会不同，但相邻梁段交接处截面的挠度和转角是相同的，也就是梁的变形曲线在梁段交接处应满足光滑、连续条件，此即为梁变形的连续条件。可求出该截面的挠度和转角。以上求梁弯曲变形的方法称为积分法。下面举例说明这种方法的应用。

例 15-1　图 15-3a 为镗刀对工件镗孔的示意图。为了保证镗孔的精度，镗刀杆的弯曲变形不能过大。已知镗刀杆的直径 $d = 10\text{mm}$，长度 $l = 500\text{mm}$，弹性模量 $E = 210\text{GPa}$，切削力 $F = 200\text{N}$。试用积分法求镗刀杆上安装镗刀处截面 B 的挠度和转角。

解 将镗刀杆简化为悬臂梁（见图15-3b），选坐标系 xAw，梁的弯矩方程为

$$M(x) = -F(l-x)$$

由式（15-3），得梁的挠曲线近似微分方程为

$$EI_z w'' = M(x) = -F(l-x)$$

积分，得

$$EI_z w' = \frac{F}{2}x^2 - Flx + C \quad \text{(a)}$$

$$EI_z w = \frac{F}{6}x^3 - \frac{Fl}{2}x^2 + Cx + D \quad \text{(b)}$$

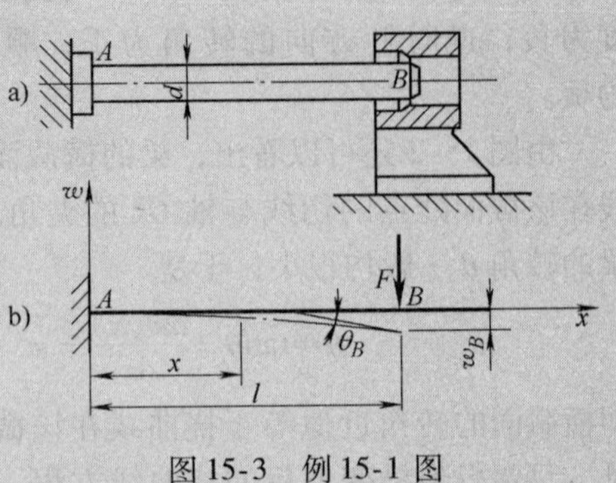

图 15-3 例 15-1 图

在梁的固定端 A 处，转角和挠度均等于零，亦即边界条件为：当 $x=0$ 时，$w_A=0$，$\theta_A=0$，将此边界条件代入式（a）和式（b），得

$$C = EI_z\theta_A = 0, \ D = EI_z\omega_A = 0$$

把所得积分常数 C 和 D 代回式（a）和式（b），即得悬臂梁的转角方程和挠曲线方程分别为

$$EI_z w' = \frac{F}{2}x^2 - Flx$$

$$EI_z w = \frac{F}{6}x^3 - \frac{Fl}{2}x^2$$

以截面 B 处的横坐标 $x = l$ 代入以上两式，即得截面 B 的转角和挠度分别为

$$\theta_B = w'_B = -\frac{Fl^2}{2EI_z}, \ w_B = -\frac{Fl^3}{3EI_z}$$

例 15-2 试用积分法求解图15-4a所示悬臂梁 AB 的挠曲线微分方程及自由端 A 的挠度和转角。已知抗弯刚度 $EI=$ 常量。

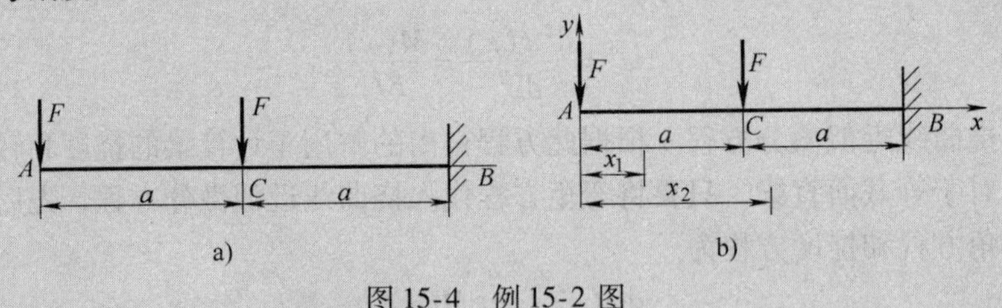

图 15-4 例 15-2 图

分析：这一问题看似并不复杂，但由于在 C 处作用有集中力 F，致使左段和右段的弯矩不同。因此应分两段分别建立挠曲线近似微分方程并分段积分，由边界条件和连续性条件确定积分常数才能得到两段梁的挠度方程和转角方程，方能求得自由端 A 的挠度和转角。

解 选取如图15-4b所示的坐标系 xAy。

（1）AC 段的弯矩方程、挠曲线微分方程及其积分为

$$M_1(x_1) = -Fx_1 \quad (0 \leqslant x_1 \leqslant a)$$

$$EIw''_1 = -Fx_1$$

$$EIw'_1 = -F\frac{x_1^2}{2} + C_1$$

$$EIw_1 = -F\frac{x_1^3}{6} + C_1x_1 + D_1$$

（2）CB 段的弯矩方程、挠曲线微分方程及其积分为

$$M_2(x_2) = Fa - 2Fx_2 \quad (a \leqslant x_2 \leqslant 2a)$$

$$EIw''_2 = Fa - 2Fx_2$$

$$EIw'_2 = Fax_2 - Fx_2^2 + C_2$$

$$EIw_2 = Fa\frac{x_2^2}{2} - F\frac{x_2^3}{3} + C_2x_2 + D_2$$

下面通过边界条件和连续性条件确定积分常数：

由 $x_2 = 2a$，$w'_2 = 0$，得　　$C_2 = 2Fa^2$

由 $x_2 = 2a$，$w_2 = 0$，得　　$D_2 = -\frac{10}{3}Fa^3$

由 $x_1 = x_2 = a$，$w'_1 = w'_2$，得

$$-F\frac{a^2}{2} + C_1 = Fa^2 - Fa^2 + 2Fa^2 \quad ①$$

由 $x_1 = x_2 = a, w_1 = w_2$，得

$$-F\frac{a^3}{6} + C_1a + D_1 = Fa\frac{a^2}{2} - F\frac{a^3}{3} + 2Fa^3 - \frac{10}{3}Fa^3 \quad ②$$

联立式①、式②求解，得

$$C_1 = \frac{5}{2}Fa^2, \ D_1 = -\frac{7}{2}Fa^3$$

各段挠曲线方程和转角方程为

$$w_1(x_1) = \frac{1}{EI}\left(-F\frac{x_1^3}{6} + \frac{5}{2}Fa^2x_1 - \frac{7}{2}Fa^3\right)$$

$$w_2(x_2) = \frac{1}{EI}\left(-F\frac{x_2^3}{3} + \frac{1}{2}Fax_2^2 + 2Fa^2x_2 - \frac{10}{3}Fa^3\right)$$

$$\theta_1(x_1) = w'_1(x_1) = \frac{1}{EI}\left(-\frac{F}{2}x_1^2 + \frac{5}{2}Fa^2\right)$$

$$\theta_2(x_2) = w'_2(x_2) = \frac{1}{EI}(Fax_2 - Fx_2^2 + 2Fa^2)$$

自由端的挠度和转角为

$$w_A = w_1(x_1)\big|_{x_1=0} = -\frac{7Fa^3}{2EI}, \theta_A = w'_1(x_1)\big|_{x_1=0} = \frac{5Fa^2}{2EI}$$

又如图 15-5 所示的变截面悬臂梁，由于 AC 段和 CB 段横断面尺寸不同，也要分两段分别建立挠曲线近似微分方程并分段积分，像图 15-4 那样处理。

至于如图 15-6 所示的外伸梁，应分三段分别建立挠曲线近似微分方程并分段积分，分别

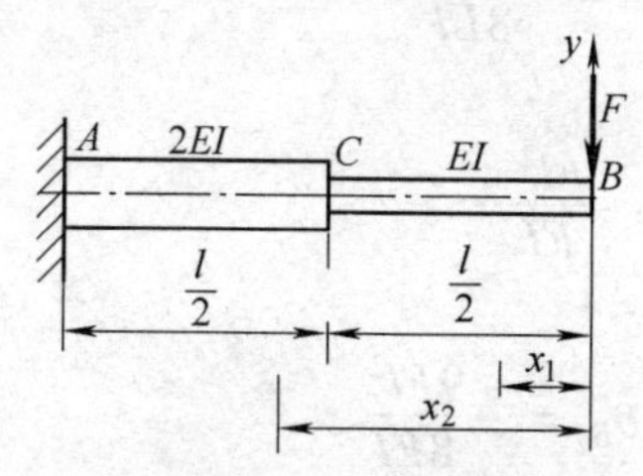

图 15-5　变截面悬臂梁

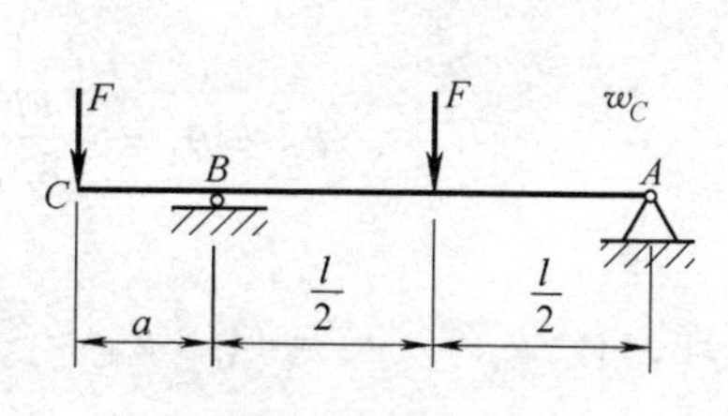

图 15-6　外伸梁

得到梁段的三个弯矩方程和三个转角方程（即共六个方程）。显然，用积分法计算变形有时是十分冗长麻烦的。

15.1.3 用查表法和叠加法求梁的变形

由以上的分析可以看出，如梁上载荷情况愈复杂，写出弯矩方程时分段愈多，积分常数也愈多。积分法的优点是可以求得转角和挠度的普遍方程。但当只需要确定某些特定截面的转角和挠度，而并不需要求出转角和挠度的普遍方程时，积分法就显得过于累赘。为此，在一般设计手册中，已将常见梁的挠度方程、梁端面转角和最大挠度计算公式列成表格，以备查用。表15-1给出了几种简单载荷作用下梁的挠度和转角。

由于梁的挠曲线近似微分方程是在其小变形且材料服从胡克定律的情况下推导出来的，因此梁的挠度和转角与载荷呈线性关系。当梁上同时作用有几个载荷时，可分别求出每一载荷单独作用下的变形，然后将各个载荷单独作用下的变形叠加，即得这些载荷共同作用下的变形，这就是求梁变形的叠加法。

用叠加法求梁的位移时应注意以下两点：一是正确理解梁的变形与位移之间的区别和联系，位移是由变形引起的，但没有变形不一定没有位移；二是正确理解和应用变形连续条件，即在线弹性范围内，梁的挠曲线是一条连续光滑的曲线。下面举例说明叠加法的应用。

例 15-3 试用叠加法求图15-7a所示悬臂梁截面 A 的挠度和自由端 B 的转角，已知 $EI=$ 常数。

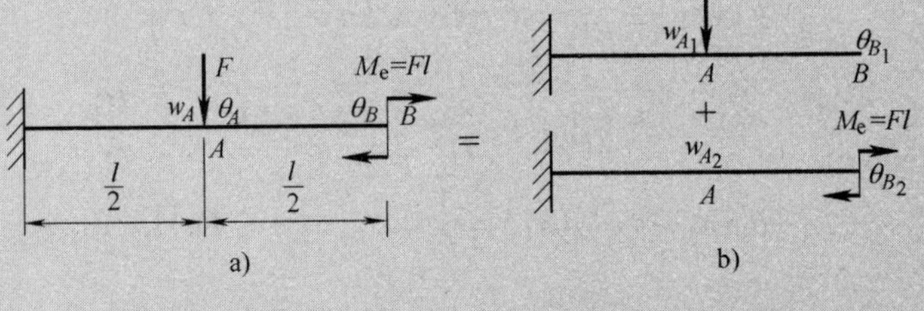

图 15-7 例 15-3 图

解 将图15-7a所示悬臂梁分解为单独在 F 和 M_e 作用下的悬臂梁，如图15-7b所示。分别查表15-1，可得

$$w_{A_1}=-\frac{Fl^3}{24EI},\ w_{A_2}=-\frac{M_e(l/2)^2}{2EI}=-\frac{Fl^3}{8EI}$$

$$\theta_{B_1}=\theta_A=-\frac{Fl^2}{8EI},\ \theta_{A_2}=-\frac{M_e l}{EI}=-\frac{Fl^2}{EI}$$

由叠加原理，有
$$w_A=w_{A_1}+w_{A_2}=-\frac{Fl^3}{6EI},\ \theta_B=\theta_{B_1}+\theta_{B_2}=-\frac{9Fl^2}{8EI}$$

表 15-1　梁在简单载荷作用下的变形

序号	梁的简图	挠曲线方程	挠度和转角
(1)	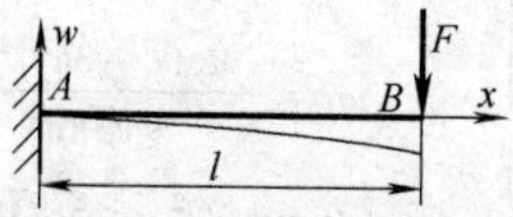	$w=-\dfrac{Fx^2}{6EI}(3l-x)$	$w_B=-\dfrac{Fl^3}{3EI}$ $\theta_B=-\dfrac{Fl^2}{2EI}$
(2)	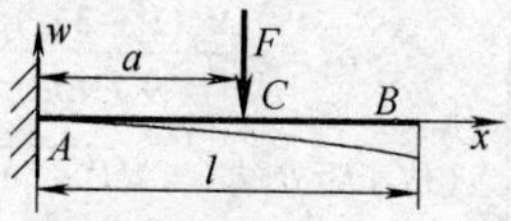	$w=-\dfrac{Fx^2}{6EI}(3a-x)\quad(0\leqslant x\leqslant a)$ $w=-\dfrac{Fa^2}{6EI}(3x-a)\quad(a\leqslant x\leqslant l)$	$w_B=-\dfrac{Fa^2}{6EI}(3l-a)$ $\theta_B=-\dfrac{Fa^2}{2EI}$
(3)	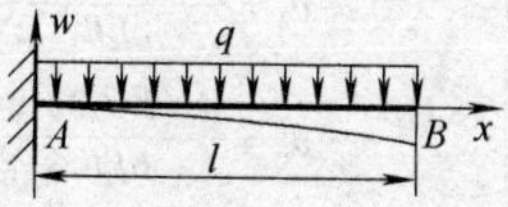	$w=-\dfrac{qx^2}{24EI}(x^2-4lx+6l^2)$	$w_B=-\dfrac{ql^4}{8EI}$ $\theta_B=-\dfrac{ql^3}{6EI}$
(4)	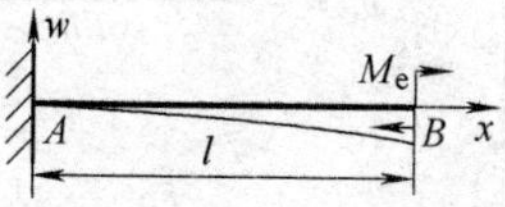	$w=-\dfrac{M_e x^2}{2EI}$	$w_B=-\dfrac{M_e l^2}{2EI}$ $\theta_B=-\dfrac{M_e l}{EI}$
(5)	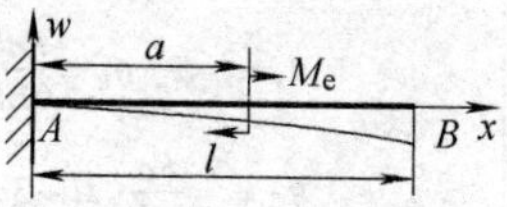	$w=-\dfrac{M_e x^2}{2EI}\quad(0\leqslant x\leqslant a)$ $w=-\dfrac{M_e a}{EI}\left(\dfrac{a}{2}-x\right)\quad(a\leqslant x\leqslant l)$	$w_B=-\dfrac{M_e a}{EI}\left(l-\dfrac{a}{2}\right)$ $\theta_B=-\dfrac{M_e a}{EI}$
(6)	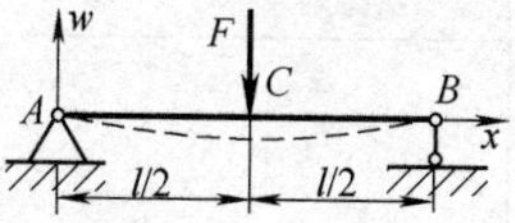	$w=-\dfrac{Fx}{48EI}(3l^2-4x^2)$ $\left(0\leqslant x\leqslant \dfrac{l}{2}\right)$	$w_C=-\dfrac{Fl^3}{48EI}$ $\theta_A=-\theta_B=-\dfrac{Fl^2}{16EI}$
(7)	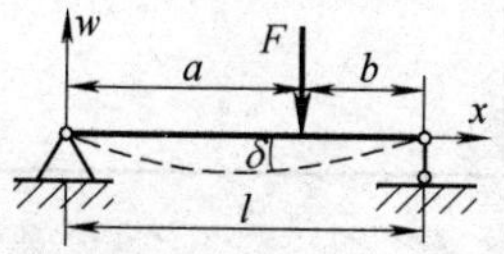	$w=-\dfrac{Fbx}{6EIl}(l^2-x^2-b^2)$ $(0\leqslant x\leqslant a)$ $w=-\dfrac{Fa(l-x)}{6EIl}(x^2+a^2-2lx)$ $(a\leqslant x\leqslant l)$	$\delta=-\dfrac{Fb(l^2-a^2)^{3/2}}{9\sqrt{3}EIl}$ (在 $x=\sqrt{\dfrac{l^2-b^2}{3}}$ 处) $\theta_A=-\dfrac{Fb(l^2-b^2)}{6EIl}$ $\theta_B=\dfrac{Fa(l^2-a^2)}{6EIl}$
(8)	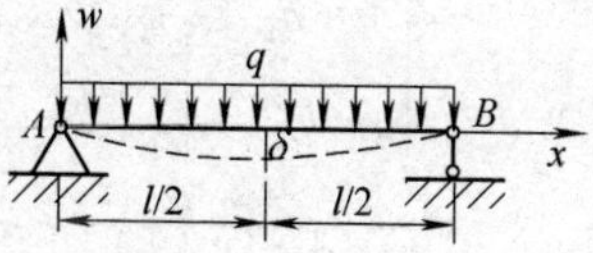	$w=-\dfrac{qx}{24EI}(x^3+l^3-2lx^2)$	$\delta=-\dfrac{5ql^4}{384EI}$ $\theta_A=-\theta_B=-\dfrac{ql^3}{24EI}$
(9)	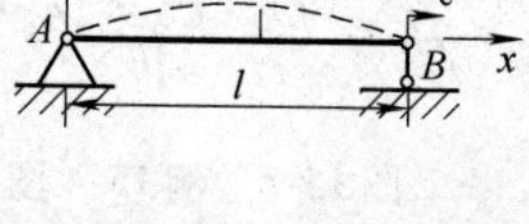	$w=\dfrac{M_e x}{6EIl}(l^2-x^2)$	$\delta=\dfrac{M_e l^2}{9\sqrt{3}EI}$ (位于 $x=l/\sqrt{3}$ 处) $\theta_A=\dfrac{M_e l}{6EI}$ $\theta_B=-\dfrac{M_e l}{3EI}$

（续）

序号	梁的简图	挠曲线方程	挠度和转角
(10)		$w=\frac{M_e x}{6EIl}(l^2-3b^2-x^2)$ $(0\leqslant x\leqslant a)$ $w=\frac{M_e(l-x)}{6EIl}(3a^2-2lx+x^2)$ $(a\leqslant x\leqslant l)$	$\delta_1=-\frac{M_e(l^2-3b^2)^{3/2}}{9\sqrt{3}EIl}$ （在 $x=\sqrt{l^2-3b^2}/\sqrt{3}$处） $\delta_2=-\frac{M_e(l^2-3a^2)^{3/2}}{9\sqrt{3}EIl}$ （位于距 B 端 $x=\sqrt{l^2-3a^2}/\sqrt{3}$处） $\theta_A=\frac{M_e(l^2-3b^2)}{6EIl}$ $\theta_B=\frac{M_e(l^2-3a^2)}{6EIl}$ $\theta_C=-\frac{M_e(l^2-3a^2-3b^2)}{6EIl}$
(11)		$w=\frac{Fax}{6EIl}(l^2-x^2)$ $(0\leqslant x\leqslant l)$ $w=-\frac{F(x-l)}{6EI}[a(3x-l)-(x-l)^2]$ $(l\leqslant x\leqslant l+a)$	$w_C=-\frac{Fa^2}{3EI}(l+a)$ $\theta_A=-\frac{1}{2}\theta_B=\frac{Fal}{6EI}$ $\theta_C=-\frac{Fa}{6EI}(2l+3a)$
(12)		$w=\frac{Mx}{6EIl}(l^2-x^2)$ $(0\leqslant x\leqslant l)$ $w=-\frac{M}{6EI}(3x^2-4xl+l^2)$ $(l\leqslant x\leqslant l+a)$	$w_C=-\frac{Ma}{6EI}(2l+3a)$

例 15-4 如图 15-8a 所示，一个抗弯刚度 EI = 常量的简支梁，受到集中力 F 和均布载荷 q 的共同作用。试用叠加法求梁中点 C 的挠度和铰支端 A、B 的转角。

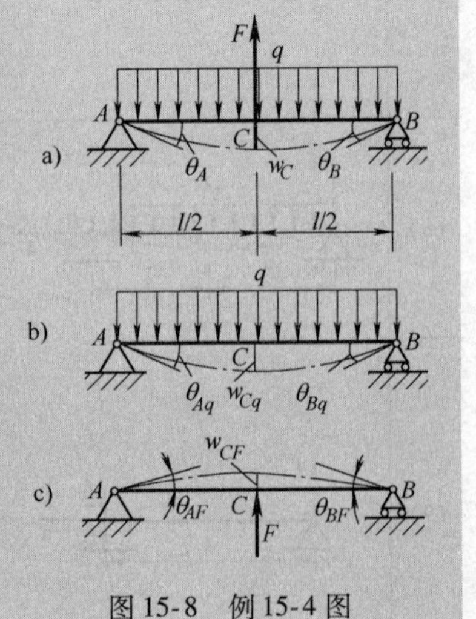

图 15-8 例 15-4 图

解 简支梁的变形是由集中力 F 和均布载荷 q 共同作用而引起的。在集中力 F 单独作用时，由表 15-1 可查得梁中点 C 的挠度和铰支端 A、B 的转角分别为

$$w_{CF}=-\frac{Fl_3}{48EI_z}，\theta_{AF}=\frac{Fl^2}{16EI_z}，\theta_{BF}=-\frac{Fl^2}{16EI_z}$$

在均布载荷 q 单独作用时，由表 15-1 可查得梁中点 C 的挠度和铰支端 A、B 的转角分别为

$$w_{Cq}=-\frac{5ql^4}{384EI_z}，\theta_{Aq}=-\frac{ql^3}{24EI_z}，\theta_{Bq}=\frac{ql^3}{24EI_z}$$

叠加以上结果，即得梁中点 C 的挠度和铰支端 A、B 的转角分别为

$$w_C = w_{CF} + w_{Cq} = -\frac{Fl^3}{48EI_z} - \frac{5ql^4}{384EI_z}$$

$$\theta_A = \theta_{AF} + \theta_{Aq} = \frac{Fl^2}{16EI_z} - \frac{ql^3}{24EI_z}$$

$$\theta_B = \theta_{BF} + \theta_{Bq} = -\frac{Fl^2}{16EI_z} + \frac{ql^3}{24EI_z}$$

15.2 梁的刚度计算

15.2.1 梁的刚度条件

工程设计中，根据机械或结构物的工作要求，常对挠度或转角加以限制，对梁进行刚度计算。梁的刚度条件为

$$w_{\max} \leqslant [w] \tag{15-6}$$

$$\theta_{\max} \leqslant [\theta] \tag{15-7}$$

在各类工程设计中，对梁位移许用值的规定相差很大。通常在机械制造工程中，一般传动轴的许用挠度值 $[w]$ 为计算跨度 l 的 3/10000 ~ 5/10000，对刚度要求较高的传动轴，$[w]$ 为计算跨度 l 的 1/10000 ~ 2/10000；传动轴在轴承处的许用的转角 $[\theta]$ 通常在 0.001 ~ 0.005rad 之间。土建工程中，许用挠度值 $[w]$ 在梁计算跨度 l 的 1/200 ~ 1/800 之间。

15.2.2 梁的刚度计算举例

例 15-5 如图 15-9 所示，悬臂梁自由端受集中力 $F = 10\text{kN}$。已知许用应力 $[\sigma] = 170\text{MPa}$，许用挠度 $[w] = 10\text{mm}$，若梁由工字钢制成，试选择工字钢型号。

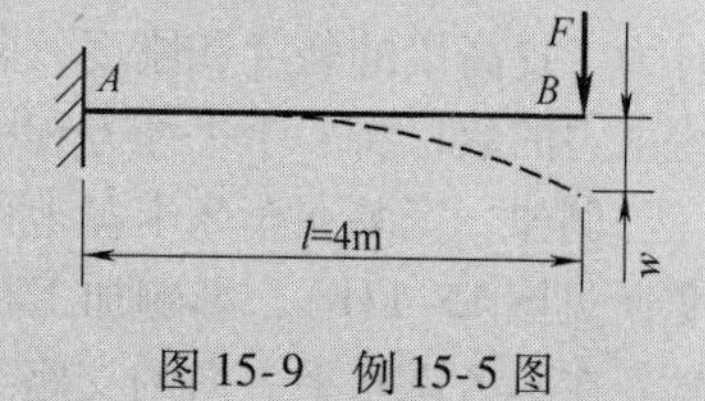

图 15-9 例 15-5 图

解 （1）按照强度条件选择截面

$$M_{\max} = Fl = 40\text{kN} \cdot \text{m}$$

故

$$W = \frac{M_{\max}}{[\sigma]} = \frac{40 \times 10^3 \text{N} \cdot \text{m}}{170 \times 10^6 \text{Pa}} = 0.235 \times 10^{-3} \text{m}^3 = 235\text{cm}^3$$

查型钢表选用 20a 工字钢，其 $W = 237\text{cm}^3$，$I = 2370\text{cm}^4$。

（2）按照刚度条件选择截面。由刚度条件

$$w_{\max} = Fl^3/(3EI) \leqslant [w]$$

计算可得

$$I = 1.016 \times 10^8 \text{cm}^4 = 10160\text{cm}^4$$

查型钢表，选用 32a 工字钢，其 $I = 11075.5\text{cm}^4$，$W = 692.2\text{cm}^3$。综合强度条件和刚度条件，应选用 32a 工字钢，最大挠度 $w_{\max}$ 和最大应力分别为

$$w_{\max} = \frac{10 \times 10^3 \text{N} \times (4000\text{mm})^3}{3 \times 2.1 \times 10^5 \text{Pa} \times 1.108 \times 10^8 \text{mm}^4} = 9.17\text{mm} < [w] = 10\text{mm}$$

$$\sigma_{\max} = \frac{40 \times 10^6 \text{N} \cdot \text{mm}}{692.2 \times 10^3 \text{mm}^3} = 57.8\text{MPa} < [\sigma] = 170\text{MPa}$$

例 15-6 如图 15-10 所示简支梁，受载荷 $F = 40\text{kN}$，$q = 0.6\text{N/mm}$ 共同作用。已知 $l = 8\text{m}$，截面为 36a 工字钢，材料弹性模量 $E = 200\text{GPa}$，$[w] = l/500$，试校核梁的刚度。

解 查型钢表，可得 $15760 \times 10^4 \text{mm}^4$。根据表 15-1 可知，在 F 和 q 作用下，梁产生的最大挠度均位于跨中。

$$w_c = w_{CF} + w_{Cq} = -\frac{Fl^3}{48EI} + \left(-\frac{5ql^4}{384EI}\right)$$

$$= -\frac{40 \times 10^3\text{N} \times (8 \times 10^3\text{mm})^3}{48 \times 200 \times 10^3\text{MPa} \times 15760 \times 10^4\text{mm}^4} - \frac{5 \times 0.6\text{N/mm} \times (8 \times 10^3\text{mm})^4}{384 \times 200 \times 10^3\text{MPa} \times 15760 \times 10^4\text{mm}^4}$$

$$= -14.56\text{mm}$$

$$[w] = \frac{l}{500} = \frac{8 \times 10^3\text{mm}}{500} = 16\text{mm}$$

$w_{max} = |w_C| < [w]$，梁刚度符合要求。

由于梁的弯曲变形和弯矩以及抗弯刚度、梁的长度有关，因此，为了提高梁的刚度，可以选用合理的截面形状或尺寸，合理安排载荷的作用位置，在条件许可的情况下，减小梁的跨度或增加支座。由于高强度钢和普通钢的弹性模量 E 非常接近，因此采用高强度钢并不能有效地提高构件的抗弯刚度。

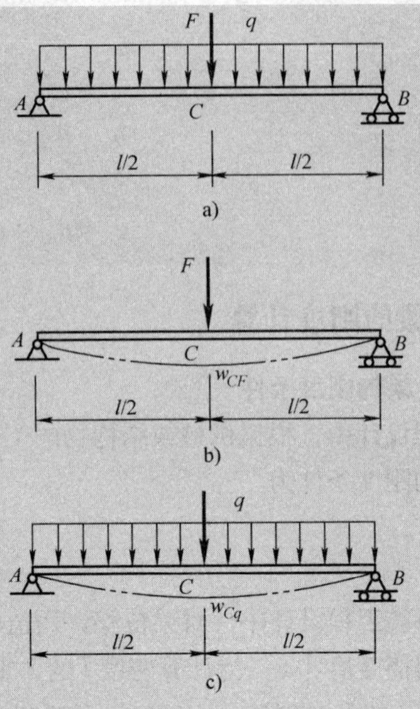

图 15-10　例 15-6 图

15.3　简单超静定梁的解法

15.3.1　超静定梁的概念

上一章已提及，约束力都可以通过静力平衡方程求得的梁称为静定梁。在工程实际中，有时为了提高梁的强度和刚度，除维持平衡所需的约束外，再增加一个或几个约束。这时，未知约束力的数目将多于平衡方程的数目，仅由静力平衡方程不能求解。这种梁称为超静定梁。

例如，安装在车床卡盘上的工件（见图 15-11a）如果比较细长，切削时会产生过大的挠度（见图 15-11b），影响加工精度。为减小工件的挠度，常在工件的自由端用尾架上的顶尖顶紧。在不考虑水平方向的支座约束力时，这相当于增加了一个可动铰支座（见图 15-12a）。这时工件的约束力有四个：F_{Ax}、F_{Ay}、M_A 和 F_B（见图 15-12b），而有效的平衡方程只有三个。未知约束力数目比平衡方程数目多出一个，这是一次超静定梁。

又如厂矿中铺设的管道一般则需用三个以上的支座支承（见图 15-13），都属于超静定梁，而且可以看出，图 15-13 所示的管道是二次超静定梁。

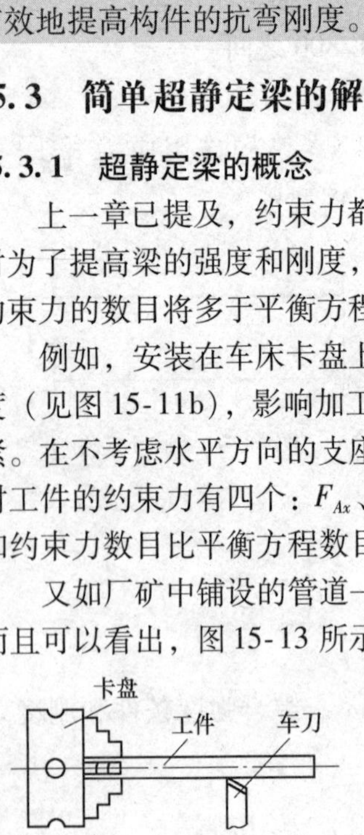

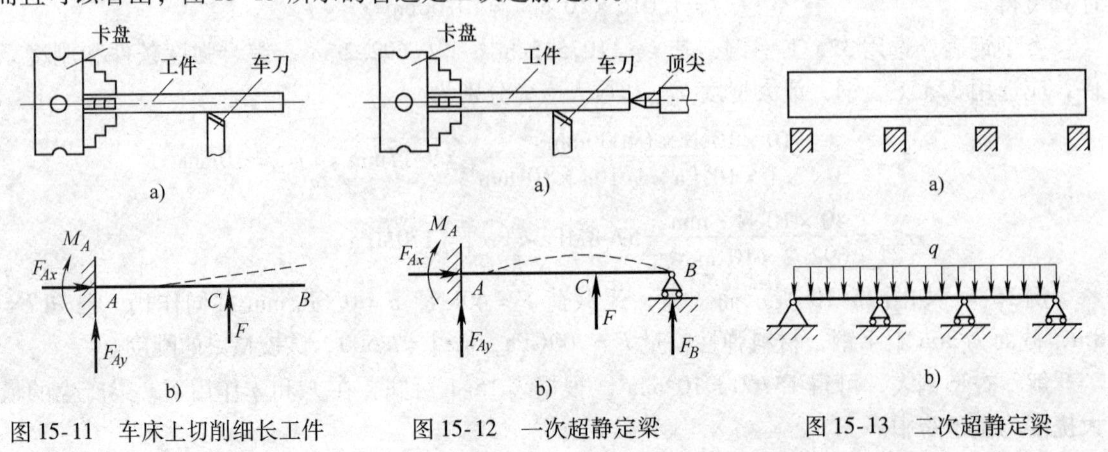

图 15-11　车床上切削细长工件 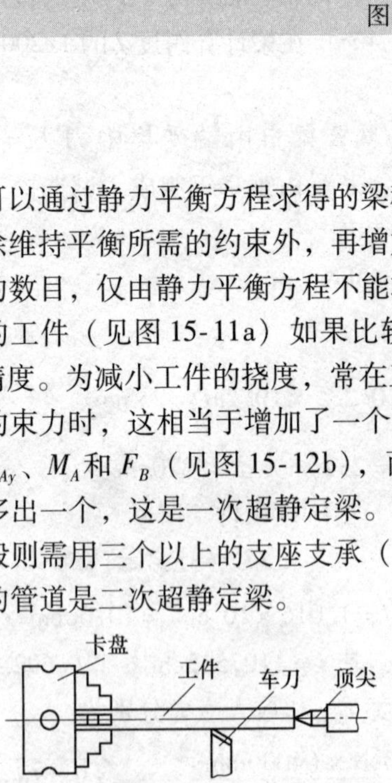　　图 15-12　一次超静定梁 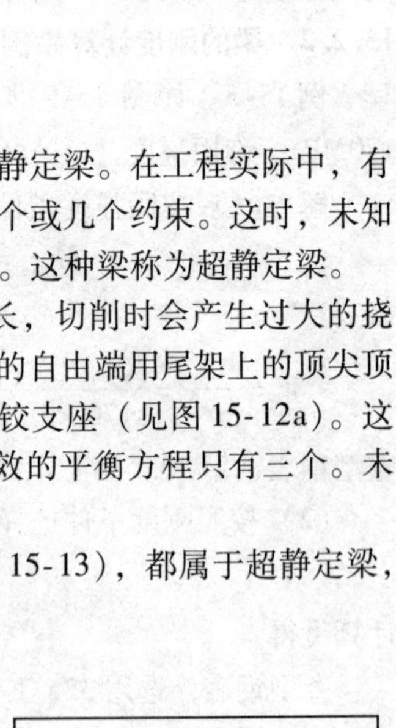　　图 15-13　二次超静定梁

15.3.2　用变形比较法解超静定梁

解超静定梁的方法与解拉压超静定问题类似，也需根据梁的变形协调条件和力与变形间的物理关系，建立补充方程，然后与静力平衡方程联立求解。如何建立补充方程，是解超静定梁的关键。

在超静定梁中，那些超过维持梁平衡所必需的约束，习惯上称为多余约束；与其相应的支座约束力称为多余约束力或多余支座约束力。可以设想，如果撤除超静定梁上的多余约束，则此超静定梁又将变为一个静定梁，这个静定梁称为原超静定梁的基本静定梁（basic statically determinate beam）。例如图15-14a所示的超静定梁，如果以B端的可动铰支座为多余约束，将其撤除后而形成的悬臂梁（见图15-14b）即为原超静定梁的基本静定梁。

为使基本静定梁的受力及变形情况与原超静定梁完全一致，作用于基本静定梁上的外力除原来的载荷外，还应加上多余支座约束力，同时，还要求基本静定梁满足一定的变形协调条件。例如，上述的基本静定梁的受力情况如图15-14c所示，由于原超静定梁在B端有可动铰支座的约束，因此，还要求基本静定梁在B端的挠度为零，即

$$w_B=0 \tag{a}$$

此即应满足的变形协调条件（简称变形条件）。这样，就将一个承受均布载荷的超静定梁变换为一个静定梁来处理，这个静定梁在原载荷和未知的多余支座约束力作用下，B端的挠度为零。

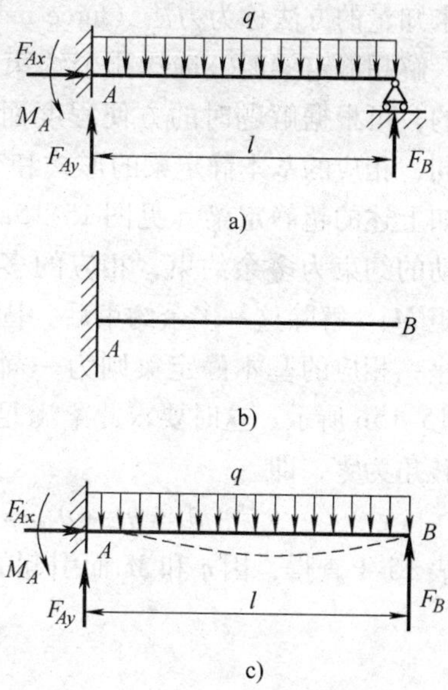

图15-14　用变形比较法解超静定梁

根据变形协调条件及力与变形间的物理关系，即可建立补充方程。由图15-14c可见，B端的挠度为零，可将其视为均布载荷引起的挠度w_{Bq}与未知支座约束力F_B引起的挠度w_{BF_B}的叠加结果，即

$$w_B=w_{Bq}+w_{BF_B}=0 \tag{b}$$

由表15-1，查得

$$w_{Bq}=-\frac{ql^4}{8EI} \tag{c}$$

$$w_{BF_B}=\frac{F_Bl^3}{3EI} \tag{d}$$

$$-\frac{ql^4}{8EI}+\frac{F_Bl^3}{3EI}=0$$

这就是所需的补充方程。由此可解出多余支座约束力为

$$F_B=\frac{3}{8}ql$$

多余支座约束力求得后，再利用平衡方程，其他支座约束力即可迎刃而解。由图15-14c，梁的平衡方程为

$$\sum F_x=0,\ F_{Ax}=0$$

$$\sum F_y=0,\ F_{Ay}-ql+F_B=0$$

$$\sum M_A=0,\ M_A+F_Bl-\frac{ql^2}{2}=0$$

以 F_B 的值代入上列各式，解得

$$F_{Ax}=0，F_{Ay}=\frac{5}{8}ql，M_A=\frac{1}{8}ql^2$$

这样，就解出了超静定梁的全部支座约束力。所得结果均为正值，说明各支座约束力的方向和约束力偶的转向与所假设的一致。支座约束力求得后，即可进行强度和刚度计算。

由以上的分析可见，解超静定梁的方法是：选取适当的基本静定梁；利用相应的变形协调条件和物理关系建立补充方程；然后与平衡方程联立解出所有的支座约束力。这种解超静定梁的方法，称为变形比较法（degeneration comparison）。求解超静定问题的方法还有多种，以力为未知量的方法称为力法（force method），变形比较法属于力法中的一种。

解超静定梁时，选择哪个约束为多余约束并不是固定的，可根据解题时的方便程度而定。选取的多余约束不同，相应的基本静定梁的形式和变形条件也随之而异。例如上述的超静定梁（见图 15-15a）也可选择阻止 A 端转动的约束为多余约束，相应的多余支座约束力则为力偶矩 M_A。解除这一多余约束后，固定端 A 将变为固定铰支座；相应的基本静定梁则为一简支梁，其上的载荷如图 15-15b 所示。这时要求此梁满足的变形条件则是 A 端的转角为零，即

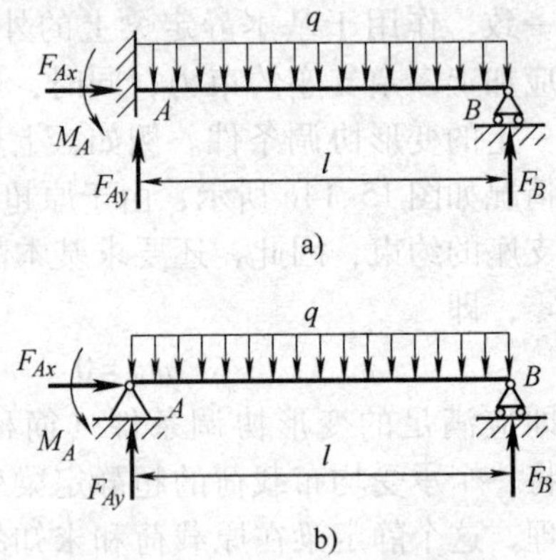

$$\theta_A=\theta_{Aq}+\theta_{AM}=0$$

图 15-15　多余约束的选择

由表 15-1 查得，因 q 和 M_A 而引起的截面 A 的转角分别为

$$\theta_{Aq}=-\frac{ql^3}{24EI},\ \theta_{AM}=\frac{M_Al}{3EI}$$

例 15-7　某管道可简化为有三个支座的连续梁（见图 15-16a），受均布载荷 q 作用。已知跨度为 l，求支座约束力，并绘弯矩图。

解　该梁可看作在简支梁 AB 上增加 1 个活动铰支座 C，这样就有 1 个多余约束力 F_C，因此是一次超静定问题。解除支座 C 并用约束力 F_C 代之，得到基本静定系如图 15-16b 所示。变形协调条件为：在载荷 q 和多余约束力 F_C 的共同作用下，基本静定系上 C 截面处的挠度为零。根据叠加原理，C 截面挠度为 q 单独作用下（见图 15-16c）的挠度 w_{Cq} 与多余约束力 F_C

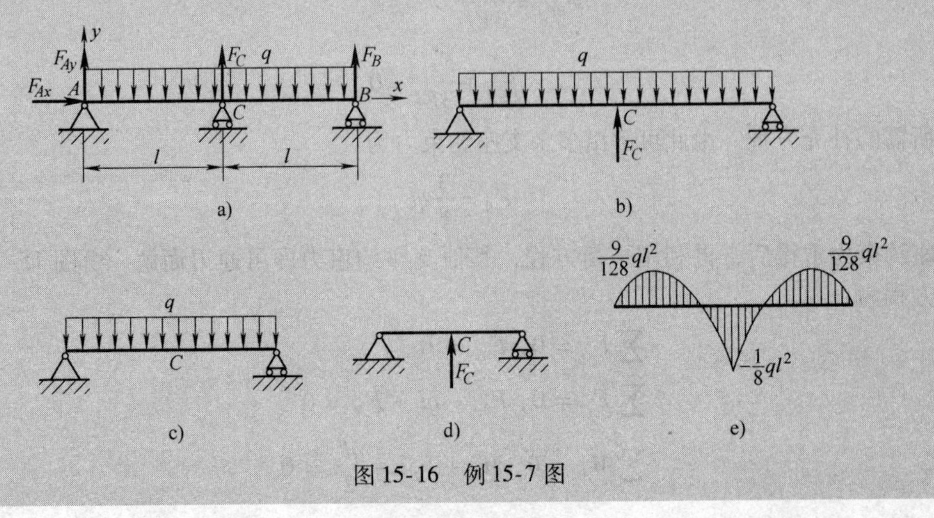

图 15-16　例 15-7 图

单独作用下（见图 15-16d）挠度 w_{CC} 之和。故变形协调条件为

$$w_C = w_{Cq} + w_{CC} = 0$$

由表 15-1 查得

$$w_{Cq} = -\frac{5q(2l)^4}{384EI},\ w_{CC} = +\frac{F_C(2l)^3}{48EI}$$

代入上式解得

$$F_C = \frac{5}{4}ql$$

再由平衡方程，求得其余约束力

$$F_{Ax} = 0,\ F_{Ay} = F_{By} = \frac{3}{8}ql$$

弯矩图如图 15-16d 所示。

例 15-8　图 15-17a 所示的圆形截面梁承受集中力 F 作用。已知 $F = 20\text{kN}$，跨度 $l = 500\text{mm}$，截面直径 $d = 60\text{mm}$，许用应力 $[\sigma] = 100\text{MPa}$，试校核该梁的强度。

解　（1）判断超静定次数。

解除多余约束这是一次超静定梁。将 B 处活动铰支座视为多余约束，解除之，代之以多余未知力 F_B，得到原超静定梁的相当系统，如图 15-17b 所示，它是在已知集中力 F 和未知约束力 F_B 共同作用下的简支梁。

（2）建立变形协调方程。

变形协调条件为支座 B 处的挠度等于零，即有变形协调方程 $w_B = 0$。

（3）建立补充方程。

用叠加法并查表 15-1，由变形协调方程可得补充方程

$$w_B = (w_B)_F + (w_B)_{F_B} = -\frac{11Fl^3}{96EI} + \frac{F_B l^3}{6EI} = 0$$

（4）求解多余未知力。

由上述补充方程可解得多余约束力

$$F_B = \frac{11F}{16} = \frac{11 \times 20\text{kN}}{16} = 13.75\text{kN}$$

（5）校核强度根据相当系统（见图 15-17b），由平衡方程易得支座 A、C 处的约束力分别为 $F_A = 1.875\text{kN}$，$F_C = 8.125\text{kN}$。

画出梁的弯矩图如图 15-17c 所示，可见梁的最大弯矩为

$$M_{\max} = 2.03\text{kN} \cdot \text{m}$$

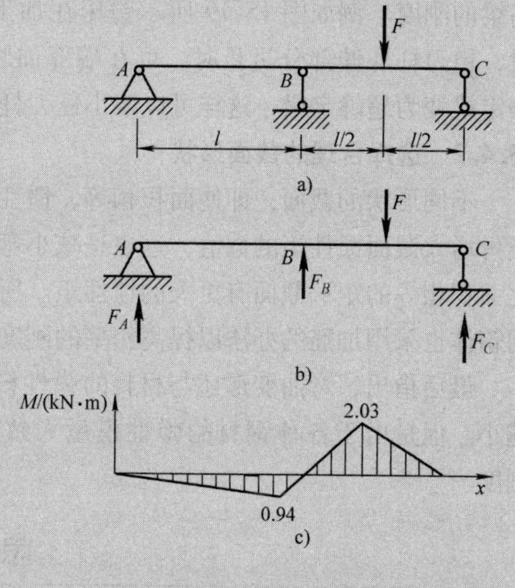

图 15-17　例 15-8 图

根据梁的弯曲正应力强度条件

$$\sigma_{\max} = \frac{M_{\max}}{W_z} = \frac{2.03 \times 10^3\text{N} \cdot \text{m}}{\frac{\pi}{32} \times (60 \times 10^{-3}\text{m})^3} = 9.57 \times 10^7\text{Pa} = 95.7\text{MPa} < [\sigma] = 100\text{MPa}$$

可知，该梁的强度符合要求。

15.4 提高梁刚度的措施

从表 15-1 可见，梁的变形量与跨度 l 的高次方成正比，与截面轴惯性 I_z成反比。由此可见，为提高梁的刚度主要应从增大 I_z 和 W_z 方面采取措施，以使梁的设计经济合理。

15.4.1 改善结构形式以减小弯矩

引起弯曲变形的主要因素是弯矩，减小弯矩也就减小了弯曲变形，这往往可以通过改变结构形式的方法来实现。例如对图 15-18 中的轴，应尽可能地使带轮和齿轮靠近支座，以减小传动力 F_1和 F_2引起的弯矩。缩小跨度也是减小弯曲变形的有效方法。如例 15-5 悬臂梁自由端受集中力作用，挠度 $w_{max}=Fl^3/(3EI)$ 与跨度 l 的三次方成正比。如跨度缩短，则挠度的减小亦即刚度的提高必然是非常明显的。

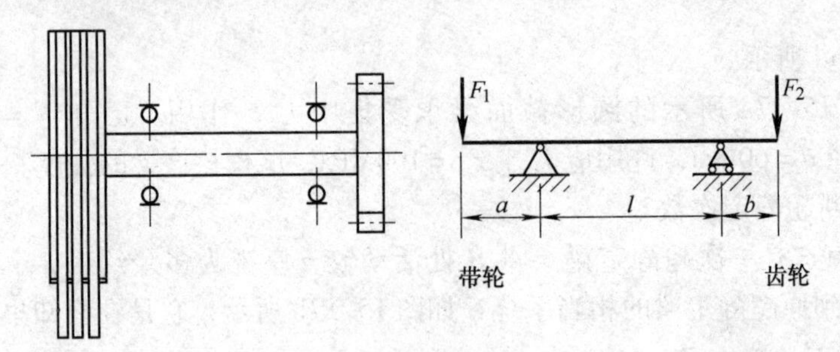

图 15-18 带轮和齿轮靠近支座

在跨度不能缩短的情况下，可采取增加支座的方法来提高梁的刚度。例如图 15-19 所示镗床在加工图中零件的内孔时，镗刀杆外伸部分过长时，可在端部加装尾架，由原来的静定梁变为超静定梁，这样可以减小镗刀杆的弯曲变形。

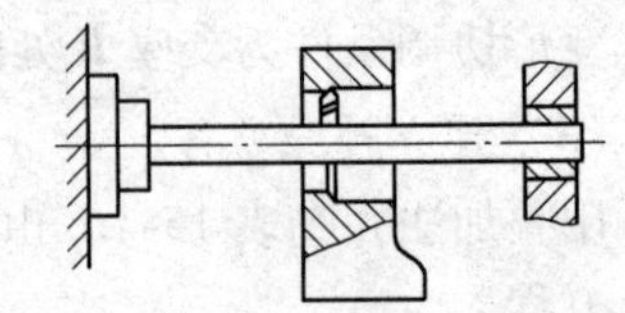

图 15-19 静定梁变为超静定梁

15.4.2 选择合理的截面形状

不同形状的截面，即使面积相等，惯性矩也不一定相等。所以如果选取的截面形状合理，便可增大截面惯性矩的数值，这也是减小弯曲变形的途径：例如，工字形、槽形、T 形截面都比面积相等的矩形截面有更大的惯性矩。所以起重机大梁一般采用工字形或箱形截面；而机器的箱体也采用加筋的办法以提高箱壁的刚度。

最后指出，弯曲变形还与材料的弹性模量 E 有关。对 E 值不同的材料，E 越大弯曲变形越小。但是由于各种钢材的弹性模量大致相等，所以使用高强度钢材并不能明显提高弯曲刚度。

思 考 题

1. 何谓挠曲线？何谓挠度与转角？挠度与转角之间有何关系？该关系成立的条件是什么？
2. 挠曲线近似微分方程是如何建立的？应用条件是什么？该方程与坐标轴 x 与 w 的选取有何关系？
3. 如何绘制挠曲线的大致形状？根据是什么？如何判断挠曲线的凹、凸与拐点的位置？
4. 如何利用积分法计算梁位移？如何根据挠度与转角的正负判断位移的方向？最大挠度处的横截面转角是否一定为零？
5. 何谓叠加法？成立的条件是什么？如何利用该方法分析梁的位移？

6. 什么是梁的刚度条件？如何进行梁的刚度计算？

7. 什么是超静定梁？与静定梁相比，超静定梁有哪些优点？

8. 什么是多余约束？什么是原超静定梁的相当系统？

9. 解除多余约束的原则是什么？对于给定的超静定梁，其相当系统是否唯一？

10. 试述提高弯曲刚度的主要措施有哪些？提高梁的刚度与提高其强度的措施有何不同？

11. 图 15-20 所示简支梁跨度为 l，均布载荷集度为 q，减少梁的挠度的最有效措施是下列中的哪一个？

A. 加大截面，以增加其惯性矩 I_z 的值；

B. 不改变截面面积，而采用惯性矩 I_z 值较大的工字形截面；

C. 用弹性模量 E 较大的材料；

D. 在梁的跨度中点增加支座。

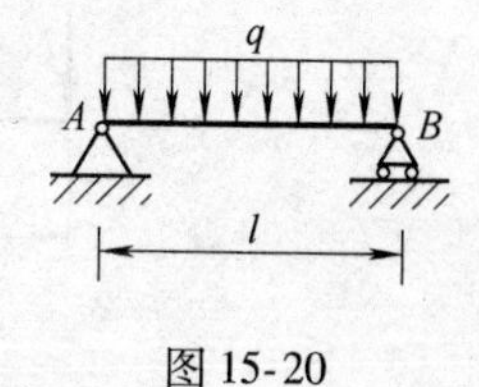

图 15-20

习　题

15-1　试写出题 15-1 图所示各梁的边界条件。

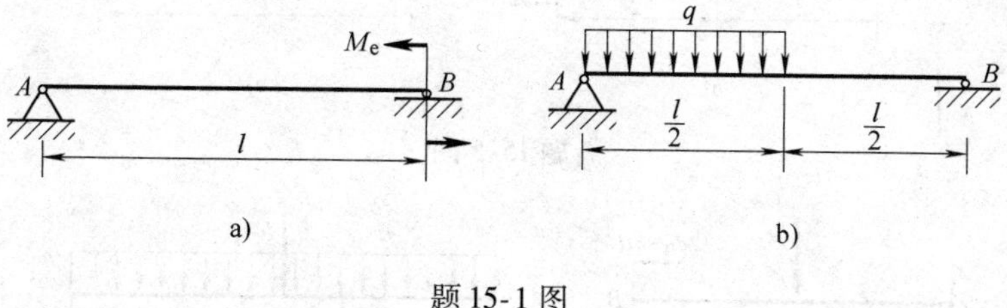

题 15-1 图

15-2　根据题 15-2 图所示梁的坐标轴（$0 \leqslant x \leqslant l/2$），用积分法求梁的挠曲线方程。设 EI 为常数。

*15-3　根据题 15-3 图所示坐标轴 x_1 和 x_2，用积分法求梁的挠曲线方程，并确定截面 A 的转角及梁的最大挠度。设 EI 为常量。

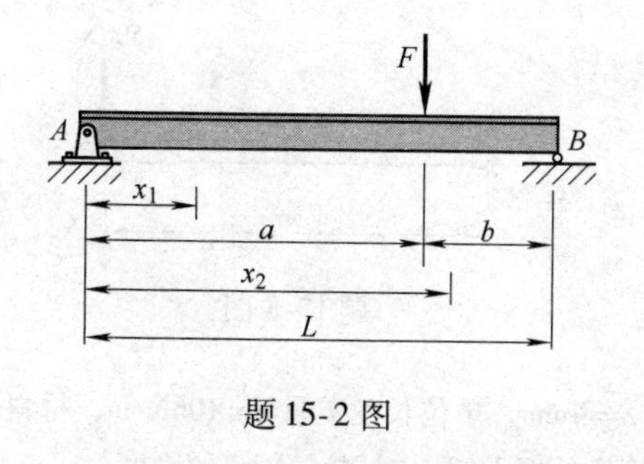

题 15-2 图

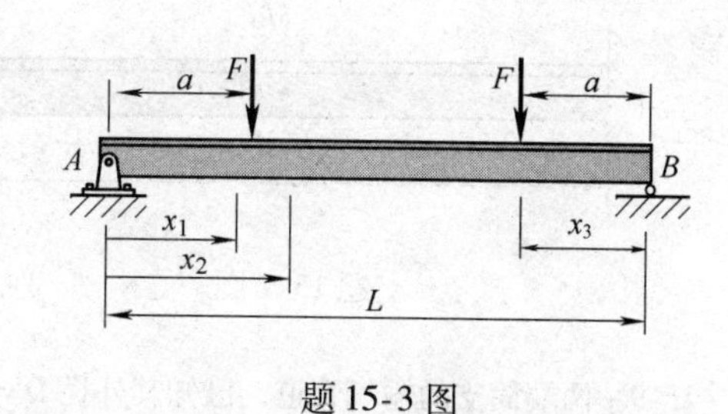

题 15-3 图

15-4　用积分法求题 15-4 图所示各梁的挠曲线方程、端截面转角 θ_A 和 θ_B、跨度中点的挠度和最大挠度。设 EI 为常量。

15-5　用积分法求题 15-5 图所示各梁的转角方程、挠曲线方程以及指定的转角和挠度。已知抗弯刚度 EI 为常数。

15-6　如题 15-6 图所示梁，EI 已知。试用叠加法求：（a）B 点挠度和 C 点截面转角；（b）A 点挠度和截面转角。

15-7　如题 15-7 图所示梁，试求梁 B 处的转角和 C 处的挠度。设 EI 已知为常量。

15-8　如题 15-8 图所示钢梁，在下列两种情况下，求 B 处的转角和挠度：（a）梁采用直径为 60mm 的实心圆杆；（b）梁采用外径为 60mm、厚度为 5mm 的空心圆杆。

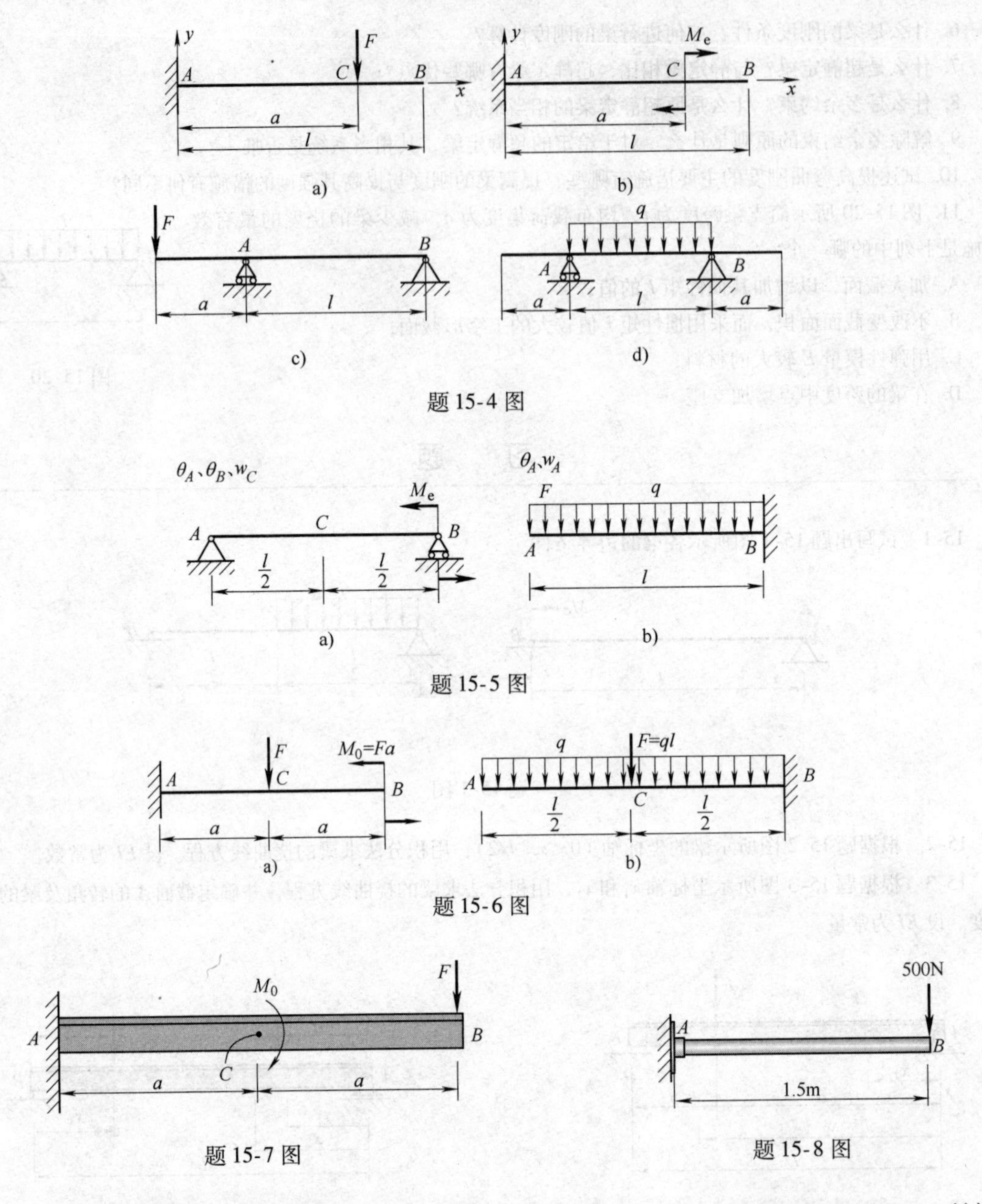

题 15-4 图

题 15-5 图

题 15-6 图

题 15-7 图

题 15-8 图

15-9　两端简支的输气管道，已知其外径 $D=114\text{mm}$，壁厚 $\delta=4\text{mm}$，单位长度重量 $q=106\text{N/m}$，材料的弹性模量 $E=210\times10^9\text{N/m}^2$，设管道的许可挠度 $[w]=l/500$，管道长度 $l=8\text{m}$，试校核管道的刚度。

15-10　题 15-10 图所示简支梁，$l=4\text{m}$，$q=9.8\text{kN/m}$，若许可挠度 $[w]=l/1000$，截面由两根槽钢组成，试选定槽钢的型号，并对自重影响进行校核。

15-11　如题 15-11 图所示梁的 A 端固定，B 端安放在活动铰链支座上。已知外力 F 及尺寸 a 和 l。试求支座 A 处的约束力。

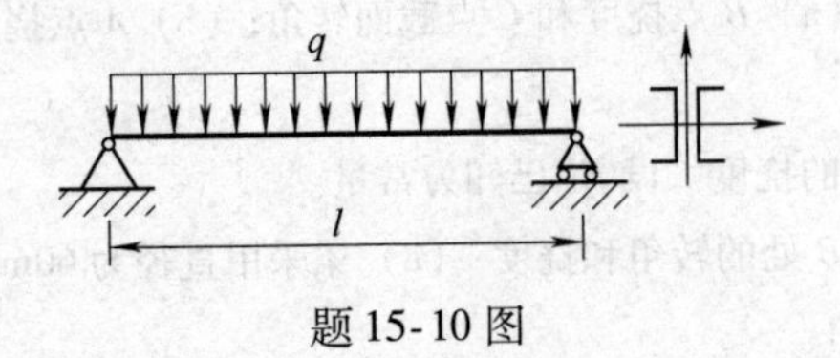

题 15-10 图

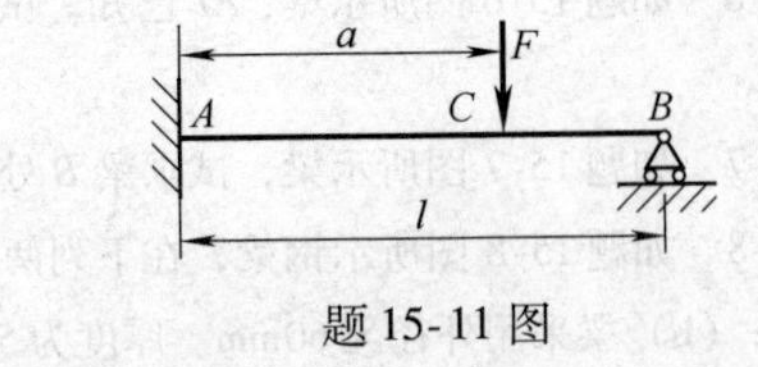

题 15-11 图

15-12　如题 15-12 图所示梁的 EI 为常量，试作梁的剪力图和弯矩图。

15-13　题 15-13 图所示房屋建筑中的某一等截面梁简化成均布载荷作用下的双跨梁。试作梁的剪力图和弯矩图。

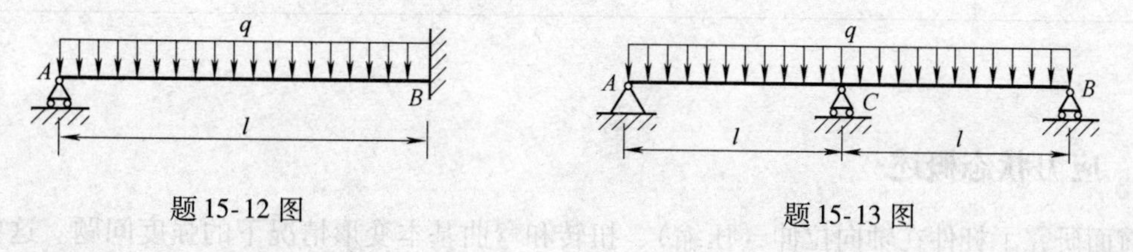

题 15-12 图　　　　题 15-13 图

*15-14　题 15-14 图所示结构中，水平梁为 16 号工字钢；拉杆的截面为圆形，$d=10\text{mm}$。两者均采用低碳钢，$E=200\text{GPa}$。试求梁及拉杆内的最大正应力。

*15-15　如题 15-15 图所示试求梁的约束力，并作梁的剪力图和弯矩图。设 EI 常量。

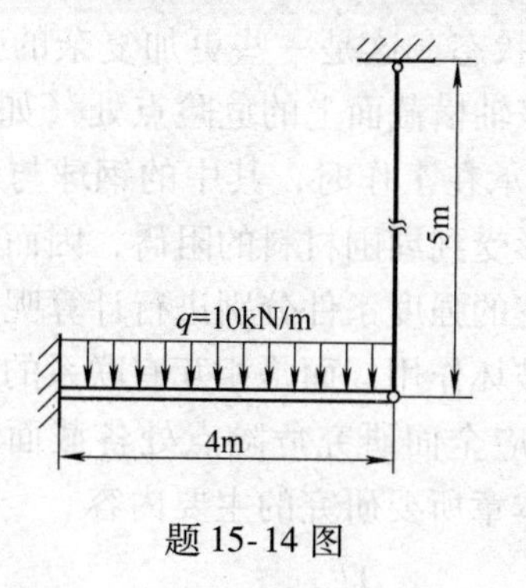

题 15-14 图

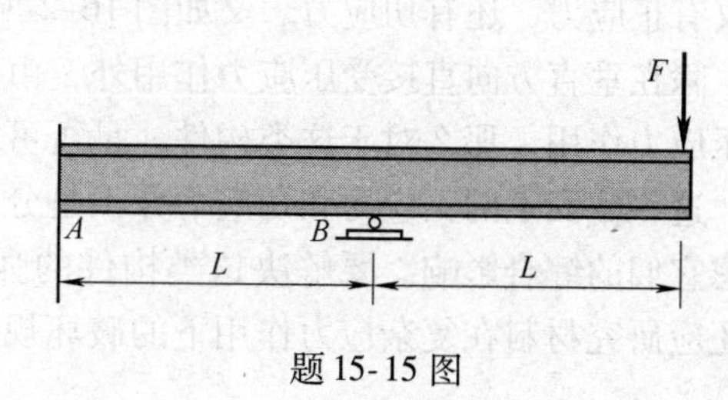

题 15-15 图

第 16 章　应力状态理论和强度理论

16.1　应力状态概述

前面研究了杆件在轴向拉伸（压缩）、扭转和弯曲基本变形情况下的强度问题。这些杆件的危险点均处于单向应力状态（见图 16-1a、b），或处于纯剪切应力状态（见图 16-1c），其建立的相应强度条件分别为

$$\sigma_{max} \leqslant [\sigma],\ \tau_{max} \leqslant [\tau]$$

在工程实际中，许多构件的危险点处于更复杂的受力状态。这是一些更加复杂的强度问题。如图 16-1d 所示的转轴就同时存在扭转和弯曲变形，该轴横截面上的危险点处（如 D 点）上不仅有正应力，还有切应力。又如图 16-2 所示向心球轴承在工作时，其中的钢球与外圈接触处，除在垂直方向直接受压应力作用外，由于其横向变形受到周围材料的阻碍，因而侧向也受到压应力作用。那么对于这类构件，是否可以仍采用上述的强度条件分别进行计算呢？实践证明，这些截面上的正应力和切应力并不是分别对构件起破坏作用，而是相互有联系的，因而应考虑它们的综合影响。要解决这类构件的强度问题，除应全面研究危险点处各截面的应力外，还应研究材料在复杂应力作用下的破坏规律。这就是本章所要研究的主要内容。

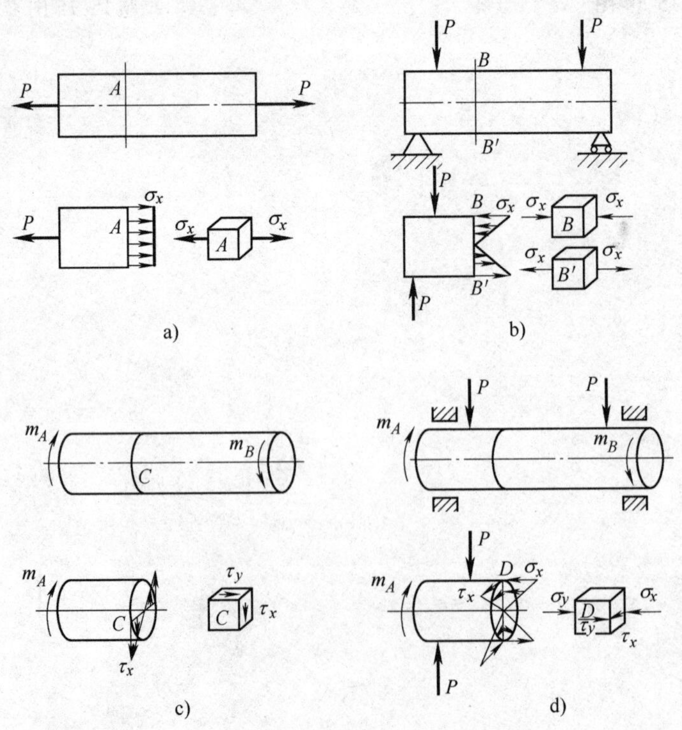

图 16-1　单向应力状态

事实上，构件在拉压、扭转、弯曲等基本变形情况下，并不都是沿构件的横截面破坏的。因此，为了分析各种破坏现象，建立组合变形情况下构件的强度条件，还必须研究构件各个不

同斜截面上的应力，即危险点的应力状态。所谓一点的应力状态就是受力构件内任一点处不同方位的截面上应力的分布情况。

研究构件内任一点处的应力状态，通常采用分析单元体的方法。这种方法是在所研究的构件某点处，用三对互相垂直的截平面切取一个极其微小的正立方体代表该点，该立方体称为单元体（cell cube）。由于单元体的尺寸极其微小，可认为单元体各面上的应力均匀分布，并可认为两个平行面上的应力相同。

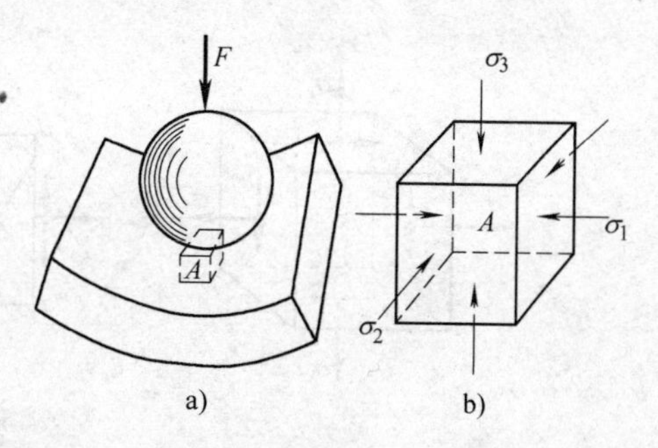

图16-2 复杂受力状态

在图16-1a中，单元体的三个相互垂直的面上都无切应力，这种切应力等于零的面称为主平面（principal planes）。主平面上的正应力称为主应力（principal stress）。一般说，通过受力构件的任意点皆可找到三个相互垂直的主平面，因而每一点都有三个主应力。对简单拉伸（或压缩），三个主应力中只有一个不等于零，称为单向应力状态（state of uniaxial stress）。

若三个主应力中有两个不等于零，称为二向或平面应力状态（state of plane stress）。若三个主应力皆不等于零，称为三向或空间应力状态。单向应力状态也称为简单应力状态（simple stress state），二向和三向应力状态也统称为复杂应力状态（complex stress state）。

研究构件内任一点的应力状态时，通常用σ_1、σ_2、σ_3代表该点的三个主应力，并以σ_1代表代数值中最大主应力，σ_3代表代数值中最小主应力，即$\sigma_1 > \sigma_2 > \sigma_3$。

关于单向应力状态已于前面讨论过，本章将从分析二向应力状态开始。

16.2 平面应力状态分析

平面应力状态是经常遇到的情况。如图16-3a所示，在单元体的各个侧面中，只有四个侧面上有应力，且它们的作用线均平行于同一平面，即在垂直于x轴的面上作用有应力σ_x、τ_{xy}，在垂直于y轴的面上有应力σ_y、τ_{yx}。平面应力状态也可表示为图16-3b。

平面应力状态应力分析的方法有解析法和图解法。

16.2.1 平面应力状态应力分析的解析法

1. 任一斜截面上的应力

利用截面法，沿平行于z轴的截面ef将单元体切成两部分，取其左半部分进行研究。受力图与几何尺寸如图16-3c、d所示。设截面法线方向与x轴的夹角为α，斜截面的面积为dA，则法向n和切向τ的平衡方程分别为

$$\sum F_{\mathrm{n}} = 0,\sigma_\alpha \mathrm{d}A + (\tau_{xy}\mathrm{d}A\cos\alpha)\sin\alpha - (\sigma_x\mathrm{d}A\cos\alpha)\cos\alpha + (\tau_{yx}\mathrm{d}A\sin\alpha)\cos\alpha - (\sigma_y\mathrm{d}A\sin\alpha)\sin\alpha = 0$$

$$\sum F_{\mathrm{t}} = 0,\tau_\alpha \mathrm{d}A - (\tau_{xy}\mathrm{d}A\cos\alpha)\cos\alpha - (\sigma_x\mathrm{d}A\cos\alpha)\sin\alpha + (\tau_{yx}\mathrm{d}A\sin\alpha)\sin\alpha + (\sigma_y\mathrm{d}A\sin\alpha)\cos\alpha = 0$$

解得

$$\sigma_\alpha = \sigma_x\cos^2\alpha + \sigma_y\sin^2\alpha - (\tau_{xy} + \tau_{yx})\sin\alpha\cos\alpha \tag{16-1}$$

$$\tau_\alpha = (\sigma_x - \sigma_y)\sin\alpha\cos\alpha + \tau_{xy}\cos^2\alpha - \tau_{yx}\sin^2\alpha \tag{16-2}$$

根据切应力互等定理τ_{xy}和τ_{yx}的数值相等，由三角函数关系

$$\cos^2\alpha = \frac{1+\cos2\alpha}{2},\ \sin^2\alpha = \frac{1-\cos2\alpha}{2},\ 2\sin\alpha\cos\alpha = \sin2\alpha$$

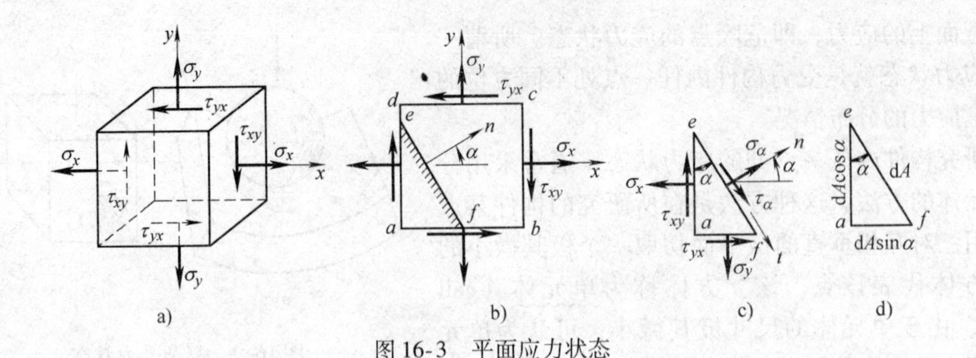

图 16-3　平面应力状态

代入式（16-1）、式（16-2），可得

$$\sigma_{\alpha}=\frac{\sigma_{x}+\sigma_{y}}{2}+\frac{\sigma_{x}-\sigma_{y}}{2}\cos 2\alpha-\tau_{xy}\sin 2\alpha \tag{16-3}$$

$$\tau_{\alpha}=\frac{\sigma_{x}-\sigma_{y}}{2}\sin 2\alpha+\tau_{xy}\cos 2\alpha \tag{16-4}$$

上二式即为此斜截面上应力的一般表达式。利用该式可由已知应力 σ_x、τ_{xy}、σ_y 计算出任一斜截面的应力 σ_α 和 τ_α。但要注意的是，在使用上述公式时，正应力以拉伸为正，切应力对单元体内任一点的矩沿顺时针方向转动者为正，夹角 α 以 x 轴为起点逆时针转到外法线上为正。

由式（16-3）、式（16-4）可知，斜截面上的正应力 σ_α、切应力 τ_α 都是 α 的函数，而在分析构件的强度时，我们主要关心的是它们的极值及此时斜截面的位置。将式（16-1）对 α 求导，并令

$$\frac{\mathrm{d}\sigma_{\alpha}}{\mathrm{d}\alpha}=0$$

可得

$$\frac{\mathrm{d}\sigma_{\alpha}}{\mathrm{d}\alpha}=\frac{\sigma_{x}-\sigma_{y}}{2}(-2\sin 2\alpha)-\tau_{xy}(2\cos 2\alpha)=0$$

即

$$\frac{\sigma_{x}-\sigma_{y}}{2}\sin 2\alpha+\tau_{xy}\cos 2\alpha=0 \tag{16-5}$$

得

$$\tan 2\alpha_{0}=-\frac{2\tau_{xy}}{\sigma_{x}-\sigma_{y}} \tag{16-6}$$

上式确定的 α_0 数值有两个，即 α_0 和 $\alpha'_0=\alpha_0+90°$，也就是说有相互垂直的两个面，其中一个面上作用的正应力是极大值，用 $\sigma_{\max}$ 表示，而在另一个面上作用的最小正应力用 $\sigma_{\min}$ 表示。由式（16-6）所求得的 α_0 和 α'_0 两个方位中哪一个是 $\sigma_{\max}$ 作用面法线与 x 轴的夹角呢？将式（16-6）中负号放在分子上，在代入垂直于 x、y 轴的平面上的应力分量值及相应符号后，分别依据正切函数的最后符号，确定 $2\alpha_0$ 角的象限，再由此确定 α_0 的方位角，即确定 $\sigma_{\max}$ 作用面方位角。从式（16-6）解出 α_0 值后，代入式（16-3），则最大正应力和最小正应力分别为

$$\left.\begin{matrix}\sigma_{\max}\\ \sigma_{\min}\end{matrix}\right\}=\frac{\sigma_{x}+\sigma_{y}}{2}\pm\sqrt{\left(\frac{\sigma_{x}-\sigma_{y}}{2}\right)^{2}+\tau_{xy}^{2}} \tag{16-7}$$

同理，将式（16-2）对 α 求导，并令 $\mathrm{d}\tau_\alpha/\mathrm{d}\alpha=0$，可得

$$\frac{\mathrm{d}\tau_{\alpha}}{\mathrm{d}\alpha}=(\sigma_{x}-\sigma_{y})\cos 2\alpha-2\tau_{xy}\sin 2\alpha=0 \tag{16-8}$$

由此可得

$$\tan 2\alpha_1 = \frac{\sigma_x - \sigma_y}{2\tau_{xy}} \tag{16-9}$$

上式也可确定 α_1 的两个数值，即 α_1 和 $\alpha'_1 = \alpha_1 + 90°$。比较式（16-5）与式（16-8）可得

$$\alpha_1 = \alpha_0 + 45°$$

即极值切应力所在平面与主平面成45°角。由式（16-8）求出 α_1 并代入式（16-3），得

$$\left.\begin{matrix}\tau_{max}\\ \tau_{min}\end{matrix}\right\} = \pm\sqrt{\left(\frac{\sigma_x - \sigma_y}{2}\right)^2 + \tau_{xy}^2} \tag{16-10}$$

由式（16-6），上式也可写成

$$\left.\begin{matrix}\tau_{max}\\ \tau_{min}\end{matrix}\right\} = \pm\frac{\sigma_{max} - \sigma_{min}}{2} \tag{16-11}$$

例 16-1　一单元体如图 16-4 所示，试求在 $\alpha = +30°$ 的斜截面上的应力。

解　由于 $\sigma_x = +10\text{MPa}$，$\sigma_y = +30\text{MPa}$，$\tau_{xy} = +20\text{MPa}$，$\tau_{yx} = -20\text{MPa}$，$\alpha = +30°$。由式（16-3），可得斜截面上的正应力为

$$\sigma_\alpha = \frac{\sigma_x + \sigma_y}{2} + \frac{\sigma_x - \sigma_y}{2}\cos 2\alpha - \tau_{xy}\sin 2\alpha$$

$$= \left(\frac{10+30}{2} + \frac{10-30}{2}\cos 60° - 20\sin 60°\right)\text{MPa} = -2.32\text{MPa}$$

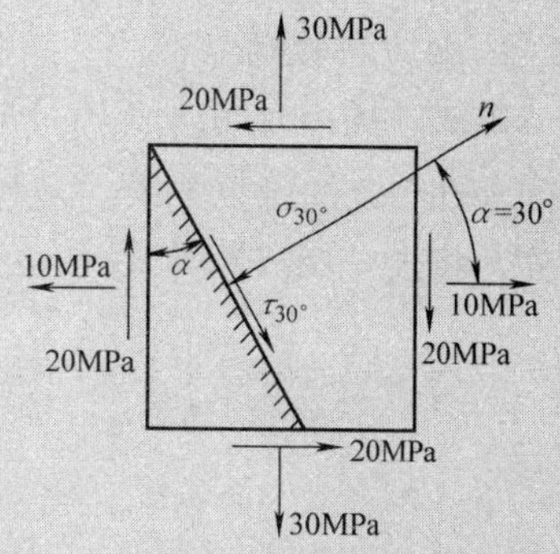

由式（16-4）可得斜截面上的切应力为

$$\tau_\alpha = \frac{\sigma_x - \sigma_y}{2}\sin 2\alpha + \tau_{xy}\cos 2\alpha$$

$$= \left(\frac{10-30}{2} \times \sin 60° + 20\cos 60°\right)\text{MPa}$$

$$= (-10 \times 0.866 + 20 \times 0.5)\text{MPa} = +1.34\text{MPa}$$

图 16-4　例 16-1 图

所得的正应力为负值，表明它是压应力；切应力为正值，其方向为顺时针方向。

例 16-2　试求图 16-5 中所示单元体的主应力和最大切应力。

解　将 $\sigma_x = 10\text{MPa}$，$\sigma_y = +30\text{MPa}$，$\tau_{xy} = +20\text{MPa}$ 代入式（16-7），则得主应力值

$$\left.\begin{matrix}\sigma_{max}\\ \sigma_{min}\end{matrix}\right\} = \frac{\sigma_x + \sigma_y}{2} \pm \sqrt{\left(\frac{\sigma_x - \sigma_y}{2}\right)^2 + \tau_{xy}^2} = \left(\frac{10+30}{2} \pm \sqrt{\left(\frac{10-30}{2}\right)^2 + 20^2}\right)\text{MPa}$$

$$= \begin{cases} +42.4\text{MPa}（拉应力）\\ -2.4\text{MPa}（压应力）\end{cases}$$

所以 $\sigma_1 = \sigma_{max} = 42.4\text{MPa}$，$\sigma_2 = 0$，$\sigma_3 = -2.4\text{MPa}$。

主平面的位置由式（16-6）确定，即

$$\tan 2\alpha_0 = -\frac{2\tau_{xy}}{\sigma_x - \sigma_y} = \frac{-2 \times 20\text{MPa}}{10\text{MPa} - 30\text{MPa}} = \frac{-2}{-1} = 2$$

得

$$2\alpha_0 = 63°26'$$

即

$$\alpha_0 = 31°43'$$

由式（16-9），得

$$\tan 2\alpha_1 = \frac{\sigma_x - \sigma_y}{2\tau_{xy}} = \frac{10\text{MPa} - 30\text{MPa}}{2 \times 20\text{MPa}} = -0.5$$

故

$$2\alpha_1 = -26°34'$$

得

$$\alpha_1 = -13°17'$$

由此，确定了极值切应力的作用面。所以，极值切应力作用面与极值正应力作用面的关系如图16-5b所示。

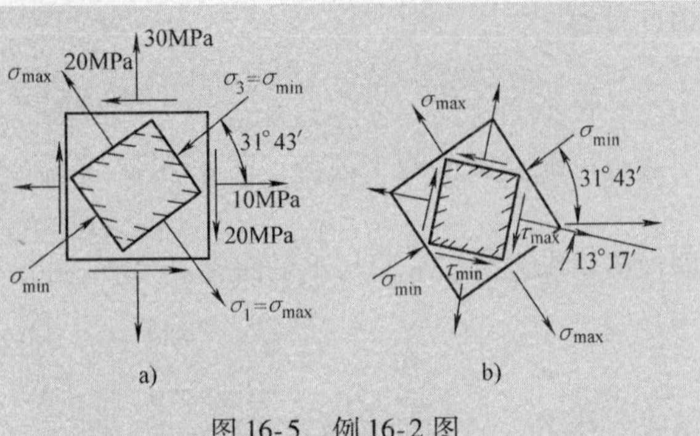

图16-5　例16-2图

*16.2.2　平面应力状态分析的图解法——应力圆

以上介绍的是平面应力状态分析的解析法，也可利用图解法进行。

1. 应力圆的概念

由式（16-3）与式（16-4）可知，正应力σ_α与切应力τ_α均为α的函数，说明在σ_α与τ_α之间存在一定的函数关系，而上述两式则为其参数方程。为了建立σ_α与τ_α之间的直接关系式，首先，将式（16-3）与式（16-4）分别改写成如下形式：

$$\sigma_\alpha - \frac{\sigma_x + \sigma_y}{2} = \frac{\sigma_x - \sigma_y}{2}\cos 2\alpha - \tau_{xy}\sin 2\alpha$$

$$\tau_\alpha - 0 = \frac{\sigma_x - \sigma_y}{2}\sin 2\alpha + \tau_{xy}\cos 2\alpha$$

然后，将以上两式各自平方后相加，于是得

$$\left(\sigma_\alpha - \frac{\sigma_x + \sigma_y}{2}\right)^2 + (\tau_\alpha - 0)^2 = \left(\frac{\sigma_x - \sigma_y}{2}\right)^2 + \tau_{xy}^2 \tag{16-12}$$

可以看出，在以σ为横坐标轴、τ为纵坐标轴的平面内，上式的轨迹为圆（见图16-6a），其圆心C的坐标为$\left(\frac{\sigma_x + \sigma_y}{2},\ 0\right)$，半径为

$$R = \sqrt{\left(\frac{\sigma_x - \sigma_y}{2}\right)^2 + \tau_{xy}^2}$$

而圆上任一点的纵、横坐标，则分别代表单元体相应截面的切应力与正应力，此圆称为应力圆（Mohr's circle for stress）。

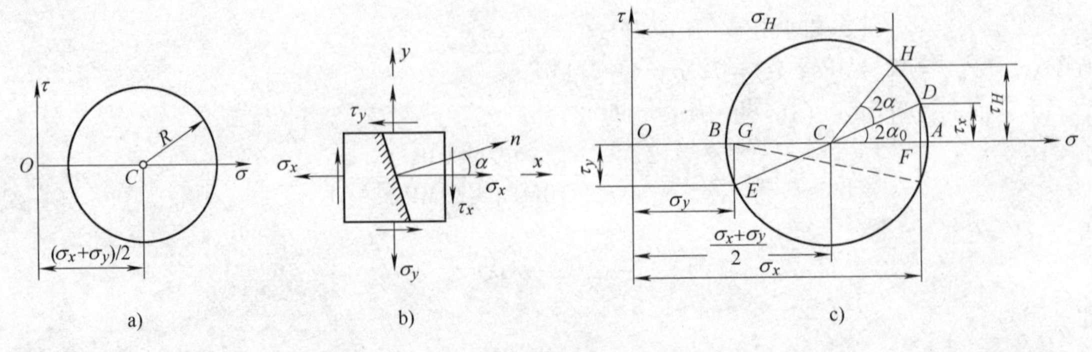

图16-6　应力圆

2. 应力圆的绘制

如图16-6b、c所示，在 $\sigma-\tau$ 平面内，设与垂直于 x 轴的面对应的点位于 $D(\sigma_x,\tau_x)$，与垂直于 y 轴的面对应的点位于 $E(\sigma_y,\tau_y)$，由于 τ_x 与 τ_y 的数值相等，$\overline{DF}=\overline{EG}$，因此，直线 DE 与坐标轴 σ 的交点 C 的横坐标（$\sigma_x+\sigma_y$)/2，即 C 为应力圆的圆心。于是，以 C 为圆心、CD 或 CE 为半径作圆，即得所求之应力圆。应力圆确定后，如欲求 α 截面的应力，则只需将半径 CD 沿方位角 α 的转向旋转 2α 至 CH 处，所得 H 点的纵、横坐标为 τ_H 与 σ_H，即分别代表该截面的切应力 τ_α 与正应力 σ_α，现证明如下。

设将 $\angle DCF$ 用 $2\alpha_0$ 表示，则

$$\begin{aligned}\sigma_H &= \overline{OC}+\overline{CH}\cos(2\alpha_0+2\alpha)=\overline{OC}+\overline{CD}\cos(2\alpha_0+2\alpha)\\ &=\overline{OC}+\overline{CD}\cos 2\alpha_0\cos2\alpha-\overline{CD}\sin 2\alpha_0\sin2\alpha\\ &=\frac{\sigma_x+\sigma_y}{2}+\frac{\sigma_x-\sigma_y}{2}\cos2\alpha-\tau_x\sin2\alpha=\sigma_\alpha\end{aligned}$$

同理可证

$$\tau_H=\tau_\alpha$$

由以上分析可知，与两互垂截面相对应的点，必位于应力圆上同一直径的两端。例如图16-6c中的 D 与 E 点即位于同一直径的两端。

例16-3　图16-7a所示单元体，$\sigma_x=100\text{MPa}$，$\tau_x=-20\text{MPa}$，$\sigma_y=30\text{MPa}$，试用图解法求 $\alpha=40°$ 斜截面上的正应力与切应力。

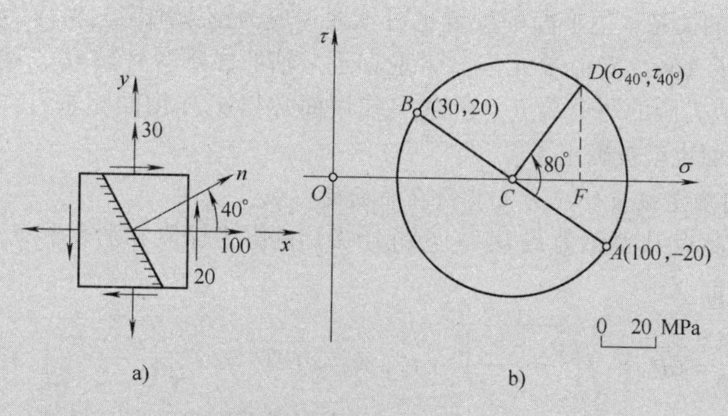

图16-7　例16-3图

解　首先，在 $\sigma-\tau$ 平面内，按选定的比例尺，由坐标（100，－20）与（30，20）分别确定 A 点与 B 点（见图16-7b）。然后，以 AB 为直径画圆，即得相应的应力圆。

为了确定 α 截面上的应力，将半径 CA 沿逆时针方向旋转 $2\alpha=80°$ 至 CD 处，所得 D 点即为 σ 截面的对应点。按选定的比例尺，量得 $OF=91\text{MPa}$，$FD=31\text{MPa}$，由此得 α 截面的正应力与切应力分别为

$$\sigma_{40°}=91\text{MPa},\ \tau_{40°}=31\text{MPa}$$

3. 利用应力圆确定主应力大小和主平面方位

（1）用应力圆确定主应力的大小。

从图16-8中可以看出，应力圆和 σ 轴相交于 A、B 两点，由于这两点的纵坐标都为零，即切应力为零，因此，A、B 两点就是对应着单元体中的两个主平面。它们的横坐标就是单元体中的两个主应力。其中，A 点横坐标为最大值，相应的主应力为最大。B 点的横坐标为最小值，相应的主应力为最小。即

$$\sigma_1=\overline{OA}=\overline{OC}+\overline{CA}=\frac{\sigma_x+\sigma_y}{2}+\sqrt{\left(\frac{\sigma_x-\sigma_y}{2}\right)^2+\tau_x^2}=\sigma_{\max}$$

$$\sigma_2=\overline{OB}=\overline{OC}-\overline{CA}=\frac{\sigma_x+\sigma_y}{2}-\sqrt{\left(\frac{\sigma_x-\sigma_y}{2}\right)^2+\tau_x^2}=\sigma_{\min}$$

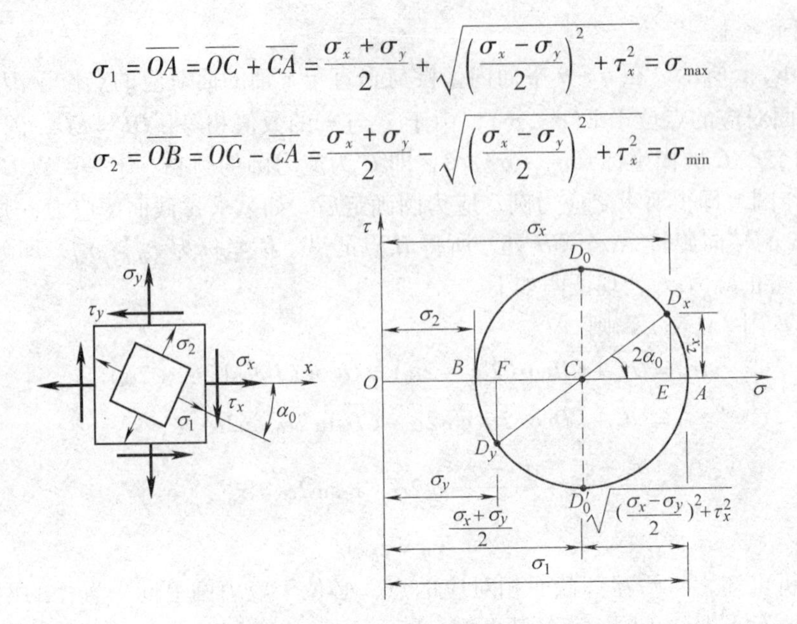

图 16-8 用应力圆确定主应力的大小和方位

（2）用应力圆确定主平面方位

根据转向夹角的关系，主平面的位置也可以通过应力圆来确定。将应力圆上的 D_x 点顺时针转 $2\alpha_0$，便得到了 A 点。对应单元体，将垂直于 x 轴的面顺时针转 α_0，就得到了 σ 的作用面。因为 A、B 是应力圆的两个端点，所以 σ_1 作用面必和 σ_2 作用面相垂直。在确定了 σ_1 的作用面后，σ_2 的作用面也就被确定了。

**4. 用应力圆确定极值切应力及其所在平面的方位

应力圆上的最高点 D_0 和最低点 D_0'（见图 16-8）的纵坐标值分别表示应力圆中的最大切应力和最小切应力。即

$$\tau_{\max}=\overline{CD_0}=\sqrt{\left(\frac{\sigma_x-\sigma_y}{2}\right)^2+\tau_x^2},\ \tau_{\min}=\overline{CD'_0}=-\sqrt{\left(\frac{\sigma_x-\sigma_y}{2}\right)^2+\tau_x^2}$$

因为 D_0 和 D_0' 是直径的两端，所以 $\tau_{\max}$ 和 $\tau_{\min}$ 的作用面相互垂直。另外，由应力圆可见，因为 $\widehat{D_0A}$ 所对应的圆心角是 90°，所以极值切应力作用面和主应力作用面相差 45°。此结论和解析法完全一致。

例 16-4 平面应力状态如图 16-9a 所示。试用应力圆求：

（1）ab 斜面上的应力，并表示于单元体中；

（2）主应力，并绘主应力单元体；

**（3）求极值切应力及其作用平面。

解 （1）作应力圆。

按选定的比例，在 $\sigma-\tau$ 坐标系中，根据垂直于 x 轴的面上的应力：$\sigma_x=-20\text{MPa}$，$\tau_x=-20\text{MPa}$ 定出 D_x 点。根据垂直于 y 轴的面上的应力：$\sigma_y=30\text{MPa}$，$\tau_y=20\text{MPa}$ 定出 D_y 点，然后连接 D_xD_y 与 σ 轴相交于 C 点。以 C 点为圆心，以 CD_x 或 CD_y 为半径作圆，即为所求的应力圆（见图 16-9b）。

以应力圆上 D_x 点为基准，沿圆弧逆时针转 $2\alpha=60°$ 的圆心角得到 D_α 点，D_α 点的横坐标和

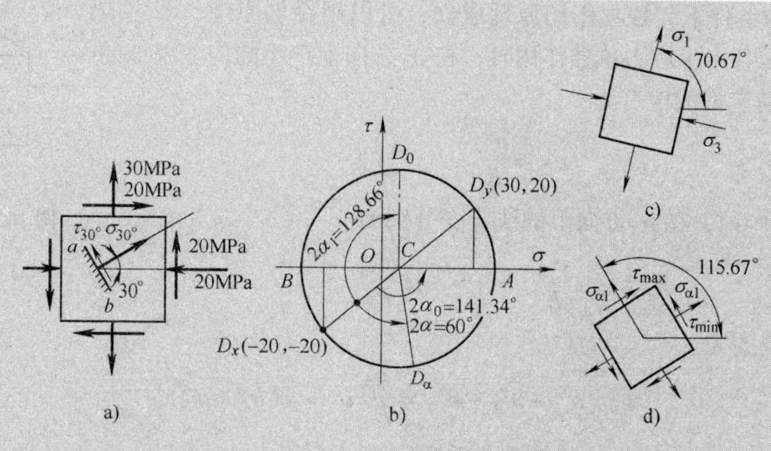

图 16-9　例 16-4 图

纵坐标值分别就是 ab 面上正应力和切应力的值。

$$\sigma_{30°}=9.8\text{MPa}$$

$$\tau_{30°}=-31.8\text{MPa}$$

$\sigma_{30°}$和 $\tau_{30°}$均表示于图 16-9a 中。

（2）主应力及其单元体。

应力圆和 σ 轴相交于 A、B 两点。A、B 两点的坐标值即为主应力值。由应力圆，得

$$\sigma_1=37\text{MPa},\ \sigma_2=0\text{MPa},\ \sigma_3=-27\text{MPa}$$

为了确定主平面方位，可由 CD_x量到 CA（或由 CD_x量到 CB），得

$$2\alpha_0=141.34°,\ \alpha_0=70.47°\ (\sigma_1\text{和 }x\text{ 轴的夹角})$$

$$2\alpha_0=-38.66°,\ \alpha_0=-19.33°\ (\sigma_3\text{和 }x\text{ 轴的夹角})$$

主应力单元体表示于图 16-9c 中。

（3）极值切应力及其作用面。

应力圆中点 D_0 的纵坐标，即为最大切应力值。由图可知 $\tau_{max}=32\text{MPa}$。D_0 点的横坐标，即为极值切应力所在平面上的正应力，为 $\sigma_{\alpha1}=5\text{MPa}$。

极值切应力平面的方位也可由 CD_0 量到 CD_α，而得

$$2\alpha_1=-128.66°,\ \alpha_1=-64.33°$$

极值切应力及其作用面表示于图 16-9d 中。

16.3　广义胡克定律

杆件在轴向拉伸或压缩时，曾用胡克定律计算轴向线应变

$$\varepsilon=\frac{\sigma}{E}$$

同时得到横向线应变

$$\varepsilon'=-\mu\varepsilon=-\mu\frac{\sigma}{E}$$

对图 16-10 所示单元体，三对相互垂直的主平面上分别作用有主应力 σ_1、σ_2和 σ_3，沿三个主应力 σ_1、σ_2和 σ_3方向上的线应变（即主应变）分别用 ε_1、ε_2、ε_3表示。对各向同性的材

料，在小变形的条件下，独立作用原理成立，可以用叠加原理，即主应变 ε_1 可以看成是各个主应力单独作用时，在 σ_1 方向上产生的应变叠加的结果，在 σ_1 方向上的线应变为

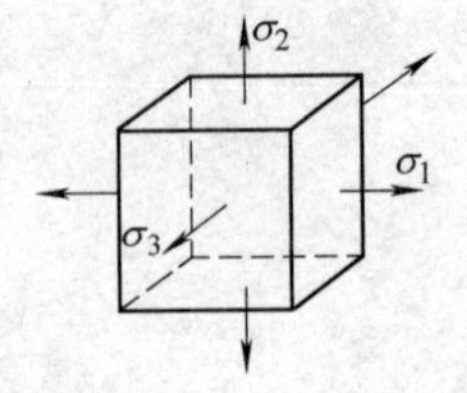

图 16-10 主应变

$$\varepsilon'_1 = \frac{\sigma_1}{E}$$

由 σ_2 或 σ_3 单独作用，在 σ_1 方向上的线应变分别为

$$\varepsilon''_1 = -\mu\frac{\sigma_2}{E},\ \varepsilon'''_1 = -\mu\frac{\sigma_3}{E}$$

σ_1 方向上的总应变为

$$\varepsilon_1 = \varepsilon'_1 + \varepsilon''_1 + \varepsilon'''_1 = \frac{1}{E}[\sigma_1 - \mu(\sigma_2 + \sigma_3)]$$

同理，在 σ_2 和 σ_3 方向上的线应变分别为

$$\varepsilon_2 = \frac{1}{E}[\sigma_2 - \mu(\sigma_3 + \sigma_1)]$$

$$\varepsilon_3 = \frac{1}{E}[\sigma_3 - \mu(\sigma_1 + \sigma_2)]$$

容易看出，在最大主应力方向，线应变最大。

在纯剪切情况下，曾经得到 $\gamma = \tau/G$。在一般情况下，单元体的应力状态如图 16-11 所示，在三对相互垂直的平面上，有 9 个应力分量来表示该点处的应力状态。考虑到切应力互等定理，τ_{xy} 和 τ_{yx}、τ_{yz} 和 τ_{zy}、τ_{xz} 和 τ_{zx} 分别在数值上相等。这样，9 个应力分量中只有 6 个是独立的。对于各向同性材料，当变形很小且应力不超过比例极限时，线应变只与正应力有关，与切应力无关；切应变只与切应力有关，与正应力无关。因此，

$$\left.\begin{aligned}\varepsilon_x &= \frac{1}{E}[\sigma_x - \mu(\sigma_y + \sigma_z)]\\ \varepsilon_y &= \frac{1}{E}[\sigma_y - \mu(\sigma_z + \sigma_x)]\\ \varepsilon_z &= \frac{1}{E}[\sigma_z - \mu(\sigma_x + \sigma_y)]\end{aligned}\right\} \tag{16-13}$$

$$\gamma_{xy} = \frac{\tau_{xy}}{G},\ \gamma_{yz} = \frac{\tau_{yz}}{G},\ \gamma_{zx} = \frac{\tau_{zx}}{G} \tag{16-14}$$

式（16-13）和式（16-14）称为广义胡克定律。

式（16-13）是表示正应力与正应变关系的广义胡克定律，只要将 x、y、z 换为 1、2、3，即为主应力表示主应变的广义胡克定律。

在平面应力状态情况下（见图 16-12），广义胡克定律的表达式为

$$\left.\begin{aligned}\varepsilon_x &= \frac{1}{E}(\sigma_x - \mu\sigma_y)\\ \varepsilon_y &= \frac{1}{E}(\sigma_y - \mu\sigma_x)\\ \gamma_{xy} &= \frac{\tau_{xy}}{G}\end{aligned}\right\} \tag{16-15}$$

也可用应变分量来表示应力分量。在式（16-15）中，把 ε_x、ε_y、γ_{xy} 作为已知量，联立求解可得

$$\left.\begin{aligned}\sigma_x&=\frac{E}{1-\mu^2}(\varepsilon_x+\mu\,\varepsilon_y)\\\sigma_y&=\frac{E}{1-\mu^2}(\varepsilon_y+\mu\,\varepsilon_x)\\\tau_{xy}&=G\,\gamma_{xy}\end{aligned}\right\}\tag{16-16}$$

同理，可以写出三向应力状态下用主应变表示主应力的表达式。

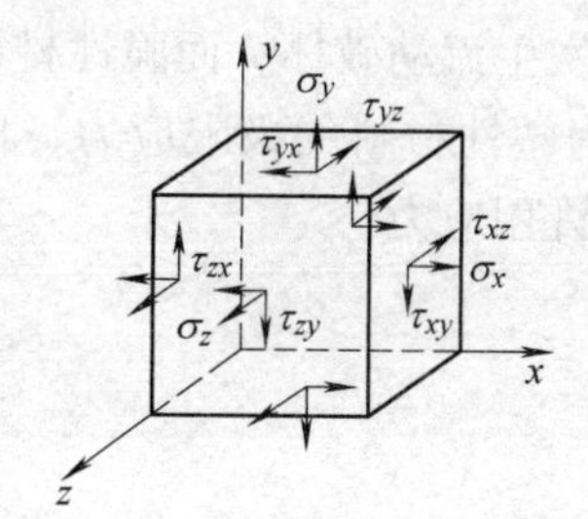

图 16-11　一般情况下的单元体应力状态

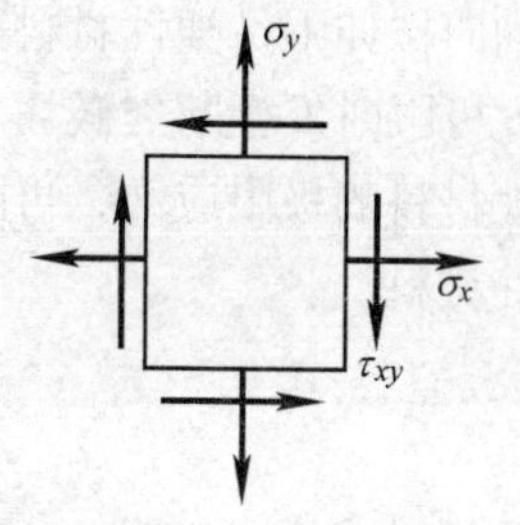

图 16-12　平面应力状态

例 16-5　直径为 50mm 的钢质圆柱，放入刚体上直径为 50.01mm 的盲孔中（见图 16-13a），圆柱承受轴向压力 $F=300\text{kN}$ 的作用。材料的弹性模量为 $E=200\text{GPa}$，泊松比 $\mu=0.3$，试求圆柱的主应力。

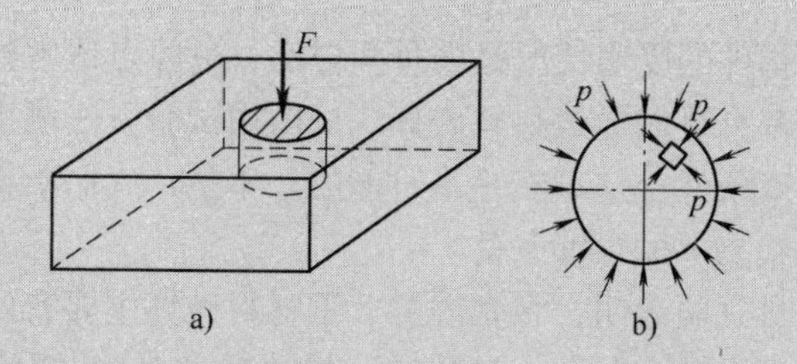

图 16-13　例 16-5 图

解　在圆柱体横截面上的压应力为

$$\sigma'=\frac{F_{\mathrm{N}}}{A}=\frac{-F}{\dfrac{\pi}{4}d^2}=-\frac{4F}{\pi d^2}=-\frac{4\times300\times10^3\text{N}}{\pi\times(50^2\times10^{-6})\text{m}^2}=-1.528\times10^8\text{Pa}=-152.8\text{MPa}$$

在轴向压缩下，圆柱将产生横向膨胀。在它膨胀到塞满盲孔后，盲孔与网柱之间将产生径向均匀压强 p（见图 16-13b），在此情形下，圆柱中任一点的径向和周向应力都为 $-p$，所以圆柱体的径向应变为

$$\varepsilon''=\frac{1}{E}[-p-\mu(\sigma'-p)]=\frac{(50.01\text{mm}-50\text{mm})\times10^{-3}}{50\text{mm}\times10^{-3}}=2\times10^{-4}$$

于是

$$\begin{aligned}p&=-\frac{E\varepsilon''+\mu\,\sigma'}{1-\mu}=-\frac{200\times10^9\text{Pa}\times2\times10^{-4}-0.3\times1.528\times10^8\text{Pa}}{1-0.3}\\&=8.34\times10^6\text{Pa}=8.34\text{MPa}\end{aligned}$$

所以，网柱体内各点的三个主应力为

$$\sigma_1=\sigma_2=-p=-8.34\text{MPa},\ \sigma_3=\sigma'=-152.8\text{MPa}$$

16.4 强度理论

16.4.1 强度理论的概念

根据构件的受力情况，尤其是二向和三向应力状态的分析，我们完全可以求出危险点处的最大应力。根据对所用材料的实验研究，将理论分析与实验结果有效地结合在一起，只有这样才能建立正确的强度条件。

在轴向拉伸下，塑性材料是在应力达到屈服极限时才发生流动破坏，而脆性材料是在应力达到强度极限时发生断裂破坏。所以，将屈服极限 σ_s 作为塑性材料的极限应力，将强度极限作为脆性材料的极限应力，再除以相应的安全系数便得到许用应力。

塑性材料

$$[\sigma]=\frac{\sigma_s}{n_s} \tag{16-17a}$$

脆性材料

$$[\sigma]=\frac{\sigma_b}{n_b} \tag{16-17b}$$

有时虽然受力构件内的应力状态比较复杂，但我们容易找到接近于实际受力情况的试验装置，这时也可以通过试验方法来建立相应的强度条件。例如，铆钉、键、销等连接件的实用计算便是如此。

然而在工程实际中，构件的受力情况是多种多样的，危险点通常处于复杂应力状态。三个主应力不同比值的组合，都有可能导致材料破坏。试图用试验方法测出每种主应力比值下材料的极限应力，从而建立强度条件，这显然是不可能的。于是，人们不得不从考察材料的破坏原因着手，研究在复杂应力状态下的强度条件。

长期的生产实践和大量试验表明，在常温静载下材料破坏主要有两种形式。一种是断裂破坏，如铸铁试件在拉伸时沿横截面断开，扭转时沿与轴线成45°的螺旋面断裂。这种破坏是由于拉应力或拉应变过大而引起的，破坏时无明显塑性变形。另一种是屈服（流动）破坏，其特点是破坏时材料发生屈服或明显的塑性变形，例如，低碳钢构件在拉伸屈服时与轴线成45°的方向出现滑移线，而扭转屈服时则沿纵、横方向出现滑移线，这种破坏是由最大切应力引起的。

上述情况表明，材料的破坏是有规律的，即某种类型的破坏都是由同一因素引起的。因此，人们把在复杂应力状态下观察到的破坏现象同材料在简单应力状态的试验结果进行对比分析，将材料在单向应力状态达到危险状态的某一因素作为衡量材料在复杂应力状态下达到危险状态的准则，先后提出了关于材料破坏原因的多种假说，这些与实验结果相符合的假说就称为强度理论（theory of strength）。由于材料破坏主要有两种形式，相应地也存在两类强度理论。一类是断裂破坏理论，主要有最大拉应力理论和最大拉应变理论等；另一类是屈服破坏理论，主要是最大切应力理论和形状改变比能理论。根据不同的强度理论可以建立相应的强度条件，从而为解决复杂应力状态下构件的强度计算提供依据。

人们迄今虽已提出许多强度理论，但尚无十全十美的，还在坚持不懈地研究中，不断提出新的强度理论（如莫尔强度理论）。如前所述，强度理论是经过归纳、推理、判断而提出的假说，正确与否，必须受生产实践和科学实验的检验。工程中常用的四种经典强度理论按照强度理论提出的先后次序分述如下。

16.4.2　常用的四种强度理论

1. 最大拉应力理论（maximum tension stress theory）（第一强度理论）

这一理论认为，引起材料断裂破坏的主要因素是最大拉应力。也就是说，不论材料处于何种应力状态，当其最大拉应力达到材料单向拉伸断裂时的抗拉强度时，材料就会发生断裂破坏。因此，材料发生破坏的条件为

$$\sigma_1 = \sigma_b \tag{16-18}$$

相应的强度条件是

$$\sigma_1 \leqslant [\sigma] = \frac{\sigma_b}{n} \tag{16-19}$$

式中，σ_1为构件危险点处的最大拉应力；$[\sigma]$ 为单向拉伸时材料的许用应力。

试验表明，这个理论对于脆性材料，如铸铁、陶瓷等，在单向、二向或三向拉断裂时，最大拉应力理论与试验结果基本一致。而在存在压应力的情况下，则只有当最大压应力值不超过最大拉应力值时，拉应力理论才是正确的。但这个理论没有考虑其他两个主应力对断裂破坏的影响。同时对于压缩应力状态，由于根本不存在拉应力，这个理论无法应用。

2. 最大伸长线应变理论（greatest elongation line strain theory）（第二强度理论）

这一理论认为，最大伸长线应变是引起材料断裂破坏的主要因素。也就是说，不论材料处于何种应力状态，只要最大拉应变 ε_1 达到材料单向拉伸断裂时的最大拉应变值 ε_1^0，材料即发生断裂破坏。因此，材料发生断裂破坏的条件为

$$\varepsilon_1 = \varepsilon_1^0 \tag{16-20a}$$

对于铸铁等脆性材料，从受力到断裂，其应力、应变关系基本符合胡克定律，所以相应的强度条件为

$$\sigma_1 - \mu(\sigma_2 + \sigma_3) \leqslant [\sigma] \tag{16-20b}$$

式中，μ 为泊松比。

试验表明，脆性材料（如合金铸铁、石料等）在二向拉伸－压缩应力状态下，且压应力绝对值较大时，试验与理论结果比较接近；二向压缩与单向压缩强度有所不同，但混凝土、花岗石和砂岩在两种情况下的强度并无明显差别；铸铁在二向拉伸时应比单向拉伸时更安全，而试验并不能证明这一点。

3. 最大切应力理论（maximum shear stress theory）（第三强度理论）

这一理论认为，最大切应力是引起材料屈服破坏的主要因素。也就是说，不论材料处于何种应力状态，只要最大切应力 τ_{max} 达到材料单向拉伸屈服时的最大切应力 τ_{max}^0，材料即发生屈服破坏。因此，材料的屈服条件为

$$\tau_{max} = \tau_{max}^0 \tag{16-21a}$$

相应的强度条件为

$$\sigma_1 - \sigma_3 \leqslant [\sigma] \tag{16-21b}$$

试验表明，对塑性材料，如常用的 Q235A、45 钢、铜、铝等，此理论与试验结果比较接近。

4. 形状改变比能理论（maximum distortion－energy theory）（第四强度理论）

形状改变比能理论认为，使材料发生塑性屈服的主要原因取决于其形状改变比能。只要当其到达某一极限值时，就会引起材料的塑性屈服；而这个形状改变比能值，则可通过简单拉伸试验来测定。在这里，我们略去详细的推导过程，直接给出按这一理论建立的在复杂应力状态下的强度条件为

$$\sqrt{\frac{1}{2}[(\sigma_1-\sigma_2)^2+(\sigma_2-\sigma_3)^2+(\sigma_3-\sigma_1)^2]}\leqslant[\sigma] \quad (16\text{-}22)$$

式中，$[\sigma]$ 为材料的许用应力。

实验表明，对于塑性材料，例如钢材、铝、铜等，这个理论比第三强度理论更符合实验结果。因此，这也是目前对塑性材料广泛采用的一个强度理论。

16.4.3 四种强度理论的适用范围

为了简明方便地表达以上四个强度条件，可将其归纳为统一的表达形式：

$$\sigma_{xd}\leqslant[\sigma] \quad (16\text{-}23)$$

式中，σ_{xd}为在复杂应力状态下σ_1、σ_2、σ_3按不同强度理论而形成的某种组合（相当应力）；$[\sigma]$ 为材料的许用应力。

大量的工程实践和实验结果表明，上述四种强度理论的有效性取决于材料的类别以及应力状态的类型。

（1）在三向拉伸应力状态下，不论是脆性材料还是塑性材料，都会发生断裂破坏，应采用最大拉应力理论。

（2）在三向压缩应力状态下，不论是塑性材料还是脆性材料，都会发生屈服破坏，适于采用形状改变比能理论或最大切应力理论。

（3）一般而言，对脆性材料宜用第一或第二强度理论，对塑性材料宜采用第三和第四强度理论。

强度理论是一项正在逐步获得进展的理论，目前国内外有许多人不断地提出了不同的破坏原因的假设，对强度理论的发展做出了重要贡献，但新的理论要通过反复的实验验证以及一定的工程实践才能得以采用。

例16-6 转轴边缘上某点的应力状态如图16-14所示。试用第三和第四强度理论建立其强度条件。

解 对于图16-14所示单元体，利用式（16-7）有

$$\sigma_1=\frac{\sigma_x+\sigma_y}{2}+\sqrt{\left(\frac{\sigma_x-\sigma_y}{2}\right)^2+\tau_x^2},\ \sigma_2=0,\ \sigma_3=\frac{\sigma_x+\sigma_y}{2}-\sqrt{\left(\frac{\sigma_x-\sigma_y}{2}\right)^2+\tau_x^2}$$

将它们代入式（16-21b）和式（16-22），得

$$\sigma_{xd3}=\sigma_1-\sigma_3=\sqrt{\sigma^2+4\tau^2}$$

$$\sigma_{xd4}=\sqrt{\frac{1}{2}[(\sigma_1-\sigma_2)^2+(\sigma_2-\sigma_3)^2+(\sigma_3-\sigma_1)^2]}=\sqrt{\sigma^2+3\tau^2}$$

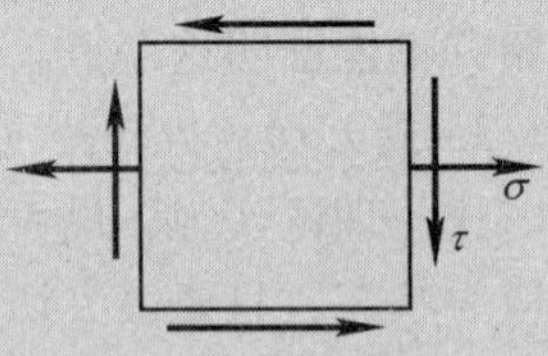

图16-14 例16-6图

所以强度条件分别为

$$\sigma_{xd3}=\sqrt{\sigma^2+4\tau^2}\leqslant[\sigma] \quad (16\text{-}24)$$

$$\sigma_{xd4}=\sqrt{\sigma^2+3\tau^2}\leqslant[\sigma] \quad (16\text{-}25)$$

***例16-7** 试校核图16-15a所示焊接梁的强度。已知梁的材料为Q235钢，其许用应力$[\sigma]=170\text{MPa}$，$[\tau]=100\text{MPa}$。其他条件如图16-15b所示。

解 （1）作梁的F_Q、M图（见图16-15c、d）。

（2）计算截面的I_z、W_z、S_{max}、S_z^*。

$$I_z=\left[\frac{1}{12}\times240\times(800+2\times20)^3-2\times\frac{1}{12}\times\left(\frac{240-10}{2}\right)\times800^3\right]\text{mm}^4=2.04\times10^9\text{mm}^4$$

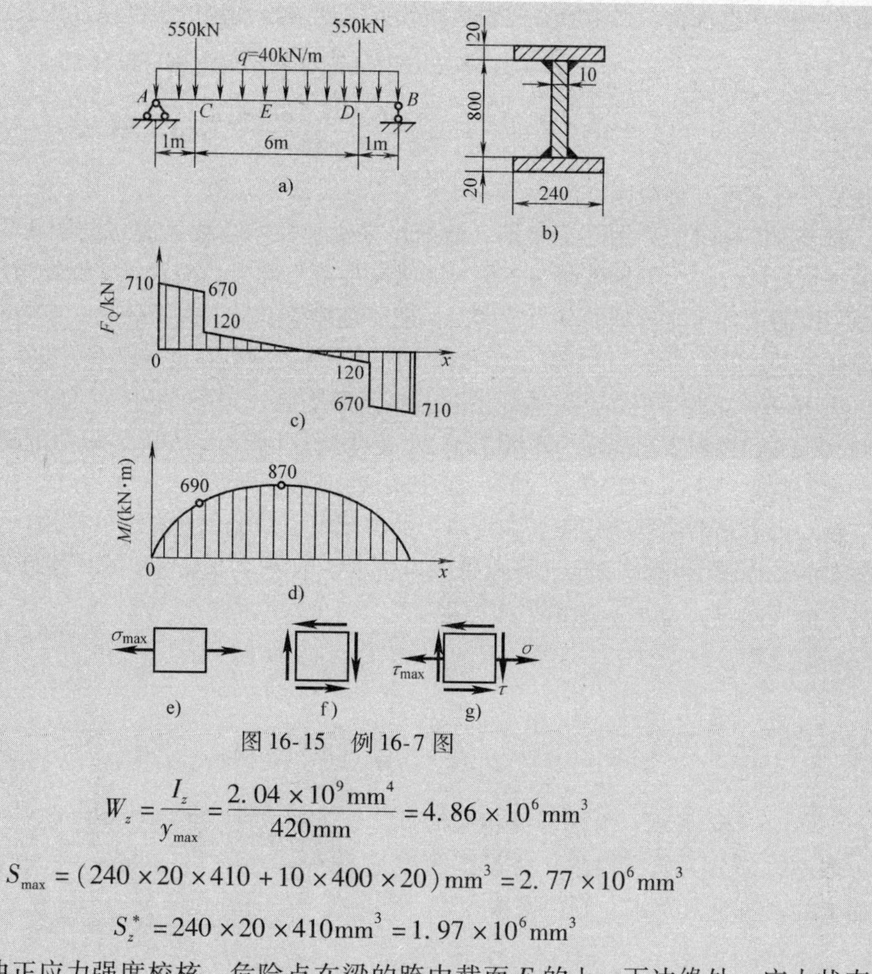

图16-15　例16-7图

$$W_z = \frac{I_z}{y_{max}} = \frac{2.04 \times 10^9 \text{mm}^4}{420\text{mm}} = 4.86 \times 10^6 \text{mm}^3$$

$$S_{max} = (240 \times 20 \times 410 + 10 \times 400 \times 20)\text{mm}^3 = 2.77 \times 10^6 \text{mm}^3$$

$$S_z^* = 240 \times 20 \times 410\text{mm}^3 = 1.97 \times 10^6 \text{mm}^3$$

（3）梁的弯曲正应力强度校核。危险点在梁的跨中截面 E 的上、下边缘处，应力状态如图16-15e所示，即

$$\sigma_{max} = \frac{M_{max}}{W_z} = \frac{870 \times 10^6 \text{N} \cdot \text{mm}}{4.86 \times 10^6 \text{mm}^3} = 179\text{MPa}$$

$$\frac{\sigma_{max} - [\sigma]}{[\sigma]} = \frac{179\text{MPa} - 170\text{MPa}}{170\text{MPa}} = 5.3\%$$

计算结果尚在强度许可范围内。

（4）梁的切应力强度校核。危险点在两支座内侧截面的中性轴上，应力状态如图16-15f所示

$$\tau_{max} = \frac{F_{Qmax} S_{max}}{b I_z} = \frac{710 \times 10^3 \text{N} \times 2.77 \times 10^6 \text{mm}^3}{10\text{mm} \times 2.04 \times 10^9 \text{mm}^4} = 96.4\text{MPa} < [\tau]$$

（5）梁的主应力强度校核。危险点在 C（或 D）外侧截面上的翼缘与腹板交界处，应力状态如图16-15g所示，即

$$\sigma = \frac{My}{I_z} = \frac{690 \times 10^6 \text{N} \cdot \text{mm} \times 40\text{mm}}{2.04 \times 10^9 \text{mm}^4} = 135\text{MPa}$$

$$\tau = \frac{F_Q S_z^*}{b I_z} = \frac{670 \times 10^3 \text{N} \times 1.97 \times 10^6 \text{mm}^3}{10\text{mm} \times 2.04 \times 10^9 \text{mm}^4} = 64.8\text{MPa}$$

按第四强度理论校核。将主应力的表达式代入第四强度理论的强度条件中，可简化为

$$\sigma_{xd4}=\sqrt{\sigma^2+3\tau^2}=\sqrt{135^2+3\times64.8^2}\text{MPa}=175.56\text{MPa}$$

$$\frac{\sigma_{xd4}-[\sigma]}{[\sigma]}=\frac{175.56\text{MPa}-170\text{MPa}}{170\text{MPa}}=3.27\%$$

计算结果在强度允许限度之内。

对于国家标准的型钢（工字钢、槽钢）来说，并不需要对腹板与翼缘交界处的点用强度理论进行校核。因为型钢截面在腹板与翼缘交界处有圆弧，而且工字钢翼缘的内边又有1∶6的斜度，因而增加了交界处的截面宽度，保证了在截面上、下边缘处的正应力和中性轴上的切应力都处于不超过允许应力的情况下，腹板与翼缘交界处附近各点一般不会发生强度不够的问题。

例 16-8 工程中有许多受内压的容器是薄壁圆筒，如图16-16a所示，已知圆筒的内径为$D=1500\text{mm}$，壁厚$\delta=30\text{mm}$，δ远小于D，内压的压强$p=4\text{MPa}$，采用的材料是15G锅炉钢板，许用应力$[\sigma]=120\text{MPa}$。试对薄壁圆筒进行强度计算。

解 由于容器的器壁较薄，在内压力的作用下，只能承受拉力的作用。力沿壁厚方向是均匀分布的。如图16-16b所示，将圆筒截为两半，取下半部长为l的一段圆筒为研究对象，设截面上的周向应力为σ_1，则由平衡方程

$$2(\sigma_1\cdot\delta\cdot l)-p\cdot D\cdot l=0$$

得

$$\sigma_1=\frac{pD}{2\delta} \tag{16-26}$$

如图16-16c所示，沿横截面将圆筒截开，取左边部分为研究对象，并设圆筒横截面上的轴向应力为σ_2，则由平衡方程

$$\sigma_2\cdot\delta\cdot\pi D-p\frac{\pi D^2}{4}=0$$

得

$$\sigma_2=\frac{pD}{4\delta}$$

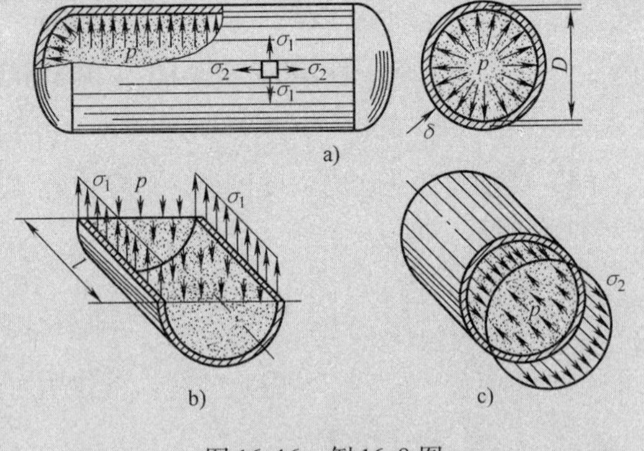

图16-16 例16-8图

由于$D>>\delta(\delta\leqslant D/20)$，则由以上两式可知，圆通容器的内压强$p$远小于$\sigma_1$和$\sigma_2$，因而垂直于筒壁的径向应力很小，可忽略不计。如果在筒壁上按通过直径的纵向横截面和横向截面截取出一个单元体，则此单元体处于平面应力状态，如图16-16a所示。作用于其上的主应力为

$$\sigma_1=\frac{pD}{2\delta},\ \sigma_2=\frac{pD}{4\delta},\ \sigma_3=0$$

因为薄壁圆筒常用塑性材料（如低碳钢）制成，所以可采用最大切应力理论，或形状改变比能理论，得强度计算公式

$$\sigma_{eq3}=\frac{pD}{2\delta}\leqslant[\sigma] \tag{16-27}$$

$$\sigma_{eq4}=\frac{pD}{2.3\delta}\leqslant[\sigma] \tag{16-28}$$

代入数据，得

$$\sigma_{eq3}=\frac{pD}{2\delta}=\frac{4MPa\times1.5m}{2\times0.03m}=100MPa\leqslant[\sigma]$$

$$\sigma_{eq4}=\frac{pD}{2.3\delta}=\frac{4MPa\times1.5m}{2.3\times0.03m}=87MPa\leqslant[\sigma]$$

由计算结果可知，无论用最大切应力理论，还是用形状改变比能理论进行校核，筒壁的强度都是足够的。在设计计算中，若按最大切应力理论选择圆筒壁厚，是偏于安全的；若根据形状改变比能理论设计，则比较经济。

思考题

1. 什么叫一点的应力状态？为什么要研究一点的应力状态？

2. 什么叫主平面和主应力？主应力和正应力有什么区别？如何确定平面应力状态的三个主应力及其作用平面？

3. 如何确定纯剪切状态的最大正应力与最大切应力？并说明扭转破坏形式与应力间的关系。与轴向拉压破坏相比，它们之间有何共同之点？

4. 何谓单向、二向与三向应力状态？何谓复杂应力状态？图 16-17 所示各单元体分别属于哪一类应力状态？

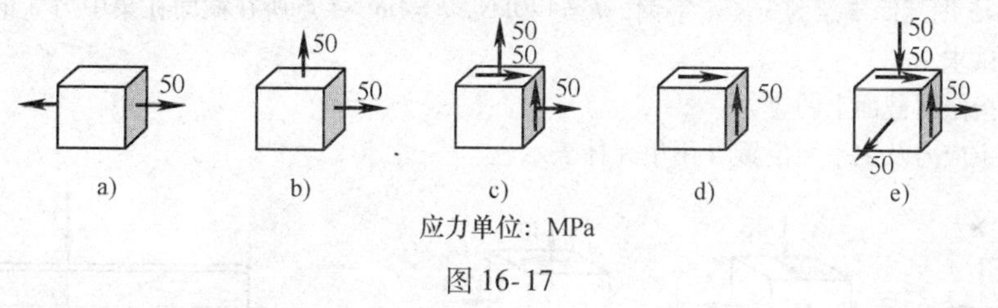

应力单位：MPa

图 16-17

5. 如何画应力圆？如何利用应力圆确定平面应力状态任一斜截面的应力？如何确定最大正应力与最大切应力？

6. 单元体某方向上的线应变若为零，则其相应的正应力也必定为零；若在某方向的正应力为零，则该方向的线应变也必定为零。以上说法是否正确？为什么？

7. 何谓广义胡克定律？该定律是如何建立的？它有几种形式？应用条件各是什么？

8. 什么叫强度理论？为什么要研究强度理论？

9. 为什么按第三强度理论建立的强度条件较按第四强度理论建立的强度条件进行强度计算的结果偏于安全？

习　题

16-1　试定性地绘出题 16-1 图所示杆件中 A、B、C 点的应力单元体。

16-2　在题 16-2a、b 图所示应力状态中，试用解析法和图解法求出指定斜截面上的应力（应力单位为 MPa）。

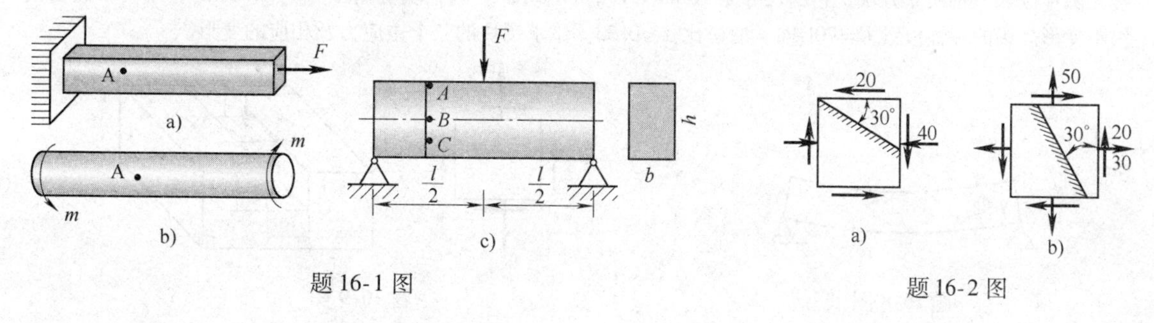

题 16-1 图　　题 16-2 图

16-3　已知应力状态如题 16-3 图所示，图中应力单位皆为 MPa。试用解析法和图解法求：（1）主应力大小及主平面位置；（2）在单元体上绘出主平面位置及主应力方向；（3）最大切应力。

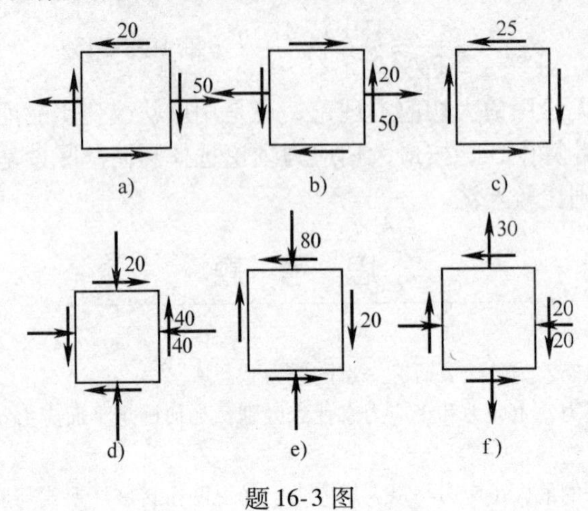

题 16-3 图

16-4　试求题 16-4 图所示的各应力状态的主应力及最大切应力（应力单位为 MPa）。

16-5　题 16-5 图示简支梁为 36a 工字钢，$F=140\text{kN}$，$l=4\text{m}$。A 点所在截面在集中力 F 的左侧，且接近 F 力作用的截面。试求：

（1）A 点在指定斜截面上的应力；

（2）A 点的主应力及主平面位置（用单元体表示）。

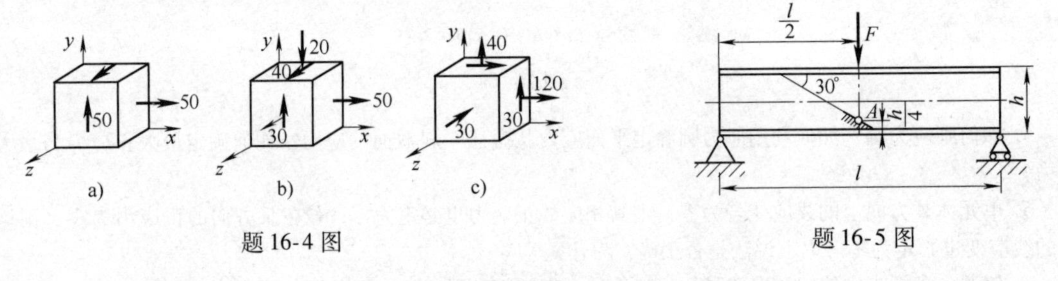

题 16-4 图　　题 16-5 图

16-6　已知某点处于平面应力状态，现在该点处测得 $\varepsilon_x=500\times10^{-6}$，$\varepsilon_y=-469\times10^{-6}$。若材料的弹性模量 $E=210\text{GPa}$，泊松比 $\mu=0.33$。试求该点处的正应力 σ_x 和 σ_y。

16-7　在二向应力状态下，设已知最大切应变 $\gamma_{\max}=5\times10^{-4}$，并已知两个相互垂直方向的正应力之和为 27.5MPa。材料的弹性模量 $E=200\text{MPa}$，$\mu=0.25$。试计算主应力的大小。

16-8　题 16-8 图所示列车通过钢桥时，在钢桥横梁的 A 点用变形仪量得 $\varepsilon_x=0.0004$，$\varepsilon_y=-0.00012$。试求 A 点在 $x—x$ 及 $y—y$ 方向上的正应力。设 $E=200\text{GPa}$，泊松比 $\mu=0.3$。并问这样能否求出 A 点的主应力？

16-9　如题 16-9 图所示，在一体积较大的钢块上开一个贯穿的槽，其宽度和深度都是 10mm。在槽内紧密无隙地嵌入一铝质立方块，它的尺寸是 10mm × 10mm × 10mm。当铝块受到压力 $F=5\text{kN}$ 的作用时，假设钢块不变形。铝的弹性模量 $E=70\text{GPa}$，泊松比 $\mu=0.33$。试求铝块的三个主应力及相应的变形。

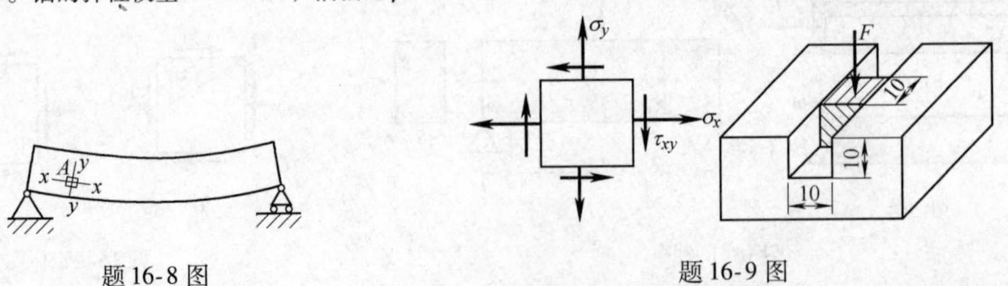

题 16-8 图　　题 16-9 图

16-10　如题16-10图所示简支梁由14号工字钢制成，受$F=59.4$kN作用。已知材料的弹性模量$E=200$GPa，泊松比$\mu=0.3$。求中性层K点处沿45°方向的应变。

16-11　由25b工字钢制成的简支梁，受力如题16-11图所示。材料的$[\sigma]=120$MPa，$[\tau]=100$MPa，试对梁进行全面的强度校核。

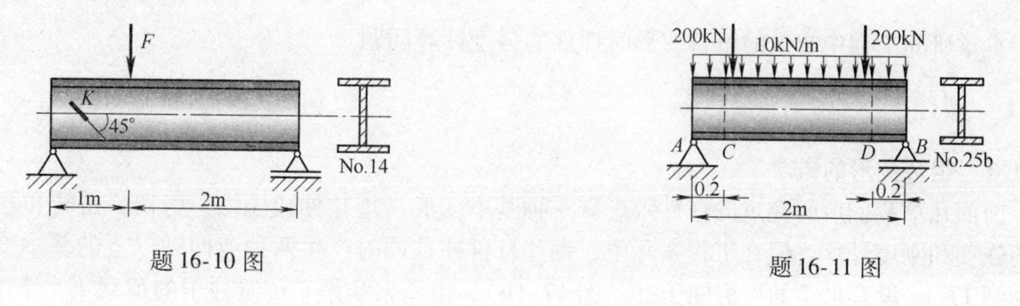

题16-10图　　　题16-11图

16-12　如题16-12图所示，一内径为D、壁厚为t的薄壁钢质圆管。材料的弹性模量为E，泊松比为μ。若钢管承受轴向拉力F和力偶矩m作用，试求该钢管壁厚的改变量Δt。

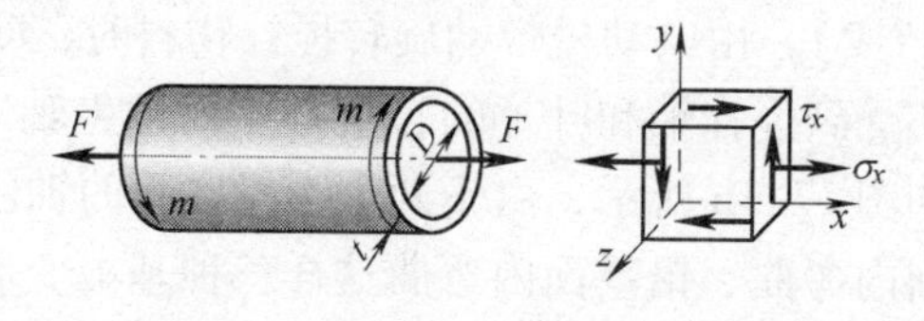

题16-12图

第17章 组合变形

本章研究工程中常见的组合变形时杆件的强度计算问题。

17.1 概述

17.1.1 组合变形的概念

前面几章我们所研究过的杆件限于有一种基本变形（即拉伸或压缩、剪切、扭转和弯曲）时的强度和刚度计算。但在工程实际中，一些杆件往往同时产生两种或两种以上的基本变形，例如图17-1a设有吊车的厂房柱子（见图17-1b），由屋架和吊车传给柱子的荷载F_1、F_2的合力一般不与柱子的轴线重合，而是有偏心的（见图17-1b中e_1和e_2），如果将合力简化到轴线上，则附加力偶Fe_1和Fe_2将引起纯弯曲，所以这种情况是轴向压缩和弯曲的共同作用。又如搅拌器中的搅拌轴（见图17-2），由电动机带动旋转搅拌物料时，叶片受到物料阻力的作用而使轴发生扭转变形，同时还受到搅拌轴和叶片的自重作用而发生轴向拉伸变形；再如图17-3a所示的转轴，其计算简图如图17-3b所示，由于两个带轮之间的轴段传递扭转力偶而发生扭转变形，同时在轴段的水平面内弯曲、铅垂面内弯曲这样三种基本变形组合而成的。

在外力作用下，构件若同时产生两种或两种以上基本变形的情况，就称为组合变形（combination deformation）。可见组合变形是工程中常见的变形形式。

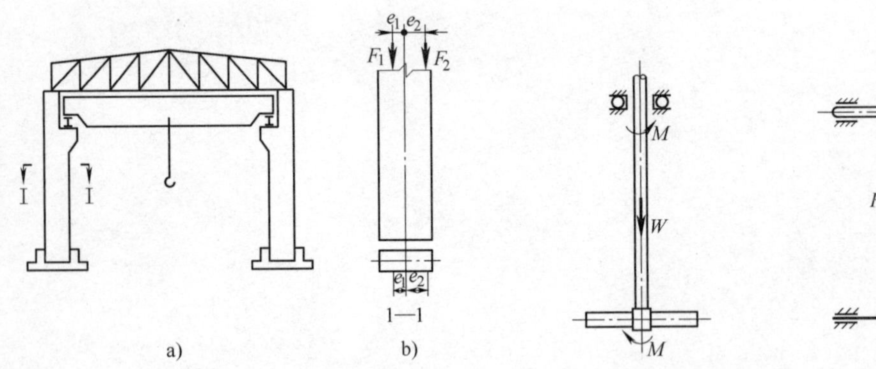

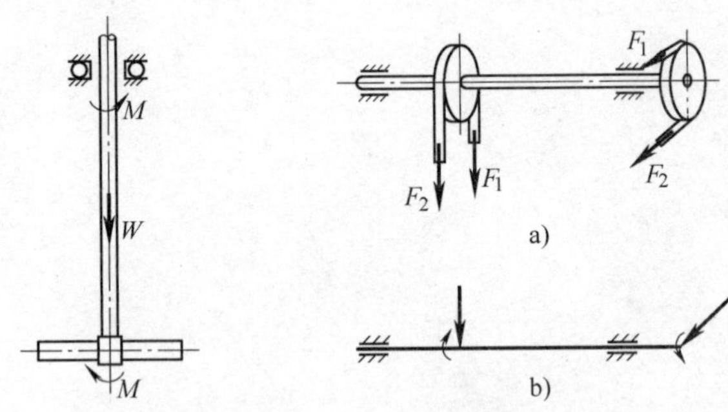

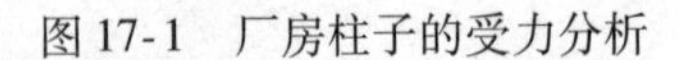

图17-1 厂房柱子的受力分析　　图17-2 搅拌器轴的受力分析　　图17-3 转轴的受力分析

17.1.2 组合变形的强度计算

杆件在组合变形下的应力一般可用叠加原理进行计算。实践证明，如果材料服从胡克定律，并且变形是在小变形范围内，那么杆件上各个载荷的作用彼此独立，每一载荷所引起的应力或变形都不受其他载荷的影响，而杆件在几个载荷同时作用下所产生的效果，就等于每个载荷单独作用时产生的效果的总和，此即叠加原理。这样，当杆件在复杂载荷作用下发生组合变形时，只要把载荷分解为一系列引起基本变形的载荷，再分别计算杆在各个基本变形下在同一点所产生的应力，然后叠加起来，就得到原来的载荷所引起的应力。叠加后，应力状态一般有两种可能：一种是仍为单向应力状态，本书中称之为第一类组合变形，这种情形只需按单向应力状态下的强度条件进行强度计算；另一种是复杂应力状态，本书中称之为第二类组合变形，这种情形必须进行应力状态分析，再按适当的强度理论进行强度计算。下面按这两种情形来研究若干种工程中常见的组合变形。

17.2　第一类组合变形——组合后为单向应力状态

17.2.1　杆件弯曲与拉伸（或压缩）的组合变形

拉伸（或压缩）与弯曲的组合变形是工程中常见的基本情况，以图17-4a所示的起重机横梁AB为例，其受力简图如图17-4b所示。轴向力F_{Ax}和F_{Bx}引起压缩，横向力F_{Ay}、F、F_{By}引起弯曲；所以AB杆既产生压缩又产生弯曲，其变形是压缩与弯曲的组合变形。

现以图17-5所示矩形截面悬臂梁为例，对拉伸与弯曲组合变形加以说明。

设外力F位于梁纵向对称面内，作用线与轴线成α角，梁的受力图如图17-5a、b所示。将力F向x、y轴分解，得

$$F_x = F\cos\alpha,\ F_y = F\sin\alpha$$

轴向拉力F_x使梁产生拉伸变形，横向力F_y产生弯曲变形，因此梁在力F作用下的变形为拉伸与弯曲组合变形。在轴向拉力F_x的单独作用下，梁上各截面的轴力$F_N = F_x = F\cos\alpha$；在横向力F_y的单独作用下，梁的弯曲$M = F_y \cdot x = F_y\sin\alpha \cdot x$，它们的内力图分别如图17-5c、d所示。由内力图可知，危险面为固定截面，该截面上的轴力$F_N = F_x = F\cos\alpha$，弯矩$M_{max} = Fl\sin\alpha$。在轴力的作用下，梁横截面上产生拉伸正应力且均匀分布，其值为在弯矩M_{max}的作用下使截面产生的弯曲正应力，如图17-5e所示。综合上述分析知道，危险面的最上边各点（如a点），有全梁的最大正应力σ_{max}，是该梁的危险点。该危险点为单向应力状态，只需按单向应力状态下的强度条件进行强度计算。故强度条件为

$$\sigma_{max} = \frac{F_N}{A} + \frac{M_{max}}{W} \leqslant [\sigma] \tag{17-1}$$

不难理解，上述分析方法同样适合于如图17-4b所示横梁受压缩与弯曲组合变形的计算。

应注意：（1）对于拉、压许用应力相同的材料，当F_N是拉力时，可由式（17-1）计算；当F_N为压力时，则式（17-1）中的加号变为减号，这一点在应用时应特别加以注意。

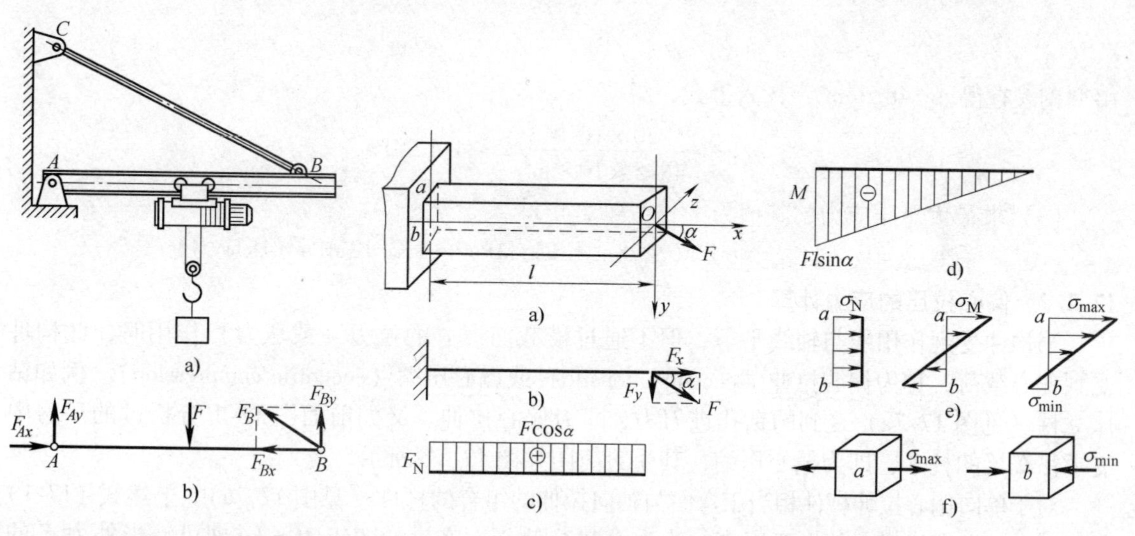

图17-4　压缩与弯曲组合变形

图17-5　拉伸与弯曲组合变形

（2）对于拉、压许用应力不同的材料（如脆性材料），则要分别求出杆件危险点的最大拉伸正应力 $\sigma_{t,max}$ 和最大压缩正应力 $\sigma_{c,max}$，再分别建立拉伸和压缩强度条件进行强度计算。

因此，在分析问题和解决问题时，首先要具体问题具体分析，并与生产实践密切结合。然后建立相适应的强度条件，不能死记硬套公式。还应指出，在上面的分析中，对于受横向力作用的杆件，横截面上除有正应力外，还有因剪力而产生的切应力，由于其数值一般较小，可不考虑。

例 17-1 图 17-6 所示 25a 工字钢简支梁。受均布荷载 q 及轴向压力 F_N 的作用。已知 $q=10\text{kN/m}$，$l=3\text{m}$，$F_N=20\text{kN}$。试求最大正应力。

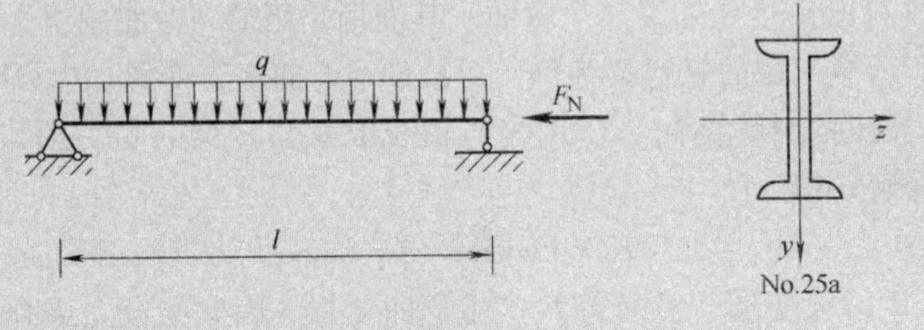

图 17-6 例 17-1 图

解 （1）求出最大弯矩 M_{max}，它发生在跨中截面，其值为

$$M_{max}=\frac{1}{8}ql^2=\frac{1}{8}\times 10\times 10^3\text{N/m}\times 3^2\text{m}^2=11250\text{N}\cdot\text{m}$$

（2）分别求出最大弯矩 M_{max} 及轴力 F_N 所引起的最大应力。

由弯矩引起的最大正应力为

$$\sigma_{ben,max}=\frac{M_{max}}{W_z}$$

由型钢表查得 $W_z=402\text{cm}^3$，代入上式，得

$$\sigma_{ben,max}=\frac{11250\text{N}\cdot\text{m}}{402\times 10^{-6}\text{m}^3}=28\text{MPa}$$

由轴力引起的压应力为

$$\sigma_c=\frac{F_N}{A}$$

由型钢表查得 $A=48.5\text{cm}^2$，代入上式，得

$$\sigma_c=-\frac{20\times 10^3\text{N}}{48.5\times 10^{-4}\text{m}^2}=-4.12\text{MPa}$$

（3）求最大总压应力，其值为

$$\sigma_{c,max}=-\sigma_{ben,max}+\sigma_c=(-28-4.12)\text{MPa}=-32.12\text{MPa}\ (\text{压应力})$$

17.2.2 偏心拉压的应力计算

当构件受到作用线与轴线平行，但不通过横截面形心的拉力（或压力）作用时，此构件受到偏心载荷，称为偏心拉伸（eccentric tensile）或偏心压缩（eccentric compression）。例如钻床立柱（见图 17-7a）受到的钻孔进刀力，即为偏心拉伸。又如前面图 17-1 分析过的厂房中支承吊车梁的柱子，即为偏心压缩，其受力简图如图 17-7b 所示。

对于单向偏心拉伸杆件相当于弯曲与轴向拉伸的组合的杆件（见图 17-7a）。上述式（17-1）仍然成立，只需将式中的大弯矩 M_{max} 改为因载荷偏心而产生的弯矩 $M=Fe$ 即可。当外力 F 的轴向分力 F_x 为单向偏心压缩时（见图 17-7b），上述公式中的第一项 F_N/A 则应取负号。

例17-2 图17-8a所示埋入地面的立柱，上顶端的右边缘上作用$F=15000\text{N}$的力，忽略杆的自重。试求：（1）B、C点所在的横截面上零应力的位置；（2）B、C点单元体的应力状态。

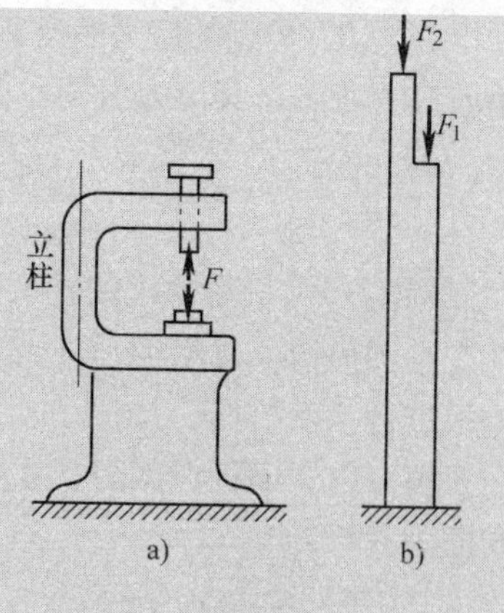

图17-7 偏心拉压

解 （1）内力分析。

用过B、C点的截面截开立柱，截面上有15000N的轴向力以及纸平面内的弯矩750000N·mm，如图17-8b所示。立柱为偏心压缩变形。

（2）应力分析。

设轴向力15000N引起均匀分布的正应力如图17-8c所示，其值为

$$\sigma=\frac{F}{A}=\frac{15000\text{N}}{100\times10^{-3}\text{m}\times40\times10^{-3}\text{m}}=3.75\times10^{6}\text{Pa}=3.75\text{MPa}$$

弯矩750000N·mm引起线性分布的正应力如图17-8d所示，其中最大应力为

$$\sigma_{\max}=\frac{M\times50\text{mm}}{I}=\frac{(750000\text{N}\cdot\text{mm})\times(50\text{mm})}{\frac{1}{12}\times(40\text{mm})\times(100\text{mm})^{3}}=11.25\text{N/mm}^2=11.25\text{MPa}$$

（3）应力叠加。

若将以上两个应力叠加，则其合成应力如图17-8e所示。

若有必要求零应力的位置可根据比例关系确定，即

$$\frac{7.5\text{MPa}}{x}=\frac{15\text{MPa}}{(100\text{mm}-x)}$$

$$x=33.3\text{mm}$$

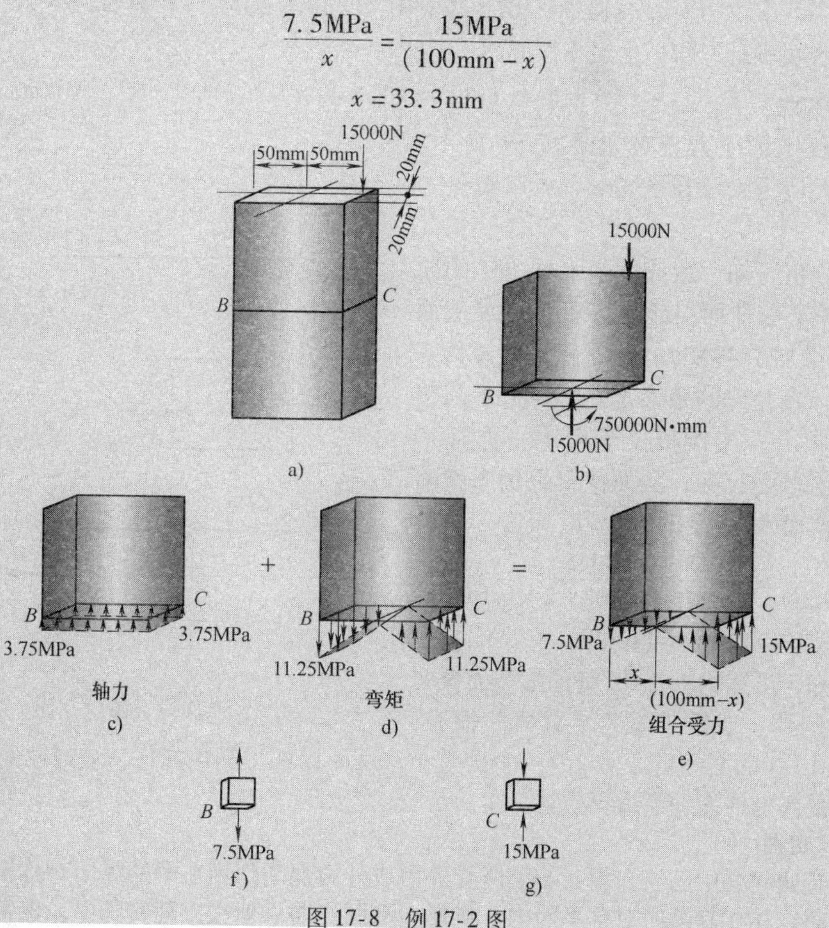

图17-8 例17-2图

（4）B、C 点的应力状态。在 B、C 点各取一单元体，分别如图 17-8f、g 所示。故均处于单向应力状态，其应力值为

$$\sigma_B = 7.5\text{MPa}\ （拉伸）$$

$$\sigma_C = 15\text{MPa}\ （压缩）$$

例 17-3 带有缺口的钢板如图 17-9a 所示，已知钢板宽度 $b = 8\text{cm}$，厚度 $\delta = 1\text{cm}$，上边缘开有半圆形槽，其半径 $t = 1\text{cm}$，已知拉力 $F = 80\text{kN}$，钢板许用应力 $[\sigma] = 140\text{MN/m}^2$。试对此钢板进行强度校核。

解 由于钢板在截面且 A—A 处有一半圆槽，因而外力 F 对此截面为偏心拉伸，其偏心距的值为

$$e = \frac{b}{2} - \frac{b-t}{2} = \frac{t}{2} = \frac{1}{2}\text{cm} = 0.5\text{cm}$$

截面 A—A 的轴力和弯矩分别为

$$F_{\text{N}} = F = 80\text{kN}$$

$$M = Fe = 80 \times 10^3\text{N} \times 0.5 \times 10^{-2}\text{m} = 400\text{N} \cdot \text{m}$$

轴力 F_{N} 和弯矩 M 在半圆槽底的 a 处都引起拉应力（见图 17-9b），故得最大应力为

$$\sigma_{\max} = \frac{F_{\text{N}}}{A} + \frac{M}{W_z} = \frac{80 \times 10^3\text{N}}{0.01\text{m} \times (0.08 - 0.01)\text{m}} + \frac{6 \times 400\text{N} \cdot \text{m}}{0.01\text{m} \times (0.08\text{m} - 0.01\text{m})^2}$$

$$= (114.3 \times 10^6 + 49 \times 10^6)\text{N/m}^2 = 163.3\text{MN/m}^2 \geqslant [\sigma]$$

A—A 截面的 b 处，将产生最小拉应力：

$$\sigma_{\min} = (F_{\text{N}}/A) - (M/W_z) = (114.3 \times 10^6 - 49 \times 10^6)\text{N/m}^2 = 65.3\text{MN/m}^2$$

A—A 截面上的应力分布如图 17-9c 所示。由于 a 点最大应力大于拉应力 σ，所以钢板的强度不够。

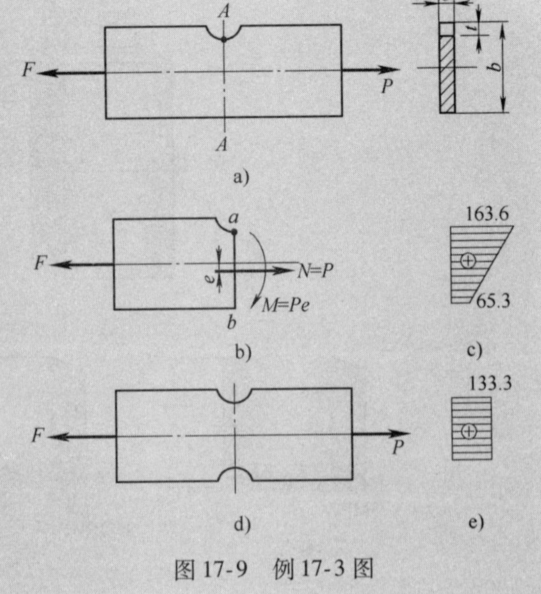

图 17-9 例 17-3 图

由上面分析可知，造成钢板强度不够的原因，是由于偏心拉伸而引起的弯矩 Fe，使截面 A—A 的应力增加了 49MPa，为了保证钢板具有足够的强度，在允许的条件下，可在下半圆槽的对称位置再开一半圆槽（见图 17-9d、e），这样就避免了偏心拉伸，从而使钢板仍为轴向拉伸，此时截面 A—A 上的应力为

$$\sigma_{\max} = \frac{F}{\delta(b-2t)} = \frac{80\text{kN}}{0.01\text{m} \times (0.08 - 2 \times 0.01)\text{m}}$$

$$= 133.3\text{MPa} < [\sigma] = 140\text{MPa}$$

由此可知，虽然钢板 A—A 处的横截面被两个半圆槽所削弱，但由于避免了载荷的偏心，因而使截面 A—A 的实际应力比仅有一个槽时小，反而保证了钢板强度。通过此例说明，避免偏心载荷是提高构件的一项重要措施。

*17.2.3 斜弯曲

我们在弯曲问题中已经介绍，若梁所受外力或外力偶均作用在梁的纵向对称平面内，则梁变形后的挠曲线亦在其纵向对称平面内，将发生平面弯曲。但在工程实际中，也常常会遇到梁

上的横向力并不在梁的纵向对称平面内，而是与其纵向对称平面有一夹角的情况，这种弯曲变形称为斜弯曲（inclined bending）。例如图17-10中所示木屋架上的矩形截面檩条就是斜弯曲的实例。下面我们只讨论具有两个互相垂直对称平面的梁发生斜弯曲时的应力计算和强度条件。

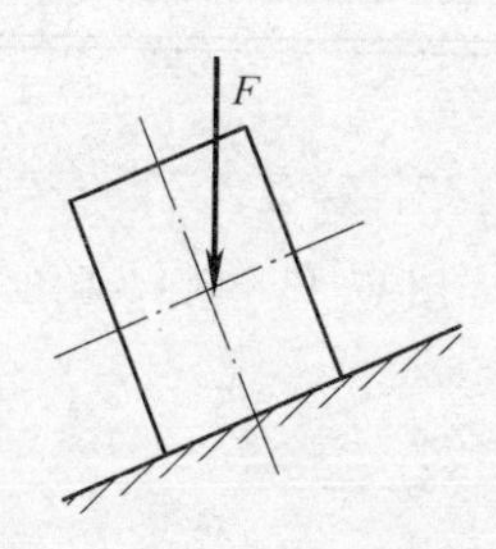

图17-10　木屋架檩条的斜弯曲

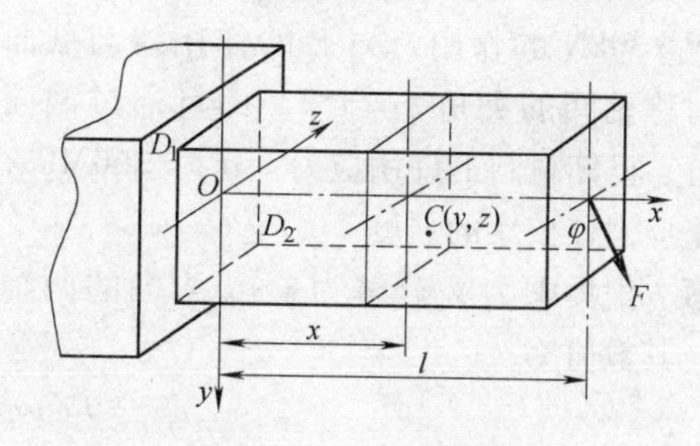

图17-11　斜弯曲的计算

以图17-11所示矩形截面悬臂梁为例，其自由端受一作用于 zOy 平面且与 y 轴夹角为 φ 的集中力 F 作用。可先将力 F 简化为平面弯曲的情况，即将力 F 沿 y 轴和 z 轴进行分解，即

$$F_y = F\cos\varphi,\ F_z = F\sin\varphi \tag{a}$$

在分力 F_y、F_z 的作用下，梁将分别在铅垂纵向对称平面内（xOy 面内）和水平纵向对称平面内（xOz 面内）发生平面弯曲。则在距左端点为 x 的截面上，由 F_z 和 F_y 引起的截面上的弯矩值分别为

$$M_y = F_z(l-x),\ M_z = F_y(l-x) \tag{b}$$

若设 $M = F(l-x)$，并将式（a）代入式（b）中，则

$$M_y = M\sin\varphi,\ M_z = M\cos\varphi \tag{c}$$

在截面的任一点 $C(y,z)$ 处，由 M_y 和 M_z 引起的正应力分别为

$$\sigma' = -\frac{M_y \cdot z}{I_y},\ \sigma'' = -\frac{M_z \cdot y}{I_z} \tag{d}$$

其中负号表示均为压应力。对于其他点处的正应力的正负可由实际情况确定。所以，C 点处的正应力为

$$\sigma = \sigma' + \sigma'' = -\frac{M_y \cdot z}{I_y} - \frac{M_z \cdot y}{I_z}$$

将式（c）代入上式可得

$$\sigma = -M\left(\frac{\sin\varphi}{I_y}z + \frac{\cos\varphi}{I_z}y\right) \tag{17-2}$$

由上面分析及式（17-2）可知，梁上固定端截面上有最大弯矩，且其顶点 D_1 和 D_2 点为危险点，分别有最大拉应力和最大压应力。而拉压应力的绝对值相等，可知危险点的应力状态均为单向应力状态，所以梁的强度条件为

$$\sigma_{\max} = \left|M\left(\frac{\sin\varphi}{I_y}z_{\max} + \frac{\cos\varphi}{I_z}y_{\max}\right)\right| \leqslant [\sigma]$$

即

$$\sigma_{\max} = \left|\frac{M_y}{W_y} + \frac{M_z}{W_z}\right| \leqslant [\sigma] \tag{17-3}$$

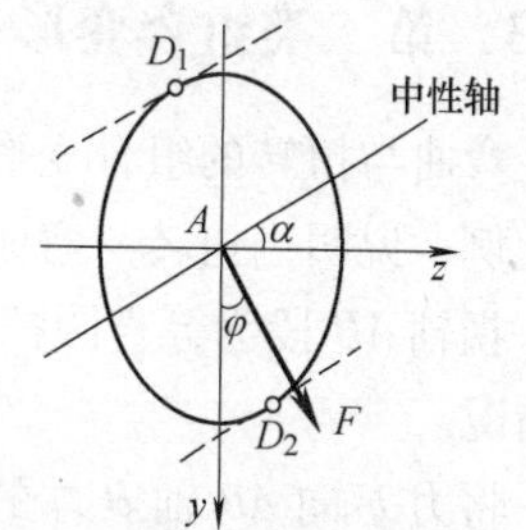

图17-12　没有棱角的截面

同平面弯曲一样，危险点应在离截面中性轴最远的点处。而对于这类具有棱角的矩形截面梁，其危险点的位置均应在危险截面的顶点处，所以较容易确定。但对于图17-12所示没有棱角的

截面，要先确定出截面的中性轴位置，才能确定出危险点的位置。本书对此不做讨论。

例 17-4　图 17-13 所示跨长 $l=4\text{m}$ 的简支梁，由 32a 工字钢制成。在梁跨度中点处受集中力 $F=30\text{kN}$ 的作用，力 F 的作用线与截面铅垂对称轴间的夹角 $\varphi=15°$，而且通过截面的形心。已知材料的许用应力 $[\sigma]=160\text{MPa}$，试按正应力校核梁的强度。

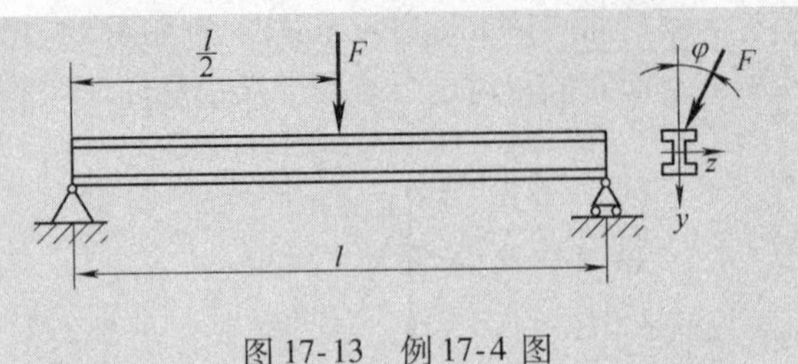

图 17-13　例 17-4 图

解　把集中力 F 分解为 y、z 方向的两个分量，其数值为

$$F_y=F\cos\varphi,\ F_z=F\sin\varphi$$

这两个分量在危险截面（集中力作用的截面）上产生的弯矩数值分别为

$$M_y=\frac{F_z}{2}\cdot\frac{l}{2}=\frac{Fl}{4}\sin\varphi=\frac{30\times10^3\text{N}\times4\text{m}}{4}\sin15°=7760\text{N}\cdot\text{m}$$

$$M_z=\frac{F_y}{2}\cdot\frac{l}{2}=\frac{Fl}{4}\cos\varphi=\frac{30\times10^3\text{N}\times4\text{m}}{4}\cos15°=29000\text{N}\cdot\text{m}$$

从梁的实际变形情况可以看出，工字形截面的左下角具有最大拉应力，右上角具有最大压应力，其值均为

$$\sigma_{\max}=\frac{M_y}{W_y}+\frac{M_z}{W_z}$$

对于 32a 工字钢，由型钢表查得

$$W_y=70.8\text{cm}^3,\ W_z=692\text{cm}^3$$

代入，得

$$\sigma_{\max}=\frac{7760\text{N}\cdot\text{m}}{70.8\times10^{-6}\text{m}^3}+\frac{29000\text{N}\cdot\text{m}}{692\times10^{-6}\text{m}^3}=1.516\times10^8\text{Pa}=151.6\text{MPa}<[\sigma]$$

在此例中，如果力 F 的作用线与 y 轴重合，即 $\varphi=0°$，则梁中的最大正应力为

$$\sigma_{\max}=\frac{M_{\max}}{W_z}=\frac{\frac{Fl}{4}}{W_z}=\frac{30\times10^3\text{N}\times4}{4\times692\times10^{-6}\text{m}^3}=4.34\times10^7\text{Pa}=43.4\text{MPa}$$

由此可知，对于用工字钢制成的梁，当外力偏离 y 轴一个很小的角度时，就会使最大正应力增加很多。产生这种结果的原因是由于工字钢截面的 W_z 远大于 W_y。对于这一类截面的梁，由于横截面对两个形心主惯性轴的抗弯截面系数相差较大，所以应该注意使外力尽可能作用在梁的形心主惯性平面 xy 内，避免因斜弯曲而产生过大的正应力。

17.3　第二类组合变形——组合后为复杂应力状态

弯曲与扭转的组合变形是机械工程中常见的情况，具有广泛的应用。现以图 17-14 所示拐轴为例，说明当扭转与弯曲组合变形时强度计算的方法。

拐轴 AB 段为等直圆杆，直径为 d，A 端为固定端约束。现讨论在力 F 的作用下 AB 轴的受力情况。

将力 F 向 AB 轴 B 端的形心简化，即得到一横向力 F 及作用在轴端平面内的力偶矩 $M_x=Fa$，AB 轴的受力图如图 17-15a 所示。横向力 F 使轴发生弯曲变形，力偶矩 M 使轴发生扭转变形。

一般情况下，横向力引起的剪力影响很小，可忽略不计。于是，圆轴 AB 的变形即为扭转与弯曲的组合变形。

分别绘出弯矩图和扭矩图，由图 17-15b、c 可知，各横截面的扭矩相同，其值为 $M_x = Fa$；各截面的弯矩不同。固定端截面有最大弯矩，其值为 $M = Fl$。

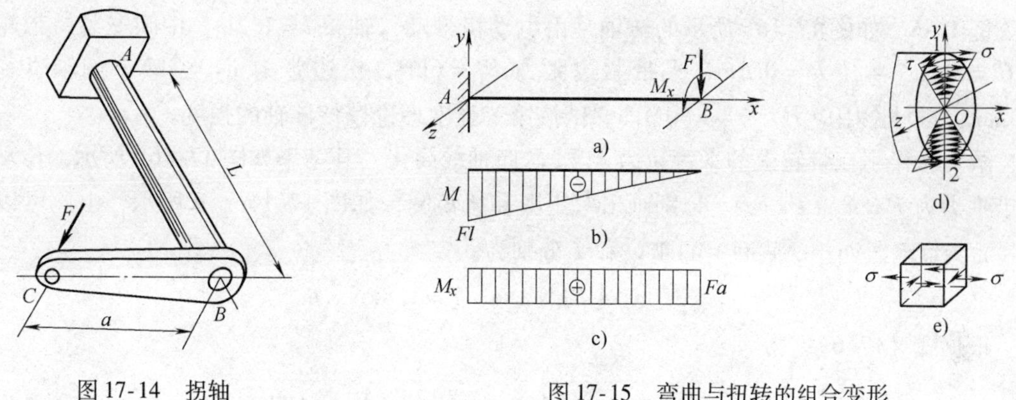

图 17-14　拐轴　　图 17-15　弯曲与扭转的组合变形

显然，圆轴的危险截面为固定端截面。

在危险截面上，与弯矩所对应的正应力，沿截面高度按线性规律变化，如图 17-15d 所示。铅垂直径的两端点“1”和“2”的正应力为最大，其值为

$$\sigma = +\frac{M}{W} \quad 或 \quad \sigma = -\frac{M}{W}$$

在危险截面上，与扭矩所对应的切应力，沿半径按线性规律变化，如图 17-15d 所示。该截面周边各点的切应力为最大，其值为 $\tau = M_x/W_p$。显然，危险点有两个，点“1”和点“2”，它们均属于同样的复杂应力状态。可选取其中的任一点进行分析。若选点“1”，在点“1”附近取一单元体，如图 17-15e 所示。在单元体的左、右两个侧面上既有正应力又有切应力，则点“1”的主应力为

$$\begin{cases} \sigma_1 = \dfrac{1}{2}\left[\sigma + \sqrt{\sigma^2 + 4\tau^2}\right] \\ \sigma_2 = 0 \\ \sigma_3 = \dfrac{1}{2}\left[\sigma - \sqrt{\sigma^2 + 4\tau^2}\right] \end{cases}$$

对于弯扭组合受力的圆轴，一般用塑性材料制成，应根据第三或第四强度理论建立强度条件。将由上式求得的主应力分别代入第 16 章的式（16-24）和式（16-25），可得

$$\sigma_{xd3} = \sqrt{\sigma^2 + 4\tau_x{}^2} \leqslant [\sigma] \tag{17-4}$$

$$\sigma_{xd4} = \sqrt{\sigma^2 + 3\tau_x{}^2} \leqslant [\sigma] \tag{17-5}$$

如果将 $\tau = T/W_p$ 和 $\sigma = M/W$ 代入式（17-4）和式（17-5），并考虑到对于圆截面有 $W_p = 2W$，则强度条件可改写为

$$\sigma_{xd3} = \frac{\sqrt{M^2 + T^2}}{W} \leqslant [\sigma] \tag{17-6}$$

$$\sigma_{xd4} = \frac{\sqrt{M^2 + 0.75T^2}}{W} \leqslant [\sigma] \tag{17-7}$$

式中，M 和 T 分别代表圆轴危险截面上的弯矩和扭矩；W 代表圆形截面的抗弯截面系数。但是它们只适于实心或空心圆轴，这一点必须牢牢记住。

如果作用在轴上的横向力很多，且方向各不相同，则可将每一个横向力向水平和铅垂两个平面分解，分别画出两个平面内的弯矩图，再计算每一横截面上的合成弯矩，即

$$M_R = \sqrt{M_h^2 + M_v^2} \tag{17-8}$$

例 17-5 如图 17-16a 所示的转轴是由电动机带动，轴长 $l = 1.2\text{m}$，中间安装一带轮，重力 $G = 5\text{kN}$，半径 $R = 0.6\text{m}$，平带紧边张力 $F_1 = 6\text{kN}$，松边张力 $F_2 = 3\text{kN}$。如轴直径 $d = 100\text{mm}$，材料许用应力 $[\sigma] = 50\text{MPa}$。试按第三强度理论校核该轴的强度。

解 将作用在带轮上的平带拉力 F_1 和 F_2 向轴线简化，其结果如图 17-16b 所示。传动轴所受铅垂力为 $F = F_1 + F_2 + G$。分别画出弯矩图和扭矩图，如图 17-16c、d 所示，由此可以判断 C 截面为危险截面。C 截面上的 M_{max} 和 T 分别为

$$M_{max} = 4.2\text{kN} \cdot \text{m}, \ T = 1.8\text{kN} \cdot \text{m}$$

根据式（17-6），得

$$\sigma_{xd3} = \frac{\sqrt{M_{max}^2 + T^2}}{W_z} = \frac{\sqrt{(4.2 \times 10^6\text{N} \cdot \text{mm})^2 + (1.8 \times 10^6\text{N} \cdot \text{mm})^2}}{\pi \times (100\text{mm})^3/32} = 46.6\text{MPa} < [\sigma]$$

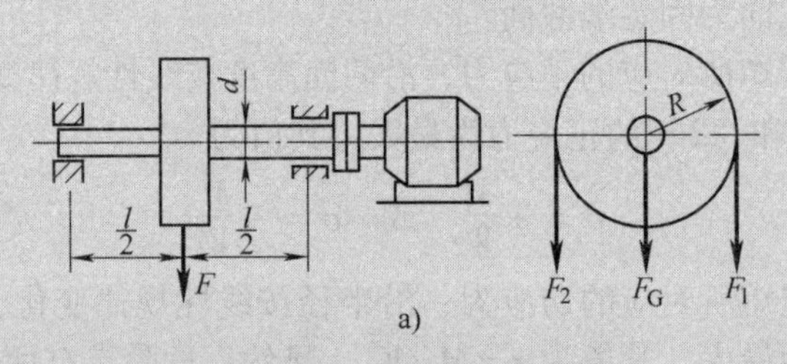

a)

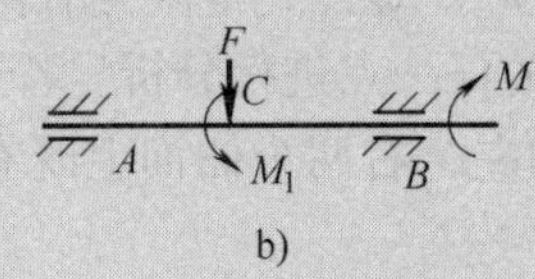

b)

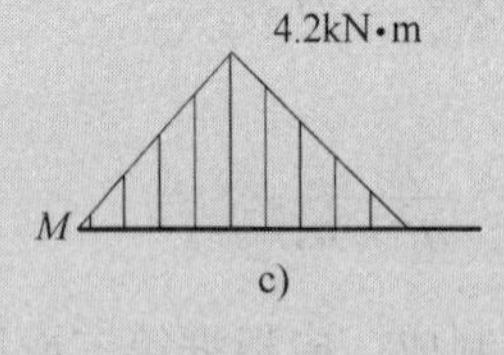

c)

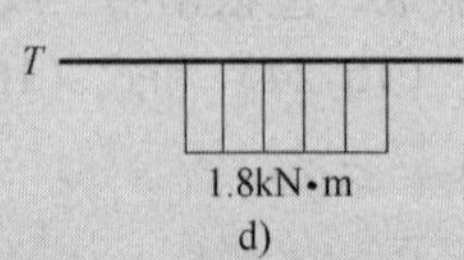

d)

图 17-16 例 17-5 图

所以，转轴的强度足够。

例 17-6 如图 17-17a 所示，圆轴直径为 80mm，轴的右端装有重为 5kN 的皮带轮。带轮上侧受水平力 $F_T = 5\text{kN}$，下侧受水平力为 $2F_T$，轴的许用应力 $[\sigma] = 70\text{MPa}$。试按第三强度理论校核轴的强度。

解 轴的计算简图如图 17-17b 所示，则作用于轴上的外力偶 $M_e = 2\text{kN} \cdot \text{m}$。因此，各截

面的扭矩图如图 17-17c 所示。

由图 17-17d、e 可知，铅直平面最大弯矩 $M_v=0.75\text{kN}\cdot\text{m}$，水平平面最大弯矩 $M_h=2.25\text{kN}\cdot\text{m}$，且均发生在 B 截面。应用式（17-8）可得

$$M_R=\sqrt{0.75^2+2.25^2}\text{kN}\cdot\text{m}=2.37\text{kN}\cdot\text{m}$$

对此轴危险点的应力状态，应用第三强度理论公式，得

$$\sigma_{xd3}=\frac{\sqrt{M_R^2+T^2}}{W_z}=\frac{32}{\pi\times(0.08\text{m})^3}\times\sqrt{2.37^2+2^2}\text{kN}\cdot\text{m}=61.7\text{MPa}<[\sigma]$$

故圆轴满足强度条件。

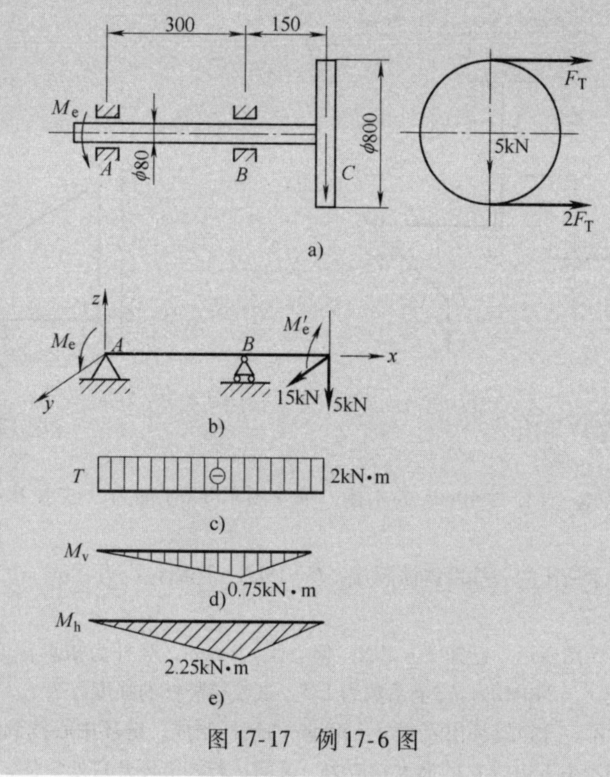

图 17-17 例 17-6 图

思 考 题

1. 何谓组合变形？组合变形构件的应力计算是依据什么原理进行的？
2. 试分析图 17-18 所示的杆件各段分别是哪几种基本变形的组合。

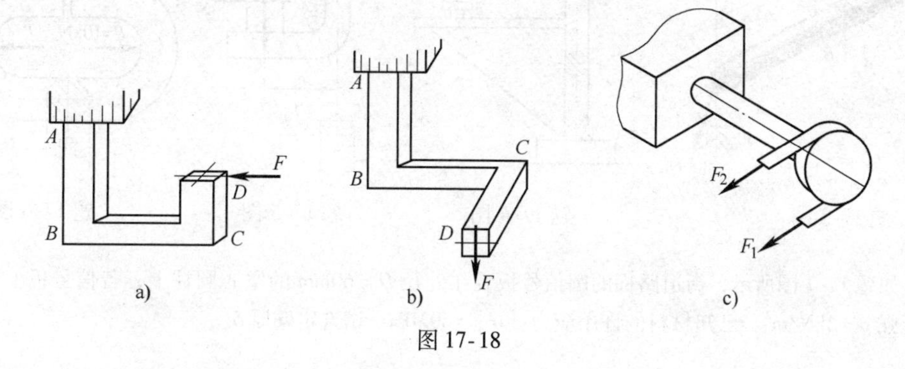

图 17-18

3. 用叠加原理处理组合变形问题，将外力分组时应注意些什么？

4. 为什么弯曲与拉伸组合变形时只需校核拉应力的强度条件，而弯曲与压缩组合变形时，脆性材料要同时校核压应力和拉应力的强度条件？

5. 由塑性材料制成的圆轴，在弯扭组合变形时怎样进行强度计算？

习　题

17-1　试求题 17-1 图中折杆 $ABCD$ 上 A、B、C 和 D 截面上的内力。

17-2　梁式吊车如题 17-2 图所示。吊起的重量（包括电动葫芦重）$F=40\text{kN}$，横梁 AB 为 18 号工字钢，当电动葫芦走到梁中点时，试求横梁的最大压应力。

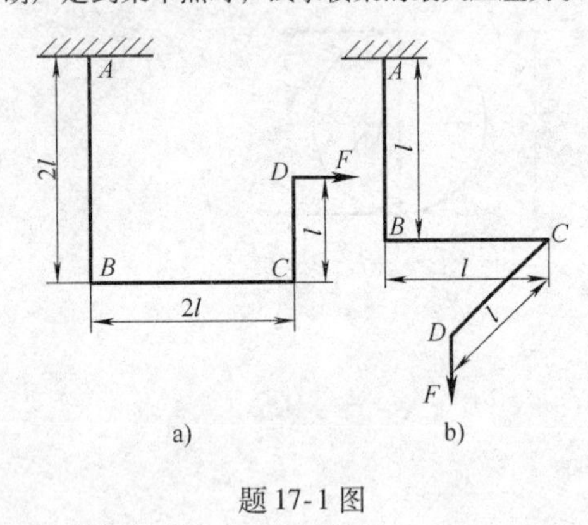

题 17-1 图

C
A
30°
B
D
1.3m
1.3m
F

题 17-2 图

17-3　如题 17-3 图所示一直径为 40mm 的木棒，承受图示 800N 的力，试求 B 点的应力，并用单元体表示。

17-4　如题 17-4 图所示钻床的立柱由铸铁制成，$F=15\text{kN}$，许用拉应力 $[\sigma]=35\text{MPa}$。试确定立柱所需直径 d。

17-5　一夹具如题 17-5 图所示。已知 $F=2\text{kN}$，偏心距 $e=6\text{cm}$，竖杆为矩形截面，$b=1\text{cm}$，$h=2.2\text{cm}$，材料为 Q235，其屈服极限 $\sigma_s=240\text{MPa}$，安全系数为 1.5，试校核竖杆的强度。

17-6　如题 17-6 图所示，开口链环由直径 $d=50\text{mm}$ 的钢杆制成，链环中心线到两边杆中心线尺寸各为 60mm，试求链环中段（即图中下边段）的最大拉应力。又问：若将链环开口处焊住，使链环成为完整的椭圆形时，其中段的最大拉应力又为多少？从而可得什么结论？

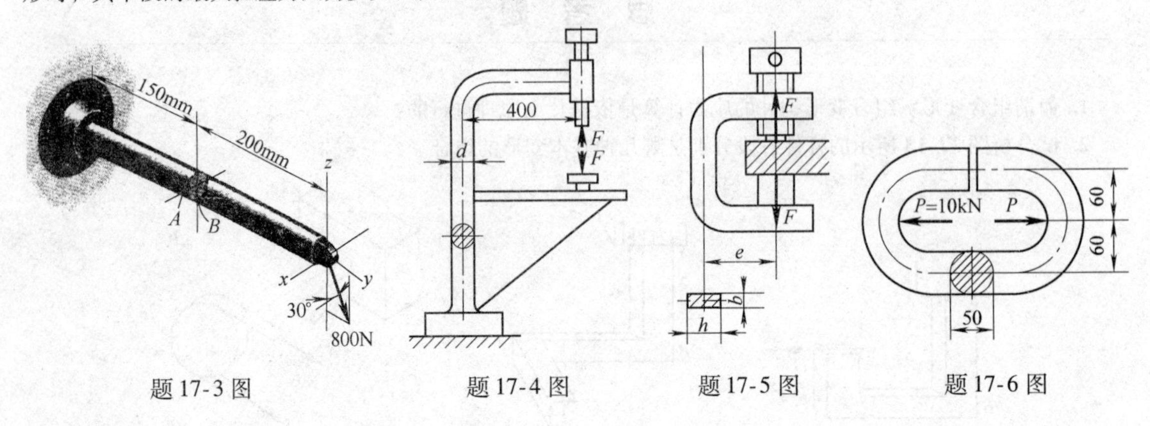

题 17-3 图　　题 17-4 图　　题 17-5 图　　题 17-6 图

17-7　如题 17-7 图所示，街道路标的圆信号板装在外径 $D=60\text{mm}$ 的空心圆柱上，若信号板上作用的最大风载的压强 $p=2\text{kN/m}^2$，已知材料的许用应力 $[\sigma]=60\text{MPa}$，试选定壁厚 δ。

17-8 如题17-8图所示电动机外伸轴上安装一带轮，带轮的直径 $D=250\text{mm}$，轮重忽略不计。套在轮上的带张力是水平的，分别是 $2F$ 和 F。电动机轴的外伸轴臂长 $l=120\text{mm}$，直径 $d=40\text{mm}$。轴材料的许用应力 $[\sigma]=60\text{MPa}$。若电动机传给轴的外力矩 $M=120\text{N}\cdot\text{m}$，试按第三强度理论校核此轴的强度。

17-9 水轮机主轴的示意图如题17-9图所示。水轮机组的输出功率为 $P=37500\text{kW}$，转速 $n=150\text{r/min}$。已知轴向推力 $F_x=4800\text{kN}$，转轮重 $W_1=390\text{kN}$；主轴内径 $d=340\text{mm}$，外径 $D=750\text{mm}$，自重 $W=285\text{kN}$。主轴材料为45钢，许用应力 $[\sigma]=80\text{MPa}$。试按第四强度理论校核主轴的强度。

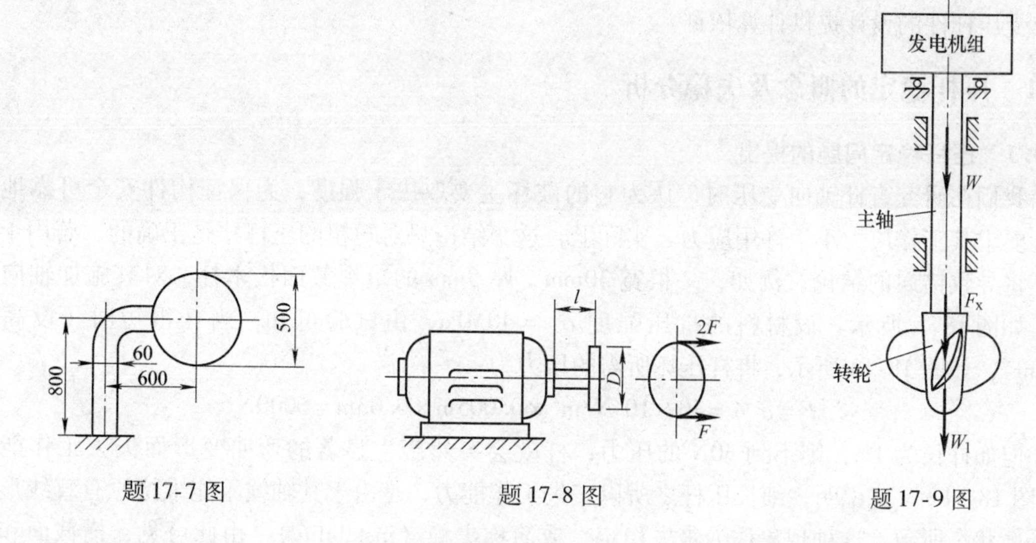

题17-7图　　题17-8图　　题17-9图

17-10 如题17-10图所示桥式起重吊车的大梁为25a工字钢，$[\sigma]=160\text{MPa}$，$l=4\text{m}$，$F=20\text{kN}$，行进时由于惯性使载荷 F 偏离纵向对称面一个角度 φ，若 $\varphi=15°$，试校核梁的强度，并与 $\varphi=0°$ 的情况进行比较。

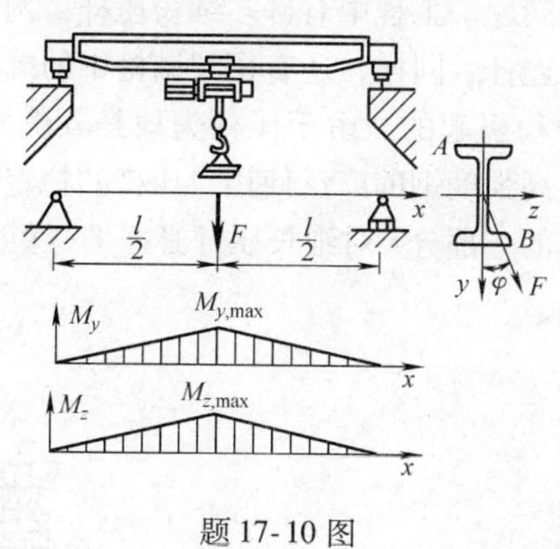

题17-10图

第18章 压杆稳定

本章主要讨论压杆稳定的概念、压杆临界力、临界应力、压杆的稳定计算等有关内容，为细长受压杆件的设计提供计算依据。

18.1 压杆稳定的概念及失稳分析

18.1.1 压杆稳定问题的提出

我们在研究直杆轴向受压时，认为它的破坏主要取决于强度，为保证构件安全可靠地工作，要求其工作应力小于许用应力。实际上，这个结论只对短粗的压杆才是正确的，若用于细长杆将导致错误的结论。例如，一根宽30mm、厚5mm的矩形截面松木杆，对其施加轴向压力，如图18-1所示。设材料的抗压强度$\sigma_c=40\text{MPa}$，由试验可知，当杆很短时（设高为30mm），如图18-1a所示，将杆压坏所需的压力为

$$F=\sigma_c A=40\times10^6\text{N/m}^2\times0.005\text{m}\times0.03\text{m}=6000\text{N}$$

但如杆长为1m，则不到30N的压力，杆就会突然产生显著的弯曲变形而失去工作能力（见图18-1b）。这说明，细长压杆之所以丧失工作能力，是由于其轴线不能维持原有直线形状的平衡状态所致，这种现象称为丧失稳定，或简称失稳（instability）。由此可见，横截面和材料相同的压杆，由于杆的长度不同，其抵抗外力的性质将发生根本的改变：短粗的压杆是强度问题；而细长的压杆则是稳定问题。工程中有许多细长压杆，例如图18-2a所示螺旋千斤顶的螺杆，图18-2b所示内燃机的连杆。同样，还有桁架结构中的抗压杆，建筑物中的柱也都是细长压杆，其破坏主要是由于失稳引起的。由于压杆失稳是骤然发生的，往往会造成严重的事故。特别是目前高强度钢和超高强度钢的广泛使用，压杆的稳定问题更为突出。因此，稳定计算已成为结构设计中极为重要的一部分，对细长压杆必须进行稳定性计算。

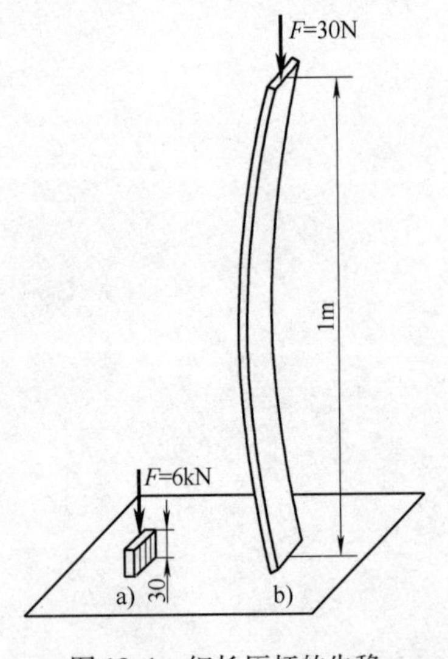

图18-1 细长压杆的失稳

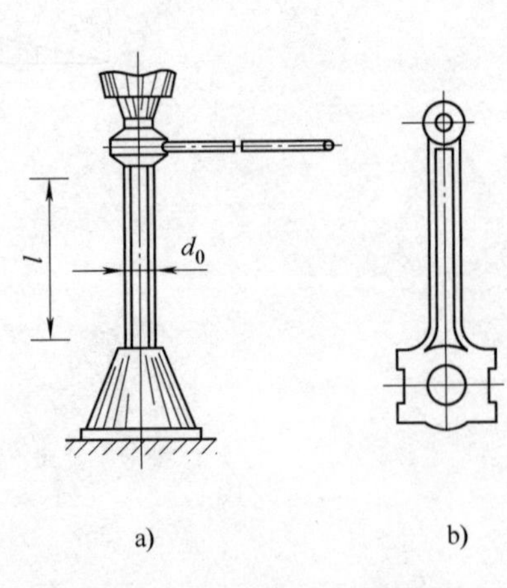

图18-2 工程中压杆失稳

18.1.2　失稳分析

1. 压杆平衡稳定性的概念

为了研究细长压杆的失稳过程，现以图18-3所示两端铰支的细长压杆来说明压弯过程。设压力与杆件轴线重合，当压力逐渐增加但小于某一极限值时，杆件一直保持直线形状的平衡，即使用微小的侧向干扰力也只会使它暂时发生轻微弯曲（见图18-3a），但干扰力解除后，它仍将恢复直线形状（见图18-3b）。这表明压杆直线形状的平衡是稳定的。当压力逐渐增加到某一极限值时，压杆的直线平衡变为不稳定，将转变为曲线形状的平衡。这时如再用微小的侧向干扰力使它发生轻微弯曲，干扰力解除后，它将保持曲线形状的平衡，不能恢复原有的直线形状（见图18-3c）。上述压力的极限值称为临界压力（critical pressure）或临界力（critical force），记为F_{cr}。

压杆失稳后，压力的微小增加会导致弯曲变形的显著加大，表明压杆已丧失了承载能力，可以引起机器或结构的整体损坏，可见这种形式的失效并非强度不足，而是稳定性不够。

2. 构件其他形式的失稳现象

与压杆相似，其他构件也有失稳问题。例如，在内压强作用下的薄壁圆筒，壁内应力为拉应力（圆柱形压容器就是这种情况），这是一个强度问题。但同样的薄壁圆筒如在均匀外压强作用下（见图18-4），壁内应力变为压应力，则当外压强达到临界值时，圆筒的圆形平衡就变为不稳定，会突然变成由虚线表示的椭圆形。又如，板条或工字梁在最大抗弯刚度平面内弯曲时（见图18-5），会因载荷达到临界值而发生侧向弯曲，并伴随着扭转。这些都是稳定性不足引起的失效。限于篇幅，本章只讨论压杆的稳定，其他形式的稳定性问题都不做讨论。

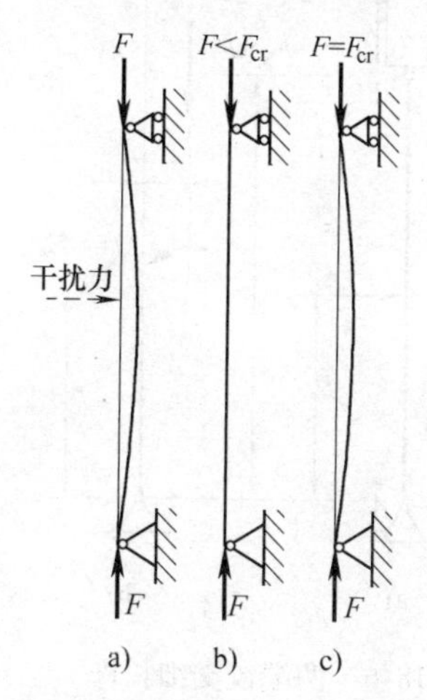

图18-3　压杆稳定性的概念

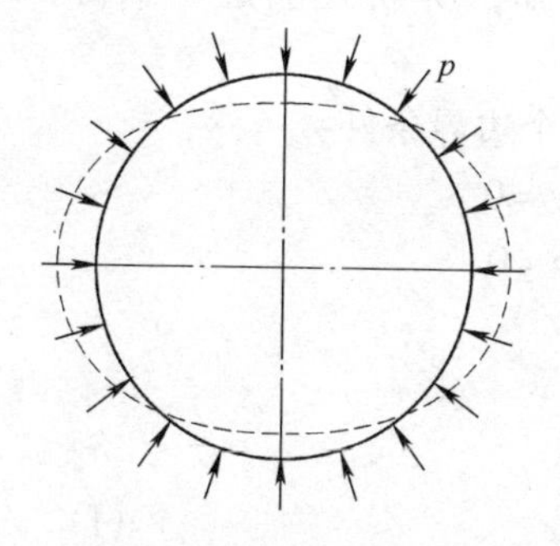

图18-4　薄壁圆筒受外压失稳

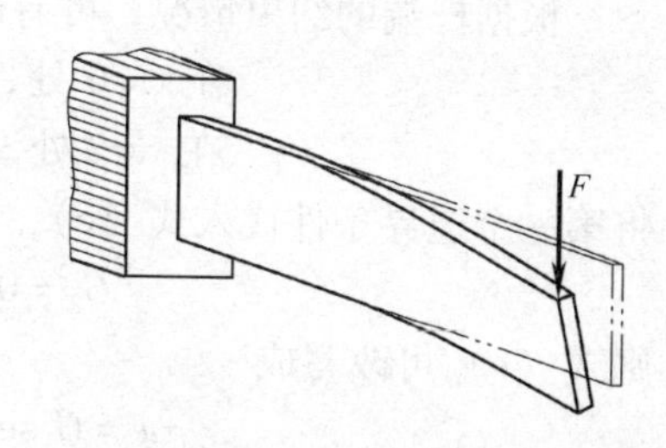

图18-5　板条的失稳

18.2　临界力和临界应力

18.2.1　理想压杆的临界力

如前所述，对确定的压杆来说，判断其是否会丧失稳定，主要取决于压力是否达到了临界力值。因此，确定相应的临界力，是解决压杆稳定问题的关键。本节先讨论细长压杆的临界力。

为了研究方便，我们把实际细长压杆理想化成理想压杆，即杆由均质材料制成，轴线为直线，外力的作用线与压杆轴线完全重合（不存在压杆弯曲的初始因素）。

由于临界力也可认为是压杆处于微弯平衡状态下，当挠度趋向于零时承受的压力。因此，对一般截面形状、载荷及支座情况不复杂的细长压杆，可根据压杆处于微弯平衡状态下的挠曲线近似微分方程$\frac{d^2w(x)}{dx^2}=\frac{M(x)}{EI}$进行求解，这一方法称为静力法（static method）。

压杆的临界力与两端的约束类型有关。不同杆端约束时细长压杆临界力不同，因此需要分别讨论。

1. 两端铰支压杆的临界力

设长度为 l 的两端铰支细长杆，受压力 F 达到临界值 F_{cr} 时，压杆由直线平衡形态转变为曲线平衡形态。临界压力是使压杆开始丧失稳定并保持微弯平衡的最小压力。选取坐标系如图 18-6b 所示，设距原点为 x 的任意截面的挠度为 w，则弯矩为

$$M(x) = -Fw \tag{a}$$

因为力 F 可以不考虑正负号，在所选定的坐标内，当 w 为正值时，$M(x)$ 为负值，所以上式右端加一负号。可以列出其挠曲线近似微分方程为

$$EI\frac{d^2w}{dx^2} = -Fw \tag{b}$$

若令

$$k^2 = \frac{F}{EI} \tag{c}$$

则式（b）可写成

$$\frac{d^2w}{dx^2}+k^2w=0 \tag{d}$$

此方程的通解是

$$w = C_1\sin kx + C_2\cos kx \tag{e}$$

式中，C_1 和 C_2 是两个待定的积分常数；系数 k 可从式（c）计算，但由于力 F 的数值仍为未知，所以 k 也是一个待定值。

根据杆端的约束情况，可有两个边界条件：

在 $x=0$ 处，$w=0$

在 $x=l$ 处，$w=0$

将第一个边界条件代入式（e），得

$$C_2=0$$

则式（e）可改写成

$$w = C_1\sin kx \tag{f}$$

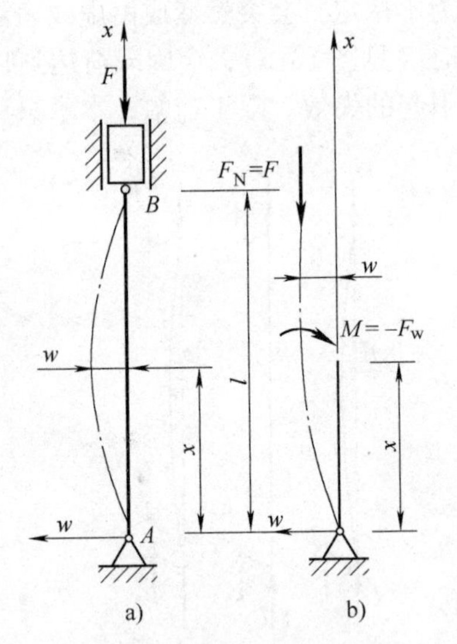

图 18-6 两端铰支细长杆

上式表示挠曲线是一正弦曲线。再将第二个边界条件代入式（f），得

$$0 = C_1\sin kl$$

由此解得

$$C_1=0 \quad 或 \quad \sin kl=0$$

若取 $C_1=0$，则由式（f）得 $w=0$，即表明杆没有弯曲，仍保持直线形状的平衡形式，这与杆已发生微小弯曲变形的前提相矛盾。因此，只可能 $\sin kl=0$。满足这一条件的 kl 值为

$$kl=n\pi,\ n=0,1,2,3,\cdots$$

则由式（c），得

$$k=\sqrt{\frac{F}{EI}}=\frac{n\pi}{l}$$

故

$$F=\frac{n^2\pi^2 EI}{l^2} \tag{g}$$

上式表明，无论 n 取何正整值，都有与其对应的力 F。但在实用上应取最小值。若取 $n=0$，则 $F=0$，这与讨论情况不符。所以应取 $n=1$，相应的压力 F 即为所求的临界力

$$F_{cr}=\frac{\pi^2 EI}{l^2} \tag{18-1}$$

式中，E 为压杆材料的弹性模量；I 为压杆横截面对中性轴的惯性矩；l 为压杆的长度。

式（18-1）是由著名数学家欧拉于1744年首先提出的两端铰支细长压杆临界力计算公式，称为欧拉公式（Euler formula）。此式表明压杆的临界力与压杆的抗弯刚度成正比，与杆长的二次方成反比，说明杆越细长，其临界力越小，压杆越容易失稳。

应该注意，对于两端以球铰支承的压杆，式（18-1）中横截面的惯性矩应取最小值 I_{min}。这是因为当压杆失稳时，总是在抗弯能力为最小的纵向平面（即最小刚度平面）内弯曲。

例18-1　试求图18-1b所示松木压杆的临界力。已知弹性模量 $E=9\text{GPa}$，矩形截面的宽为30mm、厚为5mm、杆长 $l=1\text{m}$。

解　先计算横截面的惯性矩

$$I_{min}=\frac{0.03\text{m}\times 0.005^3\text{m}^3}{12}=\frac{1}{32\times 10^8}\text{m}^4$$

设杆的两端可简化为铰支，则由式（18-1），可得其临界力为

$$F_{cr}=\frac{\pi^2 EI}{l^2}=\left(\frac{\pi^2\times 9\times 10^9}{1^2\times 32\times 10^8}\right)\text{N}=27.8\text{N}$$

由此可知，若轴向压力达到27.8N时，此杆就会丧失稳定。

2. 其他约束情况下压杆的临界力

上面导出的是两端铰支压杆的临界力公式。当压杆的约束情况改变时，压杆的挠曲线近似微分方程和挠曲线的边界条件也会随之改变，因而临界力的公式也不相同。仿照前面的方法，也可求得各种约束情况下压杆的临界力公式，可通过与上节相同的方法推导。

本节给出几种典型的理想支承约束条件下细长等截面中心受压直杆的临界力表达式（见表18-1）。

表18-1　各种支承情况下等截面细长杆的临界力公式

支承情况	两端铰支	一端嵌固 一端自由	一端嵌固，一端可上、下移动（不能转动）	一端嵌固 一端铰支	一端嵌固，另一端可水平移动但不能转动
弹性曲线形状	F_{cr}；l；l	F_{cr}；l；l	F_{cr}；l；$0.5l$	F_{cr}；l；$0.7l$	F_{cr}；l；$0.5l$
临界力公式	$F_{cr}=\frac{\pi^2 EI}{l^2}$	$F_{cr}=\frac{\pi^2 EI}{(2l)^2}$	$F_{cr}=\frac{\pi^2 EI}{(0.5l)^2}$	$F_{cr}=\frac{\pi^2 EI}{(0.7l)^2}$	$F_{cr}=\frac{\pi^2 EI}{l^2}$
相当长度	l	$2l$	$0.5l$	$0.7l$	l
长度因数	$\mu=1$	$\mu=2$	$\mu=0.5$	$\mu=0.7$	$\mu=1$

由表 18-1 看到，中心受压直杆的临界力 F_{cr} 随杆端约束情况的变化而变化，杆端约束越强，杆的抗弯能力就越大，临界力也就越大。对于各种杆端的约束情况，细长等截面中心受压直杆临界力的欧拉公式可以写成统一的形式

$$F_{cr}=\frac{\pi^2 EI_{min}}{(\mu l)^2} \tag{18-2}$$

式中，μ 称为压杆的长度因数（length factor），与杆端的约束情况有关。l 称为原压杆的相当长度（quite length）。其物理意义可以从表 18-1 中各种杆端约束条件下细长压杆失稳时挠曲线的形状说明：由于压杆失稳时挠曲线上拐点处的弯矩为零，可设想拐点处有一铰支，而将压杆在挠曲线两拐点间的一段看作两端铰支压杆，并利用两端铰支压杆临界力的欧拉公式（18-1），得到原支承条件下压杆的临界力 F_{cr}。两拐点之间的长度，就是原压杆的相当长度 l。也就是说，相当长度就是各种支承条件下细长压杆失稳时，挠曲线中相当于半波正弦曲线的一段长度。

18.2.2 杆端约束情况的简化

应该指出，上边所列的杆端约束情况，是典型的理想约束。实际上，在工程实际中杆端的约束情况是复杂的，有时很难简单地将其归结为哪一种理想约束，应该根据实际情况做具体分析，看其与哪种理想情况接近，从而定出近乎实际的长度因数。下面通过几个实例来说明杆端约束情况的简化。

1. 柱形铰约束

如图 18-7 所示的连杆，两端为柱形铰连接。考虑连杆在大刚度平面（$x-y$ 面）内弯曲时，杆的两端可简化为铰支（见图 18-7a）；考虑在小刚度平面（$x-z$ 面）内弯曲时（见图 18-7b），则应根据两端的实际固结程度而定，如接头的刚性较好，使其不能转动，就可简化为固定端；如仍可能有一定程度的转动，则可将其简化为两端铰支。这样处理比较安全。

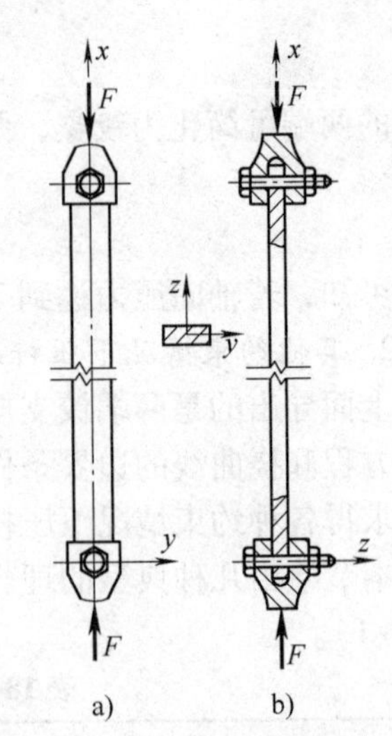

图 18-7 柱形铰连接简化为铰支

2. 焊接或铆接

对于杆端与支承处焊接或铆接的压杆，例如图 18-8 所示桁架腹杆 AC、EC 等及上弦杆 CD 的两端，可简化为铰支端。因为杆受力后连接处仍可能产生微小的转动，故不能将其简化为固定端。

3. 螺母和丝杠连接

这种连接的简化将随着支承套（螺母）长度 l_0 与支承套直径（螺母的螺纹平均直径）d_0 的比值 l_0/d_0（见图 18-9）而定。

当 $l_0/d_0<1.5$ 时，可简化为铰支端；当 $l_0/d_0>3$ 时，则简化成固定端；当 $1.5<l_0/d_0<3$ 时，则简化为非完全铰，若两端均为非完全铰，取 $\mu=0.75$。

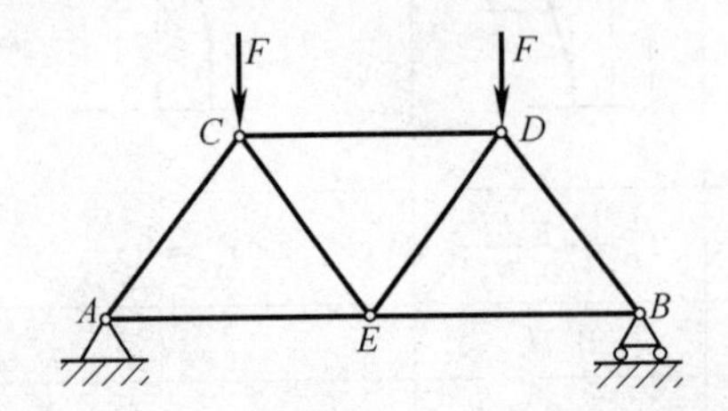

图 18-8 焊接或铆接的压杆简化为铰支端

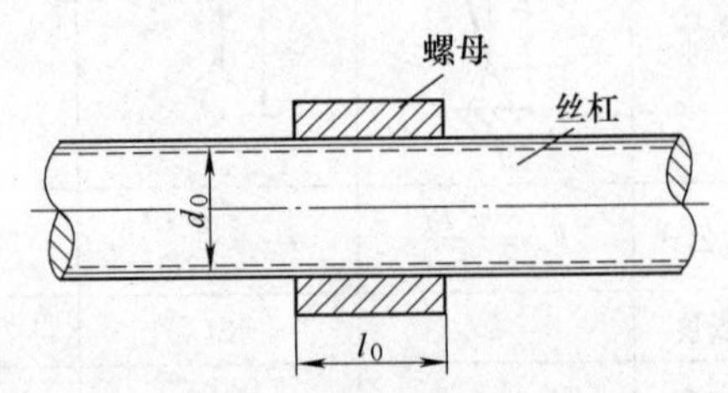

图 18-9 螺母和丝杠连接简化

4. 固定端

对于与坚实的基础固结成一体的柱脚，可简化为固定端，如浇铸于混凝土基础中的钢柱柱脚。

总之，理想的固定端和铰支端约束是不多见的。实际杆端的连接情况，往往是介于固定端与铰支端之间。对应于各种实际的杆端约束情况，压杆的长度因数（μ 值）在有关的设计手册或规范中另有规定。在实际计算中，为了简单起见，有时将有一定固结程度的杆端简化为铰支端，这样简化是偏于安全的。

18.3 欧拉公式的适用范围——中、小柔度杆的临界应力

欧拉公式是以压杆的挠曲线微分方程为依据推导出来的，而这个微分方程只有在材料服从胡克定律的条件下才成立。因此，当压杆内的应力不超过材料的比例极限时，欧拉公式才能适用。为了便于研究，首先介绍所谓“临界应力”和“柔度”的概念，然后讨论得出计算各类压杆临界力的公式。

18.3.1 临界应力和柔度

在临界力作用下压杆横截面上的平均应力，可以用临界力 F_{cr} 除以压杆的横截面面积 A 来求得，称为压杆的临界应力（critical stress），并以 σ_{cr} 来表示。即

$$\sigma_{cr}=\frac{F_{cr}}{A}=\frac{\pi^2 EI}{(\mu l)^2 A} \tag{a}$$

上式中的 I 和 A 都是与截面有关的几何量，如将惯性矩表为 $I=i^2A$，则可用另一个几何量来代替两者的组合，即令

$$i_y=\sqrt{\frac{I_y}{A}},\ i_x=\sqrt{\frac{I_x}{A}} \tag{18-3}$$

式中，i_y 和 i_x 分别称为截面图形对 y 轴和 x 轴的惯性半径，其量纲为长度。各种几何图形的惯性半径都可从手册上查出。

将 $I=i^2A$ 代入式（a），得

$$\sigma_{cr}=\frac{\pi^2 Ei}{(\mu l)^2}=\frac{\pi^2 E}{\left(\frac{\mu l}{i}\right)^2}$$

令

$$\lambda=\frac{\mu l}{i} \tag{18-4}$$

可得到压杆临界应力的一般公式为

$$\sigma_{cr}=\frac{\pi^2 E}{\lambda^2} \tag{18-5}$$

式（18-5）称为临界应力的欧拉公式。公式表明，对于一定材料制成的压杆，$\pi^2 E$ 是常数，σ_{cr} 与 λ^2 成反比。式中的 λ 称为压杆的柔度（soft degrees）或长细比（slenderness ratios），是一个无量纲的量，它综合反映了压杆的长度、支承情况、横截面形状和尺寸等因素对临界应力的影响。显然，若 λ 越大，则临界应力就越小，压杆越容易丧失稳定；反之，若 λ 越小，则临界应力就比较大，压杆就不太容易丧失稳定。所以，柔度 λ 是压杆稳定计算中的一个重要参数。

18.3.2 欧拉公式的适用范围

前面已述，只有压杆的应力不超过材料的比例极限 σ_p 时，欧拉公式才能适用。因此，欧拉公式的适用条件是

$$\sigma_{cr}=\frac{\pi^2 E}{\lambda^2}\leqslant\sigma_p \tag{18-6}$$

将上面的条件用柔度表示，即

$$\lambda\geqslant\sqrt{\frac{\pi^2 E}{\sigma_p}}$$

令 $\lambda\geqslant\sqrt{\dfrac{\pi^2 E}{\sigma_p}}$，则欧拉公式的适用范围为

$$\lambda\geqslant\lambda_p=\sqrt{\frac{\pi^2 E}{\sigma_p}} \tag{18-7}$$

式中，λ_p 为临界应力等于材料比例极限时的柔度，是允许应用欧拉公式的最小柔度值。对于一定的材料，λ_p 为一常数。例如 Q235 钢，其弹性模量 $E=200\text{GPa}$，比例极限 $\sigma_p=200\text{MPa}$，则 λ_p 值为

$$\lambda_p=\sqrt{\frac{\pi^2 E}{\sigma_p}}=\sqrt{\frac{\pi^2\times200\times10^3}{200}}\approx100$$

这就是说，对于 Q235 钢制成的压杆，只有当其柔度 $\lambda\geqslant100$ 时，才能应用欧拉公式。$\lambda\geqslant\lambda_p$ 的压杆称为大柔度杆或细长杆（thin rod），其临界力或临界应力可用欧拉公式计算。又如铝合金，$E=70\text{GPa}$，$\sigma_s=175\text{MPa}$，于是 $\lambda_p=62.8$。可见，由铝合金制作的压杆，只有当 $\lambda\geqslant62.8$ 时，才可以应用欧拉公式来计算 σ_{cr} 或者 F_{cr}。因此，在压杆设计计算时必须先判断能否使用欧拉公式。

几种常用材料的 λ_p 值见表 18-2。

表 18-2 直线公式的系数 *a* 和 *b* 及适用的柔度范围

材　　料	a/MPa	b/MPa	λ_p	λ_s
Q235 钢	310	1.14	100	60
35 钢	469	2.62	100	60
45 钢	589	3.82	100	60
铸钢	338.7	1.483	80	
松木	40	0.203	59	

18.3.3 中、小柔度杆临界应力的计算

当压杆柔度 $\lambda<\lambda_p$ 时，欧拉公式已不适用。对于这样的压杆，目前设计中多采用经验公式确定临界应力。常用的经验公式有直线公式和抛物线公式。本书只介绍使用更方便的直线公式（又称雅辛斯基公式）。

对于柔度 $\lambda<\lambda_p$ 的压杆，试验发现，其临界应力 σ_{cr} 与柔度 λ 之间可近似用线性关系表示：

$$\sigma_{cr}=a-b\lambda \tag{18-8}$$

式中，a、b 为与压杆材料力学性能有关的常数。一些材料的 a、b 值列于表 18-2 中。

由式（18-8）可见，中柔度压杆的临界应力 σ_{cr} 随柔度 λ 的减小而增大。

事实上，当压杆柔度小于某一值 λ_s 时，不管施加多大轴向力，压杆都不会发生失稳，这种压杆不存在稳定性问题，其危险应力是 σ_s（塑性材料）或 σ_b（脆性材料）。例如在压缩试验中，低碳钢制短圆柱试件，直到被压扁也不会失稳，此时只考虑压杆的强度问题即可。由此可见，直线公式的适用也有限制条件，以塑性材料为例，有

$$\sigma_{cr}=a-b\lambda\leqslant\sigma_s$$

$$\lambda=\frac{a-\sigma_s}{b}$$

当压杆临界应力达到材料屈服点 σ_s 时，压杆即失效，所以有

$$\sigma_{cr}=\sigma_s$$

将 $\sigma_{cr}=\sigma_s$ 代入式（18-8）中，可得

$$\lambda_s=\frac{a-\sigma_s}{b}$$

一般将满足 $\lambda<\lambda_s$ 的压杆称为小柔度杆或短压杆（short lever），将满足 $\lambda_s<\lambda<\lambda_p$ 的压杆称为中柔度杆。

综上所述，根据压杆柔度值的大小可将压杆分为三类：

1）$\lambda<\lambda_s$ 为小柔度杆，按强度问题计算；

2）$\lambda_s<\lambda<\lambda_p$ 为中柔度杆，按直线公式计算压杆临界应力；

3）$\lambda\geqslant\lambda_p$ 为大柔度杆，按欧拉公式计算压杆临界应力。

18.3.4 临界应力总图

以柔度 λ 为横坐标，临界应力 σ_{cr} 为纵坐标，将临界应力与柔度的关系曲线绘于图中，即可得到大、中、小柔度压杆的临界应力随柔度 λ 变化的临界应力总图（critical stress layout）（见图 18-10）。图中曲线 AB，称为欧拉双曲线（Euler hyperbolic curve）。曲线上的实线部分 BC，是欧拉公式的适用范围部分；虚线部分 CA，由于应力已超过了比例极限，为无效部分。对应于 C 点的柔度即为 λ_p。对应于 D 点的柔度为 λ_s。柔度在 λ_p 和 λ_s 之间的压杆称为中柔度杆或中长杆。当 $\lambda<\lambda_s$ 时，是粗短杆，在图中以水平线段 DE 表示，不存在稳定性问题，只有强度问题，临界应力就是屈服极限或者强度极限。

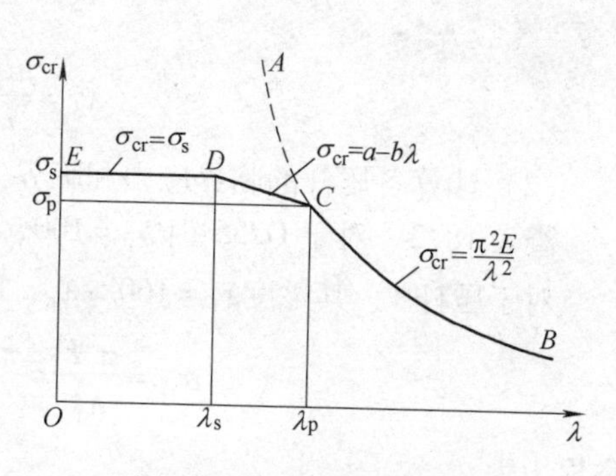

图 18-10 临界应力总图

例 18-2 如图 18-11 所示，用 Q235 钢制成的三根压杆，两端均为铰链支承，横截面为圆形，直径 $d=50\text{mm}$，长度分别为 $l_1=2\text{m}$、$l_2=1\text{m}$、$l_3=0.5\text{m}$，材料的弹性模量 $E=200\text{GPa}$，屈服极限 $\sigma_s=235\text{MPa}$。求三根压杆的临界应力和临界力。

解 （1）计算各压杆的柔度。

因压杆两端为铰链支承，查表 18-1 得长度系数 $\mu=1$。圆形截面对 y 轴和 z 轴的惯性矩相等，均为

$$I_y=I_z=I=\frac{\pi d^4}{64}$$

故圆形截面的惯性半径为

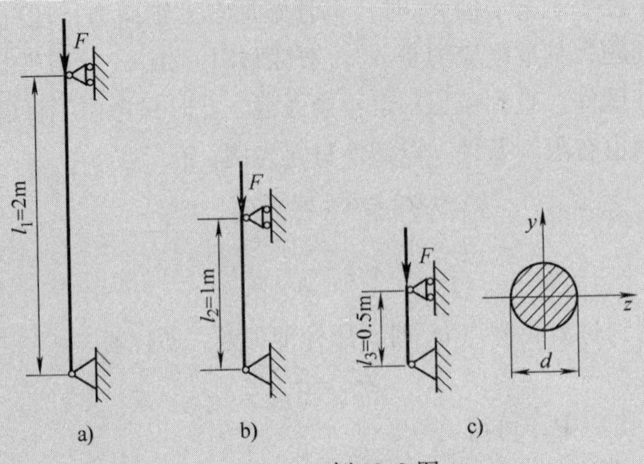

图 18-11　例 18-2 图

$$i=\sqrt{\frac{I}{A}}=\sqrt{\frac{\frac{\pi d^4}{64}}{\frac{\pi d^2}{4}}}=\sqrt{\frac{d^2}{16}}=\frac{d}{4}=\frac{50\text{mm}}{4}=12.5\text{mm}$$

由式（18-4）得各压杆的柔度分别为

$$\lambda_1=\frac{\mu l_1}{i}=\frac{1\times2000\text{mm}}{12.5\text{mm}}=160$$

$$\lambda_2=\frac{\mu l_2}{i}=\frac{1\times1000\text{mm}}{12.5\text{mm}}=80$$

$$\lambda_3=\frac{\mu l_3}{i}=\frac{1\times500\text{mm}}{12.5\text{mm}}=40$$

（2）计算各压杆的临界应力和临界力。

查表 18-2，对于 Q235 钢 $\lambda_p=100$，$\lambda_s=60$。

对于压杆 1，其柔度$\lambda_1=160>\lambda_p$，所以压杆 1 为大柔度杆，临界应力用欧拉公式计算

$$\sigma_{cr}=\frac{\pi^2 E}{\lambda_1^2}=\frac{\pi^2\times200\times10^3\text{MPa}}{160^2}=77.1\text{MPa}$$

临界力为

$$F_{cr}=\sigma_{cr}A=\sigma_{cr}\frac{\pi d^2}{4}=77.1\text{MPa}\times\frac{\pi\times50^2\text{mm}^2}{4}=1.51\times10^5\text{N}=151\text{kN}$$

对于压杆 2，其柔度$\lambda_2=80$，$\lambda_s<\lambda_2<\lambda_p$，所以压杆 2 为中柔度杆，临界应力用经验公式计算。查表 10-2，对于 Q235 钢 $a=310\text{MPa}$，$b=1.14\text{MPa}$，故临界应力为

$$\sigma_{cr}=a-b\lambda=310\text{MPa}-1.24\times80\text{MPa}=210.8\text{MPa}$$

临界力为

$$F_{cr}=\sigma_{cr}A=\sigma_{cr}\frac{\pi d^2}{4}=210.8\text{MPa}\times\frac{\pi\times50^2\text{mm}^2}{4}=4.14\times10^5\text{N}=414\text{kN}$$

对于压杆 3，其柔度 $\lambda=40<\lambda_s=60$，所以压杆 3 为小柔度杆。又因为 Q235 钢为塑性材料，故其临界应力为

$$\sigma_{cr}=\sigma_s=235\text{MPa}$$

临界力为

$$F_{cr}=\sigma_{cr}A=\sigma_{cr}\frac{\pi d^2}{4}=235\text{MPa}\times\frac{\pi\times50^2\text{mm}^2}{4}=4.61\times10^5\text{N}=461\text{kN}$$

由本例题可以看出，在其他条件均相同的情况下，压杆的长度越小，则其临界应力和临界力越大，压杆的稳定性越强。

例 18-3 如图 18-12 所示，一长度 $l=750\text{mm}$ 的压杆，两端固定，横截面为矩形，压杆的材料为 Q235 钢，其弹性模量 $E=200\text{GPa}$。计算压杆的临界应力和临界力。

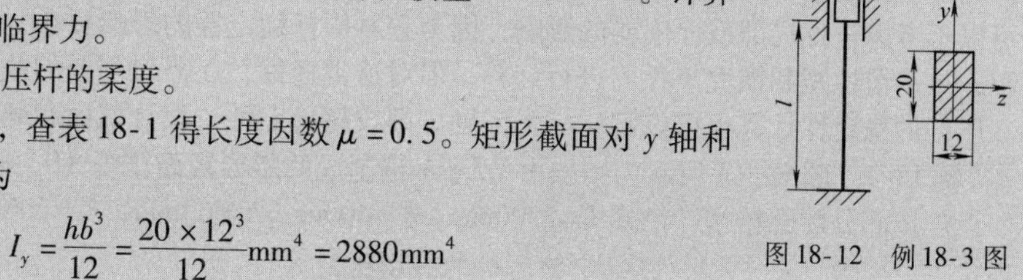

图 18-12 例 18-3 图

解 （1）计算压杆的柔度。

压杆两端固定，查表 18-1 得长度因数 $\mu=0.5$。矩形截面对 y 轴和 z 轴的惯性矩分别为

$$I_y=\frac{hb^3}{12}=\frac{20\times12^3}{12}\text{mm}^4=2880\text{mm}^4$$

$$I_z=\frac{bh^3}{12}=\frac{12\times20^3}{12}\text{mm}^4=8000\text{mm}^4$$

所以 $I_y<I_z$，因此压杆的横截面必定绕着 y 轴转动而失稳，将 I_y 代入式（18-3）中，得到截面对 y 轴的惯性半径为

$$i_y=\sqrt{\frac{I_y}{A}}=\sqrt{\frac{2880\text{mm}^4}{20\text{mm}\times12\text{mm}}}=3.46\text{mm}$$

由式（18-4）得，压杆的柔度为

$$\lambda=\frac{\mu l}{i_y}=\frac{0.5\times750\text{mm}}{3.46\text{mm}}=108.4$$

（2）计算临界应力和临界力。

查表 18-2，对于 Q235 钢 $\lambda_p=100$，则 $\lambda>\lambda_p$，故临界应力可用欧拉公式计算：

$$\sigma_{cr}=\frac{\pi^2E}{\lambda^2}=\frac{\pi^2\times200\times10^3\text{MPa}}{108.4^2}=167.99\text{MPa}$$

临界力为

$$F_{cr}=\sigma_{cr}A=167.99\text{MPa}\times20\text{mm}\times12\text{mm}=4.03\times10^4\text{N}=40.3\text{kN}$$

18.4 压杆的稳定性计算

对于大、中柔度的压杆需进行压杆稳定计算，通常采用安全因数法（safety factor method）。为了保证压杆不失稳，并具有一定的稳定储备，压杆的稳定条件可表示为

$$n=\frac{F_{cr}}{F}=\frac{\sigma_{cr}}{\sigma}\geqslant[n_w] \tag{18-9}$$

此式即为安全因数法表示的压杆的稳定条件。式中，F_{cr} 为压杆的临界压力；F 为压杆的实际工作压力；σ_{cr} 为压杆的临界应力；σ 为压杆的工作压应力；n 为压杆工作安全因数；$[n_w]$ 是规定的稳定安全因数，它表示要求受压杆件必须达到的稳定储备程度。

一般规定稳定安全因数比强度安全因数要高。主要是考虑到一些难以预测的因素，如杆件的初弯曲、压力的偏心、材料的不均匀和支座的缺陷等，降低了杆件的临界压力，影响了压杆的稳定性。下面列出几种常用零件稳定安全因数的参考值：

机床丝杠 $[n_w]=2.5\sim4.0$

低速发动机的挺杆 $[n_w]=4\sim6$
高速发动机的挺杆 $[n_w]=2\sim5$
磨床油缸的活塞杆 $[n_w]=4\sim6$
起重螺旋杆 $[n_w]=3.5\sim5$

应该强调的是，压杆的临界压力取决于整个杆件的弯曲刚度。但在工程实际中，难免碰到压杆局部有截面削弱的情况，如铆钉孔、螺钉孔、油孔等，在确定临界压力或临界应力时，此时可以不考虑杆件局部截面削弱的影响，因为它对压杆稳定性的影响很小，仍按未削弱的截面面积、最小惯性矩和惯性半径等进行计算。但对这类杆件，还需对削弱的截面进行强度校核。

压杆的稳定性计算也可以解决三类问题，即校核稳定性、设计截面和确定许可载荷。

***例 18-4** 图 18-13 所示为一根由 Q235A 钢制成的矩形截面压杆 AB，A、B 两端用柱销连接。设连接部分配合精密。已知 $l=2300\text{mm}$，$b=40\text{mm}$，$h=60\text{mm}$，$E=206\text{GPa}$，$\lambda_p=100$，规定稳定安全因数 $[n_w]=4$，试确定该压杆的许用压力 F。

（1）计算柔度 λ。在 $x-y$ 平面，压杆两端可简化为铰支 $\mu_{xy}=1$，则

$$i_z=\sqrt{\frac{I_z}{A}}=\sqrt{\frac{bh^3}{12}\frac{1}{bh}}=\frac{h}{\sqrt{12}}$$

$$\lambda_z=\frac{\mu_{xy}l}{i_z}=\frac{\mu l\times\sqrt{12}}{h}=\frac{1\times2300\text{mm}\times\sqrt{12}}{60\text{mm}}=133>\lambda_p=100$$

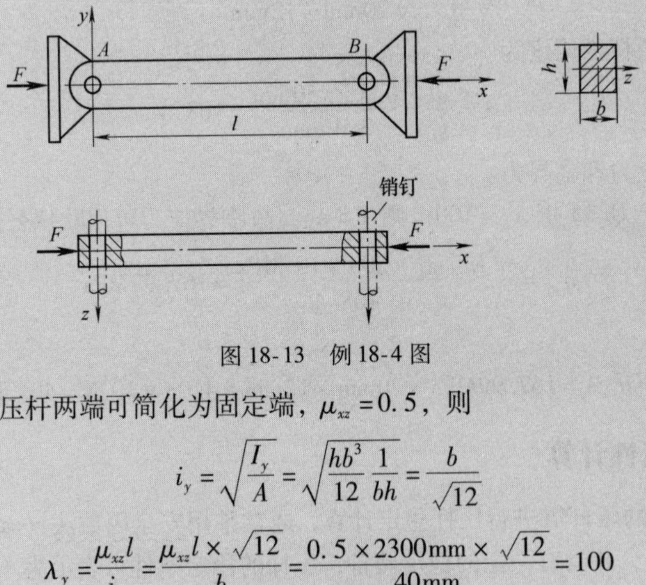

图 18-13 例 18-4 图

在 $x-z$ 平面，压杆两端可简化为固定端，$\mu_{xz}=0.5$，则

$$i_y=\sqrt{\frac{I_y}{A}}=\sqrt{\frac{hb^3}{12}\frac{1}{bh}}=\frac{b}{\sqrt{12}}$$

$$\lambda_y=\frac{\mu_{xz}l}{i_z}=\frac{\mu_{xz}l\times\sqrt{12}}{b}=\frac{0.5\times2300\text{mm}\times\sqrt{12}}{40\text{mm}}=100$$

（2）计算临界力 F_{cr}。因为 $\lambda_z>\lambda_p$，故压杆最先在 $x-y$ 面内失稳。按 λ_z 计算临界应力，因 $\lambda_z>\lambda_p$，即压杆在 $x-y$ 面内是细长压杆，可用欧拉公式计算其临界压力，得

$$F_{cr}=A\sigma_{cr}=A\frac{\pi^2E}{\lambda^2}=bh\frac{\pi^2E}{\lambda^2}$$

$$=40\times10^{-3}\text{m}\times60\times10^{-3}\text{m}\times\frac{\pi^2\times206\times10^9\text{Pa}}{133^2}=276\times10^3\text{N}=276\text{kN}$$

（3）确定该压杆的许用压力 F。由稳定条件可得压杆的许用压力 F 为

$$F\leqslant\frac{F_{cr}}{[n_w]}=\frac{276\text{kN}}{4}=69\text{kN}$$

例 18-5 图 18-14 所示结构中，梁 AB 为 14 号普通热轧工字钢，CD 为圆截面直杆，其直径为 $d=20\text{mm}$，二者材料均为 Q235 钢，A、C、D 三处均为球铰约束，已知 $F_P=25\text{kN}$，$l_1=1.25\text{m}$，$l_2=0.55\text{m}$，$\sigma_s=235\text{MPa}$，强度安全系数 $n_s=1.45$，稳定安全系数 $[n_w]=1.8$。试校核此结构是否安全？

解 （1）分析题意。结构中存在两个构件：大梁 AB 和直杆 CD，在外力 F_P 的作用下，大梁 AB 受到拉伸与弯曲的组合作用，属于强度问题；直杆 CD 承受压力作用，在此主要属于稳定性问题。

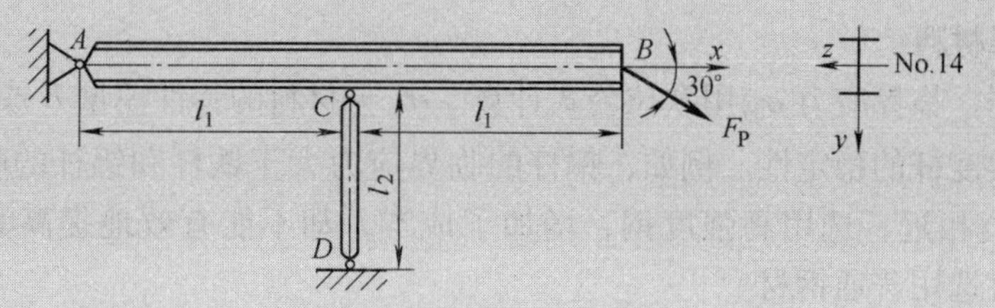

图 18-14 例 18-5 图

（2）大梁 AB 的强度校核。

大梁 AB 在截面 C 处弯矩最大，该处横截面为危险截面，其上的弯矩和轴力分别为

$$M_{\max}=F_P\sin 30°l_1=25\text{kN}\times0.5\times1.25\text{m}=15.63\text{kN}\cdot\text{m}$$

$$F_{Nx}=F_P\cos 30°=25\text{kN}\times0.866=21.65\text{kN}$$

查型钢表可得到大梁的截面面积 $A=21.5\times10^2\text{mm}^2$，截面系数 $W_z=102\times10^3\text{mm}^3$，由此得到

$$\sigma_{\max}=\frac{M_{\max}}{W_z}+\frac{F_{Nx}}{A}=\frac{15.63\text{kN}\cdot\text{m}}{102\times10^3\times10^{-9}\text{m}^3}+\frac{21.65\text{kN}}{21.5\times10^2\times10^{-6}\text{m}^2}$$

$$=153.14\text{MPa}+10.07\text{MPa}=163.2\text{MPa}$$

Q235 钢的许用应力 $[\sigma]=\dfrac{\sigma_s}{n_s}=\dfrac{235\text{MPa}}{1.45}=162\text{MPa}$，$\sigma_{\max}>[\sigma]$，最大应力已经超过许用应力，只是刚超过许用应力，所以工程上还可以认为是安全的。

（3）压杆 CD 的稳定性校核。

由平衡方程求得压杆 CD 的轴向压力

$$F_{NCD}=2F_P\sin 30°=25\text{kN}$$

惯性半径 $\qquad i=\sqrt{\dfrac{I}{A}}=\dfrac{d}{4}=5\text{mm}$（两端为铰支约束 $\mu=1$）

所以压杆柔度 $\qquad \lambda_z=\dfrac{\mu l_2}{i}=\dfrac{1\times0.55\text{m}}{5\times10^{-3}\text{m}}=110>\lambda_p=101$

说明此压杆为细长杆，可以用欧拉公式计算临界力 $\sigma_{cr}=\dfrac{F_{cr}}{A}=\dfrac{\pi^2E}{(\lambda)^2}$

$$F_{cr}=\sigma_{cr}A=\frac{\pi^2E}{\lambda^2}\times\frac{\pi d^2}{4}=\frac{3.14^3\times206\times10^9\text{N/m}^2\times20^2\times10^{-6}\text{m}^2}{110^2\times4}\text{N}=52.7\text{kN}$$

于是压杆的工作稳定安全系数 $n_w=\dfrac{F_{cr}}{F_{NCD}}=\dfrac{52.7\text{kN}}{25\text{kN}}=2.11>[n_w]=1.8$

说明压杆的稳定性是安全的。由此说明，整体结构还处于安全状态。于是，压杆的工作安全因数

$$n_{\mathrm{w}}=\frac{\sigma_{\mathrm{cr}}}{\sigma_{\mathrm{w}}}=\frac{F_{\mathrm{cr}}}{F_{NCD}}=\frac{52.8\mathrm{kN}}{25\mathrm{kN}}=2.11>[n_{\mathrm{w}}]=1.8$$

这一结果说明压杆的稳定性是安全的。

上述两项计算结果表明，整个结构的强度和稳定性都是安全的。

18.5 提高压杆稳定性的措施

下面从这几方面来讨论提高压杆稳定性的一些措施。

18.5.1 合理选择材料

对于大柔度杆，临界应力 σ_{cr}用欧拉公式计算。σ_{cr}与材料的弹性模量 E 成正比，选 E 值大的材料可提高大柔度杆的稳定性。例如，钢杆的临界应力大于铁杆和铝杆的临界应力。但是，因为各种钢的 E 值相近，选用高强度钢，增加了成本，却不能有效地提高其稳定性。所以，对于大柔度杆，宜选用普通钢材。

对于中柔度杆，临界应力 σ_{cr}用经验公式计算。a、b 与材料的强度有关，材料的强度高，临界应力就大。所以，选用高强度钢，可有效地提高中柔度杆的稳定性。

18.5.2 选择合理的截面形状

由细长杆和中长杆的临界应力公式 $\sigma_{\mathrm{cr}}=\frac{\pi^2E}{\lambda^2}$和 $\sigma_{\mathrm{cr}}=a-b\lambda$ 可知，两类压杆的临界应力的大小均与其柔度有关，柔度越小，则临界应力越高，压杆抵抗失稳的能力越强。对于一定长度和支承方式的压杆，在横截面面积一定的前提下，应尽可能使材料远离截面形心，以加大惯性矩，从而减小其柔度。如图 18-15 所示，采用空心截面比实心截面更为合理。但应注意，空心截面的壁厚不能太薄，以防止出现局部失稳现象。

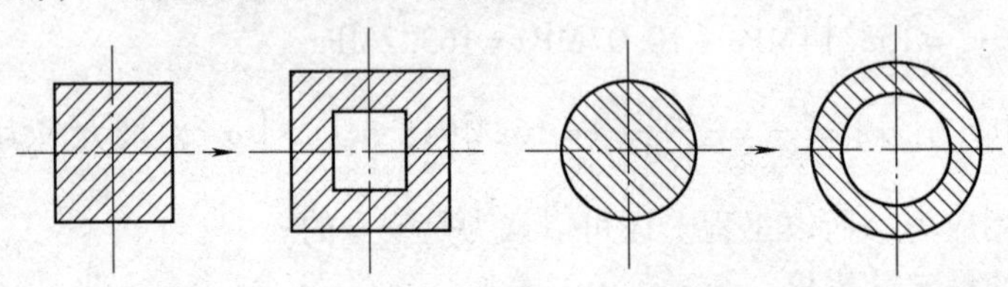

图 18-15 选择合理的截面形状

18.5.3 减小杆长，改善两端支承

由于柔度 λ 与 μl 成正比，因此在工作条件允许的前提下，应尽量减小压杆的长度 l。还可以利用增加中间支承的办法来提高压杆的稳定性。如图 18-16a 所示两端铰支的细长压杆，在压杆中点处增加一铰支座（见图 18-16b），其柔度为原来的 $l/2$。

由表 18-1 可见，压杆两端的支承越牢固，则长度因数越小，柔度越小，临界应力越大。如图 18-16a 所示，将压杆的两端铰支约束加固为两端固定约束（见图 18-16c），其柔度为原来的 1/2。

无论是压杆增加中间支承，还是加固杆端约束，都是提高压杆稳定性的有效方法。因此，压杆在与其他构件连接时，应尽可能制成刚性连接或采用较紧密的配合。

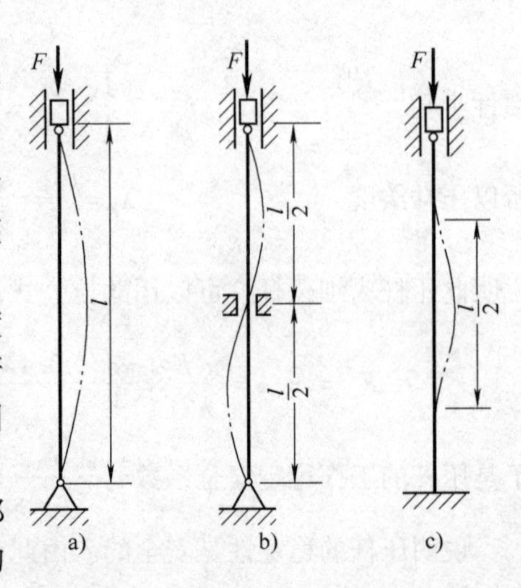

图 18-16 减小杆长，改善两端支承

思考题

1. 试列举受压杆件的工程实例，并简化其约束，建立力学模型。

2. 什么是柔度？它的大小与哪些因素有关？

3. 如何区分大、中、小柔度杆？它们的临界应力是如何确定的？

4. 如图18-17所示两组截面，每组中的两个截面面积相等。问：作为压杆时（两端为球形铰链支承），各组中哪一种截面形状更为合理？

5. 如图18-18所示截面形状的压杆，两端为球形铰链支承。问：失稳时，其截面分别绕着哪根轴转动？为什么？

6. 若用钢制成细长压杆，宜采用高强度钢还是普通钢？为什么？

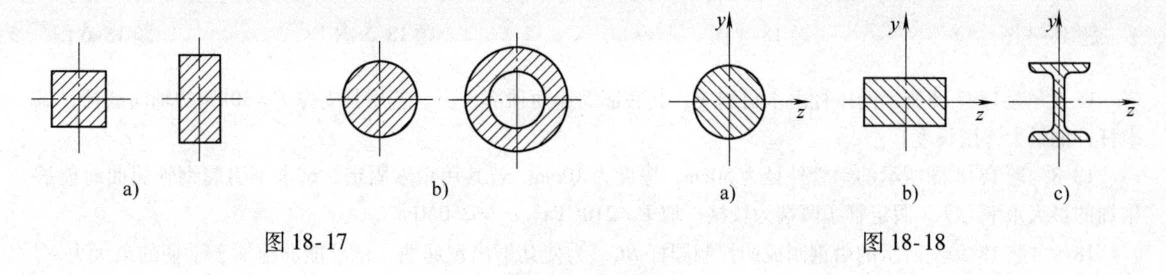

图18-17　　图18-18

习　题

18-1　如题18-1图所示，压杆的材料为Q235钢，弹性模量$E=200\text{GPa}$，横截面有四种不同的几何形状，如图所示，其面积均为3600mm^2。求各压杆的临界应力和临界力。

18-2　如题18-2图所示，压杆的材料为Q235钢，$E=210\text{GMPa}$。在正视图a的平面内，两端为铰支；在俯视图b的平面内，两端认为固定。试求此杆的临界力。

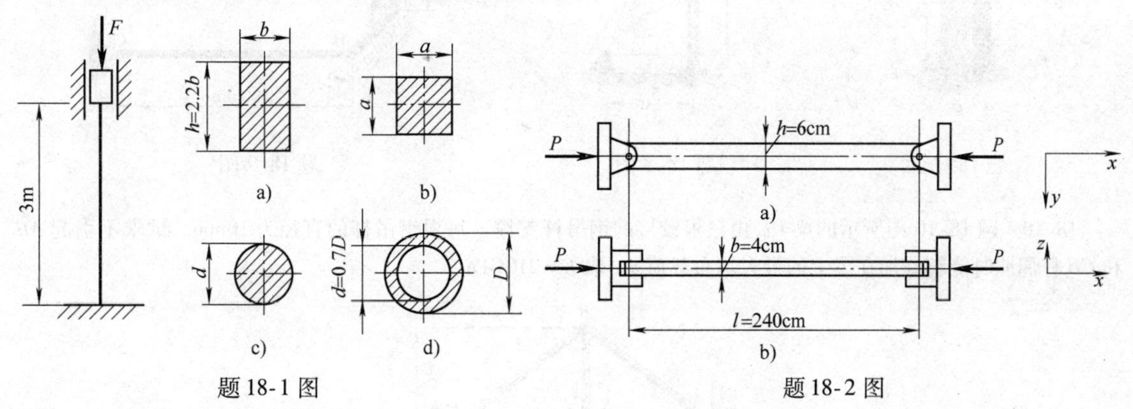

题18-1图　　题18-2图

18-3　如题18-3图所示螺旋千斤顶，螺杆旋出的最大长度$l=400\text{mm}$，螺纹内径$d=40\text{mm}$，最大起重量$F=80\text{kN}$，螺杆材料为45钢，$\lambda_p=100$，$\lambda_s=60$，规定稳定安全系数$[n_w]=4$。试校核螺杆的稳定性。（提示：设螺杆与螺母配合尺寸h很大，可视为固定端约束）

18-4　如题18-4图所示支架中，$F=60\text{kN}$，AB杆的直径$d=40\text{mm}$，两端为铰链支承，材料为45钢，弹性模量$E=200\text{GPa}$，稳定安全系数$[n_w]=2$。校核AB杆的稳定性。

18-5　如题18-5图所示由横梁AB与立柱CD组成的结构。载荷$F=10\text{kN}$，$l=60\text{cm}$，立柱的直径$d=2\text{cm}$，两端铰支，材料是Q235钢，弹性模量$E=200\text{GPa}$，规定稳定安全系数$[n_w]=2$。(1) 试校核立柱的稳

定性；（2）如已知许用应力 $[\sigma]=120\text{MN/m}^2$，试选择横梁 AB 的工字钢号码。

18-6　如题 18-6 图所示的木制压杆，长为 6m，若两端为铰接。试利用临界应力公式求所能支撑的最大轴向力 F。

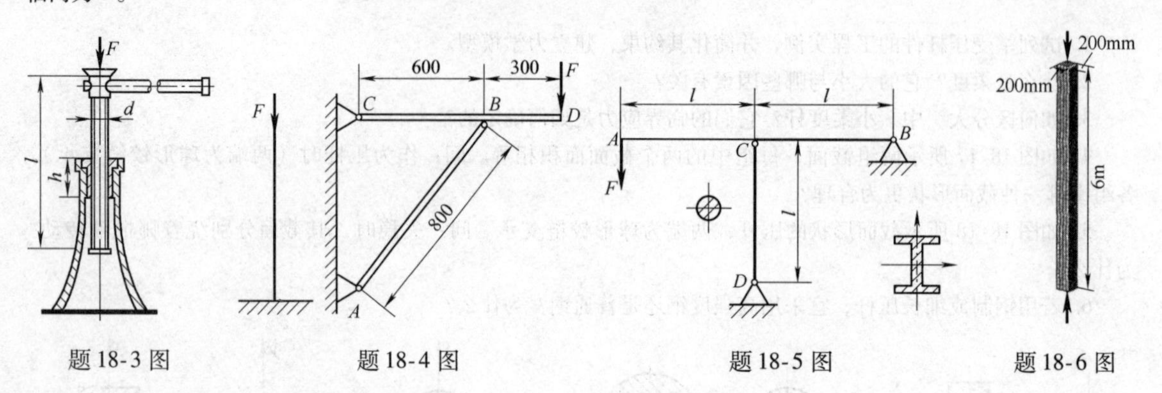

题 18-3 图　题 18-4 图　题 18-5 图　题 18-6 图

18-7　题 18-7 图所示的压杆由木材制成，其底部固连而顶部自由。若用其支撑 $F=30\text{kN}$ 的轴向载荷，试求杆件的最大许用长度。

*18-8　题 18-8 图所示的钢管外径为 50cm，厚度为 10cm。若其用牵索固定，试求不引起钢管屈曲时能够施加的最大水平力 F。假定管子两端为铰接。取 $E=210\text{GPa}$，$\sigma_s=250\text{MPa}$。

*18-9　题 18-9 图所示的由钢制成的控制圆杆 BC，为使其不出现屈曲，试求能够施加于手柄的最大力 F。已知圆杆的直径为 25mm，$E=200\text{GPa}$，$\sigma_s=250\text{MPa}$。

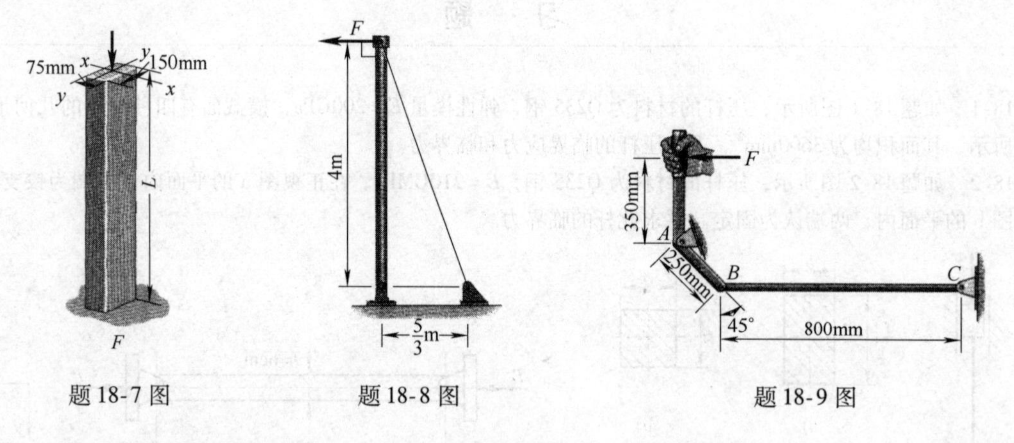

题 18-7 图　题 18-8 图　题 18-9 图

*18-10　题 18-10 图所示的梁 DE 由三根铰接的钢吊杆支撑，每根钢吊杆的直径为 10mm。试求不引起 AB 和 CB 杆屈曲时能够施加在梁上的最大均布载荷 q。取 $E=210\text{GPa}$。

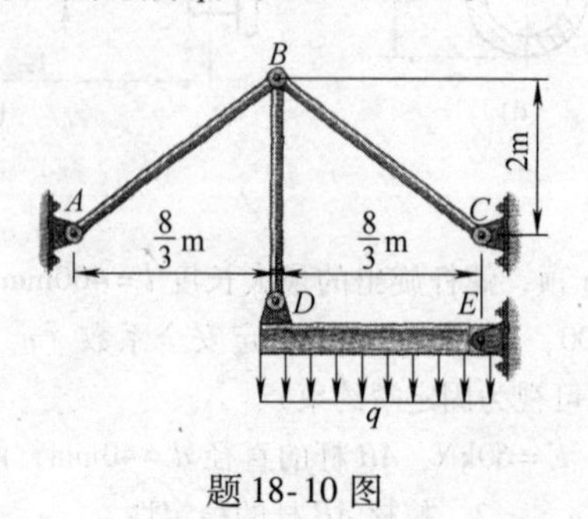

题 18-10 图

第 19 章　交变应力及疲劳破坏

本章主要讨论交变应力的概念、疲劳破坏的概念与机理、应力循环的概念与特征量、持久极限的测定，以及影响构件持久极限的因素等。也介绍了疲劳强度的计算方法。

19.1　交变载荷和交变应力的概念

机械中有许多构件，工作时所受的载荷随时间做周期性变化，这种载荷称为交变载荷（alternating load）。构件在交变载荷下产生的应力称为交变应力（alternating stress）。例如图 19-1a 所示齿轮的齿，它可以近似地简化成悬臂梁，其端部受一集中载荷 F 的作用，轴旋转一周，各个齿啮合一次，每一次啮合过程中，齿根 A 点处的载荷随时间做周期性变化。弯曲正应力也就不断地由零变化到最大值，然后再变到零。轴不断地旋转，A 点应力也就不断地重复上述变化。应力随时间变化的曲线如图 19-1b 所示。再如火车车轮轴在载荷作用下产生弯曲变形（见图 19-2a），当车轮轴转动时，任意截面上任一点的应力就随时间做周期性变化。以中间截面上点 C 的应力为例，当点 C 顺次通过图 19-2a 中的 l、2、3、4 各位置时，点 C 的应力变化情况如下所述：当 C 点处于 1 的位置时，其应力为最大拉应力；当 C 点旋转到 2 的位置时，应力为零；至 3 的位置时，其应力为最大压应力，至 4 的位置时，应力又为零；再回到 1 的位置时，应力又为最大拉应力。由此可知，轴继续转动，C 点的应力不断地重复以上变化。若以时间 t 为横坐标，弯曲正应力 σ 为纵坐标，应力随时间变化如图 19-2b 所示。

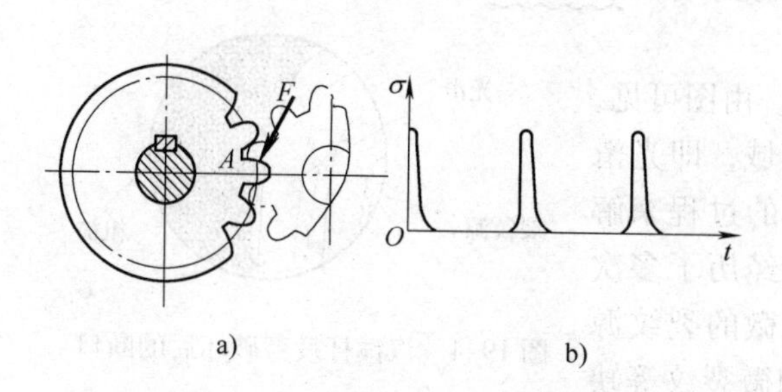

图 19-1　齿轮轮齿的交变应力

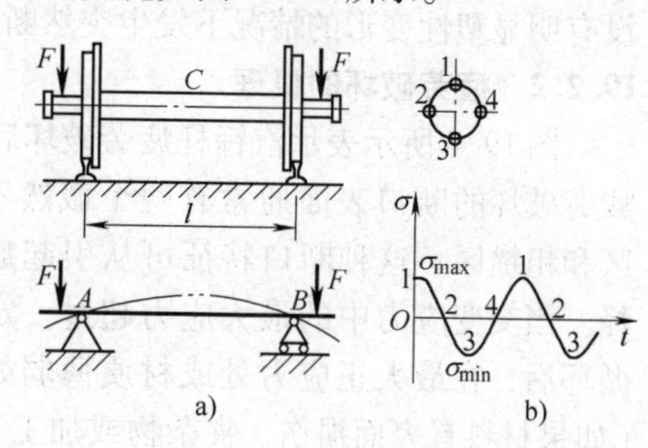

图 19-2　火车车轮轴交变应力

从上述这些实例中可见，构件都受到交变应力，但其交变情况不同。应力从某一值经最大值 σ_{max} 和最小值 σ_{min} 后回到同一值的过程称为一个应力循环（stress cycle）。

通常用最小应力与最大应力之比 r 来表示交变应力的特性（见图 19-3），r 称为循环特征系数（cyclical characteristics coefficient）。即

$$r = \sigma_{min} / \sigma_{max}$$

应力循环有如下特征量：

（1）应力循环——应力变化一个周期，称

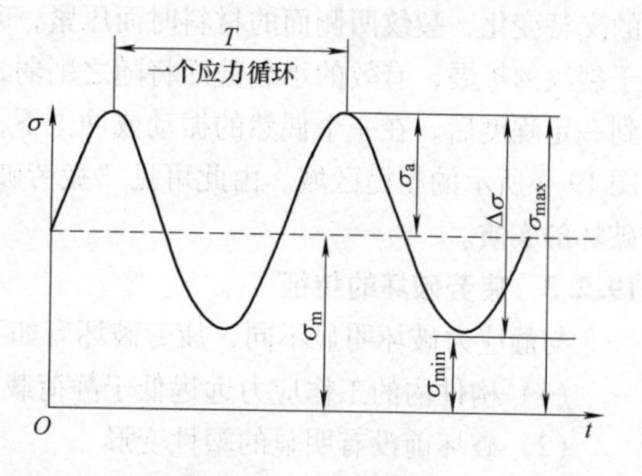

图 19-3　应力循环

为应力的一次循环。例如，应力从最大值变到最小值，从最小值变回到最大值。

（2）最大应力——应力循环中代数值最大的应力，用σ_{max}表示。

（3）最小应力——应力循环中代数值最小的应力，用σ_{min}表示。

（4）应力幅值——最大应力与最小应力差值的一半，用σ_m表示。

$$\sigma_m = \frac{\sigma_{max} - \sigma_{min}}{2} \tag{19-1}$$

（5）循环特征（circulation characteristics）——应力循环中最小应力与最大应力的比值，用r表示。

$$r = \frac{\sigma_{min}}{\sigma_{max}} (\text{当} |\sigma_{min}| \leqslant |\sigma_{max}| \text{时}) \tag{19-2a}$$

$$r = \frac{\sigma_{max}}{\sigma_{min}} (\text{当} |\sigma_{min}| > |\sigma_{max}| \text{时}) \tag{19-2b}$$

当构件处于交变应力作用时，r必在$+1$和-1之间变化。当$r=-1$时，称为对称循环（symmetric circulation）的交变应力（见图19-2b）。实践证明，对称循环交变应力是最常见、也是最危险的。除$r=-1$的循环外，统称为非对称循环（asymmetric circulation）的交变应力。其中$r=0$时，称为脉动循环交变应力（见图19-1），这也是常见的交变应力。

19.2 疲劳破坏和持久极限

19.2.1 疲劳破坏的概念

气锤的锤杆、钢轨及螺圈弹簧等工程构件，长期处于交变应力下工作。实践表明，尽管杆件的最大工作应力远小于强度极限，甚至低于屈服极限，但长期处在交变应力下工作，常会在没有明显塑性变形的情况下发生突然断裂，这种现象称为疲劳破坏（fatigue damage）。

19.2.2 疲劳破坏的机理

图19-4所示表示汽锤杆疲劳破坏后的断口。由图可见，疲劳破坏的断口表面通常有两个截然不同的区域，即光滑区和粗糙区。这种断口特征可从引起疲劳破坏的过程来解释。当交变应力中的最大应力超过一定限度并经历了多次循环后，在最大正应力处或材质薄弱处产生细微的裂纹源（如果材料有表面损伤、夹杂物或加工造成的细微裂纹等缺陷，则这些缺陷本身就会成为裂纹源）。随着应力循环次数的增多，裂纹逐渐扩大。由于应力的交替变化，裂纹两侧面的材料时而压紧，时而分开，逐渐形成表面的光滑区。另一方面，由于裂纹的扩展，有效的承载截面将随之削弱，而且裂纹尖端处形成高度应力集中，当裂缝扩大到一定程度后，在一个偶然的振动或冲击下，构件沿削弱了的截面发生脆性断裂，形成断口如图19-4所示的粗糙区域。由此可见“疲劳破坏”只不过是一个惯用名词，它并不能反映这种破坏的实质。

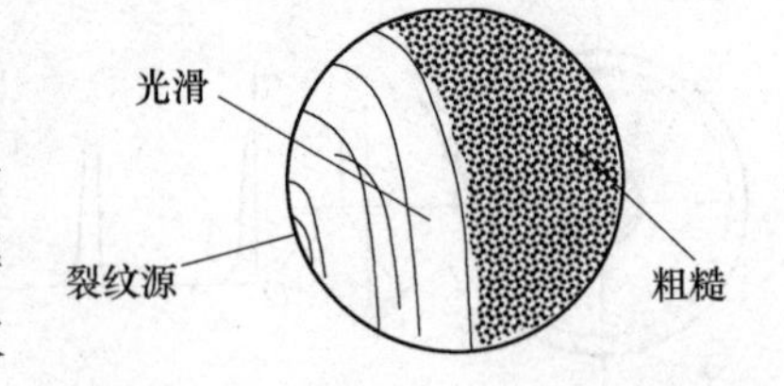

图19-4 汽锤杆疲劳破坏后的断口

19.2.3 疲劳破坏的特征

与静应力破坏明显不同，疲劳破坏有如下特征：

（1）构件内的工作应力远远低于静荷载下材料的极限强度或屈服强度。

（2）破坏前没有明显的塑性变形。

（3）破坏断口表面呈现两个截然不同的区域，光滑区和粗糙区。

(4) 疲劳破坏的发生需要有一个过程，即需要经过一定数量的应力循环。

由于疲劳破坏是在构件没有明显的塑性变形时突然发生的，故常会产生严重的后果。

19.2.4 材料的持久极限及其测定

1. 材料的持久极限

实践表明，在交变应力作用下，构件内的最大应力若不超过某一极限值，则构件可经历无限次应力循环而不发生疲劳破坏，这个应力的极限值称为持久极限（lasting limit），用σ_r表示，r为交变应力的循环特征。构件的持久极限与循环特征有关，构件在不同循环特征的交变应力作用下有着不同的持久极限，以对称循环下的持久极限σ_{-1}为最低。因此，通常都将σ_{-1}作为材料在交变应力下的主要强度指标。

2. 对称循环下材料的持久极限

材料的持久极限可以通过疲劳实验测定。实验表明，材料抵抗对称循环交变应力的能力最差，而对称循环实验又最简单，实际工程中也较为常见，因此重点讨论对称循环问题。

下面以常用的对称循环下的弯曲疲劳实验为例，对称循环弯曲疲劳实验机如图19-5所示。

实验时准备6～10根直径$d=7\sim10$mm的光滑小试件，调整载荷，一般将第一根试件的载荷调整至使得试件内最大弯曲应力达$(0.5\sim0.6)\sigma_s$。开机后试件每旋转一周，其横截面上各点就经受一次对称的应力循环，经过N次循环后，试件断裂；然后依次逐根降低试件的最大应力，记录下每一根试件断裂时的最大应力和循环次数。若以最大应力σ_{max}为纵坐标，以断裂时的循环次数N为横坐标，绘成一条$\sigma-N$曲线，即为疲劳曲线，如图19-6所示。

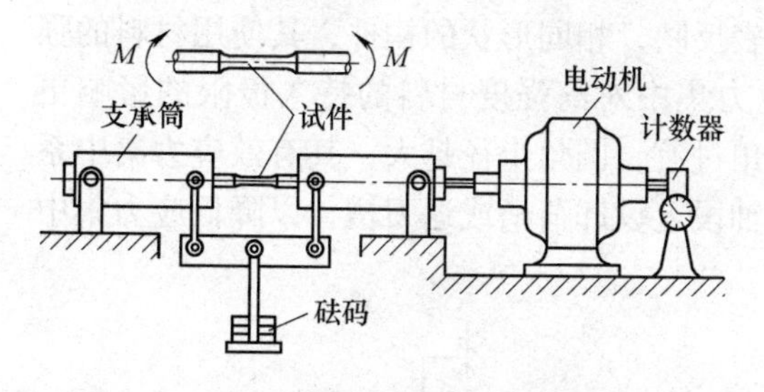

图19-5 对称循环弯曲疲劳实验机

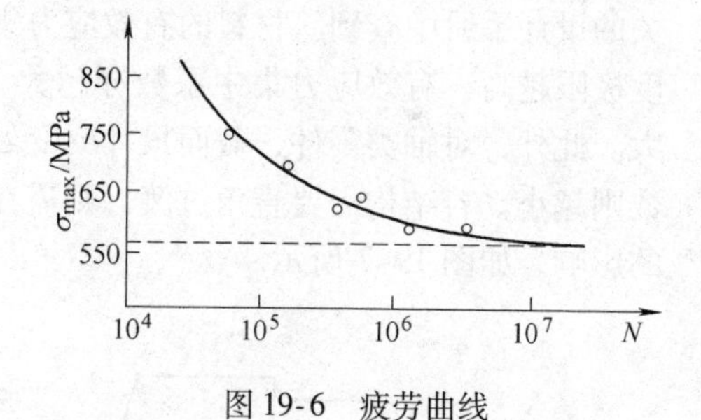

图19-6 疲劳曲线

从疲劳曲线可以看出，试件断裂前所经受的循环次数，随构件内最大应力的减小而增加；当最大应力降低到某一数值后，疲劳曲线趋于水平，即疲劳曲线有一条水平渐近线，只要应力不超过这一水平渐近线对应的应力值，就认为试件可以经历无限次循环而不发生疲劳破坏。这一应力值即为材料的持久极限。通常认为，钢制的光滑小试件经过10^7次应力循环仍未疲劳破坏，则继续实验也不破坏。因此，$N=10^7$次应力循环对应的最大应力值，即为材料的持久极限σ_{-1}。各种材料的持久极限可以从有关手册中查得。试验表明，材料的持久极限与其在静载荷下的强度极限之间存在以下近似关系：

对于拉伸交变载荷 $\sigma_{-1}\approx0.28\sigma_b$

对于弯曲交变载荷 $\sigma_{-1}\approx0.4\sigma_b$

对于扭转交变载荷 $\sigma_{-1}\approx0.22\sigma_b$

19.3 影响构件持久极限的因素及强度计算简介

19.3.1 影响构件持久极限的因素

以上所介绍的测定材料的持久极限疲劳实验，是利用表面磨光、横截面尺寸无突然变化以及直径 6 ~ 10mm 的标准试样测得的。试验表明，当用材料制成构件后，尚需要确定构件的持久极限（endurance limit），它不仅与材料有关，而且与构件的外形、横截面尺寸以及表面状况等因素相关。

影响构件持久极限的因素主要可归结为以下三个方面。

1. 应力集中的影响

在构件或零件截面形状和尺寸突变处（如阶梯轴肩圆角、开孔、切槽等），这种现象会引起应力集中。显然应力集中的存在不仅会导致初始疲劳裂纹的形成，而且会导致裂纹的扩展，从而降低零件的持久极限。

由于工艺和使用要求，构件常需钻孔、开槽或设台阶等，这样，在截面尺寸突变处就会产生应力集中现象。此时局部应力远远大于按一般理论公式算得的数值。由于构件在应力集中处容易出现微观裂纹，从而引起疲劳破坏，因此构件的持久极限要比标准试件的低。通常，用光滑小试件与其他情况相同而有应力集中的试件的持久极限之比，来表示应力集中对持久极限的影响。这个比值称为有效应力集中系数（effective stress concentration factor），用 K_σ 表示。在对称循环下

$$K_\sigma = \frac{\sigma_{-1}}{\sigma^k_{-1}} \tag{19-3}$$

式中，σ_{-1}、和 σ^k_{-1} 分别为试件在对称循环下无应力集中与有应力集中的持久极限；K_σ 是一个大于 l 的系数，可以通过实验确定。一些常见情况的有效应力集中系数已制成图表，可以在有关的设计手册中查到。材料的有效应力集中系数图表反映，相同形状的构件，其使用材料的强度极限越高，有效应力集中系数亦越大。因此，应力集中对高强度材料的持久极限的影响更大。此外，对轴类零件，截面尺寸突变处要采用圆角过渡，圆角半径越大，其有效应力集中系数则越小。若结构需要直角过渡，则需在直径大的轴段上设卸荷槽或退刀槽，以降低应力集中的影响，如图 19-7 所示。

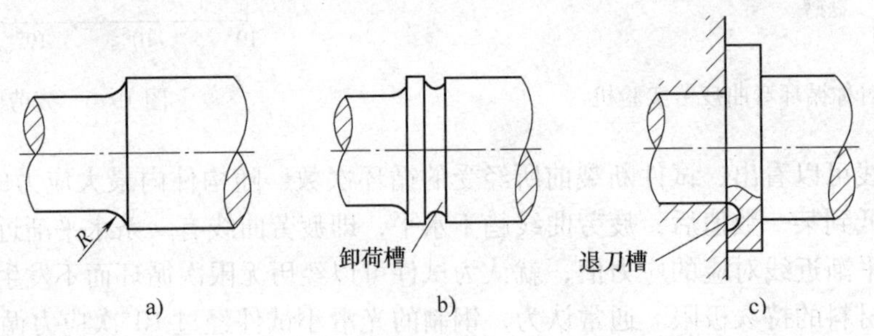

图 19-7 应力集中

2. 构件尺寸的影响

实验表明，相同材料、形状的构件，若尺寸大小不同，其持久极限也不相同。构件尺寸越大，其内部所含的杂质和缺陷随之增多，产生疲劳裂纹的可能性就越大，材料的持久极限则相应降低。

构件尺寸对持久极限的影响可用尺寸系数（size factor）ε_σ 表示。在对称循环下，

$$\varepsilon_\sigma = \frac{\sigma^d_{-1}}{\sigma_{-1}} \tag{19-4}$$

式中，σ^d_{-1} 为对称循环下大尺寸光滑试件的持久极限。

ε_σ 是一个小于 1 的系数，常用材料的尺寸系数可从有关的设计手册中查到。

3. 表面加工质量的影响

通常，构件的最大应力发生在表层，疲劳裂纹也会在此形成。测试材料持久极限的标准试件，其表面是经过磨削加工的，而实际构件的表面加工质量若低于标准试件，就会因表面存在刀痕或擦伤而引起应力集中，疲劳裂纹将由此产生并扩展，材料的持久极限就会随之降低。表面加工质量对持久极限的影响，用表面质量系数 β 表示。在对称循环下，

$$\beta = \frac{\sigma_{-1}^{\beta}}{\sigma_{-1}} \tag{19-5}$$

式中，σ_{-1}^{β} 表示表面加工质量不同的试件的持久极限。

表面质量系数可以从有关的设计手册中查到。随着表面加工质量的降低，高强度钢的 β 值下降更为明显。因此，优质钢材必须进行高质量的表面加工，才能提高疲劳强度。此外，强化构件表面，如采用渗氮、渗碳、滚压、喷丸或表面淬火等工艺，也可提高构件的持久极限。

综合以上三种主要因素，对称循环下构件的持久极限为

$$\sigma_{-1}^{0} = \frac{\varepsilon_{\sigma}\beta}{K_{\sigma}}\sigma_{-1} \tag{19-6}$$

构件的持久极限除以上主要影响因素外，还有如介质的腐蚀、温度的变化等因素的影响，这些影响可以用修正系数来表示。

19.3.2　构件的疲劳强度计算简介

考虑到一定的安全储备，用 n 表示规定的安全因数，则构件在对称循环交变正应力下的许用应力 $[\sigma_{-1}^{0}]$ 就等于其持久极限除以安全因数，则构件的疲劳强度准则为

$$\sigma_{\max} \leqslant [\sigma_{-1}^{0}] = \frac{\varepsilon_{\sigma}\beta}{n K_{\sigma}}\sigma_{-1} \tag{19-7}$$

式中，$\sigma_{\max}$ 是构件危险点的最大工作应力。在机械设计中，一般疲劳强度计算采用安全因数法。若令 n_{σ} 为工作安全因数，则有

$$n_{\sigma} = \frac{\sigma_{-1}^{0}}{\sigma_{\max}} = \frac{\varepsilon_{\sigma}\beta\sigma_{-1}}{K_{\sigma}\sigma_{\max}} \geqslant n \tag{19-8}$$

构件在对称循环交变切应力下的疲劳强度计算与以上所述的相类似。对于非对称循环，只要在对称循环的强度计算式中增加一个修正项，即可得到其疲劳强度计算式，具体参数可查阅有关设计手册。

19.3.3　疲劳破坏的危害

疲劳破坏往往是在没有明显预兆情况下发生的，很容易造成事故。机械零件的损坏大部分是疲劳损坏，因此对在交变应力下工作的零件进行疲劳强度计算是非常必要的，也是较为复杂的。许多零件的使用寿命就是根据此理论确定的，具体应用将在后继课程（如机械设计）中结合具体零部件的设计时再讨论。

19.3.4　提高疲劳强度的措施

因为疲劳裂纹大多发生在应力集中部位、焊缝及构件表面，所以一般来说，提高构件疲劳强度从减缓应力集中、提高加工质量等方面入手，基本措施如下：

（1）合理设计构件形状，减缓应力集中。构件上应避免出现有内角的孔和带尖角的槽，在截面变化处，应使用较大的过渡圆角或斜坡；在角焊缝处，应采用坡口焊接。

（2）采用止裂措施。当构件上已经出现了宏观裂纹后，可以通过在裂尖钻孔、热熔等措施，减缓或终止裂纹扩展，提高构件的疲劳强度。

（3）提高构件表面质量。制造中应尽量降低构件表面的粗糙度，使用中尽量避免构件表面发生机械损伤和化学损伤，如腐蚀、锈蚀等。

（4）增加表层强度。适当地进行表层强化处理，可以显著提高构件的疲劳强度。如采用高频淬火热处理方法，渗碳、氮化等化学处理方法，滚压、喷丸等机械处理方法。这些方法在机械零件制造中应用较多。

思 考 题

1. 疲劳破坏有何特点？它与静荷破坏有何区别？疲劳破坏是如何形成的？

2. 何谓对称循环与脉动循环？其应力比各为何值？何谓非对称循环？

3. 如何由试验测得 $\sigma - N$ 曲线与材料疲劳极限？

4. 材料的疲劳极限与构件的疲劳极限有何区别？材料的疲劳极限与强度极限有何区别？

5. 影响构件疲劳极限的主要因素是什么？如何确定有效应力集中因数、尺寸因数与表面质量因数？试描述提高构件疲劳强度的措施。

*6. 如何进行对称循环应力作用下构件的疲劳强度计算？

*7. 如何进行非对称循环应力作用下构件的疲劳强度计算？

* 第 20 章　能量法基础

本章研究外力功与杆件应变能的一般表达式，计算位移的卡氏定理和单位载荷法，以及分析冲击应力的能量方法。研究对象包括直杆、桁架、刚架与曲杆。

20.1　概述

构件受外力作用而变形，载荷作用点随之产生位移，载荷作用点沿载荷作用方向的位移分量，称为该载荷的相应位移（corresponding displacement）。外力通过相应位移做功，同时，在构件内部积蓄了能量，称为应变能（strain energy），并用 V_ε 表示。

根据能量守恒定律可知，如果载荷由零逐渐地、缓慢地增加，以致在加载过程中，构件的动能与热能的变化均可忽略不计，则存储在构件内的应变能 V_ε 在数值上等于外力所做的功 W，即

$$V_\varepsilon = W \tag{20-1}$$

上式称为能量原理（energy principle）。能量原理不仅可用于分析构件或结构的位移与应力，也可用于分析与变形有关的其他问题，如超静定结构。利用能量原理分析构件或结构的位移与应力的方法称为能量法（energy method）。能量法的具体原理、方法很多，十分丰富。但本书仅介绍能量法的基本部分。

20.2　外力功和应变能的计算

外力功和应变能的计算是能量法的基础，因此，首先介绍其计算方法。

20.2.1　线性弹性体的外力功

图 20-1a 所示杆，承受载荷 F 作用。该载荷由零逐渐地增加，最后达到最大值 F；f 的相应位移 δ 也随之增长，最后达到最大值 Δ。在线弹性范围内，载荷 F 与位移 δ 成正比，其关系如图 20-1b 所示。

在加载过程中，当载荷 f 增加微量 $\mathrm{d}f$ 时，位移相应增长 $\mathrm{d}\delta$（见图 20-1a），这时，载荷 f 所做的功为 $f\mathrm{d}\delta$，即等于图 20-1b 所示阴影区域的面积。因此，在整个加载过程中，载荷所做的总功为

$$W = \int_0^\Delta f\mathrm{d}\delta$$

数值上等于图 20-1b 所示三角形 OAB 的面积，于是得

$$W = \frac{F \cdot \Delta}{2} \tag{20-2}$$

上式表明，在线弹性范围内，外力功等于载荷 F 与相应位移 Δ 的乘积之半。式中 F 为广义力，而 Δ 则为相应于该广义力的广义位移。

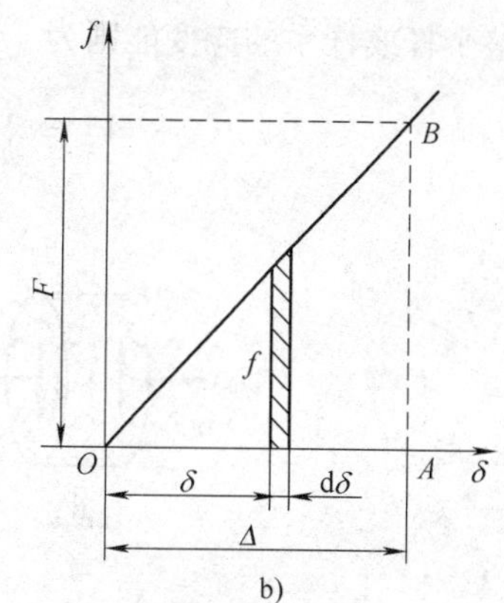

图 20-1　线性弹性体的外力功

上式为计算外力功的一般公式，它适用于

载荷与相应位移保持正比关系的弹性体，即所谓线性弹性体。处于小变形条件下并工作在线弹性范围内的拉压杆、轴与梁，均为线性弹性体。

还应指出，式（20-2）中的载荷 F 应理解为广义力，它可以是集中力，集中力偶，一对大小相等、方向相反的力或力偶等；与此相应，式中的位移 Δ 则应理解为广义位移，例如，与集中力相应的位移为线位移，与集中力偶相应的位移为角位移，与一对大小相等、方向相反的力（或力偶）相应的位移为相对线位移（或角位移），等等。总之，广义力在相应广义位移上做功。

当在弹性体上同时作用多个载荷时，例如在简支梁上作用载荷 $F_1,F_2,\cdots,F_n$，而每一载荷在各自作用点上的相应位移为 $\Delta_1,\Delta_2,\cdots,\Delta_n$ 时（见图 20-2），由于弹性体在变形过程中存储的应变能只取决于载荷和位移的最终值，与加载的次序无关，这样，设加载过程中各载荷之间始终保持一定的比例关系，则根据叠加原理可知，各载荷分别与相应的位移成正比，则载荷所做之总功应为

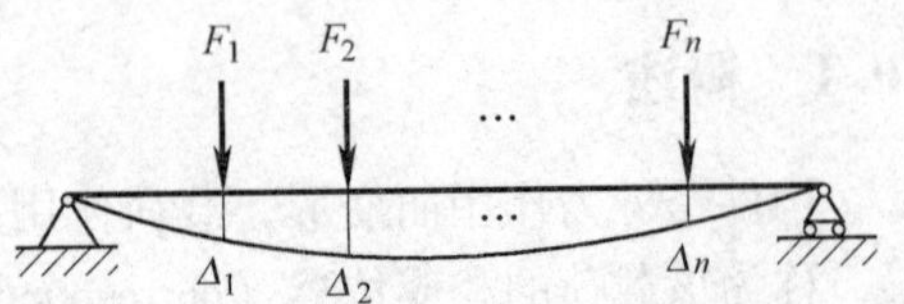

图 20-2　各载荷所做之总功计算

$$W = \frac{F_1\Delta_1}{2} + \frac{F_2\Delta_2}{2} + \cdots + \frac{F_n\Delta_n}{2} = \sum_{i=1}^{n}\frac{F_i\Delta_i}{2} \tag{20-3}$$

上述关系称为克拉贝依隆原理。

上述载荷 $F_i(i=1,2,\cdots,n)$ 应理解为广义力，而位移 $\Delta_i(i=1,2,\cdots,n)$ 应理解为相应的广义位移。

20.2.2　杆件应变能计算

不失一般性地讨论，当杆件在横截面上的内力同时存在轴力 $F_{\mathrm{N}}(x)$、扭矩 $T(x)$ 及弯矩 $M(x)$ 时，在微段杆内（见图 20-3a），轴力 $F_{\mathrm{N}}(x)$ 仅在轴力引起的轴向变形 $\mathrm{d}\delta$ 上做功（见图 20-3b），而扭矩 $T(x)$ 与弯矩 $M(x)$ 则仅分别在各自引起的扭转变形 $\mathrm{d}\varphi$（见图 20-3c）与弯曲变形 $\mathrm{d}\theta$ 上做功（见图 20-3d），它们相互独立。因此，由克拉贝依隆原理与能量守恒定律得微段 $\mathrm{d}x$ 的应变能为

$$\mathrm{d}V_\varepsilon = \mathrm{d}W = \frac{F_{\mathrm{N}}(x)\mathrm{d}\delta}{2} + \frac{T(x)\mathrm{d}\varphi}{2} + \frac{M(x)\mathrm{d}\theta}{2}$$

$$= \frac{F_{\mathrm{N}}^2(x)\mathrm{d}x}{2EA} + \frac{T^2(x)\mathrm{d}x}{2GI_{\mathrm{p}}} + \frac{M^2(x)\mathrm{d}x}{2EI}$$

而整个杆或杆系的应变能则为

$$V_\varepsilon = \int_l \frac{F_{\mathrm{N}}^2(x)}{2EA}\mathrm{d}x + \int_l \frac{T^2(x)}{2GI_{\mathrm{p}}}\mathrm{d}x + \int_l \frac{M^2(x)}{2EI}\mathrm{d}x \tag{20-4}$$

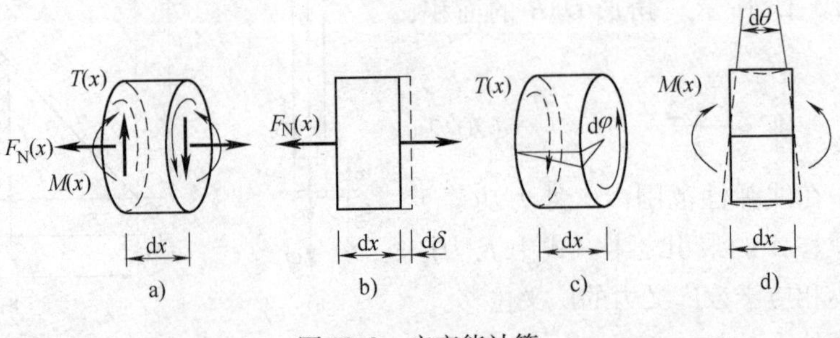

a)　b)　c)　d)

图 20-3　应变能计算

在应变能计算式中忽略了剪力引起的应变能，这是因为一般细长杆中，剪切引起的应变能远小于其他内力引起的应变能，因此，在一般情况下都忽略不计。

根据上述分析，当杆件仅受到轴向拉伸（或压缩）时的应变能为

$$V_\varepsilon = \int_l \frac{F_N^2(x)}{2EA}dx \tag{20-5}$$

当轴力沿杆轴线为常数 F 时，则有

$$V_\varepsilon = \frac{F_N^2 l}{2EA} \tag{20-6}$$

当轴仅受到扭转时的应变能为

$$V_\varepsilon = \int_l \frac{T^2(x)}{2GI_p}dx \tag{20-7}$$

当扭矩沿杆轴线为常数 T 时，则有

$$V_\varepsilon = \frac{T^2 l}{2GI_p} \tag{20-8}$$

当梁在平面弯曲时的应变能为

$$V_\varepsilon = \int_l \frac{M^2(x)}{2EI}dx \tag{20-9}$$

从式（20-4）~式（20-9）中可以看出，应变能是载荷的二次函数。因此，产生同一基本变形的一组外力在杆内所产生的应变能，计算上不适用于叠加法。另外，应变能恒为正。

例 20-1　求图 20-4a 所示桁架应变能及节点 C 的垂直位移 Δ_C。各杆的拉压刚度均为 EA。

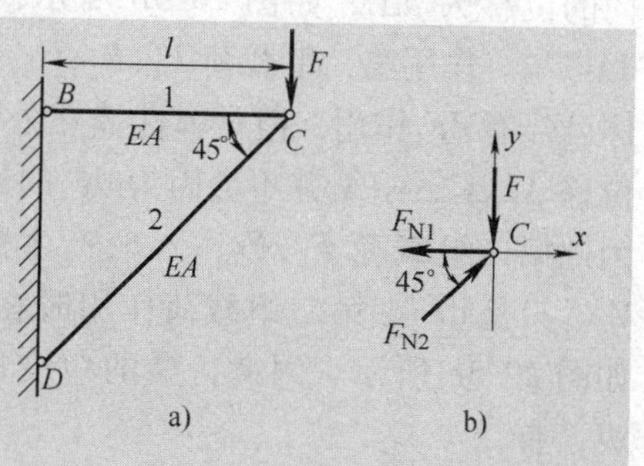

图 20-4　例 20-1 图

解　取节点 C 研究，其受力情况如图 20-4b 所示，由静力平衡方程 $\sum F_x = 0$，$\sum F_y = 0$，求得两杆轴力分别为

$$F_{N1} = F\ （拉），\ F_{N2} = \sqrt{2}F\ （压）$$

由式（12-6），结构总的应变能为

$$V_\varepsilon = \frac{F_{N1}^2 \cdot l_1}{2EA} + \frac{F_{N2}^2 \cdot l_2}{2EA} = \frac{F^2 l}{2EA} + \frac{(\sqrt{2}F)^2 \sqrt{2}l}{2EA} = \frac{1+2\sqrt{2}}{2}\frac{F^2 l}{EA}$$

Δ_C为外力 F 在其作用点沿作用力方向上的位移，由式（20-2）知，外力功为

$$W = \frac{1}{2}F\Delta_C$$

由式（20-1），则有

$$\frac{1}{2}F\Delta_C = \frac{1+2\sqrt{2}}{2}\frac{F^2 l}{EA}$$

由此解得

$$\Delta_C = \frac{(1+2\sqrt{2})Fl}{EA}$$

本例中，用能量原理求得力作用点沿力作用方向上的位移，若求结构任一点或任一方向上的位移，上述方法就要复杂多了。

20.3 卡氏定理

本节将讨论结构位移分析的一个重要定理——卡氏定理（Castigliano′s theorem）。

卡氏定理可以通过不同的方法证明，以下将利用弹性体应变能与载荷加载次序的无关性，即应变能仅仅取决于载荷终值的性质加以推导证明。

为了简化问题，以简支梁表示弹性体，假设有任意一组载荷 $F_1, F_2, \cdots, F_n$ 作用于结构，如图 20-5a 所示。在这一组载荷作用下，外力 $F_1, F_2, \cdots, F_n$ 对应的广义位移分别为 $\Delta_1, \Delta_2, \cdots, \Delta_n$。根据能量原理，外力做功等于梁的应变能。设梁的应变能 V_ε 为外力 $F_1, F_2, \cdots, F_n$ 的函数。有

$$V_\varepsilon = f(F_1, F_2, F_3, \cdots, F_i, \cdots, F_n) \tag{20-10}$$

如果任意一个外力 F_i 有增量 $\mathrm{d}F_i$，则应变能也有对应的增量。应变能增量可以表示为

$$V_\varepsilon + \mathrm{d}V_\varepsilon = V_\varepsilon + \frac{\partial V_\varepsilon}{\partial F_i}\mathrm{d}F_i \tag{20-11}$$

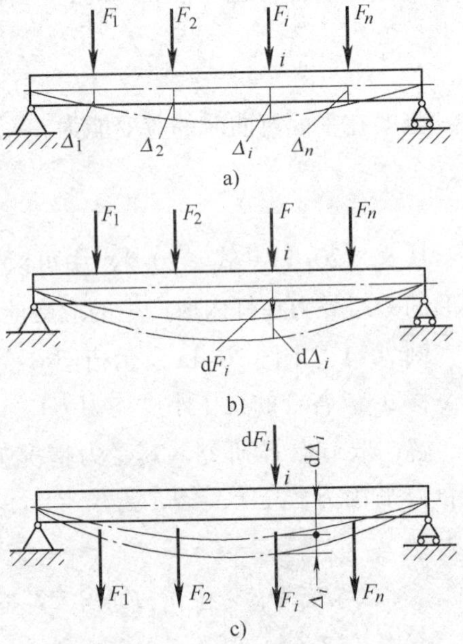

由于弹性体的应变能与外力的加载次序是无关的，因此可以将上述两组载荷的作用次序颠倒。首先在弹性体上作用第一组 F_i 的增量 $\mathrm{d}F_i$，然后再作用第二组外力 $F_1, F_2, \cdots, F_n$。由于弹性体满足胡克定律和小变形条件，因此两组外力引起的变形是很小的，而且相互独立互不影响。

当作用第一组增量 $\mathrm{d}F_i$ 时，$\mathrm{d}F_i$ 作用点沿力作用方向的位移为 $d\Delta_i$，如图 20-5b 所示，外力功为（$\mathrm{d}F_i \mathrm{d}\Delta_i$）/2。作用第二组载荷 $F_1, F_2, \cdots, F_n$ 时，尽管弹性体已经有 $\mathrm{d}F_i$ 作用，但是弹性体在外力作用下的广义位移 $\Delta_1, \Delta_2, \cdots, \Delta_n$ 并不会因为 $\mathrm{d}F_i$ 的作用而发生变化。因此第二组载荷 $F_1, F_2, \cdots, F_n$ 产生的应变能仍然为 V_ε。只是 $\mathrm{d}F_i$ 在第二组载荷作用时在位移 Δ_i 上做功，如图 20-5c 所示。因此，梁的应变能由三个部分组成，有

$$\frac{1}{2}\mathrm{d}F_i \mathrm{d}\Delta_i + V_\varepsilon + \mathrm{d}F_i \Delta_i \tag{20-12}$$

图 20-5 卡氏定理

根据应变能与载荷加载次序的无关性，由式（20-11）和式（20-12），有

$$V_\varepsilon + \frac{\partial V_\varepsilon}{\partial F_i}\mathrm{d}F_i = \frac{1}{2}\mathrm{d}F_i \mathrm{d}\Delta_i + V_\varepsilon + \mathrm{d}F_i \Delta_i$$

略去高阶小量，可得

$$\Delta_i = \frac{\partial V_\varepsilon}{\partial F_i} \tag{20-13}$$

式（20-13）说明，应变能对于任意一个外力 F_i 的偏导数等于 F_i 的作用点沿 F_i 方向的位移。式（20-13）通常称为卡氏定理。

卡氏定理对于任意弹性体都是成立的。卡氏定理中的外力 F_i 可以看作广义力，则 Δ_i 为广义位移。显然，如果 F_i 为集中力，则 Δ_i 为与集中力方向一致的位移；如果 F_i 为力偶，则 Δ_i 为与力偶方向一致的角位移。

将式（20-4）表示的弹性体应变能代入式（20-13），则

$$\Delta_i = \frac{\partial V_\varepsilon}{\partial F_i} = \frac{\partial}{\partial F_i}\left[\int_l \frac{F_N^2(x)}{2EA}dx + \int_l \frac{T^2(x)}{2GI_p}dx + \int_l \frac{M_y^2(x)}{2EI_y}dx + \int_l \frac{M_z^2(x)}{2EI_z}dx\right]$$

由于上式的积分是对杆件轴线坐标 x 的，而偏导数运算是对广义力 F_i 的，因此可以先求偏导数然后积分。这样位移计算公式可以写作

$$\Delta_i = \frac{\partial V_\varepsilon}{\partial F_i} = \int_l \frac{F_N(x)}{EA}\frac{\partial F_N(x)}{\partial F_i}dx + \int_l \frac{T(x)}{GI_p}\frac{\partial T(x)}{\partial F_i}dx + \int_l \frac{M_y(x)}{EI_y}\frac{\partial M_y(x)}{\partial F_i}dx + \int_l \frac{M_z(x)}{EI_z}\frac{\partial M_z(x)}{\partial F_i}dx$$

例 20-2　桁架由杆件 BC 和 BD 组成，在节点 B 作用有铅垂载荷 F，如图 20-6a 所示。已知两杆的抗拉刚度 EA 相同并且为常量，试求 B 点的水平和铅垂位移。

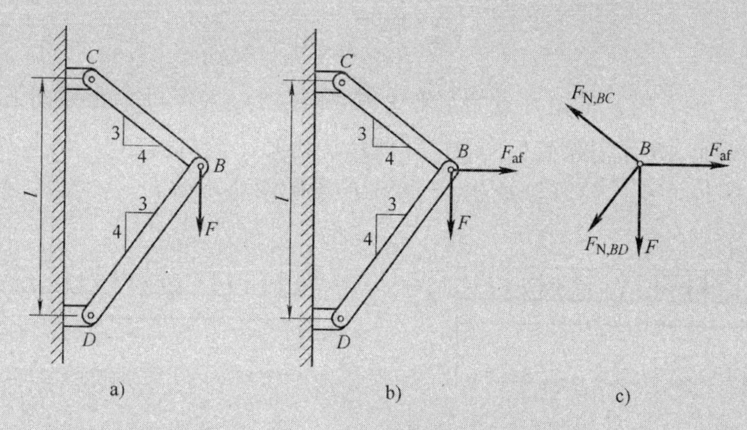

图 20-6　例 20-2 图

解　桁架为拉压杆件组成的杆系结构，桁架的总应变能为

$$V_\varepsilon = \sum_{i=1}^{n}\frac{F_{Ni}^2 l_i}{2EA}$$

根据卡氏定理，铅垂位移

$$y_B = \frac{\partial V_\varepsilon}{\partial F_y}$$

$$x_B = \frac{\partial V_\varepsilon}{\partial F_{af}}$$

根据题意需要计算 B 点的水平位移，而结构中并没有对应的广义力。因此在应用卡氏定理时需要施加一个虚拟的广义力 F_{af} 如图 20-6b 所示。

根据平衡关系可得两杆的内力，如图 20-6c 所示，即

$$F_{N,BC} = 0.6F + 0.8F_{af}$$

$$F_{N,BD} = -0.8F + 0.6F_{af}$$

因此，桁架的应变能为

$$V_\varepsilon = \frac{F_{N,BC}^2 l_{BC}}{2EA} + \frac{F_{N,BD}^2 l_{BD}}{2EA}$$

节点位移为

$$x_B = \frac{\partial V_\varepsilon}{\partial F_{af}} = \frac{F_{N,BC} l_{BC}}{EA}\frac{\partial F_{N,BC}}{\partial F_{af}} + \frac{F_{N,BD} l_{BD}}{2EA}\frac{\partial F_{N,BD}}{\partial F_{af}}$$

$$y_B = \frac{\partial V_\varepsilon}{\partial F} = \frac{F_{N,BC} l_{BC}}{EA} \frac{\partial F_{N,BC}}{\partial F} + \frac{F_{N,BD} l_{BD}}{2EA} \frac{\partial F_{N,BD}}{\partial F}$$

$$\frac{\partial F_{N,BC}}{\partial F_{af}} = 0.8, \quad \frac{\partial F_{N,BD}}{\partial F_{af}} = 0.6$$

因为

$$\frac{\partial F_{N,BC}}{\partial F} = 0.6, \quad \frac{\partial F_{N,BD}}{\partial F} = -0.8$$

偏导数求解完成后，令内力表达式中的虚拟广义力 F_{af}为 0，则将上述结果代入位移表达式，可得

$$x_B = -0.096\frac{Fl}{EA}, \quad y_B = 0.728\frac{Fl}{EA}$$

根据虚拟广义力 F_{af}的方向，可知 B 点的水平位移是向左的，而铅垂位移是向下的。

例 20-3 悬臂梁 AB 作用载荷如图 20-7a 所示。已知梁的抗弯刚度 EI 为常量，试求 A 点的挠度 y_A和截面的转角 θ_A。轴力和剪力对于变形的影响忽略不计。

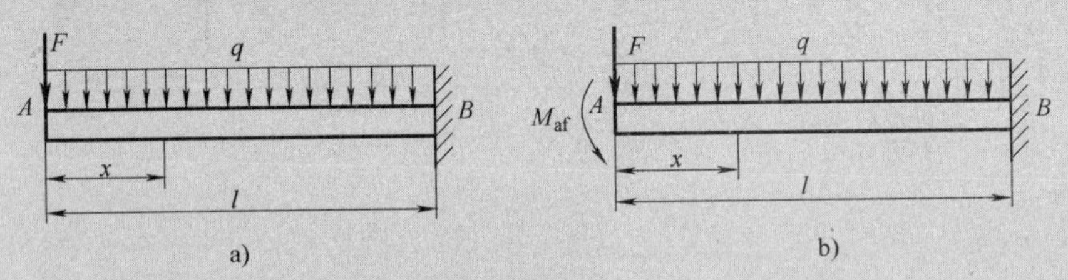

图 20-7 例 20-3 图

解 （1）首先，求 A 点的挠度 y_A。写出梁的弯矩方程

$$M(x) = -Fx - \frac{1}{2}qx^2 \quad (0 \leqslant x \leqslant l)$$

弯矩对于集中力 F 的偏导数为

$$\frac{\partial M(x)}{\partial F} = -x$$

根据卡氏定理，有

$$y_A = \frac{\partial V_\varepsilon}{\partial F} = \int_l \frac{M(x)}{EI} \frac{\partial M(x)}{\partial F} dx = \int_l \frac{1}{EI}\left(-Fx - \frac{1}{2}qx^2\right)(-x)dx = \frac{1}{EI}\left(\frac{1}{3}Fl^3 + \frac{1}{8}ql^4\right)$$

结果为正，表示挠度与外力 F 方向一致。

（2）求解 A 截面的转角 θ_A。

由于 A 截面没有作用外力偶，因此不能直接应用卡氏定理。假设在 A 截面作用一个虚拟的外力偶 M_{af}，如图 20-7b 所示。这个虚拟的外力偶 M_{af}称为附加力偶，通过应变能对于附加力偶的偏导数可以计算截面转角。

悬臂梁在外力和附加力偶共同作用下的弯矩方程为

$$M(x) = -Fx - \frac{1}{2}qx^2 - M_{af} \quad (0 \leqslant x \leqslant l)$$

弯矩对于附加力偶的偏导数为

$$\frac{\partial M(x)}{\partial M_{af}} = -1$$

将上述两式代入卡氏定理式（20-13），并且令虚拟的附加力偶 M_{af} 为0，则

$$\theta_A = \frac{\partial V_\varepsilon}{\partial M_{af}} = \int_l \frac{M(x)}{EI}\frac{\partial M(x)}{\partial M_{af}}dx = \int_l \frac{1}{EI}\left(-Fx - \frac{1}{2}qx^2\right)(-1)dx = \frac{1}{EI}\left(\frac{1}{2}Fl^2 + \frac{1}{6}ql^3\right)$$

应该注意，计算弯矩的偏导数需要附加力偶，而一旦偏导数求解完成，就可以令附加力为零。不要在积分之后才令附加力偶为零，那样就增加了计算工作量。

上述两个例题均采用虚拟的广义力作为附加力计算结构位移，这种方法也称为附加力法。

20.4 单位载荷法

本节将推导一种求位移的简便方法——单位载荷法（unit load method），又称莫尔定理（Moore theorem）。与卡氏定理比较，单位载荷法具有计算工作量小和简单的特点。可方便地求得结构任何一点在任何方向上的位移。

设简支梁在载荷 $F_1, F_2, \cdots, F_n$ 作用下，梁上任一截面 C 的位移为 Δ（见图20-8a）。在线弹性范围内，由式（20-9），梁的弯曲应变能为

$$V_\varepsilon = \int_l \frac{M^2(x)}{2EI}dx \tag{a}$$

式中，$M(x)$ 是载荷作用下梁任意横截面上的弯矩。为了求出截面 C 的位移 Δ，设想在 C 点沿位移 Δ 的方向上单独作用数值为1的单位力（见图20-8b），梁内任意横截面上相应的弯矩为 $\overline{M}(x)$，则梁在单位力作用下的应变能为

$$\overline{V}_\varepsilon = \int_l \frac{\overline{M}^2(x)}{2EI}dx \tag{b}$$

若先在梁上作用单位力，然后再作用载荷 $F_1, F_2, \cdots, F_n$，梁的应变能除 V_ε 和 $\overline{V}_\varepsilon$ 外，还因为作用载荷 $F_1, F_2, \cdots, F_n$ 时，使已作用于 C 点的单位力又产生位移 Δ（见图20-8c），从而又完成了 $1 \cdot \Delta$ 的功，故应变能为

$$V'_\varepsilon = V_\varepsilon + \overline{V}_\varepsilon + 1 \cdot \Delta \tag{c}$$

另外，梁在单位力和 $F_1, F_2, \cdots, F_n, F$ 的共同作用下，其任意横截面上的弯矩为 $M(x) + \overline{M}(x)$，此时，梁上应变能的另外一种表达式为

$$V'_\varepsilon = \int_l \frac{[M(x) + \overline{M}(x)]^2}{2EI}dx \tag{d}$$

故有

$$V_\varepsilon + \overline{V}_\varepsilon + 1 \cdot \Delta = \int_l \frac{[M(x) + \overline{M}(x)]^2}{2EI}dx \tag{e}$$

将等式（e）右端展开，并比较式（a）、式（b），即可求得

$$\Delta = \int_l \frac{M(x)\overline{M}(x)}{EI}dx \tag{20-14}$$

上式即为计算结构位移的莫尔定理，或称莫尔积分。

关于莫尔定理的应用做如下说明：

（1）当外载荷在杆件横截面上同时产生轴力 $F_N(x)$、弯矩 $M(x)$ 和扭矩 $T(x)$ 时，则类似可推出莫尔积分的普遍形式

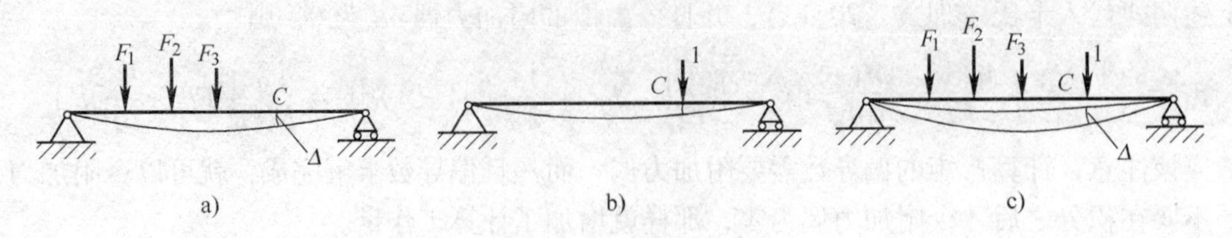

图 20-8 莫尔定理

$$\Delta = \int_l \frac{F_{\mathrm{N}}(x)\,\overline{F}_{\mathrm{N}}(x)}{EA}\mathrm{d}x + \int_l \frac{M(x)\,\overline{M}(x)}{EI}\mathrm{d}x + \int_l \frac{T(x)\,\overline{T}(x)}{GI_{\mathrm{p}}}\mathrm{d}x \tag{20-15}$$

上式中仍然忽略了剪力的影响。$\overline{F}_{\mathrm{N}}(x)$、$\overline{M}(x)$、$\overline{T}(x)$分别为单位力引起的杆件横截面上的轴力、弯矩和扭矩。

在只受节点载荷作用的桁架中，由于各杆在横截面上只有轴力 F_{N}且沿杆长为定值，则式（20-15）可写为

$$\Delta = \sum_{i=1}^{n} \frac{F_{\mathrm{N}i}\,\overline{F}_{\mathrm{N}i}\,l_i}{E_i A_i} \tag{20-16}$$

式中，$E_i A_i(i=1,2,\cdots,n)$为各杆的拉压刚度。

（2）单位力为广义力，视所要确定位移的性质而定。若 Δ 为所求截面处的线位移，则单位力即为施加于该处沿待定线位移方向的力；若 Δ 为某截面的转角或扭转角，则单位力为施加于该截面处的弯曲力偶或扭转力偶；若 Δ 为桁架上两节点间的相对位移，则单位力应该是施加在两节点上，并与两节点连线重合的一对大小相等、指向相反的力。

（3）式（20-15）右端的计算结果若为正值，则表示待定位移 Δ 的指向与单位力指向一致；若为负值，则 Δ 的指向与单位力指向相反。

例 20-4 按莫尔定理计算图 20-9 所示桁架节点 C 的铅垂位移和水平位移。

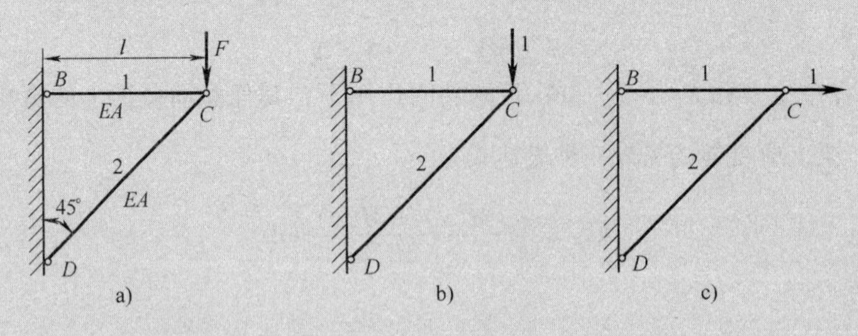

图 20-9 例 20-4 图

解 在外力作用下（见图 20-9a），杆 1 和杆 2 的轴力分别为

$$F_{\mathrm{N1}} = F,\ F_{\mathrm{N2}} = -\sqrt{2}F \tag{a}$$

欲求 C 点的铅垂位移，在 C 点施加一垂直向下的单位力（见图 20-9b），则此时两杆由单位力引起的轴力应为式（a）中 F 取 1 时的值，即

$$\overline{F}_{\mathrm{N1}} = 1,\ \overline{F}_{\mathrm{N2}} = -\sqrt{2} \tag{b}$$

由莫尔定理公式（20-16），可得结构 C 点的铅垂位移为

$$\Delta_y=\frac{F_{N1}\overline{F}_{N1}l_1}{EA}+\frac{F_{N2}\overline{F}_{N2}l_2}{EA}=\frac{F\cdot1\cdot l}{EA}+\frac{(-\sqrt{2}F)(-\sqrt{2})\sqrt{2}l}{EA}=\frac{(1+2\sqrt{2})Fl}{EA}$$

欲求 C 点的水平位移，在 C 点施加一水平单位力（见图 20-9c），则此时两杆单位力引起的轴力应为

$$\overline{F}_{N1}=1,\ \overline{F}_{N2}=0$$

则 C 点的水平位移为

$$\Delta_x=\frac{F_{N1}\overline{F}_{N1}l_1}{EA}+\frac{F_{N2}\overline{F}_{N2}l_2}{EA}=\frac{F\cdot1\cdot l}{EA}+0=\frac{Fl}{EA}$$

Δ_x 与 Δ_y 均为正值，说明 C 点的垂直与水平位移与各自单位力方向是一致的。

例 20-5　图 20-10a 所示直角折杆，在端点 C 上作用集中力 F，设折杆两段均为等截面直杆，材料相同，试用莫尔定理确定 C 点的铅垂位移 Δ_C。

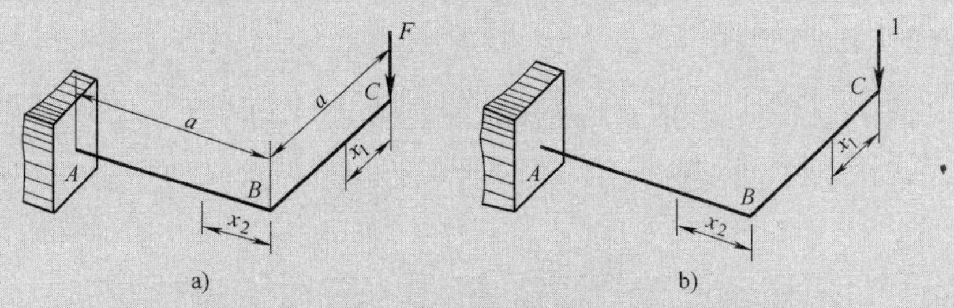

图 20-10　例 20-5 图

解　在 C 点竖直方向施加一单位力，根据图 20-10a、b 计算实际载荷和单位力单独作用时各段的内力方程如下：

CB 段

$$M(x_1)=Fx_1,\ \overline{M}(x_1)=x_1$$

AB 段

$$M(x_2)=Fx_2,\ \overline{M}(x_2)=x_2$$

$$T(x_2)=Fa,\ \overline{T}(x_2)=a$$

由莫尔定理，C 点的垂直位移为

$$\begin{aligned}\Delta_C&=\int_l\frac{M(x_1)\ \overline{M}(x_1)}{EI}\mathrm{d}x_1+\int_l\frac{M(x_2)\ \overline{M}(x_2)}{EI}\mathrm{d}x_2+\int_l\frac{T(x_2)\ \overline{T}(x_2)}{GI_p}\mathrm{d}x_2\\&=\frac{1}{EI}\int_0^a Fx_1\cdot x_1\cdot\mathrm{d}x_1+\frac{1}{EI}\int_0^a Fx_2\cdot x_2\cdot\mathrm{d}x_2+\frac{1}{GI_p}\int_0^a Fa\cdot a\cdot\mathrm{d}x_2\\&=\frac{Fa^3}{3EI}+\frac{Fa^3}{3EI}+\frac{Fa^3}{GI_p}=\frac{2Fa^3}{3EI}+\frac{Fa^3}{GI_p}\end{aligned}$$

Δ_x 与 Δ_y 均为正值，说明 C 点的垂直与水平位移与各自单位力方向是一致的。

**20.5　运用能量法解超静定问题

前面已讨论过较简单的拉压超静定杆系和超静定梁的求解，其方法是：除列出静力学平衡方程外，还需要根据变形的协调条件列出几何方程，根据力与变形的物理关系列出物理方程，

物理方程代入几何方程得补充方程，方可求出全部未知力。对几何关系比较复杂的超静定问题，以前的方法就显得很烦琐，有时甚至无法解决。运用能量法可以较方便地建立与变形协调条件相应的补充方程，使求解过程简便许多。现举一例说明能量法在解超静定问题中的应用。更详细的用能量法解超静定问题可参阅材料力学专著（如刘鸿文编《材料力学》）。

例 20-6 图 20-11a 所示等截面刚架，一端为固定端，另一端为可动铰支座，杆 AB 受均布载荷 q 作用，试计算支座约束力。

解 由图 20-11a 可以看出，该刚架有四个支座约束力，独立平衡方程只有三个，所以是一次超静定问题。

将可动铰支座 A 设为多余约束，以垂直支座约束力 R_A 代替其作用，则可得到基本静定系如图 20-11b 所示，相应的变形谐调条件为截面 A 处的垂直位移为零，即

$$y_A = 0 \tag{a}$$

使用莫尔积分来找出 y_A 的表达式。由 20-11b 可以看出，在 q 和 R_A 的作用下，刚架 AB 段和 BC 段的弯矩方程分别为

$$M(x_1) = R_A x_1 - \frac{qx_1^2}{2} \quad (0 \leqslant x_1 < L)$$

$$M(x_2) = R_A L - \frac{qL^2}{2} \quad (0 < x_2 < L)$$

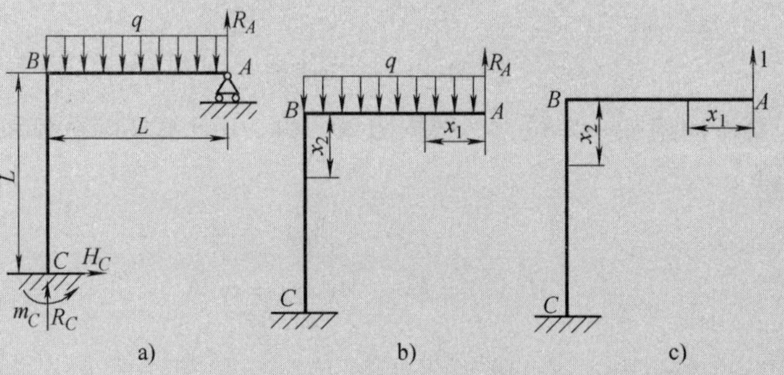

图 20-11 例 20-6 图

在基本静定系上沿 R_A 方向作用一单位力，如图 20-11c 所示，在单位力作用下，刚架 AB 段和 BC 段的弯矩方程分别为

$$\overline{M}(x_1) = 1 \times x_1 = x_1 \quad (0 \leqslant x_1 < L)$$

$$\overline{M}(x_2) = 1 \times L = L \quad (0 < x_2 < L)$$

$$y_A = \int_0^L \frac{\left(R_A x_1 - \frac{qx_1^2}{2}\right) \cdot x_1}{EI} \mathrm{d}x_1 + \int_0^L \frac{\left(R_A L - \frac{qL^2}{2}\right) \cdot L}{EI} \mathrm{d}x_2 = \frac{4R_A L^3}{3EI} - \frac{5qL^4}{8EI} \tag{b}$$

将式（b）代入式（a），得补充方程

$$\frac{4R_A L^3}{3EI} - \frac{5qL^4}{8EI} = 0$$

由此得

$$R_A = \frac{15qL}{32}$$

多余约束力确定后，由平衡方程

$$\sum x = 0,\ H_C = 0$$

$$\sum y = 0,\ R_C + R_A - qL = 0$$

$$\sum M_C = 0,\ M_C + R_A L - \frac{qL^2}{2} = 0$$

得
$$H_C = 0,\ R_C = \frac{17qL}{32},\ M_C = \frac{qL^2}{32}$$

例20-7　等截面曲杆如图20-12a所示。试求截面B的垂直位移和水平位移以及截面B的转角。

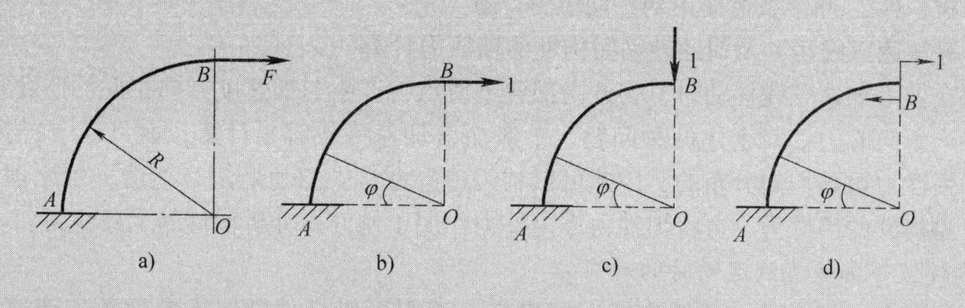

图20-12　例20-7图

解　由题意可得曲杆AB的弯矩方程为

$$M(\varphi) = F(1 - \sin\varphi)R$$

其中，φ为曲杆上的点与A端所成的圆心角。

在曲杆的B端施以不同的单位载荷，如图20-12b、c、d所示，则在这些单位载荷下曲杆的弯矩分别为

$$\overline{M_1}(\varphi) = (1 - \sin\varphi)R,\ \overline{M_2}(\varphi) = R\cos\varphi,\ \overline{M_3}(\varphi) = 1$$

于是，由单位载荷法可得B的位移为

$$x_B = \int_0^{\frac{\pi}{2}} \frac{M(\varphi)\overline{M}_1(\varphi)}{EI} R\mathrm{d}\varphi = \int_0^{\frac{\pi}{2}} \frac{FR^3(1 - \sin\varphi)^2}{EI}\mathrm{d}\varphi = \frac{FR^3}{EI}\left(\frac{3}{4}\pi - 2\right) = 0.356\frac{FR^3}{EI}(\rightarrow)$$

$$y_B = \int_0^{\frac{\pi}{2}} \frac{M(\varphi)\overline{M}_2(\varphi)}{EI} R\mathrm{d}\varphi = \int_0^{\frac{\pi}{2}} \frac{FR^3(1 - \sin\varphi)\cos\varphi}{EI}\mathrm{d}\varphi = \frac{FR^3}{2EI}(\downarrow)$$

$$\theta_B = \int_0^{\frac{\pi}{2}} \frac{M(\varphi)\overline{M}_3(\varphi)}{EI} R\mathrm{d}\varphi = \int_0^{\frac{\pi}{2}} \frac{FR^2(1 - \sin\varphi)}{EI}\mathrm{d}\varphi = \frac{FR^2}{EI}\left(\frac{\pi}{2} - 1\right) = 0.571\frac{FR^2}{EI}(\circlearrowright)$$

*20.6　动载荷应力

20.6.1　概述

材料力学的主要任务是讨论静载荷作用下构件的强度、刚度和稳定性。静载荷作用下构件内部各个质点的加速度很小，因此可以忽略不计。如果载荷作用下构件内部各个部分的加速度比较显著，则不能忽略，这种载荷简称为动载荷（dynamic load）。实际工程结构中，很多构件均承受各种形式的动载荷作用，例如，起重机加速吊升或者放落重物，汽车发动机的曲轴连杆，高速旋转的飞轮和冲床的机座等，均受到动载荷的作用。

构件在动载荷作用下的承载能力与静载荷有明显的不同。一是相同水平的载荷引起的构件

应力水平不等，一般动载荷相比静载荷引起的应力水平要高很多；二是构件材料在动载荷作用下的材料性能不同。构件在动载荷作用下引起的应力称为动应力（dynamic stress）。

实验证明：静载荷作用下服从胡克定律的材料，只要动应力不超过比例极限，在动载荷作用下胡克定律仍然成立，而且弹性模量与静载荷作用下相同。

动应力是工程构件设计中的常见问题，工程界对于不同形式的动应力通过一些专门学科分析讨论。本章的工作主要是利用已经学习的静强度知识，介绍部分可以转化为静载荷分析的动应力问题，并且建立动应力的基本概念和简单动应力的分析方法。

因此，本章的讨论仅限于两类常见问题：（1）等加速直线运动或者匀速圆周运动的构件动应力分析；（2）冲击载荷作用构件动应力计算。

20.6.2 等加速直线运动及匀速转动时构件的动应力计算

构件在做等加速直线运动时，构件内部各个质点将产生与加速度方向相反的惯性力。匀速转动时将产生向心力。对上述两种问题，一般而言加速度较容易计算，而且由于材料的均匀性，构件惯性力也是均匀分布的，因此可以利用理论力学中的动静法（达朗贝尔原理）分析。即先计算出构件的惯性力，再将惯性力作为外力作用于构件，分析构件的承载能力。

1. 构件做等加速直线运动时的动应力

水平放置在一排滚子上的等直杆，在载荷 F 牵引下沿杆件轴线方向做等加速直线运动，如图 20-13a 所示。设杆件材料的单位体积重量（重度）为 γ，长度为 l，横截面面积为 A，假设摩擦力可以忽略不计，杆件的动应力分析如下。

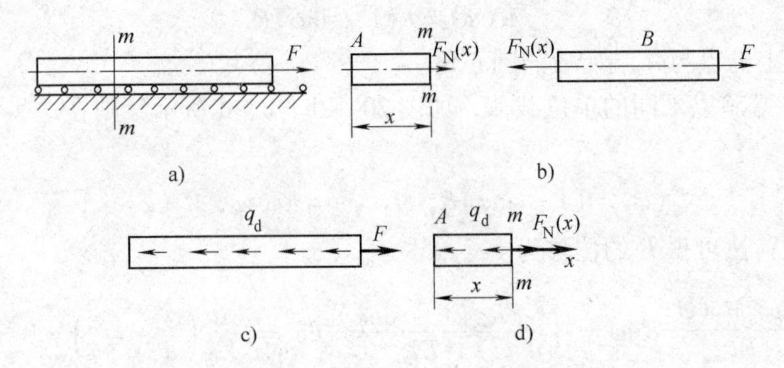

图 20-13 构件做等加速直线运动时的动应力

等直杆在载荷 F 作用下沿轴线做等加速直线运动，根据牛顿第二定律，有

$$F = Ma = \frac{\gamma}{g}Ala$$

式中，M 为杆件质量；a 为加速度。杆件加速度为

$$a = \frac{Fg}{\gamma Al}$$

首先，采用截面法分析任意横截面 m—m 的内力，使用假想截面沿 m—m 截面将杆为 A、B 两部分，如图 20-13b 所示。以 A 部分作为研究对象，轴力 $F_N(x)$是 B 部分对于 A 部分的作用力，即使 A 部分运动并且产生加速度 a 所需要的力。因此轴力 $F_N(x)$可以根据构件的质量和加速度，按照牛顿第二定律计算。

对于等直杆，质量沿轴线是均匀分布的。根据动静法，在杆件各个点施加与加速度方向相反的惯性力，外力与惯性力组成平衡力系。因此，单位长度的惯性力（惯性力集度）为

$$q_{\mathrm{d}}=\frac{\gamma}{g}Aa$$

上述分析同样适用于构件的任意部分。对于 A 部分，如图 20-13c 所示，有

$$F_{\mathrm{N}}(x)=q_{d}x=\frac{\gamma}{g}Aax$$

横截面 m—m 的动应力为

$$\sigma_{\mathrm{d}}(x)=\frac{\gamma}{g}ax=\frac{F}{Al}x$$

其他匀加速直线运动构件，同样可以使用动静法计算动应力。

例 20-8　简易滑轮装置通过钢丝绳起吊重物，如图 20-14a 所示。已知物体重量 $W=40\mathrm{kN}$，钢丝绳横截面面积 $A=8\mathrm{cm}^2$，许用应力 $[\sigma]=80\mathrm{MPa}$。假设钢丝绳重量不计，以加速度 $a=5\mathrm{m/s}^2$ 提升物体时，试校核钢丝绳的强度。

解　用假想平面截取研究对象如图 20-14b 所示。

在物体上施加与加速度方向相反的惯性力，惯性力的数值为 $\frac{W}{g}a$。根据平衡关系，可得

$$F_{\mathrm{Nd}}-W-\frac{W}{g}a=0$$

解得

$$F_{\mathrm{Nd}}=W\left(1+\frac{a}{g}\right)=40\times10^3\mathrm{N}\times\left(1+\frac{5\mathrm{m/s}^2}{9.8\mathrm{m/s}^2}\right)=60.4\times10^3\mathrm{N}=60.4\mathrm{kN}$$

钢丝中的动应力为

$$\sigma_{\mathrm{Nd}}=\frac{F_{\mathrm{Nd}}}{A}=\frac{60.4\times10^3\mathrm{N}}{8\times10^{-4}\mathrm{m}^2}=75.5\times10^6\mathrm{Pa}=75.5\mathrm{MPa}\leqslant[\sigma]$$

所以钢丝绳的强度满足要求。

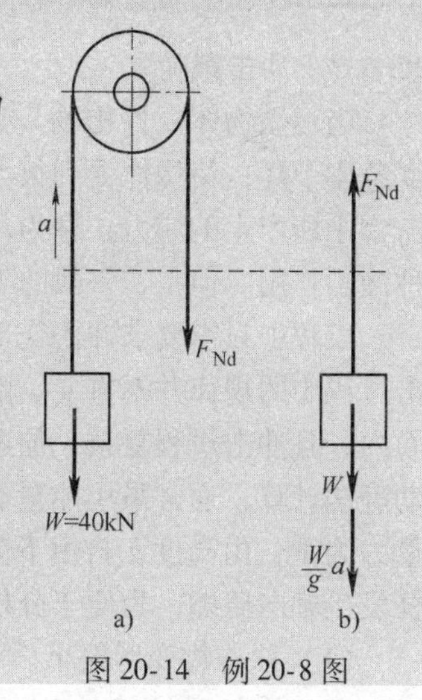

图 20-14　例 20-8 图

2. 构件做匀速转动的动应力

机械工程中大量使用飞轮类构件，下面以旋转飞轮为例介绍匀速转动构件的动应力计算。假设旋转飞轮以匀角速度 ω 在水平平面内转动，飞轮轮缘的平均直径为 D，横截面积为 A，材料的重度为 γ。如果不考虑轮辐对于强度分析的影响，则飞轮可以抽象为旋转的薄壁圆环，如图 20-15a 所示。

薄壁圆环在匀速旋转时，圆环的切向加速度为零，法向加速度为 $D\omega^2/2$。方向指向圆心。在圆环上截取长度为 $\mathrm{d}s$ 的微段，微段的质量为 $\mathrm{d}m$，则该微段的惯性力为

$$\mathrm{d}m\,\frac{D}{2}\omega^2=\frac{\gamma A}{g}\mathrm{d}s\,\frac{D}{2}\omega^2=q_{\mathrm{d}}\mathrm{d}s$$

式中，q_{d} 表示薄壁圆环单位长度上的惯性力。因此薄壁圆环的惯性力可以看作是作用于圆环轴线、方向向外的均匀分布载荷，如图 20-15b 所示。

截取飞轮的一半作为研究对象，如图 20-15c 所示。作为薄壁圆环，由于飞轮轮缘很薄，因此假设横截面正应力近似均匀分布。横截面内力只有轴力 F_{Nd}，根据平衡关系 $\sum F_y=0$，即

$$-2F_{\mathrm{Nd}}+\int_s q_{\mathrm{d}}\mathrm{d}s\sin\varphi=0$$

由于 $\mathrm{d}s=\frac{D}{2}\mathrm{d}\varphi$，代入上式解得

$$F_{Nd}=\frac{\gamma}{4g}A\omega^2D^2=\frac{\gamma}{g}Av^2$$

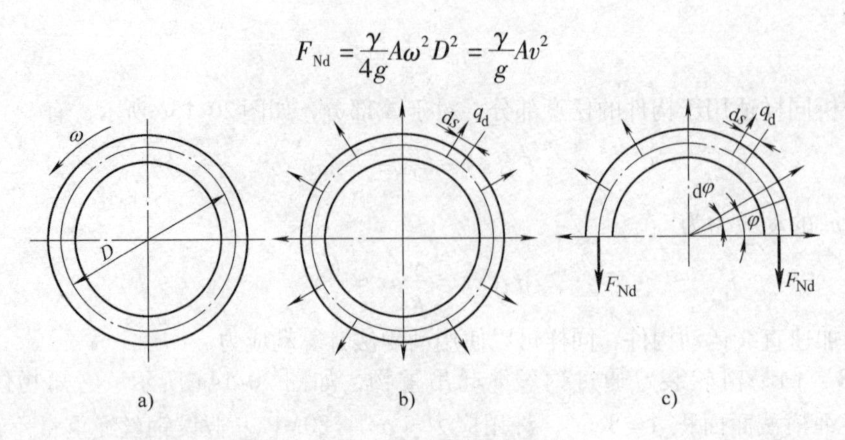

图 20-15　匀速转动构件的动应力

20.6.3　冲击载荷

当运动物体（冲击物）以一定的速度作用于静止构件（被冲击物）而受到阻碍时，其速度急剧下降，使构件受到很大的作用力，这种现象称为冲击。此时，由于冲击物的作用，被冲击物中所产生的应力，称为冲击应力（impact stress）。工程中的锻造、冲压等，就是利用了这种冲击作用。但是，一般的工程构件都要避免或减小冲击，以免受损。

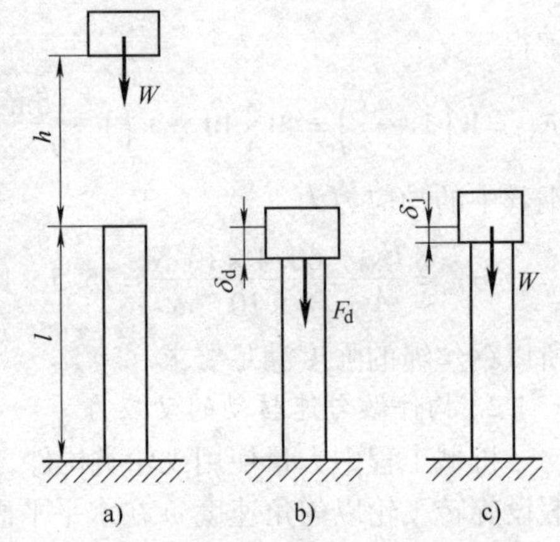

图 20-16　物体自由落下冲击应力

工程中只需要求冲击变形和应力的瞬时最大值，冲击过程中的规律并不重要。由于冲击是发生在短暂的时间内，且冲击过程复杂，加速度难以测定，所以很难用动静法计算，通常采用能量法。如图 20-16 所示，物体重力为 W，由高度 h 自由下落，冲击下面的直杆，使直杆发生轴向压缩。为便于分析，通常假设：

（1）冲击物变形很小，可视为刚体。

（2）直杆质量相对于冲击载荷很小，可忽略不计，杆的力学性能是线弹性的。

（3）冲击过程中，无能量损耗。冲击物与被冲击物一经接触后就相互附着，作为一个整体运动。

根据功能原理，在冲击过程中，冲击物所做的功 A 应等于被冲击物的变形能 U_d，即

$$A=U_d \tag{a}$$

当物体自由落下时，其初速度为零；当冲击直杆后，其速度还是为零，而此时杆的受力从零增加到 F_d，杆的缩短量达到最大值 δ_d（见图 20-16b）。因此，在整个冲击过程中，冲击物的动能变化为零，冲击物所做的功为

$$A=W(h+\delta_d) \tag{b}$$

杆的变形能为

$$U_d=\frac{1}{2}F_d\delta_d \tag{c}$$

又因假设杆的材料是线弹性的，故有

$$\frac{F_d}{\delta_d}=\frac{W}{\delta_j}\quad 或\quad F_d=\frac{\delta_d}{\delta_j}W \tag{d}$$

式中，δ_j为直杆受静载荷 W 作用时的静位移（见图 20-16c）。

将式（d）代入式（c），有

$$U_d = \frac{1}{2}\frac{W}{\delta_j}\delta_d^2 \tag{e}$$

再将式（b）、式（e）代入式（a），得

$$W(h+\delta_d) = \frac{1}{2}\frac{W}{\delta_j}\delta_d^2$$

整理后，得

$$\delta_d^2 - 2\delta_d\delta_j - 2h\delta_j = 0$$

解方程，得

$$\delta_d = \delta_j \pm \sqrt{\delta_j^2 + 2h\delta_j} = \left(1 \pm \sqrt{1+\frac{2h}{\delta_j}}\right)\delta_j$$

为求冲击时杆的最大缩短量，上式中根号前应取正号，得

$$\delta_d = \left(1 + \sqrt{1+\frac{2h}{\delta_j}}\right)\delta_j = K_d\delta_j \tag{20-17}$$

式中，K_d为自由落体冲击的动荷系数：

$$K_d = 1 + \sqrt{1+\frac{2h}{\delta_j}} \tag{20-18}$$

由于冲击时材料服从胡克定律，故有

$$\delta_d = K_d\delta_j \tag{20-19}$$

由式（12-18）可见，当 $h=0$ 时，$K_d=2$，即杆受突加载荷时，杆内应力和变形都是静载荷作用下的两倍，故加载时应尽量缓慢且避免突然放开。为提高构件抗冲击的能力，还应设法降低构件的刚度。当 h 为一定时，构件的静位移 δ_j增大，动荷系数 K_d即减小，从而降低了构件在冲击过程中产生的动应力。如在汽车车身与车轴之间加上钢板弹簧，就是为了减小车身对车轴冲击的影响。

例 20-9　一重力为 W 的重物，从简支梁 AB 的上方 h 处自由下落至梁中点 C，如图 20-17 所示。梁的跨度为 l，横截面的惯性矩为 I_z，抗弯截面系数为 W_z，材料的弹性模量为 E。求梁受冲击时横截面上的最大应力。

解　在静载荷 W 的作用下，梁中点的挠度为

$$\delta_j = \frac{Wl^3}{48EI_z}$$

梁横截面上的最大静弯曲应力为

$$\sigma_{j,\max} = \frac{Wl}{4W_z}$$

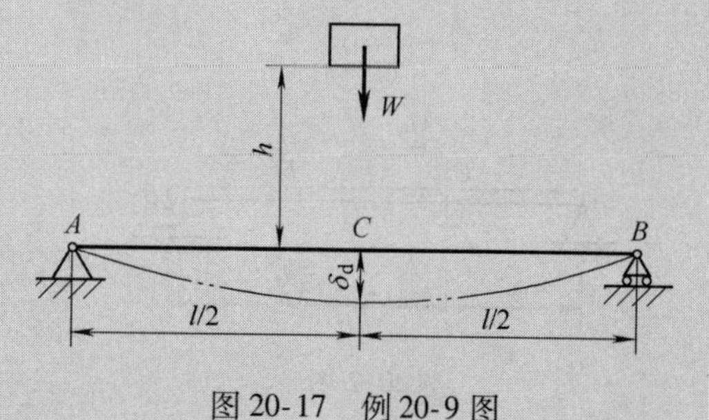

图 20-17　例 20-9 图

梁受冲击时的动载荷系数为

$$K_d = 1 + \sqrt{1+\frac{2h}{\delta_j}} = 1 + \sqrt{1+\frac{96hEI_z}{Wl^3}}$$

梁受冲击时横截面上的最大正应力为

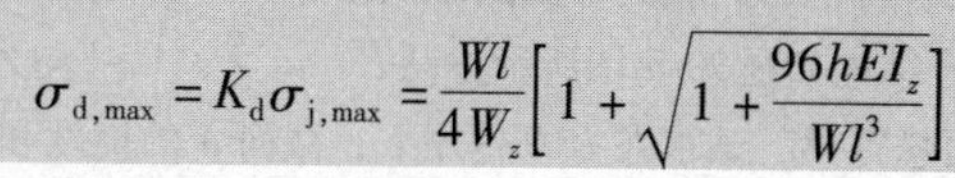

$$\sigma_{d,\max} = K_d\sigma_{j,\max} = \frac{Wl}{4W_z}\left[1 + \sqrt{1+\frac{96hEI_z}{Wl^3}}\right]$$

思 考 题

1. 如何计算线性弹性体的外力功？

2. 何谓应变能？如何计算杆在基本变形与组合变形时的应变能？

3. 单位载荷法是如何建立的？如何确定位移的方向？如何利用单位载荷法计算梁、轴、桁架与刚架的位移？单位载荷法是否只适用于线性弹性体？

4. 如何利用单位载荷法求解超静定问题？

5. 动载荷与静载荷的区别是什么？说明在动载荷作用下，构件强度计算的一般方法。

6. 分析冲击问题的假设是什么？如何计算冲击变形、冲击载荷与冲击应力？如何提高构件的抗冲击性能？

习 题

20-1 试分别计算题20-1图所示各梁的变形能。

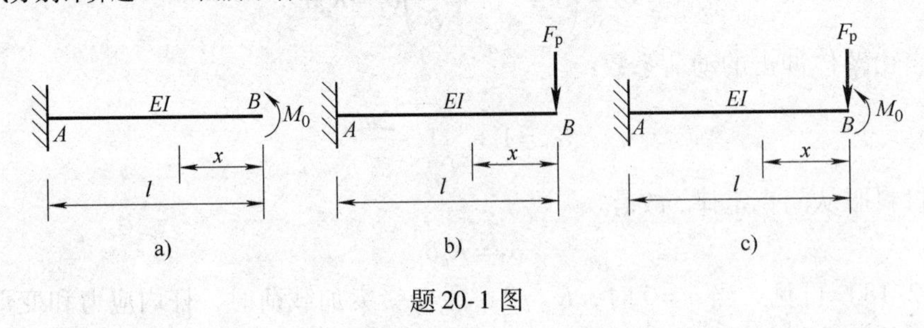

题20-1图

20-2 试求题20-2图所示简支梁的变形能。

20-3 题20-3图所示杆系，在节点 C 受铅垂力 F 作用。已知杆 AC 和 BC 的抗拉（压）刚度 EA 相等，试求节点 C 沿铅垂方向的位移 δ。

20-4 题20-4图所示两根圆截面直杆的材料相同，尺寸如图所示。一根为等截面杆，另一根是变截面杆，试比较两根杆件的变形能。

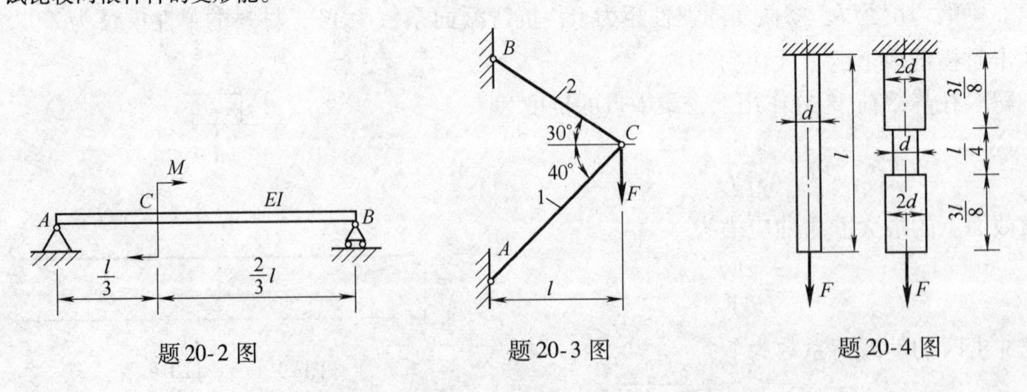

题20-2图　　题20-3图　　题20-4图

20-5 刚架 ABC 作用载荷如题20-5图所示。已知刚架所有件的抗弯刚度 IE 为常量并且相等，试求 A 点的垂直位移 y_A，设轴力和剪力对于变形的影响忽略不计。

20-6 题20-6图所示，桁架各杆的材料相同，截面面积相等。试求节点 C 处的水平位移和铅垂位移。

20-7 由杆系及梁组成的混合结构如题20-7图所示。设 F、a、E、A、l 均为已知，试求 C 点的铅垂位移。

20-8 题20-8图所示变截面悬臂梁，试求在力 F 作用下，截面 A 的挠度和转角，截面 B 的挠度。

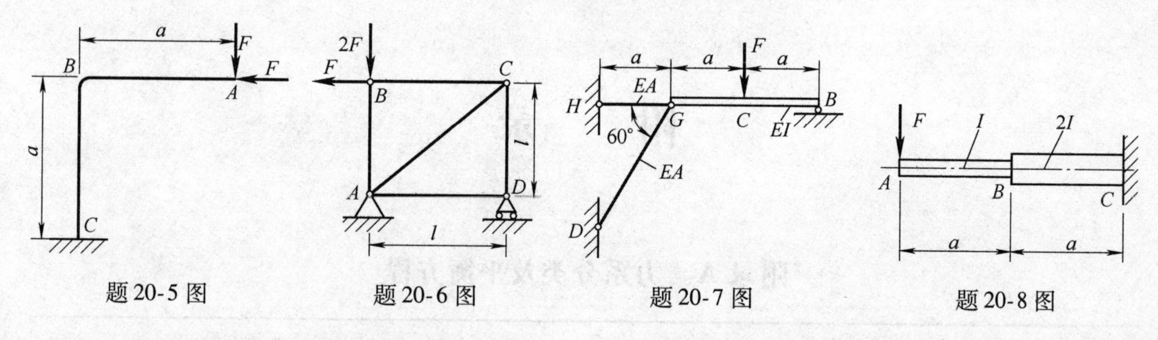

题20-5图　题20-6图　题20-7图　题20-8图

20-9　题20-9图所示变截面简支梁，试求在力F作用下，截面C的挠度和截面B的转角。

20-10　题20-10图所示角拐BAC，A处为一轴承，允许AC轴的端截面在轴承内自由转动，但不能上下移动。已知$F=60\mathrm{N}$，$E=210\mathrm{GPa}$，$G=0.4E$。试求截面B的垂直位移。

20-11　如题20-11图所示，已知一物体的重量$Q=40\mathrm{kN}$。提升时的最大加速度$a=5\mathrm{m/s^2}$，吊装绳索的许用应力$[\sigma]=80\mathrm{MPa}$，设绳索自重不计，试确定图中所示的起吊绳索的横截面积的大小。

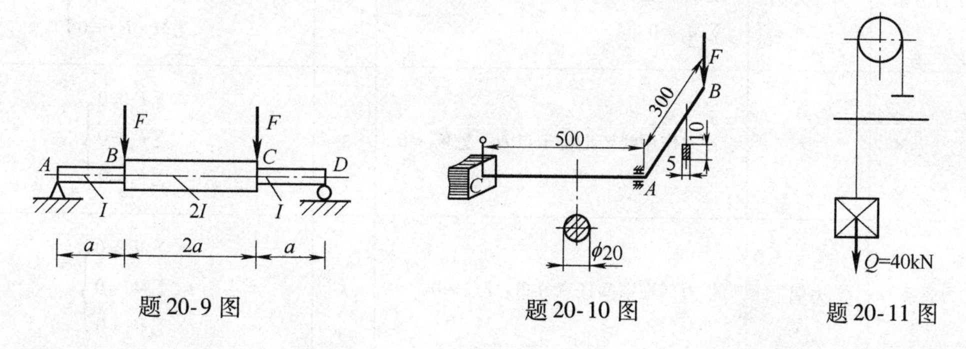

题20-9图　题20-10图　题20-11图

20-12　题20-12图所示三支座等截面轴，由于制造不精确，轴承有高低。设EI、δ和l均为已知量，试求图示两种情况的最大弯矩。

20-13　题20-13图所示，长度为$l=12\mathrm{m}$的32a工字钢，每米质量为$m=52.7\mathrm{kg/m}$，用两根横截面$A=1.12\mathrm{cm^2}$的钢绳起吊。设起吊对的加速度$a=10\mathrm{m/s^2}$，求工字钢中最大动应力及钢绳的动应力。

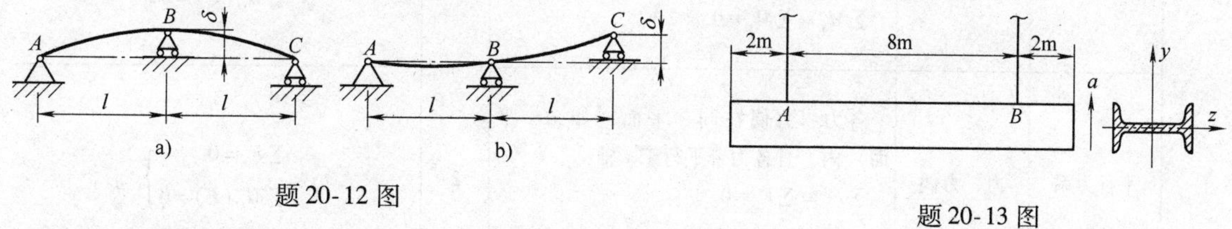

题20-12图　题20-13图

20-14　如题20-14图所示，重量为W的重物自高度h下落冲击于梁上的C点。设梁的E、I及抗弯截面系数W_z皆为已知量。试求梁内最大正应力及梁的跨度中点的挠度。

20-15　如题20-15图所示，AB杆下端固定，长度为l，在C点受到沿水平运动的物体的冲击。物体的重量为W，当其与杆件接触时速度为v。设杆件的E、l及W_z皆为已知量。试求AB杆的最大应力。

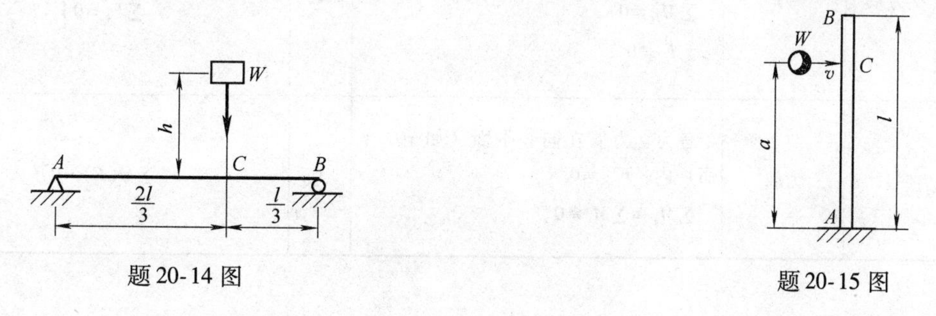

题20-14图　题20-15图

附　　录

附录A　力系分类及平衡方程

力系		力系的组成	各力的分布	平衡方程 数目	平衡方程	
空间	任意力系	力、力偶	各力、力偶在空间任意分布	6	(5-17)	
	平行力系	力、力偶	各力皆平行于 z 轴： $\sum F_x \equiv \sum F_y \equiv 0$ $\sum M_z \equiv 0$	3	$\left.\begin{array}{l}\sum F_z = 0\\ \sum M_x(\boldsymbol{F}) = 0\\ \sum M_y(\boldsymbol{F}) = 0\end{array}\right\}$	(5-18)
	汇交力系	力	各力作用线皆汇交于点 O：$\sum M_O \equiv 0$	3	$\left.\begin{array}{l}\sum F_x = 0\\ \sum F_y = 0\\ \sum F_z = 0\end{array}\right\}$	(5-5)
	力偶系	力偶	各力偶在空间任意分布：$\boldsymbol{F}'_{\mathrm{R}} \equiv 0$	3	$\left.\begin{array}{l}\sum M_x = 0\\ \sum M_y = 0\\ \sum M_z = 0\end{array}\right\}$	(5-12)
平面	任意力系	力、力偶	各力、力偶在同一平面内（如 xOy 平面）任意分布： $\sum F_z \equiv 0$ $\sum M_x \equiv \sum M_y \equiv 0$	3	$\left.\begin{array}{l}\sum F_x = 0\\ \sum F_y = 0\\ \sum M_O(\boldsymbol{F}) = 0\end{array}\right\}$	(5-19)
	平行力系	力、力偶	各力、力偶在同一平面（如 xOy 平面）内，且各力皆平行于 y 轴： $\sum F_x \equiv \sum F_z \equiv 0$ $\sum M_x \equiv \sum M_y \equiv 0$	2	$\left.\begin{array}{l}\sum F_y = 0\\ \sum M_O(\boldsymbol{F}) = 0\end{array}\right\}$	
	汇交力系	力	各力、力偶在同一平面（如 xOy 平面）内，且各力作用线皆汇交于点 O： $\sum M_O \equiv 0$ $\sum F_z \equiv 0$	2	$\left.\begin{array}{l}\sum F_x = 0\\ \sum F_y = 0\end{array}\right\}$	
	力偶系	力偶	各力、力偶在同一平面（如 xOy 平面）内：$\boldsymbol{F}'_{\mathrm{R}} \equiv 0$ $\sum M_x \equiv \sum M_y \equiv 0$	1	$\sum M(\boldsymbol{F}) = 0$	

附录 B　常用材料的力学性能

表 B-1　常用材料的弹性常数

材料名称	E/GPa	ν
碳钢	196 ~ 216	0. 24 ~ 0. 28
合金钢	186 ~ 206	0. 25 ~ 0. 30
灰铸铁	78. 5 ~ 157	0. 23 ~ 0. 27
铜及铜合金	72. 6 ~ 128	0. 31 ~ 0. 42
铝合金	70 ~ 72	0. 26 ~ 0. 34
混凝土	15. 2 ~ 36	0. 16 ~ 0. 18
木材（顺纹）	9 ~ 12	—

表 B-2　常用材料的主要力学性能

材料名称	牌号	σ_s/MPa	σ_b/MPa①	δ_5（%）②
普通碳素钢	Q215	215	335 ~ 450	26 ~ 31
	Q235	235	375 ~ 500	21 ~ 26
	Q275	275	490 ~ 630	15 ~ 20
优质碳素钢	25	275	450	23
	35	315	530	20
	45	355	600	16
	55	380	645	13
低合金钢	15MnV	390	530 ~ 680	18
	16Mn	345	510 ~ 660	22
合金钢	20Cr	540	835	10
	40Cr	785	980	9
	30CrMnSi	885	1080	10
铸钢	ZG200 - 400	200	400	25
	ZG270 - 500	270	500	18
灰铸铁	HT150	—	150	—
	HT250	—	250	—
铝合金	2A12	274	412	19

① σ_b 为拉伸强度极限。

② δ_5 表示标距 $l=5d$ 的标准试样的伸长率。

附录 C　常见规则形状均质刚体的转动惯量和惯性半径

刚体形状	简图	转动惯量 J_z	回转半径 ρ_z
细直杆	z C l	$\frac{1}{12}ml^2$	$\frac{l}{\sqrt{12}}=0.289l$

（续）

刚体形状	简图	转动惯量 J_z	回转半径 ρ_z
细圆环	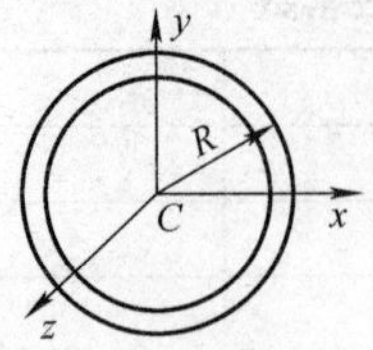	mR^2	R
薄圆盘	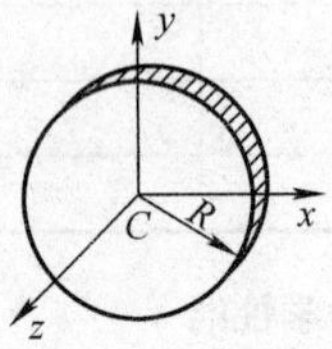	$\frac{1}{2}mR^2$	$\frac{R}{\sqrt{2}}=0.707R$
空心圆柱	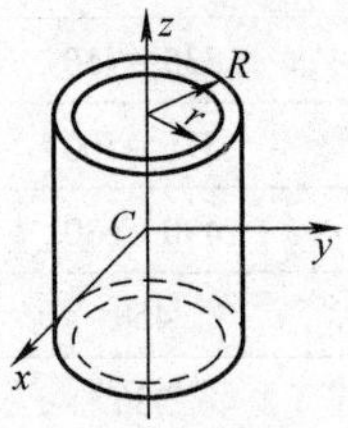	$\frac{1}{2}m(R^2+r^2)$	$\sqrt{\frac{R^2+r^2}{2}}=$ $0.707R\ \sqrt{R^2+r^2}$
实心球	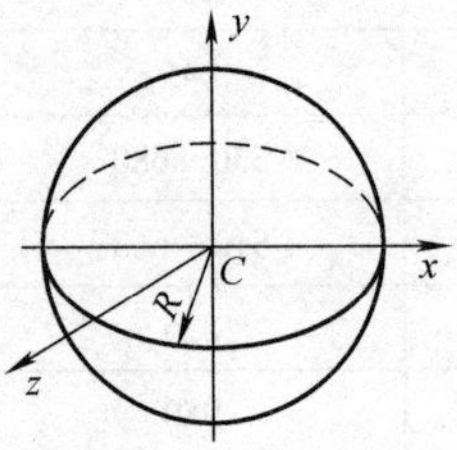	$\frac{2}{5}mR^2$	$0.632R$
矩形块	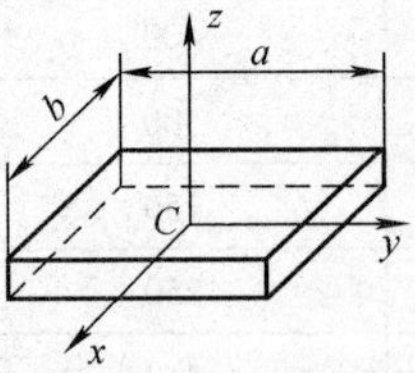	$\frac{1}{12}m(a^2+b^2)$	$0.289\sqrt{a^2+b^2}$

附录 D　几种常见图形的几何性质

截面形状	惯性矩	抗弯截面系数
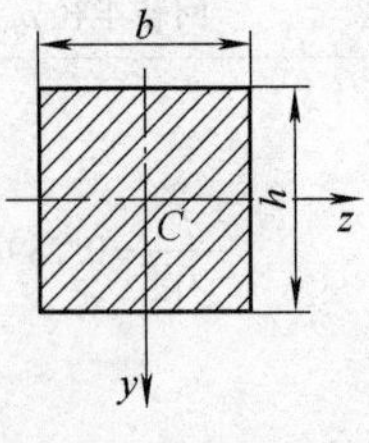	$I_z=\frac{bh^3}{12}$ $I_y=\frac{hb^3}{12}$	$W_z=\frac{bh^2}{6}$

（续）

截面形状	惯性矩	抗弯截面系数
B, b, H, h, C, z, y	$I_z = \frac{BH^3 - bh^3}{12}$ $I_y = \frac{HB^3 - hb^3}{12}$	$W_z = \frac{BH^3 - bh^3}{6H}$
b/2, b/2, h, C, H, z, B, y	$I_z = \frac{BH^3 - bh^3}{12}$	$W_z = \frac{BH^3 - bh^3}{6H}$
d, C, z, y	$I_z = I_y = \frac{\pi d^4}{64}$	$W_z = \frac{\pi d^3}{32}$
d, C, D, z, y	$I_z = I_y = \frac{\pi D^4}{64}(1 - \alpha^4)$	$W_z = \frac{\pi D^3}{32}(1 - \alpha^4)$

附录 E　平面图形的几何性质

不同受力形式下杆件的应力和变形，不仅取决于外力的大小以及杆件的尺寸，而且与杆件截面的几何性质有关。在研究杆件的应力、变形，以及研究失效问题时，都要涉及与截面形状和尺寸有关的几何量。这些几何量包括：形心、静矩、惯性矩、惯性半径、极惯性矩、惯性积、主轴等，统称为“平面图形的几何性质”。

研究上述这些几何性质时，完全不考虑研究对象的物理和力学因素，作为纯几何问题加以处理。平面图形的几何性质一般与杆件横截面的几何形状和尺寸有关，下面介绍的几何性质表征量在杆件应力与变形的分析与计算中占有举足轻重的作用。

E.1　截面的静矩与形心

任意平面几何图形如图 E.1 所示。在其上取面积微元 dA，该微元在 zOy 坐标系中的坐标

为 (z,y)。下列积分：

$$S_y = \int_A z\mathrm{d}A,\ S_z = \int_A y\mathrm{d}A \tag{E.1}$$

分别定义为截面图形对 y、z 轴的静矩。量纲为长度的三次方。

由于均质薄板的重心与平面图形的形心有相同的坐标 z_C 和 y_C，则

$$Az_C = \int_A z\mathrm{d}A = S_y$$

由此可得薄板重心的坐标 z_C 为

$$z_C = \frac{\int_A z\mathrm{d}A}{A} = \frac{S_y}{A}$$

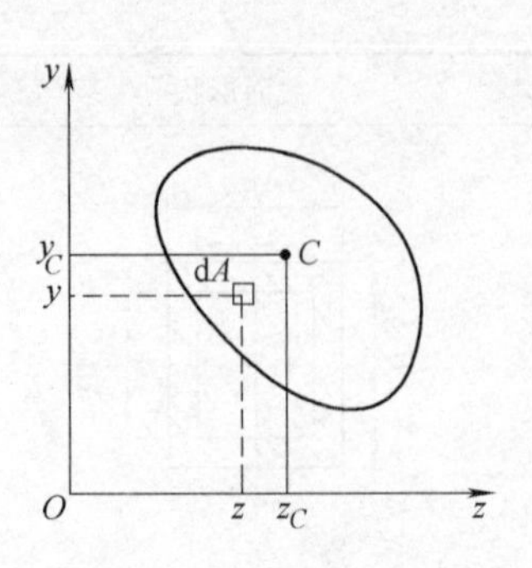

图 E.1　截面的静矩与形心

同理有

$$y_C = \frac{S_z}{A}$$

所以形心坐标为

$$z_C = \frac{S_y}{A},\ y_C = \frac{S_z}{A} \tag{E.2}$$

或

$$S_y = Az_C,\ S_z = Ay_C$$

由式（E.2）得知，若某坐标轴通过形心轴，则图形对该轴的静矩等于零，即 $y_C=0$，$S_z=0$；$z_C=0$，则 $S_y=0$；反之，若图形对某一轴的静矩等于零，则该轴必然通过图形的形心。静矩与所选坐标轴有关，其值可能为正、负或零。

如果一个平面图形是由几个简单平面图形组成，称为组合平面图形。设第 i 块分图形的面积为 A_i，形心坐标为 y_{Ci}、z_{Ci}，则其静矩和形心坐标分别为

$$S_z = \sum_{i=1}^{n=1} A_i y_{Ci},\ S_y = \sum_{i=1}^{n=1} A_i z_{Ci} \tag{E.3}$$

$$y_C = \frac{S_z}{A} = \frac{\sum_{i=1}^{n} A_i y_{Ci}}{\sum_{i=1}^{n} A_i},\ z_C = \frac{S_y}{A} = \frac{\sum_{i=1}^{n} A_i z_{Ci}}{\sum_{i=1}^{n} A_i} \tag{E.4}$$

例 E.1　求图 E.2 所示半圆形的 S_y、S_z 及形心位置。

解　由对称性，$y_C=0$，$S_z=0$。现取平行于 y 轴的狭长条作为微面积 $\mathrm{d}A$，则

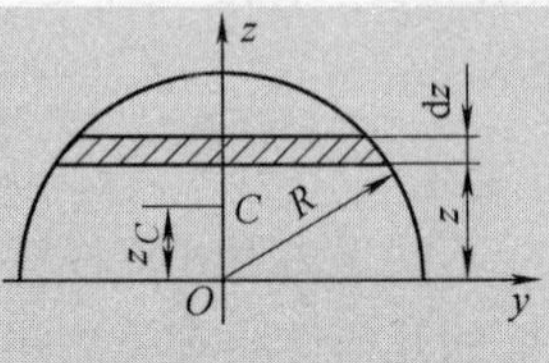

$$\mathrm{d}A = 2y\mathrm{d}z = 2\sqrt{R^2-z^2}\mathrm{d}z$$

图 E.2　例 E.1 图

所以

$$S_y = \int_A z\mathrm{d}A = \int_0^R z\cdot 2\sqrt{R^2-z^2}\mathrm{d}z = \frac{2}{3}R^3$$

$$z_C = \frac{S_y}{A} = \frac{4R}{3\pi}$$

例 E.2　确定形心位置，如图 E.3 所示。

解　将图形看作由两个矩形Ⅰ和Ⅱ组成，在图示坐标下每个矩形的面积及形心位置分别

如下。

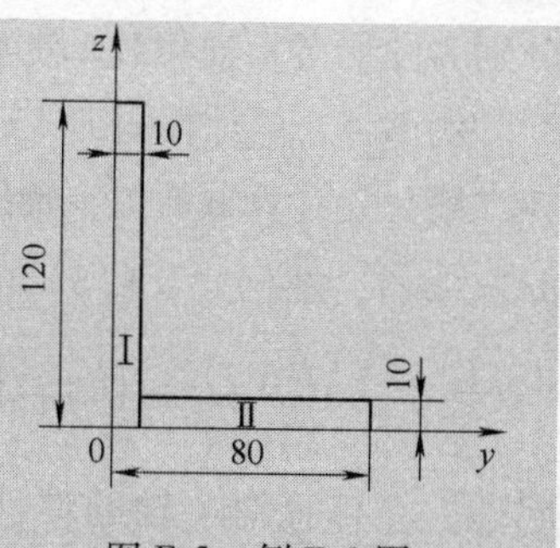

图 E.3　例 E.2 图

矩形Ⅰ：

$$A_{\mathrm{I}}=120\mathrm{mm}\times 10\mathrm{mm}=1200\mathrm{mm}^2$$

$$y_{C\mathrm{I}}=\frac{10}{2}=5\mathrm{mm},\ z_{C\mathrm{I}}=\frac{120}{2}=60\mathrm{mm}$$

矩形Ⅱ：

$$A_{\mathrm{II}}=70\mathrm{mm}\times 10\mathrm{mm}=700\mathrm{mm}^2$$

$$y_{C\mathrm{II}}=10+\frac{70}{2}=45\mathrm{mm},\ z_{C\mathrm{II}}=\frac{10}{2}=5\mathrm{mm}$$

整个图形形心 C 的坐标为

$$y_C=\frac{A_{\mathrm{I}}y_{C\mathrm{I}}+A_{\mathrm{II}}y_{C\mathrm{II}}}{A_{\mathrm{I}}+A_{\mathrm{II}}}=\frac{1200\mathrm{mm}^2\times 5\mathrm{mm}+700\mathrm{mm}^2\times 45\mathrm{mm}}{1200\mathrm{mm}^2+700\mathrm{mm}^2}=19.7\mathrm{mm}$$

$$z_C=\frac{A_{\mathrm{I}}z_{C\mathrm{I}}+A_{\mathrm{II}}z_{C\mathrm{II}}}{A_{\mathrm{I}}+A_{\mathrm{II}}}=\frac{1200\mathrm{mm}^2\times 60\mathrm{mm}+700\mathrm{mm}^2\times 5\mathrm{mm}}{1200\mathrm{mm}^2+700\mathrm{mm}^2}=39.7\mathrm{mm}$$

E.2　惯性矩与惯性积、极惯性矩

1. 惯性矩

如图 E.4 所示，我们把平面图形对某坐标轴的二次矩定义为截面图形的惯性矩

$$I_y=\int_A z^2\mathrm{d}A,\ I_z=\int_A y^2\mathrm{d}A \tag{E.5}$$

式中，I_y、I_z为截面图形对坐标为 z、y 的惯性矩，量纲为长度的四次方，恒为正。

组合图形的惯性矩：设 I_{yi}、I_{zi}为分图形的惯性矩，则总图形对同一轴的惯性矩为

$$I_y=\sum_{i=1}^{n}I_{yi},\ I_z=\sum_{i=1}^{n}I_{zi} \tag{E.6}$$

2. 惯性积

定义下式

$$I_{yz}=\int_A yz\mathrm{d}A \tag{E.7}$$

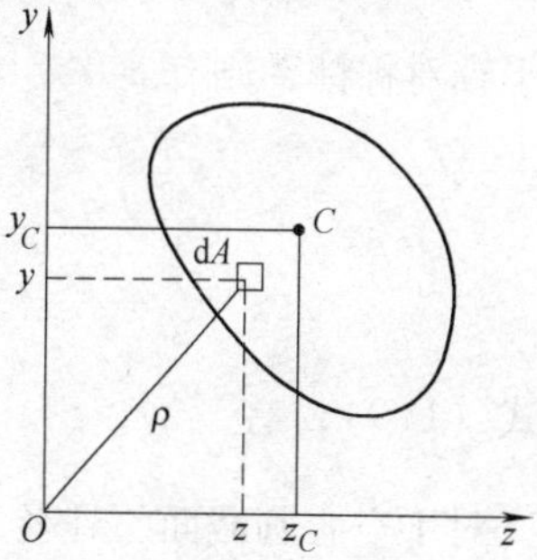

为图形对一对正交轴 y、z 轴的惯性积。量纲是长度的四次方。可能为正，为负或为零。若 y、z 轴中有一根为对称轴则其惯性积为零。

图 E.4　截面图形的惯性矩

3. 极惯性矩

若以 ρ 表示微面积 $\mathrm{d}A$ 到坐标原点 O 的距离，则定义图形对坐标原点 O 的极惯性矩为

$$I_\rho=\int_A \rho^2\mathrm{d}A \tag{E.8}$$

因为

$$\rho^2=y^2+z^2$$

所以

$$I_\rho=\int_A (y^2+z^2)\mathrm{d}A=I_y+I_z \tag{E.9}$$

$$i_y=\sqrt{\frac{I_y}{A}},\ i_z=\sqrt{\frac{I_z}{A}} \tag{E.10}$$

分别为图形对 y 轴和对 z 轴的惯性半径。

例 E.3　试计算图 E.5a 所示矩形截面对其对称轴（形心轴）x 和 y 的惯性矩。

解　先计算截面对 x 轴的惯性矩 I_x。取平行于 x 轴的狭长条（图 E.5a 作为面积元素，即 $\mathrm{d}A = b\mathrm{d}y$），根据式（E.5）的第二式可得

$$I_x = \int_A y^2 \mathrm{d}A = \int_{-\frac{h}{2}}^{\frac{h}{2}} by^2 \mathrm{d}y = \frac{bh^3}{12}$$

同理，在计算对 y 轴的惯性矩 I_y 时可以取 $\mathrm{d}A = h\mathrm{d}x$（见图 E.5a）。根据式（E.5）的第一式，可得

$$I_y = \int_A x^2 \mathrm{d}A = \int_{-\frac{b}{2}}^{\frac{b}{2}} hx^2 \mathrm{d}x = \frac{b^3 h}{12}$$

若截面是宽度为 b、高度为 h 的平行四边形（见图 E.5b），则它对于形心的惯性矩同样为 $I_x = \dfrac{bh^3}{12}$。

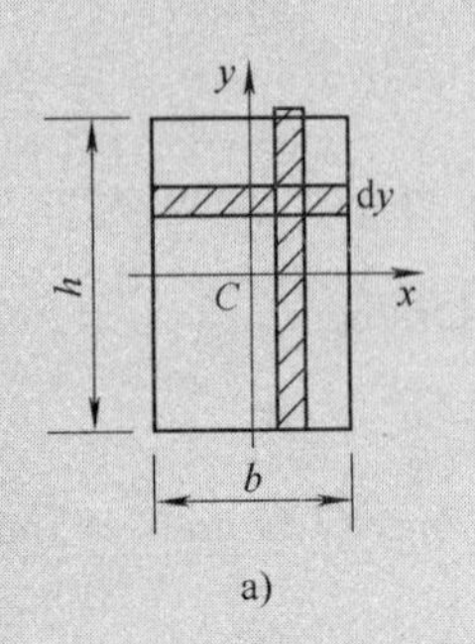

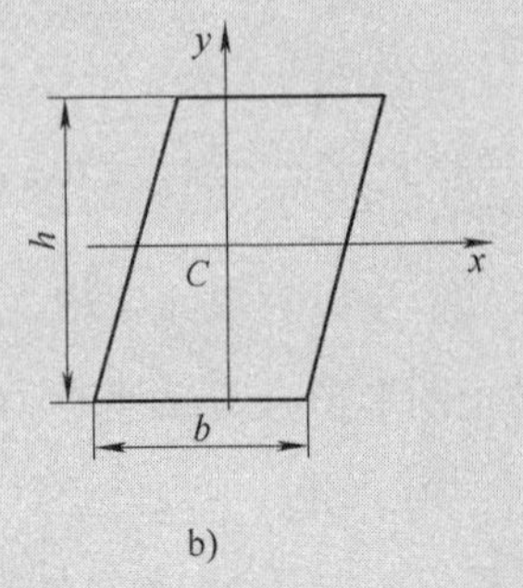

图 E.5　例 E.3 图

例 E.4　求如图 E.6 所示圆形截面的 I_y、I_z、I_{yz}、I_ρ。

解　如图所示取 $\mathrm{d}A$，根据定义，有

$$I_y = \int_A z^2 \mathrm{d}A = \int_{-\frac{D}{2}}^{\frac{D}{2}} z^2 \cdot 2\sqrt{R^2 - z^2}\mathrm{d}z = \frac{\pi D^4}{64}$$

由于轴对称性，则有

$$I_y = I_z = \frac{\pi D^4}{64}$$

$$I_{yz} = 0$$

由式（E.9），有

$$I_\rho = I_y + I_z = \frac{\pi D^4}{32}$$

对于空心圆截面，外径为 D，内径为 d，则

$$I_y = I_z = \frac{\pi D^4}{64}(1 - \alpha^4)$$

$$\alpha = \frac{d}{D}$$

$$I_\rho = \frac{\pi D^4}{32}(1 - \alpha^4)$$

4. 平行移轴公式

由于同一平面图形对于相互平行的两对直角坐标轴的惯性矩或惯性积并不相同，如果其中一对轴是图形的形心轴（y_C，z_C）时，如图 E.7 所示，可得到如下平行移轴公式：

$$\begin{cases} I_y = I_{y_C} + a^2 A \\ I_z = I_{z_C} + b^2 A \\ I_{yz} = I_{y_C z_C} + abA \end{cases} \tag{E.11}$$

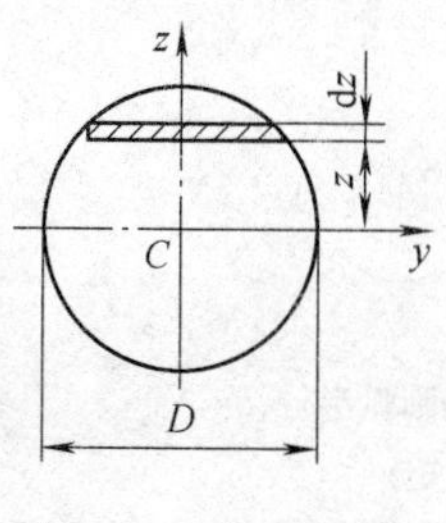

图 E.6 例 E.4 图

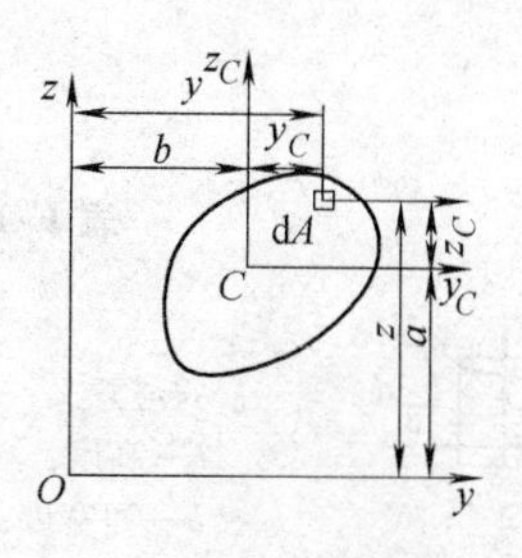

图 E.7 平行移轴公式

简单证明之：

$$I_y = \int_A z^2 \mathrm{d}A = \int_A (z_C + a)^2 \mathrm{d}A = \int_A {z_C}^2 \mathrm{d}A + 2a\int_A z_C \mathrm{d}A + a^2\int_A \mathrm{d}A$$

其中，$\int_A z_C \mathrm{d}A$ 为图形对形心轴 y_C 的静矩，其值应等于零，则得

$$I_y = I_{y_C} + a^2 A$$

同理可证式（E.11）中的其他两式。

此即关于图形对于平行轴惯性矩与惯性积之间关系的移轴定理。式（E.11）表明：

（1）图形对任意轴的惯性矩，等于图形对于与该轴平行的形心轴的惯性矩，加上图形面积与两平行轴间距离平方的乘积。

（2）图形对于任意一对直角坐标轴的惯性积，等于图形对于平行于该坐标轴的一对通过形心的直角坐标轴的惯性积，加上图形面积与两对平行轴间距离的乘积。

（3）因为面积及 a^2、b^2 项恒为正，故自形心轴移至与之平行的任意轴，惯性矩总是增加的。

a、b 为原坐标系原点在新坐标系中的坐标，故二者同号时为正，异号时为负。所以，移轴后惯性积有可能增加也有可能减少。

结论：同一平面内对所有相互平行的坐标轴的惯性矩中，对形心轴的最小。在使用惯性积移轴公式时应注意 a、b 的正负号。

*E.3 组合截面的惯性矩和惯性积

工程计算中应用最广泛的是组合图形的惯性矩与惯性积，即求图形对于通过其形心的轴的惯性矩与惯性积。为此必须首先确定图形的形心以及形心轴的位置。

因为组合图形都是由一些简单的图形（例如矩形、正方形、圆形等）所组成，所以在确定其形心、形心主轴以及形心主惯性矩的过程中，均不采用积分，而是利用简单图形的几何性质以及移轴和转轴定理。一般应按下列步骤进行。

将组合图形分解为若干简单图形，并应用式（E.4）确定组合图形的形心位置；以形心为坐标原点，设 Oxy 坐标系的 x、y 轴一般与简单图形的形心主轴平行；确定简单图形对自身形心轴的惯性矩和惯性积，利用移轴定理（必要时用转轴定理）确定各个简单图形对 x、y 轴的惯性矩和惯性积；相加（空洞时则减）后便得到整个图形的惯性矩和惯性积。

附录 F　型钢规格表

表 F-1　热轧工字钢（GB/T 706—1988）

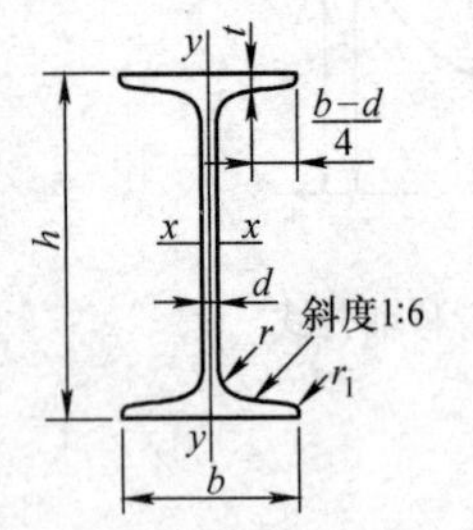

符号意义：

h—高度；

b—腿宽度；

d—腰厚度；

t—平均腿厚度；

r—内圆弧半径；

r_1—腿端圆弧半径；

I—惯性矩；

W—抗弯截面系数；

i—惯性半径；

S—半截面的静力矩。

型号	尺寸/mm						截面面积/cm²	理论质量/(kg/m)	参考数值						
									x—x				y—y		
	h	b	d	t	r	r_1			I_x /cm⁴	W_x /cm³	i_x /cm	I_x: S_x /cm	I_y /cm⁴	W_y /cm³	i_y /cm
10	10	68	4.5	7.6	6.5	3.3	14.345	11.261	245	49.0	4.14	8.59	33.0	9.72	1.52
12.6	126	74	5.0	8.4	7.0	3.5	18.118	14.223	488	77.5	5.20	10.8	46.9	12.7	1.61
14	140	80	5.5	9.1	7.5	3.8	21.516	16.890	712	102	5.76	12.0	64.4	16.1	1.73
16	160	88	6.0	9.9	8.0	4.0	26.131	20.513	1130	141	6.58	13.8	93.1	21.2	1.89
18	180	94	6.5	10.7	8.5	4.3	30.756	24.143	1660	185	7.36	15.4	122	26.0	2.00
20a	200	100	7.0	11.4	9.0	4.5	35.578	27.929	2370	237	8.15	17.2	158	31.5	2.12
20b	200	102	9.0	11.4	9.0	4.5	39.578	31.069	2500	250	7.96	16.9	169	33.1	2.06
22a	220	110	7.5	12.3	9.5	4.8	42.128	33.070	3400	309	8.99	18.9	225	40.9	2.31
22b	220	112	9.5	12.3	9.5	4.8	46.528	36.524	3570	325	8.78	18.7	239	42.7	2.27
25a	250	116	8.0	13.0	10.0	5.0	48.541	38.105	5020	402	10.2	21.6	280	48.3	2.40
25b	250	118	10.0	13.0	10.0	5.0	53.541	42.030	5280	423	9.94	21.3	309	52.4	2.40
28a	280	122	8.5	13.7	10.5	5.3	55.404	43.492	7110	508	11.3	24.6	345	56.6	2.50
28b	280	124	10.5	13.7	10.5	5.3	61.004	47.888	7480	534	11.1	24.2	379	61.2	2.49
32a	320	130	9.5	15.0	11.5	5.8	67.156	52.717	11100	692	12.8	27.5	460	70.8	2.62
32b	320	132	11.5	15.0	11.5	5.8	73.556	57.741	11600	726	12.6	27.1	502	76.0	2.61
32c	320	134	13.5	15.0	11.5	5.8	79.956	62.765	12200	760	12.3	26.8	544	81.2	2.61
36a	360	136	10.0	15.8	12.0	6.0	76.480	60.037	15800	875	14.4	30.7	552	81.2	2.69
36b	360	138	12.0	15.8	12.0	6.0	83.680	65.689	16500	919	14.1	30.3	582	84.3	2.64
36c	360	140	14.0	15.8	12.0	6.0	90.880	71.341	17300	962	13.8	29.9	612	87.4	2.60
40a	400	142	10.5	16.5	12.5	6.3	86.112	67.598	21700	1090	15.9	34.1	660	93.2	2.77
40b	400	144	12.5	16.5	12.5	6.3	94.112	73.878	22800	1140	15.6	33.6	692	96.2	2.71
40c	400	146	14.5	16.5	12.5	6.3	102.112	80.158	23900	1190	15.2	33.2	727	99.6	2.65
45a	450	150	11.5	18.0	13.5	6.8	102.446	80.420	32200	1430	17.7	38.6	855	114	2.89
45b	450	152	13.5	18.0	13.5	6.8	111.446	87.485	33800	1500	17.4	38.0	894	118	2.84
45c	450	154	15.5	18.0	13.5	6.8	120.446	94.550	35300	1570	17.1	37.6	938	122	2.79
50a	500	158	12.0	20.0	14.0	7.0	119.304	93.654	46500	1860	19.7	42.8	1120	142	3.07
50b	500	160	14.0	20.0	14.0	7.0	120.304	101.504	48600	1940	19.4	42.4	1170	146	3.01
50c	500	162	16.0	20.0	14.0	7.0	139.304	109.354	50600	2080	19.0	41.8	1220	151	2.96
56a	560	166	12.5	21.0	14.5	7.3	135.435	106.316	65600	2340	22.0	47.7	1370	165	3.18
56b	560	168	14.5	21.0	14.5	7.3	146.635	115.108	68500	2450	21.6	47.2	1490	174	3.16
56c	560	170	16.5	21.0	14.5	7.3	157.835	123.900	71400	2550	21.3	46.7	1560	183	3.16
63a	630	176	13.0	22.0	15.0	7.5	154.658	121.407	93900	2980	24.5	54.2	1700	193	3.31
63b	630	178	15.0	22.0	15.0	7.5	167.258	131.298	98100	3160	24.2	53.5	1810	204	3.29
63c	630	180	17.0	22.0	15.0	7.5	179.858	141.189	102000	3300	23.8	52.9	1920	214	3.27

注：截面图和表中标注的圆弧半径 r 和 r_1 的值，用于孔型设计，不作为交货条件。

表 F-2　热轧槽钢（GB/T 707—1988）

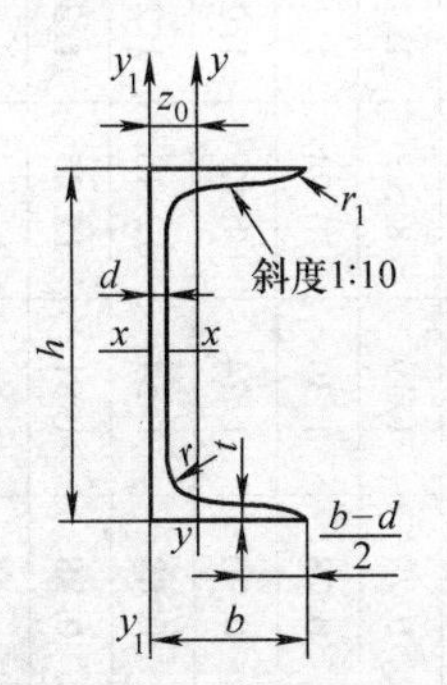

符号意义：

h—高度；

b—腿厚度；

d—腰厚度；

r—内圆弧半径；

t—平均腿厚度；

r_1—边端内圆弧半径；

I—惯性矩；

W—抗弯截面系数；

i—惯性半径；

z_0—y—y 轴与 y_1—y_1 轴间距。

型号	尺寸/mm						截面面积/cm²	理论质量/(kg/m)	参考数值							
									x—x			y—y			y_1—y_1	z_0/cm
	h	b	d	t	r	r_1			W_x/cm³	I_x/cm⁴	i_x/cm	W_y/cm	I_y/cm⁴	i_y/cm	I_{y1}/cm⁴	
5	50	37	4.5	7.0	7.0	3.5	6.928	5.438	10.4	26.0	1.94	3.55	8.30	1.10	20.9	1.35
6.3	63	40	4.8	7.5	7.5	3.8	8.451	6.634	16.1	50.8	2.45	4.50	11.9	1.19	28.4	1.36
8	80	43	5.0	8.0	8.0	4.0	10.248	8.045	25.3	101	3.15	5.79	16.6	1.27	37.4	1.43
10	100	48	5.3	8.5	8.5	4.2	12.748	10.007	39.7	198	3.95	7.80	25.6	1.41	54.9	1.52
12.6	126	53	5.5	9.0	9.0	4.5	15.692	12.318	62.1	391	4.95	10.2	38.0	1.57	77.1	1.59
14a	140	58	6.0	9.5	9.5	4.8	18.516	14.535	80.5	564	5.52	13.0	53.2	1.70	107	1.71
14b	140	60	8.0	9.5	9.5	4.8	21.316	16.733	87.1	609	5.35	14.1	61.1	1.69	121	1.67
16a	160	63	6.5	10.0	10.0	5.0	21.962	17.240	108	866	6.28	16.3	73.3	1.83	144	1.80
16	160	65	8.5	10.0	10.0	5.0	25.162	19.752	117	935	6.10	17.6	83.4	1.82	161	1.75
18a	180	68	7.0	10.5	10.5	5.2	25.699	20.174	141	1270	7.04	20.0	98.6	1.96	190	1.88
18	180	70	9.0	10.5	10.5	5.2	29.299	23.000	152	1370	6.84	21.5	111	1.95	210	84
20a	200	73	7.0	11.0	11.0	5.5	28.837	22.637	178	1780	7.86	24.2	128	2.11	244	2.01
20	200	75	9.0	11.0	11.0	5.5	32.831	25.777	191	1910	7.64	25.9	144	2.09	268	1.95
22a	220	77	7.0	11.5	11.5	5.8	31.846	24.999	218	2390	8.67	28.2	158	2.23	298	2.10
22	220	79	9.0	11.5	11.5	5.8	36.246	28.453	234	2570	8.42	30.1	176	2.21	326	2.03
22a	250	78	7.0	12.0	12.0	6.0	34.917	27.410	270	3370	9.82	30.6	176	2.24	322	2.07
25b	250	80	9.0	12.0	12.0	6.0	39.917	31.335	282	3530	9.41	32.7	196	2.22	353	1.98
25c	250	82	11.0	12.0	12.0	6.0	44.917	35.260	295	3690	9.07	35.9	218	2.21	384	1.92
28a	280	82	7.5	12.5	12.5	6.2	40.034	31.427	340	4760	10.9	35.7	218	2.33	388	2.10
28b	280	84	9.5	12.5	12.5	6.2	45.634	35.823	366	5130	10.6	37.9	242	2.30	428	2.02
28c	280	86	11.5	12.5	12.5	6.2	51.234	40.219	393	5500	10.4	40.3	268	2.29	463	1.95
32a	320	88	8.0	14.0	14.0	7.0	48.513	38.083	475	7600	12.5	46.5	305	2.50	552	2.24
32b	320	90	10.0	14.0	14.0	7.0	54.913	43.107	509	8140	12.2	49.2	336	2.47	593	2.16
32c	320	92	12.0	14.0	14.0	7.0	61.313	48.131	543	8690	11.9	52.6	374	2.47	643	2.09
36a	360	96	9.0	16.0	16.0	8.0	60.910	47.814	660	11900	14.0	63.5	455	2.73	818	2.44
36b	360	98	11.0	16.0	16.0	8.0	68.110	53.466	703	12700	13.6	66.9	497	2.70	880	2.37
36c	360	100	13.0	16.0	16.0	8.0	75.310	59.118	764	13400	13.4	70.0	536	2.67	948	2.34
40a	400	100	10.5	18.0	18.0	9.0	75.068	58.928	879	11600	15.3	78.8	592	2.81	1070	2.49
40b	400	102	12.5	18.0	18.0	9.0	83.068	65.208	932	18600	15.0	82.5	640	2.78	1140	2.44
40c	400	104	14.5	18.0	18.0	9.0	91.068	71.488	986	19700	14.7	86.2	688	2.75	1220	2.42

注：截面图和表中标注的 r 和 r_1 值，用于孔型设计，不作为交货条件。

表 F-3　热轧等边角钢（GB/T 9787—1988）

符号意义：

b—边宽度；　t—平均腿厚度；　I—惯性矩；

d—边厚度；　z_0—重心坐标；　W—抗弯截面系数；

r—内圆弧半径；　r_1—边端内圆弧半径；　i—惯性半径。

型号	尺寸/mm			截面面积 /cm^2	理论质量 /(kg/m)	外表面积 /(m^2/m)	参考数值										
							x—x			x_0—x_0			y_0—y_0			x_1—x_1	z_0/cm
	b	d	r				I_x/cm^4	i_x/cm	W_x/cm^3	I_{x_0}/cm	i_{x_0}/cm	W_{x_0}/cm^3	I_{y_0}/cm^4	i_{y_0}/cm	W_{y_0}/cm^3	i_{x_1}/cm^4	
2	20	3	3.5	1.132	0.889	0.078	0.40	0.59	0.29	0.63	0.75	0.45	0.17	0.39	0.20	0.81	0.60
		4		1.459	1.145	0.077	0.50	0.58	0.36	0.78	0.73	0.55	0.22	0.38	0.24	1.09	0.64
2.5	25	3		1.432	1.124	0.098	0.82	0.76	0.46	1.29	0.95	0.73	0.34	0.49	0.33	1.57	0.73
		4		1.859	1.459	0.097	1.03	0.74	0.59	1.62	0.93	0.92	0.43	0.48	0.40	2.11	0.76
3.0	30	3	4.5	1.749	1.373	0.117	1.46	0.91	0.68	2.31	1.15	1.09	0.61	0.59	0.51	2.71	0.85
		4		2.276	1.786	0.117	1.84	0.90	0.87	2.92	1.13	1.37	0.77	0.58	0.62	3.63	0.89
3.6	36	3		2.109	1.656	0.141	2.58	1.11	0.99	4.09	1.39	1.61	1.07	0.71	0.76	4.68	1.00
		4		2.756	2.163	0.141	3.29	1.09	1.28	5.22	1.38	2.05	1.37	0.70	0.93	6.25	1.04
		5		3.382	2.654	0.141	3.95	1.08	1.56	6.24	1.36	2.45	1.65	0.70	1.09	7.84	1.07
4	40	3	5	2.359	1.852	0.157	3.59	1.23	1.23	5.69	1.55	2.01	1.49	0.79	0.96	6.41	1.09
		4		3.086	2.422	0.157	4.60	1.22	1.60	7.29	1.54	2.58	1.19	0.79	1.19	8.56	1.13
		5		3.791	2.976	0.156	5.53	1.21	1.96	8.76	1.52	3.10	2.30	0.78	1.39	10.74	1.17
4.5	45	3	4.5	2.659	2.088	0.177	5.17	1.40	1.58	8.20	1.76	2.58	2.14	0.90	1.24	9.12	1.22
		4		3.486	2.736	0.117	6.65	1.38	2.05	10.56	1.74	3.32	2.75	0.89	1.54	12.18	1.26
		5		4.292	3.369	0.176	8.04	1.37	2.51	12.74	1.72	4.00	3.33	0.88	1.81	15.25	1.30
		6		5.076	3.985	0.176	9.33	1.39	2.95	14.76	1.70	4.64	3.89	0.88	2.06	18.36	1.33

（续）

5	50	3	5.5	2.971	2.332	0.197	7.18	1.55	1.96	11.37	1.96	3.22	2.98	1.00	1.57	12.50	1.34
		4		3.897	3.059	0.197	9.26	1.54	2.56	14.70	1.94	4.16	3.82	0.99	1.96	16.69	1.38
		5		4.803	3.770	0.196	11.21	1.53	3.13	17.79	1.92	5.03	4.64	0.98	2.31	20.90	1.42
		6		5.688	4.465	0.196	13.05	1.52	3.68	20.68	1.91	5.85	5.42	0.98	2.63	25.14	1.46
5.6	56	3	6	3.343	2.624	0.221	10.19	1.75	2.48	16.14	2.20	4.08	4.24	1.13	2.02	17.56	1.48
		4		4.390	3.446	0.220	13.18	1.73	3.24	20.92	2.18	5.28	5.46	1.11	2.52	23.43	1.53
		5		5.415	4.251	0.220	16.02	1.72	3.97	25.42	2.17	6.42	6.61	1.10	2.98	29.33	1.57
		8		8.367	6.568	0.219	23.63	1.68	6.03	37.37	2.11	9.44	9.89	1.09	4.16	47.24	1.68
6.3	63	4	7	4.978	3.907	0.248	19.03	1.96	4.13	30.17	2.46	6.78	7.89	1.26	3.29	33.35	1.70
		5		6.143	4.822	0.248	23.17	1.94	5.08	36.77	2.45	8.25	9.57	1.25	3.90	41.73	1.74
		6		7.288	5.721	0.247	27.12	1.93	6.00	43.03	2.43	9.66	11.20	1.24	4.46	50.14	1.78
		8		9.515	7.469	0.247	34.46	1.90	7.75	54.56	2.40	12.25	14.33	1.23	5.47	67.11	1.85
		10		11.657	9.151	0.246	41.09	1.88	9.39	64.85	2.36	14.56	17.33	1.22	6.36	84.31	1.93
7	70	4	8	5.570	4.372	0.275	26.39	2.18	5.14	41.80	2.74	8.44	10.99	1.40	4.17	45.74	1.86
		5		6.875	5.397	0.275	32.21	2.16	6.32	51.08	2.73	10.32	13.34	1.39	4.95	57.21	1.91
		6		8.160	6.406	0.275	37.77	2.15	7.48	59.93	2.71	12.11	15.61	1.38	5.67	68.73	1.95
		7		9.424	7.398	0.275	43.09	2.14	8.59	68.35	2.69	13.81	17.82	1.38	6.34	80.29	1.99
		8		10.667	8.373	0.274	48.17	2.12	9.68	76.37	2.68	15.43	19.98	1.37	6.98	91.92	2.03
7.5	75	5	9	7.367	5.818	0.295	39.97	2.33	7.32	63.30	2.92	11.94	16.63	1.50	5.77	70.56	2.04
		6		8.797	6.905	0.294	46.95	2.31	8.64	74.38	2.90	14.02	19.51	1.49	6.67	84.55	2.07
		7		10.160	7.976	0.294	53.57	2.30	9.93	84.96	2.98	16.02	22.18	1.48	7.44	98.71	2.11
		8		11.503	9.030	0.294	59.96	2.28	11.20	95.07	2.88	17.93	24.86	1.47	8.19	112.97	2.15
		10		14.126	11.089	0.293	71.98	2.26	13.64	113.92	2.84	21.48	30.05	1.46	9.56	141.71	2.22
8	80	5		7.912	6.211	0.315	48.79	2.48	8.34	77.33	3.13	13.67	20.25	1.60	6.66	85.36	2.15
		6		9.397	7.376	0.314	57.35	2.47	9.87	90.98	3.11	16.08	23.72	1.59	7.65	102.50	2.19
		7		10.860	8.525	0.314	65.58	2.46	11.37	104.07	3.10	18.40	27.09	1.58	8.58	119.70	2.23
		8		12.303	9.658	0.314	73.49	2.44	12.83	116.60	3.08	20.61	30.39	1.57	9.46	136.97	2.27
		10		15.126	11.874	0.313	88.43	2.42	15.64	140.09	3.04	24.76	36.77	1.56	11.08	171.74	2.53

（续）

型号	尺寸/mm			截面面积/cm^2	理论质量/(kg/m)	外表面积/(m^2/m)	参考数值										
							$x-x$			x_0-x_0			y_0-y_0			x_1-x_1	
	b	d	r				I_x/cm^4	i_x/cm	W_x/cm^3	I_{x_0}/cm	i_{x_0}/cm	W_{x_0}/cm^3	I_{y_0}/cm^4	i_{y_0}/cm	W_{y_0}/cm^3	i_{x_1}/cm^4	z_0/cm
9	90	6	10	10.637	8.350	0.354	82.77	2.79	12.61	131.26	3.51	20.63	34.28	1.80	9.95	145.87	2.44
		7		12.301	9.656	0.354	94.83	2.78	14.54	150.47	3.50	23.64	39.18	1.78	11.19	170.30	2.48
		8		13.944	10.946	0.353	106.47	2.76	16.42	168.97	3.48	26.55	43.97	1.78	12.35	194.80	2.52
		10		17.167	13.476	0.353	128.58	2.74	20.07	203.90	3.45	32.04	53.26	1.76	14.52	244.07	2.59
		12		20.306	15.940	0.352	149.22	2.71	23.57	236.21	3.41	37.12	62.22	1.75	16.49	293.76	2.67
10	100	6	12	11.932	9.366	0.393	114.95	3.10	15.68	181.98	3.90	25.74	47.92	2.00	12.69	200.07	2.67
		7		13.796	10.830	0.393	131.86	3.00	18.10	208.97	3.89	29.55	54.74	1.99	14.26	233.54	2.71
		8		15.638	12.276	0.393	148.24	3.08	20.47	235.07	3.88	33.24	61.41	1.98	15.75	267.09	2.76
		10		19.261	15.120	0.392	179.51	3.05	25.06	284.68	3.84	40.26	74.35	1.96	18.54	334.48	2.84
		12		22.800	17.898	0.391	208.90	3.03	29.48	330.95	3.81	46.80	86.84	1.95	21.08	402.34	2.91
		14		26.256	20.611	0.391	236.53	3.00	33.73	374.06	3.77	52.90	99.00	1.94	23.44	470.75	2.99
		16		29.627	23.257	0.390	262.53	2.98	37.82	414.16	3.74	58.57	110.89	1.94	25.63	539.80	3.06
11	110	7	10	15.196	11.928	0.433	177.16	3.41	22.05	280.94	4.30	36.12	73.38	2.20	17.51	310.64	2.96
		8		17.238	13.532	0.433	199.46	3.40	24.95	316.49	4.28	40.69	82.42	2.19	19.39	355.20	3.01
		10		21.261	16.690	0.432	242.19	3.38	30.60	384.39	4.25	49.42	99.98	2.17	22.91	444.65	3.09
		12		25.200	19.782	0.431	282.55	3.35	36.05	448.17	4.22	57.62	116.93	2.15	26.15	543.60	3.16
		14		29.056	22.809	0.431	320.71	3.32	41.31	508.01	4.18	65.31	133.40	2.14	29.14	625.16	3.24
12.5	125	8	14	19.750	15.504	0.492	297.03	3.88	32.52	470.89	4.88	53.26	123.16	2.50	25.86	521.01	3.37
		10		24.373	19.133	0.491	361.67	3.95	39.97	573.89	4.85	64.93	149.46	2.48	30.62	651.93	3.45
		12		28.912	22.696	0.491	423.16	3.83	41.17	671.44	4.82	75.96	174.88	2.46	35.03	783.42	3.53
		14		33.367	26.193	0.490	481.65	3.80	54.16	763.73	4.78	86.41	199.57	2.45	39.13	915.61	3.61
14	140	10		27.373	21.488	0.551	514.65	4.34	50.58	817.27	5.46	82.56	212.04	2.78	39.20	915.11	3.82
		12		32.512	25.522	0.551	603.68	4.31	59.80	958.49	5.43	96.85	248.57	2.76	45.02	1099.28	3.90
		14		37.567	29.490	0.550	688.81	4.28	68.75	1093.56	5.40	110.47	284.06	2.75	50.45	1284.22	3.98
		16		42.539	33.393	0.549	770.24	4.26	77.46	1221.81	5.36	123.42	318.67	2.74	55.55	1470.07	4.06

注：截面图中的 r_1（$=d/3$）及表中 r 值，用于孔型设计，不作为交货条件。

参 考 文 献

[1] 刘鸿文．材料力学［M］.5 版．北京：高等教育出版社，2010.

[2] 刘鸿文．简明材料力学［M］. 2 版．北京：高等教育出版社，2008.

[3] 孟庆东．理论力学简明教程［M］. 北京：机械工业出版社，2011.

[4] 孟庆东．材料力学简明教程［M］. 北京：机械工业出版社，2011.

[5] 单辉祖．材料力学［M］. 北京：高等教育出版社，2004.

[6] 金康宁．材料力学［M］. 北京：北京大学出版社 . 2006.

[7] 张秉荣．工程力学［M］. 2 版．北京：机械工业出版社，2006.

[8] 刘思俊．工程力学［M］. 2 版．北京：机械工业出版社，2007.

[9] R C HIBBELER. 材料力学（影印版·原书第 8 版）［M］. 北京：机械工业出版社，2013.

[10] 孟庆东．机械设计［M］. 西安：西北工业大学出版社，2014.